全国优秀教材一等奖
“十四五”职业教育国家规划教材
“十三五”职业教育国家规划教材
高等职业教育农业农村部“十三五”规划教材

ZHIWU BAOHU

植物保护

第四版

陈啸寅　邱晓红◎主编

中国农业出版社
北京

内容简介

本教材围绕主要农作物、蔬菜、果树等植物，按照课程项目化要求，分植物有害生物识别、植物有害生物调查和预测预报、植物有害生物综合防治和农药（械）使用四大项目。每一项目下分若干子项目，各子项目设有学习目标，以任务为主线，通过相关知识、拓展知识、练习、思考题、考核评价等栏目指导学生进一步学习和实践，重要知识点、技能点通过配套的视频、动画等数字资源加以强化。

本教材以农作物植保员国家职业标准为依据，以职业活动、工作过程为导向，以项目任务为载体，突出能力目标，强调理论实践一体化，体现了现代职教的先进理念。全书体例新颖、层次清晰、深入浅出、实用性强。适用于高等职业院校种植类专业，也可供农业科技工作者参考。

第四版编审人员名单

主　　编　陈啸寅　邱晓红

副 主 编　胡长效　周　英

编　　者　（以姓氏笔画为序）

王　燕　吉沐祥　杨鹤同　邱晓红

陈红果　陈啸寅　陈彩贤　周　英

胡长效　夏　立　席敦芹　曹　丹

曹　杨　葛应兰

审　　稿　蔡银杰　张绍明

第一版编审人员名单

主　　编　李清西　钱学聪

副 主 编　康克功　张曙光

编　　者　(以姓名笔画为序)

田耀奎　刘顺会　孙艳梅

陈永强　黄宏英　曾大兴

主　　审　江世宏

第二版编审人员名单

主　　编　陈啸寅　马成云

副 主 编　席敦芹　陈彩贤

编　　者　（以姓名笔画为序）

马成云　马洪兵　王　燕

陈红果　陈啸寅　陈彩贤

夏　立　席敦芹

审　　稿　梁继农　潘以楼

第三版编审人员名单

主　　编　陈啸寅　朱　彪

副 主 编　席敦芹　陈彩贤

编　　者　（以姓名笔画为序）

马洪兵　王　燕　朱　彪

陈红果　陈啸寅　陈彩贤

夏　立　席敦芹　葛应兰

审　　稿　张绍明　吉沐祥

第四版前言

为深入实施人才强国战略、坚持农业农村优先发展、深化教育领域综合改革、培养造就大批德才兼备的高素质人才，遵循国家加强教材建设和管理的要求，根据《国家职业教育改革实施方案》（国发〔2019〕4号）、《关于职业院校专业人才培养方案制订与实施工作的指导意见》（教职成〔2019〕13号）、《教育信息化“十三五”规划》（教技〔2016〕2号）等有关文件精神，在中国农业出版社职业教育出版分社的组织下，由高等职业院校教师和行业、企业一线专家等共同编写完成。本教材在保留第三版基本体例和内容的基础上，本教材补充了生产实践所需的植保新知识和新技术，重要知识点、技能点配套了视频、动画等数字资源。教材力求体现体例新颖、层次清晰、内容丰富、深入浅出的特点，注重理论知识和实践操作的有机融合，突出应用性和适用性，以尽可能满足培养高素质农业技术类人才的需要。

本教材分植物有害生物识别、植物有害生物调查和预测预报、植物有害生物综合防治和农药（械）使用四大项目，项目下分若干子项目，子项目下分若干任务，每项任务均包括材料（或场地）及用具、内容及操作步骤、练习、思考题等栏目。每一子项目后面有考核评价栏目，以帮助学生了解自己学习、掌握技能和知识的状况。

本教材由陈啸寅（江苏农林职业技术学院）和邱晓红（江苏农林职业技术学院）担任主编，胡长效（徐州生物工程职业技术学院）和周英（苏州农业职业技术学院）担任副主编。编写具体分工如下：夏立（河南农业职业学院）编写项目一中农业昆虫识别部分；王燕（杨凌职业技术学院）编写项目一中植物病害诊断部分；陈啸寅编写项目一和项目三中水稻、麦类病虫害识别和防治部分；周英编写项目一和项目三中杂粮病虫害识别和防治部分；葛应兰（南阳农业职业学院）编写项目一和项目三中棉花病虫害识别和防治、地下害虫识别和防治部分；曹杨（江苏省农药研究所股份有限公司）编写项目一和项目三中油料作物病虫害识别和防治部分；席敦芹（潍坊职业学院）编写项目一和项目三中蔬菜病虫害识别和防治、杂草与害鼠识别部分；陈红果（太原生态工程学校）编写项目一和项目三中果树病虫害识别和防治及植物病虫害标本的采集、制作与保存部分；陈彩贤

（广西农业职业技术学院）编写项目二植物有害生物调查和预测预报；吉沐祥（江苏丘陵地区镇江农业科学研究所）编写项目三中综合防治方案的制订；曹丹（徐州生物工程职业技术学院）编写项目三中农田杂草化学防除及鼠害防治部分；胡长效编写项目四农药（械）使用；杨鹤同（江苏农林职业技术学院）承担部分数字资源素材的收集。教材中的数字资源由邱晓红统一制作。南通科技职业学院蔡银杰教授和江苏省植物保护站张绍明研究员负责本教材的审稿工作。

在教材修订中，参考、借鉴和引用了部分文献资料，对相关作者一并表示感谢！

限于编者水平，加之时间仓促，教材中不妥或疏漏之处在所难免，敬请读者批评指正。

编　者

2019年8月

第一版前言

《植物保护》是为了适应我国高等职业教育迅猛发展的形势，在中国农业出版社组织和支持下编写完成的。

改革开放20余年来，我国农业生物科学已由模仿跟踪向自主创新的方向阔步跨越。分子生物学、遗传工程学等学科日新月异，信息技术、生物技术广泛应用，对植物保护学的教学和研究产生了巨大的影响。一些专业教材，在体系、内容等方面已不能完全适应我国高等职业教育应用型、操作型人才培养的需要。

21世纪高等职业教育《植物保护》教材是组织我国南北方部分高职高专院校执教《植物保护》多年的教师，经过深入调查研究和讨论，制订出教材的合理内容和合适深度，以确保教材既能吸收传统精华，又能反映现代性和前瞻性。为充分体现高职教育的特色，在教材的体系和章节内容方面，亦做了一些勇敢的探索和大胆的改革。

为使本教材能在实用性上满足全国大多数高等职业院校相关专业可持续植物保护教学的需要，全书以有害生物综合治理能力培养为主线，在保证基本理论、基本知识的基础上，更多地着力于防治技术和操作能力的训练与培养。因此对具体病、虫、草、鼠的治理知识方面，实行归纳式的综述，强调共性，突出个性；在治理技能方面立足于通用，兼顾特殊。以便留足地理生态差异的空间，使教师结合当地生产实际创造性地加强实践教学，让学生有目的地学习提高。

本书绪论、第1章第一节、第二节、第三节由钱学聪执笔；第2章第一节、第四节及实训十一至十二由张曙光执笔；第2章第二节、第三节由曾大兴执笔；第3章、第5章第六节、实验一至四由黄宏英执笔；第4章、第1章第四节、第5章第四节由李清西执笔；第5章第一节、第二节、第三节、第五节由田耀奎执笔；实训一至三及实训十三至十五由孙艳梅执笔；实训四至五由康克功执笔；实训六至八由刘顺会执笔；实训九至十由陈永强执笔。全书最后由李清西、钱学聪统稿，江世宏审校。

由于我们对高等职业教育的理念与实践认识不深，编写人员水平有限，加之时间仓促，错漏之处在所难免，敬请诸方同行同道批评指正。

编　者

2002年1月

第二版前言

本教材根据教育部《关于加强高职高专教育人才培养工作的意见》、《关于全面提高高等职业教育教学质量的若干意见》（教高〔2006〕16号）等文件精神，在中国农业出版社教材出版中心的组织下编写。主要作为高职高专农业技术类专业学生的教材。教材力求体现体例新颖、层次清晰、深入浅出、实用性强的特点，注重理论知识和实践操作的融合，以尽可能满足我国农业高等职业院校培养农业技术类人才的需要。

本教材共分植物有害生物识别、植物有害生物调查和预测预报、植物有害生物综合防治和农药（械）使用四大项目。每一项目下分若干模块，每一模块下有若干工作任务，每一任务都有相应的技能或相关知识、拓展知识。以工作任务为主线，实践知识和理论知识结合，让学生在职业实践的基础上掌握知识，增强了课程内容与职业岗位能力要求的相关性。

我国幅员辽阔，种植制度、品种、气候条件、栽培条件等差异很大。因此，各院校在使用本教材时，可根据当地实际情况，选择相关模块组织教学，并补充当地生产所需的植物保护新知识和新技术。

本教材由陈啸寅、马成云担任主编，席敦芹、陈彩贤担任副主编。编写分工如下：陈啸寅编写项目一和项目三中水稻、麦类病虫害识别和防治部分；马成云编写项目一和项目三中杂粮、油料作物病虫害识别和防治部分；席敦芹编写项目一和项目三中棉花、蔬菜病虫害识别和防治、杂草与害鼠识别、农田杂草化学防除及鼠害防治部分；陈彩贤编写项目一和项目三中糖料、烟草病虫害识别和防治，地下害虫识别和防治，项目三模块一综合防治方案的制订及项目二植物有害生物调查和预测预报；马洪兵编写项目四农药（械）使用；陈红果编写项目一和项目三中果树病虫害识别和防治及植物病虫害标本的采集、制作与保存；夏立编写项目一中农业昆虫识别部分；王燕编写项目一中植物病害诊断部分、项目一和项目三杂粮病虫害识别和防治中甘薯部分的内容。扬州大学农学院梁继农教授和江苏丘陵地区镇江农业科学研究所潘以楼研究员负责了本教材的审稿工作。

本教材编写工作得到了中国农业出版社教材中心和江苏农林职业技术学院、

黑龙江农业职业技术学院、潍坊职业学院、广西农业职业技术学院、山东农业大学植物保护学院、太原生态工程学校、河南农业职业学院和杨凌职业技术学院的大力支持。

本教材围绕工学结合人才培养的要求，在编写形式上作了一些创新，这仅是一种尝试。限于编者水平，加之编写时间仓促，错误和疏漏之处在所难免，敬请予以指正。

编　者

2008 年 5 月

第三版前言

本教材根据教育部《关于全面提高高等教育质量的若干意见》（教高〔2012〕4号）、教育部《关于“十二五”职业教育教材建设的若干意见》（教职成〔2012〕9号）等文件精神，在中国农业出版社高职高专教育教材出版分社的组织下编写，主要作为高职高专种植类专业学生的教材。教材力求体现体例新颖、层次清晰、内容丰富、深入浅出的特点，注重理论知识和实践操作的有机融合，突出应用性和适用性，以尽可能满足种植类专业人才培养的需要。

本教材分植物有害生物识别、植物有害生物调查和预测预报、植物有害生物综合防治和农药（械）使用四大项目，项目下分若干子项目，子项目下分若干任务，每项任务均包括材料（或场地）及用具、内容及操作步骤、练习与思考等栏目。每一子项目后面设有考核评价栏目，以引导学生了解自己学习、掌握技能和知识的状况。

2008年出版发行的《植物保护》第二版，以实践理论一体化作为教材编写的理念，以项目任务为载体，推动了工学结合人才培养模式下的植物保护课程改革，得到了使用者的好评。以该版教材框架为课程基本结构建设的植物保护课程于2009年被评为国家级精品课程，2013年入选国家级精品资源共享课立项项目。农业生产发展很快，职教理念也在实践中不断深化。为适应农业生产的发展变化，及时补充当地生产所需的新知识和新技术，体现现代职业教育课程改革的先进理念，在保留第二版基本体例和内容的基础上，进行了本版教材的修订。教材修订过程中，还适当增加了行业和企业一线的编审人员。

本教材由陈啸寅（江苏农林职业技术学院）、朱彪（辽宁职业学院）主编，席敦芹（潍坊职业学院）、陈彩贤（广西农业职业技术学院）担任副主编。编写分工如下：陈啸寅编写项目一和项目三中水稻、麦类病虫害识别和防治部分；朱彪编写项目一和项目三中杂粮、油料作物病虫害识别和防治部分；席敦芹编写项目一和项目三中蔬菜病虫害识别和防治、杂草与害鼠识别、农田杂草化学防除及鼠害防治部分；陈红果（太原生态工程学校）编写项目一和项目三中果树病虫害识别和防治及植物病虫害标本的采集、制作与保存；夏立（河南农业职业学院）

编写项目一中农业昆虫识别部分；王燕（杨凌职业技术学院）编写项目一中植物病害诊断部分；葛应兰（南阳农业职业学院）编写项目一和项目三中棉花病虫害识别和防治、地下害虫识别和防治及项目三中综合防治方案的制订；陈彩贤编写项目二植物有害生物调查和预测预报；马洪兵（山东农业大学）编写项目四农药（械）使用。江苏省植物保护站张绍明研究员和江苏省绿盾植保农药实验有限公司总经理吉沐祥研究员承担本教材的审稿工作。

在教材修订中，参考、借鉴和引用了相关文献资料，谨向各位专家、学者表示诚挚的谢意！

限于编者水平，错误和疏漏之处在所难免，敬请读者指正。

编　者

2014年6月

目录

项目一 植物有害生物识别

项目提要

本项目在介绍农业昆虫识别和植物病害诊断基本技能及其相关知识的基础上，重点叙述了稻、麦、杂粮、棉花、油料、蔬菜、果树主要病害的症状及病原识别，主要害虫的形态特征及危害状识别；介绍了地下害虫、杂草与害鼠的形态识别及植物病虫害标本采集和制作的方法。要求学生认识植物病（病原物）、虫、草、鼠等有害生物的形态特征，了解其发生和危害特点，掌握其识别方法。

子项目一　农业昆虫识别

【学习目标】掌握昆虫的基本特征，识别常见农业昆虫类群，了解昆虫的生物学特性及其与防治的关系，了解昆虫发生与环境的关系。

任务 1　昆虫形态特征的观察

【材料及用具】蝗虫、蝼蛄、蜂、椿象、蝉、蝶、蛾、金龟甲、天牛、螳螂、家蝇、虻、蚊、龙虱、蜘蛛、虾、蜈蚣、马陆等针插标本或浸渍标本，家蚕幼虫、蝗虫雌成虫和雄成虫等内部器官解剖浸渍标本，口器、触角、足、翅类型的盒装标本及有关挂图；解剖镜、放大镜、解剖剪、解剖针、镊子、蜡盘、生理盐水、白纸、胶水、培养皿等用具。

【内容及操作步骤】

一、昆虫纲特征及其近缘纲动物形态观察

昆虫纲特征及其近缘纲动物形态

危害作物的有害动物绝大部分是昆虫，昆虫属于动物界节肢动物门昆虫纲，是动物界中种类最多、数量最大、分布最广的一个类群。已知地球上的昆虫有100万种以上，约占整个动物界的2/3。昆虫成虫的体躯分为头、胸、腹三体段。头部具有口器、1对触角、1对复眼和0～3个单眼。胸部具有3对足，一般还有两对翅。腹部末端着生外生殖器，有的还有1对尾须（图1-1-1）。只要掌握了昆虫的上述基本特征，就能将它与其他近缘的节肢动物区别开来。如常见节肢动物门中蛛形纲的蜘蛛，体躯分为头胸部和腹部两个体段，有4对足，无翅，无触角；甲壳纲的虾、蟹，体躯分头胸部和腹部两个体

段，有 5 对足，无翅；唇足纲的蜈蚣，体分为头部和胴部（胸部和腹部同形），体各节着生 1 对足；多足纲的马陆，体也分为头部和胴部，体各节着生 2 对足，均无翅（图 1-1-2）。

观察昆虫纲的基本特征及其与节肢动物门蛛形纲、甲壳纲、唇足纲、多足纲在形态上的区别。

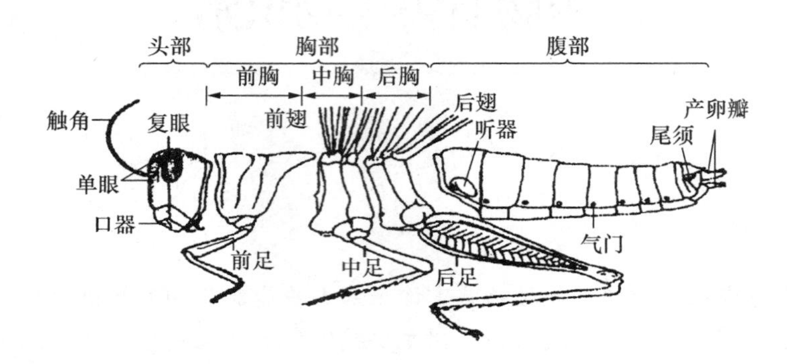

图 1-1-1　昆虫（蝗虫）体躯侧面观
（邰连春 . 2007. 作物病虫害防治）

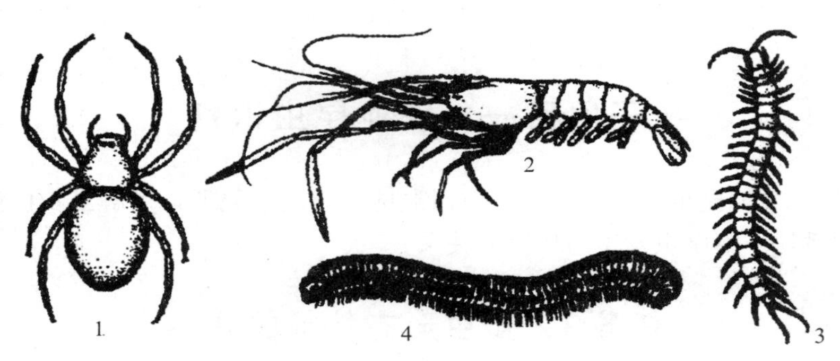

图 1-1-2　节肢动物门中与昆虫纲近缘的 4 个纲
1. 蛛形纲（蜘蛛）　2. 甲壳纲（虾）　3. 唇足纲（蜈蚣）　4. 多足纲（马陆）
（邰连春 . 2007. 作物病虫害防治）

二、昆虫头部及其附器的观察

昆虫的头部及其附器

头部是昆虫最前面的一个体段，以膜质的颈与胸部相连。头部通常着生有触角、复眼、单眼等感觉器官和取食的口器，所以昆虫的头部是昆虫感觉和取食的中心。

1. 头壳分区观察　昆虫的头壳外壁坚硬，多呈半球形，表面有许多沟和缝将其分成若干个区域。头壳的上方称为头顶，头顶的下方和头前面的区域称为额，额的下方依次为唇基和上唇。头壳两侧称为颅侧区，复眼着生在此区域内。复眼以下部位称为颊，颊和顶无明显分界。头壳的后面称为后头。蝗虫头部的结构见图 1-1-3。

观察蝗虫头部，找出额、颊、唇基、头顶等部位。

2. 头式观察　昆虫由于取食方式的不同，口器的形状及着生的位置也发生了相应的变化。按照口器着生的方向，昆虫可分为 3 种头式（图 1-1-4）。

（1）下口式。口器位于头部的下方，头部纵轴与体躯纵轴大致呈直角。多见于植食性昆虫，大多为害虫。

（2）前口式。口器位于头的前方，头部纵轴与体躯纵轴大致平行。多见于捕食性和钻蛀性昆虫。

（3）后口式。口器向头的下后方伸出，头部纵轴与体躯纵轴成一锐角。多见于刺吸式口器的昆虫。

观察蝗虫、鳞翅目幼虫、步甲、天牛幼虫、蝉、蚜虫等的口器，注意其头式类型。

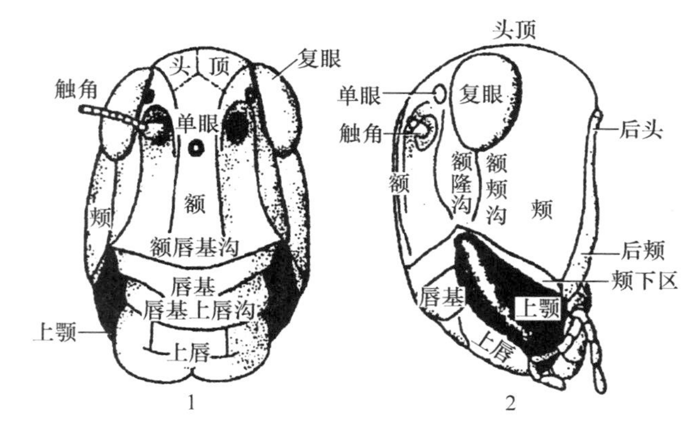

图 1-1-3　蝗虫头部的结构

1. 正面　2. 侧面

（袁锋．2001. 农业昆虫学）

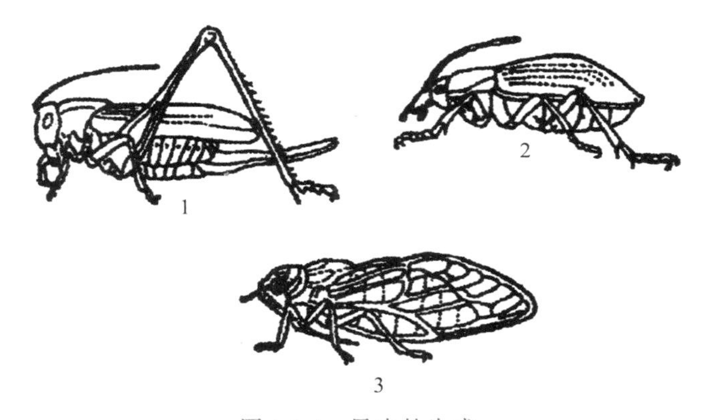

图 1-1-4　昆虫的头式

1. 下口式　2. 前口式　3. 后口式

（邰连春．2007. 作物病虫害防治）

3. 口器的观察　昆虫由于食性和取食方式不同，口器在构造上形成了不同的类型。取食固体食物的为咀嚼式口器，取食液体食物的为吸收式口器，兼食固体和液体食物的为嚼吸式口器。吸收式口器又包括刺吸式口器（如蚜虫）、锉吸式口器（如蓟马）、虹吸式口器（如蛾类）和舐吸式口器（如蝇类）等。常见危害农作物的昆虫口器多为咀嚼式口器和刺吸式口器。

（1）咀嚼式口器。此为昆虫口器的基本形式，由上唇、上颚、下颚、下唇和舌等五部分组成（图 1-1-5）。

①上唇：是着生在口器上方的 1 个薄片，其外面坚硬，里面有柔软的内唇，能辨别食物的味道。

②上颚：位于上唇之下，是左右各 1 个的坚硬带齿的块状物，分为切区和磨区，用以切断和磨碎食物，并有御敌功能。

③下颚：位于上颚下方，左右各 1 片，构造比较复杂，其主要功能是握持和推送食物。两个下颚上还分别着生 1 根分 5 节的下颚须，有味觉和嗅觉的功能。

④下唇：在口器的底部，其构造与下颚相似，但已合并成 1 个愈合体，其主要功能是承托食物。两侧还分别着生 1 根分 3 节的下唇须，其功能和下颚须相似。

⑤舌：位于上、下颚之间，在口器中央，呈袋状，具味觉和搅拌食物的作用，并能帮助运送和吞咽食物。

上述五部分共同围成 1 个口腔，食物在这里经咀嚼后送入前肠，舌和下唇之间有唾液腺的开口，流出的唾液和食物混合，有利于食物吞咽。

常见的作物害虫如蝗虫、蝼蛄、蛾类和蝶类幼虫都是咀嚼式口器，它们咬食植物组织，在被害植物上造成缺刻、孔洞或切断植株，蛀坏组织。

以蝗虫为例，用镊子和剪刀依次取下蝗虫的上唇、1对上颚、1对下颚、下唇和舌五部分，放在白纸上，仔细观察各部分形态和构造，将蝗虫口器的各部分按图1-1-5粘贴于纸上。观察鳞翅目幼虫的口器，其上颚强大，舌、下颚、下唇合并成一复合体，顶端具有吐丝器。

（2）刺吸式口器。这种口器呈针状，由咀嚼式口器演化而来。其构造的主要特点是：下唇延长成1条喙管，喙管里面包藏着由1对上颚和1对下颚演变成的4根细长的口针。两下颚口针内侧有两个槽，合并时形成两条细管，1条是排出唾液的唾液管，1条是吸取汁液的食物管。上唇多退化成小型片状物，盖在喙管基部上面，下颚须和下唇须多退化或消失（图1-1-6）。

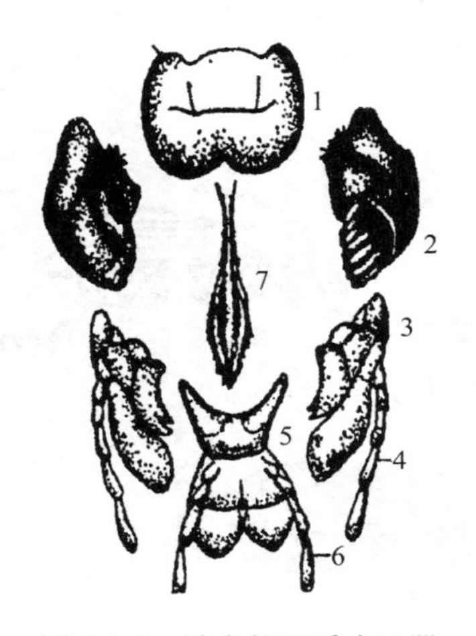

图1-1-5　昆虫的咀嚼式口器

1. 上唇　2. 上颚　3. 下颚
4. 下颚须　5. 下唇　6. 下唇须　7. 舌

（邰连春．2007. 作物病虫害防治）

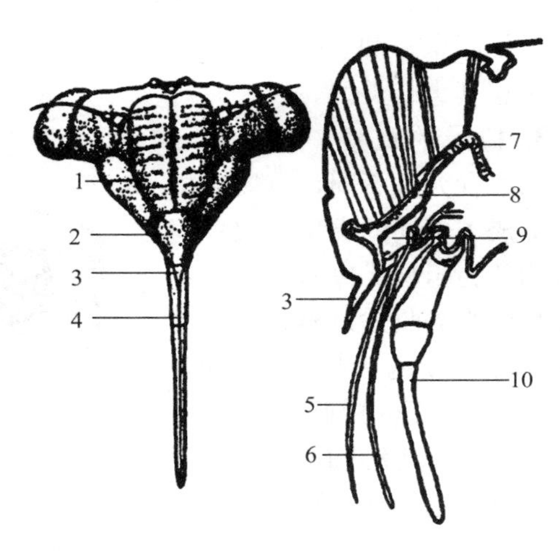

图1-1-6　蚱蝉的刺吸式口器

1. 额　2. 唇基　3. 上唇　4. 喙　5. 上颚口针
6. 下颚口针　7. 咽喉　8. 食窦　9. 舌　10. 下唇

（邰连春．2007. 作物病虫害防治）

常见的作物害虫，如蚜虫、椿象等就是这种口器，它们只能吸收液体物质。取食时将口针交替刺入寄主植物组织内吸取汁液，常使作物被害部分出现斑点、卷叶、萎缩、畸形及果实脱落等被害状，有些刺吸式口器的昆虫还可以传播植物病毒病。

以蝉为例，在头的下方有1个3节的管状下唇，内藏上颚口针、下颚口针。用右手食指慢慢地将下唇向下按，迎着光线在正面基部可见1个三角形小片，即上唇，继续将下唇下按，使包藏在下唇槽内的上、下颚口针外露，左右1对较粗的是上颚，中间1根金黄色的是1对下颚口针的愈合管，其中有食物道和唾液道，用解剖针自颚基部向上挑动即可分开。最后将上唇、喙管和口针按图1-1-6贴于纸上。

观察蜜蜂的嚼吸式口器，蝶、蛾类的虹吸式口器，蝇类的舐吸式口器及蓟马的锉吸式口器等其他口器类型。

了解昆虫口器的类型和取食特点，有助于判别田间害虫类别，同时还可以针对不同口器类型的特点，选用适宜的农药进行防治。如防治咀嚼式口器害虫可用胃毒剂施于植株表面，或制成毒饵，使其取食后中毒致死；而防治刺吸式口器害虫，可选用能被植物吸收并传导的内吸剂施于植物上，使其吸食含毒汁液而中毒死亡。

4. 触角的基本构造及类型观察　昆虫中除少数种类外，都具有1对触角，着生于额的两侧。触角由柄节、梗节和鞭节3部分构成。柄节是连在头部的第一节，通常粗而短，以膜质连接在触角窝的边缘上。第二节是梗节，一般比较细小。梗节以后各节通称鞭节，常分若干小节或亚节。鞭节的形状和分节的多少，因昆虫种类而异。同种昆虫的触角，还常因性别而异。如小地老虎雌蛾的触角是丝状，雄蛾却是羽毛状。很多蚊类、蛾类和甲虫雄虫的触角总比雌虫发达。

用放大镜观察蜜蜂触角（膝状）各部分构造的形态，并观察其他类型触角的形态：具芒状（家蝇）、刚毛状（蝉）、丝状或线状（蝗虫）、念珠状（白蚁）、栉齿状（绿豆象）、锯齿状（锯天牛）、球杆状或棍棒状（菜粉蝶）、锤状（长角蛉）、鳃叶状（金龟甲）、羽毛状或双栉齿状（樗蚕）、环毛状（库蚊）等（图1-1-7）。

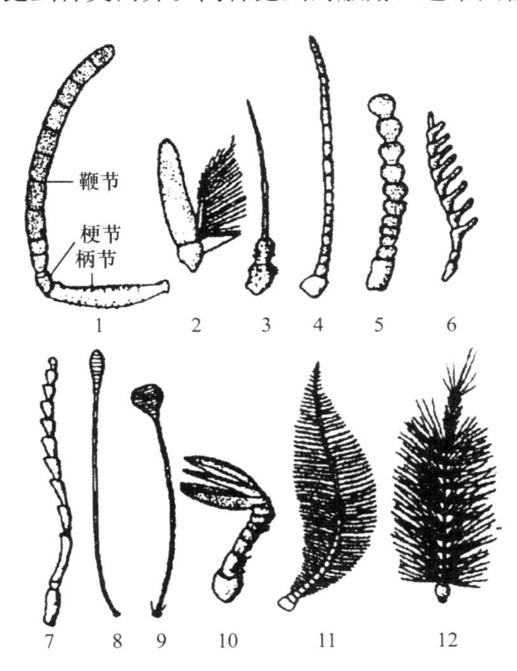

图1-1-7　触角的类型与结构

1. 膝状（触角的基本构造）　2. 具芒状　3. 刚毛状　4. 丝状　5. 念珠状　6. 栉齿状　7. 锯齿状　8. 球杆状　9. 锤状　10. 鳃叶状　11. 羽毛状　12. 环毛状

（郜连春 . 2007. 作物病虫害防治）

5. 眼的观察　昆虫有复眼和单眼两种。完全变态昆虫成虫期和不完全变态昆虫成、若虫期都具有复眼。复眼由许多六角形小眼组成。一般小眼数越多，它的视力也越强。复眼是昆虫的主要视觉器官，其对光的强度、波长、颜色等都有较强的分辨能力。有些昆虫的成虫，在1对复眼之间还生有1～3个单眼。单眼只能辨别光线强弱。近来有人认为单眼是一种激动性器官，可使飞行、降落、趋利避害等活动迅速实现。

以蝗虫为例，观察复眼和单眼的位置和数量。

三、昆虫胸部及其附器的观察

胸部是昆虫的第二体段，由3节组成，依次称为前胸、中胸和后胸。各胸节的侧下方均生1对足，依次称前足、中足和后足。在中胸和后胸背面两侧，通常各生1对翅，分别称前翅和后翅。足和翅是昆虫的主要运动器官，所以，胸部是昆虫的运动中心。昆虫的胸部由于要承受足的强大动力和配合翅的飞行动作，所以体壁高度骨化，具有复杂的沟和内脊，肌肉特别发达，各节结构紧密，特别是中、后胸具翅胸节尤为紧凑。昆虫的每一胸节，均由4块骨板组成，位于背面的称背板，两侧的称侧板，腹面的称腹板。

1. 胸足的构造和类型观察　胸足是昆虫体躯上最典型的附肢，由基节、转节、腿节、胫节、跗节、前跗节（爪和中垫）组成（图1-1-8）。昆虫跗节和中垫的表面具有许多感觉器，害虫在喷有触杀剂的植物上爬行时，药剂也容易由此进入虫体引起中毒死亡。各种昆虫由于生活环境和生存方式不同，胸足的构造和功能产生了相应的变化，形成了不同类型的足（图 1-1-9）。了解昆虫胸足的构造及类型，对于识别昆虫、推断栖息场所、研究它们的生活习性和危害方式以及害虫防治和益虫保护都有一定意义。

观察昆虫胸足的构造和步甲的步行足、蝗虫的跳跃足、螳螂的捕捉足、蝼蛄的开掘足、龙虱的游泳足及抱握足、蜜蜂的携粉足等形态。

图 1-1-8 昆虫胸足的构造

1. 基节 2. 转节 3. 腿节
4. 胫节 5. 跗节 6. 前跗节
（李清西等 .2002. 植物保护）

图 1-1-9 昆虫胸足的类型

1. 步行足 2. 跳跃足 3. 开掘足 4. 捕捉足
5. 游泳足 6. 携粉足 7. 抱握足 8. 攀缘足
（李清西等 .2002. 植物保护）

2. 翅的构造和类型观察 绝大多数昆虫的成虫都具有两对翅。昆虫的翅多为双层膜质薄片，中间贯穿着翅脉，一般多呈三角形。有 3 条边，前面的边称前缘，后面的边称后缘，外面的边称外缘；有 3 个角，前缘基部的角称肩角，前缘和外缘之间的角称顶角，外缘和内缘之间的角称臀角。还有臀褶和基褶等把翅面分成臀前区、臀区、轭区和腋区（图 1-1-10）。

昆虫的翅一般为膜质，用作飞行。但是各种昆虫为适应特殊的生活环境，其翅的质地与形状发生了很大的变化，形成了各种类型。常见的有以下几种（图 1-1-11）：

（1）覆翅。翅的质地如皮革质，翅脉隐约可见，常覆盖于体背，如蝗虫的前翅。

（2）鞘翅。坚硬角质化，似刀鞘，翅脉消失，两翅相接于背中线上，如甲虫类的前翅。

（3）半鞘翅。翅基部为革质或角质，端部为膜质，如椿象的前翅。

（4）平衡棒。翅退化为小型棒状体，飞行时有保持身体平衡的作用，如蚊蝇类的后翅。

（5）缨翅。翅细长，前后缘具有长缨毛，如蓟马的前、后翅。

（6）鳞翅。翅膜质，翅面被有鳞片，如蛾、蝶类的翅。

（7）膜翅。翅膜质透明，翅脉明显可见，如蜂类的翅。

昆虫翅的类型是昆虫分类的重要依据。观察昆虫翅的构造和常见翅的类型。

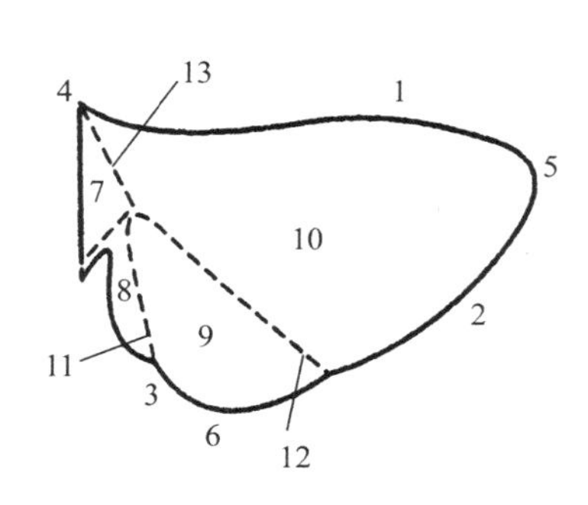

图 1-1-10　昆虫翅的分区

1. 前缘　2. 外缘　3. 内缘　4. 肩角
5. 顶角　6. 臀角　7. 腋区　8. 轭区
9. 臀区　10. 臀前区　11. 轭褶
12. 臀褶　13. 基褶

（邰连春 . 2007. 作物病虫害防治）

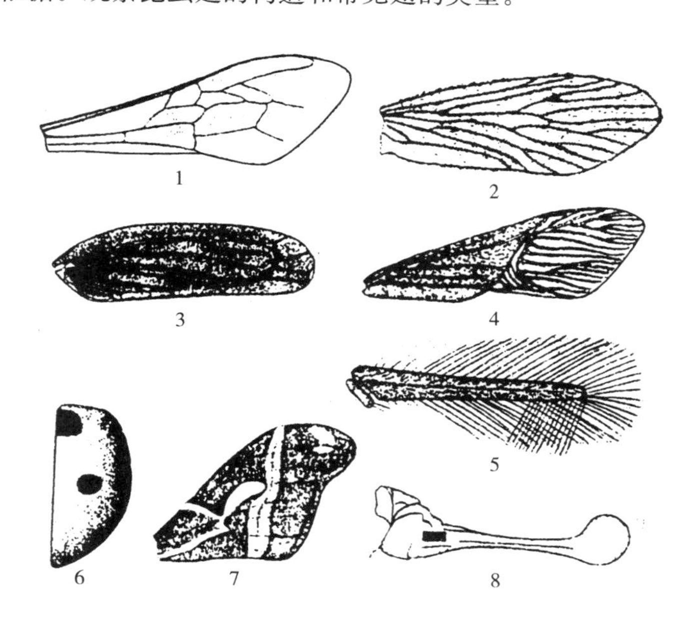

图 1-1-11　昆虫翅的类型

1. 膜翅　2. 毛翅　3. 覆翅　4. 半鞘翅
5. 缨翅　6. 鞘翅　7. 鳞翅　8. 平衡棒

（李清西等 . 2002. 植物保护）

3. 翅的连锁器观察　同翅目、鳞翅目、膜翅目等昆虫的成虫，以前翅为主要的飞行器官，后翅一般不太发达，飞行时必须通过特殊的构造将后翅挂在前翅上，才能保持前、后翅行动一致，这种将昆虫的前后翅连为一体的特殊构造，称为翅的连锁器。

观察蝙蝠蛾的翅轭连锁、蛾类的翅缰连锁、蜜蜂的翅钩连锁、蝉的卷褶连锁、蝶类的翅抱连锁等连锁器的形态。

四、昆虫腹部及其附器的观察

腹部是昆虫的第三体段，腹内包藏着各种脏器和生殖器，腹部末端具有外生殖器，所以腹部是昆虫新陈代谢和生殖的中心。昆虫的腹部一般由 9～11 节组成，腹部各体节只有背板和腹板，而无侧板。背板与腹板之间以侧膜相连。其中第一至七节没有附肢，第八、九节上着生外生殖器，是雌雄交配和产卵的器官。有些昆虫在第十或十一节上着生尾须，是一种感觉器官。腹末还有肛门。第一至八腹节两侧各有 1 对气门（中胸和后胸还各有 1 对），用于呼吸。

1. 雄性外生殖器观察　昆虫的雄性外生殖器称交尾器，位于第九腹节，主要包括将精子送入雌体的阳具和交尾时挟持雌体的抱握器。不同种类的昆虫其交尾器的构造不同，造成种间隔离，以保持自然界中昆虫种的稳定性，所以雄性外生殖器的特征是分类学中鉴定种的重要依据。

2. 雌性外生殖器观察　昆虫的雌性外生殖器称产卵器，位于腹部第八、九节的腹面，由腹产卵瓣、背产卵瓣和内产卵瓣、生殖孔等组成。

各种昆虫产卵的环境场所不同，产卵器的外形变化也很大。如蝗虫的产卵器呈短锥状，螽斯的产卵器呈刀剑状，蝉的产卵器呈锯齿状，这些昆虫可以把卵产在土壤中或植物体内；蛾、蝶及蝇类等昆虫无特殊构造的产卵器，仅在腹末有1个能够伸缩的伪产卵器，只能把卵产在物体表面、缝隙等部位。产卵器的形状和构造也是识别昆虫的常用特征。

观察昆虫腹部的构造和各类产卵器的形态。

五、昆虫体壁的观察

体壁是昆虫骨化了的皮肤，包在昆虫体躯的外围，具有与高等动物骨骼相似的作用，所以又称为外骨骼。昆虫体壁的功能是支撑身体，着生肌肉，防止体内水分过度蒸发，调节体温，防止外部水分、微生物及其他有毒物质的侵入，接受外界刺激，分泌各种化合物，调节昆虫的行为。

体壁极薄，但构造复杂。由里向外，分为底膜、皮细胞层及表皮层。底膜是紧贴细胞层的薄膜，是体壁与内脏的分界。皮细胞层由单层活细胞所组成，部分细胞在发育的过程中能特化成各种不同的腺体和刚毛、鳞片等。表皮层是皮细胞层向外分泌的非细胞性的物质层，由内向外分为内表皮（柔软具延展性）、外表皮（质地坚硬）和上表皮（亲脂疏水性）3层（图1-1-12）。

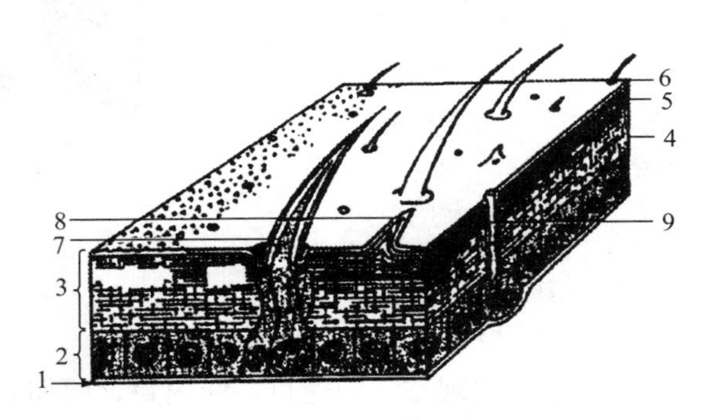

图 1-1-12　昆虫体壁构造

1. 底膜　2. 皮细胞层　3. 表皮层　4. 内表皮　5. 外表皮　6. 上表皮　7. 刚毛　8. 表皮突起　9. 皮细胞腺

（张学哲 . 2005. 作物病虫害防治）

体壁的构造和表面特征影响杀虫剂的杀虫效果。体壁上的刚毛、鳞片、毛、刺等及上表皮的蜡层、护蜡层等影响杀虫剂在昆虫体表的黏着和展布，因而在药液中加适量的洗衣粉等可提高杀虫效果。既具有高度脂溶性又具有一定水溶性的杀虫剂能顺利通过亲脂性的上表皮和亲水性的内外表皮而表现出良好的杀虫效果。同一种昆虫的低龄期比老龄期体壁薄，抗药性弱。刚蜕皮时，外表皮尚未形成，药剂比较容易透入体内。所以，要治虫于三龄之前。

六、昆虫内部器官的观察

1. 内部器官的位置观察　昆虫的内部器官位于体壁所包围的体腔内，昆虫没有像高等动物一样的血管，其血液就充塞于体腔里，所以昆虫的体腔又称为血腔，各个内部器官系统都浸在血液中。纵贯体腔中央的是消化道；在消化道的上方，与其平行的是背血管，是血液循环的中枢；在消化道的下方，与其平行的是神经系统；在消化道的两侧为呼吸系统的气管侧纵干；生殖器官通常在腹部末端数节的体腔内。这些器官虽然各有其特殊功能，但它们是密切联系的，构成不可分割的整体（图1-1-13）。观察蝗虫等内部器官解

昆虫内部器官观察

剖浸渍标本及相关挂图、模型。

2. 消化系统观察　昆虫的消化系统包括消化道和唾腺。观察蝗虫（蝼蛄或油葫芦）的蜡盘解剖浸渍标本，可见消化道是1条自口到肛门、纵贯体腔中央的管子，依次可分为前肠、中肠和后肠三部分（图1-1-14）。

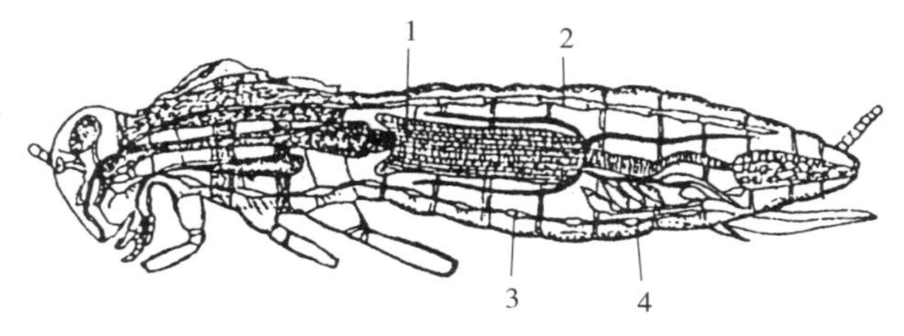

图1-1-13　昆虫内部器官的位置

1. 消化系统　2. 循环系统　3. 神经系统　4. 生殖系统

（黄宏英等．2006．园艺植物保护概论）

前肠由口腔开始，经过咽喉、食道、嗉囊和前胃，以伸入中肠前端的贲门瓣与中肠交界。食物进入口腔后与唾腺混合，经咽喉、食道而进入嗉囊，短暂停留后，再送入前胃。前胃内壁发达而坚韧，多有齿状突起，用来机械地磨碎食物。

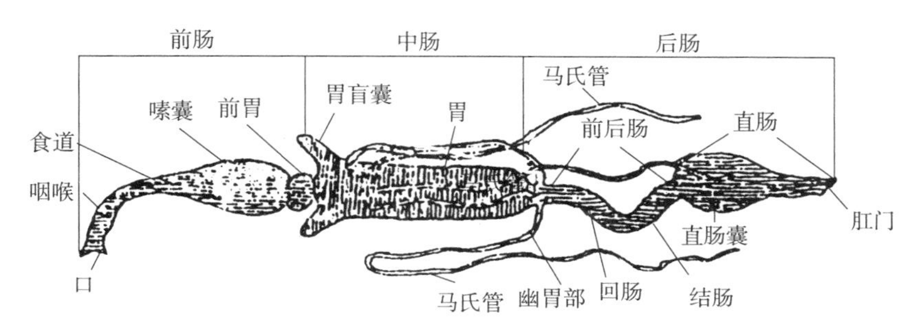

图1-1-14　昆虫消化道的模式构造

（黄宏英等．2006．园艺植物保护概论）

中肠紧接于前肠之后，又称胃，是消化食物和吸收养分的主要部分。中肠可分泌多种消化酶，能将食物分解成简单的分子，使食物在中肠消化并被肠壁吸收。许多昆虫中肠的肠壁向外突出，形成大小和数目不等的盲管状物，称为胃盲囊，其功能是增加中肠的分泌和吸收面积。

后肠是消化道的最后部分，前端以马氏管着生处与中肠分界，后端开口于肛门。后肠通常分为回肠、结肠和直肠。经中肠消化吸收后的食物残渣，经过后肠吸收水分后形成粪便排出体外。

在中肠与后肠的交界处，生有许多细长的盲管，称为马氏管。是昆虫的排泄器官，其功能相当于高等动物的肾脏，它能从血液中吸收各组织排泄出的废物，并经后肠随粪便排出。

蚜虫、介壳虫等刺吸式口器的昆虫，由于吸收植物过多的水分和糖分，它们的消化道的后肠折转过来与前肠密切接触，使食物中过多的水分和糖分直接从前肠渗入后肠排出体外，这种构造称为滤室。所以蚜虫等的排泄物黏而甜，称为蜜露，常招引蚂蚁前来取食。观察蚱蝉或蝽的蜡盘解剖标本或挂图。

了解消化道的生理可以指导对胃毒剂的选用。胃毒剂是指被昆虫食入消化道进入中肠后使昆虫中毒死亡的药剂。胃毒剂在中肠内能否溶解以及溶解度的大小直接影响到杀虫效果，而胃毒剂在中肠的溶解度与中肠液的酸碱度关系很大。如敌百虫在碱性消化液中，能形成更毒的敌敌畏；微生物农药如杀螟杆菌、青虫菌等的致毒物质在碱性溶液中易分解，因此对中肠液偏碱性的害虫防治效果就好。此外，中肠的其他可溶性物质也可能影响胃毒剂的溶解度，因此，同一种胃毒剂对不同害虫产生的效果不同。应用拒食剂是另一种防治害虫的途径，这类药剂被害虫取食后，可完全破坏其食欲和消化能力，阻止害虫继续取食，以致饥饿而死。

3. 呼吸系统观察 昆虫的呼吸系统由气门和气管系统组成，以从空气中摄取氧气，供给体内营养物质的氧化，产生热能，从而维持其生命活动。

气管系统由许多富有弹性的管子组成，称为气管。气管的主干有两条，纵贯身体两侧，主干间有横走气管连接，由主干分出许多分支，愈分愈细，最后分成许多微气管，分布到各组织的细胞间，能把氧气直接输送到身体各部分。气管在身体两侧的开口称为气门，一般昆虫气门至多不超过 10 对，即中胸和后胸各 1 对，腹部第一至八节各 1 对。观察家蚕幼虫的气管系统。

昆虫的呼吸作用主要是靠空气的扩散和虫体呼吸运动的鼓风作用，使空气由气门进入气管、支气管和微气管，最后到达各组织。当空气中含有有毒物质时，毒物也随着空气进入虫体，这就是熏蒸杀虫的基本原理。当温度高或空气中的二氧化碳含量较高时，昆虫的气门开放时间长，施用熏蒸剂的杀虫效果好。昆虫的气门结构大多是疏水亲脂性的，因此油乳剂容易由气门进入虫体，发挥毒效。此外，凡能堵塞气门的物质（如肥皂水、面糊等）都能起到一定防治作用。

4. 神经系统观察 昆虫的神经系统主要是中枢神经系统，包括脑、咽下神经节和纵贯全身的腹神经索。脑由前脑、中脑和后脑组成，通神经到复眼、单眼、触角、额和上唇；咽下神经节通神经到口器，支配口器的运动；腹神经索一般有 11 个神经节，胸部 3 个，腹部 8 个，每个神经节由神经索前后相连，主要控制昆虫足、翅和尾须的运动（图 1-1-15）。另外还有通往内脏的交感神经系统和分布在体壁上连接感觉器官的周缘神经系统。观察蝗虫的中枢神经系统。

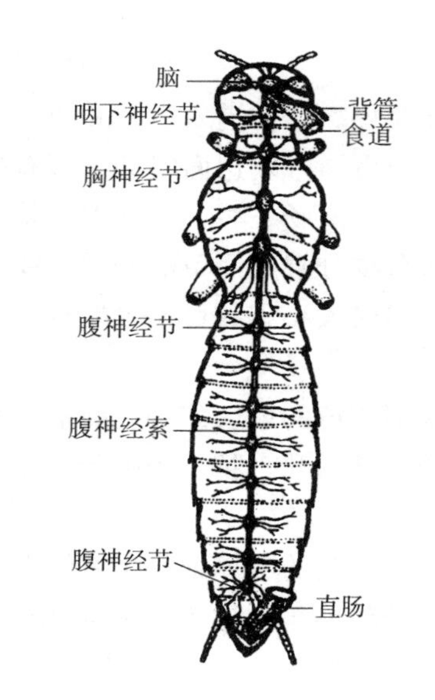

图 1-1-15　昆虫中枢神经系统模式
（袁锋．2001．农业昆虫学）

昆虫的一切生命活动都受神经支配，通过与神经系统相联系的感觉器官，如眼、触角等感受外界环境各种因素的刺激，又通过神经系统的调节，支配各种器官对这些刺激做出相应的反应，从而进行协调的生命活动。

昆虫的感觉器接受某种刺激后发生兴奋冲动，由感觉神经元传到中枢神经系统，中枢神经系统根据情况做出反应，经联络神经元和运动神经元传导到肌肉或腺体等反应器官，使反应器官做出反应。神经元的端丛在互相传递冲动时，并非直接接触，而是在两神经元的端丛间有很微小的间隙，因此冲动不能直接跨过传导到下一个神经元的端丛，而是在端丛分泌一种称为乙酰胆碱的化学物质，靠这种化学物质才能把冲动传导到另一个神经元的端丛，冲动传导后乙酰胆碱就被神经元端丛的乙酰胆碱酯酶分解成胆碱和乙酸而消失，因而神经恢复了常态。由此可见乙酰胆碱的产生，配合乙酰胆碱酯酶的分解作用，对神经传导是极为重要的。

了解昆虫的神经系统有助于对害虫进行防治。如目前使用的有机磷杀虫剂属于神经毒剂，它的杀虫机理就是破坏乙酰胆碱酯酶的分解作用。当昆虫受到刺激时，在神经末梢突触处产生的乙酰胆碱不能被分解，从而使神经传导一直处于过度兴奋和紊乱的状态，最终导致昆虫麻痹衰竭而死。

5. 生殖系统观察　昆虫的生殖系统是繁殖后代的器官。由于雌、雄性别不同，生殖器官的构造和功能差别很大。雌性昆虫的生殖器官主要由卵巢、输卵管、受精囊、附腺和阴道组成；雄性昆虫的生殖器官主要由睾丸、输精管、贮精囊、射精管、阳茎组成（图 1-1-16）。观察雌、雄蝗虫的生殖系统。

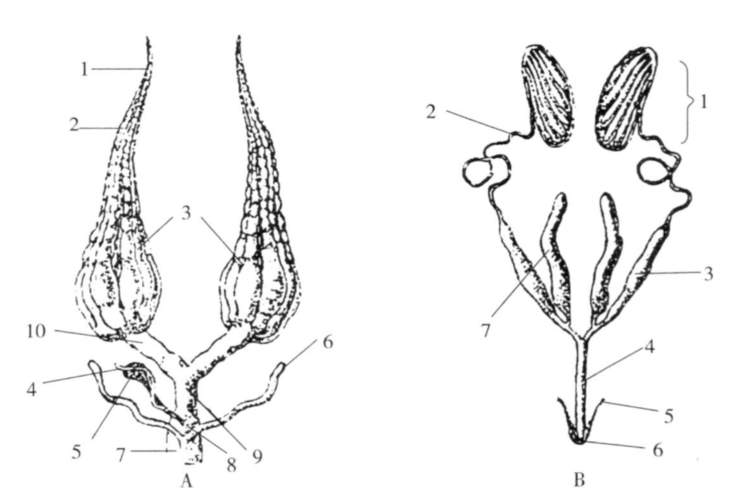

图 1-1-16　昆虫雌、雄内生殖器构造

A. 雌性内生殖器：1. 悬带　2. 卵巢　3. 卵巢管　4. 受精囊腺　5. 受精囊　6. 附腺　7. 生殖腔　8. 生殖孔　9. 中输卵管　10. 侧输卵管

B. 雄性内生殖器：1. 睾丸　2. 输精管　3. 贮精囊　4. 射精管　5. 阳茎　6. 生殖孔　7. 附腺

（李清西等 . 2002. 植物保护）

了解昆虫生殖器官的构造及交配受精特性，对于害虫防治和测报具有重要的意义。例如，利用射线照射、化学药剂处理等不育技术是防治害虫的一个途径；解剖观察昆虫卵巢发育级别及抱卵量，可以预测害虫的发生期和发生量。

6. 内分泌系统观察　昆虫的内分泌系统主要包括脑神经分泌细胞、咽侧体、前胸腺等，可分泌具有高度活性的化学物质，称为激素。激素分为两类，一类是内激素，经血液流动分布到作用部位，起调节和控制昆虫生长、发育、变态、滞育、交配、生殖等作用；另一类是外激素或称信息素，是昆虫个体间信息传递的化合物，散布到空气中，起调节或诱发同种昆虫间特殊行为的作用。

目前已明确的主要内激素有脑激素、蜕皮激素和保幼激素 3 种，外激素主要是性外激素，此外还有性抑制外激素、告警外激素、集结外激素和标迹外激素等。

利用昆虫激素的作用机制可以开发多种杀虫剂防治害虫，如将人们模拟开发出的保幼激素在害虫蜕皮之前施用，使害虫不能正常蜕皮，而致新陈代谢紊乱，直至死亡。性诱剂的开发利用，在害虫防治及预测预报等方面都发挥着重要的作用。

体视显微镜的使用

体视显微镜又称双筒解剖镜，有连续变倍和转换物镜两种，它们的结构都是由底座、支柱、镜体、目镜套筒及目镜、物镜、调焦螺旋、紧固螺丝、载物台等组成。

1. 操作步骤

（1）根据观察物体颜色选择载物台面（有黑、白两色），使观察物衬托清晰，并将观察物放在载物台中心。裸露标本或浸渍标本，应先放在载玻片上或培养皿中，然后再放在载物台上。

（2）根据观察需要确定放大倍数，然后松开紧固螺丝，用手稳住升降支架或托住镜身，慢慢拉出或压入升降支架，调节工作距离，至初步看到观察物时，再扭紧紧固螺丝，固定镜身。一般放大80～100倍时，工作距离为70～100mm，放大160倍（加用2倍大物镜）时，工作距离为25～35mm，因体视显微镜规格而异。

（3）先用低倍目镜和物镜观察，转动调焦螺旋，使左眼看清物像，然后转动右镜管上的目镜调焦环至两眼同时看到具有立体感的清晰物像时，即可观察。必要时还可调节两个大镜筒，改变目镜间距离，使适合工作者的双眼观察。调焦螺旋升降有一定的范围，当拧不动时，不能强拧，以免损坏阻隔螺丝和齿轮。

（4）如需改用高倍镜进行细致观察，可将观察部分移至视野中心，再拨动转盘，按照读数圈上的指示更换放大倍数。放大总倍数＝读数圈指示数×目镜倍数，如使用2倍大物镜则应将以上倍数再乘2。

2. 注意事项

（1）每次观察完毕后，应及时降低镜体，取下载物台面上的观察物，将台面擦拭干净，按要求放入镜箱内。取动时，必须一手紧握支架，一手托住底座，保持镜身垂直，轻拿轻放。

（2）体视显微镜和一般精密光学仪器一样，不用时应放置在阴凉、干燥、无灰尘和无酸碱性挥发药品的地方。注意防潮、防震、防尘、防霉、防腐蚀。

（3）显微镜镜头内的透镜都已经过严格校验，不得任意拆开，镜面如有污物，可用脱脂棉蘸少量二甲苯轻轻揩拭。镜面的灰尘可用擦镜纸轻拭，镜身可用清洁的软绸、细绒布擦净，切忌使用硬物，以免擦伤。

（4）齿轮滑动槽面等转动部分的油脂如因日久形成污垢或硬化影响螺旋转动灵活时，可用二甲苯将陈脂除去，再擦少量无酸动物油脂或无酸凡士林润滑油，但注意油脂不可接触光学零件，以免损坏。

练　习

1. 绘制蝗虫外部形态图，注明昆虫的体躯分段及各部分的名称。

2. 绘制蜜蜂触角图，并列表说明所观察昆虫触角的类型。

3. 精心贴制蝗虫的咀嚼式口器和蝉的刺吸式口器各部分于实验报告纸上，并指出两者的区别。

4. 绘制昆虫足的基本构造图，并指出蝗虫后足，蝼蛄、螳螂、金龟甲前足各属何种类型。

5. 绘制翅的模式图，标注其三边和三角，并列表说明所观察昆虫翅的类型。

6. 简述昆虫内部器官在体腔内的相对位置和形态特征。

思考题

1. 昆虫纲的主要特征有哪些？

2. 昆虫的口器主要有哪些类型？了解口器类型对防治害虫有何作用？

3. 昆虫触角的基本结构如何？常见类型有哪些？主要功能是什么？

4. 昆虫足的构造和功能变化是怎样适应不同的生活环境和生活方式的？

5. 举例说明昆虫翅的主要类型。

6. 昆虫的体壁有哪些功能？昆虫体壁结构与化学防治有何关系？

7. 了解昆虫内部器官的构造与生理功能，在害虫防治上有何意义？

任务2　昆虫变态类型及不同发育阶段的虫态观察

【材料及用具】菜粉蝶、小地老虎、棉铃虫、桃小食心虫、斑衣蜡蝉、蝗虫、蓟马等生活史标本和有关挂图；各种昆虫卵或卵块，金龟甲类、瓢虫类、天牛类、粉蝶类、蛾类、蝇类、叶蜂类、椿象、蝉类等成虫、幼虫（若虫）及蛹，大袋蛾、独角犀、稻飞虱、棉蚜、蜜蜂、白蚁等成虫性二型和多型现象的标本；解剖镜、放大镜、镊子、挑针、培养皿等用具。

【内容及操作步骤】

一、昆虫变态类型的观察

昆虫的一生自卵产下起至成虫性成熟为止，在外部形态和内部构造上，要经过复杂的变化，有若干次由量变到质变的过程，从而形成几个不同的发育阶段，这种现象称为变态。按昆虫发育阶段的变化，常见的变态可分为以下两大类。

昆虫的发育和变态

1. 不全变态　昆虫一生经过卵、若虫、成虫3个发育阶段。若虫与成虫在外部形态和生活习性上很相似，仅个体的大小、翅及生殖器官发育程度不同（图1-1-17）。

2. 全变态　昆虫一生经过卵、幼虫、蛹、成虫4个发育阶段，幼虫和成虫在形态和生活习性上完全不同（图1-1-18）。

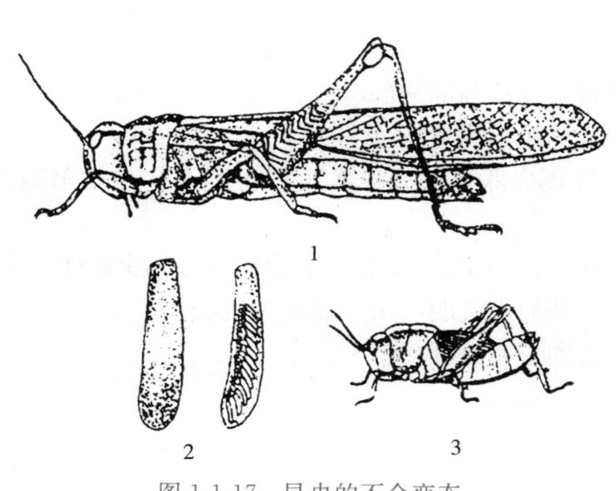

图 1-1-17　昆虫的不全变态
1. 成虫　2. 卵囊及卵　3. 若虫
（李清西等 . 2002. 植物保护）

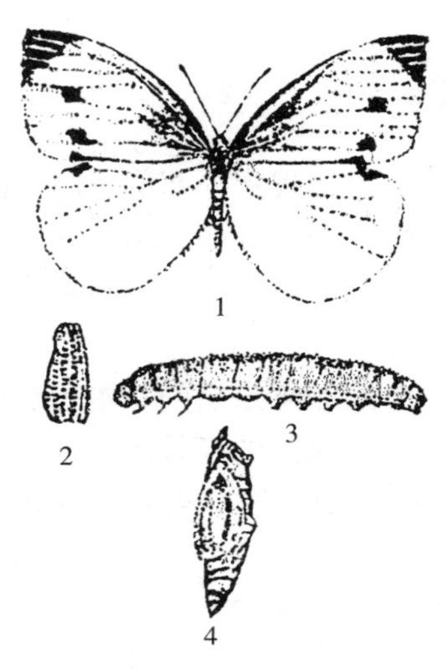

图 1-1-18　昆虫的全变态
1. 成虫　2. 卵　3. 幼虫　4. 蛹
（李清西等 . 2002. 植物保护）

观察蝗虫、椿象、叶蝉、金龟甲、蛾类、蝶类、小麦叶蜂、蝇、蚊等的生活史标本，注意其所属的变态类型。

二、卵的观察

昆虫的卵外面是 1 层坚硬的卵壳，起着保护作用。卵内有卵黄膜，包住里面的细胞质、卵黄和细胞核。卵壳的顶部有孔，称为受精孔，是精子进入卵内的通道。卵壳的表面具有各式刻纹。各种昆虫卵的大小差异较大，一般农业昆虫的卵，大小为 0.5～2.0mm。其大者如某些螽斯的卵，可长达 40mm；小者如寄生蜂卵，仅 0.02mm。

昆虫卵的形状各不相同。常见的有椭圆形、袋形、球形、半球形、长椭圆形、肾形、长卵形、长茄形、桶形、馒头形、有柄形（图 1-1-19）。

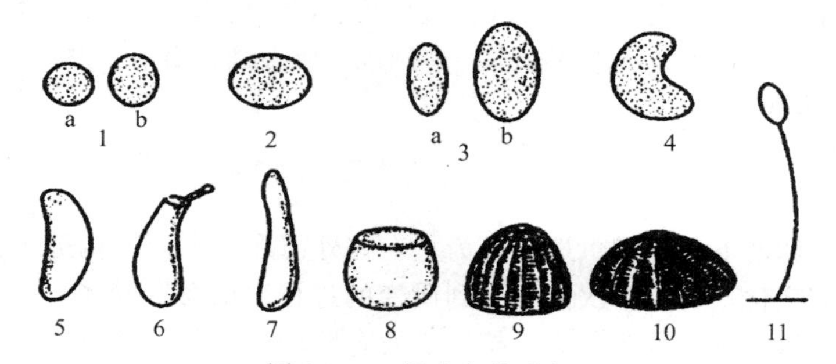

图 1-1-19　昆虫卵的形态
1. 椭圆形：a. 大黑鳃金龟　b. 蝼蛄　2. 球形　3. 长椭圆形：a. 棉蚜　b. 豆芫菁　4. 肾形（棉蓟马）
5. 长卵形（蝗虫）　6. 袋形（三点盲蝽）　7. 长茄形（飞虱）　8. 桶形（椿象）
9. 馒头形（棉铃虫）　10. 半球形（小地老虎）　11. 有柄形（草蛉）
（邰连春 . 2007. 作物病虫害防治）

昆虫的产卵方式也有差别，有单粒散产的，如棉铃虫；有多粒产在一起成为卵块的，如玉米螟。有的昆虫卵产下后，卵块上覆盖着 1 层绒毛，如三化螟。蝗虫的卵块则包在分泌物所造成的泡沫塑料状卵袋内，对卵起保护作用。昆虫的产卵场所也因虫而异，多数是产在植物枝叶的表面，如三化螟；有的产在寄主植物组织内，如稻飞虱；有的则产在土壤中，如蝼蛄。此外，有些体内寄生蜂的卵，产在其他昆虫的卵、幼虫、蛹或成虫体内。

三、幼虫的观察

1. 不全变态若虫的观察　不全变态的幼体和成虫的外部形态相似，仅个体的大小、翅及生殖器官发育程度不同，称若虫型。观察蝗虫、椿象、叶蝉等若虫的形态。

2. 全变态幼虫的观察　全变态昆虫的幼虫根据足的有无、数目，可分为无足型幼虫（完全无足）、寡足型幼虫（只有 3 对胸足，无腹足）和多足型幼虫（有 3 对胸足，2 对以上腹足）3 种类型（图 1-1-20）。

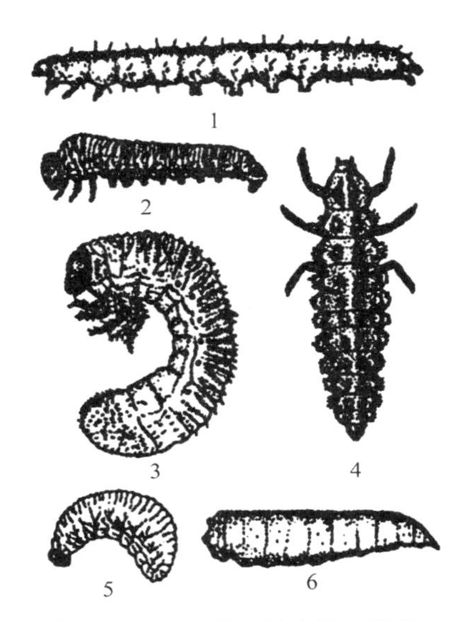

图 1-1-20　全变态昆虫幼虫类型

1、2. 多足型　3、4. 寡足型　5、6. 无足型

（邰连春 . 2007. 作物病虫害防治）

观察蝇类和象甲的无足型幼虫，瓢虫、金龟甲、步甲的寡足型幼虫，蝶类、蛾类、叶蜂类的多足型幼虫形态。注意蝶类、蛾类和叶蜂类幼虫的腹足数及着生位置。

在上述两大类变态类型中，也有一些特殊的变化。如蓟马等昆虫在高龄若虫变为成虫前有一个不食不动、类似于蛹的时期，其变态称为过渐变态；蜻蜓等昆虫的若虫在水中生活，且有成虫没有的临时性器官，其变态称半变态，若虫特称稚虫；再如芫菁等全变态昆虫，其幼虫的不同时期形态和习性明显不同，这种变态称为复变态。

四、蛹的观察

全变态昆虫种类不同，蛹的形态也不一样，可分为离（裸）蛹（触角、足、翅等附肢与蛹体分离，有的还可以活动）、被蛹（触角、足、翅等紧紧地贴在蛹体上，表面只能隐约见其形态）、围蛹（蛹体被幼虫最后蜕下的皮形成桶形外壳所包围，里面是离蛹）3 种类型（图 1-1-21）。

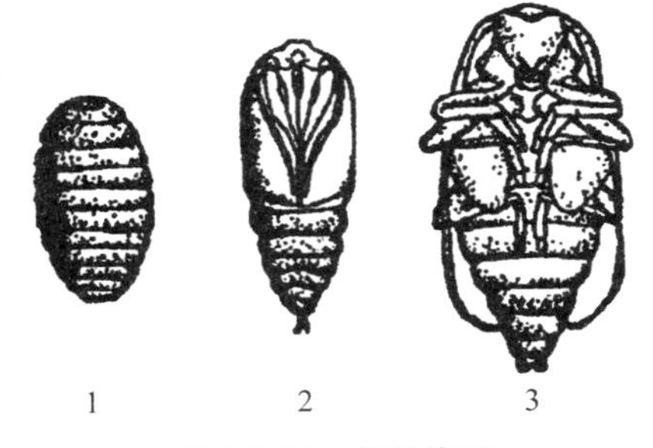

图 1-1-21　蛹的类型

1. 围蛹　2. 被蛹　3. 离蛹

（邰连春 . 2007. 作物病虫害防治）

观察金龟甲、蜂类的离蛹，蝶类、蛾类的被蛹，蝇、虻类的围蛹形态。

五、昆虫成虫的性二型和多型现象观察

多数昆虫，其成虫的雌、雄个体，在体形上比较相似，仅外生殖器官等第一性征不同。但也有部分昆虫，其雌、雄个体除第一性征不同外，在体形、色泽以及生活行为等第二性征方面也存在着差异，称为性二型。如小地老虎等蛾类，雄性触角为栉齿状，雌性为丝状；蓑蛾、介壳虫等，雄虫有翅，雌虫无翅。在同一种昆虫中，存在着两种或两种以上的个体类型，称为多

型现象。如稻褐飞虱、高粱长蝽的雌成虫有长翅型和短翅型两种。在高等的社会性昆虫中如蜜蜂有蜂后（蜂王）、雄蜂和不能生殖的工蜂等类型（图 1-1-22）。

观察蓑蛾、介壳虫、褐飞虱、蜜蜂或白蚁等的生活史标本，注意性二型和多型现象的特征。

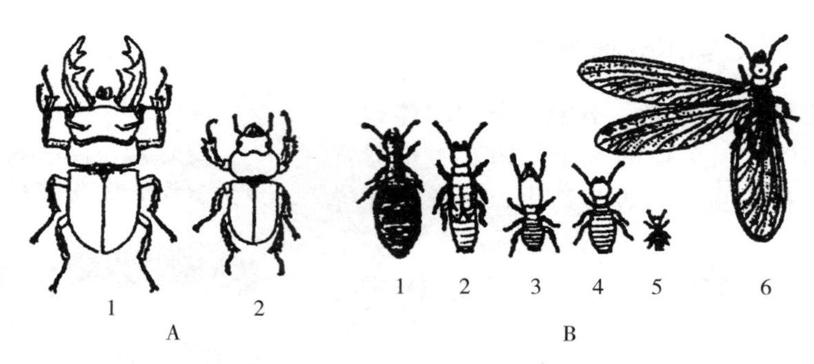

图 1-1-22　性二型与多型现象

A. 性二型（锹形虫）：1. 雄虫　2. 雌虫

B. 多型现象（白蚁）：1. 蚁后　2. 生殖蚁若虫　3. 兵蚁

4. 工蚁　5. 工蚁若虫　6. 有翅生殖蚁

（费显伟．2010．园艺植物病虫害防治）

练　习

1. 指出所观察昆虫生活史标本所属的变态类型。
2. 列表注明所观察昆虫的卵、幼虫和蛹各属何种类型。
3. 根据生活史标本，指出蓑蛾、介壳虫、褐飞虱、蜜蜂或白蚁等昆虫的性二型和多型现象。

思考题

1. 举例说明全变态昆虫和不全变态昆虫的区别。
2. 昆虫的幼虫有哪些类型？举例说明。
3. 昆虫的蛹有哪些类型？举例说明。
4. 举例说明什么是性二型和多型现象。了解它们有何意义？

任务 3　农业昆虫重要目科种类识别

【材料及用具】 直翅目的蝗虫、蝼蛄、蟋蟀、螽斯，半翅目的缘蝽、网蝽、盲蝽、猎蝽、花蝽，同翅目的蝉、蜡蝉、叶蝉、飞虱、粉虱、蚜虫、介壳虫，缨翅目的稻蓟马，鞘翅目的步甲、虎甲、叩头甲、天牛、瓢甲、金龟甲、象甲、叶甲，鳞翅目的菜粉蝶、稻弄蝶、凤蝶、蛱蝶、螟蛾、夜蛾、毒蛾、天蛾、尺蛾、麦蛾、菜蛾、枯叶蛾、透翅蛾，膜翅目的叶蜂、茎蜂、姬蜂、赤眼蜂、小蜂、茧蜂、金小蜂、蜜蜂，双翅目的食蚜蝇、实蝇、潜叶蝇、种蝇、蚊、食虫虻，脉翅目的草蛉等昆虫的针插标本、盒装分类示范标本；鞘翅目、鳞翅目、膜翅目、双翅目和脉翅目幼虫浸渍标本；螨类浸渍标本、玻片标本或活虫标本。有关挂图、放大镜、体视显微镜、挑针、镊子、瓷盘、培养皿、泡沫塑料板等用具。

【内容及操作步骤】 昆虫的分类阶元和其他动物一样，纲以下分为目、科、属、种。有时为了更精确地区分，常添加各种中间阶元如亚级、总级或类、群、部、组、族等。种是分类的基本单位，很多相近的种集合为属，很多相近的属集合为科，依次向上归纳为更高级的阶元，每一阶元代表1个类群。

每种已知昆虫都有1个且只有1个全球通用的名字，称为学名。种的学名用拉丁文书写，由属名和种名组成，即双名法，印刷时使用斜体字，属名首字母大写。种名之后是定名人的姓，用正体字，首字母亦大写。若该学名更改过，原定名人的姓氏外要加圆括号。同一属的种类并提时，在后面的种类，其属名可以缩写，如棉蚜 *Aphis gossypii* Glover，花生蚜 *A. craccinora*（Koch），大豆蚜 *A. glycines* Matsmura。种以下分为亚种的，亚种的学名则在种名后加第三个拉丁文，也用小写，排成斜体，如东亚飞蝗为飞蝗（*Locusta migratoria* L.）的一个亚种，学名为 *Locusta migratoria manilensis*（Meyen），这称为三名制。

一般将昆虫纲分为34个目，与农业生产关系密切的有以下9个目。

一、直翅目及主要科特征观察

体大型或中型，咀嚼式口器，下口式，触角丝状或剑状等。前胸发达，中胸和后胸愈合，前翅狭长为覆翅，革质，后翅膜质纵折。后足跳跃足或前足开掘足。多数雌虫产卵器发达，呈剑状、刀状或凿状。雄虫大多能发音，凡发音的种类都具听器。不全变态，多为植食性（图1-1-23）。

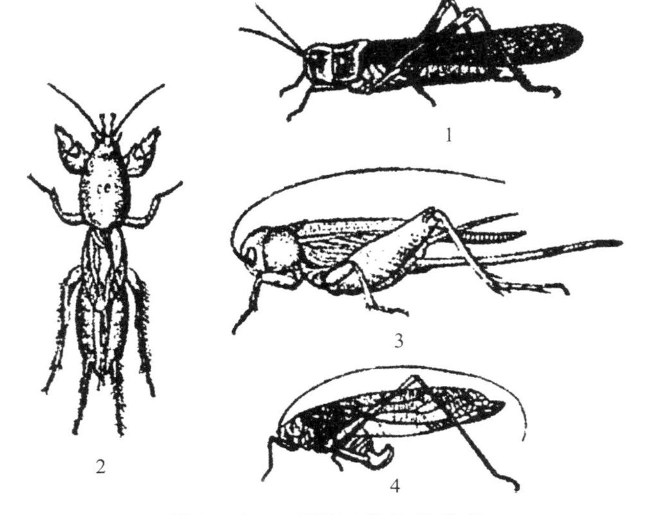

图1-1-23　直翅目常见科代表

1. 蝗科　2. 蝼蛄科　3. 蟋蟀科　4. 螽斯科

（李清西等. 2002. 植物保护）

1. 蝗科　触角短于身体，丝状、剑状等，前胸背板发达，马鞍形，后足为跳跃足。听器着生在第一腹节两侧，产卵器粗短，呈凿状。

2. 蝼蛄科　触角短于身体，前足开掘足，前翅短，后翅长，伸出腹末如尾状，尾须长。听器位于前足胫节内侧，产卵器不外露，土栖，跗节2～3节。

3. 蟋蟀科　触角比身体长，丝状，后足跳跃足，听器在前足胫节上，产卵器细长呈剑状或矛状，尾须长，跗节3节。

4. 螽斯科　触角长于身体，丝状，产卵器特别发达，呈刀状或剑状，听器位于前足胫节基部，跗节4节。

观察东亚飞蝗、东方蝼蛄、大蟋蟀、油葫芦、青螽斯等，注意其触角长短、听器的位置和产卵器的形状及足的类型。

二、半翅目及主要科特征观察

同翅目、半翅目主要科特征观察

半翅目昆虫简称蝽。体小型至中型，个别大型，多扁平较硬。刺吸式口器，自头的前端伸出。触角多为丝状，前胸背板发达，中胸有三角形小盾片。前翅为半鞘翅，分为基半部的革区、爪区和端半部的膜区 3 部分，有的种类还有楔区，如盲蝽。腹面中、后足间多有臭腺。不全变态。多为植食性的害虫，少数为肉食性天敌（图 1-1-24）。

1. 蝽科 体小型至大型，触角 5 节，少数 4 节。小盾片发达，超过翅爪区末端，前翅膜区有多条纵脉，且多从 1 根基横脉上发出。多为植食性。

2. 缘蝽科 体中型至大型，扁宽或狭长。触角 4 节，小盾片不超过翅爪区末端，前翅膜区内有多条平行纵脉而少翅室。后足腿节扁粗，具瘤或刺状突起。跗节 3 节，植食性。

观察菜蝽、茶翅蝽、斑须蝽、粟缘蝽等标本，注意其触角节数、小盾片及前翅膜区翅脉。

3. 盲蝽科 体小型至中型，触角 4 节，无单眼。前翅分为革区、爪区、楔区和膜区 4 部分，膜区内有1～2 个翅室。多为植食性，少数肉食性。观察绿盲蝽、牧草盲蝽等标本，注意其单眼有无及前翅分区。

4. 网蝽科 体小型，触角 4 节，末节膨大，前胸背板向后延伸盖住小盾片。前翅无革区和膜区之分，前翅及前胸背板全部呈网状。观察梨网蝽等标本，注意其前胸及前翅特征。

5. 猎蝽科 体中型至大型，触角 4 节，头后部细缩如颈状，喙 3 节，基部弯曲，不紧贴于头下；前翅膜区有两个翅室。全为肉食性。观察黄足猎蝽等标本，注意其喙及前翅膜区翅脉特征。

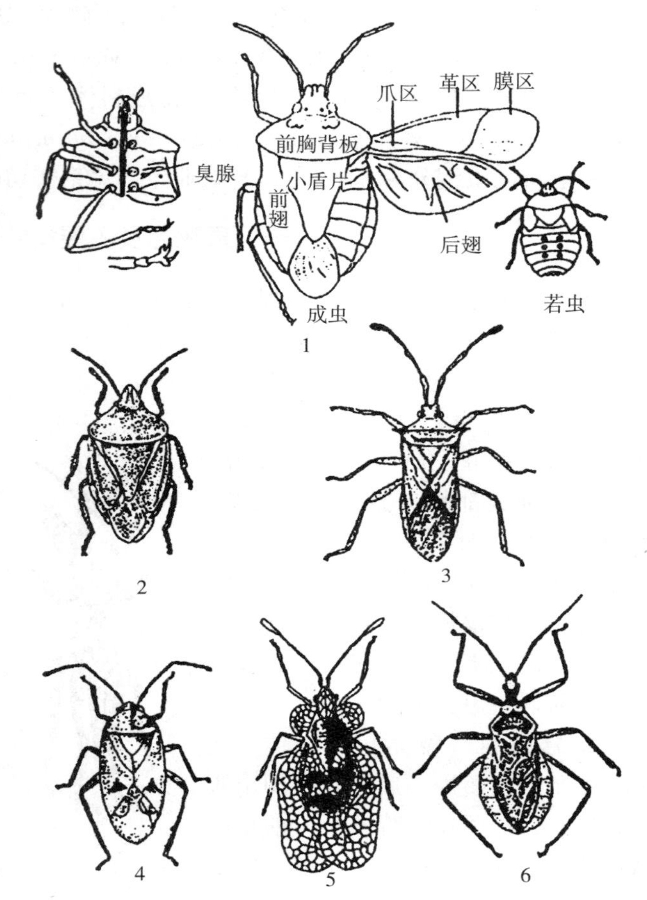

图 1-1-24 半翅目的体躯构造及主要代表科
1. 半翅目的体躯构造 2. 蝽科 3. 缘蝽科
4. 盲蝽科 5. 网蝽科 6. 猎蝽科
（农业部人事劳动司等 . 2004. 农作物植保员）

三、同翅目及主要科特征观察

同翅目昆虫体小型至中型，刺吸式口器，从头部腹面后端伸出。触角刚毛状或丝状，具翅种类前翅膜质或革质，静止时呈屋脊状，有的种类无翅。多数种类有分泌蜡质或介壳状覆盖物的腺体。不全变态，植食性（图 1-1-25、图 1-1-26）。目前，分类学家从系统进化的角度，已经将同翅目划归半翅目。本教材仍分称同翅目和半翅目。

1. 蝉科　体中型至大型，复眼发达，单眼 3 个，触角短，刚毛状。前足腿节膨大近似开掘足，翅膜质，透明，雄虫有鸣器。成虫多生活在果树林木上，刺吸汁液并产卵于组织中，导致顶梢死亡；若虫期在土中生活。观察黑蚱蝉等标本，注意其前足特征和雄虫腹部鸣器。

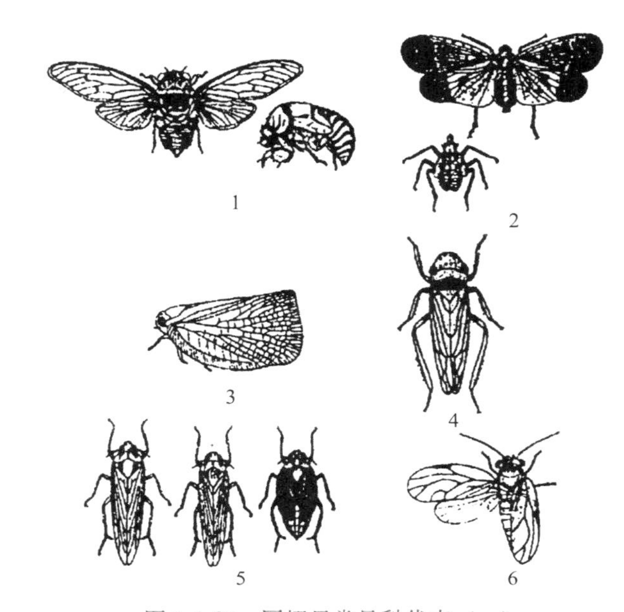

图 1-1-25　同翅目常见科代表（一）

1. 蝉科　2. 蜡蝉科　3. 蛾蜡蝉科　4. 叶蝉科　5. 飞虱科　6. 木虱科

（李清西等．2002. 植物保护）

2. 叶蝉科　体小型，头顶圆滑，触角刚毛状，着生于两复眼之间，前翅革质，后足胫节有两列短刺。产卵器锯状，卵多产于植物组织内。观察大青叶蝉、稻黑尾叶蝉、棉叶蝉等标本，注意其触角和后足的特征。

3. 飞虱科　体小型，头顶突出明显，触角刚毛状，着生于两复眼侧下方，前翅透明，后足胫节末端有 1 个可以活动的大距。观察稻灰飞虱、褐飞虱等标本，注意其触角着生位置和后足的距。

4. 粉虱科　体小型而纤弱，体、翅被蜡粉，触角 7 节，线状。翅短圆，前翅仅 1～2 条纵脉，跗节 2 节。观察温室白粉虱等标本，注意其翅的特征。

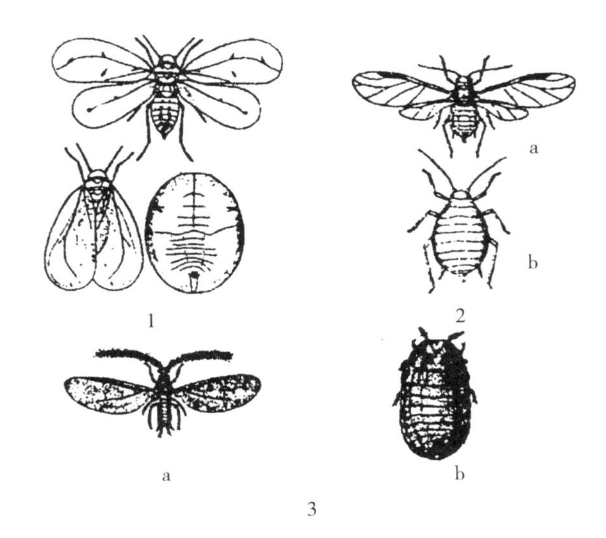

图 1-1-26　同翅目常见科代表（二）

1. 粉虱科　2. 蚜科：a. 有翅蚜　b. 无翅蚜

3. 绵蚧科：a. 雄虫　b. 雌虫

（李清西等．2002. 植物保护）

5. 蚜科　体小柔弱，触角丝状，翅透明，前翅大，后翅小，前翅前缘外方黑色翅痣发达，腹部第六节背面两侧着生腹管 1 对，腹末中央有一尾片。同种个体分有翅和无翅两种类型。观察麦蚜、棉蚜等标本，注意其前翅、腹管和尾片的特征。

6. 蚧总科　蚧总科种类繁多，形态奇特，雌雄异形，雄虫少见，雌虫和若虫危害植物。雌虫无翅，口器发达，触角、复眼、足除少数保留外，多数退化，营固定生活。虫体多被蜡粉、蜡块或有特殊的介壳保护。蚧类是果树及林木的害虫。观察绵蚧科的草履蚧、吹绵蚧，珠蚧科的新黑地珠蚧，蜡蚧科的红蜡蚧、白蜡蚧，盾蚧科的梨圆蚧等，注意其雌雄虫的形态。

四、缨翅目及主要科特征观察

缨翅目昆虫通称蓟马。体微小型至小型，狭长，黑色或黄褐色，锉吸式口器，足短小而末端有泡，爪退化。翅狭长，翅脉稀少或退化，翅缘密生缨状缘毛。过渐变态，多为植食性，少数为肉食性。观察与农林植物关系密切的腹末呈锥状（锥尾亚目）的蓟马科的花蓟马、棉蓟马（图 1-1-27）和腹末呈管状（管尾亚目）的管蓟马科的稻管蓟马等的形态。

图 1-1-27 缨翅目代表科——蓟马科

（张学哲．2005. 作物病虫害防治）

五、鞘翅目及主要科特征观察

鞘翅目昆虫通称甲虫，是昆虫纲中最大的类群。体小至大型，体壁坚硬，咀嚼式口器，触角 10～11 节，形状多样。前翅为鞘翅，盖住中、后胸和腹部，中胸小盾片多外露。后翅膜质，静止时折叠于前翅之下。跗节4～5 节。完全变态。幼虫头部发达、坚硬，为寡足型或无足型。蛹多数为离蛹。有植食性、肉食性、腐食性和杂食性等类型。本目主要有肉食和多食 2 个亚目（图 1-1-28）。

鞘翅目主要科特征观察

1. 肉食亚目 腹部第一腹板被后足基节窝分割成左右互不相连的 2 个三角形板块，前胸背板与侧板间有明显分界线，多为肉食性（图 1-1-29）。

（1）步甲科。体中小型，黑色或褐色，多数种类有金属光泽，头较前胸窄，前口式，足为步行足。幼虫细长，上颚发达，腹末有 1 对尾突。观察中国曲胫步甲等标本，注意其头式及头与前胸的特征。

（2）虎甲科。体中型，具鲜艳光泽，头较前胸宽，下口式，复眼大而突出，触角丝状，11 节；上颚发达，呈弯曲的锐齿；足细长。观察中华虎甲等标本，注意与步甲科的区别。

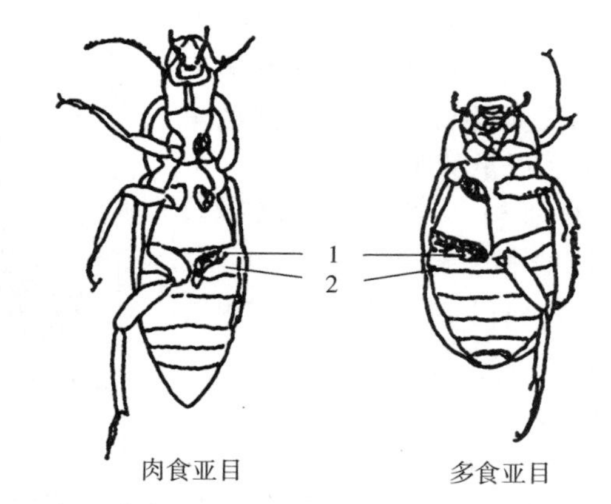

图 1-1-28 肉食亚目（左）与多食亚目（右）腹面特征

1. 后足基节窝 2. 腹部第一节腹板

（蔡银杰．2006. 植物保护学）

2. 多食亚目 腹部第一腹板完整，中间不被后足基节窝所分开，前胸背板与侧板间无明显的分界线，多愈合在一起，食性复杂。有水生和陆生两大类群（图 1-1-30）。

（1）金龟甲总科。包括粪食性、腐食性和植食性种类。体中型至大型，触角鳃叶状，能活动。前足开掘足，鞘翅不完全覆盖腹部，末节背板常外露。幼虫称蛴螬，体成 C 形，土栖，以植物根、块茎、种子、土中有机质及未腐熟的有机肥为食。成虫食害叶、花及果实等。观察植食性的暗黑鳃金龟、铜绿丽金龟等标本，注意其触角的形状。

（2）叩头甲科。通称叩头虫。体小型至中型，体狭长，体色暗。触角锯齿状或丝状。前胸背板后侧角突出成锐刺状，前胸腹板中间有一向后的突起，纳入中胸腹板的槽内，前胸与中胸衔接不紧密，能做叩头状动作。幼虫称金针虫，体坚硬，黄褐色，生活于地下，危害植物地下根、茎等部位。观察沟金针虫、细胸金针虫等标本，注意其前胸背板及与中胸的连接。

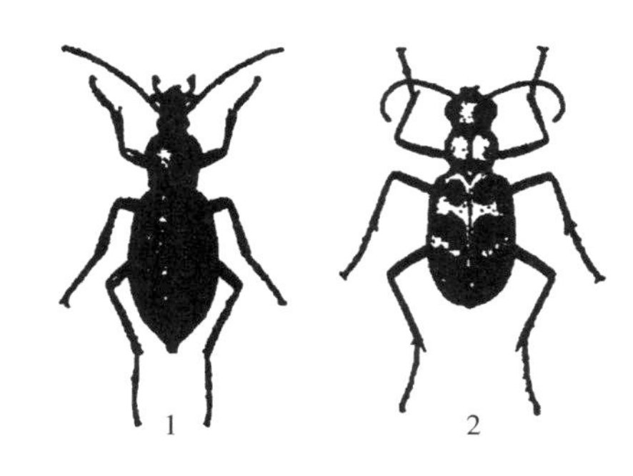

图 1-1-29　肉食亚目常见科代表

1. 步甲　2. 虎甲

（李清西等．2002．植物保护）

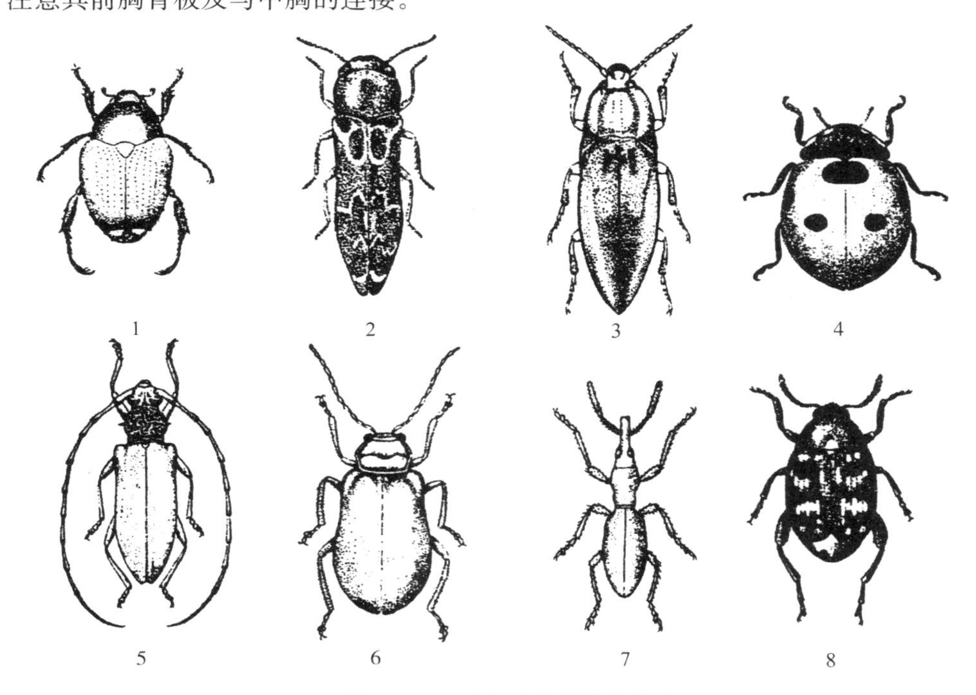

图 1-1-30　多食亚目常见科代表

1. 金龟甲科　2. 吉丁虫科　3. 叩头甲科　4. 瓢甲科

5. 天牛科　6. 叶甲科　7. 象甲科　8. 豆象科

（李清西等．2002．植物保护）

（3）瓢甲科。体小型或中型，体背隆起呈半球形或卵圆形，常有鲜明色斑。头小，部分隐藏在前胸背板下。触角锤状或短棒状。跗节隐 4 节。幼虫多为纺锤形，头小，体侧或背面多具枝刺或瘤突，有 3 对胸足。本科绝大多数为肉食性，成、幼虫均可捕食蚜虫、介壳虫、螨类、粉虱等。少数为植食性，多危害茄科植物。观察肉食性的七星瓢虫、各种异色瓢虫和植食性的茄二十八星瓢虫等标本，注意其触角和跗节的特征。

（4）天牛科。体中型至大型，触角特长，鞭状；复眼肾形，围绕于触角基部；跗节隐 5 节。大多数幼虫钻蛀木质部危害，造成树木中空。幼虫长圆筒形，无足，前胸大而扁平，腹部背腹面常有步泡突，便于在坑道内行动。观察星天牛、桑天牛等标本，注意其复眼形状和跗节的特征。

（5）叶甲科。成虫体呈卵圆形或长形，常具艳丽的金属光泽，故有“金花虫”之称。触角丝状，复眼圆形，跗节隐5节，有些种类后足发达善跳。幼虫一般有3对胸足。成、幼虫均植食性，为重要的农林害虫。观察黄守瓜、黄曲条跳甲、白杨叶甲、大猿叶甲等标本，注意其体色及跗节的特征。

（6）象甲科。本科为动物界最大的科。体小型至大型，头部延伸呈象鼻状。触角膝状，末端3节膨大呈锤状。跗节隐5节。鞘翅长，多盖及腹端。幼虫黄白色，无足，体柔软，肥胖而弯曲。成、幼虫均为植食性，多营钻蛀生活。观察玉米象等标本，注意其头部的特征。

（7）豆象科。体小型，卵圆形。体色灰暗，头稍延长，触角锯齿状、栉齿状或棒状。鞘翅末端平截，腹末背板外露。跗节为隐5节。老熟幼虫粗短，弯曲，无足。植食性，多为单食性，是豆科植物的重要害虫。观察豌豆象、绿豆象等标本，注意其触角和鞘翅的特征。

六、膜翅目及主要科特征观察

膜翅目包括蜂类和蚂蚁，是昆虫纲中较进化的目，其中大多数种类为肉食性，是害虫的重要天敌。体微小型至大型，口器咀嚼式或嚼吸式，触角丝状或膝状，两对翅均为膜质，翅脉特化，形成许多闭室。有的腹基部缢缩，第一腹节常与后胸合并成并胸腹节。产卵器发达，锯状、刺状或针状，在高等类群中特化为螯针。完全变态。一般植食性幼虫为多足型，肉食性幼虫为无足型。蛹为离蛹，有时结茧。本目分广腰与细腰2个亚目（图1-1-31）。膜翅目常见科代表如图1-1-32所示。

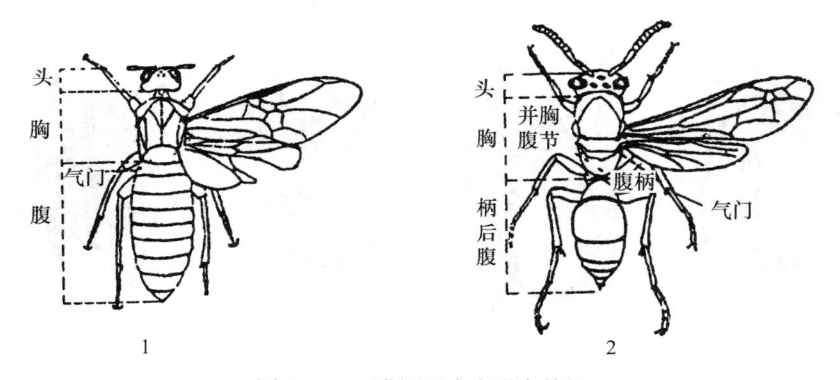

图1-1-31 膜翅目成虫形态特征

1. 广腰亚目（叶蜂） 2. 细腰亚目（胡蜂）

（李清西等.2002. 植物保护）

1. 广腰亚目 胸部与腹部广接，不收缩呈腰状，后翅至少有3个基室，产卵器锯状或管状。植食性。

（1）叶蜂科。体中小型，粗壮。触角丝状，前胸背板后缘深深凹入，前翅有粗短的翅痣，前足胫节有2端距，产卵器锯状或管状。幼虫腹足6～8对。观察小麦叶蜂、黄翅菜叶蜂等标本，注意其成虫胸、腹连接及幼虫腹足数。

（2）茎蜂科。体中小型，细长，黑色或间有黄色。触角丝状，前翅翅痣狭长，前足胫节具1端距。幼虫无足，钻蛀植物危害。观察麦茎蜂、梨茎蜂等标本，注意其与叶蜂科的区别。

2. 细腰亚目 胸腹相接处呈细腰状收缩或呈柄状。后翅最多2个基室。多为肉食性，绝大多数为可被利用的捕食性和寄生性天敌，蜜蜂则为传粉昆虫。

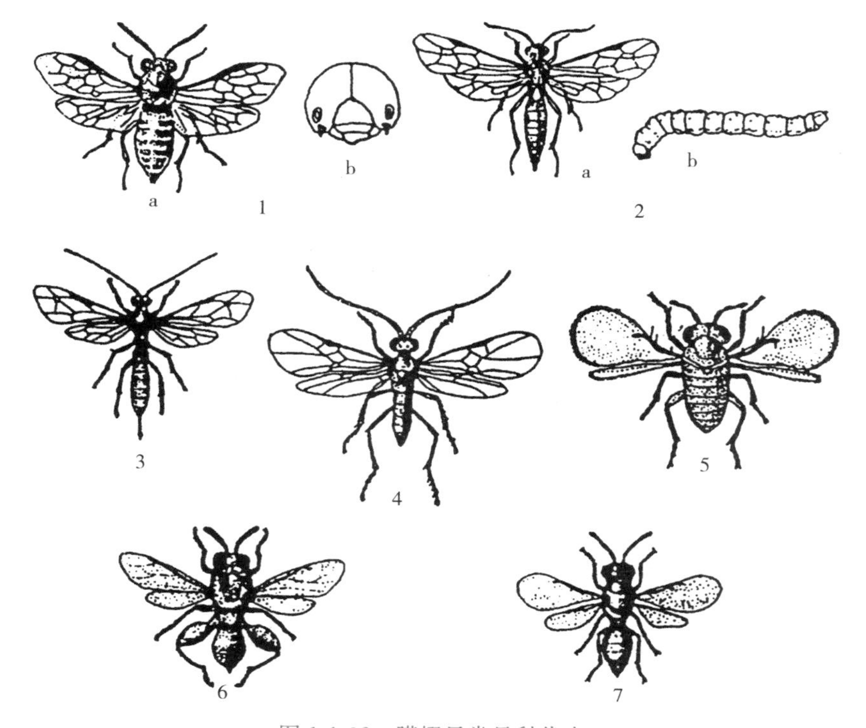

图 1-1-32　膜翅目常见科代表

1. 叶蜂科：a. 成虫　b. 幼虫头部正面观　2. 茎蜂科：a. 成虫　b. 幼虫
3. 姬蜂科　4. 茧蜂科　5. 赤眼蜂科　6. 小蜂科　7. 金小蜂科
（农业部人事劳动司等 . 2004. 农作物植保员）

（1）姬蜂科。体细长，小型至大型。触角丝状，16 节以上。前翅有小室和第二回脉（小室下方的 1 条横脉称第二回脉）。卵多产于鳞翅目幼虫体内。观察广黑点瘤姬蜂、黏虫白星姬蜂等标本，注意其小室和回脉。

（2）茧蜂科。体小型或微小型，触角线状，静止时触角不停抖动。体形与姬蜂相似，但前翅无小室和第二回脉。卵产于寄主体内，幼虫内寄生，老熟时在寄主体内或体外结黄褐色或白色丝茧化蛹。观察螟蛉绒茧蜂、粉蝶绒茧蜂、麦蚜茧蜂等标本，注意其与姬蜂科的区别。

（3）赤眼蜂科。又称纹翅小蜂科。体微小型，长 1mm 以下。触角短膝状，复眼多红色。胸腹交界处不收缩，前翅端半部圆阔，翅面有纵行排列的微毛，后翅狭长。全部为卵寄生蜂，是重要的天敌昆虫，在生物防治中利用价值较大。观察稻螟赤眼蜂、松毛虫赤眼蜂等玻片标本，注意其复眼和前翅翅脉。

（4）小蜂科。体小型，体黑褐色带黄白色斑纹，翅脉极度退化，仅留 1 条翅脉。触角膝状，后足腿节膨大，胫节向内弯曲。均为寄生性。观察广大腿小蜂等标本，注意其前翅翅脉和后足特征。

（5）金小蜂科。体小型，有金绿、金蓝或金黄等金属光泽。触角 13 节，翅脉脉纹退化，只有 1 条。后足腿节不膨大，胫节只有一端距。寄生性。观察棉红铃虫金小蜂等标本，注意其体色和前翅翅脉。

（6）胡蜂科。体中型至大型，色泽鲜艳，常具彩色斑纹。翅狭长，静止时翅纵折于胸背。成虫常捕食鳞翅目幼虫或取食果汁和嫩叶。观察金环胡蜂、普通长脚胡蜂等标本，注意其体型、体色。

七、鳞翅目及主要科特征观察

鳞翅目主要科特征观察

鳞翅目包括蛾类和蝴蝶。体小型至大型，口器虹吸式，触角丝状、羽毛状或棒状等，体及翅上密被鳞片。翅的基部中央由翅脉围成1个大型翅室，称中室（图1-1-33）。少数种类无翅。完全变态。幼虫头部有"人"字形额区，腹足2～5对，有趾钩，可与鞘翅目、膜翅目幼虫相区别。幼虫体上常有纵线和毛。蛹多为被蛹。成、幼虫食性差别很大，成虫一般不危害植物，只取食一些花蜜。幼虫大多数为植食性，是重要的农林害虫。

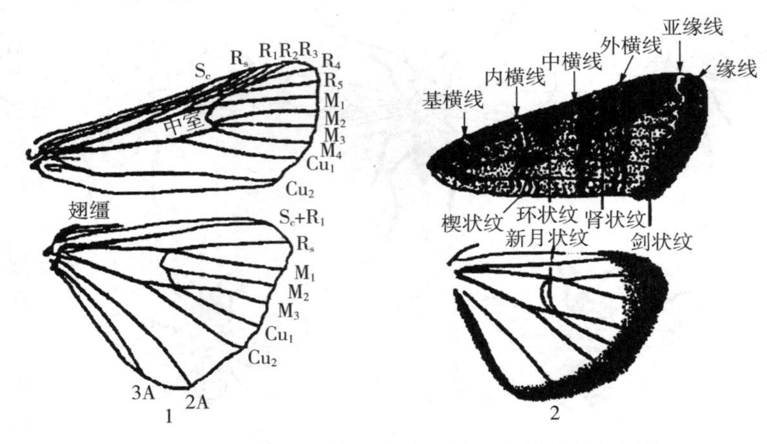

图1-1-33 鳞翅目（小地老虎）前、后翅脉序和斑纹

1. 脉序 2. 斑纹

（袁锋．2001. 农业昆虫学）

1. 蝶类（锤角亚目） 日出性。触角球杆（棍棒）状。休息时双翅竖立于体背，前后翅连接为翅抱型（图1-1-34）。

（1）粉蝶科。体中型，常为白色，黄色或橙色。有黑色或红色斑点，前翅三角形，后翅卵圆形。幼虫圆筒形，头小，体表有很多小突起及细毛，多为绿色或黄绿色，危害十字花科、豆科、蔷薇科植物。观察菜粉蝶等标本，注意体色及翅的特征。

（2）弄蝶科。体小型至中型，体较粗。头大，触角末端呈钩状，翅常为黑褐色、茶褐色，上有透明斑。幼虫头大，颈

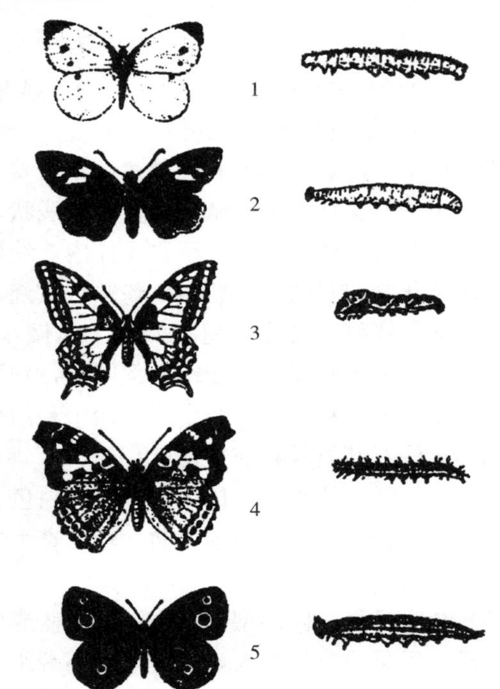

图1-1-34 蝶类常见科代表

1. 粉蝶科 2. 弄蝶科 3. 凤蝶科 4. 蛱蝶科 5. 眼蝶科

（李清西等．2002. 植物保护）

细，体呈纺锤形，喜欢在卷叶中危害。观察直纹稻弄蝶等标本，注意其触角的特征。

（3）凤蝶科。体中型或大型，翅的颜色及斑纹多艳丽。前翅三角形，后翅外缘波状，臀角常有尾状突。幼虫光滑无毛，前胸前缘有 Y 形臭腺，受惊动时伸出，散发臭气。幼虫为食叶类害虫。观察柑橘凤蝶等标本，注意体色及翅的特征。

（4）蛱蝶科。体中型至大型，翅上有各种鲜艳的色斑，前足退化，触角端部特别膨大。前翅中室闭式，后翅中室开式，翅外缘常有缺刻或呈锯齿状，少数种类后翅臀角有尾突。幼虫体表多有成对棘刺。观察大红蛱蝶等标本，注意前足及翅的特征。

（5）眼蝶科。体中型，翅上常具有眼状斑纹，前足退化。幼虫极似弄蝶幼虫，但头部具有 2 个显著的角状突起。观察稻眼蝶等标本，注意其翅上眼状斑。

2. 蛾类（异角亚目）　多夜出性，触角丝状、羽状等，末端不膨大，休息时双翅平放或呈屋脊状，前、后翅常有翅缰或翅轭型连锁器（图 1-1-35）。

（1）木蠹蛾科。体中型，腹部肥大。触角线状或栉齿状，口器退化。幼虫体粗，白色、黄褐或红色，口器发达，蛀食枝干。观察豹纹木蠹蛾、芳香木蠹蛾等标本，注意其体型和触角特征。

（2）菜蛾科。体小型。静止时触角向前伸。前翅披针形，后翅菜刀形。幼虫细长，绿色。观察小菜蛾等标本，注意其前、后翅形状。

（3）麦蛾科。体小型，色暗。下唇须上弯，超过头顶。触角丝状，静止时向后伸。前翅狭长、柳叶形，后翅菜刀状，前、后翅缘毛均很长。幼虫白色或红色，常卷叶、缀叶和钻蛀危害。观察麦蛾等标本，注意其下唇须特征。

（4）卷蛾科。体小型至中型，前翅肩角发达，顶角突出，近长方形，休息时两翅合拢似钟罩状。幼虫常吐丝缀叶，藏于其中危害，有的啃食果皮或蛀果危害。观察苹小卷叶蛾等标本，注意其前翅的特征。

（5）小卷蛾科。与卷叶蛾极相似。前翅肩区不发达，前缘有1列短的白色斜纹，后翅中室下缘有栉状毛。幼虫蛀食荚、果。观察大豆食心虫、顶梢卷叶蛾等标本，注意其前、后翅的特征。

（6）螟蛾科。体小型至中型，体细长，鳞片细密紧贴，显得体较光滑。触角丝状，足细长。前翅狭长、三角形，后翅有发达的臀区，臀脉 3 条。幼虫隐蔽取食，蛀茎、果、种子或缀叶。观察草地螟、三化螟等标本，注意其体型及前、后翅的特征。

（7）夜蛾科。鳞翅目中最大的科。体中型至大型，粗壮，色深暗，多毛而蓬松。触角丝状，少数种类雄蛾触角为双栉齿状。前翅色灰暗，三角形，多斑纹，后翅宽，色淡。喙较发达。幼虫多数取食叶片，少数蛀茎或隐蔽生活。观察黏虫、小地老虎等标本，注意其体型及前、后翅的斑纹。

（8）毒蛾科。体中型至大型，粗壮。喙退化，雄蛾触角羽状，翅面鳞片较厚，雌蛾腹部末端有成簇的毛，产卵时用以遮盖卵块。静息时多毛的前足前伸。幼虫体被浓密长毛，并经常成毛丛或毛刷，毛长短不一，腹部第六、七节背面各具一翻缩腺。观察舞毒蛾、大豆毒蛾等标本，注意其喙及前足的特征。

（9）舟蛾科。又名天社蛾。体中型至大型，体灰色或浅黄色，前翅后缘中央常有突出的毛簇，静止时毛簇竖起如角。幼虫臀足常退化，休息时头尾翘起似舟形，故称“舟形毛虫”。观察国槐羽舟蛾、苹果舟蛾等标本，注意其翅上的毛簇。

（10）天蛾科。体大型，粗壮，纺锤形。前翅狭长，外缘倾斜，后翅短小。触角丝状，

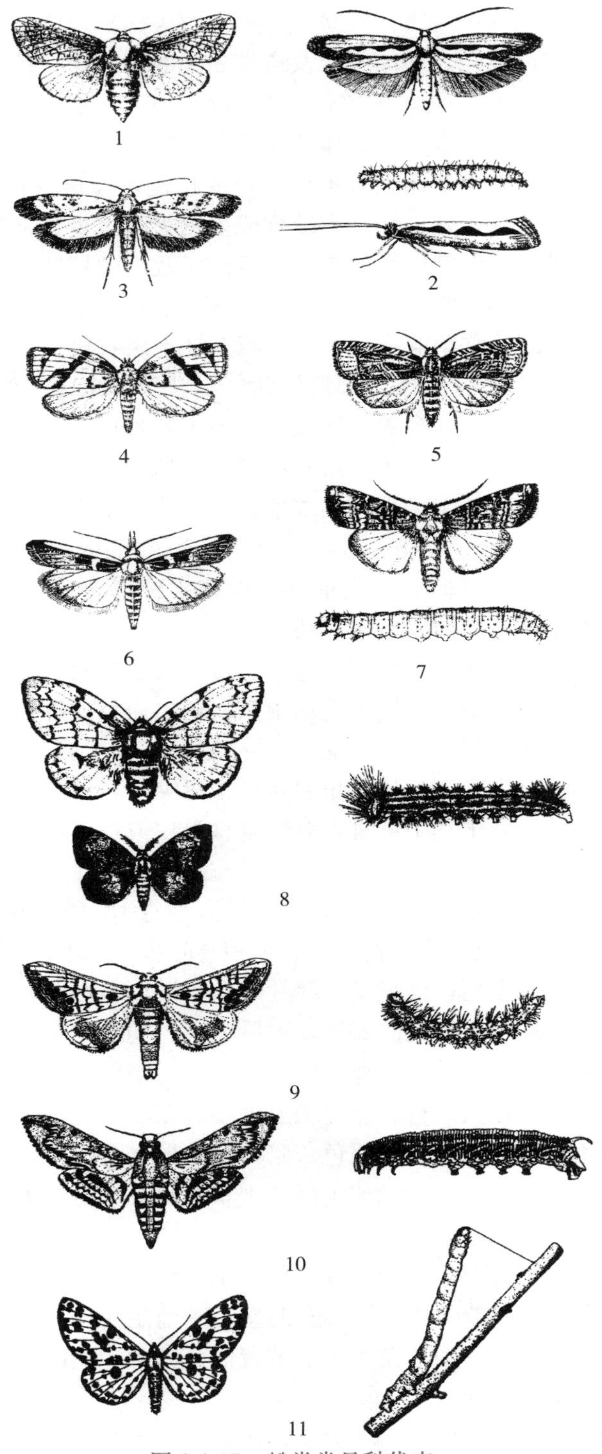

图 1-1-35　蛾类常见科代表

1. 木蠹蛾科　2. 菜蛾科　3. 麦蛾科　4. 卷蛾科　5. 小卷蛾科　6. 螟蛾科
7. 夜蛾科　8. 毒蛾科　9. 舟蛾科　10. 天蛾科　11. 尺蛾科
（李清西等 . 2002. 植物保护）

末端弯曲呈钩状。幼虫体粗壮，第八腹节背面有 1 枚尾角。观察豆天蛾、甘薯天蛾等标本，注意其前翅和触角的特征。

（11）尺蛾科。体小型至中型，细弱。翅大而薄，休止时 4 翅平铺，前、后翅斑纹相连，个别种类雌虫无翅。幼虫仅有 2 对腹足，行动时体呈拱桥状，一曲一伸，所以称“造桥虫”或“步曲”。观察柿星尺蠖、枣尺蠖等标本，注意其体型、翅及幼虫腹足数。

（12）刺蛾科。体中型，粗壮，鳞片厚。雄蛾触角双栉齿状，雌蛾丝状，前、后翅中室内有 M 脉主干存在。幼虫短粗，有毛瘤和枝刺或毒毛，颜色鲜艳，俗称“洋辣子”。观察黄刺蛾、绿刺蛾等标本，注意成虫前翅和幼虫体型特征。

（13）枯叶蛾科。体中型至大型，粗壮多毛。触角羽毛状，单眼与喙退化。后翅肩角扩大，有肩脉，无翅缰。有些种类后翅外缘呈波状，休息时露于前翅两侧形似枯叶。幼虫体粗，多长毛。观察马尾松毛虫等标本，注意其前、后翅的连接。

（14）透翅蛾科。体狭长，小型至中型，外形似蜂类，黑褐色，常有红或黄色斑纹。翅窄长，大部分透明，仅在翅缘和翅脉上有鳞片。幼虫为钻蛀性害虫。观察白杨透翅蛾、葡萄透翅蛾等标本，注意其体型及前、后翅的特征。

八、双翅目及主要科特征观察

双翅目包括蚊、蝇、虻等。体小型到中型，成虫多为刺吸式或舐吸式口器，前翅膜质，后翅退化为平衡棒。幼虫无足型。全变态，食性复杂。按触角长短和形状，分为长角亚目、短角亚目和芒角亚目（图 1-1-36）。

1. 长角亚目　泛指蚊类。触角细长，6 节以上。口器刺吸式。幼虫为全头型，有骨化的头壳。蛹多为被蛹，少数离蛹。

（1）瘿蚊科。体小，瘦弱。触角细长，念珠状，每节上环生细毛或环状毛。足细长，翅脉简单。幼虫纺锤形，前胸腹板上有剑骨片。观察麦红吸浆虫等标本，注意其成虫触角及幼虫剑骨片的特征。

（2）摇蚊科。体小型或微型，柔弱。触角细长，基节膨大，雄性触角为羽状。足细长，前足特别长，休息时举起。幼虫细长，12 节，胸部第一节和腹部末节各有一伪足突起。观察稻摇蚊等标本，注意其体型及触角的特征。

2. 短角亚目　泛指虻类。触角 3 节，第三节常延长或分节，无触角芒，口器刮吸式。幼虫为半头型。蛹为被蛹。如吸食动物血液的虻科的牛虻和捕食昆虫的食虫虻科（又称为盗虻科）的中华食虫虻（盗虻），观察牛虻、盗虻等标本，注意其体型、触角及口器的特征。

3. 芒角亚目　泛指蝇类。触角 3 节，末端膨大，有触角芒，位于第三节背面。口器舐吸式。幼虫无头型（蛆式）。蛹为围蛹。

（1）实蝇科。体小型至中型，常有黄、棕、橙、黑色。头大颈细，复眼突出，触角芒光滑无毛。前翅上有雾状褐色斑纹。雌虫腹末产卵器细长，扁平而坚硬。幼虫植食性，有的造成虫瘿，有的潜入叶内。观察柑橘大实蝇、地中海实蝇等标本，注意其前翅及触角的特征。

（2）花蝇科。又称种蝇科。体小而细长，且多毛，灰黑色或黄色。翅脉较直，直达翅缘，翅后缘基部连接身体处，有一质地较厚的腋瓣。幼虫称为根蛆。观察种蝇、葱蝇、萝卜蝇等标本，注意其前翅翅脉及腋瓣的特征。

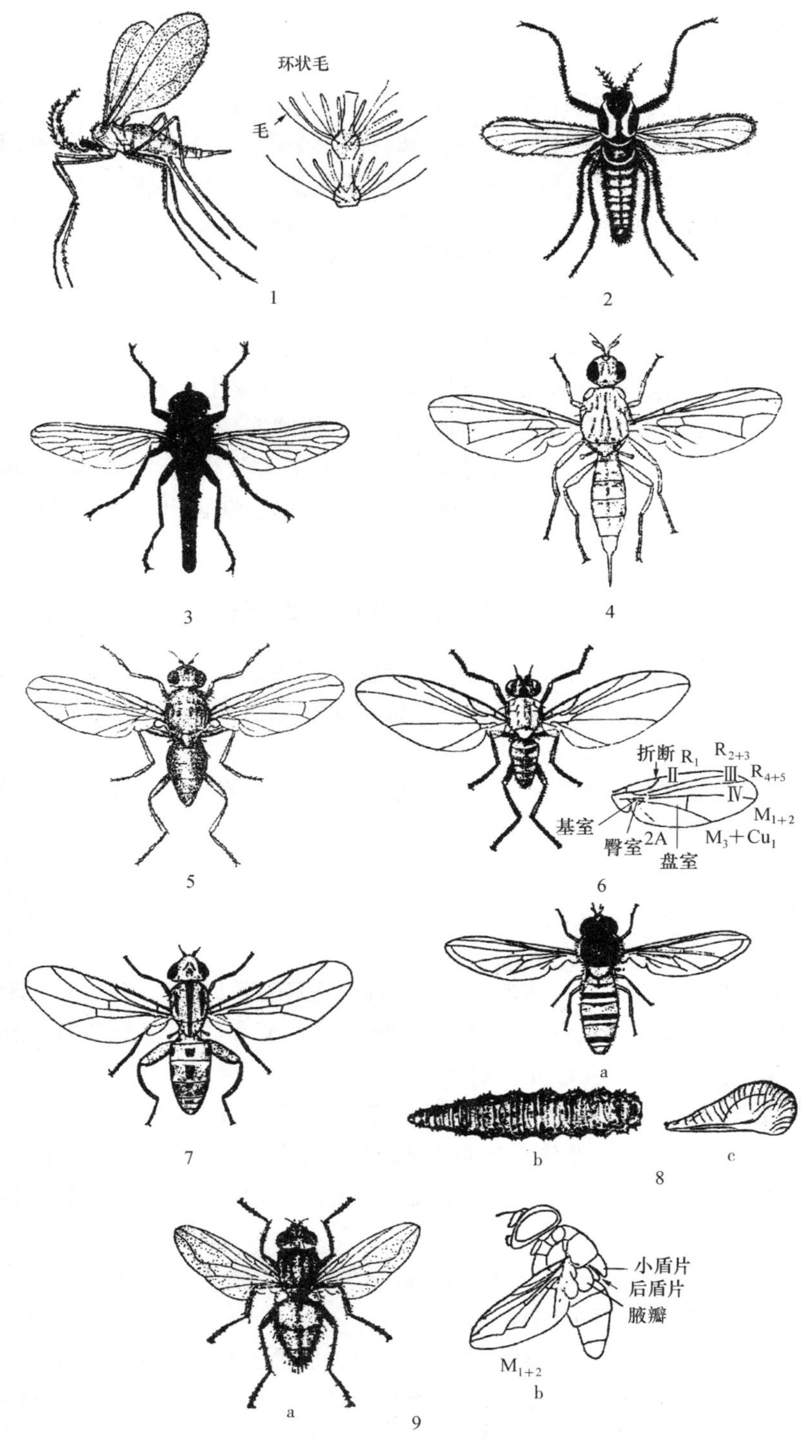

图 1-1-36　双翅目常见科代表

1. 瘿蚊科　2. 摇蚊科　3. 食虫虻科　4. 实蝇科　5. 花蝇科　6. 潜蝇科　7. 黄潜蝇科　8. 食蚜蝇科：a. 成虫　b. 幼虫　c. 蛹　9. 寄蝇科：a. 背面　b. 侧面

（李清西等．2002. 植物保护）

（3）潜蝇科。体微小型至小型，黑色或黄褐色。前翅前缘脉在近基部 1/3 处有一折断，有臀室。腹部扁平。幼虫潜叶危害。观察美洲斑潜蝇、豌豆潜叶蝇等标本，注意其前翅前缘的特征。

（4）黄潜蝇科。又称秆蝇科。体小型，多数绿或黄色。前翅前缘脉中部有一折断，无臀室。幼虫圆柱形，口钩明显，多钻蛀草本植物茎秆。观察麦秆蝇、稻秆蝇等标本，注意其体型及前翅前缘的特征。

（5）食蚜蝇科。体小型至中型，形似蜜蜂，色斑鲜艳，飞行能力强，常停悬于空中。前翅有与边缘平行的横脉，使径脉和中脉的缘室呈闭室，径脉和中脉之间有 1 条两端游离的伪脉。幼虫捕食小型同翅目害虫。观察黑带食蚜蝇等标本，注意其体型及前翅翅脉的特征。

（6）寄蝇科。体小型至中型，粗壮多毛。暗灰色，有褐色斑纹。触角芒光滑或有短毛。中胸盾片大型，腹部尤其腹末多刚毛。成虫常在花间活动。幼虫寄生性，是重要的害虫天敌。观察地老虎寄蝇等标本，注意其体型及腹部的特征。

九、脉翅目及主要科特征观察

脉翅目体小型至大型，柔软。头下口式，咀嚼式口器；触角细长，丝状或念珠状。前胸短小；前、后翅膜质，翅脉多而密呈网状，翅边缘多数分叉。完全变态。成虫、幼虫均为捕食性，是重要的天敌昆虫。

草蛉科。体中型，细长而柔弱，草绿色、黄白色。复眼大，有金属光泽。卵具长柄。幼虫称蚜狮，纺锤形，胸、腹部两侧有毛瘤，口器双刺吸式。观察中华草蛉等标本，注意体色、复眼及翅脉的特征（图 1-1-37）。

图 1-1-37　脉翅目代表科——草蛉科

（李清西等 . 2002. 植物保护）

螨类简介

与农林植物有关的害虫和益虫绝大多数属于昆虫纲，但也有少数属于蛛形纲，如蜱螨目的螨类。

1. 螨类的外部形态　螨类体微小，圆形或卵圆形，体躯分段不明显，有 4 对足，少数种类（瘿螨）仅 2 对足；无翅、无复眼或只有 1～2 对单眼等。为了研究和描述的方便，一般将螨类体躯划分为 4 个体段（图 1-1-38）。最前面的体段称颚体段，颚体段后面的整个身体称躯体。躯体分足体和末体两部分，足体又分为前足体和后足体。大多数螨类在前、后足体（第二和第三对足）之间有一横缝，横缝之前称前半体（包括颚体和前足体），横缝之后称后半体（包括后足体和末体）。

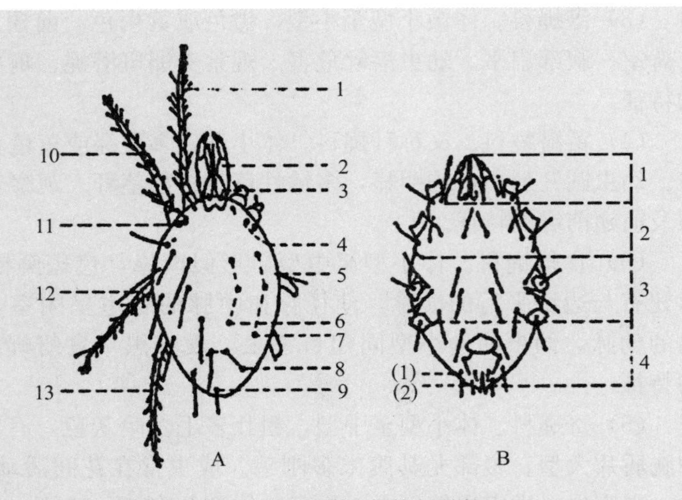

图 1-1-38　螨类的体躯结构

A. 雌螨背面：1. 第一对足　2. 须肢　3. 颚刺器　4. 前足体段茸毛　5. 肩毛　6. 后足体段背中毛　7. 后足体段背侧毛　8. 骶毛　9. 臀毛　10. 第二对足　11. 单眼　12. 第三对足　13. 第四对足

B. 雌螨腹面：1. 颚体段　2. 前足体段　3. 后足体段　4. 末体段：（1）肛侧毛　（2）肛毛

（李清西等 . 2002. 植物保护）

2. 螨类生物学特性　螨类多系两性卵生繁殖，也可孤雌生殖。雌性一生经卵、幼螨、第一若螨、第二若螨、成螨 5 个发育时期，雄性则无第二若螨期。除瘿螨等外，幼螨期只有足 3 对，自第一若螨期起有足 4 对。螨类每年发生多代，一般世代历期短，繁殖快。多以卵或雌成螨在树皮缝隙或土块下等处越冬。第一代发生较整齐，以后出现世代重叠现象。

螨类多数植食性，也有捕食性和寄生性的。许多植食性螨类是园艺植物上的害螨，它们吸食植物汁液，造成变色、畸形或形成虫瘿等；有的螨类危害食用菌或仓储物品。螨类中的肉食性种类，捕食害螨、昆虫若虫和卵，是重要的天敌，如植绥螨已被广泛地应用于生物防治中。

3. 与农林关系密切的螨类

（1）叶螨科。体长 1mm 以下，圆形或卵圆形。雄虫腹部尖削。刺吸式口器，植食性，通常生活在植物叶片等处，刺吸汁液，有的能吐丝结网。如棉叶螨等。

（2）瘿螨科。极微小，长约 0.1mm，体蠕虫形，狭长，足两对，位于体躯前部。前肢体段背板大，呈盾形，后肢体段和末体段延长，具许多环纹。如柑橘锈螨等。

此外，还有跗线螨科（多为植食性，如茶黄螨）、植绥螨科（捕食性，如智利小植绥螨）等。

观察棉叶螨等标本，注意其体躯分段、体足数目、雌雄体型等特征；观察柑橘锈螨等标本，注意其体型及足的特征。

练　习

1. 鉴别所观察昆虫，写出其种名和所属目、科的名称。
2. 绘制盲蝽前翅图，并注明各部分名称。
3. 绘制叶蝉和飞虱的后足图。
4. 绘制蚜虫的触角图。

5. 绘制姬蜂、茧蜂的前翅脉序图。

6. 绘制蚊、虻、蝇代表种的触角图。

1. 列表比较直翅目、半翅目、同翅目、缨翅目、鞘翅目、鳞翅目、膜翅目、双翅目、脉翅目的主要特征。

2. 列表比较以上各目代表科的主要特征。

3. 列表比较鳞翅目蛾类（异角亚目）和蝶类（锤角亚目），膜翅目广腰亚目与细腰亚目，双翅目长角亚目、短角亚目和芒角亚目的主要区别特征。

昆虫的生物学特性及其发生与环境的关系

（一）昆虫的生物学特性

1. 昆虫的繁殖

（1）两性生殖。大多数种类的昆虫进行两性生殖，即通过雌雄交配、受精，产生受精卵，再发育成新个体，又称卵生。

（2）孤雌生殖。雌虫不经过交配，或卵未经过受精而产生新的个体。这种生殖方式称孤雌生殖，又称单性生殖。

有些昆虫没有雄虫或雄虫极少，完全或基本上以孤雌生殖进行繁殖，称为经常性孤雌生殖，如蓟马、介壳虫、粉虱等昆虫；另一些昆虫则两性生殖和孤雌生殖交替，进行1次或多次孤雌生殖后，再进行1次两性生殖，称为周期性孤雌生殖。如许多蚜虫，从春季到秋季，连续10多代都是孤雌生殖，一般不产生性蚜，而在冬季来临前才出现雄蚜，雌、雄交配后产下受精卵越冬。孤雌生殖对昆虫的广泛分布和适应恶劣环境，起着重要的作用。

（3）多胚生殖。由1个卵产生2个或更多个胚胎的生殖方式称为多胚生殖。如小蜂、小茧蜂、姬蜂等寄生蜂多以这种方式繁殖。多胚生殖是昆虫对活体寄生的适应。

（4）卵胎生。卵在母体内孵化后直接产生出小幼体的生殖方式称为卵胎生。最常见的如蚜虫。这种生殖方式对卵有一定的保护作用。

2. 昆虫各虫期的特点及与防治的关系

孵化

（1）卵期。卵自产下后到孵化出幼虫（若虫）所经历的时间称为卵期。从表面看，卵是一个不活动的虫态，其内部却进行着剧烈的生命活动。了解昆虫卵的形态、大小、产卵形式和场所，对于识别害虫种类和防治害虫都有重要的意义。如摘除卵块、剪除有卵枝条等都是有效地控制害虫的措施。

蜕皮

（2）幼虫期。幼虫或若虫破卵壳而出的过程称为孵化。从孵化到幼虫化蛹或若虫羽化为止称为幼虫期。幼虫期是昆虫取食和生长的时期，大多数害虫以幼虫危害植物。

刚孵化的幼虫，虫体小，体壁柔软，取食后虫体不断增大，当幼虫取

食生长到一定的程度，由于受体壁的限制，必须蜕去旧表皮，重新形成新表皮，才能继续生长，这种现象称蜕皮。从卵孵化出来的幼虫为第一龄，以后每蜕一次皮增加一龄次。两次蜕皮之间的时间为龄期。幼虫蜕皮次数，常因昆虫种类及生活条件而变化。一般蜕皮4～5次，即5～6龄。各龄期的长短随昆虫种类而不同，同时又受气温、食料的影响。在二、三龄前，活动范围小，取食少，体壁薄，抗药力弱，有些还群集栖居；生长后期，幼虫食量骤增，常暴食成灾，而且抗药力增强。所以，防治害虫应掌握在幼虫低龄阶段。

化蛹

（3）蛹期。蛹期是全变态昆虫特有的发育阶段，也是幼虫转变为成虫的过渡时期。幼虫老熟以后，即停止取食，寻找合适场所，同时体躯逐渐缩短，活动减弱，准备化蛹，称为预蛹或前蛹。预蛹蜕皮变为蛹的过程，称为化蛹。从化蛹时起到发育变为成虫止所经历的时间称为蛹期。此期的昆虫表面不食不动，但体内进行着分解旧器官、组成新器官的剧烈新陈代谢活动。

蛹期是昆虫生命活动中的一个薄弱环节，因其没有逃避敌害和不良环境的能力，是进行农业防治的有利时机。如对入土化蛹的害虫，可通过耕翻、灌水等措施来消灭虫蛹。

羽化

（4）成虫期。是昆虫交配产卵繁殖后代的阶段。不全变态的若虫和全变态的蛹，蜕去最后一次皮变为成虫的过程，称为羽化。刚羽化的成虫体柔色浅，待翅和附肢伸展、体壁硬化后，便能活动和飞翔。由于成虫期形态结构已固定，昆虫的特征显出，所以成虫的形态特征是昆虫形态分类的主要依据。

某些昆虫在羽化后，性器官已经成熟，不再需要取食即可交尾、产卵。这类成虫口器往往退化，寿命很短，对植物危害不大。大多数昆虫羽化为成虫时，性器官还没有成熟，需要继续取食，才能达到性成熟，这类昆虫在成虫阶段有的对农作物仍能造成危害。对成虫性成熟不可缺少的营养物质，称为补充营养。了解昆虫对补充营养的要求对预测预报和设置诱集器等都有指导意义。

成虫从羽化到第一次产卵的间隔期，称为产卵前期；从第一次产卵到产卵终止称为产卵期。掌握昆虫的产卵前期和产卵期，对用药杀卵、释放卵寄生蜂、推算幼虫孵化盛期及决定喷药的最佳时机等有重要意义。

3. 昆虫的世代和生活史

昆虫的世代和年生活史

（1）昆虫的世代。昆虫自卵或幼体产下（离开母体）发育到成虫性成熟产生后代为止的个体发育周期，称为世代。有些昆虫1年内只完成1个世代，如大地老虎等；有些1年中能完成2个或2个以上世代，如棉铃虫、蚜虫等。另外一些昆虫，完成1个世代需要1年以上时间，如金龟甲、华北蝼蛄、十七年蝉等。昆虫完成1个世代所需时间的长短和1年内发生世代的多少，因昆虫的种类不同而不同，也与环境因子，主要是气候因子有关。一般温带地区比寒冷地区世代历期短，年发生代数多。计算昆虫世代是以当年卵期为起点，以先后出现的次序称为第一代、第二代……凡是前一年出现了卵，第二年才出现幼虫、蛹、成虫的都不称为第一代，而是前一年的越冬代。

（2）昆虫的年生活史。年生活史是指昆虫从当年越冬虫态开始活动到翌年越冬结束为止的发育过程，包括1年中发生的世代数、越冬或越夏虫态及其场所、各世代的发生时期及与寄主植物配合的情况、各虫态（期）的历期等。了解害虫的生活史，是掌握虫情和进行测报及防治的基础。昆虫的年生活史，可以用文字记载，也可以用图表等方式表示。

在1年发生数代的昆虫中，由于各种原因导致其虫态发育进度参差不齐，造成田间发生的世代难以划分，在同一时期内会出现不同世代的相同虫态，这种现象称为世代重叠。世代重叠现象给害虫世代划分和防治带来较大困难。这就需要增加调查的工作量和防治次数，才能收到预期的效果。

4. 休眠和滞育　昆虫在一年的发生过程中，常常有一段或长或短的不食不动、生长发育暂时停滞的时期，通常称为越冬或越夏。这是昆虫对环境条件的一种适应性表现。这种停滞现象可分为两种不同的性质，即休眠和滞育。

休眠是由不良的环境条件所引起的生长发育停止，当不良的环境条件解除时，昆虫可以立即恢复正常的生长发育。引起休眠的环境因子主要是温度和湿度，特别是高温或低温。滞育是由遗传性决定的，但环境条件是诱因，引起滞育的环境条件主要是光周期。昆虫进入滞育状态，即使给予最适宜的环境条件也不能解除，必须经过一定的环境条件（主要是一定时期的低温）刺激，再回到适宜的条件下，才能继续生长发育。

了解昆虫休眠或滞育的特点，以及害虫越冬、越夏的场所，对害虫发生和危害的预测、开展防治具有指导意义。

5. 昆虫的主要习性及其与防治的关系

（1）昆虫的食性。食性是昆虫对食物的选择性。按食物性质，昆虫的食性可分为下面几种。

①植食性：以植物及其产品为食。包括绝大多数农、林害虫和少部分的益虫，如家蚕等。

②肉食性：以活的动物体为食。其多数为益虫，捕食或寄生害虫，如肉食性瓢虫和赤眼蜂等；少数危害人类养殖的动物，如龙虱危害鱼苗。

③杂食性：既吃植物性食物，又吃动物性食物，如蜚蠊等。

④粪食性：专门以动物的粪便为食，如蜣螂。

⑤腐食性：以死亡的动植物组织及其腐败物质为食，如埋葬甲。

植食性昆虫按其寄主植物的范围宽窄，又可分为单食性、寡食性和多食性3种类型。单食性指只取食1种植物的昆虫，如三化螟、褐飞虱等。寡食性指能取食1个科及其近缘科植物的昆虫，如二化螟、菜粉蝶等。多食性指能取食多种不同科植物的昆虫，如玉米螟等。

了解昆虫的食性，可以正确运用轮作与间套作、调整作物布局、中耕除草等农业措施防治害虫，同时对害虫天敌的选择与利用也有实际意义。

（2）趋性。趋性是昆虫接受外界环境刺激表现的或趋或避的反应。趋向刺激称为正趋性，避开刺激称为负趋性。趋性刺激源有温、湿、光、化学物质等。趋光性是指昆虫通过视觉器官对光源产生的定向行为。趋化性是指昆虫通过嗅觉器官对挥发性化学物质的刺激所起的冲动反应行为。在昆虫的综合防治中，趋光性和趋化性应用较广。例如灯光诱杀、食饵诱杀、性诱杀等。

（3）群集性。即同种昆虫的个体，高密度集中的特性。例如，大豆蚜常集中在豆类作物的嫩芽上；粉虱则喜集居于菜叶背面。群集有利于昆虫渡过不良环境；同时，也为集中防治提供了良机。

（4）迁飞与扩散。某些昆虫在成虫期，有成群地从一个发生地长距离地迁飞到另一个发生地的特性，称为迁飞性，如蝗虫等。大多数昆虫在条件不适或营养恶化时，可在发生地向周围空间扩散。了解昆虫的迁飞与扩散规律，对进一步分析虫源性质，设计综合防治方案具有指导意义。

（5）假死性。昆虫受到外界刺激产生的一种抑制反应。例如铜绿丽金龟等，受到振动时，立即坠落地面或蜷缩四肢不动。人们可以利用假死性振落捕杀，达到控制害虫的目的。

（二）昆虫发生与环境的关系

研究昆虫与周围环境关系的科学称为昆虫生态学。在农业生态系统中，对昆虫种群兴衰影响较大的因素很多，其中以非生物的气候因素、土壤因素和生物的食物因素、天敌因素、人类因素影响最大。

1. 气象因素 气象因素包括温度、湿度、风、光、雨等，在自然条件下，这些因素总是同时存在，并且相互影响，综合作用于昆虫。但是，各种因素的作用并不相同，其中以温度、湿度对昆虫的作用最为突出。

（1）温度对昆虫的影响。温度是气候因素中对昆虫影响最显著的一个因素。这是由于昆虫是变温动物，其体温随周围环境温度的变化而变化，所以昆虫的一切生命活动都受外界温度的影响和支配。

①昆虫对温度的反应：能使昆虫正常生长发育与繁殖的温度范围，称为有效温度范围或有效温区。在温带地区，通常为8～40℃。在有效温区内最适于昆虫生长发育和繁殖的温度范围称为最适温区，一般为22～30℃。在有效温区的下限，称为发育起点，一般为8～15℃。在有效温区的上限，称为临界高温，一般为35～45℃。在发育起点以下，有一段低温区使昆虫生长发育停止，这段低温区称为滞育低温区，一般为－10～8℃。滞育低温区以下，因低温昆虫立即死亡，称为致死低温区，一般为－40～－10℃。在临界高温之上有一段滞育高温区，通常为40～45℃，其上为致死高温区，昆虫因温度过高而立即死亡，通常为45～60℃。

昆虫对温度的反应还随昆虫的种类、发育阶段、生理状况、性别、温度变化的速度和幅度及持续的时间、季节而有较大变化。

②有效积温定律（法则）：有效积温定律是用来分析昆虫发育速度和温度关系的定律。在有效温度范围内，昆虫的生长发育速度与温度成正比。昆虫完成一定的发育阶段（某一个虫态或一个世代）所需的有效温度的积累值是一个常数。有效温度是指发育起点以上的温度，有效温度的积累值称为有效积温，以日度（d·℃）为单位，公式为：

$$K=N(T-C)$$

式中，K 是有效积温，N 是发育天数，T 是该发育阶段内环境温度，C 是发育起点温度。

利用有效积温法则，可以预测一种昆虫在某地区发生的世代数、昆虫的发生期以及昆虫的发育进度，对于害虫的预测预报和益虫的利用，很有好处。

（2）湿度和水对昆虫的影响。湿度实质上是水的问题。水是虫体的组成成分和生命活动的重要物质与媒介。不同的昆虫和同种昆虫不同的发育阶段，对水的要求不同，水分过高或过低都能直接或间接地影响昆虫正常的生命活动。一般说，湿度主要影响昆虫的生存、发育质量和繁殖力。多数裸露的害虫对空气湿度敏感，一般昆虫要求70％～90％的相对湿度。而多数刺吸式口器害虫，由于吸食植物的汁液，一般不会缺水，反而是在干旱条件下因寄主植物体内干物质含量相对提高而改善了营养条件，从而加速繁殖。如蚜虫、螨类等在干旱年份或季节，虫口密度大，危害重。

降水也可影响昆虫的生命活动。适当降水可增加空气湿度，有助于某些昆虫的活动；降水过多，使空气湿度和土壤含水量过高；降水过少使空气过干，土壤干燥板结，这些都不利于昆虫的活动、生存和繁殖。暴风雨对昆虫外露的卵、弱小昆虫与低龄幼虫或若虫都是致命打击。

（3）温湿度的综合影响。温度和湿度是相互影响、综合作用于昆虫的。温湿度都处在适宜范围，有利于害虫的发育和繁殖；温湿度均不适宜时，则害虫生长发育受到抑制；两方面因素中如果有一个适宜，则害虫对另一个因素的适应力增强。因此，分析害虫消长时必须考虑温湿度的综合影响。为了正确反映出温度与湿度对昆虫的综合作用，常以温湿系数（Q_w）来表示，公式如下：

$$Q_w = RH/T \text{ 或 } Q_w = RH/(T-C)$$

式中，T 为平均温度，RH 为月（或旬、天）平均相对湿度，C 为某种昆虫发育起点温度。

必须注意各种昆虫所需要的温湿系数，其温度与湿度必须限制在一定范围，因为不同的温度与湿度的组合可得出相同的系数，但它们对昆虫的作用截然不同。温湿系数可作为预测害虫发生量的指标。

（4）光。光对昆虫的直接作用是作为一种信号。光的波长、光照度、光周期等都可以影响昆虫的活动、行为和滞育等。

昆虫多趋向于短光波。许多农业昆虫对 330～400nm 的紫外光有强烈趋性。日出性的蚜虫、蓟马等对 500～600nm 的黄绿光反应敏感。光照度对昆虫的昼夜活动规律与行为影响十分明显，如蝶类等喜欢在强烈日光下活动；有的昆虫习惯阴暗的环境，回避强光，如钻蛀性昆虫；而夜出性昆虫习惯在黑暗中活动，但其中大多数有趋光性。

光周期是指光照与黑暗的交替节律。光周期变化即日照长短在 1 年中的变化，其年变化比较稳定，是决定昆虫何时开始滞育的最重要的信号。能引起昆虫种群中 50%个体进入滞育的光周期称为临界光照周期。

（5）风。风直接影响昆虫的迁飞与扩散。如黏虫等借大气环流远距离迁飞，低龄幼虫与叶螨等借风扩散与转移。但大风等极端条件，尤其是暴风雨，常给弱小昆虫或初龄幼虫（若虫）以致命打击。

2. 土壤因素　土壤是昆虫的一个特殊的栖息环境，大约 98%的昆虫在其生活史中与土壤有或多或少的关系。土壤对昆虫的影响主要表现在以下几个方面。

（1）土壤温度。不同的昆虫可以在不同的土壤深度找到所需温度，加上土壤本身的保护作用，使土壤成为昆虫越冬和越夏的良好场所。随着季节的更替和土壤温度的变化，在土壤中生活的昆虫，如蛴螬、蝼蛄、金针虫等地下害虫常做上下垂直移动。在生长季节上升到土表下危害，严冬季节则潜入土壤深处越冬等。

（2）土壤湿度。土壤中的湿度主要取决于土壤含水量，在很大程度上决定着土栖昆虫的水平分布，如小地老虎、细胸金针虫主要分布于含水量较多的水浇地和江河两岸、湖泊周围；同时，许多在土壤中越冬的昆虫，其出土时间、数量也受土壤含水量的影响，如小麦吸浆虫、桃小食心虫等。但是大雨、灌溉造成土壤耕作层水分暂时过多时，会迫使在耕作层活动的地下害虫向下迁移。旱作地块在地下害虫危害较重季节，灌水可以消灭地下害虫或迫使其向耕作层下迁移而减轻危害。

（3）土壤的理化性质。土壤的机械组成、酸碱度和有机质的含量也会影响土栖昆虫的分布，如东方蝼蛄喜欢含沙质较多而湿润的土壤，尤其喜欢经过犁耕、施有厩肥的松软田地，在黏性大而结实的土壤中发生少；金针虫喜欢在酸性土壤中生活；施用大量充分腐熟的有机肥的土壤易引诱种蝇、金龟甲等成虫产卵。

3. 生物因素

（1）食物因素。

①食物对昆虫的影响：每种昆虫都有它最喜食的植物种类。在取食喜食植物时期，昆虫的发育较快，死亡率低，生殖力高。同种植物的不同发育阶段对昆虫的影响也不同，取食同一植物的不同器官，影响也不相同。如棉铃虫取食棉花的不同器官，其发育历期、死亡率、蛹重、羽化率均有明显差异。

②食物链及食物网：在生态系统中，昆虫与其他生物（动物、植物、天敌等）通过取食和被取食的关系，互相联系在一起，这种生物之间由于取食关系而形成的一种联系称为食物链。食物链由植物或死亡的有机物开始，而终止于肉食性（捕食或寄生）动物。自然界中的食物链并非单一的直链，它可以有许多的分支和再分支，形成复杂的网状结构，即食物网。在食物链中，各种生物都按一定的作用和比重，占据一定的位置，互相依存，互相制约，处于动态平衡。食物链中任何一个环节的变化都会造成整个食物链的连锁反应。这是人们人为地改变农作物或引用新的捕食性或寄生性昆虫以改变自然界生物群落的理论基础，也是分析害虫种群变动时必须认真考虑的问题。

③植物的抗虫性：植物对昆虫的取食危害所产生的抗性反应，称为植物的抗虫性。根据抗虫性的机制，分为如下 3 类。

抗选择性：植物由于其形态、结构、生理生化等方面的原因而不被害虫选择或积极驱斥害虫的特性，称为抗选择性。如光叶棉和无蜜腺棉对棉铃虫产卵有抗选择性。

抗生性：植物体内含有某些有毒有害物质或缺少昆虫生长的必需营养物质，害虫取食后引起生理失调甚至死亡，这种抗性称为抗生性。如玉米苗期叶片内含有配糖体（丁布），当玉米螟、棉铃虫取食后会转化为抗螟素而产生抗生性。

耐害性：作物受害后，由于本身的强大补偿能力，从而减轻损失或不受损失，这种特性称为耐害性。如分蘖力极强的禾本科植物，苗期受害后由于有补充分蘖的能力，对田间基本苗数影响不大。

上述抗性三机制具有遗传性。另外，有些植物还可通过调整播种期，使植物易受害的生育期与害虫发生危害期错开，从而避开危害，称之为生态抗虫性，这种抗性不具遗传性。了解植物的抗虫性，对选育、推广抗虫品种及栽培治虫具有重要指导意义。

（2）天敌的影响。天敌指昆虫的所有生物性敌害。主要有捕食性天敌、寄生性天敌和致病微生物 3 大类。捕食性天敌包括天敌昆虫（草蛉、步甲、瓢虫、食蚜蝇等）和食虫动物（蜘蛛、两栖类、鸟类、家禽等），其中有许多在生物防治中已发挥重要的作用，如用澳洲瓢虫防治吹绵蚧、人工助迁瓢虫防治棉蚜等。寄生性天敌昆虫种类繁多，其中以膜翅目寄生蜂和双翅目寄生蝇作用最大。常见昆虫病原微生物有细菌（如苏云金杆菌）、真菌（如白僵菌）、病毒（如核型多角体病毒）等。

（3）人类活动。人类的活动对昆虫的影响是复杂的，主要有以下几方面。

①改变一个地区的农田生态系统：人类农事活动中的兴修水利、改革耕作制度、引进推

广新品种等，可引起当地农田生态系统的改变及其中昆虫种群的兴衰。如将地下害虫较重的旱地改为水田，可以杀灭地下害虫，而有效地控制其发生。

②改变一个地区昆虫种类的组成：人类频繁地调引种苗，扩大了害虫的地理分布范围。相反，天敌的引进和利用，抑制了害虫的数量和猖獗程度。

③改变昆虫的生存环境：人类的各种农业措施，如深翻土壤、中耕除草、施肥灌溉、整枝修剪等，改变了昆虫赖以生存的环境条件，使之不利于某些害虫的发生。

④直接杀灭害虫：如使用化学药剂杀灭害虫等。人类活动的作用具有两重性。充分认识人类活动对农业生态系统和昆虫的影响，尊重客观规律，对进行害虫综合治理、控制其种群数量，保持生态平衡具有重要意义。

思考题

1. 举例说明昆虫的主要繁殖方式。
2. 昆虫个体发育各阶段有何特点？
3. 昆虫的主要习性有哪些？如何利用这些习性防治害虫？
4. 影响昆虫生长发育的环境因子有哪些？
5. 什么是有效积温法则？它有哪些应用？
6. 害虫的天敌有哪些？
7. 人类的活动对害虫有哪些影响？
8. 解释以下名词：

变态　孤雌生殖　多胚生殖　卵胎生　孵化　龄期　化蛹　羽化　补充营养　世代　年生活史　趋光性　趋化性　假死性　休眠　滞育　世代重叠　食物链　食物网

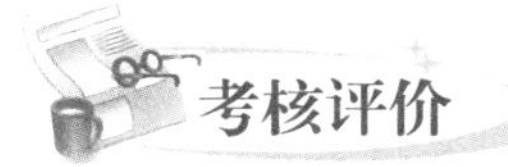

考核评价

根据学生对昆虫外部形态观察、变态类型和各虫态观察的认真仔细程度，识别各重要目、主要科昆虫的准确率以及实验报告完成情况等几方面（表 1-1-1）进行考核评价。

表 1-1-1　农业昆虫识别考核评价

序号	考核项目	考核内容	考核标准	考核方式	分值
1	昆虫外部形态观察	体躯的基本构造观察	正确划分体段，准确指明各种附器的名称	现场识别考核、答问考核	5
		口器的观察	指明蝗虫口器和蝉口器的各部分名称，正确区别各种头式		5
		触角的观察	指明蜜蜂触角各部分构造名称，说明所观察昆虫标本的触角类型		5
		胸足的观察	指明蝗虫胸足各部分名称，说明所观察昆虫标本的胸足类型		5
		翅的观察	指明蝗虫后翅的三缘、三角、三褶、四区，说明所观察昆虫标本前后翅的类型		5

（续）

序号	考核项目	考核内容	考核标准	考核方式	分值
2	昆虫变态类型及各虫态观察	变态类型观察	能指明所观察标本的变态类型	现场识别考核、答问考核	5
		幼虫形态的观察	能指出所观察全变态幼虫所属的类型		5
		蛹的观察	能区别所观察蛹所属的类型		5
		成虫性二型及多型现象的观察	能说明所观察成虫标本性二型和多型现象的特点		5
3	农业昆虫常见类群识别	农业昆虫重要目分类特征观察	能准确指明所观察的9个重要目昆虫的分类特征	现场识别考核	10
		农业昆虫重要目的主要代表科特征观察	能正确识别农业昆虫重要目的主要科代表性昆虫，并准确指明所观察各目主要代表科昆虫的分类特征		20
4	知识点考核		理解昆虫的生物学特性及其与防治的关系，了解昆虫发生与环境的关系	闭卷笔试	10
5	实验报告		完成认真，内容正确；绘制的害虫形态图特征明显，标注正确	评阅考核	10
6	学习态度		观察认真，发言积极；遵纪守时，爱护公物	学生自评、小组互评和教师评价相结合	5

子项目二　植物病害诊断

【学习目标】认识植物病害常见症状类型；识别真菌、细菌、病毒、线虫等植物病原物中重要类群的形态特征，并了解其所致植物病害的症状特点；掌握植物病害诊断的方法。

任务1　植物病害症状观察

【材料及用具】当地常见的不同症状类型的病害标本，如稻瘟病、稻纹枯病、稻恶苗病、稻白叶枯病、小麦锈病、小麦白粉病、小麦黑穗病、小麦赤霉病、小麦黄矮病、小麦粒线虫病、玉米大斑病和小斑病、玉米黑粉病、玉米丝黑穗病、棉花角斑病、棉花枯萎病、棉花黄萎病、油菜菌核病、大白菜软腐病、番茄青枯病、番茄灰霉病、番茄病毒病、番茄早疫病、黄瓜霜霉病、马铃薯环腐病、菜豆细菌性疫病、苹果树腐烂病、柑橘溃疡病等；显微镜、放大镜、水果刀、载玻片等用具；各类症状的挂图、多媒体课件等。

【内容及操作步骤】

一、植物病害的概念

植物在生长过程中，由于遭受到其他生物的侵染或不适宜环境条件的影响，使植物的正常生长和发育受到干扰或破坏，从生理机能到组织结构上发生了一系列的变化，以致在外部形态上有异常表现，最后导致产量降低，品质变劣，甚至局部或全株死亡，这种现象称为植物病害。

植物病害有一定的病理变化过程，即由内部生理产生一系列持续性的顺序变化，最终反映到外部形态的不正常表现，这一变化过程称为病理程序。而植物的自然衰老凋谢以及由风、雹、虫和动物等对植物所造成的突发性机械损伤及组织死亡，因缺乏病理变化过程，故不能称为病害。

有些植物在外界环境因素和栽培条件影响下，生长发育出现一系列异常变化，但其经济价值，非但没有降低，反而有所提高，这不列为植物病害。如食用茭白受到黑粉菌侵染后，其茎更为肥厚嫩脆；韭菜黄化栽培，得到的韭黄更为鲜嫩。

二、植物病害的症状

植物感病后其外表的不正常表现称为症状。症状包括病状和病征两方面。病状是指植物本身表现出的各种不正常状态；病征是指病原物在植物发病部位表现的特征。植物病害都有病状，而病征只有在真菌、细菌所引起的病害才表现明显。症状是认识和诊断植物病害的重要依据。

（一）病状类型

1. 变色　植物生病后，病部细胞内的叶绿素被破坏或叶绿素形成受到抑制，以及其他色素形成过多而出现不正常的颜色，称为变色。变色以叶片变色最为明显，其中叶片全叶变为淡绿色或黄绿色的称为褪绿；叶片全叶发黄的称为黄化；叶片变为深绿色和浅绿色浓淡相间的称为花叶。

比较观察烟草花叶病、苹果花叶病、小麦黄矮病等标本，注意黄化和花叶两种主要表现类型。

2. 坏死　植物受害部位的细胞和组织死亡，称为坏死。根、茎、叶、花、果等都能发生坏死。坏死在叶片上的表现有叶斑和叶枯两种。叶斑根据其形状的不同，有圆斑、角斑、条斑、轮纹斑等。叶斑的形状、大小和颜色虽不相同，但轮廓都比较清楚，有的叶斑坏死组织还脱落形成穿孔；叶枯是指叶片上较大面积的枯死，枯死部分的轮廓有时不像叶斑那么明显，发生在叶尖、叶缘的则称叶烧。

观察玉米大斑病、棉花角斑病、番茄早疫病等标本，注意不同类型病害所表现病斑的形状、大小、颜色等的异同及病斑上有无轮纹、花纹伴生，同时注意观察各类病斑上有无病征及病征的特点。

3. 腐烂　腐烂是由病组织的细胞坏死并消解而形成，植物的根、茎、叶、花、果实、块根、块茎等都可以发生腐烂，腐烂可以分为干腐、湿腐和软腐。组织腐烂时，随着细胞的消解而流出水分和其他物质。若组织的解体较慢，腐烂组织中的水分能及时蒸发而消失，病部表皮干缩或干瘪则形成干腐；若组织的解体很快，腐烂组织不能及时失水则形成湿腐。软腐则是中胶层先受到破坏，腐烂组织的细胞离析，之后再发生细胞的消解。

观察大白菜软腐病、玉米干腐病、甘薯茎线虫病、马铃薯晚疫病和环腐病、柑橘溃疡病等标本，认识腐烂类型及其病状特点。

4. 萎蔫　植物根部或茎部的输导组织被破坏，使水分不能正常运输而引起凋萎枯死，称为萎蔫。萎蔫急速，枝叶初期仍为青色的称为青枯，如番茄青枯病。萎蔫进展缓慢，枝叶逐渐干枯的称为枯萎，如棉花枯萎病。

观察棉花（或黄瓜等）枯萎病、棉花（或茄子等）黄萎病、番茄青枯病等标本，注意区别枯萎、青枯等病状类型，必要时可以剖开病株茎秆观察维管束是否褐变。

5. 畸形 感病植物的细胞或组织过度增生或受到抑制变为畸形。有的植株生长过快，表现徒长，如水稻恶苗病；有的生长受到抑制表现矮化；有时由于节间缩短而变为丛生。个别器官也可发生畸形，如叶片呈现卷叶、缩叶和皱叶等；果实则可形成袋果或缩果；有的枝梢卷缩成为缩顶；有的组织膨大形成肿瘤，如玉米黑粉病。

观察桃缩叶病、十字花科蔬菜根肿病、马铃薯癌肿病、果树根癌病、枣疯病、泡桐丛枝病、水稻恶苗病等标本，注意叶片的膨肿、皱缩、小叶、蕨叶；果实的缩果及其他畸形；植株的徒长、矮缩；局部器官如花器和种子的退化变形和促进性变态等。

（二）病征类型

1. 霉状物 病原真菌在病部产生各种颜色的霉层，如霜霉、青霉、灰霉、黑霉、赤霉等。观察黄瓜霜霉病、甘薯软腐病、柑橘青霉病、番茄灰霉病等标本，注意区别霜霉、黑霉、青霉、灰霉等不同类型的霉状物。

2. 粉状物 病原真菌在病部产生多种颜色粉状物，如白粉、黑粉、锈粉等。观察麦类锈病、十字花科蔬菜白锈病、麦类白粉病、玉米黑粉病等标本，注意粉状物的颜色、质地和着生情况等。

3. 点粒状物 真菌性病原物在病部形成的黑色点粒状物，有的排列规则呈轮纹状，有的会溢出红色黏稠状或其他特征的液体。观察瓜类炭疽病、苹果树腐烂病和麦类赤霉病等标本，注意点粒状物是埋生、半埋生还是表生，以及在寄主表面的排列状况、颜色等。

4. 菌核 一些真菌性病原物如核盘菌、丝核菌等可在病部产生各种大小不等、形状各异的颗粒状物，可以与植物分离。通常为圆形或不规则状，黑色或褐色，大的一般肉眼可见。观察油菜菌核病和水稻纹枯病等标本，注意菌核的大小、形状、颜色、质地等。

5. 菌脓 病部产生脓状黏液，干燥后呈黄褐色颗粒状或胶状。这是细菌性病害特有的病征。观察稻白叶枯病、稻细菌性条斑病等标本，注意菌脓的颜色、出现位置等。

三、植物病害的类型

植物发病是多种因素综合作用的结果，其中起直接作用的主导因素称为病原，其他对病害发生和发展起促进作用的因素称诱因或发病条件。根据病原不同，可以把植物病害分为非侵染性病害和侵染性病害两大类。

1. 非侵染性病害 是由不适宜的环境因素持续作用引起的，不具传染性，所以也称非传染性病害或生理性病害。这类病害常常是由于营养元素缺乏、水分供应失调、气候因素以及有毒物质对大气、土壤和水体等的污染引起的。

2. 侵染性病害 是植物受到病原生物的侵袭而引起的。具有传染性，所以又称为传染性病害。引起侵染性病害的病原物主要有真菌、细菌、病毒、线虫和寄生性种子植物五大类。

侵染性病害和非侵染性病害的关系密切，在一定条件下可以互为影响。不适宜的非生物因素，不仅其本身可引起植物发病，同时也为病原物开辟侵入途径，或降低植物对侵染性病害的抵抗性，如温室花卉受到低温的影响而发生冻害后，容易诱发真菌性灰霉病；植物发生缺素症后，也易诱发真菌性叶斑病。相反，植物发生了侵染性病害后又可诱发非侵染性病害，如植物由于某种真菌性叶斑病的危害导致早期落叶，更易遭受冻害和霜害等。

练　习

将实验课所观察的植物病害标本结果填入表 1-2-1。

表 1-2-1　植物病害标本观察结果记录

寄主名称	病害名称	发病部位	病状类型	病征类型

思考题

1. 植物病害是否都能见到病状和病征？为什么？
2. 何谓非侵染性病害和侵染性病害？各有什么特点？

任务 2　植物病原真菌形态观察

【材料及用具】 十字花科蔬菜根肿病、稻绵腐病、瓜果腐霉病、番茄晚疫病、油菜白锈病、甘薯软腐病、小麦白粉病、小麦赤霉病、棉花立枯病、小麦黑穗病、玉米黑粉病、小麦锈病、油菜菌核病、稻纹枯病、稻瘟病、玉米大斑病、稻恶苗病、瓜类枯萎病、苹果树腐烂病、葡萄褐斑病、辣椒炭疽病、茄褐纹病等病害标本或病原菌玻片；显微镜、放大镜、载玻片、盖玻片、镊子、挑针、小剪刀、刀片、蒸馏水、纱布等用具；相关真菌性病害症状及病原物挂图。

【内容及操作步骤】

一、真菌的一般性状

真菌是自然界中一类重要的真核生物，已描述的约 12 万种，其与人类的生活和生产有着密切关系。有的可作食用、药用，有的用于工业发酵和农业生产，也有的可引起人、畜、植物的病害。在各类栽培植物的病害中，约有 80％的病害是由真菌引起的。

（一）真菌的营养体

真菌营养生长阶段的结构称为营养体。典型的营养体是极小而分枝纤细的丝状体，单根丝状体称为菌丝，相互交织成的菌丝集合体称为菌丝体。菌丝呈管状，大多无色透明。菌丝有横隔膜，称为有隔菌丝；无横隔膜，称为无隔菌丝（图 1-2-1）。真菌菌丝有无隔膜是区分高等、低等真菌的重要依据。

菌丝一般是从孢子萌发以后形成的芽管发育而成的。菌丝的每一部分都有潜在生长的能力。在适宜的环境条件下，每一小段都能长出新的菌丝体。大多数菌丝体都在寄主细胞内或细胞间生长，直接从寄主细胞内或通过细胞壁吸取养分。生长在寄主细胞间的真菌，尤其是专性寄生真菌，从菌丝体上形成伸入寄主细胞内吸取养分的结构称为吸器。各种真菌吸器的形状不同，有瘤状、蟹状、指状和分枝状等（图1-2-2）。

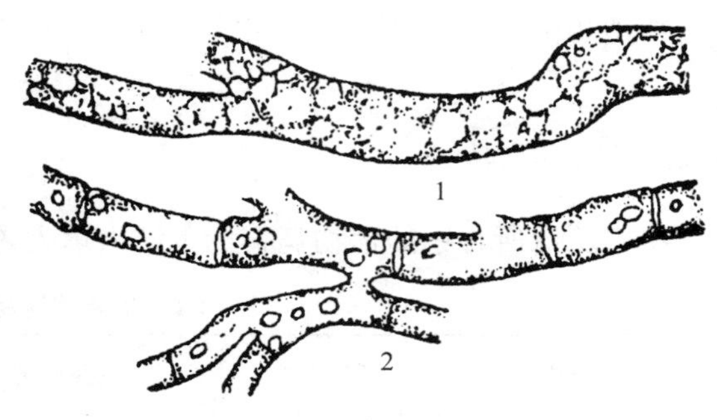

图1-2-1　真菌的菌丝
1. 无隔菌丝　2. 有隔菌丝
（李清西等.2002. 植物保护）

有些真菌的菌丝体在不适宜的条件下或生活的后期发生变态，形成一些特殊结构，如菌核、菌索、子座等组织体。

菌核是由菌丝纠集而成的颗粒状结构，形状大小各异。其是一种休眠体，可以抵抗不良环境。遇适宜环境时，菌核萌发产生菌丝体或繁殖器官，一般不直接产生孢子。

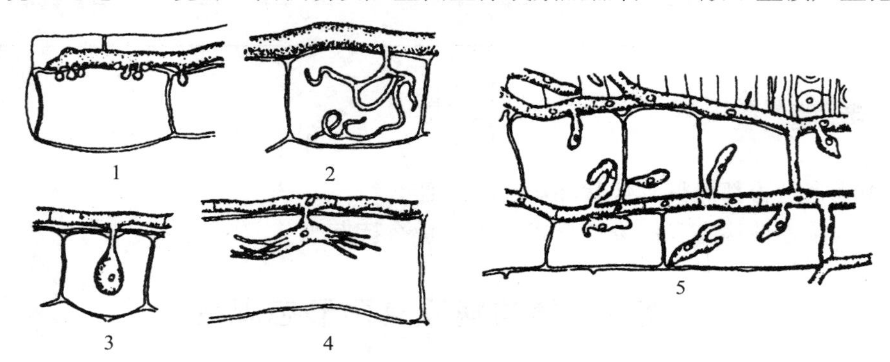

图1-2-2　真菌的吸器类型
1. 白锈菌　2. 霜霉菌　3、4. 白粉菌　5. 锈菌
（李清西等.2002. 植物保护）

菌索是由很多菌丝平行排列而成的绳索状物。不仅可以抵抗不良环境，而且有蔓延和直接侵染的作用。

子座是由菌丝交织而成或由菌丝体和部分寄主组织结合而成的垫状结构。其上或内部形成子实体，也可直接产生繁殖体，还可度过不良环境。

取清洁载玻片，中央滴蒸馏水一滴，用挑针挑取甘薯软腐病菌或瓜果腐霉病菌的白色绵毛状菌丝放入水滴中，用两支挑针轻轻拨开过于密集的菌丝，然后自水滴一侧用挑针支持，慢慢加盖玻片即成，在显微镜下观察菌丝是否分隔，什么颜色。挑取棉花立枯病菌少许菌丝体制片镜检，观察其菌丝形态特点，有无分隔。观察油菜菌核病菌核的外形、颜色、大小，并镜检菌核切片，比较菌核外部组织和内部组织菌丝细胞的形状、大小及排列情况。

（二）真菌的繁殖体

大多数真菌的菌丝体生长发育到一定阶段后，就转入繁殖阶段。真菌的主要繁殖方式是通过营养体的转化，形成大量的孢子。真菌的孢子相当于高等植物的种子，对传播和继代都起着重要作用，而且是真菌分类的重要依据。真菌的繁殖方式可分为无性繁殖和有性繁殖两大类。

真菌的繁殖体

1. 真菌的无性繁殖　真菌的无性繁殖是不经过两性细胞或性器官结合而直接由营养体分化形成无性孢子的繁殖方式。常见的无性孢子有以下几种（图 1-2-3）。

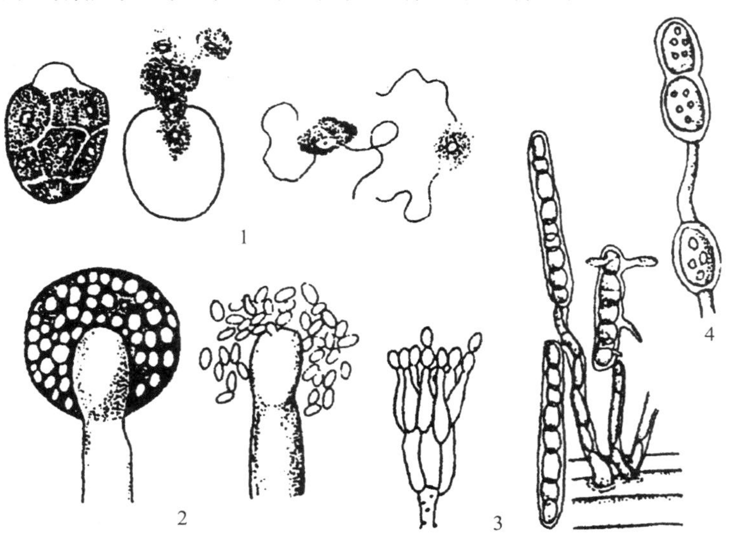

图 1-2-3　真菌的无性孢子类型

1. 游动孢子囊及游动孢子　2. 孢子囊及孢囊孢子　3. 分生孢子　4. 厚垣孢子

（李清西等．2002．植物保护）

（1）游动孢子。形成于游动孢子囊内，无细胞壁，具 1～2 根鞭毛，在水中能游动。游动孢子囊球形、卵圆形或不规则形，形成于菌丝顶端或有特殊形状和分枝的孢囊梗上。

（2）孢囊孢子。形成于孢子囊内，有细胞壁，无鞭毛，不能在水中游动，借气流传播。孢子囊着生于孢囊梗上，由孢囊梗的顶端膨大而成。孢子囊成熟时，囊壁破裂释放出孢囊孢子。

（3）分生孢子。通常产于菌丝分化形成的分生孢子梗上，亦有直接产生于菌丝上。分生孢子的形状、颜色、大小多种多样，单胞或多胞，无色或有色，成熟后从分生孢子梗上脱落。有些真菌的分生孢子产生于分生孢子果内，近球形、具有孔口的孢子果称为分生孢子器，杯状或盘状的孢子果称为分生孢子盘。

（4）厚垣孢子。有些真菌菌丝或孢子中的某些细胞膨大变圆、原生质浓缩，细胞壁加厚而形成的休眠孢子。

2. 真菌的有性繁殖　真菌的有性繁殖是经过两性细胞或两性器官结合而产生有性孢子的繁殖方式。真菌的性器官称为配子囊，性细胞称为配子。真菌的有性生殖一般包括质配、核配和减数分裂 3 个阶段。常见的有性孢子有以下几种（图 1-2-4）。

（1）卵孢子。由两个异形配子囊（大的、球形配子囊为藏卵器，小的、棍棒或环状配子囊为雄器）结合而成。雄器和藏卵器接触后，雄器内的细胞质和细胞核经受精管进入藏卵器，与卵球核配后，发育成厚壁、双倍体的卵孢子。卵孢子萌发形成菌体时进行减数分裂，其萌发可直接形成菌丝或在芽管顶端形成游动孢子。卵孢子抗逆性强。

（2）接合孢子。由两个同形配子囊（形状、大小相同，性别相异）结合形成。两个配子囊接触后，接触部位的细胞壁溶化，其中的细胞质和细胞核融合在一起，完成质配、核配过程而发育形成球形、厚壁、双倍体的接合孢子。接合孢子萌发时进行减数分裂，其萌发可产生孢子囊或直接产生菌丝。接合孢子抗逆性亦强。

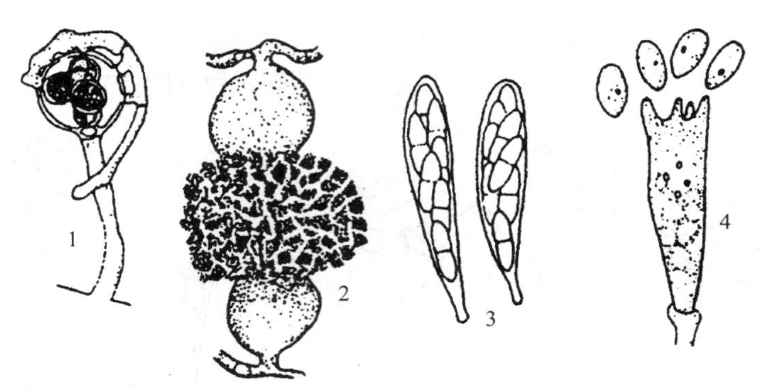

图 1-2-4 真菌的有性孢子类型

1. 卵孢子 2. 接合孢子 3. 子囊孢子 4. 担孢子

（李清西等．2002. 植物保护）

（3）子囊孢子。由两个异形配子囊结合，配子囊接触后进行质配，形成大量双核的造囊丝，由造囊丝发育形成囊状结构——子囊，同时子囊内的两个不同性别的细胞核进行核配、减数分裂，最终形成单倍体子囊孢子（一般为 8 个）。子囊多呈棍棒状，子囊孢子则形态各异。子囊通常产生在具包被的子囊果内。常见的子囊果有 4 种类型：球状而无孔口的称为闭囊壳；瓶状或球状，顶端开口的称为子囊壳；盘状或杯状的称为子囊盘；无独立的壁，而是在子座内形成腔穴，并有从腔顶到腔基相接的拟侧丝，其间形成子囊的称为子囊腔。

（4）担孢子。由两性菌丝结合，形成双核菌丝，其顶端细胞发育为棍棒状的担子，担子内的双核配合后，经过减数分裂形成 4 个单倍体核，同时在担子顶端形成 4 个小梗，最后 4 个核分别进入小梗的膨大部分，形成 4 个担孢子。如梨胶锈菌。有些真菌在产生担子前，双核菌丝先形成冬孢子，再由冬孢子萌发产生担子和担孢子。如黑粉病菌和锈菌。

真菌繁殖体既是鉴别各类真菌的重要依据，又是植物病害发生危害的基础。在植物病害发生过程中，无性孢子产生的数量多，对不良环境较敏感而寿命短，在病害扩展蔓延中发挥重要作用；有性孢子产生数量少，对不良环境抵抗力较强而寿命长（尤其是卵孢子、接合孢子），因此是病原菌越冬的主要形态，在病害初次侵染中起重要作用。

真菌产生孢子的结构称为子实体。子实体是由菌丝体与部分寄主组织结合而成的，是产生孢子的特殊器官，就像种子在果实中一样。常见的子实体有分生孢子盘、分生孢子器、分生孢子座、子囊果（子囊盘、子囊壳、闭囊壳等）和担子果等。

取已制玻片标本或自制病原玻片在显微镜下观察上述各种无性、有性孢子及各类子实体的特征。

（三）真菌的生活史

真菌的生活史是指从一种孢子开始，经过萌发、生长发育，最后又产生同一种孢子的过程。真菌的典型生活史包括无性阶段和有性阶段（图 1-2-5）。菌丝体生长发育到一定阶段便产生无性孢子，无性孢子在适宜条件下萌发形成新的菌体，这是无性阶段。菌丝体生长后期，可分化形成配子囊，并由其结合经过质配、核配、减数分裂产生有性孢子，有性孢子萌发又可形成新的菌丝体，这是有性阶段。有些真菌的有性阶段目前尚未发现，或虽已发现但不常发生。也有些真菌的生活史中以有性繁殖为主，无性孢子少发生或不发生。甚至有些真菌在其生活史中既不产生有性孢子，也不产生无性孢子，而是由菌丝体独立完成全部生活史。了解真菌生活史对病害防治有着重要意义，可以根据不同真菌的生活史循环，抓住关键环节，采取相应措施，达到控制病害的目的。

二、植物病原真菌的主要类群

随着分子生物学技术的发展，人们对生物的认识更加深入。Cavalier-Smith（1981，1988）提出将细胞生物分为八界，即原核总界的古细菌界和真细菌界，真核总界的古动物界、原生动物界、色菌界、真菌界、植物界和动物界。《真菌词典》第8版（1995）和第9版（2001）均接受了这一分类系统。在八界系统中，广义的真菌分属3个界，即原生动物界，包括无细胞壁的黏菌及根肿菌；色菌界，包括细胞壁主要成分为纤维素、营养体为 $2n$、具茸鞭状鞭毛的卵菌等；真菌界，指细胞壁主要成分为几丁质的真菌，包括绝大多数传统的真菌成员。

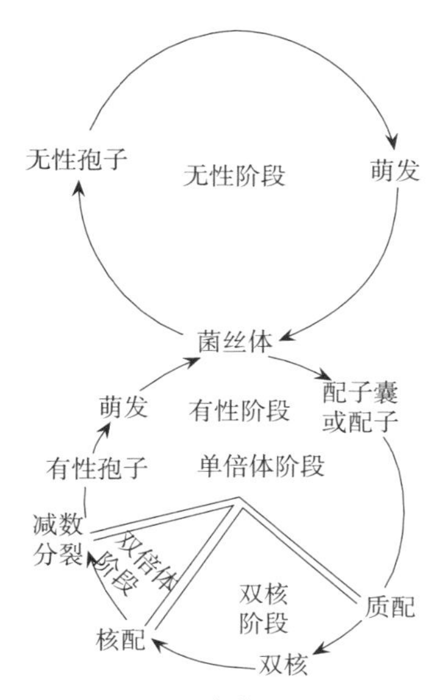

图 1-2-5　真菌的生活史
（韩召军．2012．植物保护学通论）

（一）原生动物界

营养体是无细胞壁的原质团；营养方式为吞噬或光合作用（叶绿体无淀粉和藻胆体）；游动孢子有鞭毛，但鞭毛不呈直管状。

原生动物界与植物病害有关的是根肿菌门（Plasmodiophoromycota）。根肿菌营养体为无细胞壁的原质团；无性繁殖形成薄壁的游动孢子囊，内生多个具两根长短不等尾鞭的游动孢子；有性生殖时，两个游动配子或游动孢子配合形成合子，再由后者产生厚壁的休眠孢子（囊）。本界均为寄主细胞内专性寄生菌，常引起植物根部或茎部细胞膨大和组织增生，如引起十字花科植物根肿病的芸薹根肿菌。

（二）色菌界

营养体主要为单胞或无隔菌丝体；营养方式为吸收或原始光养型（叶绿体位于糙面内质网腔内，无淀粉和藻胆体）；细胞壁主要成分为纤维素，不含几丁质；线粒体脊管状；游动孢子有茸鞭状鞭毛，鞭毛呈直管状。

色菌界与植物病害有关的是卵菌门（Oomycota）。卵菌营养体大多是发达的无隔菌丝体，且为二倍体；无性繁殖形成游动孢子囊，内生多个异型双鞭毛（1根茸鞭和1根尾鞭）的游动孢子；有性生殖时藏卵器中形成1至多个卵孢子。卵菌可以水生、两栖或陆生，腐生、兼性寄生或专性寄生。与植物病害关系密切的重要属有：

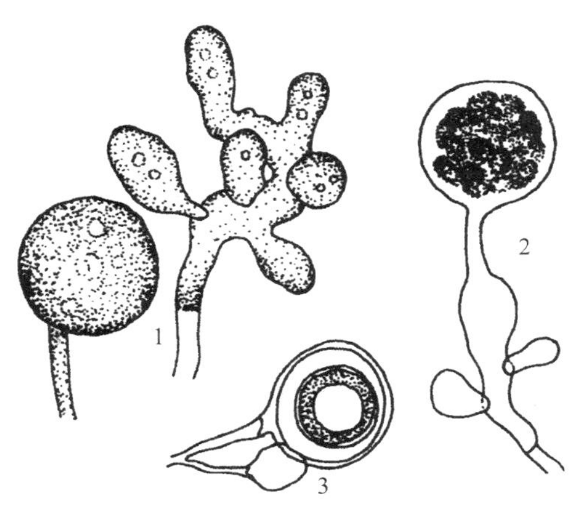

图 1-2-6　腐霉属
1. 孢囊梗和孢子囊　2. 孢子囊萌发形成泡囊
3. 雄器和藏卵器
（宗兆锋．2002．植物病理学原理）

（1）腐霉属（*Pythium*）。孢囊梗菌丝状；孢子囊棒状、姜瓣状或球状，成熟后一般不脱落。萌发时先形成泡囊，在泡囊中产生游动孢子。藏卵器内仅产生1个卵孢子（图 1-2-6）。这类菌在富含有机质的潮湿的菜园和温室苗床土壤中特别丰富，它在雨季中常引起各类植物的根腐、果腐，以及蔬菜幼苗的猝倒病等。

（2）疫霉属（*Phytophthora*）。孢囊梗分化不显著至显著；孢子囊近球形、卵形或梨形，成熟后脱落（图 1-2-7）。低温下孢子囊萌发产生游动孢子，在高温时萌发直接产生芽管。孢子囊一般不形成泡囊，这是与腐霉属的主要区别。寄生性较强，多为两栖或陆生，可引起多种作物的疫病，如马铃薯晚疫病。

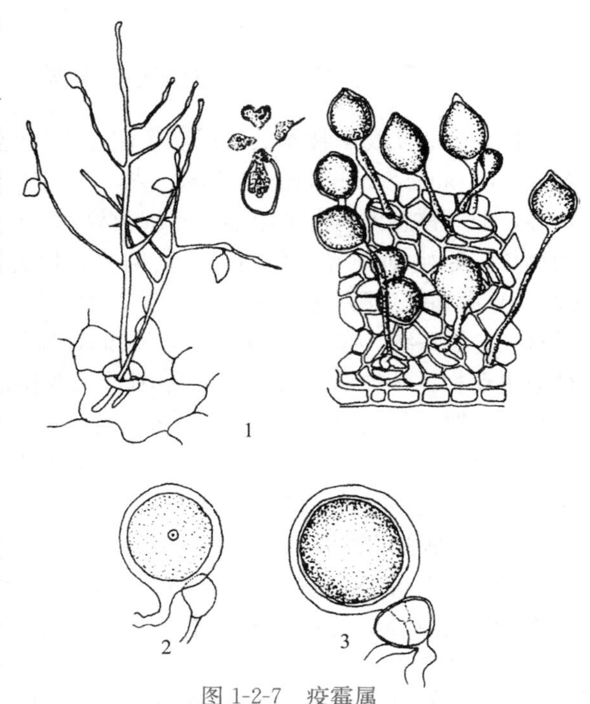

图 1-2-7 疫霉属

1. 孢囊梗、孢子囊和游动孢子 2. 雄器侧生
3. 雄器包围在藏卵器基部
（许志刚．2002．普通植物病理学）

（3）霜霉属（*Peronospora*）。孢囊梗双叉状分枝，末端细。孢子囊近卵形，成熟时易脱落，萌发时直接产生芽管（图 1-2-8）。所致病害有白菜霜霉病等。

（4）单轴霉属（*Plasmopara*）。孢囊梗交互分枝，分枝与主干成直角，小枝末端平钝。孢子囊卵圆形，顶端有乳头状突起，卵孢子黄褐色，表面有皱折状突起（图 1-2-8）。所致病害有葡萄霜霉病和月季霜霉病等。

（5）假霜霉属（*Pseudoperonospora*）。孢囊梗假二叉状分枝，孢子囊椭圆形，有乳状突（图 1-2-8）。所致病害有瓜类霜霉病等。

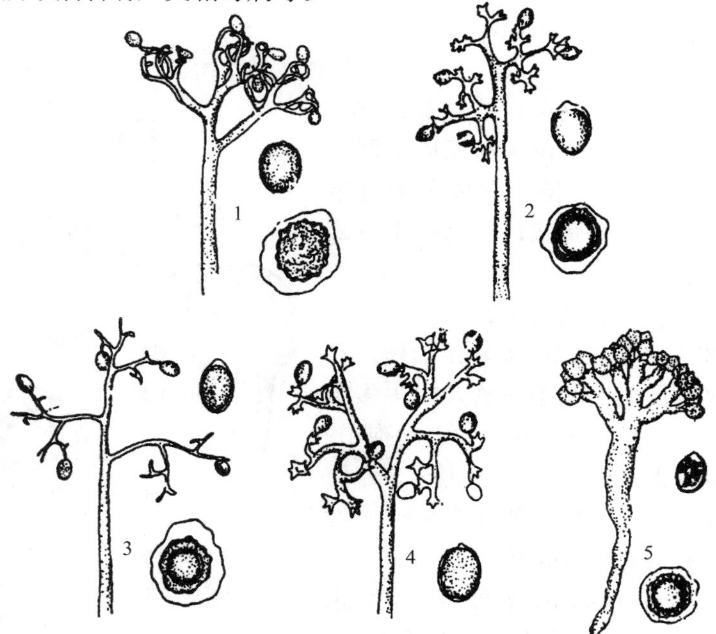

图 1-2-8 霜霉菌主要属的形态（孢囊梗、孢子囊和卵孢子）

1. 霜霉属 2. 单轴霉属 3. 假霜霉属 4. 盘梗霉属 5. 指梗霉属
（李清西等．2002．植物保护）

（6）盘梗霉属（*Bremia*）。孢囊梗双叉状分枝，末端膨大呈碟状，碟缘生小梗，孢子囊着生在小梗上，卵形，有乳头状突起（图 1-2-8）。所致病害有莴苣霜霉病等。

（7）指梗霉属（*Sclerospora*）。孢囊梗粗大，顶部不规则分枝，呈指状，孢子囊柠檬形或倒梨形（图 1-2-8）。所致病害有谷子白发病等。

（8）白锈属（*Albugo*）。孢囊梗短粗，棒状不分枝，成排地生长在寄主的表皮下呈栅栏状。孢子囊圆形或椭圆形，顶生，串珠状，自上而下成熟（图 1-2-9），成熟时突破寄主表皮，借风传播。所致病害有十字花科蔬菜白锈病等。

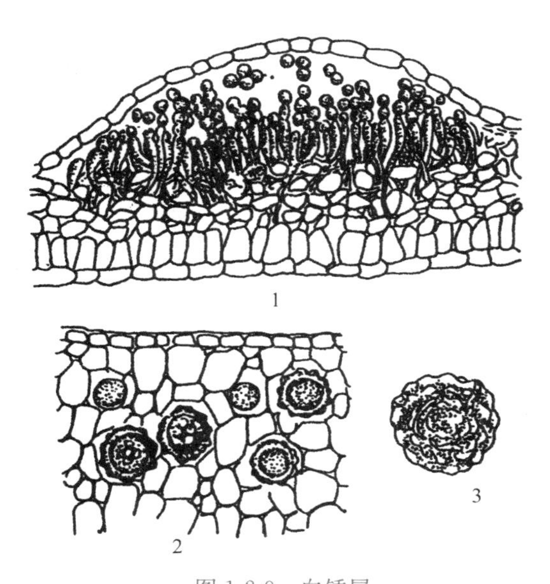

图 1-2-9　白锈属
1. 寄主表皮细胞下的孢囊梗和孢子囊
2. 病组织内的卵孢子　3. 卵孢子
（李怀方等．2001．园艺植物病理学）

挑取蔬菜猝倒病病部棉絮状物、马铃薯或番茄晚疫病病部霉状物制片镜检，观察并比较孢囊梗和孢子囊的形态；挑取各属所致霜霉病标本病部的霜霉状物制片镜检，观察并比较孢囊梗的分枝、孢子囊有无乳突等特征；取已制油菜白锈病菌玻片标本，观察其孢囊梗的特征和孢子囊排列情况。

（三）真菌界

营养体主要为无隔或有隔的菌丝体，少数为单胞或根状菌丝；以吸收方式获得营养；细胞壁主要成分是几丁质，一般不产生游动孢子，若有游动孢子，其鞭毛不是茸鞭。

真菌界包括所有真正的真菌。根据营养体、无性孢子和有性孢子的特征分为四门一类，即壶菌门（Chytridiomycota）、接合菌门（Zygomycota）、子囊菌门（Ascomycota）、担子菌门（Basidiomycota）和半知菌类（Mitosporic fungi）。

1. 壶菌门　营养体差异较大，较低等的为单胞，有的可形成假根；较高等的可形成较发达的无隔菌丝体。无性繁殖产生游动孢子囊，内生多个后生单尾鞭的游动孢子。有性生殖大多产生休眠孢子囊，萌发时释放出游动孢子。壶菌是最低等的微小真菌，一般水生、腐生，少数可寄生植物，如引起玉米褐斑病的玉蜀黍节壶菌。

2. 接合菌门　营养体为无隔菌丝体，无性繁殖形成孢囊孢子，有性生殖产生接合孢子。这类真菌陆生，多数腐生，少数弱寄生，侵染高等植物的果实、块根、块茎，引起贮藏器官的腐烂。与植物病害有关的主要有根霉属（*Rhizopus*），引起甘薯软腐病。根霉属真菌的无隔菌丝分化出假根和匍匐丝，在假根对应处向上长出孢囊梗。孢囊梗单生或丛生，一般不分枝，顶端着生球形孢子囊。孢子囊内有由孢囊梗顶端膨大形成的囊轴，孢子囊成熟后为黑色，破裂散出球形、卵形或多角形的孢囊孢子（图 1-2-10）。

用挑针挑取甘薯软腐病霉层制片镜检，观察孢囊梗及囊轴、假根和孢子囊、孢囊孢子的形态。

3. 子囊菌门　营养体为有隔菌丝体，少数（如酵母菌）为单胞，有些菌丝体可形成子座

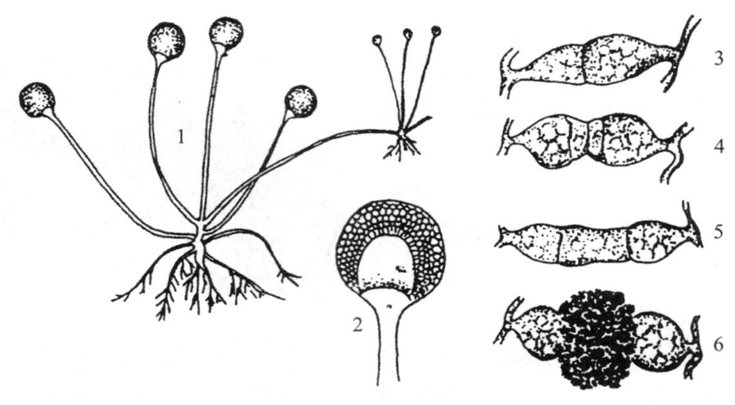

图 1-2-10　根霉属

1. 孢囊梗、孢子囊、假根和匍匐枝　2. 放大的孢子囊　3. 原配子囊
4. 原配子囊分化为配子囊和配子囊柄　5. 配子囊交配　6. 交配后形成接合孢子
（李怀方等 . 2001. 园艺植物病理学）

和菌核等。无性繁殖产生各种类型的分生孢子。有性繁殖产生子囊和子囊孢子。有些子囊是裸生的，大多数子囊产生于子囊果（图 1-2-11）中。子囊菌是真菌中最大的类群，为陆生、腐生或寄生，许多是重要的植物病原物。

子囊菌门主要属病原菌形态识别

（1）半子囊菌纲。本纲主要特征是子囊裸生，不形成子囊果。与植物病害关系较大的是外囊菌属（*Taphrina*），其特征是子囊圆筒形，平行排列在寄主组织表面（图 1-2-12）。菌丝体粗壮，分枝多，寄生于寄主细胞之间，刺激植物组织产生肿胀、皱缩等畸形症状。无性繁殖不发达，但子囊孢子能进行芽殖，产生芽孢子。有性繁殖可由蔓延于表皮或角质层下的菌丝直接形成子囊，突破角质层，外露成为灰白色霉层。该属为专性寄生菌，所致病害有桃缩叶病和樱桃丛枝病等。

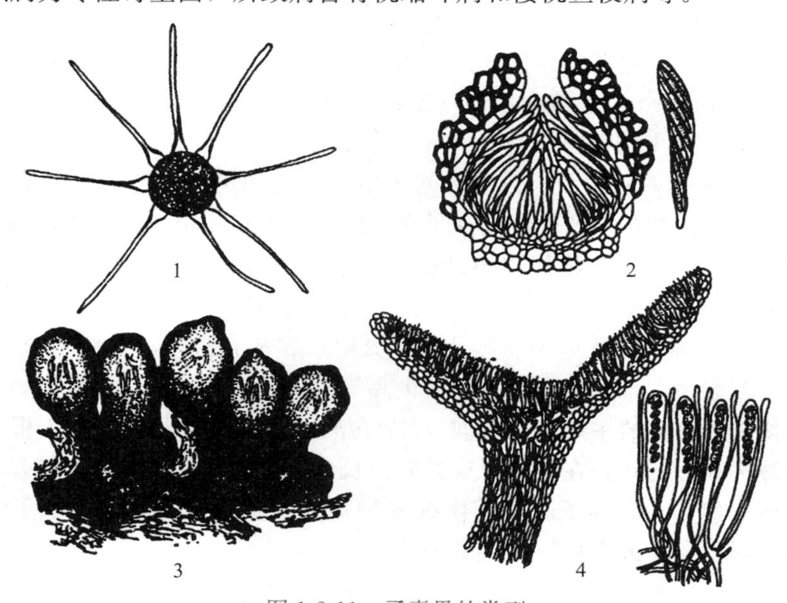

图 1-2-11　子囊果的类型

1. 闭囊壳　2. 子囊壳、子囊和子囊孢子　3. 子囊腔　4. 子囊盘、子囊和子囊孢子
（徐洪富 . 2003. 植物保护学）

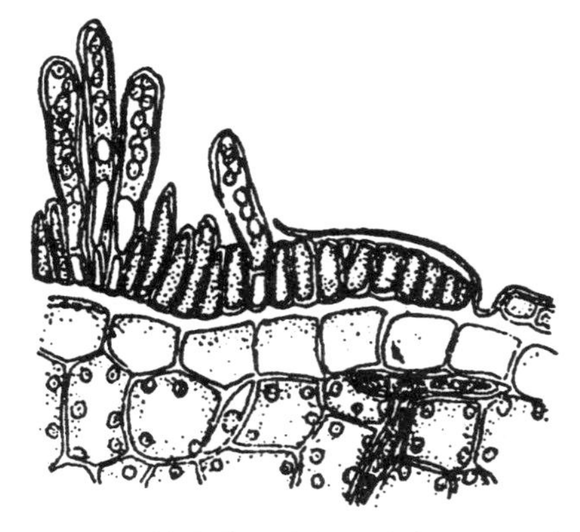

图 1-2-12　外囊菌属真菌的产囊细胞和子囊
（李怀方等 . 2001. 园艺植物病理学）

（2）核菌纲。本纲是子囊菌亚门中最大的类群。营养体均为有隔菌丝体，无性繁殖发达，产生各种分生孢子，有性生殖大多形成子囊壳，少数种类形成闭囊壳，子囊单层壁，有独立壳壁。重要的有白粉菌目和球壳菌目。

①白粉菌目：菌丝外寄生于寄主植物表面，产生球形或掌状吸器伸入表皮细胞内或皮下细胞吸取营养。分生孢子单胞、椭圆形、无色，串生于短棒状、不分枝的分生孢子梗上，与菌丝一起在寄主体表形成白粉状病征。有性繁殖产生闭囊壳，为球形、黑色，在寄主体表呈黑粒状。闭囊壳内可形成 1 至多个子囊，闭囊壳四周或顶部有各种形状的附属丝。附属丝形态和子囊数目是分属的主要依据。常见的有白粉菌属、钩丝壳属、单丝壳属、球针壳属、叉丝壳属等均为专性寄生菌，引起植物白粉病。

②球壳菌目：无性繁殖产生各种类型分生孢子。分生孢子单胞或多胞，圆形至长形。有性繁殖产生子囊壳。子囊壳球形、半球形或瓶形，单独或成群生在基物上，埋生或表生。重要的植物病原属有以下几个。

长喙壳属（*Ceratocystis*）：子囊壳瓶状，有长喙，喙顶端呈须状。子囊近球形，散生于子囊壳内，无侧丝，子囊壁易自溶。子囊孢子单胞、无色、半球形或钢盔形。分生孢子梗长筒形，基部膨大，顶端呈管状孢子鞘，产生内生分生孢子。分生孢子无色、单胞、圆柱形。所致病害有甘薯黑斑病等。

黑腐皮壳属（*Valsa*）：子座埋生在树皮内。子囊壳球形或近球形，具长颈伸出子座。子囊棍棒形或圆柱形。子囊孢子无色，弯曲呈腊肠形。所致病害有苹果树腐烂病等。

赤霉属（*Gibberella*）：子囊壳单生或群生于子座表面，球形或圆锥形，壳壁蓝紫色。子囊棍棒状，内含 8 个纺锤形、多胞（少数为双胞）、无色的子囊孢子。无性世代为镰孢属，产生镰刀形多胞的大型分生孢子及椭圆形、单胞的小型分生孢子。所致病害有小麦赤霉病等。

（3）腔菌纲。本纲基本特征是子囊果为子囊座，子囊具有双层壁。子囊直接产生在子座组织溶解形成的子囊腔内。无性繁殖十分旺盛，许多种类很少进行有性繁殖。重要的属如黑星菌属（*Venturia*），其子座初埋生，后外露或近表生，孔口周围有刚毛。子囊长卵形。子囊孢子圆筒至椭圆形，中部常有一隔膜，无色或淡橄榄绿色。无性孢子卵形、单胞、淡橄榄绿色。所致病害有梨黑星病、苹果黑星病等。

（4）盘菌纲。绝大多数为腐生菌，只有少数寄生性盘菌可引起病害。本纲基本特征是有性生殖形成子囊盘，呈杯形、盘形或钟形等，有柄或无柄。子囊棒状或圆柱形，平行排列于盘面上，其间有侧丝，子囊孢子圆形、椭圆形、线形等。多数不产生分生孢子。重要的属如核盘菌属（*Sclerotinia*），其菌丝体能形成菌核，菌核在寄主表面或组织内，球形、鼠粪状或不规则形，黑色。菌核萌发产生子囊盘，子囊盘杯状或盘状，褐色。子囊孢子单胞、无色、椭圆形。不产生分生孢子。所致病害有油菜菌核病等。

取已制玻片标本或挑取各主要属所致白粉病病部的黑色小颗粒制片镜检，观察闭囊壳的形态，注意其表面附属丝的特征，并用挑针轻压盖玻片，观察挤出闭囊壳的子囊；取甘薯黑斑病病部的黑色刺状物制片镜检，观察子囊壳及子囊孢子的形态，注意子囊壳长喙顶端的特征；取已制玻片标本，在显微镜下分别观察小麦赤霉病菌子囊壳、子囊及子囊孢子，梨黑星病菌子座、子囊及子囊孢子，油菜菌核病菌子囊盘、子囊及子囊孢子的形态。

4. 担子菌门 担子菌是最高等的一类真菌，全部陆生。营养体为有隔菌丝体，且通常是双核菌丝体。菌丝体可形成菌核、菌索和担子果等。一般没有无性繁殖，即不产生无性子。有性繁殖产生担子及担孢子。担子菌有两类：一类是高等担子菌，其担子和担孢子着生在担子果内，如许多食用菌、药用菌和其他大型真菌；另一类是低等担子菌，没有担子果，但在寄主组织内形成成堆的冬孢子，这类真菌包括黑粉病和锈菌，分别引起多种植物的黑粉病和锈病。

（1）黑粉菌目。黑粉菌全是植物的寄生菌，主要根据冬孢子的形态、孢子堆组成及寄主范围等分属。重要的属有以下几个。

①黑粉菌属（*Ustilago*）：冬孢子堆多着生于花器上。冬孢子近球形，茶褐色，表面光滑或具瘤刺、网纹等。萌发产生有隔担子，侧生担孢子（图 1-2-13）。有些种类亦可直接萌发侵入寄主。所致病害有小麦散黑穗病、大麦坚黑穗病、玉米瘤黑粉病等。

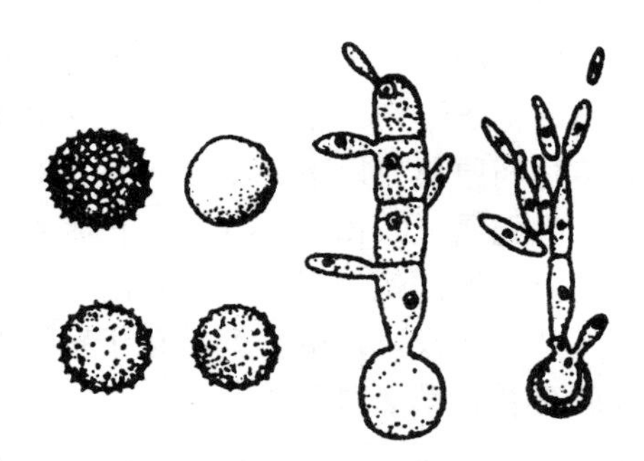

图 1-2-13 黑粉菌属冬孢子和冬孢子萌发
（陈利锋等 . 2001. 农业植物病理学）

②轴黑粉菌属（*Sphacelotheca*）：以破坏花序和子房最常见。冬孢子堆寄生在寄主各部位，冬孢子堆中有一由寄主残余组织形成的中轴。冬孢子堆团粒状或粉状。冬孢子散生、单胞，萌发方式与黑粉菌属相同。所致病害有玉米丝黑穗病、高粱散黑穗病等。

③腥黑粉菌属（*Tilletia*）：冬孢子堆多以破坏禾本科植物子房为主，有腥臭味。冬孢子近球形，淡黄色或褐色，表面光滑或具网纹。萌发产生管状无隔担子，顶端束生线形担孢子，有时担孢子可成对作 H 形结合，所致病害有小麦 3 种腥黑穗病。

（2）锈菌目。为专性寄生菌，有高度的专化性和变异性。种内常分化有不同的专化型和生理小种。锈菌生活史复杂，典型锈菌的生活史可依次产生 5 种孢子，即性孢子、锈孢子、夏孢子、冬孢子和担孢子，这种锈菌称为全孢型锈菌；有的锈菌生活史中缺少 1 种至数种孢子，称为非全孢型锈菌，如梨锈菌缺夏孢子。有些锈菌全部生活史可以在同一寄主上完成，有的锈菌必须在两种亲缘关系很远的寄主上寄生才能完成生活史。前者称同主寄生或单主寄生，后者称转主寄生。锈菌主要依据冬孢子形态、萌发方式以及有无冬孢子等性状分类。常见植物病原锈菌属有以下几个。

①柄锈菌属（*Puccinia*）：冬孢子双胞、有柄。夏孢子堆初埋生于寄主表皮下，成熟后突破表皮呈锈粉状。夏孢子单胞，球形或椭圆形，有微刺，黄褐色（图 1-2-14）。所致病害有小麦锈病、花生锈病等。

②胶锈菌属（*Gymnosporangium*）：转主寄生，无夏孢子阶段。冬孢子堆生于桧柏小枝

的表皮下，后突破表皮形成各种形状的冬孢子角，遇水呈胶质状。冬孢子双胞、浅黄色、柄长、易胶化。性孢子器球形，生于梨、苹果叶片正面表皮下；锈孢子器长筒形、群生，生自病叶反面呈丝毛状（图 1-2-15）。所致病害有苹果、梨锈病等。

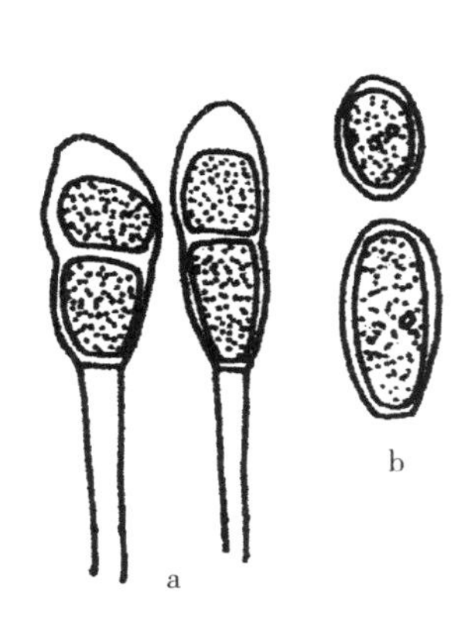

图 1-2-14　柄锈菌属

a. 冬孢子　b. 夏孢子

（宗兆锋 . 2002. 植物病理学原理）

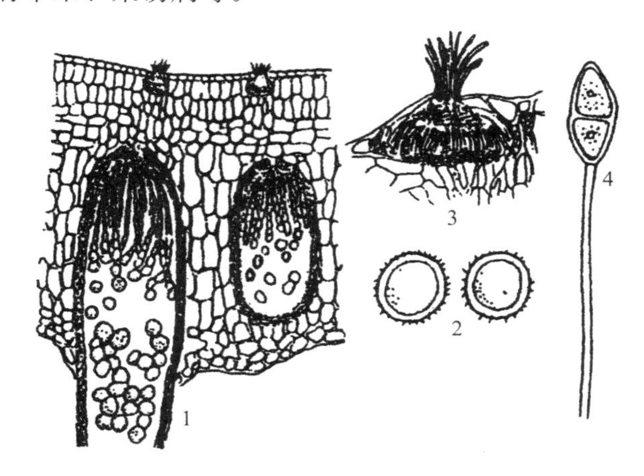

图 1-2-15　胶锈菌属

1. 锈孢子器　2. 锈孢子　3. 性孢子器　4. 冬孢子

（李清西等 . 2002. 植物保护）

③单胞锈菌属（*Uromyces*）：冬孢子单胞、有柄，顶端壁厚呈乳突状。夏孢子堆粉状、褐色，夏孢子单胞、黄褐色、椭圆形、具微刺（图 1-2-16）。所致病害有蚕豆锈病、菜豆锈病等。

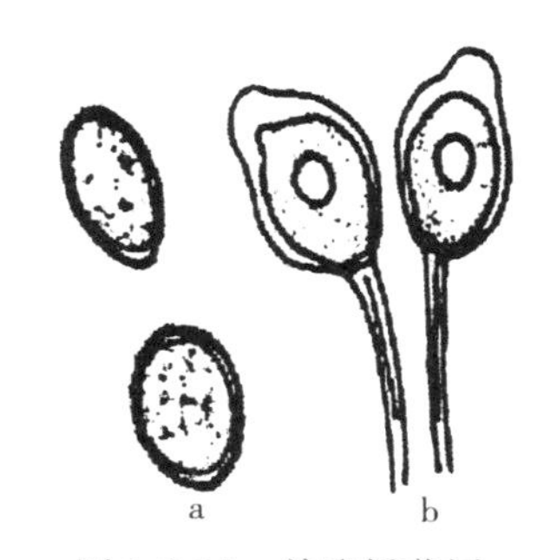

图 1-2-16　单胞锈菌属

a. 夏孢子　b. 冬孢子

（张随榜 . 2003. 有害生物防治）

挑取小麦散黑穗病、小麦网腥黑穗病和玉米丝黑穗病病部的黑粉制片，在显微镜下观察冬孢子的形态，注意表面是否光滑或有瘤刺、网纹；挑取菜豆锈病、小麦锈病病部的锈状物观察夏孢子的形态；取已制玻片标本或自制病原玻片在显微镜下观察小麦锈病、梨锈病等冬孢子的形态，注意冬孢子是单胞还是双胞、柄的长短等特征。

5. 半知菌类　也称不完全真菌、无性菌类等。营养体为发达的有隔菌丝体，菌丝体也可形成厚垣孢子、菌核和子座等结构，无性繁殖产生大量的各种类型的分生孢子，没有或还没有发现其有性阶段，故称半知菌。当发现其有性阶段时，大多数属于子囊菌，少数属于担子菌。因此，有的真菌（尤其是子囊菌）有两个学名，一个是有性阶段的学名，一个是无性阶段的学名。例如小麦赤霉病菌的有性阶段是 *Gibberella zeae*，无性阶段是 *Fusarium graminearum*。应当指出的是，真菌的分类应根据有性型的系统演化，而无性菌的划分是依据实用目的，因此这一类群的划分没有系统分类意义。

半知菌类主要属病原菌形态识别

半知菌分生孢子的形状和颜色多种多样，分生孢子着生在由菌丝体分化形成的分生孢子梗上。有些半知菌的分生孢子梗和分生孢子直接生在寄主表面；有的生在分生孢子盘上或分生孢子器内（图 1-2-17）。此外，还有少数半知菌不产生分生孢子。引起植物病害的主要为丝孢纲和腔孢纲中的病菌。

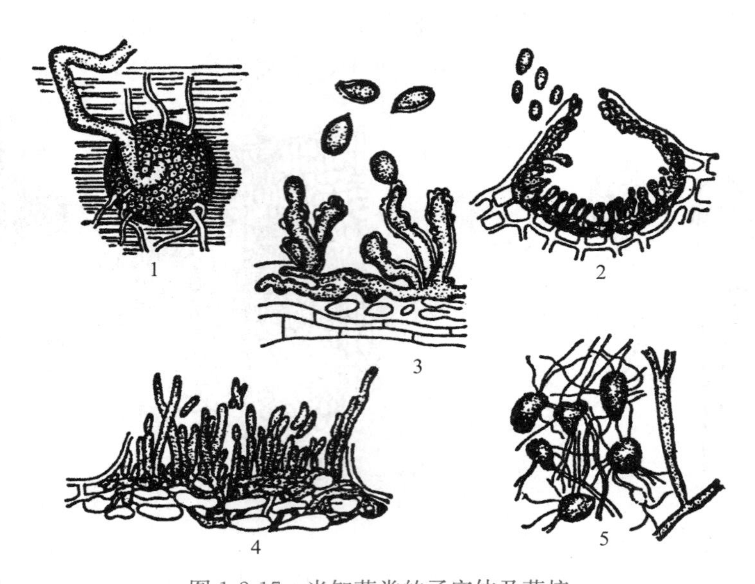

图 1-2-17　半知菌类的子实体及菌核

1. 分生孢子器外形　2. 分生孢子器剖面　3. 分生孢子梗　4. 分生孢子盘　5. 菌丝及菌核

（李怀方等 . 2001. 园艺植物病理学）

（1）丝孢纲。分生孢子着生在分生孢子梗上，分生孢子梗散生、束生或着生在分生孢子座（分生孢子梗与菌丝体相互交织而成的突出于寄主表面的瘤状结构）上。本纲分为丝孢目、束梗孢目、瘤座孢目和无孢目等 4 个目。

丝孢目的主要特征是分生孢子梗散生、丛生。重要的植物病原菌属有以下几个。

①粉孢属（*Oidium*）：菌丝表生、白色，以吸器伸入寄主表皮细胞吸取营养。分生孢子梗短棒状，不分枝，于顶端串生单胞、椭圆形、无色分生孢子。多数是白粉菌目各属的无性阶段，引起各种植物白粉病。

②葡萄孢属（*Botrytis*）：分生孢子梗细长，分枝略垂直，对生或不规则。分生孢子圆形或椭圆形，聚生于分枝顶端呈葡萄穗状。所致病害有蚕豆赤斑病、番茄灰霉病等。

③轮枝孢属（*Verticillium*）：分生孢子梗轮状分枝，孢子卵圆形、单生。所致病害有茄黄萎病、棉花黄萎病等。

④梨孢属（*Pyricularia*）：分生孢子梗细长，淡褐色，不分枝，顶端以合轴式延伸产生外生芽殖型分生孢子，呈屈膝状；分生孢子梨形至椭圆形，无色或淡橄榄色，多为 3 个细胞。所致病害有稻瘟病等。

⑤链格孢属（*Alternaria*）：分生孢子梗暗褐色，不分枝或稀疏分枝，散生或丛生。分生孢子单生或串生，倒棒状，顶端细胞呈喙状，具纵、横隔膜，成砖格状。所致病害有马铃薯早疫病、葱紫斑病等。

⑥尾孢属（*Cercospora*）：分生孢子梗黑褐色，不分枝，顶端着生分生孢子。分生孢子线形、多胞，有多个横隔膜。所致病害有花生叶斑病、甜菜褐斑病等。

瘤座孢目真菌的分生孢子梗着生在分生孢子座上。重要的属有镰孢属。

镰孢属（*Fusarium*）：分生孢子梗简单分枝或帚状分枝，短粗；生瓶状小梗，呈轮状排列于分枝上。通常有2种类型分生孢子，一是大型分生孢子，多胞、无色、镰刀状，聚集时呈粉红色、紫色等；二是小型分生孢子，单胞、无色、卵形，单生或聚生。所致病害有水稻恶苗病、棉花及瓜类枯萎病等。

无孢目真菌重要特征是不产生分生孢子。重要的属有丝核菌属和小核菌属。

丝核菌属（*Rhizoctonia*）：菌核黑褐色，形状不规则，较小而疏松。菌丝体初无色后变褐色，直角分枝，分枝处有隔膜和缢缩。所致病害有多种作物纹枯病和苗期立枯病等。

小核菌属（*Sclerotium*）：产生较规则的圆形或扁圆形菌核，表面褐黑色，内部白色，菌核间无菌丝相连。所致病害有多种作物白绢病。

（2）腔孢纲。本纲真菌的分生孢子产生在分生孢子盘或分生孢子器内。分生孢子产生于分生孢子盘中的为黑盘孢目，产生于分生孢子器中的为球壳孢目。本纲重要属有以下几个。

①痂圆孢属（*Sphaceloma*）：分生孢子盘半埋于寄主组织内，分生孢子较小，单胞、无色、椭圆形，稍弯曲。所致病害有葡萄黑痘病、柑橘疮痂病等。

②炭疽菌属（*Colletotrichum*）：分生孢子盘四周或混于分生孢子梗间生有黑褐色刺状刚毛，分生孢子梗短而不分枝。分生孢子无色、单胞、长椭圆形或新月形。所致病害有辣椒炭疽病等。

③叶点霉属（*Phyllosticta*）：分生孢子器球形、暗色，埋生于寄主组织内，孔口外露。分生孢子单胞、无色、椭圆形，较小。所致病害有棉花褐斑病等。

④拟茎点霉属（*Phomopsis*）：分生孢子器黑色，球形或圆锥形，顶端有孔口或无，埋生于寄主组织内，部分露出。分生孢子梗短，分枝或不分枝。分生孢子有两种类型，一种为无色、单胞、纺锤形；另一种为无色、单胞、线形。所致病害有茄子褐纹病等。

挑取棉花立枯病菌菌丝制片，观察菌丝形态，注意其分枝及分隔处的缢缩；挑取稻瘟病病部霉状物制片，观察分生孢子梗、分生孢子的形态；取辣椒炭疽病、棉花褐斑病病部黑色小粒点制片，观察分生孢子盘、分生孢子器的形态。取已制玻片标本或自制病原玻片在显微镜下观察茄子黄萎病菌呈轮状分枝的分生孢子梗、瓜类枯萎病菌大型和小型两种分生孢子、马铃薯早疫病菌有纵横隔膜的分生孢子。

显微镜玻片标本的一般制作方法

1. 选择病原物生长茂密的病害标本，对病原物细小、稀少的标本，可用放大镜或显微镜寻找。

2. 取擦净的载玻片，中央滴加蒸馏水1滴。

3. 从标本上挑、刮、拨或切下病原菌，轻轻放到载玻片的水滴中；再取擦净的盖玻片，从水滴一侧慢慢盖在载玻片上。注意防止产生气泡或将病原菌冲溅到盖玻片外。盖玻片边缘多余的水分可用滤纸吸去。置显微镜下观察。

挑：对标本表面具有明显茂密的毛、霉、粉、锈等的病原物，可用挑针挑下，放到载玻片水滴中。若病原物过于密集，可用两支挑针轻轻挑开。

刮：对于毛、霉、粉等稀少分散的病原物，可用三角挑针或小解剖刀在病部顺同一方向刮2～3次，将刮下的病原物放到水滴中。

拨：对半埋生在寄主植物表层下的病原物，可用挑针将病原物连其周围组织一同拨下，放入水滴中，然后用另一支挑针小心拨去病组织，使病原物完全露出。

切：对埋生在病组织中的病原物，如分生孢子器、子囊壳等，则需做徒手切片。首先应选择病原物较多的材料，加水湿润后，用刀片或剃刀切下一小片，面积（2～3）mm×（6～8）mm，平放在载玻片或小木板上；刀口与材料垂直，按从左向右的方向切割，将材料切成薄片，越薄越好。另一方法是将材料小片夹在通草、接骨木髓、向日葵茎髓或新鲜的胡萝卜、莴苣中（均浸于70%酒精中），刀口向内，由左向右后方向切割。每切下4～5片，用毛笔蘸水轻轻沿刀口取下，置于盛水的培养皿中，再从中选择带有病原物的薄切片，放到载玻片的水滴中。

1. 绘制真菌无隔菌丝和有隔菌丝、分生孢子盘、分生孢子器、闭囊壳、子囊壳、子囊盘图。
2. 绘制腐霉属、疫霉属、霜霉属、白锈属、根霉属病菌形态图。
3. 绘制黑粉菌属、柄锈菌属、胶锈菌属病菌形态图。
4. 列表比较卵菌门、接合菌门、子囊菌门、担子菌门和半知菌类真菌的主要特征及所致病害的症状特点。

1. 真菌的无性繁殖和有性繁殖各产生哪些类型的孢子？它们在病害循环中各起什么作用？
2. 霜霉菌的分类依据是什么？
3. 什么是子囊果？常见类型有哪几种？

任务3　植物病原原核生物、病毒、线虫及寄生性种子植物观察

【材料及用具】大白菜软腐病、水稻白叶枯病、黄瓜细菌性角斑病、茄子青枯病、马铃薯环腐病、黄瓜花叶病、大豆病毒病、小麦黄矮病、稻条纹叶枯病、小麦粒线虫病、花生根结线虫病等病害标本，大豆菟丝子、列当、桑寄生、槲寄生等寄生性种子植物标本；显微镜、载玻片、盖玻片、蒸馏水、洗瓶、滤纸、擦镜纸等用具。

【内容及操作步骤】

一、植物病原原核生物

植物细菌病害的鉴别

原核生物是一类具原核结构的单细胞微生物。其细胞核无核膜包被，无固定形态。原核生物包括细菌、放线菌和无细胞壁的菌原体等。其中有些细菌和植物菌原体可引起多种重要病害，称为植物病原原核生物。

（一）植物病原原核生物的一般性状

细菌的形态有球状、杆状和螺旋状，植物病原细菌大多为杆状，且绝大多数具有细长的鞭毛。着生在菌体一端或两端的鞭毛称为极鞭，着生在菌体四周的鞭毛称为周鞭（图 1-2-18）。鞭毛的数目和着生位置在属的分类上有重要意义。菌体细胞壁壁外有黏质层，但一般不形成荚膜，通常也无芽孢产生。此外，革兰氏染色反应对细菌的鉴别也有重要作用，植物病原细菌革兰氏染色反应多数是阴性，少数为阳性。细菌以裂殖方式进行繁殖。即当一个细胞长成后，从中间进行横分裂而成两个子细胞。细菌的繁殖很快，在适宜的条件下，每 20min 就可以分裂 1 次。

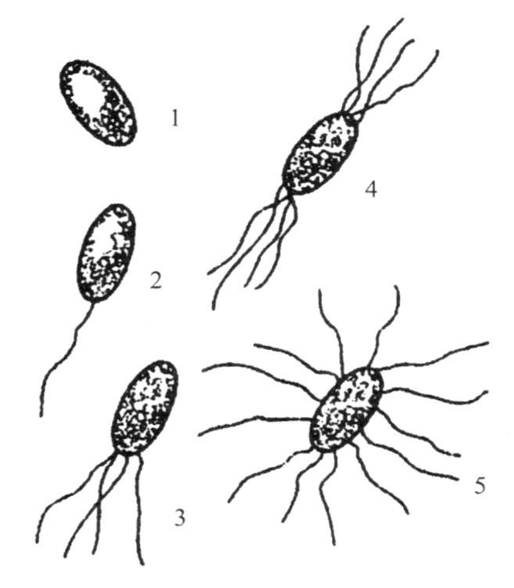

图 1-2-18　植物病原细菌的形态
1. 无鞭毛　2. 单极鞭毛　3. 单极多鞭毛
4. 双极多鞭毛　5. 周生鞭毛
（张学哲 .2005. 作物病虫害防治）

植物病原细菌都是死体营养生物，对营养要求不严格，可在一般人工培养基上生长，多形成白色、灰白色或黄色的菌落。细菌菌落特征也是分类鉴定的重要依据。培养基的酸碱度以中性偏碱为宜，培养的最适温度一般为 26～30℃。大多数病原细菌好氧，少数兼厌氧。

植物菌原体没有细胞壁，没有革兰氏染色反应，也无鞭毛等其他附属结构。菌体外包被有具 3 层结构的细胞膜。植物菌原体有两种类型：一类常为圆形、椭圆形或不规则形，称为植原体属（*Phytoplasma*），迄今未能在人工培养基上培养，多数植物菌原体属于此类型；另一类是螺旋形的，称为螺原体属（*Spiroplasma*），可在含甾醇和牛血清的培养基上生长，形成荷包蛋状的小菌落。

植物菌原体都是活体寄生物，寄生于植物的韧皮部，通过裂殖或芽殖进行繁殖。传播途径是通过嫁接传染和昆虫传播（主要是叶蝉，其次是飞虱、木虱等），侵染植物多引起全株性症状，主要表现为黄化、矮缩、丛枝、萎缩及器官畸形等。如水稻黄萎病、玉米矮缩病、马铃薯丛枝病、花生丛枝病等。

（二）植物病原原核生物的主要类群

《伯杰氏系统细菌学手册》第 2 版第 1 卷（2001）和第 2 卷（2005）中，将原核生物分为古菌域和细菌域。古菌域包括在高盐、高温等极端条件下生活的一类原始细菌。细菌域包括所有真正的细菌，即真细菌，分为 24 门 32 纲，植物病原原核生物分属 3 门 7 纲。从实用角度看，上述真细菌可分为 3 个表型类群，即革兰氏阴性细菌、革兰氏阳性细菌和菌原体。

1. 革兰氏阴性细菌　细胞壁较薄，细胞壁中含肽聚糖量为 8%～10%，革兰氏染色反应阴性。重要的属有以下几个。

（1）假单胞菌属（*Pseudomonas*）。菌体棒状或略弯曲，单生，鞭毛单根或多根，极生。菌落白色，有的能产生荧光色素。腐生或寄生。寄生类型引起植物叶斑病或叶枯病，少数种类引起萎蔫、腐烂和肿瘤等症状，如桑疫病等。

（2）黄单胞菌属（*Xanthomonas*）。菌体短杆状，多单生，少双生，单鞭毛，极生。菌落圆形，隆起，蜜黄色，产生非水溶性黄色素。本属绝大多数都为植物病原细菌，引起植物叶斑和叶枯症状，少数种类引起萎蔫、腐烂，如水稻白叶枯病等。

（3）土壤杆菌属（*Agrobacterium*）。菌体短杆状，鞭毛1～6根，周生或侧生。菌落为圆形，隆起，光滑，灰白色至白色，质地黏稠，不产生色素。此属病菌能引起植物组织膨大，形成肿瘤，如果树根癌病等。

（4）欧文氏菌属（*Erwinia*）。菌体短杆状，多双生或短链状，周生多鞭毛。菌落圆形，隆起，灰白色。此属病菌引起植物组织腐烂或萎蔫，如大白菜软腐病等。

2. 革兰氏阳性细菌 细胞壁较厚，肽聚糖量高，为50%～80%，革兰氏染色反应阳性。重要的属有棒形杆菌属（*Clavibacter*），菌体单生，杆状，直或稍弯曲，有时呈棒状，一般无鞭毛。主要引起萎蔫症状，如马铃薯环腐病等。

3. 菌原体 菌体无细胞壁，四周由称为单位膜的原生质膜包围，不含肽聚糖。与植物病害有关的一般称为植物菌原体。

观察稻白叶枯病、稻细菌性条斑病、桃细菌性穿孔病、黄瓜角斑病等的病状与病征，注意细菌病害的病斑在初期呈水渍状半透明，有的病斑上还有淡黄色或灰白色的菌脓，其干燥后黏附在病斑上形成鱼子状；观察大白菜软腐病等标本，注意其腐烂发生的部位、颜色变化，辨别有无特殊臭味；观察番茄青枯病、马铃薯环腐病等标本，注意纵剖茎秆和横切薯块的维管束变色情况；观察葡萄根癌病，其根颈处形成似愈伤组织的瘤状物，褐色，表面粗糙，内部组织常木质化，较坚硬。

二、植物病毒

植物病毒病害，就其数量及危害性来看，次于真菌病害而比细菌病害严重。从大田作物到蔬菜、果树、园林花卉都会遭受一种甚至多种病毒的侵染，甚至造成严重的经济损失。

（一）植物病毒的主要性状

病毒是一类极其细小的非细胞形态的寄生物，通过电子显微镜可以观察到它的形态。病毒颗粒的形态，一般有杆状、球状和线状3种。病毒结构简单，其个体由核酸和蛋白质组成。核酸在中间，形成心轴。蛋白质包围在核酸外面，形成一层衣壳，对核酸起保护作用（图1-2-19）。

病毒是一种活体寄生物，只能在活的寄主细胞内生活繁殖。当病毒粒体与寄主细胞活的原生质接触后，病毒的核酸与蛋白质衣壳分离，核酸进入寄主细胞内，改变寄主细胞的代谢途径，并利用寄主的营养物质、能量和合成系统，分别合成病毒的核酸和蛋白质衣壳，最后核酸进入蛋白质衣壳内而形成新的病毒粒体。病毒的这种独特的繁殖方式称为增殖，也称为复制。通常病毒的增殖过程也是病毒的致病过程。

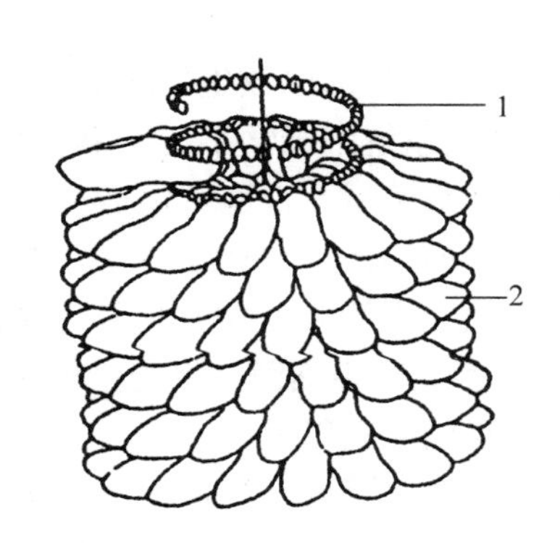

图1-2-19 烟草花叶病毒结构
1. 核酸链 2. 蛋白质
（农业部人事劳动司等.2004.农作物植保员）

不同的病毒对外界条件的稳定性不同，这种特性可作为鉴定病毒的依据之一。通常用以下3个指标加以描述。

①失毒温度：也称致死温度，指病毒病病株组

织的榨出液在10min内保持其侵染能力的最高温度，即能使病毒病病株汁液失去致病力的最低温度。如烟草花叶病毒的失毒温度为93℃。

②稀释限点：指病毒病病株组织的榨出液保持其侵染能力的最大稀释倍数。如烟草花叶病毒的稀释限点为10^{-6}。

③体外存活期：指病毒病病株组织的榨出液在20～22℃室温条件下能保持其侵染能力的最长时间。一般3～5d，短的仅数小时，长的达1个月以上。

（二）植物病毒的传播特点

病毒本身没有直接侵染的能力，多借外部动力和通过微细伤口入侵，因此病毒的传播与侵染是同时完成的。植物病毒传播可分为非介体传播（包括汁液接触传播、嫁接传播、花粉传播及种子、无性繁殖材料的传播）和介体传播。传毒介体类型多，有昆虫、螨类、线虫、真菌等，以刺吸式口器昆虫，如蚜虫、叶蝉、飞虱等害虫传播最重要。昆虫传毒机制复杂，通常可分3种类型：一是口针型（非持久型传毒）。即传毒昆虫在病株上吸食几分钟后，马上具备传毒能力。一旦病毒排完，又马上失去传毒作用。此类病毒的传播基本上属于机械性传带，专化性不强，如一些花叶型病毒。二是循回型（半持久型传毒）。即传播介体在病株上吸食较长时间，得毒后不马上传毒，需经过一个循回期后方可传毒。循回期一般数小时至几天。一经传毒且病毒排完后，传毒介体马上失去传毒作用。此类病毒传播有一定专化性，多数引起黄化型或卷叶型症状。三是增殖型（持久型传毒）。传毒介体一次饲毒后，由于病毒在其体内可不断增殖，因此多数可终生传播，而且有一部分还能经卵传染给后代。此类病毒多数引起黄化、矮化、畸形等症状，并通常由叶蝉、飞虱传播。

绝大多数植物病毒为系统侵染，植物感染病毒后，往往全株表现病状而无病征。病状多为花叶、黄化、矮缩、丛枝等，少数为坏死斑点。在田间，一般心叶首先出现症状，然后扩展至植株的其他部分。

类病毒比病毒更小更简单。在结构上没有蛋白质外壳，只有裸露的核糖核酸碎片。种子带毒率高，可通过种子传毒、无性繁殖材料和汁液接触传染，昆虫也能传播此类病害。茎尖组织培养无法获得无毒材料，因为类病毒与病毒不同，它能有顺序地扩散到茎尖生长点。引致的病害症状有病株矮化、畸形、黄化、坏死、裂皮等。迄今发现的类病毒引起的病害有马铃薯纺锤块茎病、柑橘裂皮病等10余种。

对照挂图和实物标本，观察常见病毒病的症状；通过观看多媒体课件图片等认识病毒粒体的形态。

三、植物病原线虫

线虫属于动物界线虫门。多数腐生在土壤和水中，少数寄生于动植物体内。寄生于植物中，则引起植物病害。植物线虫与其他侵染性病原（真菌、细菌、病毒等）相比，具有主动侵染寄主和自行转移等特点，它的危害除直接吸取植物体内的养料外，主要是分泌激素性物质或毒素，破坏寄主生理机能，使植物发生病变，故称“线虫病”。如水稻干尖线虫病、花生根结线虫病、大豆胞囊线虫病、甘薯茎线虫病等。此外，线虫的活动和危害，还能为其他病原物的侵入提供途径，从而加重病害的发生。如棉花根部受线虫侵染后，更容易发生枯萎病，常形成并发症。

（一）植物病原线虫的一般性状

植物病原线虫多数为不分节的乳白色透明线形体，一般长 0.3～4.0mm，宽 0.015～0.050mm。整个虫体分头部、体段和尾部三部分。多数为雌雄同形，雌虫较雄虫略肥大；少数为雌雄异形，雄虫线形，雌虫梨形或柠檬形（图 1-2-20）。线虫结构简单，通常由体壁和体腔所组成。

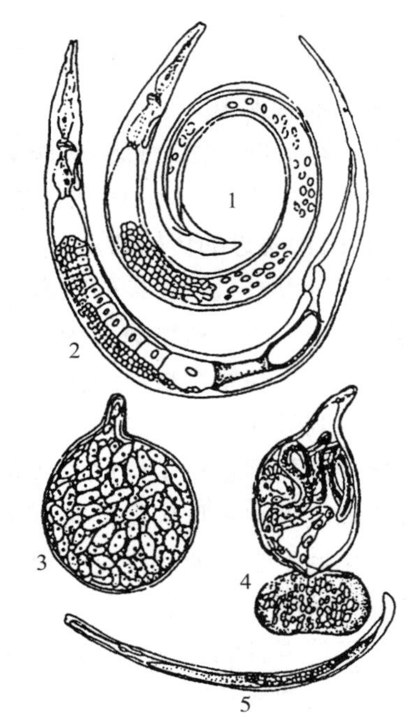

图 1-2-20　植物病原线虫的形态

1. 雄虫　2. 雌虫　3. 胞囊线虫属雌虫
4. 根结线虫属雌虫和卵囊　5. 根结线虫属雄虫
（农业部人事劳动司等 . 2004. 农作物植保员）

植物寄生线虫的生活史一般很简单，除少数可孤雌生殖外，绝大多数线虫是经过两性交尾后，雌虫才能排出成熟的卵。线虫的卵一般产在土壤中，也有的产在卵囊中或植物体内，还有少数留在雌虫母体内；卵孵化为幼虫，幼虫经 3～4 次蜕皮后，即发育为成虫。从卵的孵化到雌成虫发育成熟产卵为 1 代生活史，线虫完成 1 代生活史所需时间，随不同种类的线虫而长短不一。

植物病原线虫绝大多数是活体寄生物。其寄生方式可分为外寄生和内寄生两种，虫体全部钻入植物组织内的称为内寄生，仅以口针穿刺到寄主组织内吸食，而虫体留在植物体外的称为外寄生。有些外寄生的线虫，到一定时期可进入组织内寄生。不同种类的线虫寄主范围不同，有的专化性很强，只能寄生在少数几种植物上，有的寄主范围较广，可寄生在许多不同的植物上。线虫绝大多数生活在土壤耕作层。最适于线虫发育和孵化的温度为 20～30℃，最适宜的土壤条件为沙壤土。

线虫多数引起植物地下部发病，病害是缓慢的衰退症状，很少有急性发病。通常表现植株生长衰弱、矮小、发育缓慢、叶色变淡，甚至黄萎，类似缺肥营养不良的全株症状和病部产生虫瘿、肿瘤、茎叶畸形、叶尖干枯、须根丛生等畸形的局部症状。

（二）植物病原线虫的主要类群

植物病原线虫主要属于线虫门侧尾腺口纲中的垫刃目和滑刃目，其中重要的属有以下几个。

（1）胞囊线虫属（*Heterodera*）。又称异皮线虫属，垫刃目成员，为植物根和块根的寄生物。雄虫线形，雌虫二龄后逐渐膨大呈梨形、柠檬形或球形。卵不排出体外，而是整个雌虫体转变为一个卵袋（称为胞囊），初金黄色，后黑褐色并脱落。所致病害有大豆胞囊线虫病等。

（2）根结线虫属（*Meloidogyne*）。垫刃目成员。寄生于植物根系内部，形成根结。雌成虫梨形或球形，卵生于尾端分泌的胶质卵囊内，而不形成胞囊。雌成虫及卵囊均形成于根结内，不脱落。所致病害有花生根结线虫病等。

（3）粒线虫属（*Anguina*）。垫刃目成员。多数寄生于禾本科植物地上部，在寄主子房、茎、叶上形成虫瘿。雌、雄虫体均为线形，但雌虫较粗，头部稍钝，尾端尖锐，虫体向腹面卷曲。所致病害有小麦粒线虫病等。

(4) 茎线虫属（*Ditylenchus*）。垫刃目成员。雌、雄成虫都为线形。主要危害植物地下的球茎、块茎、鳞茎、块根等，所致病害有甘薯茎线虫病等。

(5) 滑刃线虫属（*Aphelenchoides*）。滑刃目成员。雌、雄成虫都为线形，口针较长。主要危害植物的叶、芽，所致病害有水稻干尖线虫病等。

观察典型标本或观看课件，认识植物线虫病害的症状；剥开新鲜的花生根结线虫病的根结，挑取其中白色小粒状物制片镜检观察，注意其雌成虫的形态；将小麦线虫病病粒用水浸泡至发软后切开，挑取内容物制片镜检，观察其幼虫的形态；在示范镜下观察小麦线虫雌成虫、大豆胞囊线虫雌成虫的形态。

四、寄生性种子植物

种子植物中少数类群由于根、叶退化而不能独立生存，需寄生于其他植物上才能完成其生长发育，这类营寄生生活的种子植物称为寄生性种子植物。其对寄主植物的影响，主要是抑制寄主植物生长。草本植物受害后，主要表现为植株矮小、黄化，严重时全株枯死。木本植物受害后，通常出现落叶、落果、顶枝枯死、叶面缩小，开花延迟或不开花，甚至不结实。寄生性种子植物是一类特别的病原物，同时也是一种重要的田园有害植物。

根据对寄主的依赖程度不同，寄生性种子植物可分为两类。一类是半寄生种子植物，有叶绿素，能进行正常的光合作用，但根多退化，其导管直接与寄主植物的相连，从寄主植物内吸收水分和无机盐，如寄生在林木上的桑寄生和槲寄生。另一类是全寄生种子植物，没有叶片或叶片退化成鳞片状，因而没有足够的叶绿素，不能进行正常的光合作用，其导管和筛管与寄主植物的相连，从寄主植物体内吸收全部或大部分养分和水分，如菟丝子和列当等。

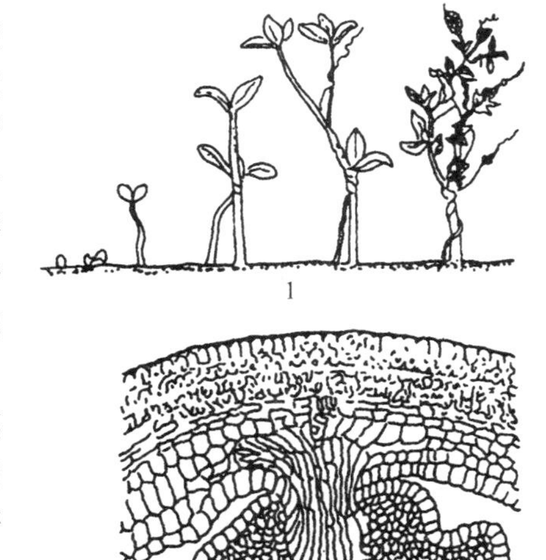

图 1-2-21　菟丝子
1. 侵染大豆寄主　2. 形成吸盘
（蔡银杰.2006. 植物保护学）

根据寄生部位不同，寄生性种子植物还可分为茎寄生和根寄生。寄生在植物地上部分的为茎寄生，如菟丝子、桑寄生等；寄生在植物地下部分的为根寄生，如列当等。

菟丝子是攀缘寄主的一年生草本植物，没有根和叶，或叶片退化为鳞片状，无叶绿素。茎为黄白色，呈旋卷丝状，用以缠绕寄主，在接触处长出吸盘，侵入寄主体内（图 1-2-21）。花很小，白色至淡黄色，排列成头状花序。果为开裂的球状蒴果，有种子 2～4 枚。种子很小，卵圆形，黄褐色至黑褐色，表面粗糙。

菟丝子的种子成熟后落入土中或脱粒时混在作物种子中，成为来年主要侵染来源。翌年当作物播种发芽后，菟丝子种子随之发芽，生出旋卷的幼茎。当幼茎接触到寄主就缠绕其上，长出吸盘侵入寄主维管束中寄生。同时下部的茎逐渐萎缩与土壤分离。以后上部的茎不断缠绕寄主，并向四周蔓延危害。菟丝子有许多种类，可危害大豆、花生、马铃薯、苜蓿、胡麻等多种作物，常见的有中国菟丝子和日本菟丝子，主要危害草本植物，寄主以豆科植物为主。

对照标本及图片仔细比较菟丝子、列当、桑寄生、槲寄生等寄生性种子植物，注意哪些具绿色叶片？哪些叶片已完全退化？它们如何从寄主中吸取营养？

练　习

1. 列表比较植物病原原核生物、病毒、线虫、寄生性种子植物等病原物的特点及其所致病害的症状特点。

2. 绘制实验课上所观察的植物病原线虫形态图。

思考题

1. 植物病毒有哪些传播方式？昆虫传毒通常可分哪几种类型？

2. 植物病原线虫危害植物可引起哪些症状？为什么将植物寄生线虫当作病原生物看待？

3. 寄生性种子植物和一般种子植物的主要区别有哪些？

任务 4　植物病害诊断

【材料及用具】 放大镜、剪刀、标本夹、记载本、马铃薯葡萄糖琼脂培养基（PDA）、显微镜、载玻片、盖玻片、蒸馏水、挑针、纱布、滤纸、擦镜纸及相关资料。

【内容及操作步骤】

一、植物病害的诊断步骤

1. 田间观察　观察病害在田间的分布规律，如病害是零星的随机分布，还是普遍发病，有无发病中心等，这些信息常为分析病原提供必要的线索。进行田间观察时，还需注意调查、询问病史，了解病害的发生特点、种植的品种和生态环境。

2. 症状观察　即对植物病害标本进行全面的观察和检查，尤其对发病部位、病变部分内外的症状进行详细的观测和记载。应注意对典型病征及不同发病期病害症状的观察和描述。从田间采回的病害标本要及时观察和进行症状描述，以免因标本腐烂影响描述结果。对有些未表现病征的真菌病害标本，可进行适当的保湿后，再进行病菌的观察。

3. 采样检查　肉眼观察到的仅是病害的外部症状，对病害内部症状的观察需对病害标本进行解剖和镜检。同时，绝大多数病原生物都是微生物，必须借助于显微镜的检查才能鉴别。因此，诊断不熟悉的植物病害时，室内检查鉴定是不可缺少的必要步骤。采样检查的主要目的，在于识别有病植物的内部症状；确定病原类别；并对真菌性病害、细菌性病害以及线虫所致病害的病原种类做出初步鉴定，进而为病害确诊提供依据。

4. 病原物的分离培养和接种　对新的或少见的真菌和细菌性病害的诊断，还需进行病原菌的分离、培养和人工接种试验，才能确定真正的致病菌。这一病害诊断步骤，按柯赫氏法则进行。即首先分离病原菌并进行扩大培养，获得接种材料，再将病原菌接种到相同的健康植物体上，在被接种的植物上又产生了与原来病株相同的症状，同时，又从接种的发病植物上重新分离获得该病原菌，即可确定接种的病原菌就是该种病害的致病菌。

5. 提出适当的诊断结论　最后应根据上述各步骤得出的结果进行综合分析，提出适当的诊断结论，并根据诊断结果提出或制订防治对策。

植物病害的诊断步骤不是一成不变的。具有一定实践经验的专业技术人员，根据病害的某些典型特征，即可鉴别病害，而不需要完全按上述复杂的诊断步骤进行诊断。当然，对于某种新发生的或不熟悉的病害，严格按上述步骤进行诊断是必要的。随着科学技术的不断发展，血清学诊断、分子杂交和 PCR 技术等许多新的分子诊断技术已广泛应用于植物病害的诊断，尤其是植物病毒病害的诊断。

二、植物病害的诊断要点

（一）非侵染性病害

植物病害的诊断，首先要区分是侵染性病害还是非侵染性病害。若在病株上看不到任何病征，也分离不到病原物，且往往大面积同时发生同一病状，没有逐步传染扩散的现象，则大体上可考虑为非侵染性病害。除了植物遗传性疾病之外，非侵染性病害主要是由不良的环境因子所引起的。不良的环境因子种类繁多，大体上可从发病范围、病害特点和病史几方面来分析。下列几点有助于诊断其病因：

1. 病害突然大面积同时发生　发病时间短，只有几天。大多是由于“三废”污染或气候因子异常所致，如冻害、干热风、日灼。

2. 病害只限于某一品种发生　多为生长不良或有系统性的症状一致的表现，多为遗传性障碍所致。

3. 有明显的枯斑或灼伤　枯斑或灼伤多集中在植株某一部位的叶或芽上，无既往病史。大多是由于农药或化肥使用不当所致。

4. 出现明显的缺素症状　多见于老叶或顶部新叶。

（二）侵染性病害

侵染性病害常分散发生，有时还可观察到发病中心及其有向周围传播、扩散的趋势，侵染性病害大多有病征（尤其是真菌、细菌性病害）。有些真菌和细菌病害及所有的病毒病害，在植物表面无病征，但有一些明显的症状特点，可作为诊断的依据。

1. 真菌病害　许多真菌病害，如锈病、黑穗（粉）病、白粉病、霜霉病、灰霉病以及白锈病等，常在病部产生典型的病征，依照这些特征或病征上的子实体形态，即可进行病害诊断。对于病部不易产生病征的真菌病害，可以用保湿培养镜检法缩短诊断过程。即摘取植物的病器官，用清水洗净，于保湿器皿内，适温（22～28℃）培养 1～2 昼夜，促使真菌产生子实体，然后进行镜检，对病原做出鉴定。有些病原真菌在植物病部的组织内产生子实体，从表面不易观察，需用徒手切片法，切下病部组织做镜检。必要时，则应进行病原的分离、培养及接种试验，才能做出准确的诊断。

2. 细菌病害　植物受细菌侵染后可产生各种类型的症状，如腐烂、斑点、萎蔫、溃疡和畸形等；有的在病斑上有菌脓外溢；一些产生局部坏死病斑的植物细菌性病害，初期多呈水渍状、半透明病斑。腐烂型的细菌病害，一个重要的特点是腐烂的组织黏滑且有臭味。萎蔫型细菌病害，剖开病茎，可见维管束变褐色，或切断病茎，用手挤压，可出现混浊的液体。所有这些特征，都有助于细菌性病害的诊断。切片镜检有无喷菌现象是简单易行又可靠的诊断技术，即剪取一小块（$4mm^2$）新鲜的病健交界处组织，平放在载玻片上，加蒸馏水一滴，盖上盖玻片后，立即在低倍镜下观察。如是细菌病害，则在切口处可看见大量细菌涌出，呈云雾状。在田间，用放大镜或肉眼对光观察夹在玻片中的病组织，也能看到云雾状细菌溢出。此外，革兰氏染色、血清学检验和噬菌体反应等也是细菌病害诊断和鉴定中常用的快速方法。

3. 植原体病害 植原体病害的特点是植株矮缩、丛枝或扁枝、小叶与黄化，少数出现花变叶或花变绿。只有在电镜下才能看到植原体。注射四环素以后，初期病害的症状可以隐退消失或减轻，但对青霉素不敏感。

4. 病毒病害 病毒病的特点是有病状没有病征。病状多呈花叶、黄化、丛枝、矮化等。撕取表皮镜检，有时可见内含体。在电镜下可见到病毒粒体和内含体。感病植株多为全株性发病，少数为局部性发病。田间病株多分散，零星发生，无规律性。如果是接触传染或昆虫传播的病毒病，分布较集中。病毒病症状有些类似于非侵染性病害，诊断时要仔细观察和调查，必要时还需采用汁液摩擦接种、嫁接传染或昆虫传毒等接种试验，以证实其传染性，这是诊断病毒病的常用方法。此外，血清学诊断技术等可快速做出正确的诊断。

5. 线虫病害 线虫病表现为虫瘿或根结、胞囊、茎（芽、叶）坏死、植株矮化、黄化或类似缺肥的病状。鉴定时，可剖切虫瘿或肿瘤部分，用针挑取线虫制片或用清水浸渍病组织，或做病组织切片镜检。有些植物线虫不产生虫瘿或根结，可通过漏斗分离法或叶片染色法检查。必要时可用虫瘿、病株种子、病田土壤等进行人工接种。

三、植物病害诊断的注意事项

（一）充分认识植物病害症状的复杂性

植物病害症状在田间的表现十分复杂。首先是许多植物病害常产生相似的症状，因此要从各方面的特点去综合判断；其次，植物常因品种的变化或受害器官的不同，而使症状有一定幅度的变化；再次，病害的发生发展有一个过程，病害发生在初期和后期症状往往不同；最后，环境条件对病状和病征有一定的影响，尤其是湿度对病征的产生有显著的作用，加之发病后期病部往往会长出一些腐生菌的繁殖器官，会干扰诊断。因此，不仅要全面掌握病害的典型症状，还应仔细区别病征微小的、似同而异的特征，才能正确地诊断病害。

（二）注意虫害、螨害和病害的区别

有些害虫、螨类危害也能诱发被害植物产生类似于病害的危害状，如变色、皱缩等，这也需经仔细鉴别，方可正确诊断。

（三）注意并发病和继发病

一种植物发生一种病害的同时，另一种病害伴随发生，这种伴随发生的病害称为并发病害。例如小麦蜜穗病菌由小麦粒线虫传播，当小麦发生粒线虫病时，有可能伴随发生蜜穗病。继发病害是指植物发生一种病害后，紧接着又发生另一种病害，后发生的病害，以前一种病害发生为发病条件，后发生的病害称为继发性病害。例如甘薯受冻害后，在贮藏时又发生软腐病。这两类病害的正确诊断，有助于分清矛盾的主次，采用合理的防治措施。

结合当地生产实际，对田间农作物、蔬菜、果树等的常见病害进行诊断。根据具体情况，先参考相关资料，根据症状及发病特点进行田间诊断，再到实验室按相关步骤进行病原鉴定，最后提出适当的诊断结论。

根据所学知识诊断 2～3 种病害，初步判断病原物类别，并要求写出相关的诊断过程。

1. 当发现茄科和葫芦科植物出现萎蔫症状时，怎样判断是细菌病害还是真菌病害？
2. 植物病害的诊断步骤有哪些？诊断中应注意哪些问题？
3. 怎样简便、有效地区别田间的病毒病害和非侵染性病害？

侵染性植物病害的发生与流行

（一）病原物的寄生性与致病性

植物病原物的寄生性和致病性是两种不同的性状。寄生性是指病原物在寄主植物活体内取得营养物质而生存的能力；致病性是指病原物所具有的破坏寄主和引起病变的能力。寄生物从寄主植物获得养分，有两种不同的方式：一种是寄生物先杀死寄主植物的细胞和组织，然后从中吸取养分；另一种是从活的寄主中获得养分，并不立即杀伤寄主植物的细胞和组织。前一种营养方式称为死体营养，营这种生活方式的生物称为死体寄生物，而后一种寄主和寄生物则分别称为活体营养和活体寄生物。人们将只能营活体寄生的寄生物，称为专性寄生物，而将生活史中有一段时间营腐生生活的寄生物，称为兼性寄生物。专性寄生物一般不能在人工培养基上培养，而兼性寄生物可以在人工培养基上正常生长发育。

任何寄生物只能寄生在一定范围的寄主上。不同的病原寄生物，寄主范围大小不同。寄生物对寄主的选择称为专化性。一般说，寄生性越强，寄主范围越窄，寄生专化性也越强。但也有例外，有些非专性寄生物如细菌，其寄主范围较窄，而有些专性寄生物如病毒，其寄主范围却较广。

病原寄生物的种群内，虽然形态一致，但其个体间存在生理性状、寄生性、致病性等非形态学方面的差异，这种现象称为生理分化现象。生理分化的结果是种内形成新的非形态学类群，如真菌种内的专化型、生理型、生理小种等，细菌种内的菌系、血清型等，病毒种内的毒系、株系等。由于病害发生实质上就是某种一定的病原物类群对某一植物品种侵染的结果，因此，研究病原物生理分化对于指导病害防治是十分必要的。一般说来，某种病原物对寄主植物的寄生性、致病性分化越显著，则越适宜采用抗病品种和轮作、间作进行病害防治。

病原物对寄主的致病和破坏作用，一方面表现在对寄主体内水分和养分的大量掠夺与消耗，同时还由于它们分泌各种毒素、有机酸和生长刺激素等，直接或间接地破坏植物细胞和组织，使细胞增大或膨大，或抑制植物生长发育，因而使寄主植物发生病变。

（二）寄主植物的抗病性

植物的抗病性是指植物避免、中止或阻滞病原物侵入与扩展，减轻发病和损失程度的一类可遗传的特性。病原物和寄主植物之间的关系是对抗关系。病原物为了生长发育必须从寄主植物体内吸取养料和水分，干扰寄主的新陈代谢，使寄主发病，寄主植物对病原物的侵害也必然产生种种抵抗反应，以抑制或减轻危害。对抗的结果，可能出现植物发病或不发病或轻微发病的不同情况。

1. 植物对病原物侵染的反应

（1）高抗（免疫）。病原不能与寄主建立寄生关系，或即使建立了寄生关系，由于寄主的抵抗作用，使侵入的病原物不能扩展或死亡，在寄主上不表现肉眼可见的症状。

（2）抗病。病原物侵染寄主，建立寄生关系，但由于寄主的抵抗，病原物被局限在很小的范围内，繁殖受到抑制，寄主表现轻微症状，危害不大。

（3）耐病。寄主植物遭受病原侵染后，虽症状较重，但由于寄主本身的补偿作用，对生长发育，尤其对产量和品质影响较小。

（4）感病。寄主受病原物侵染后发病严重，生长发育、产量、品质影响很大，甚至引起局部或全株死亡。

2. 植物抗病的机制

（1）抗接触（避病）。由于植物某些生物学特性和性状，使植物可以避免与病原物接触，即通常所说的避病。包括时间和空间的避病。如早熟种的小麦发生秆锈病较轻甚至不发病，原因是当秆锈病菌夏孢子大量发生时，寄主已接近成熟而不再受侵染；马铃薯株形直立的品种比匍匐形的品种接触病菌机会少，因而较抗晚疫病。

（2）抗侵入。植物表皮毛的多少和表皮蜡质层、角质层的厚薄，气孔、水孔的多少和大小都直接影响病原物的侵入。如柑橘溃疡病菌是由气孔侵入的，甜橙气孔分布密，气孔中隙大，容易感染溃疡病；相反，金柑气孔稀、中隙小，对溃疡病的抗性就比较强。植物表面伤口愈合快慢与抵抗从伤口侵入的病原物能力也有关系。寄主受伤后，伤口周围木栓化组织形成越快，抗病力越强。植物还能通过地上部分和根系分泌出一些对病原物有抑制或杀伤作用的化合物，阻止病原物侵入。如有的水稻品种可以从叶面渗出酚或氰的化合物，抑制稻瘟病菌分生孢子的萌发。

（3）抗扩展。病原物侵入寄主后，受到寄主组织结构和生理生化反应的防御，使病原物不能建立寄生关系而死亡，或限制在一定范围内不扩展。组织结构方面，如寄主植物细胞壁的厚度，茎秆和叶片中厚壁组织与薄壁组织的比例，导管中孔径的大小和凝胶物质的形成，维管束中侵填体的产生等，都影响病原物的扩展。有的寄主植物在病原物侵入后，产生离层，形成穿孔，使病部脱落，阻止病害扩展。生理生化反应方面，如寄主植物细胞组织中的酸度、渗透压、营养物质及含特殊的抗生物质或有毒物质，不论自身存在的或后天获得的，都能抑制病菌扩展。另外，在植物保卫反应中，最突出的为过敏反应，病原物侵入寄主后，被抗病品种的过敏坏死组织隔离死亡，尤其是一些专性寄生的病原物，因寄主细胞死亡，营养中断，不能扩展而很快死去。

3. 植物抗病性的类型

（1）垂直抗病性和水平抗病性。垂直抗病性是指寄主植物的某个品种能高度抵抗病原物的某个或某几个生理小种，一般表现为免疫或高度抗病。这种抗病性多数是由单基因或寡基因控制的，因而对生理小种是专化的，一旦遇到致病力不同的新小种时就会丧失抗病性而变成高度感病。这类抗病性容易选择，但一般不能持久。水平抗病性是指寄主植物的某个品种能抵抗病原物的多数生理小种，一般表现为中度抗病。这种抗病性多数是由多基因控制的，一般不存在生理小种对寄主的专化性，因而较为稳定和持久，但在育种过程中不易选择。

（2）个体抗病性和群体抗病性。个体抗病性是指植物个体遭受病原物侵染所表现出来的抗病性。群体抗病性是指植物群体在病害流行过程中所显示的抗病性。即在田间发病后，能有效地推迟流行时间或降低流行速度，以减轻病害的严重度。在自然界中，个体抗病性间虽仅有细微差别，但作为群体，在生产中却有很大的实用价值。群体抗病性是以个体抗病性为基础的，但又包括更多的内容。

（3）阶段抗病性和生理年龄抗病性。植物在个体发育中，常因各发育阶段的生理年龄不同，抗病性有很大差异。一般植物在幼苗期由于根部吸收和光合作用能力差，细胞组织柔嫩，抗侵染能力弱，极易发生各种病害。进入成株期，植物细胞及各部分器官日趋完善。同时，生活力旺盛，代谢作用活跃，抗病性显著增强。到繁殖阶段，营养物质大量向繁殖器官输送，植物趋于衰老，抗病性下降。

（三）植物病害的侵染过程和侵染循环

1. 侵染过程　侵染过程是指从病原物与寄主感病部位接触开始，到病害症状呈现为止所经过的全过程，简称病程。整个病程是连续进行的，为便于分析各个因素的影响，一般将其分为4个时期。

（1）接触期。指病原物能够引起侵染的部分与寄主植物发生接触的时期。病原物能够引起侵染的部分，称为接触体。真菌接触体是孢子或菌丝体，细菌、植物菌原体接触体是其整个个体，病毒、类病毒则是粒体，线虫是成虫、幼虫或卵，寄生性种子植物则是其部分组织或种子。接触寄主植物后，一般营养体均可开始侵染。真菌孢子、寄生性种子植物种子要侵染首先必须得萌发，而萌发需要有适宜的温度、湿度和水分，线虫的卵也要有适宜的温度才能孵化。还有一些病原物从寄主植物的地下部分侵入，接触寄主根系后，往往存在一个十分有利于防治的时期，在此期间，许多防治措施可以减少或避免病原物和寄主接触，将病原物消灭在侵入之前，以争取防治工作的主动性。

（2）侵入期。指病原物侵入寄主到建立寄生关系为止的时期。病原物的种类不同，侵入植物的途径也各不相同，大致可归为3类：一是自然孔口（气孔、水孔、皮孔等）侵入；二是伤口（虫伤、冻伤、机械损伤等）侵入；三是直接侵入（直接穿透植物的角质层或表皮层）。病毒只能从伤口侵入，而且是新鲜微伤；细菌可以从自然孔口和伤口侵入；真菌通过这3种途径都可侵入。环境条件中以湿度对病原物的侵入影响最大，一般在温暖高湿环境下，有利于病原物的侵入。此外，温度影响萌发和侵入的速度，大多数病原菌在黑暗状况下较易萌发和侵入。

了解病原的侵入和寄主植物抗侵入在防治植物病害中有非常重要的意义。在防治上把好这一关，便可大大增加防治工作的主动性，从而达到预防为主的目的。同时，可以根据植物抗侵入的特性选育抗病品种，提高寄主植物抗侵入的能力。

（3）潜育期。指病原物与寄主建立寄生关系后，在寄主体内扩展蔓延至症状开始出现为止的这段时期。病原物在寄主体内扩展的方式有两种，一种是病原物扩展的范围局限于侵染点附近的细胞和组织，即局部侵染，形成的病害称为局部性病害，多数病害属于这一类；另一种是病原物从侵染点沿着筛管、导管或随着生长点的发展扩展到寄主植物的其他部位或全株，引起全株感染，并在一定部位或全株表现症状，即系统侵染，引起的病害称为系统性病害。各种病害潜育期长短不同，这与病原物特性、寄主的抵抗力和环境条件有密切关系。环境条件中以温度影响最大，在适宜温度范围内，温度越高，潜育期越短，发病流行越快。

病原物的侵入并不意味着植物发病。在认识和掌握潜育期中病原物、寄主植物和环境条件间相互关系及其相互制约的客观规律以后，就可以充分运用各种栽培措施，增强寄主植物的抗病力，抑制病原物的繁殖，控制病害的发生。

（4）发病期。发病期是从症状出现后，病害进一步发展的时期。在这时期，寄主作物表现出各种病状和病征。病部表面病原物的产生和症状表现受环境条件影响大，如稻瘟病在潮湿情况下形成急性型病斑，病斑上产生大量孢子；在干燥情况下，则形成慢性型病斑，病斑上产生的孢子较少。病征的出现一般就是再侵染病原的出现，如果病征产生多，标志着有大量病原物存在，病害就有大发生的可能。

2. 侵染循环 侵染循环是指一种病害从前一个生长季节（或前一年）开始发生，到下一个生长季节（或下一年）再度发生所经历的全部过程。侵染过程只是整个病害循环中的一环。侵染循环是研究植物病害发生发展规律的基础，植物病害的防治措施主要是根据侵染循环的特征拟订的。侵染循环主要包括以下 3 个环节。

（1）病原物的越冬和越夏。当寄主植物收获后或进入休眠阶段，病原物也将越冬或越夏，度过寄主植物的中断期和休眠期，而成为下一个生长季节的初侵染来源。这段时间里，病原物多不活动，是侵染循环中最薄弱的环节。因此，了解病原物越冬和越夏的方式和场所，便可采取有效措施，消灭或减少侵染来源，避免或减轻下个生长季节病害的发生。病原物越冬、越夏的方式有休眠、腐生和寄生 3 种。越冬、越夏的场所主要有以下几种。

①种苗和无性繁殖材料：有的病原物可潜伏在种子、苗木、接穗和其他繁殖材料如块根、块茎、鳞茎等的内部或附着在表面越冬。当使用这些繁殖材料时，不但植株本身发病，而且会成为田间的发病中心。此外，还可以随繁殖材料的调运将病害传入新区。因此，选用无病的繁殖材料和种植前进行种子接穗消毒及苗木处理极为重要。

②病株残体或土壤：大多数非专性寄生的真菌和细菌，都能在病株残体和土壤中越冬。病株残体和在病株上产生的病原物都很容易落在土壤里。棉花枯萎病菌、黄萎病菌等，能在土壤中存活较长时间，称为土壤习居菌。稻瘟病菌、玉米大斑病菌、小斑病菌等在病株残体分解后，就不能在土壤中单独存活而逐渐死亡，称为土壤寄居菌。深耕翻土、合理轮作、处理病株残体、改变环境条件，都是消灭土壤中病原物的重要措施。

③田间病株及其他寄主植物：有些病原物能在病枝干、病根、病芽等组织内、外潜伏越冬。有不少病毒当栽培寄主植物收割后，就转移到其他栽培的或野生的寄主上越夏或越冬。因此，处理病株、清除野生寄主等都是消灭病原物来源，防止发病的重

要措施。

④粪肥：病原物可随同病株残体混入粪肥中，或用病株残体做饲料，不少病原物的休眠孢子通过牲畜的消化道后仍保持侵染能力。故肥料必须充分腐熟后才能使用，避免用带菌病株作为生饲料喂牲畜。

⑤昆虫：有少数病毒可以在持久性传毒的昆虫体内越冬，并进行增殖，如水稻普通矮缩病毒就是在传毒的黑尾叶蝉体内越冬的。所以，及时防虫可减轻病害发生。

（2）病原物的传播。病原物从越冬、越夏场所传到作物上引起初侵染，又从病部传到健部，从病株传到健株引起再侵染，都需要经过传播才能完成病害循环，如中断传播，就中断病害循环，达到防止病害发生发展的目的。

各种病原物的传播方式不同，有的病原物能主动向外传播，如有鞭毛的细菌或真菌的游动孢子可以在水中游动，线虫可以在土壤中蠕动，有些真菌孢子可以自行向空中弹射（如小麦赤霉病菌、油菜菌核病菌的子囊孢子），这类能主动传播的病原物传播的距离和范围都是极有限的。绝大多数病原物传播都是依靠外界动力，包括自然因素和人为因素而被动传播的，具体有以下几种传播方式。

①气流传播：许多真菌能产生大量孢子，孢子小而轻，可随气流传播。气流传播速度快、距离远、波及面广。病原物借气流远距离传播的病害，防治方法比较复杂，除注意消灭当地的病原物外，还要防止外地传入的孢子侵染，常需要组织大面积联防，才能获得防治效果。

②雨水传播：植物的病原细菌和部分真菌孢子可随雨水和流水传播。病原细菌往往随菌脓流出寄主体外，借雨水才能使其分散开来；有些病原真菌所产生的游动孢子和一些分生孢子盘、分生孢子器内的分生孢子也都靠雨水传播。土壤中的一些病原真菌、细菌能通过雨滴反溅作用被带到底部叶片的背面。田间的灌溉水和雨后流水，可把病原菌传到较广的范围。由于雨水传播的距离一般都比较近，对于这类病害的防治，只要消灭当地的发病来源和管好灌排系统，就能取得一定效果。

③昆虫及其他生物传播：许多病毒、植物菌原体等依靠昆虫传播。一些真菌孢子和细菌可由昆虫携带传播，昆虫、线虫危害植物时造成伤口，为病原物打开侵入通道。这类昆虫及其他生物传播的病害需要通过治虫才能达到防治目的。

④人为传播：在农产品、种苗运输过程中，可携带病原物进行远距离传播，造成病区扩大和新区的形成。各种农事活动如移栽、整枝、打顶、抹杈等都会传播病原物，引起植物病害。因此，选用无病繁殖材料、进行植物检疫、农事活动中注意避免传播等都能有效防治病害。

（3）病原物的初侵染和再侵染。经越冬或越夏后的病原物，在植物开始生长后引起第一次侵染，称为初侵染。在同一个生长季节里，由初侵染病株上产生的病原物，继续传播到其他植株侵染危害，称为再侵染。只有初侵染而无再侵染的病害（称单循环病害），如小麦黑穗病、水稻干尖线虫病等，一般只要消灭初侵染来源，就能得到防治。有初侵染，并有多次再侵染的病害（称多循环病害），如稻瘟病、各种炭疽病等，则既要采取措施减少和消灭初侵染来源，还要防止其再侵染。

（四）植物病害的流行

1. 植物病害流行的概念　一种病原物在大面积植物群体中短时间内传播并侵染大量寄

主个体的现象称为植物病害流行。由于自然因素、化学防治和其他控制措施的应用，大多数流行病或多或少有着地区局限性。在发病频率上，有些地区的条件经常有利于某一种或某几种病害发生，虽然不是每年流行，但经常流行，这种地区称为常发区；偶然流行的地区称为偶发区。在地理范围上，多数病害是局部地区流行，称为地方流行病，如一些细菌、线虫引起的土壤病害，在田间传播距离有限。而一些由气流传播的病原物，就可以被传播较远，如锈病发生面积可达几个省份，称为广泛流行病。

2. 植物病害流行的主要因素 植物病害的发生必须具备3个基本条件：寄主、病原、环境。而病害的流行即大范围严重发生病害则需要上述三方面因素对病害发生和流行都十分有利才行，三者缺一不可。

（1）病原物。病害流行必须有大量侵染力强的病原物存在。对于只有初侵染而无再侵染的病害，如麦类黑穗病的流行主要取决于初侵染的菌源数量。对于有多次再侵染的病害如麦类锈病、稻瘟病的流行，既与初侵染的菌源数量多少有关，又与再侵染的次数、病原繁殖速度和传播效率有关。从外地传入的新的病原物，由于栽培地区的寄主植物对它缺乏适应能力，从而表现出极强的侵染力，往往造成病害的流行。

（2）寄主植物。种植感病品种是病害流行的先决条件。感病寄主植物的数量和分布是病害是否流行和流行程度轻重的基本因素。感病寄主群体越大，分布越广，病害流行的范围越大，危害越重。尤其是大面积种植同一感病品种，会造成病害流行的潜在威胁，易引起病害的流行。

（3）环境条件。强致病性病原和感病寄主同时存在是病害流行最为基本的条件，但只有环境条件同时也利于病害发生时，病害流行才可能发生。环境条件同时作用于寄主植物和病原物。当环境条件有利于病原物而不利于寄主植物生长时，可导致病害的流行。在环境条件方面，最为重要的是气象因素，如温度、湿度、降水、光照等。这些因素不仅对病原物的繁殖、侵入、扩展造成直接的影响，而且也影响到寄主植物的抗病性。此外，栽培条件，如轮作或连作、种植密度、水肥管理等，土壤的理化性质和土壤的微生物群落等，与局部地区病害的流行也有密切关系。

病原、寄主、环境条件对病害流行都是十分必要的，但是，各种病害的性质不同，此3个因素在病害流行中并不同等重要，每种病害都有它决定性的因素。如梨锈病，只有梨和桧柏同时存在时，病害才会流行，寄主因素起着主要作用。苹果树腐烂病在连年干旱或冻害后，导致树势衰弱，常使病害大发生，环境因素就起着主导作用。发现和掌握主导性流行因素，对于认识病害的流行规律及病害预测预报和指导防治是十分重要的。

3. 植物病害流行的类型和变化

（1）病害流行的类型。

①单年流行病害：1年或1个生长季节内，就能完成病原累积过程，从而引起病害流行，这类病害大都有再侵染，故又称多循环病害。此类病害多为气传、水传、雨水传或虫传病害，传播效能高。病原物对环境敏感，寿命短。一般引起植株地上部的局部性病害。许多重要植物病害属于此类型，如小麦锈病、稻瘟病、马铃薯晚疫病、黄瓜霜霉病等。

②积年流行病害：需经连续多年的病原累积方可造成病害流行，该类病害由于无再侵

染，故又称单循环病害。多为种传或土传病害。病原物休眠体往往是初侵染源，对不良环境的抗性强，寿命也长。常引起全株或系统性病害，包括茎基及根部病害。如水稻恶苗病、小麦腥黑穗病、玉米丝黑穗病、棉花枯萎病等。

（2）病害流行的变化。

①季节变化：指病害在一个生长季节中的消长变化。单循环病害季节变化不大，而多循环病害季节变化大。一般说有始发、盛发和衰退 3 个阶段，即呈 S 形流行曲线，如马铃薯晚疫病。还有呈单峰曲线（如白菜白斑病）、双峰曲线（如棉花枯萎病）、多峰曲线（如稻瘟病、小麦纹枯病等）的，但基本的形式是 S 形曲线。

②年份变化：指一种病害在不同年份发生程度的变化。单循环病害需要逐年积累病原物才能达到流行的程度。当病原物群体和病害发展到盛期后，由于某些条件的改变，又可以下降。多循环病害在不同年份是否流行和流行的程度，主要取决于气候条件的变化，尤以湿度条件为甚。降雨的持续时间、降雨的日期和降水量与病害流行密切相关。

思考题

1. 什么是侵染过程？其可分为哪几个时期？温度、湿度等对各时期有何影响？
2. 什么是病害的侵染循环？包括哪些环节？
3. 什么是植物病害流行？流行因素有哪些？病害流行的类型与特点怎样？
4. 解释下列名词：

专性寄生与兼性寄生　寄生性与致病性　初侵染与再侵染　垂直抗病性与水平抗病性

拓展知识

植物病害病原物的分离培养和接种

（一）植物病原真菌的分离培养

植物病原真菌的分离培养常采用的是组织分离法，此方法的基本原理是创造一个适合真菌生长的无菌营养环境，诱导染病植物组织中的病原真菌菌丝体向培养基上生长，从而获得病原真菌的纯培养。

1. 材料的选择　选择新近发病的典型症状植株、器官或组织，洗净，晾干，取病健交界部分切成宽 3～5mm 的正方体小块用作分离材料。若材料已经严重腐败，无法进行常规分离培养，可采用接种后再分离的方法，即将病组织作为接种材料，直接接种在健康植株或离体植物材料上，等其发病后再从病株或病组织上进行分离培养。

2. 工具的消毒、灭菌　先打开超净工作台通风 20min 以上，用 70%酒精擦拭手、台面和工作台出风口进行消毒，分离用的容器和镊子用 95%酒精擦洗后经火焰灼烧灭菌。分离也可在室内空气相对静止的台面上进行，方法是在台面上铺 1 块湿毛巾，其他操作与超净工作台上相同。

3. 平板 PDA 的制作　将待用的三角瓶 PDA 培养基置微波炉中融化，取出摇匀，在超净工作台上经无菌操作将培养基倒入已灭菌的培养皿（厚度 2～3mm）中，摇匀，静置，冷却即成。在倒培养基时不要让三角瓶瓶口接触培养皿壁，以免培养基黏附在皿壁上，引起污染。

4. 材料的消毒 将分离材料置于已灭菌的小容器中，先用70%酒精漂洗2～3s，迅速倒去，紧接着用0.1%氯化汞溶液消毒30s至几分钟（消毒时间因材料不同而存在差异；消毒剂也可根据不同情况选用漂白粉、次氯酸钠等），再经无菌水漂洗3～4次，最后用灭菌的滤纸吸干材料上的水。

5. 材料移入平板PDA上 在无菌操作下用镊子将材料移入平板PDA培养基上，在一个培养皿上可分开放置多块分离材料。

6. 培养 在培养皿盖上标明分离材料、日期，必要时还可注明消毒剂种类、处理时间等。将培养皿放入塑料袋中，扎紧袋口，置恒温培养箱中，在室温、黑暗条件下培养，或置室内阴暗处培养2～3d，即可检查结果。

7. 转管保藏 若分离成功，在分离材料周围长出可见真菌菌落，在无污染菌落的边缘挑取小块菌组织，在无菌操作下移入新的PDA平板上培养数日，再用单孢分离法或单菌丝分离法获得单孢（单菌丝）培养物，将这些单孢（单菌丝）培养物在无菌条件下移到试管斜面PDA培养基上，待菌丝长满整个斜面，将试管放入冰箱中低温保藏，这样便获得了植物病原真菌的纯培养。

为避免污染，以上操作一般需在无菌室内的超净工作台上严格按无菌操作要求进行。无菌室应保持清洁干净，定期用甲醛熏蒸或喷洒福尔马林（1∶40）消毒。每次使用前用紫外灯杀菌15min以上，效果更佳。

无菌操作的要点是所有接种工具都必须经高温灭菌或灼烧，与培养基接触的瓶口等处应经火焰灼烧，操作时应在酒精灯火焰附近进行，以保证管口、瓶口或培养皿开口所处空间无菌，要求动作轻快，屏住呼吸，尽量减少空气流动而造成污染。

对于植物病原真菌的分离，组织分离法是最常用的方法，其他方法往往是根据实际情况在此基础上所作的改良或小变动，如分离肉质材料可简化消毒步骤，用70%酒精擦拭表面，用灭菌镊子撕开表皮，直接镊取肉质材料置于平板PDA上培养。在分离过程中，为防止细菌污染，可在每10mL培养基中加入3滴25%乳酸，使大部分细菌受到抑制，并不影响真菌的生长。在分离中如要有目的地选择分离某真菌，还可在培养基中加入一些抗生素和化学药剂抑制非目标真菌和细菌的生长。

（二）植物病原细菌的分离培养

植物病原细菌一般用稀释分离方法。因为在病组织中病原细菌数量巨大，分离材料中所带的杂菌又大多是细菌，用稀释培养的方法就可以使病原细菌与杂菌分开，形成分散的菌落，从而较容易获得植物病原细菌的纯培养。

在病原细菌的分离培养中，材料的选择及表面消毒都与病原真菌的分离培养基本相同，而稀释分离主要有以下两种方法。

1. 培养皿稀释分离法

（1）制备细菌悬浮液。取灭菌培养皿3个，每个培养皿中加无菌水0.5mL，切取约4mm见方的小块病组织，经过表面消毒和无菌水冲洗3次后，移在第一个培养皿的水滴中，用灭菌玻璃棒将病组织研碎，静置10～15min，使组织中的细菌流入水中成悬浮液。

（2）配制不同稀释度的细菌悬浮液。用灭菌移植环从第一个培养皿中移植3环细菌悬浮液到第二个培养皿中，充分混合后再从第二个培养皿移植3环到第三个培养皿中。

(3) 倒入培养基。将熔化的琼脂培养基冷却到45℃左右，分别倒入3个培养皿中，摇匀后静置冷却，凝固后在培养皿盖上标明分离材料、日期和稀释编号等。

2. 平板画线分离法

(1) 制备细菌悬浮液。在灭菌培养皿中滴几滴无菌水，将表面消毒和无菌水冲洗过3次后的病组织块置于水滴中，用灭菌玻璃棒将病组织研碎，静置10～15min，使组织中的细菌流入水中成悬浮液。

(2) 画线。用灭菌移植环蘸取以上悬浮液在表面已干的琼脂平板上画线，先在平板的一侧顺序画3～5条线，再将培养皿转90°，将移植环经火焰灼烧灭菌后，从第二条线末端用相同方法再画3～5条线。也有其他画线形式，如四分画线和放射状画线等，其目的都是使细菌分开形成分散的菌落。

(3) 做标记。在培养皿盖上标明分离材料和日期等。

(4) 培养及结果观察。将分离后的培养皿翻转放入塑料袋中，扎紧袋口，置恒温培养箱中适温培养24～48h，可观察结果。若分离成功，琼脂平板上的菌落形状和大小比较一致，即使出现几种不同形状的菌落，总有一种是主要的。如果菌落类型很多，且不分主次，很可能未分离到病原细菌，应考虑重新分离。如果不熟悉一种细菌菌落的性状，就应选择几种不同类型的菌落，分别培养后接种测定其致病性，最终确定病原细菌。

植物病原细菌分离常用的消毒方法是用漂白粉溶液处理3～5min或用次氯酸钠溶液处理2min，然后用无菌水冲洗。分离通常使用肉汁胨培养基（NA）和PDA或马铃薯蔗糖培养基（PSA）。分离细菌的PDA或PSA在制作时将pH调节至6.5，而分离真菌的培养基则不必调节其酸碱度。

画线分离法的关键是要等到琼脂平板表面的冷凝水完全消失后才能画线，否则细菌将在冷凝水中流动而影响形成单个分散的菌落。为加快消除冷凝水，可将平板培养基在37℃的温箱中放1～2d，或者在无菌条件下将培养皿的盖子打开，翻转培养皿斜靠在盖上，在50℃的干燥箱中干燥30min。

分离要选用新鲜标本和新病斑，分离用的标本不适宜放在塑料袋中保湿，否则容易滋生大量细菌。若标本保存太久或严重腐败而不易直接分离成功，可以与真菌病害一样经过接种后再分离，即将病组织在水中磨碎，滤去粗的植物组织，离心后用下层浓缩的细菌悬浮液针刺接种在相应寄主植物上，发病后从新病斑上分离。

(三) 植物病原线虫的分离

线虫是低等动物，它们的分离方法与植物病原真菌、细菌不同。在植物线虫病害研究中，不仅要采集病组织作为标本，还必须考虑采集病根、根际土壤和大田土样进行研究，现只介绍植物材料中线虫的基本分离方法。

1. 直接观察分离法　将线虫寄生的植物根部或其他可视部位放在解剖镜下，用挑针直接挑取虫体观察，或在解剖镜下用尖细的竹针或毛针将线虫从病组织中挑出来，放在载玻片水滴中进一步观察和处理。

2. 漏斗分离法　此法适合分离能运动的线虫。方法简便，不需复杂设备，容易操作。缺点是漏斗内特别是橡皮管道内缺氧，不利于线虫活动和存活，有效分离率低，所获线虫悬浮液不干净，分离时间较长。

分离装置是将玻璃漏斗（直径 10～15cm）架在铁架台上，下面接一段（约 10cm 长）橡皮管，橡皮管上夹 1 个弹簧夹，其下端橡皮管上再接一段尖嘴玻璃管。具体分离步骤如下：

（1）在漏斗中加满清水，将带有线虫的植物材料剪碎，用单层纱布包裹，置于盛满清水的漏斗中。

（2）经过 4～24h，由于趋水性和本身的质量，线虫就离开植物组织，并在水中游动，最后都沉降到漏斗底部的橡皮管中，打开弹簧夹，放取底部约 5mL 的水样到小培养皿中，其中就含有寄生在样本中大部分活动的线虫。

（3）将培养皿置解剖镜下观察。可挑取线虫制作玻片或进行其他处理。如果发现线虫数量少，可以经离心（1 500r/min，2～3min）沉降后再检查；也可以在漏斗内衬放 1 个用细铜纱制成的漏斗状网筛，将植物材料直接放在筛网中。

漏斗分离法也适用于分离土壤中的线虫。方法是在漏斗内的网筛上放上一层细纱布或多孔疏松的纸，上面加一薄层土壤样本，小心加水漫过样本后静置过夜。

分离植物材料中的线虫，还可以用组织捣碎机捣碎少量植物材料，再将捣碎液按顺序通过 20～40 目*、200～250 目和 325 目的网筛，可观察最后两个网筛，从中挑取线虫，或者将残留物取出，再用漏斗法分离，此法可分离短体线虫和穿刺线虫的幼虫和成虫，但根结线虫的雌虫则大都会被捣碎。

（四）植物病害病原物的接种

人工接种方法是根据病原物的传播方式和侵入途径设计的，并且接种方法应尽可能地模仿自然侵染情况。

1. 拌种法和浸种法　种子传播的病害可采用这两种接种方法。拌种法是将病菌的悬浮液或孢子粉拌在经过消毒处理的植物种子上，然后播种诱发病害。如小麦腥黑穗病可采用此法接种。浸种法是用孢子或细菌悬浮液浸种后播种，如大麦坚黑穗病、棉花炭疽病和菜豆疫病可用此法接种。

2. 土壤接种法　由粪肥、土壤传播的病害可采用此接种法。土壤接种法是将人工培养的病菌或将带菌的植物粉碎，在播种前或播种时拌入已消毒的盆栽土中或施于土壤中，然后播种经过消毒处理的种子；也可先开沟，沟底撒一层病残体或菌液，将种子播在病残体上，再盖土。有的病原物能在土壤中长期存活（土壤习居菌），把带菌土壤或带有线虫接种体的土样接种到无菌（虫）土中，再栽种植物，就可以使植物感染，如棉花枯萎病和黄萎病、小麦土传花叶病和一些线虫病等。对于茄科植物青枯病可以采用土壤灌根的方法接种。

3. 喷雾法　此法适用于由气流和雨水传播的病害，大部分细菌病害和真菌叶部病害都可采用喷雾接种，如水稻细菌性条斑病、玉米大斑病和小斑病。将接种用的病菌配成一定浓度的悬浮液，用喷雾器喷洒在待接种的植物体上，在一定的温度下保湿 24h，诱发病害。

4. 伤口接种　除了植物病毒接种时常用的摩擦接种属伤口接种之外，植物病原细菌、病原真菌也常用伤口接种法。许多由伤口侵入，导致果实、块根、块茎等腐烂的病害均可采用。先将接种用的瓜果等洗净，用 70%酒精表面消毒，再用灭菌的接种针或灭菌的小刀刺

* 目为非法定计量单位，20 目对应的孔径约为 0.85mm。

伤或切伤接种植物，滴上病菌悬浮液或塞入菌丝块，用湿脱脂棉覆盖接种处保湿。水稻白叶枯病的伤口接种常用剪叶接种和针刺接种法。先通过火焰或用70%酒精消毒解剖剪，将剪刀在稻白叶枯病菌悬浮液中浸一下，使剪刀的刃口蘸满菌液，再将要接种的稻叶叶尖剪去。接种处不必保湿，定期观察病情。

5. 介体接种　常见的介体接种有菟丝子、蚜虫及其他介体昆虫接种。菟丝子接种是在温室中研究病毒、菌原体等病害广为采用的一种接种方法。先让菟丝子侵染病株，待建立寄生关系或进一步伸长以后，再让病株上的菟丝子侵染健株，使病害通过菟丝子接种传播到健康植株上。

根据学生对植物病害常见症状类型观察的认真仔细程度，识别各类植物病原物重要类群的准确程度和植物病原物临时玻片标本制作及镜检完成质量等几方面（表1-2-2）进行考核评价。

表1-2-2　植物病害诊断考核评价

序号	考核项目	考核内容	考核标准	考核方式	分值
1	植物病害症状观察	病状类型观察	指明所观察植物病害标本的病状类型	现场识别考核	5
		病征类型观察	指明所观察植物病害标本的病征类型		
2	植物病原玻片标本的制作及显微镜的使用	植物病原玻片标本的制作及显微镜的使用	能按操作规程制作病原玻片标本，制作的标本质量高；能正确使用显微镜，在显微镜下能快速找到所要观察的对象，并且病原物形态清晰、特征典型	现场操作考核	15
3	植物病原真菌观察	卵菌门、接合菌门、子囊菌门、担子菌门和半知菌类中主要真菌类群的形态观察及其所致病害症状观察	能认真观察、正确识别显微镜下所见到的植物病原真菌主要类群，并指明其所致病害症状的特点	现场识别考核、答问考核	15
4	植物病原细菌、病毒、线虫及寄生性种子植物观察	植物病原细菌形态及所致病害症状观察	能认真观察植物病原细菌的形态，指明细菌病害的症状特点	答问考核	5
		植物病毒病害的症状观察	能指明所观察植物病毒病害的症状特点		5
		植物病原线虫形态及症状观察	能熟练进行各类植物病原线虫形态的观察，指明所观察线虫病害的症状特点		5
		寄生性种子植物形态观察	能指明寄生性种子植物的形态特点，并说明其寄生性		5

（续）

序号	考核项目	考核内容	考核标准	考核方式	分值
5	植物病害诊断	非侵染性病害与侵染性病害的区分	能根据环境条件及植物病害症状正确区分非侵染性病害和侵染性病害	答问考核	5
		侵染性病害种类的区分	能根据症状表现及其他辅助条件正确诊断真菌、细菌、病毒或线虫病害	现场诊断考核	10
6	知识点考核		明确侵染性病害的发生规律及其与防治的关系	闭卷笔试	10
7	实验（训）报告		病原物观察的实验报告完成认真，内容正确；绘制的病原物形态特征典型，标注正确；病害诊断的实训报告诊断结果正确，论据充分，文字精练，体会深刻	评阅考核	10
8	学习态度		遵守纪律，服从安排；观察认真，积极思考，踊跃发言，能综合应用所掌握的基本知识分析问题	学生自评、小组互评和教师评价相结合	10

子项目三　水稻病虫害识别

【学习目标】 识别水稻主要病害的症状及其病原物形态和主要害虫的形态特征及危害状。

任务1　水稻病害识别

【材料及用具】 稻瘟病、稻纹枯病、稻曲病、稻条纹叶枯病、稻白叶枯病等水稻病害的新鲜标本、干制标本和病原玻片标本；显微镜、镊子、挑针、载玻片、盖玻片等有关用具；多媒体教学设备及课件、挂图等。

【内容及操作步骤】

一、稻瘟病和稻胡麻斑病识别

（一）症状识别

稻瘟病在水稻整个生育期都可发生，按发生时期和部位的不同可分为苗瘟、叶瘟、节瘟、叶枕瘟、穗颈瘟、枝梗瘟和谷粒瘟等，其中以叶瘟、穗颈瘟最为常见，危害较大。

1. 苗瘟　一般在3叶期前发生，初在芽和芽鞘上出现水渍状斑点，后基部变成黑褐色，并卷缩枯死。

2. 叶瘟　发生在秧苗和成株期的叶片上。病斑随品种和气候条件不同而异，可分为4种类型。

（1）慢性型。又称普通型病斑。病斑呈梭形或纺锤形，边缘褐色，中央灰白色，最外层为淡黄色晕圈，两端有沿叶脉延伸的褐色坏死线。天气潮湿时，病斑背面有灰绿色霉状物。

（2）急性型。病斑暗绿色，水渍状，椭圆形或不规则形。病斑正反两面密生灰绿色霉层。此病斑多在嫩叶或感病品种上发生，它的出现常是叶瘟流行的预兆。若天气转晴或经药剂防治后，可转变为慢性型病斑。

（3）白点型。田间很少发生。病斑白色或灰白色，圆形，较小，不产生分生孢子。一般是嫩叶感病后，遇上高温干燥天气，经强光照射或土壤缺水时发生。如在短期内气候条件转为适宜，这种病斑可很快发展成急性型；如条件不适可转变成慢性型。

（4）褐点型。为褐色小斑点，局限于叶脉之间。常发生在抗病品种和老叶上，不产生分生孢子。

3. 节瘟　病节凹陷缢缩，变黑褐色，易折断。潮湿时其上产生灰绿色霉层，常发生于穗颈下第一、二节。

4. 叶枕瘟　又称叶节瘟。常发生于剑叶的叶耳、叶舌、叶环上，并逐步向叶鞘、叶片扩展，形成不规则斑块。病斑初为暗绿色，后呈灰白色至灰褐色，潮湿时病部产生灰绿色霉层。叶枕瘟的大量出现，常是穗颈瘟发生的前兆。

5. 穗颈瘟和枝梗瘟　发生在穗颈、穗轴和枝梗上。病斑不规则，褐色或灰黑色。穗颈受害早的形成白穗，颈易折断。枝梗受害早的则形成花白穗；受害迟的，使谷粒不充实，粒重降低。

6. 谷粒瘟　谷粒上的病斑变化较大，且易与其他病害混淆。一般为椭圆形或不规则形的斑块，外缘褐色或黑褐色，中央灰白色。受害重时谷粒空瘪，甚至米粒变黑。护颖也极易受害，多呈褐色或黑色。

稻胡麻斑病在水稻各生育期地上各部均可发生，在叶片和谷粒上的症状最为明显。叶片上病斑椭圆形、褐色，外围常有黄色晕圈，中间有因颜色深浅不同而形成的轮纹，后期病斑中央黄褐色或灰白色。谷粒上病斑为椭圆形，灰褐色至褐色。湿度高时，病部长出黑霉。

观察稻瘟病叶瘟、节瘟、穗颈瘟、谷粒瘟等各种症状的发生部位及病部特征；比较叶稻瘟的急性型、慢性型、白点型、褐点型的症状特点；比较稻瘟病与稻胡麻斑病的叶片病斑，注意两者在形状、大小、颜色、病斑数目等方面的差异。

（二）病原识别

稻瘟病由半知菌类梨孢属的灰梨孢［*Pyricularia grisea*（Cooke）Sacc.］引起，病部的灰绿色霉层即为病菌的分生孢子梗和分生孢子。分生孢子梗无色，基部稍带褐色，有2～8个分隔，顶端略弯曲，常3～5根丛生或单生，多从气孔伸出。分生孢子梨形，无色，二分隔（图1-3-1）。病原物有性态为灰色大角间座壳菌［*Magnaporthe grisea*（Hebert）Barr.］，属子囊菌门大角间座壳属，仅在人工培养基上产生，自然界尚未发现。稻瘟病菌对不同品种的致病性有明显差异，从而分化出不同的生理小种。在自然情况下，稻瘟病菌除侵染水稻外，还可侵染秕壳

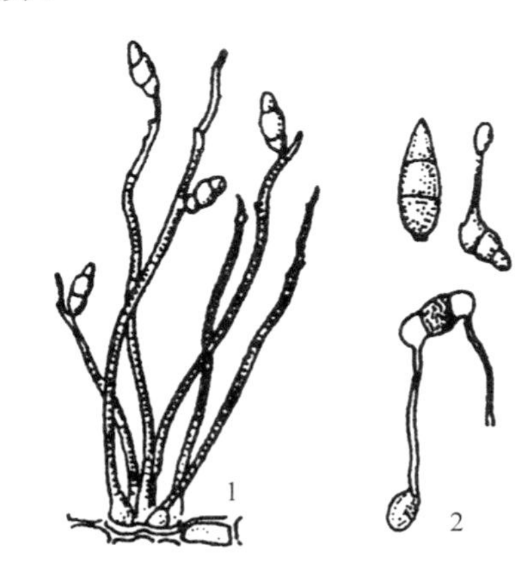

图1-3-1　稻瘟病菌

1. 分生孢子梗及分生孢子　2. 分生孢子及其萌发

（赖传雅．2003．农业植物病理学）

草、马唐等。

稻胡麻斑病由半知菌类平脐蠕孢属的稻平脐蠕孢菌［*BipoLaris oryzae*（Breda）Shoem.］引起。

用挑针从稻瘟病、稻胡麻斑病病组织上挑取少量霉层制片或取已制的病原玻片，在显微镜下观察分生孢子梗和分生孢子的形态，注意两者在形状、隔膜、颜色等方面的特点。

二、稻纹枯病识别

（一）症状识别

水稻纹枯病一般从分蘖盛期开始发病，孕穗至抽穗期蔓延最快，主要危害叶鞘、茎秆，其次危害叶片，严重时也能危害穗颈和谷粒。先在近水面的叶鞘上产生暗绿色病斑，边缘不明显，扩大后呈椭圆形，病斑中央灰白色、边缘暗褐色。许多病斑连在一起形成云纹状。湿度大时，病部可见许多白色菌丝，随后菌丝集结成白色绒球状菌丝团，最后形成暗褐色菌核，菌核易脱落。叶片上的病斑与叶鞘上的相似。

观察稻纹枯病症状，注意病斑发生部位、病部菌丝及菌核的着生情况。

（二）病原识别

病原物无性态为茄丝核菌（立枯丝核菌）（*Rhizoctonia solani* Kühn），属半知菌类丝核菌属。菌丝初为无色，后渐呈淡褐色，分枝与主枝近似直角，分枝处显著缢缩，距分枝不远处有分隔。病组织表面的菌丝可集结成菌核。菌核扁圆形或不规则形，内外均为褐色，表面粗糙，靠少量菌丝与病组织相连，极易脱落。有性态为瓜亡革菌［*Thanatephorus cucumeris*（Frank）Donk.］属担子菌门亡革菌属。在荫蔽、高湿条件下，病部表面产生的白色粉末状物即为病菌的担子和担孢子，担子棍棒形、无色，担孢子卵圆形或椭圆形、无色（图 1-3-2）。纹枯病菌除危害水稻外，还能危害大麦、小麦、玉米、花生等 15 个科近 50 种植物。

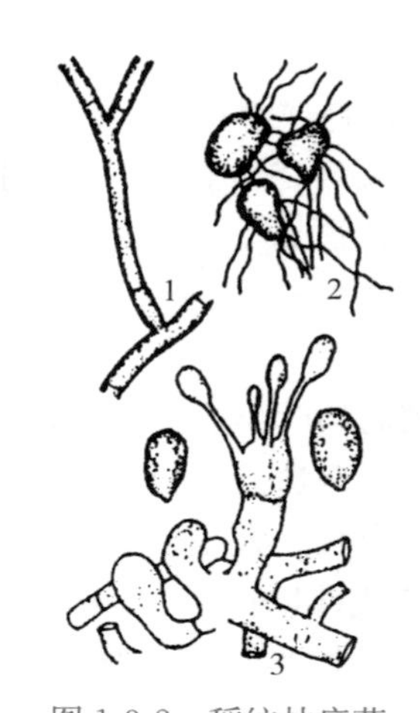

图 1-3-2　稻纹枯病菌

1. 菌丝及其分枝特征　2. 菌核　3. 担子和担孢子

（赖传雅．2003．农业植物病理学）

挑取病部少量菌丝制片镜检，注意菌丝分枝处的特点。

三、稻曲病识别

（一）症状识别

水稻开花后至乳熟期发生，病菌侵入谷粒后，形成膨大的孢子座包裹全粒，呈黄绿色至墨绿色，最后表面发生龟裂，布满墨绿色粉末，即为病菌的厚垣孢子。有些病粒孢子座内可形成菌核，在厚垣孢子散落时出现于病粒表面，成熟后脱落。

稻曲病发生后不仅影响水稻产量，降低结实率和千粒重，而且病菌含有对人、畜有害的毒素，其附着在谷粒上污染稻米，严重影响品质。

（二）病原识别

病原物无性态为稻绿核菌［*Ustilaginoidea virens*（Cooke）Takahashi］，属半知菌类绿核菌属；有性态为稻麦角菌（*Claviceps oryzae-sativae* Has.），属子囊菌门麦角菌属。病菌厚垣孢子侧生于菌丝上，球形或椭圆形，墨绿色，表面有瘤状突起。厚垣孢子萌发后产生短小、单生或分枝、有分隔的菌丝状分生孢子梗，梗端着生数个卵圆形或椭圆形、单胞的分生孢子。孢子座中的黄色部分常可形成1～4粒菌核。菌核扁平，长椭圆形，初为白色，后变黑色，长2～20mm，成熟时易脱落。落入土中的菌核，翌年产生数个肉质、具有长柄的子座，子座顶端球形或帽状，其内环生数个瓶形子囊壳。子囊圆筒形，内并列8个无色、丝状、单胞的子囊孢子（图1-3-3）。病菌除侵染水稻外，还可侵染玉米、药用野稻等植物。

观察稻曲病病粒，注意孢子座颜色。挑取孢子座表面墨绿色粉状物制片，观察厚垣孢子的形态，注意其形状、颜色、表面结构等特点。

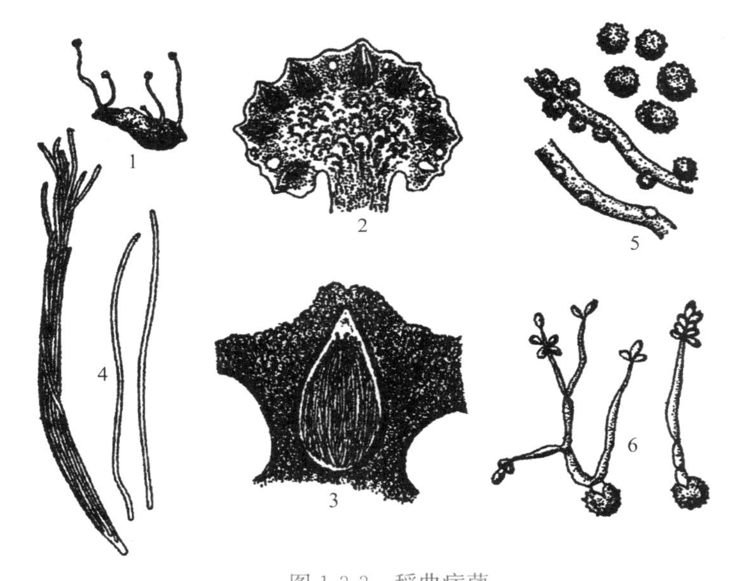

图1-3-3　稻曲病菌

1. 菌核萌发出子座　2. 子座顶部纵剖面　3. 子座内的子囊壳纵剖面
4. 子囊及子囊孢子　5. 厚垣孢子及其着生在菌丝上的状态　6. 厚垣孢子萌发
（叶恭银．2006．植物保护学）

四、水稻病毒病识别

（一）症状识别

1. 稻条纹叶枯病　稻条纹叶枯病在水稻苗期、分蘖至拔节期、孕穗期都可发病显症。早期（苗期）发病株先是在心叶上出现褪绿黄白斑，后扩展成与叶脉平行的黄色条纹，条纹间仍保持绿色；以后合并成大片，病叶一半或大半变成黄白色；其后，新生的心叶逐渐发黄卷曲，成纸捻状弯曲下垂的“假枯心”。这在糯稻、粳稻和部分高秆籼稻田中尤其明显，多数籼稻心叶发病后不卷曲下垂，部分粳稻病株在发病中后期有老叶发红的现象。苗期显症发病，常常导致枯死。病毒病引起的枯心苗无蛀孔、无虫粪、不易拔起，且田间分布随机、无中心，以此可与螟虫危害造成的枯心苗相区别。

分蘖期发病，先在心叶下一叶基部出现褪绿黄斑，后扩展形成不规则黄白色条斑，老叶不显病。籼稻品种不枯心，糯稻品种半数表现枯心。病株分蘖常减少，重病株多数整株死亡。拔节后发病，在剑叶下部出现黄绿色条纹，各类型稻均不枯心，但抽穗不良或畸形不实。

观察稻条纹叶枯病病株，叶片上有无黄色条纹，是否形成了"假枯心"。

2. 稻黑条矮缩病 稻黑条矮缩病俗称"矮稻"。典型症状表现为病株明显矮缩，叶片短小、僵直，叶色深绿，新抽出的叶片扭曲皱缩。发病初期叶背的叶脉和茎秆上有蜡泪状白色突起，后变成黑褐色的短条瘤状突起，不抽穗或穗小，结实不良。不同生育期的水稻染病后症状有所不同。苗期发病，心叶生长缓慢，叶片短宽、僵直、浓绿，背面叶脉有不规则蜡白色瘤状突起，后变黑褐色。根短小，植株矮小，不抽穗，常提早枯死。分蘖期发病，新生分蘖先显症，主茎和早期分蘖尚能抽出短小病穗，但病穗缩藏于叶鞘内。拔节期发病，剑叶短阔，穗颈短缩，结实率低。

观察稻黑条矮缩病病株，并与正常稻株比较，注意其叶枕距是否缩短、植株是否矮小，叶背有无蜡白条。

3. 南方水稻黑条矮缩病 南方水稻黑条矮缩病典型症状表现为严重矮缩，叶色深绿，上部叶的叶面可见凹凸不平的皱折。病株地上数节节部有倒生根及高节位分枝；病茎秆表面纵排多列1～2mm蜡白色短条斑，手摸有明显粗糙感，后期蜡白条变为黑褐色。分蘖期染病后，抽穗困难或抽包颈穗，穗小畸形，结实少。南方水稻黑条矮缩病表现的倒生根和高节位分枝是其与水稻黑条矮缩病的主要区别。

观察南方水稻黑条矮缩病病株，注意病株节部有无倒生根和高节位分枝，病茎秆有无纵排的蜡白色短条斑。

（二）病原识别

稻条纹叶枯病由属于纤细病毒属的水稻条纹病毒（*Rice stripe virus*，RSV）引起，病毒粒体为分枝丝状体，病叶和带毒虫体内的病毒可保持侵染性8个月。病毒主要由灰飞虱传播。灰飞虱在病株上吸食一般需30min后才能传毒，循回期4～23d，一般为10～15d。一旦获毒可终身带毒并经卵传毒。病毒侵染禾本科的水稻、小麦、大麦、燕麦、玉米、谷子、黍等50多种植物及杂草。

稻黑条矮缩病由水稻黑条矮缩病毒（*Rice black-streaked dwarf virus*，RBSDV）引起，属呼肠孤病毒科（Reoviridae）斐济病毒属（*Fijivirus*）成员。病毒粒体为等径对称的球状多面体，大小75～80nm。病毒传播以灰飞虱传毒为主。灰飞虱获毒后，终身带毒，但不经卵传毒。病毒在灰飞虱体内循回期为8～35d。稻黑条矮缩病毒危害禾本科的水稻、大麦、小麦、玉米、高粱、谷子、稗草、看麦娘和狗尾草等20多种寄主。

南方水稻黑条矮缩病的病原为南方水稻黑条矮缩病毒（*Southern rice black-streaked dwarf virus*，SRBSDV），是呼肠孤病毒科斐济病毒属第二组的一个新种，可侵染水稻、玉米、薏米、稗草、水莎草等植物。其传毒介体主要是白背飞虱。白背飞虱获毒后可终身带毒，但不经卵传毒。

五、稻白叶枯病和稻细菌性条斑病识别

（一）症状识别

稻白叶枯病多在分蘖期后发生，主要危害叶片。其症状因水稻品种、发病时期及侵染部

位不同而异。先在叶尖或叶缘产生黄绿色或暗绿色斑点，然后沿叶缘或中脉上下扩展，形成条斑，病组织枯死后呈灰白色，此为最常见的叶枯型症状。在多肥、植株嫩绿、天气阴雨闷热及品种极易感病的情况下，发病后全叶迅速失水卷曲，呈暗绿色似开水烫伤的青枯状，为急性型症状，此类症状出现，表示病害正在急剧发展。在南方稻区，一些感病品种在菌量大或根茎部受伤情况下可出现凋萎型症状。高湿时各种症状的病部表面常会溢出露珠状的黄色脓胶团（称菌脓），干燥后结成鱼子状小胶粒，易脱落。

观察稻白叶枯病叶枯型症状，注意其与生理性枯黄的区别。除依据症状特点外，还可用以下方法进行鉴别。切取病健交界处组织一小块，放在载玻片的水滴中，加载玻片夹紧1min，用肉眼透光观察；或盖上盖玻片，在低倍镜暗视野下观察，如见混浊的烟雾状物从病组织中溢出，为白叶枯病，生理性枯黄无此现象。或取病叶剪去两端，将下端插于洗干净的湿沙中，保湿6～12h，如果叶片上部剪断面有黄色菌脓溢出，则为白叶枯病，生理性枯黄只有清亮小水珠溢出。凋萎型（又称枯心型）症状很像螟虫造成的枯心苗，但其茎部无虫伤孔，折断病株的茎基部并用手挤压，则可见到大量黄色菌脓溢出。

稻细菌性条斑病在水稻整个生育期的叶片上都可发生。病斑初呈暗绿色水渍状半透明条斑，后迅速在叶脉间扩展变为黄褐色的细条斑，其上分泌出许多蜜黄色菌脓，排列成行。发病后期，病叶成片枯黄，似火烧状。与白叶枯病的主要不同点是：稻细菌性条斑病菌多从气孔侵入，病斑可在叶片任何部位发生；病斑为短而细的窄条斑，对光观察呈半透明、水渍状；病斑上菌脓多、颗粒小、色深，干燥后不易脱落。

比较稻白叶枯病与稻细菌性条斑病叶片上的症状，注意两者病斑及菌脓在形状、色泽等方面的差异，并对光观察哪种病斑半透明。

（二）病原识别

稻白叶枯病病原物为变形菌门黄单胞菌属的稻黄单胞杆菌稻白叶枯病致病变种［*Xanthomonas oryzae* pv. *oryzae*（Ishiyama）Swings］。菌体短杆状，两端钝圆，极生鞭毛1根。在肉汁琼脂培养基上菌落呈蜜黄色，有光泽，中央隆起，边缘整齐，表面光滑。稻细菌性条斑病病原物为变形菌门黄单胞菌属的稻生黄单胞杆菌稻细条斑致病变种［*Xanthomonas oryzae* pv. *oryzicola*（Fang et al）Swings］，菌体略小于白叶枯病菌菌体。

取已制病原玻片在显微镜下观察菌体形态或观察多媒体课件中的菌体及菌落形态。

六、水稻其他病害识别

（一）稻恶苗病

稻恶苗病由半知菌类镰孢属的串珠镰孢菌（*Fusarium moniliforme* Sheld）引起。从苗期至抽穗期均可发生。病苗通常表现徒长，比健苗高1/3左右，植株细弱，叶片、叶鞘狭长，呈淡黄绿色，根部发育不良。本田期一般在移栽后15～30d出现症状，症状除与病苗相似以外，还表现分蘖少或不分蘖，节间显著伸长，病株地表上的几个茎节上长出倒生的不定根，以后茎秆逐渐腐烂，叶片自上而下干枯，多在孕穗期枯死。在枯死植株的叶鞘和茎秆上生有淡红色或白色粉霉。抽穗期谷粒也可受害，严重的变为褐色。

观察稻恶苗病标本，注意苗期和成株期的症状特点，病苗是否比健苗高、黄、瘦，病株茎节处有无不定根，病部有无淡红色或白色霉层。挑取少量霉层制片观察分生孢子形态。

（二）稻干尖线虫病

稻干尖线虫病病原物为贝西滑刃线虫（*Aphelenchoides besseyi* Christie），滑刃目滑刃线虫属成员。主要危害叶片和稻穗，幼苗 4～5 叶时出现干尖。孕穗期后表现最明显，多在剑叶或其以下 2～3 叶叶尖 1～8cm 处呈淡黄色或黄褐色的半透明状，以后扭曲成灰白色干尖。病健交界处有 1 条褐色界纹。病株一般能正常抽穗，但生长衰弱、矮小，上部叶片短窄，穗短，粒少，秕谷多，千粒重下降。有的病株不显症，但稻穗带有线虫。

观察稻干尖线虫病标本，注意病叶尖端是否扭曲，呈何颜色，有无褐色线纹。

（三）稻粒黑粉病

稻粒黑粉病由担子菌门腥黑粉菌属的狼尾草腥黑粉菌（*Tilletia barclayana*）引起，病粒色暗，成熟时内外颖开裂，散出大量黑粉（冬孢子），并常有白色舌状的米粒残余从裂缝中突出，其上也粘有黑粉。有些病粒呈暗绿色，不开裂，似青秕谷，但手捏有松软感，内部充满黑粉。

（四）稻细菌性基腐病

稻细菌性基腐病由变形菌门欧文氏菌属菊欧文氏菌玉米致病变种［*Erwinia chrysanthemi* pv. *zeae*（Sabet）Victria，Arboleda et Munoz］引起，一般在水稻分蘖期开始发生。病株基部近土表叶鞘上出现水渍状、淡褐色、梭形或长椭圆形的病斑，并逐渐扩大延长。剥去叶鞘，可见茎基部及根节部变成褐至黑褐色。叶片由下而上褪绿直至枯黄。重病株心叶青卷，根系发黑，极易拔断，有恶臭，挤压时有乳白色菌脓溢出，病株基部茎节上有倒生根，最后全株枯死。轻病株能延续至中、后期，形成枯孕穗或枯白穗。

（五）稻叶鞘腐败病

稻叶鞘腐败病由半知菌类稻帚枝霉（*Sarocladium oryzae* Sawada）引起，孕穗后期发生，在剑叶鞘上初为黑褐色小斑，后扩大呈虎皮状不规则大斑块，周围黄褐色，中间色较淡。叶鞘内侧生有淡红色或白色霉状物，穗枯死而成“包颈穗”。

观察稻粒黑粉病、稻细菌性基腐病、稻叶鞘腐败病等水稻病害的症状。

练　习

1. 列表比较水稻主要病害的症状特点。

2. 绘制稻瘟病菌分生孢子梗和分生孢子、稻纹枯病菌菌丝、稻恶苗病菌分生孢子、稻曲病菌厚垣孢子图。

思考题

1. 叶稻瘟有哪几种类型的症状？如何区别稻瘟病与稻胡麻斑病？

2. 潮湿时，稻纹枯病病部产生哪些病征？

3. 水稻条纹叶枯病的症状特点如何？水稻黑条矮缩病和南方水稻黑条矮缩病的症状有何区别？

4. 如何诊断稻白叶枯病？其与稻细菌性条斑病有何区别？

5. 简述稻恶苗病和稻干尖线虫病的症状特点。

任务2　水稻害虫识别

【材料及用具】稻螟虫、稻纵卷叶螟、稻飞虱、稻叶蝉、稻蝗、稻苞虫、稻象甲等水稻害虫的新鲜标本、干制或浸渍标本，危害状及生活史标本；体视显微镜、放大镜、镊子、挑针、载玻片等用具；多媒体教学设备及课件、挂图等。

【内容及操作步骤】

一、稻螟虫识别

（一）危害状识别

我国水稻螟虫主要有三化螟［*Tryporyza incertulas*（Walker）］、二化螟［*Chilo suppressalis*（Walker）］和大螟［*Sesamia inferens* Walker］，均属鳞翅目。大螟属夜蛾科，其他两种属螟蛾科。

3种螟虫均以幼虫钻蛀稻株。水稻分蘖期被蛀害，形成枯心苗；孕穗至抽穗期被蛀害，形成枯孕穗、白穗；灌浆后形成虫伤株，严重影响产量。被害株成团出现。此外，二化螟和大螟还能蛀食叶鞘，形成枯鞘。三化螟造成的枯心苗早期叶鞘不枯黄，易拔起，断处有虫咬痕迹且平齐；造成的白穗剑叶鞘也不枯黄，断口平齐，茎外无虫粪，剥开穗茎，茎内虫屑、虫粪较少，且青白干爽。二化螟造成的枯心苗和白穗断口不齐平，茎内外都有虫粪，且粪粒较细而多，新鲜粪粒黄色、湿润。大螟所造成的危害状与二化螟相仿，但蛀孔大，虫粪多而稀。

三化螟是单食性害虫，一般只危害水稻。二化螟和大螟除危害水稻外，还危害茭白、玉米、高粱、甘蔗、芦苇以及稗草、李氏禾等杂草；未发育成熟的越冬幼虫冬后还会转到小麦、大（元）麦、油菜、蚕豆和紫云英等作物的茎中取食危害。

（二）形态识别

3种稻螟虫的形态特征见表1-3-1和图1-3-4、图1-3-5、图1-3-6。

表1-3-1　3种稻螟虫的形态特征

（农业部人事劳动司等.2004.农作物植保员）

虫态	三化螟	二化螟	大螟
成虫	体长约12mm。雌蛾黄白色，前翅近三角形，中央有一黑点，腹末端有棕黄色绒毛；雄蛾灰褐色，体型比雌蛾稍小，前翅中央有一小黑点，从顶角至后缘有1条暗褐色斜纹，外缘有7个小黑点	体型比三化螟稍大，体长10～15mm。淡灰色，前翅近长方形，中央无黑点，外缘具有7个小黑点，排成1列。雌蛾腹部纺锤形，雄蛾腹部细圆筒形	体型比二化螟肥大，雌蛾体长15mm，雄蛾体长10～13mm。灰褐色，前翅近长方形，翅中部有一明显暗褐色带，其上、下方各有2个黑点。排列成不规则的四方形，后翅银白色
卵	卵扁平椭圆形，分层排列成椭圆形卵块，上覆盖有棕黄色绒毛，似半粒发霉的黄豆	卵扁平椭圆形，呈鱼鳞状单层排列。卵块长椭圆形，表面有胶质	卵扁球形，卵粒常2～3行排列呈带状

（续）

虫态	三化螟	二化螟	大螟
幼虫	体淡黄绿色，背面只有1条半透明背线。腹足不发达，趾钩排列为扁椭圆形，单序全环。成熟时体长21mm左右	体淡褐色，背面有5条紫褐色纵纹，腹足较发达，趾钩排列呈圆形，外侧单序，内侧三序，一般全环。成熟时体长20～30mm	体粗壮，头红褐色，胴部背面紫红色，腹足发达，趾钩1行单序半环形。体长30mm左右
蛹	瘦长，长约13mm，黄白色，后足伸出翅芽外，雄蛹伸出较长	圆筒形，黄褐色，长11～17mm，腹背5条紫色纵纹，隐约可见。左右翅芽不相接，后足不伸出翅芽端部	肥壮，体长13～18mm，长圆筒形，淡黄至褐色，头胸部有白粉状分泌物。左右翅芽有一段相接，后足不伸出翅芽端部。腹部末端有明显的棘状突起4个

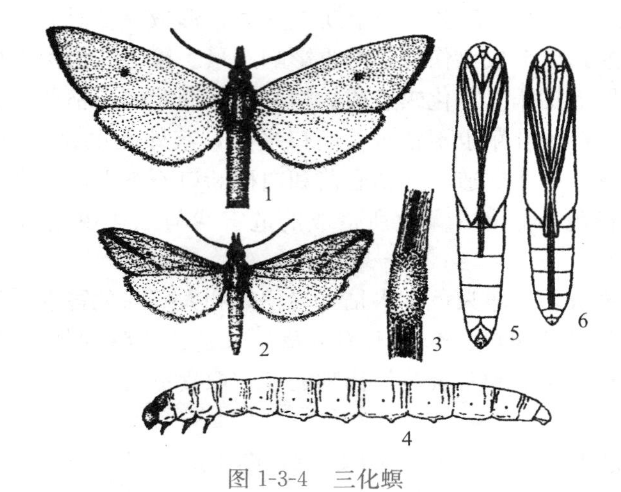

图 1-3-4　三化螟

1. 雌成虫　2. 雄成虫　3. 卵块　4. 幼虫　5. 雌蛹　6. 雄蛹

（叶恭银．2006. 植物保护学）

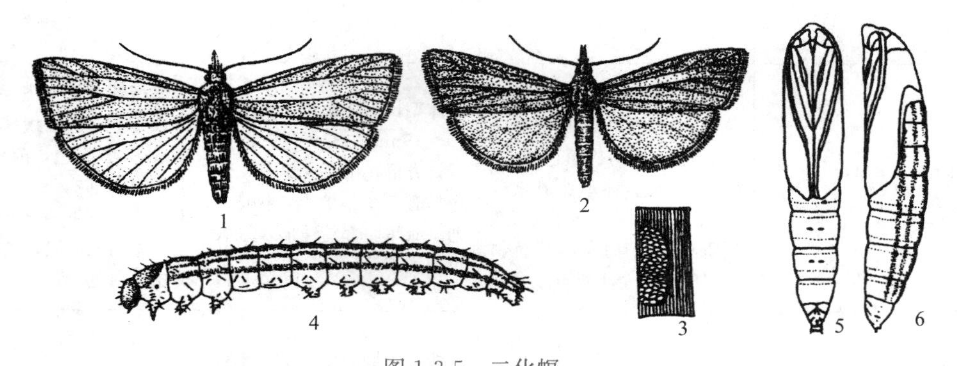

图 1-3-5　二化螟

1. 雌成虫　2. 雄成虫　3. 卵块　4. 幼虫　5. 雄蛹腹面观　6. 雄蛹侧面观

（丁锦华等．2002. 农业昆虫学：南方本）

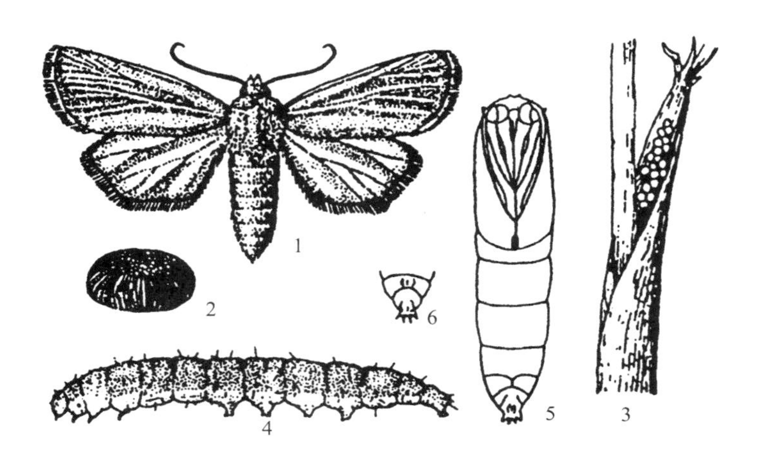

图 1-3-6　大　螟

1. 成虫　2. 卵　3. 产在叶鞘内的卵　4. 幼虫　5. 雌蛹　6. 雄蛹腹部末端

（袁锋. 2001. 农业昆虫学）

观察稻螟（三化螟、二化螟、大螟）成虫体形、前翅形态特征，幼虫的体形、体色、体线的特征，蛹的体形及翅、足放置特点，卵块的排列情况，有无覆盖物；并比较其危害状，注意异同点。

二、稻飞虱和稻叶蝉识别

（一）危害状识别

稻飞虱是危害水稻的飞虱科害虫的统称，其中对水稻危害较大的主要是褐飞虱［*Nilaparvata lugens*（Stal）］、白背飞虱［*Sogatella furcifera*（Horvath）］和灰飞虱［*Laodelphax striatellus*（Fallén）］3 种。褐飞虱是单食性害虫，白背飞虱和灰飞虱的寄主种类较多，除水稻外，还有小麦、玉米等。

3 种稻飞虱均以成虫、若虫群集稻丛基部，刺吸水稻汁液，产卵时刺伤稻株茎叶组织，形成大量伤口，加速稻株水分蒸腾。水稻被害后，生长受抑，下部叶片枯黄，千粒重下降；严重受害时，引起稻株下部变黑，稻田内出现成团成片的死秆瘫倒，俗称“冒穿”或“透顶”，导致严重减产或失收。稻飞虱还会传播和诱发水稻病害，其取食及产卵时，造成大量伤口，有利于稻纹枯病、菌核病的侵染危害，加重这些病害的发生。褐飞虱和灰飞虱都能传播病毒病。灰飞虱能传播水稻条纹叶枯病、水稻黑条矮缩病、小麦丛矮病、玉米粗缩病等，其传毒所造成的损失远大于直接吸食的危害。

黑尾叶蝉［*Nephotettix cincticeps*（Uhler）］属同翅目叶蝉科。以成虫、若虫群集稻丛基部刺吸汁液，造成许多褐色斑点，影响水稻生长。受害严重时稻苗枯死，后期基部发黑，甚至倒伏。除刺吸危害外，还能传播多种水稻病毒病。

（二）形态识别

稻飞虱雌雄成虫有长翅型和短翅型之分，其主要形态特征见表1-3-2和图 1-3-7、图 1-3-8。

黑尾叶蝉成虫体长 4.5～6.0mm，黄绿色，头顶部近前缘有 1 条黑色横带纹。前翅端部 1/3 处雄虫黑色、雌虫淡黄褐色；胸部腹面雄虫黑色，雌虫淡黄色。卵长椭圆形，中间微弯曲。初产时卵乳白色半透明，后转为淡黄色至灰黄色，接近孵化时，眼点变为红褐色。若虫共 5 龄，头大尾尖，呈锥形，黄白色至黄绿色，三龄以前虫体两侧褐色，三龄后褪去，雄虫腹背渐变黑色，雌虫淡褐色。

观察稻飞虱的危害状，尤其是其大发生时危害状；观察 3 种稻飞虱（褐飞虱、白背飞虱、灰飞虱）成、若虫的体形、体色等及卵的主要特征，注意比较其形态上的差异；观察黑尾叶蝉成、若虫的体形、体色等特征，比较叶蝉与飞虱成、若虫形态的区别。

表 1-3-2　3 种稻飞虱的形态特征

（蔡银杰．2006．植物保护学）

虫态		特征	褐飞虱	白背飞虱	灰飞虱
成虫		体长（mm）	雄虫：4.0 雌虫：4.5～5.0 短翅雌虫：3.8	雄虫：3.8 雌虫：4.5 短翅雌虫：3.5	雄虫：3.5 雌虫：4.0 短翅雌虫：2.6
		体色	褐色、茶褐色或黑褐色	雄虫灰黑色；雌虫和短翅雌虫灰黄色	雄虫灰黑色；雌虫黄褐或黄色；短翅雌虫淡黄色
		主要特征	头顶较宽，褐色，小盾片褐色，有 3 条隆起线，翅浅褐色	头顶突出，小盾片两侧黑色，雄虫小盾片中间淡黄色，翅末端茶色；雌虫小盾片中间姜黄色	雄虫小盾片黑色，雌虫小盾片淡黄色或土黄色，两侧有半月形的褐色或黑褐色斑
卵		卵形	香蕉形	尖辣椒形	茄子形
		卵块主要特征	10～20 粒，呈行排列，前部单行，后部挤成双行，卵帽稍露出	5～10 粒，前后呈单行排列，卵帽不露出	2～5 粒，前部单行，后部挤成双行，卵帽稍露出
若虫	一至二龄	体色	灰褐色	一龄浅蓝色 二龄灰白色	乳黄、橙黄色
		主要特征	腹面有一明显的乳白色字 T 形纹，二龄时腹背三、四节两侧各有 1 对乳白色斑纹	腹部各节分界明显，二龄若虫体背现不规则的云斑纹	胸部中间有 1 条浅色的纵带
	三至五龄	体色	黄褐色	石灰色	乳白、淡黄等色
		主要特征	腹背第三、四节白色斑纹扩大，第五至七节各有几个“山”字形浓色斑纹，翅芽明显	胸、腹部背面有云纹状的斑纹，腹末较尖，翅芽明显	胸部中间的纵带变成乳黄色，两侧显褐色花纹，第三、四腹节背面有“八”字形淡色纹，腹末较钝圆，翅芽明显

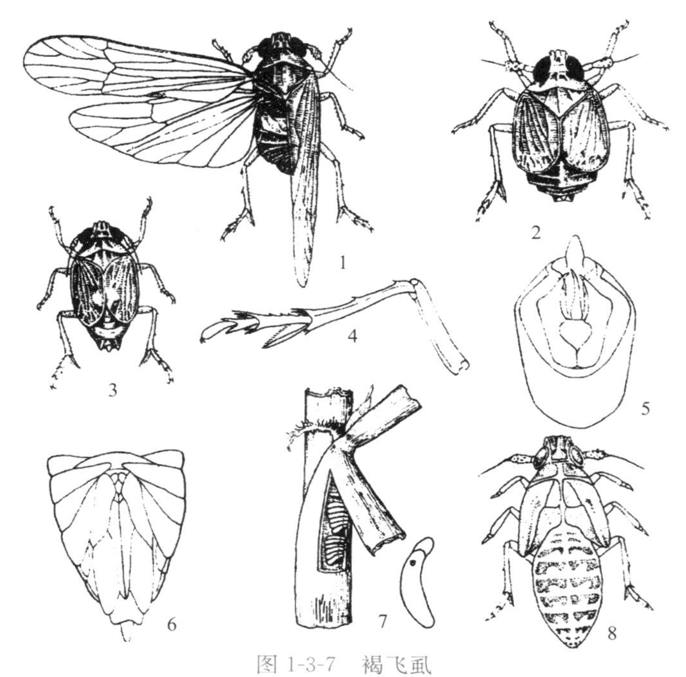

图 1-3-7　褐飞虱

1. 长翅型成虫　2. 短翅型雌成虫　3. 短翅型雄成虫　4. 后足放大　5. 雄性外生殖器
6. 雌性外生殖器　7. 水稻叶鞘内的卵块及卵的放大　8. 五龄若虫
（丁锦华等 . 2002. 农业昆虫学：南方本）

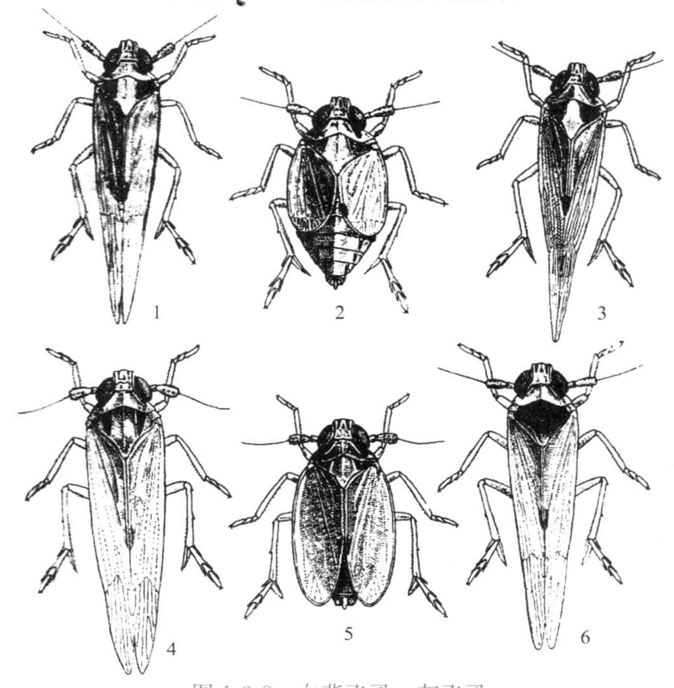

图 1-3-8　白背飞虱、灰飞虱

白背飞虱：1. 长翅型雌虫　2. 短翅型雌虫　3. 长翅型雄虫
灰飞虱：4. 长翅型雌虫　5. 短翅型雌虫　6. 长翅型雄虫
（袁锋 . 2001. 农业昆虫学）

三、稻纵卷叶螟识别

（一）危害状识别

稻纵卷叶螟（*Cnaphalocrocis medinalis* Guenée）属鳞翅目螟蛾科，其以幼虫吐丝将稻叶纵缀成苞，在苞内取食上表皮和叶肉，仅留白色下表皮。大发生时，田间虫苞累累，白叶满田，严重影响水稻的生长发育和产量。

（二）形态识别

1. 成虫　黄褐色，体长8～9mm，翅展约18mm。前翅近三角形，外缘有暗褐色带，有黑褐色的内横线和外横线，两线之间有1条接于前缘的黑褐色短横线，雄蛾在此短横线的近前缘有1丛暗褐色毛。后翅内横线短，外横线达后缘，外缘暗褐色带与前翅相同。休息时，雄蛾尾部常向上翘起，雌蛾则尾部平直。

2. 卵　椭圆形，扁平。初产时白色，后变淡黄色，即将孵化时可见黑点。

3. 幼虫　成熟幼虫体长14～19mm，一般有五龄，少数六龄。体色由淡黄绿色到黄绿色，将老熟时变为橘红色。一龄头部黑色，体细，长1～2mm。二龄以后，头部由黄褐色到褐色，前胸背板上褐色纹和中、后胸背面的毛片渐渐清晰可见。到四龄时，前胸背板褐色纹和中、后胸背面毛片周围的黑色纹色最深。

4. 蛹　长7～10mm，长圆筒形，末端较尖细。初为淡黄色，渐变为黄褐色至金黄色。臀棘明显突出，上有8根钩刺。蛹外常裹有白色的薄茧（图1-3-9）。

观察稻纵卷叶螟成虫前、后翅的特征，幼虫前胸背板的特征及危害状特点等。

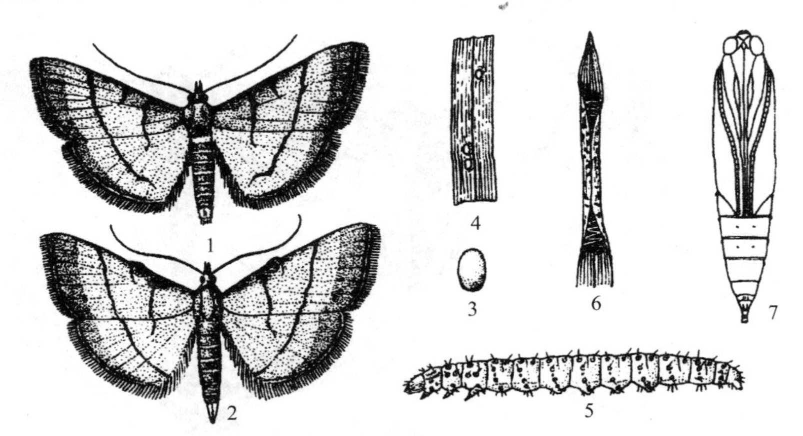

图1-3-9　稻纵卷叶螟

1. 雌成虫　2. 雄成虫　3. 卵　4. 稻叶上的卵　5. 幼虫　6. 稻叶被害状　7. 蛹

（丁锦华等. 2002. 农业昆虫学：南方本）

四、水稻其他害虫识别

（一）中华稻蝗

中华稻蝗［*Oxya chinensis*（Thunb.）］属直翅目蝗科。成、若虫均能取食水稻叶片，造成缺刻，并可咬断稻穗，影响产量。

成虫体长30～44mm，雌大雄小，黄绿色或黄褐色，有光泽，头部两侧在复眼后各有黑褐色纵带 1 条，直至前胸背板后缘。卵粒集合成块，外有短茄形胶囊包裹。卵粒斜列囊中，成两纵行。若虫称蝗蝻，体形似成虫，体绿色至黄褐色。二龄起头两侧纵纹开始明显，三龄翅芽明显。

观察中华稻蝗成、若虫的形态及危害状。

（二）稻象甲

稻象甲（*Echinonemus squameus* Billberg）属鞘翅目象甲科。成虫咬食稻苗茎叶，被害心叶抽出后，轻则出现一列横排小孔，重则稻叶折断，飘浮水面。幼虫危害稻株幼嫩须根，造成生长不良，叶尖发黄，严重时可影响抽穗或形成秕粒，而且还会诱发水稻细菌性基腐病和小球菌核病的发生。

成虫体长约 5mm（不包括喙管），体灰褐色。头部延伸成稍向下弯的喙管，状如象鼻。两鞘翅表面各有 10 条纵沟，其后部 1/3 处近中缝第二、三纵条之间有一长方形的白色小斑。成长幼虫体长约 9mm；无足型，稍向腹面弯曲，肥壮多皱纹；头部褐色，胸、腹部乳白色。

观察稻象甲各虫态的形态特征，并注意其成虫、幼虫危害状的不同。

（三）稻苞虫

稻苞虫（直纹稻弄蝶）［*Parnara guttata*（Bremer et Grey）］属鳞翅目弄蝶科。幼虫吐丝缀稻叶数片成苞，取食虫苞外部的叶片。分蘖期被害，株矮穗短；孕穗期被害，则影响抽穗。

成虫体长 17～19mm，翅展 35～42mm，黑褐色，前翅有 7～8 个半透明白斑，成半环形排列，后翅有 4 个白斑成“一”字形排列。幼虫共 5 龄，老熟幼虫体长 30～40mm，绿色，体形两端较小，中间粗大，呈纺锤形；头正面中央有 W 形淡黑褐色纹；老熟时在第四至七腹节两侧有白色分泌物。

观察稻苞虫成虫前、后翅的白斑数目和排列情况，幼虫体色、体形及头部斑纹，结苞危害特征等。

（四）稻蓟马

稻蓟马（*Thrips oryzae* Williams）属缨翅目蓟马科。主要在水稻苗期和分蘖期危害，以成虫和一至二龄若虫刮破叶片表皮，吸食汁液，开始出现苍白色斑痕，后叶尖失水纵卷。受害重时，叶片枯焦，穗期侵入颖壳，形成秕粒。

成虫体长 1.0～1.3mm，黑褐色，初羽化时黄褐色；前翅淡褐色，上脉鬃不连续，基鬃 5～7 根，端鬃 3 根，下脉鬃 11～13 根，腹部末端圆锥形，产卵器锯齿状。若虫共 4 龄，一至二龄体乳白色至淡黄绿色，体长 0.4～1.0mm，三龄长出翅芽，触角在头前方向两边分开。四龄（伪蛹）翅芽伸达第五至七腹节，触角折向头后而覆于背面。

观察稻蓟马的形态特征及危害状。

（五）稻黑蝽

稻黑蝽［*Scotinophara lurida*（Burmeister）］属半翅目蝽科。成虫、若虫刺吸稻株汁液，高龄若虫和成虫能危害稻穗，造成秕粒和白穗。

成虫体长 6.5～8.5mm，体椭圆形，黑色，体表面粗糙，密布小刻点，常沾有薄层泥土；复眼向两侧突出，黑色。前胸背板前缘角明显突出成刺；小盾片舌形，长几达腹末；前翅膜质部淡褐色。若虫共 5 龄，一龄体长约 1mm，近圆形，红褐色；五龄体长 7.5～8.5mm，淡褐色，翅芽黑色。

观察稻黑蝽的形态特征及危害状。

练　习

1. 绘制三化螟、二化螟、大螟、稻纵卷叶螟前翅形态图，并注明雌、雄。
2. 绘制褐飞虱、白背飞虱、灰飞虱头胸部背面图，并注明颜色、特征。

思考题

1. 三化螟、二化螟和大螟在危害状上有何异同点？
2. 稻纵卷叶螟和稻苞虫的危害状有何异同？
3. 如何区分褐飞虱、白背飞虱、灰飞虱的成虫与若虫？
4. 稻象甲的危害状有何特点？

拓展知识

水稻病虫害的发生和危害

水稻病害种类很多，全世界有100余种，我国正式记载的达70余种，其中危害较大的有20多种，如稻瘟病、稻纹枯病、稻曲病、稻条纹叶枯病、稻黑条矮缩病、南方水稻黑条矮缩病、稻白叶枯病、稻细菌性条斑病、稻细菌性基腐病、稻恶苗病、稻干尖线虫病、稻粒黑粉病及杂交稻后期叶部病害（叶尖枯病、云形病）等。纹枯病是水稻常发性的重要病害，在全国大部稻区发生偏重；稻瘟病在西南、华南、江南、长江中游和东北大部的常发区发生较为普遍，流行风险较大；稻曲病在长江中游及江南部分稻区单季稻上发生较重，近年在全国稻区有加重趋势。2009年南方水稻黑条矮缩病在越南北部及我国华南和长江中游稻区多个省份发生，并局部造成稻谷损失；2010年该病在我国呈加重发生趋势，海南、广西、广东、江西、湖南、福建、贵州等多个省份均有发生，在全国水稻上的危害面积超过133万 hm^2。近年华南、江南和西南部分稻区的南方水稻黑条矮缩病，江淮、长江下游稻区的水稻条纹叶枯病、水稻黑条矮缩病等水稻病毒病仍有潜在流行的风险。稻恶苗病近几年回升态势明显（尤其在淮南稻区）；稻白叶枯病、稻细菌性条斑病、稻细菌性基腐病、稻赤枯病等其他病害在部分稻区有一定程度的发生。

国内已有记载的水稻害虫在250种以上，常见的有30多种。水稻生长过程中每一阶段均会遭受不同种类害虫的危害。如食害稻种的有稻水蝇和稻摇蚊；危害根的有稻根叶甲、稻象甲；钻蛀茎秆的有稻螟（二化螟、三化螟、大螟）、稻秆蝇、稻瘿蚊等；刺吸茎叶的有稻飞虱（褐飞虱、白背飞虱、灰飞虱）、稻叶蝉（黑尾叶蝉、白翅叶蝉）等；锉吸叶片的有稻蓟马等；食害叶片的有稻纵卷叶螟、稻螟蛉、稻苞虫、稻负泥虫、稻蝗、黏虫等；在穗部刺吸危害的有稻黑蝽、稻褐蝽等。稻飞虱、稻纵卷叶螟等水稻“两迁”害虫在长江流域及以南稻区常年发生，暴发频率上升；二化螟在长江中游、西南中北部、江南西部稻区偏重发生，其他稻区中等发生；三化螟在华南稻区中等发生，其他稻区偏轻发生；大螟在江苏沿海、沿江的水旱混作区发生较重，近年发生范围和程度均在加重，扩展到苏南、沿淮等地，局部地区已成为螟虫中优势种群聚集地。稻蓟马、稻蝗、稻黑蝽、稻苞虫、稻螟蛉、黑尾叶蝉等其他害虫在部分稻区也有一定程度发生。

考核评价

从识别水稻病虫的准确程度，室内镜检操作的规范熟练程度，实验报告完成情况及学习态度等几方面（表1-3-3）对学生进行考核评价。

表1-3-3　水稻病虫害识别考核评价

序号	考核项目	考核内容	考核标准	考核方式	分值
1	水稻病害识别	水稻病害症状观察识别	能仔细观察、准确描述水稻主要病害的症状特点，并能初步诊断其病原类型	现场识别考核	20
		水稻病害病原物室内镜检	对田间采集（或实验室提供）的水稻病害标本，能够熟练地制作病原临时玻片，在显微镜下观察病原物形态，并能准确鉴定	现场操作考核	20
2	水稻害虫识别	水稻害虫形态及危害状观察识别	能仔细观察、准确描述水稻主要害虫的形态识别要点及危害状特点，并能指出其所属目和科的名称	现场识别考核	30
3	实验报告		报告完成认真、规范，内容真实；绘制的病原物和害虫形态特征典型，标注正确	评阅考核	20
4	学习态度		对老师提前布置的任务准备充分，发言积极，观察认真；遵纪守时，爱护公物	学生自评、小组互评和教师评价相结合	10

子项目四　麦类病虫害识别

【学习目标】识别小麦主要病害的症状及其病原物形态和主要害虫的形态特征及危害状。

任务1　小麦病害识别

【材料及用具】小麦赤霉病、小麦纹枯病、小麦白粉病、小麦锈病、小麦梭条花叶病、麦类黑穗病、小麦全蚀病等麦类病害的新鲜标本、干制标本和病原玻片标本；显微镜、镊子、挑针、载玻片、盖玻片等有关用具；多媒体教学设备及课件、挂图等。

【内容及操作步骤】

一、小麦赤霉病识别

（一）症状识别

赤霉病在小麦各生育期均能发生，形成苗腐、基腐、秆腐和穗腐，其中以穗腐发生最为普遍和严重。穗腐一般在扬花后6～10d出现症状，初在个别小穗的基部或颖壳上出现水渍状褐色斑，后逐渐扩展，使整个小穗枯黄，且在小穗间上下蔓延。田间湿度高时，颖壳缝隙处和小穗基部会产生粉红色胶质霉层（分生孢子座及分生孢子），后期病部可出现蓝黑色小颗粒（子囊壳）。受害籽粒皱缩、变小，表面有白色至粉红色霉层。

观察小麦赤霉病病穗，注意其颜色，看病部有无粉红色霉层和蓝黑色颗粒状物产生。

（二）病原识别

病原物有性态为玉蜀黍赤霉［*Gibberella zeae*（Schw.）Petch］属子囊菌门赤霉属，无性态主要为禾谷镰孢（*Fusarium graminearum* Schw.）属半知菌类镰孢属。子囊壳散生或聚生在病组织或其他基物表面，圆形或卵圆形，顶部略突起，有孔口，蓝紫色至紫黑色，壳壁粗糙，壳内有子囊多个。子囊棍棒状，无色，基部稍尖，内含子囊孢子 8 个。子囊孢子无色、透明，呈稍弯曲的纺锤形，多数 3 个分隔，以扭旋状排列于子囊内。

分生孢子产生于分生孢子座的单生的侧生瓶梗或繁复分枝的末端瓶梗上。大型分生孢子镰刀形，顶端钝，基部向一侧突起，3～7 个分隔、多数 5 个分隔，单个孢子无色，聚集时呈粉红色，孢子间有黏胶性物质将其粘连一起，不易分散。通常不产生小型分生孢子（图 1-4-1）。

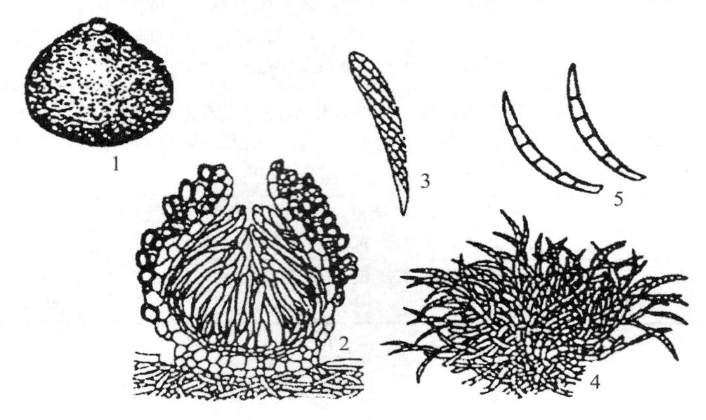

图 1-4-1　小麦赤霉病菌

1. 子囊壳　2. 子囊壳纵剖面　3. 子囊及子囊孢子　4. 分生孢子座及分生孢子　5. 分生孢子

（叶恭银. 2006. 植物保护学）

赤霉病菌寄主范围很广，除危害麦类外，还能侵染多种栽培作物和野生植物，如小麦、玉米、高粱、油菜、白菜、棉花、豆类等作物，并能在其残体上生存。

挑取病穗上少量粉红色霉层制片，观察分生孢子的形状。取已制的子囊壳切片，观察子囊壳形状、颜色以及子囊和子囊孢子的形态特征。

二、小麦白粉病识别

（一）症状识别

白粉病在小麦各生育期均可发生，主要发生在叶片上，严重时叶鞘、茎秆、颖壳及芒也可受害。初在叶片表面产生白色粉状霉点，后逐渐扩大，形成近圆形或长椭圆形的粉状霉斑。严重时互相联合，霉层覆盖叶片的大部或全部，粉状霉层也由白色转变为灰白色至淡褐色，其内散生许多黑色球状小颗粒（闭囊壳）。霉层下的寄主组织，初期通常无明显变化，后期出现褪绿黄斑，严重时叶片逐渐变褐枯死。叶鞘、茎秆上的症状与叶片相似。颖壳受害，往往引起小穗早枯，籽粒不充实或空瘪。

观察小麦白粉病标本，注意危害部位白色粉斑特点及后期淡褐色粉斑中有无黑色颗粒状物产生。

（二）病原识别

病原物有性态为禾布氏白粉菌［*Blumeria graminis*（DC.）Speer］，属子囊菌门布氏白粉菌属。无性态为串珠粉状孢（*Oidium monilioides* Nees），属半知菌类粉孢属。分生孢子梗直立，从菌丝上垂直长出，较短，不分枝，无色，梗基部球形，其顶端产生成串的分生孢子。分生孢子卵圆形、无色、单胞，自顶部向下逐渐成熟脱落。闭囊壳球形，褐色至黑色，外有丝状的附属丝，壳内有子囊 9～30 个。子囊长卵形或茄形，微弯，无色，基部有短柄，内含子囊孢子 8 个或 4 个。子囊孢子椭圆形、无色、单胞，越夏后多数能成熟（图 1-4-2）。

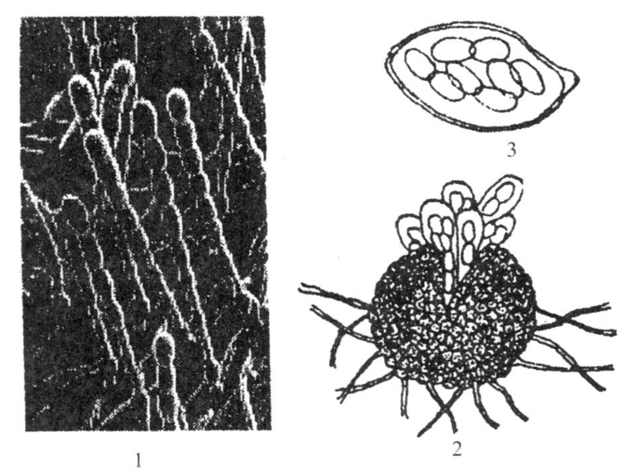

图 1-4-2　小麦白粉病菌
1. 分生孢子和分生孢子梗　2. 闭囊壳　3. 子囊及子囊孢子
（侯明生等．2006. 农业植物病理学）

病菌为专性寄主菌，只能在活的寄主组织上生长发育。菌丝生长在组织表面，以吸器吸取寄主表皮细胞内养分。具有明显的寄主专化性，种下分为若干个专化型，专化型又分为若干个生理小种。

用镊子撕取病叶表皮置载玻片上或挑取病部白色粉状物制片，观察分生孢子梗和分生孢子的形状。挑取病部小黑点制片镜检，观察闭囊壳的形状、颜色；用挑针轻压盖玻片，观察闭囊壳破裂后散出的子囊形态。

三、小麦纹枯病识别

（一）症状识别

小麦不同生育阶段均可受害，主要危害植株基部的叶鞘和茎秆。芽期侵染，胚芽鞘变褐色，严重时幼芽腐烂枯死。苗期侵染，先在叶鞘上出现淡褐色小斑点，后渐蔓及全叶鞘，出现中部灰色、边缘褐色的典型椭圆形病斑，叶片渐呈暗绿色水渍状，后失水枯黄，严重者全株枯死。

拔节后，基部叶鞘上出现椭圆形、水渍状小斑．扩大后形成中部灰色、边缘浅褐色的云纹状斑纹，有时相互连成典型的花秆症状。茎秆受害，先出现浅褐色短条斑，并逐渐扩展成边缘褐色、中央灰色的梭形大斑，病部常纵裂。由于花秆、烂茎，使主茎和大分蘖多不能抽穗，成为“枯孕穗”；有些虽能抽穗，但常不结实，成为“枯白穗”，或结实粒减少、籽粒秕瘦。天气潮湿时，病部表面附生白色蛛丝状稀疏菌丝和褐色小菌核。

观察小麦纹枯病病株，注意其基部叶鞘及茎秆上病斑的形状和颜色，有无菌丝和菌核产生。

（二）病原识别

病原物的无性态主要为禾谷丝核菌（*Rhizoctonia cerealis* Varder Hoeven），属半知菌类丝核菌属。病菌只产生菌丝和菌核。菌丝初期无色，后变黄褐色，分枝处成锐角，分枝基部缢缩，距分枝不远处有一隔膜。菌核扁圆形，表面粗糙，无光泽，内外都为褐色。有性态为禾谷角担菌［*Ceratobasidium graminearum*（Bourd.）Rogers］，属担子菌门角担菌属。

担子棒状，顶端生4个小梗，小梗上着生卵形、无色透明的担孢子。但有性世代不常发生。病菌寄主范围广，除麦类外，还能侵染玉米、小麦、高粱、大豆等作物及多种禾本科杂草。

挑取病部菌丝制片或取已制菌丝玻片镜检观察，注意菌丝的3个重要特征。

四、麦类其他病害识别

（一）小麦病毒病

小麦病毒病种类较多，比较重要的有黄矮病、丛矮病、梭条花叶病和土传花叶病，分别由大麦黄矮病毒（*Barley yellow dwarf virus*，BYDV）、北方禾谷花叶病毒（*Northern cereal mosaic virus*，NCMV）、小麦梭条斑花叶病毒（*Wheat spindle streak mosaic virus*，WSSMV）和小麦土传花叶病毒（*Wheat soil-borne mosaic virus*，WSBMV）引起。小麦黄矮病多危害新叶和上部叶片，从新叶叶尖开始逐渐扩展发黄，有时病部出现与叶平行但不受叶脉限制的黄绿相间的条纹，黄化部分占全叶面积的1/3～1/2，病叶质地光滑。感病植株生长不良，分蘖减少，植株矮化。小麦丛矮病的典型症状是分蘖显著增多，植株矮缩，形成明显的丛矮状，上部叶片有黄绿相间的条纹。冬前显病的植株大部分不能越冬而死亡，轻病株在返青后分蘖继续增多，生长细弱，病株严重矮化，一般不能拔节抽穗而提早枯死。小麦梭条花叶病症状通常始见于小麦返青后陆续长出的新生叶片上，老叶上不表现症状。发病初期新出生的叶片呈现褪绿至坏死的梭形条斑，与绿色组织相间，表现为花叶症状；后期由于病组织扩大，可导致整个叶片发黄，发病严重的植株矮小，分蘖减少。15℃以上逐渐隐症。小麦土传花叶病症状与小麦梭条花叶病相似，病株叶上产生短线状斑驳，花叶至黄色花叶，穗小粒少，但植株矮化不明显。

观察几种常见小麦病毒病的症状，注意其与健株有何区别，植株是否明显矮化，叶上有无黄色条斑。

（二）小麦锈病

小麦锈病包括条锈病、叶锈病和秆锈病，3种锈病菌同属担子菌门柄锈菌属，分别为小麦条锈菌（*Puccinia striiformis*）、小麦叶锈菌（*Puccinia recondita*）和小麦秆锈菌（*Puccinia graminis*）。小麦锈菌是专化性很强的专性寄生菌，每种锈菌均可分化为若干个生理小种。3种锈病的共同特征是：前期产生铁锈色的夏孢子堆，后期产生黑色的冬孢子堆，其症状区别主要表现在孢子堆的分布、大小、形状、颜色和排列方式上。为区别这3种锈病，可形象地描述夏孢子堆为“条锈成行叶锈乱，秆锈是个大红斑”。

条锈病主要危害叶片，也可危害叶鞘、茎秆和穗部。夏孢子堆鲜黄色，最小，狭长至长椭圆形，成株期呈虚线状并与叶脉平行排列，幼苗期以入侵点为中心，呈同心轮状排列。

叶锈病主要危害叶片，有时也可危害叶鞘和茎秆。夏孢子堆橘红色，大小中等，圆形至椭圆形，散生，排列不规则。

秆锈病主要危害茎秆和叶鞘，也可危害叶片和穗部。夏孢子堆深褐色，最大，长椭圆形至长方形，排列散乱，无规则。

观察3种小麦锈病标本，注意夏、冬孢子堆的着生部位、形状大小、色泽特点、排列方式以及表皮破裂等方面的区别。挑取病部孢子堆制片或取已制玻片，观察并比较3种小麦锈菌夏孢子和冬孢子在形状、颜色和大小等方面的区别。

（三）麦类黑穗病

麦类黑穗病主要包括小麦散黑穗病、大麦散黑穗病、小麦腥黑穗病（分为网腥黑穗病和光腥黑穗病）和大麦坚黑穗病，病菌同属担子菌门黑粉菌目，分别为小麦散黑穗病菌（*Ustilago tritici*）、大麦散黑穗病菌（*Ustilago nuda*）、网腥黑穗病菌（*Tilletia caries*）及光腥黑穗病菌（*Tilletia foetida*）和大麦坚黑穗病菌（*Ustilago horder*）。黑穗病症状的共同特点是破坏花器，形成大量黑粉。大麦、小麦散黑穗病病穗外包膜极易破裂，黑粉飞散后仅留穗轴。大麦坚黑穗病病穗外包有1层青灰色坚韧薄膜，其内黑粉常粘胶于一起，不易散开。小麦腥黑穗病病穗内外颖及芒均不受害，仅子房破坏变成菌瘿。当健穗成熟时，病穗一般尚保持灰绿色，颖壳略向外张开，露出病粒（菌瘿），菌瘿内充满黑粉，具鱼腥臭味（三甲胺）。

观察比较几种麦类黑穗病的危害部位、株形变化、穗部破坏程度、黑粉性状等。

（四）小麦全蚀病

小麦全蚀病由子囊菌门顶囊壳属禾顶囊壳小麦变种（*Gaeumannomyces graminis* var. *tritici* J. Walker.）引起。苗期至成株期均可受害，侵染部位限于小麦根部和茎基部第一、二节处，地上部的症状是根及茎基部受害所引起。秋季感病时病株稍矮，分蘖减少，基部叶片发黄，初生根和根茎变成黑色，严重时次生根也局部变黑。病苗一般返青迟缓，至拔节时根部多变成黑色，并在基部第一至二节的叶鞘内侧和茎基表面产生大量灰黑色菌丝层。抽穗后，根系腐烂，病株早枯，形成白穗，茎基叶鞘及内侧的菌丝层增厚呈黑膏药状，湿度大时其上可产生黑色小颗粒，即为病菌的子囊壳。

观察小麦全蚀病的症状，注意有无黑膏药状表现。

（五）小麦胞囊线虫病

我国小麦胞囊线虫病主要由线虫门垫刃目胞囊线虫属燕麦胞囊线虫（*Heterodera avenae* Wollenweber）引起。此线虫主要危害小麦根部，苗期受害，幼苗矮黄、瘦弱，似缺水、缺肥状，不分蘖或分蘖减少，地下部根系大量分叉，产生须根团使根系呈乱麻状；返青拔节期病株生长势弱，明显矮于健株，根部有大量根结；抽穗扬花期，根部可见大量白色亮晶状的胞囊，病株成穗少、穗小粒少，产量低。至成熟期，根上胞囊变成褐色，随病残体或直接遗落于土壤中。

观察小麦胞囊线虫病病株，注意根部的根结和胞囊。

（六）小麦根腐病

小麦根腐病病原物有性态为禾旋孢腔菌［*Cochliobolus sativus*（Ito et Kurib.）Drechsl.］，属子囊菌门旋孢腔菌属，无性态为麦根腐双极蠕孢［*Bipolaris sorokiniana*（Sacc.）Shoem.］，属半知菌类双极蠕孢属。病菌寄主范围很广，能侵染小麦、大麦、燕麦、黑麦等禾本科作物和30余种禾本科杂草。病菌在不同小麦品种上的致病力有差异，存在生理分化现象。

小麦各生育期均能发生小麦根腐病。苗期形成苗枯，成株期形成茎基枯死、叶枯和穗枯。由于小麦受害时期、部位和症状的不同，因此有斑点病、黑胚病、青死病等名称。症状表现常因气候条件不同而不同，在干旱或半干旱地区，多产生根腐型症状，根部产生褐色或黑色病斑，最后腐烂。在潮湿地区，除根腐病症状外还可发生叶斑、茎枯和穗颈枯死等症状。

幼苗受侵，芽鞘和根部变褐甚至腐烂；严重时，幼芽不能出土而枯死。在分蘖期，根颈部产生褐斑，叶鞘发生褐色腐烂，严重时也可引起幼苗死亡。成株期在叶片或叶鞘上，最初产生黑褐色梭形病斑，以后扩大变为椭圆形或不规则形褐斑，中央灰白色至淡褐色，边缘不明显。在空气湿润和多雨期间，病斑上产生黑色霉状物。叶鞘上的病斑还可引起茎节发病。穗部发病，在颖壳上形成褐色不规则形病斑，穗轴及小梗亦变色，在湿度较大时，病斑表面也产生黑色霉状物，有时会发生穗枯或掉穗。被害籽粒在种皮上形成不规则形病斑，尤其以边缘黑褐色、中部浅褐色的长条形或梭形病斑较多见。发生严重时胚部变黑，故有“黑胚病”之称。

观察小麦根腐病病株，注意根部、叶片、穗部的症状表现。

练 习

1. 列表比较小麦主要病害的症状特点。
2. 绘制小麦赤霉病菌（分生孢子和子囊壳、子囊及子囊孢子）和小麦白粉病菌（分生孢子梗及分生孢子和闭囊壳）形态图。

思考题

1. 小麦病毒病主要有哪几种，其症状特点有何不同？
2. 3 种小麦锈病在症状上有何异同点？
3. 简述小麦纹枯病在小麦不同生育阶段的症状特点。
4. 如何识别小麦全蚀病？
5. 简述小麦胞囊线虫病和小麦根腐病的诊断要点。

任务 2　小麦害虫识别

【材料及用具】 麦蚜、小麦吸浆虫、麦叶螨、麦秆蝇、麦叶蜂等小麦害虫的新鲜标本、干制或浸渍标本，危害状及生活史标本；体视显微镜、放大镜、镊子、挑针、载玻片等用具；多媒体教学设备及课件、挂图等。

【内容及操作步骤】

一、麦蚜识别

（一）危害状识别

麦蚜属同翅目蚜科。在我国危害麦类的蚜虫，主要有麦二叉蚜［*Schizaphis graminium*（Rondani）］、麦长管蚜［*Sitobion avenae*（Fabricius）］和禾谷缢管蚜（*Rhopalosiphum padi* Linnaeus）3 种。此外，麦无网长管蚜［*Acyrthosiphon dirhodum*（Walker）］、玉米蚜［*Rhopalosiphum maidis*（Fitch）］等在局部地区或某些年份危害也较重。麦蚜以成、若蚜群集刺吸麦株叶片、茎秆和嫩穗的汁液，影响小麦的正常发育，麦叶被害处出现黄斑，严重时叶片枯黄，植株生长不良甚至枯死。麦穗被害后，籽粒不饱满，显著减产。麦蚜还可传播植物病毒病，在黄淮地区麦二叉蚜是传播小麦黄矮病毒的主要媒介昆虫。

除麦类作物外，麦蚜也危害玉米、高粱、马唐、看麦娘等多种禾本科作物和杂草；在北方，桃、杏、苹果、山楂等蔷薇科果树是禾谷缢管蚜的主要越冬寄主。

（二）形态识别

麦蚜体小而柔软，体长不超过 3mm。触角 6 节，末节自中部开始变细，明显分为基部和鞭部。3 种麦蚜的形态特征区分见表 1-4-1、图 1-4-3。

表 1-4-1　3 种常见麦蚜形态特征的区别

（李云瑞．2002．农业昆虫学）

形态特征	种　　类		
	麦二叉蚜	麦长管蚜	禾谷缢管蚜
无翅胎生蚜成蚜体型、体长（有翅型略小）	椭圆或卵圆形，1.5～1.8mm	椭圆形，1.6～2.1mm	卵圆形，1.4～1.6mm
腹部体色	淡绿色或黄绿色，背面有绿色纵条带	淡绿色至绿色、红色	深绿色，后端有赤色至深紫色横带
腹管	圆筒形，长 0.25mm，淡绿色，端部为暗黑色	长圆筒形，黑褐色，长 0.48mm，端部有网状纹	短圆筒形，长 0.24mm，中部稍粗壮，近端部呈瓶口状缢缩
尾片	长圆锥形，长 0.16mm，毛 7～8 根	长圆锥形，长 0.22mm，毛 6 根	长圆锥形，长 0.1mm，毛 4 根
翅脉	中脉分支 1 次	中脉分支 2 次，分岔大	中脉分支 2 次，分岔小
复眼	漆黑色	鲜红至暗红色	黑色
触角长度	约为体长的 2/3	触角与体等长	约为体长的 2/3
有翅蚜触角第三节	长 0.44mm，有感觉圈 20 个左右	长 0.52mm，有感觉圈 10 个左右	长 0.48mm，有感觉圈 20～23 个

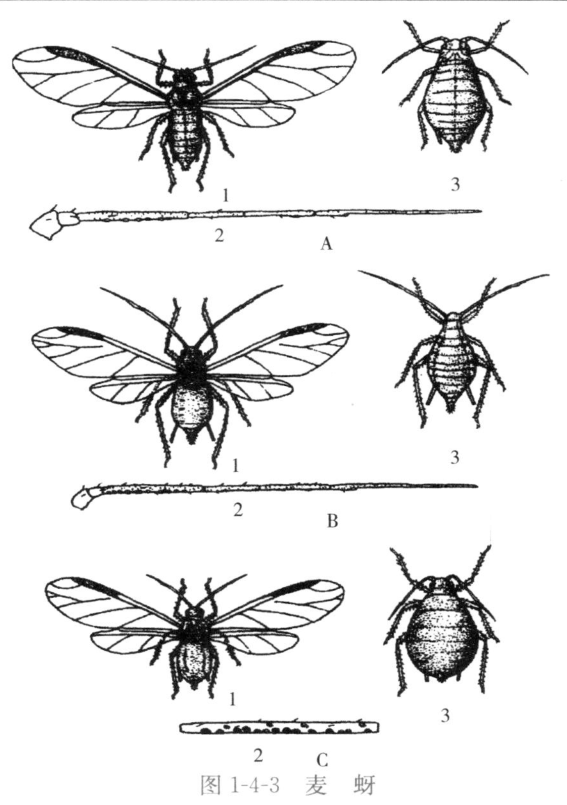

图 1-4-3　麦　蚜

A. 麦二叉蚜：1. 有翅胎生雌蚜　2. 有翅胎生雌蚜触角　3. 无翅胎生雌蚜

B. 麦长管蚜：1. 有翅胎生雌蚜　2. 有翅胎生雌蚜触角　3. 无翅胎生雌蚜

C. 禾谷缢管蚜：1. 有翅胎生雌蚜　2. 有翅胎生雌蚜触角第三节　3. 无翅胎生雌蚜

（丁锦华等．2002．农业昆虫学：南方本）

观察麦蚜在麦苗、麦穗上的危害状，并用体视显微镜观察几种麦蚜有翅胎生雌蚜和无翅胎生雌蚜的形态。

二、小麦吸浆虫识别

（一）危害状识别

危害小麦的吸浆虫主要有麦红吸浆虫（*Sitodiplosis mosellana* Gehin）和麦黄吸浆虫（*Contarina tritici* Kirby）两种，均属双翅目瘿蚊科。幼虫吸食灌浆期麦粒的汁液，受害轻时，颖壳张开，麦粒皱缩；重则麦穗萎缩，麦粒空瘪。其中以麦红吸浆虫发生普遍，危害严重。

（二）形态识别（麦红吸浆虫）

1. 成虫 体长2.0～2.5mm，橘红色，密被细毛。头呈扁圆形，两复眼在上方愈合。触角念珠状、14节，雌虫鞭节各节中部稍收缩，膨大部各有1圈刚毛；雄虫鞭节各节中部收缩明显，膨大部各有1圈刚毛和长的环状毛。足细长，只有1对前翅，后翅退化为平衡棒。

2. 卵 长椭圆形，长0.32mm，约为宽度4倍。微带红色。

3. 幼虫 呈扁纺锤形，橙黄色，体长2～2.5mm，前胸腹部有一Y形剑骨片，腹末有2对突起。

4. 蛹 长约2mm，裸蛹，红褐色，头前方有2根白色短毛和1对长呼吸管（图1-4-4）。

观察小麦吸浆虫危害状，并用放大镜或体视显微镜观察麦红吸浆虫的体色及触角特征。

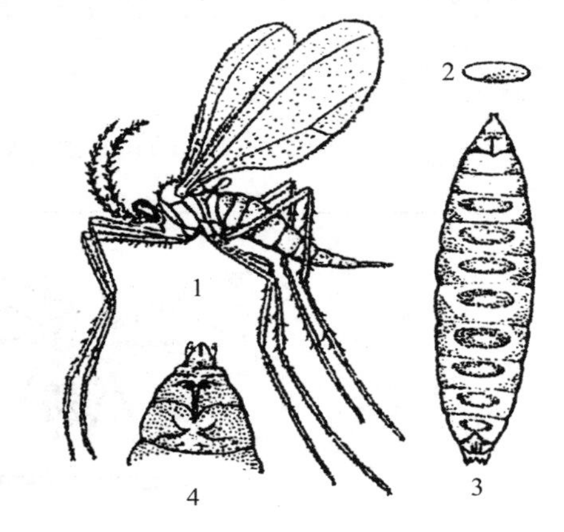

图1-4-4 麦红吸浆虫

1. 成虫 2. 卵 3. 幼虫 4. 幼虫前端（示剑骨片）

（李清西等.2002.植物保护）

三、小麦害螨识别

（一）危害状识别

小麦害螨主要有麦岩螨（麦长腿蜘蛛）[*Petrobia latens*（Muller）]和麦叶爪螨（麦圆蜘蛛）[*Penthaleus major*（Duges）]两种，均属蛛形纲蜱螨亚纲真螨目。前者属叶螨科，后者属叶爪螨科。两种叶螨均以成螨、幼螨、若螨在麦苗期至抽穗期吸食叶片汁液，麦叶被害出现褪绿斑点，严重时斑点成片，使麦苗逐渐枯黄。

（二）形态识别

1. 麦岩螨 成螨卵圆形，前部较宽，后部较狭，大小为0.61mm×0.23mm，红色。肛门在腹面。足4对，橘红色，第一对及第四对特别长。若螨共3龄，一龄（称幼螨）体圆形，足3对，初为鲜红色，取食后呈黑褐色；二、三龄足4对，形似成螨。

2. 麦叶爪螨 成螨椭圆形，大小0.65mm×0.43mm，深红色到黑褐色。肛门在背中央，为红色孔。足4对，红色，第一对最长，第四对次之，第二、三对基本等长。若螨共4龄，一龄（称幼螨）足3对，初为淡红色，取食后呈草绿色，最后变深黑褐色；二龄以后足

4 对，体色、体形似成螨。

观察麦叶螨危害状，比较麦岩螨和麦叶爪螨的标本，注意两者成螨形态上的差异。

四、麦类其他害虫识别

（一）麦秆蝇

麦秆蝇［*Meromyza saltatrix*（Linnaeus）］属双翅目秆蝇科。以幼虫钻蛀麦茎取食幼嫩组织，随幼虫蛀茎时小麦生育期的不同，造成枯心、烂穗、坏穗和白穗 4 种不同的危害状。

成虫体长 3.0～4.5mm，黄绿色，复眼黑色，翅透明，翅脉黄色。胸部背面有 3 条纵纹，中央的纵纹宽而长，其后端宽大于前端宽的 1/2，两侧纵纹各在后端分叉为二。老熟幼虫体长 6.0～6.5mm，蛆形，细长，黄绿或淡黄色，口钩黑色。

观察麦秆蝇成虫、幼虫的形态及危害状。

（二）麦叶蜂

属膜翅目叶蜂科，常见的有小麦叶蜂（*Dolerus tritici* Chu）、大麦叶蜂（*D. hordei* Rohuer）和黄麦叶蜂（*Pachynematus* sp.）等，其中以小麦叶蜂为主。麦叶蜂以幼虫食害叶片，被害叶片呈刀切状缺刻，严重时将叶片吃光，仅留中脉。

小麦叶蜂成虫体长 8.0～9.6mm，黑色。前胸背板及中胸前盾板、翅基片、侧板为赤褐色，后胸背面两侧各有一白斑。幼虫共 5 龄，成长幼虫体长 17.7～18.8mm，圆筒形，头深褐色。胸腹部灰绿色，背面带暗蓝色。各节多横皱，腹足 8 对，侧单眼 1 对。

大麦叶蜂成虫似小麦叶蜂，雌蜂仅中胸前盾板后缘和盾板两叶为赤褐色，其他部分都是黑色；雄蜂全体黑色。

观察小麦叶蜂成虫和幼虫的形态，注意其幼虫与黏虫幼虫的区别。

练　习

1. 绘制麦长管蚜有翅胎生雌蚜和无翅胎生雌蚜图。
2. 调查当地麦类主要病虫害的种类及发生危害情况，撰写 1 份调查报告。

思考题

1. 麦蚜有哪些主要种类？
2. 小麦吸浆虫是怎样危害小麦的？
3. 麦岩螨和麦叶爪螨成螨形态上有何区别？

拓展知识

小麦病虫害的发生和危害

我国小麦常见病虫害有 70 多种，危害严重的病害主要有小麦锈病（条锈病、叶锈病、秆锈病）、白粉病、纹枯病、赤霉病、病毒病（小麦梭条花叶病、黄矮病、丛矮病等）、黑穗病及全蚀病、根腐病、黑颖病、叶枯病等。其中条锈病主要发生在西北、西南、淮北及鄂北等麦区；白粉病除西南、长江麦区严重发生外，黄淮麦区、西北麦区近年危害也较重；纹枯病在江淮流域、黄淮平原的危害逐年上升，已成为小麦上最重要病害之一；赤霉病在长江中下游麦区、淮河以南麦区及东北三江平原发生危害普遍，黄淮灌区有些年份也危害严重。2012 年小麦赤霉病在全国大流行，且重发区域北扩，秆腐和穗腐并重，严重减产与毒素超标并存。

病毒病多发生于北方麦区，局部地区发生较重；长江中下游地区以禾谷多黏菌传小麦梭条花叶病等发生普遍。全蚀病等根腐型病害以前主要发生在淮河以北地区，现已逐渐扩展至长江中下游地区。近年来部分地区由于放松种子处理工作，黑穗病等种传为主的病害有所回升。小麦胞囊线虫病，我国首次发现于 1989 年，现在湖北、河南、河北、山西、青海、北京、安徽、江苏等地均有发生；而且受耕作方式、大范围跨区机收等诸多因素影响，该病发生范围还在不断扩大，发生程度在加重，对小麦生产构成较大威胁。

对小麦生产危害严重的害虫有麦蚜、麦叶螨、吸浆虫、黏虫、地下害虫（蛴螬、蝼蛄、金针虫等）等，麦秆蝇、麦叶蜂、麦茎蜂、灰飞虱等在局部地区危害也较重。麦蚜在全国麦区均有发生，以黄淮海平原、江淮、西北、华北等麦区发生频率高，同时传播病毒病，造成混合危害。麦红吸浆虫以北方沿黄河、淮河地区危害重，麦黄吸浆虫在青海、陕西、豫西等高寒山区时有发生。麦岩螨在北方发生数量大，麦叶爪螨多发生在黄淮南部水浇麦地或低洼潮湿阴凉麦地及长江流域麦区。地下害虫在北方旱作地区发生普遍，危害后造成缺苗断垄。黏虫是全国性的禾谷类作物重要害虫，在江淮一代多发区主要危害麦类作物，在黄淮、华北、东北等二、三代发生区主要危害玉米、谷子、高粱、小麦。自 20 世纪 80 年代以来黏虫发生较轻，但近年有上升趋势，特别是 2012 年三代黏虫在华北、东北部分地区突然暴发，发生面积和危害程度为近十年罕见，应引起高度重视。

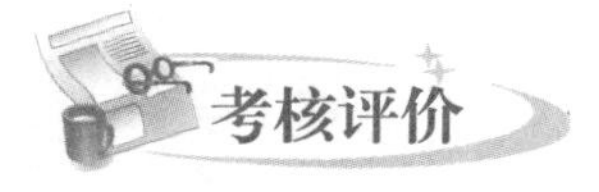

从识别小麦病虫的准确程度，室内镜检操作的规范熟练程度，实验报告完成情况及学习态度等几方面（表 1-4-2）对学生进行考核评价。

表 1-4-2　小麦病虫害识别考核评价

序号	考核项目	考核内容	考核标准	考核方式	分值
1	小麦病害识别	小麦病害症状观察识别	能仔细观察、准确描述小麦主要病害的症状特点，并能初步诊断其病原类型	现场识别考核	20
		小麦病害病原物室内镜检	对田间采集（或实验室提供）的小麦病害标本，能够熟练地制作病原临时玻片，在显微镜下观察病原物形态，并能准确鉴定	现场操作考核	20
2	小麦害虫识别	小麦害虫形态及危害状观察识别	能仔细观察、准确描述小麦主要害虫的形态识别要点及危害状特点，并能指出其所属目和科的名称	现场识别考核	20

（续）

序号	考核项目	考核内容	考核标准	考核方式	分值
3	实验（调查）报告		实验报告完成认真、规范；绘制的病原物和害虫形态特征典型，标注正确。调查报告内容真实，表述清晰，文字流畅	评阅考核	30
4	学习态度		对老师提前布置的任务准备充分，发言积极，观察认真；遵纪守时，爱护公物	学生自评、小组互评和教师评价相结合	10

子项目五　杂粮病虫害识别

【学习目标】 识别杂粮主要病害的症状及其病原物形态和主要害虫的形态特征及危害状。

任务1　杂粮病害识别

【材料及用具】 玉米大斑病、玉米小斑病、玉米粗缩病、玉米丝黑穗病、玉米黑粉病、甘薯黑斑病及杂粮其他病害新鲜标本、干制标本和病原玻片标本；显微镜、镊子、挑针、载玻片、盖玻片、无菌水、纱布等有关制片用具；多媒体教学设备及课件、挂图等。

【内容及操作步骤】

一、玉米大斑病和小斑病识别

（一）症状识别

玉米大斑病、小斑病在整个生育期均可发生，病菌主要侵染叶片，严重时也可侵染叶鞘、苞叶和籽粒。玉米大斑病在叶片病部先出现水渍状或灰绿色的小斑点，后可沿叶脉方向迅速扩大，形成中间颜色较浅，边缘较深的黄褐色或灰褐色梭形大斑。玉米小斑病在叶片病部初为水渍状、暗褐色斑点，后变为边缘深黄褐色、椭圆形病斑。因致病生理小种和品种的抗病性不同可分3种类型：一是病斑为黄褐色坏死小斑点，且有黄褐色的晕圈；二是病斑为黄褐色、椭圆形或长方形，边缘颜色较深；三是病斑为椭圆形或纺锤形，黄色或灰色，无明显边缘。前一种为抗病品种型病斑，后两种为感病品种型病斑。严重发病时，玉米大斑病、小斑病均可多个病斑相互连片，使植株过早枯死。田间湿度较大，大雨过后或露水较重时，病斑表面常密生一层灰黑色的霉状物（病菌的分生孢子梗和分生孢子）(图1-5-1、图1-5-2)。

观察玉米大斑病和玉米小斑病的症状，比较两者在病斑、形状、大小、颜色等方面的差异。

（二）病原识别

玉米大斑病菌有性态为大斑刚毛座腔菌［*Setosphaeria turcica*（Luttrell）Leonard et Suggs］，属子囊菌门毛球腔菌属，无性态为玉米大斑凸脐蠕孢菌［*Exserohilum turcicum*（Pass.）Leonard & Suggs］，属半知菌类凸脐蠕孢属。玉米小斑病菌有性态为异旋孢腔菌

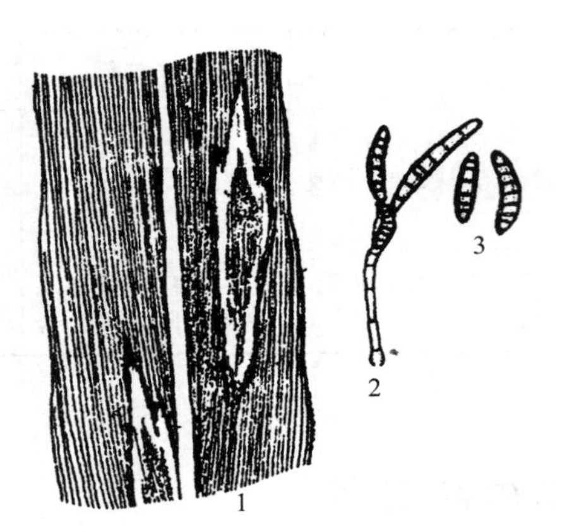

图 1-5-1　玉米大斑病
1. 病叶　2. 分生孢子梗及分生孢子　3. 分生孢子
（张学哲 . 2005. 作物病虫害防治）

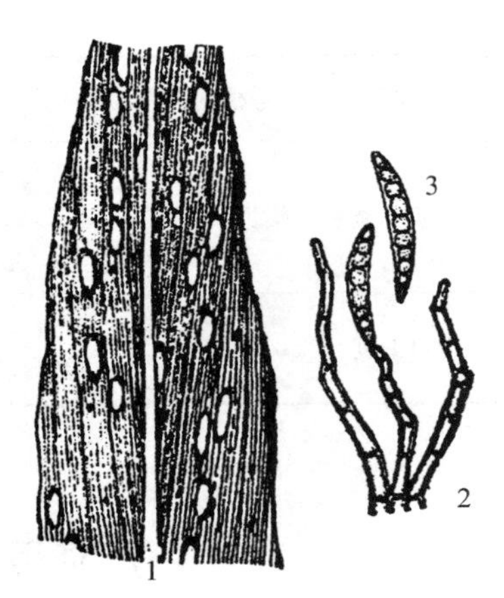

图 1-5-2　玉米小斑病
1. 病叶　2. 分生孢子梗及分生孢子　3. 分生孢子
（张学哲 . 2005. 作物病虫害防治）

（*Cochliobolus heterostrophus* Drechs.），属子囊菌门旋孢腔菌属，无性态为玉蜀黍平脐蠕孢[*Bipolaris maydis*（Nisikado et Miyake）Shoem.]，属半知菌类平脐蠕孢属。

玉米大斑病菌分生孢子梗单生或 2～6 根丛生，从气孔中伸出，有 2～8 个隔膜；玉米小斑病菌分生孢子梗 2～3 根，从气孔中伸出，褐色，具 3～15 个隔膜；两者均直立或上部呈膝状弯曲。玉米大斑病菌分生孢子呈梭形，灰橄榄色，直或略向一方弯曲，两端渐细，中间宽，多数有 4～7 个隔膜。分生孢子脐点明显且突出于基细胞之外。玉米小斑病菌的分生孢子长椭圆形，褐色，多向一端弯曲，中间粗，两端细而钝圆，具 3～13 个隔膜，分生孢子脐点凹陷于基细胞之内（图 1-5-1、图 1-5-2）。

用挑针从玉米大斑病、小斑病病组织上挑取少量霉层制片或取已制的玻片观察分生孢子梗和分生孢子的形态，注意玉米大斑病、小斑病两种病菌在形状、隔膜、颜色等方面的差异。

二、玉米丝黑穗病识别

（一）症状识别

玉米丝黑穗病为系统侵染病害。有些自交系或杂交种在 6～7 叶期开始出现非典型症状，如病苗矮化，叶片密集，节间缩短，叶片宽，颜色绿，植株弯曲，第五片叶以上开始出现与叶脉平行的黄条斑等。穗期出现典型症状，除苞叶外整个果穗变成 1 个大黑粉苞，不吐花丝，基部膨大而顶端小，苞叶通常不易破裂，黑粉不外漏、不易飞散，常黏结成块，内部夹杂丝状的寄主维管束组织。因丝状物在黑粉飞散后才显露，所以称为丝黑穗病。雄穗受害花器变形，颖片长，呈多叶状，不能形成雄蕊。也有以主梗为基础膨大形成黑粉苞，黑粉也常黏结成块，不易分散，外面包被白膜，当膜破裂后露出黑粉（图 1-5-3）。

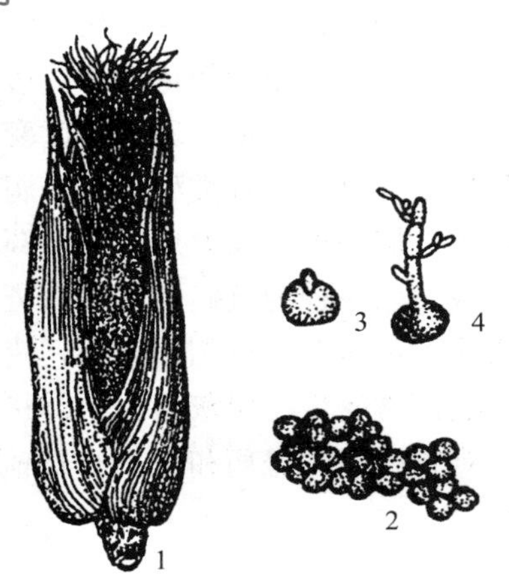

图 1-5-3　玉米丝黑穗病
1. 病果穗　2. 冬孢子堆　3. 冬孢子萌发
4. 冬孢子萌发产生的担子及担孢子
（张学哲 . 2005. 作物病虫害防治）

观察玉米丝黑穗病病穗的形状，注意黑粉是否常黏结成块，内部有无夹杂丝状的寄主维管束组织。

（二）病原识别

玉米丝黑穗病菌为丝轴黑粉菌［*Sphacelotheca reiliana*（Kühn）Clint.］，属担子菌门轴黑粉菌属。果穗散出的黑粉为冬孢子，冬孢子球形或近球形，黑褐色或赤褐色，表面有细刺。冬孢子间混杂有球形或近球形的不孕胞，表面光滑、近无色。在成熟前冬孢子常集合成孢子球，外面由菌丝组成的薄膜包围着，冬孢子萌发产生有隔的担子（先菌丝），侧生担孢子。担孢子单胞、无色、椭圆形。担孢子又可芽生次生担孢子（图1-5-3）。

用挑针从玉米丝黑穗病病组织上挑取少量黑粉制片或取已制好的病原玻片观察冬孢子的形态特征。

三、玉米黑粉病识别

（一）症状识别

玉米黑粉病又称瘤黑粉病，是局部侵染病害，在玉米的整个生育期均可发病，地上部任何具有分生能力的幼嫩组织均可受害。苗期发病茎叶扭曲畸形，在茎基部产生小病瘤，严重时枯死。拔节前后，叶片或叶鞘上可产生病瘤，多如豆粒或花生粒大小，常成串密生，内部很少形成黑粉。茎或气生根上的病瘤一般如拳头大小不等。雄花发病大部分或个别小花形成长囊状或角状的病瘤。雌穗被害多在果穗上半部或个别籽粒上形成病瘤，严重发生的可达全穗。病瘤是病菌产生的代谢产物刺激组织肿大形成的菌瘿，外被寄主组织形成的薄膜。病瘤初期为白色，肉质多汁有光泽，后迅速膨大，内部变黑，表面暗褐色，外膜破裂后，散出大量黑粉（冬孢子）。

观察玉米黑粉病的病瘤形状，是否散出大量黑粉。比较玉米丝黑穗病和玉米黑粉病在发病部位、症状特征等方面的差异。

（二）病原识别

病原物为玉米黑粉菌［*Ustilago maydis*（DC.）Corda］，属担子菌门黑粉菌属。冬孢子椭圆形或球形，壁厚，暗褐色，表面有细刺状突起。冬孢子萌发时，产生4个细胞的担子（先菌丝），担子顶端或分隔处侧生4个无色、梭形的担孢子，担孢子还能以芽殖的方式产生次生担孢子。

用挑针从玉米黑粉病病组织上挑取少量黑粉制片，镜检观察冬孢子的形态特征。

四、甘薯黑斑病识别

（一）症状识别

甘薯黑斑病在甘薯苗期、生长期及贮藏期均可发生。主要危害薯苗、薯块，不危害绿色部分。幼芽受害基部产生凹陷梭形或圆形小黑斑，重时则环绕苗基部形成黑脚状。病苗移栽后，病重的因不能扎根而枯死；病轻的在接近土面处长出不定根，叶片发黄脱落，遇干旱易枯死，造成缺苗断垄。即使成活，结薯也少。蔓上的病斑可蔓延到新结的薯块。贮藏期的薯块伤口和根眼上发病初为黑色小点，逐渐扩大成圆形、椭圆形或不规则形的稍凹陷黑斑，大小1～5cm不等，边界明显。病组织坚硬，黑绿色，味苦。湿度大时，病部可产生灰色霉状物（菌丝体和分生孢子），后期病斑丛生黑色刺毛状物及粉状物（子囊壳和厚垣孢子）。

观察甘薯黑斑病病苗基部病状及病征，生长期病蔓上的症状及贮藏期病薯块的症状特点。

（二）病原识别

病菌为甘薯长喙壳菌（*Ceratocystis fimbriata* Ellis et Halsted），属子囊菌门长喙壳属。菌丝体初无色透明，老熟后深褐色或黑褐色，寄生于寄主细胞间或细胞内。无性繁殖产生内生分生孢子和内生厚垣孢子。分生孢子内生，无色，单胞，棍棒形或圆筒形。也可在萌发后形成内生厚垣孢子。厚垣孢子暗褐色，球形或椭圆形，具厚壁，大量产生于病薯皮下。有性生殖产生子囊壳，子囊壳呈长颈烧瓶状，基部球形；颈部极长，称壳喙。子囊梨形或卵形，内含8个子囊孢子。子囊孢子无色、单胞（图1-5-4）。子囊孢子形成后不经休眠即可萌发，在病害的传播中起重要作用。

用挑针从甘薯黑斑病病组织上挑取少量霉层、粉状物或黑色刺毛状物制片，在显微镜下观察分生孢子梗和分生孢子、厚垣孢子、子囊壳及子囊孢子的形态特征。

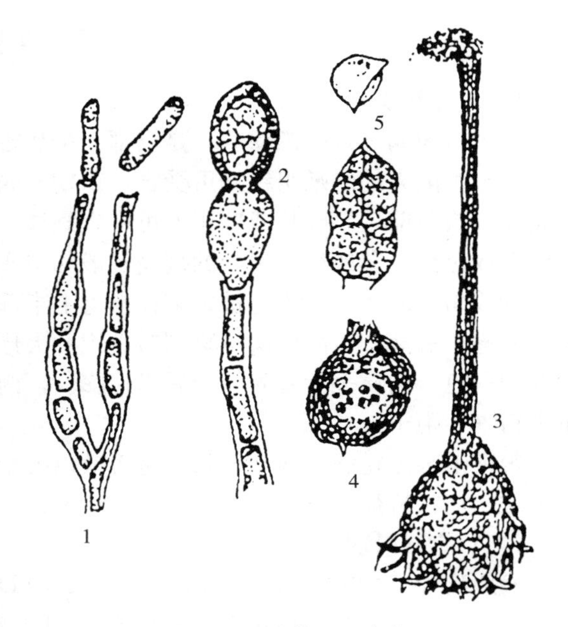

图1-5-4 甘薯黑斑病菌

1. 内生分生孢子梗和分生孢子 2. 厚垣孢子
3. 子囊壳 4. 子囊壳基部剖面 5. 子囊和子囊孢子
（陈利锋等.2007. 农业植物病理学）

五、杂粮其他病害识别

（一）玉米茎基腐病

病原物有卵菌门腐霉属的瓜果腐霉[*Pythium aphanidermatum*（Eds.）Fitzp]、肿囊腐霉（*P. inflatum* Matth.）、禾生腐霉（*P. gramineacola* Subram）和半知菌类镰孢属的禾谷镰孢（*Fusarium graminearum* Schw.）、串珠镰孢（*F. moniliforme* Sheld.）等。茎部发病多在茎基节间产生纵向不规则褐色病斑，后缢缩，变软或变硬，组织腐烂，维管束呈丝状游离，有粉红色或白色菌丝，极易倒折。叶片青枯、黄枯和青黄枯。果穗苞叶青干，呈松散状，果穗下垂，穗柄柔韧，不易掰折，籽粒干瘦，脱粒困难。

观察玉米茎基腐病的症状，注意发病茎部的症状和颜色变化特点；挑取病部病菌制片，镜检观察病菌的形态特征。

（二）玉米粗缩病

病原物为水稻黑条矮缩病毒（*Rice black-streaked dwarf virus*，RBSDV），属呼肠孤病毒科斐济病毒属成员。玉米粗缩病最初在心叶基部及中脉两侧产生透明的断断续续的褪绿小斑点，后发展成虚线条状，在叶背面主脉及侧脉上产生密集的蜡白色突起，称脉突。用手触摸时有明显的粗糙感。病株节间缩短，叶片宽、短、硬、脆、密集和丛生，叶色浓绿。植株矮化，仅为健株高的1/2或者1/3。发病重的多不能抽穗。

观察玉米粗缩病症状，注意病叶形状和颜色，叶背主脉上是否产生密集的蜡白色突起，用手触摸有无明显的粗糙感。对比病株与健株在株形和颜色方面的差异。

（三）玉米弯孢菌叶斑病

玉米弯孢菌叶斑病病原物为半知菌类弯孢菌［*Curvularia lunata*（Wakker）Boed］。主要危害叶片，也危害叶鞘和苞叶。抽雄后病害迅速扩展蔓延，植株布满病斑，叶片提早干枯。叶部初生褪绿小斑点，后扩大为圆形、椭圆形、梭形或长条形褪绿透明斑。病斑中心枯白色，边缘黄褐色或红褐色，外围有淡黄色晕圈，并具黄褐色相间的断续环纹。湿度大时，病斑正反两面均可产生灰黑色霉状物，即病原菌的分生孢子梗和分生孢子。不同品种病斑大小、形状、晕圈宽窄等差异极大。病斑分 3 种类型，即抗病型、中间型和感病型。感病品种叶片密布病斑，病斑结合后叶片枯死。

观察玉米弯孢菌叶斑病的症状，注意发病叶片的病斑大小及颜色，判断病斑类型。挑取病部病菌制片，镜检观察病菌的形态特征。

（四）玉米顶腐病

玉米顶腐病病原物为半知菌类串珠镰孢亚黏团变种（*Fusarium moniliforme* var. *subglutinans* Wr. & Reink）。玉米顶腐病可在玉米整个生长期侵染发病，出现不同程度的矮化。苗期受害，植株生长缓慢，叶片边缘失绿，沿主脉一侧或两侧形成黄化条纹，叶片畸形、皱缩或扭曲，3～4 叶以上叶片的基部腐烂，以后新生叶顶端腐烂，叶片短小或残缺不全，边缘常出现刀削状缺刻，缺刻边缘黄白色或褐色，重病植株枯萎或死亡；成株期感病，顶部叶片也会出现短小、组织残缺或皱褶扭曲等现象。茎基部节间短，常似虫蛀孔道状开裂，纵切面可见褐变；轻度感病者，植株后期可抽雄结穗，但雌穗小，多不结实。感病植株根系不发达，主根短，根毛多而细，呈绒状，根冠腐烂褐变。

观察玉米顶腐病的症状，注意发病叶片的状态，是否有叶片扭曲、变形，茎基部是否腐烂及类似虫蛀的孔道等。挑取病部病菌制片，镜检观察病菌的形态特征。

（五）玉米褐斑病

玉米褐斑病病原物为壶菌门节壶菌属玉米褐斑病菌（*Physoderma maydis* Miyabe.），主要危害玉米和类蜀黍属植物。病斑主要发生在玉米叶片、叶鞘及茎秆上，先在顶部叶片的尖端发生，以叶和叶鞘交接处病斑最多，常密集成行，最初为水渍状黄褐或红褐色小斑点，圆形、椭圆形至线形，成熟病斑中间隆起，内为褐色粉末状休眠孢子堆，附近的叶组织常呈红色，小病斑常汇集在一起，严重时叶片上出现几段甚至全部布满病斑，在叶鞘上和叶脉上病斑较大，褐色，边缘清晰，常连片致维管束坏死，发病后期病斑表皮破裂，叶细胞组织呈坏死状，散出褐色粉末，病叶局部散裂，叶脉和维管束残存如丝状。茎上病斑多发生于节的附近，遇风易倒折。

观察玉米褐斑病症状，注意其病斑形状及颜色，病斑中间是否隆起；观察叶脉和维管束是否呈丝状；注意病斑与其他玉米叶斑病有什么不同。用挑针挑取病部散出的褐色粉末，进行病原观察。

（六）高粱丝黑穗病

病原物为担子菌门轴黑粉菌属［*Sphacelotheca reiliana*（Kühn）Clint］。病株较矮，色稍深，病穗下部稍微膨大。有的病穗略歪向一侧，剥去苞叶，穗部成为白色的棒状物，即“乌米”。病穗外面有一层白膜，破裂后散出黑粉，内有残存成束的黑色丝状物。

观察高粱丝黑穗病标本，注意病穗的形状，黑粉是否常黏结成块，内部有无残存成束的黑色丝状物。挑取少量黑粉制片，观察冬孢子的形态特征。

（七）高粱散黑穗病

病原物为担子菌门轴黑粉菌属［*Sorisporium cruenta*（Kühn）Pott］。病株稍矮，茎较细，叶片稍窄，抽穗较早，分蘖增加，但较细小。花器多被破坏，子房形成黑粉，初期病粒外有一层灰白色的薄膜，膜破裂后，黑粉散出。

观察高粱散黑穗病的标本，注意病穗是否散出大量黑粉。比较高粱丝黑穗病和高粱散黑穗病的症状差异。挑取少量黑粉制片镜检，注意比较高粱丝黑穗病菌和高粱散黑病菌形态差异。

（八）谷子白发病

病原物为卵菌门指梗霉属［*Sclerospora graminicola*（Sacc.）Schrot.］。苗期至成株期均可发病。在不同的生育阶段和器官上表现出不同的症状：芽腐、灰背、白尖、枪杆、白发和看谷老。心叶组织薄壁细胞破坏后，散出大量黄色粉末，仅留一把白色细丝，略卷曲，因此称白发病。

观察谷子白发病的标本，注意区别芽腐、灰背、白尖、枪杆、白发和看谷老的不同症状特点，挑取少量白发病部病菌制片镜检，观察卵孢子的形态特征。

1. 列表比较杂粮主要病害的症状特点。
2. 绘制玉米大斑病菌和小斑病菌分生孢子梗及分生孢子、玉米丝黑穗病菌和玉米黑粉病菌冬孢子形态图。

1. 如何识别玉米大斑病和玉米小斑病？
2. 如何诊断区别玉米丝黑穗病和玉米黑粉病、高粱丝黑穗病和高粱散黑穗病？
3. 甘薯黑斑病的诊断要点是什么？
4. 谷子白发病在不同的发病时期和不同的发病部位，其症状特点如何？

任务2　杂粮害虫识别

【材料及用具】 玉米螟、黏虫、草地贪夜蛾、东亚飞蝗、高粱条螟、甘薯麦蛾、甘薯象甲及杂粮其他害虫的新鲜标本、干制或浸渍标本，危害状及生活史标本；体视显微镜、放大镜、镊子、挑针、载玻片等用具；多媒体教学设备及课件、挂图等。

【内容及操作步骤】

一、亚洲玉米螟识别

（一）危害状识别

亚洲玉米螟［*Ostrinia furnacalis*（Guenée）］俗称玉米钻心虫，属鳞翅目螟蛾科。主要以幼虫钻蛀危害。玉米心叶期，初孵幼虫啃食叶肉，留下表皮称为“花叶”；后期幼虫钻蛀纵卷的心叶危害，心叶展开后，在叶片上形成整齐的横排圆孔，称为“排孔”；四龄幼虫蛀食茎秆。幼虫危害雄穗，可造成雄穗枯死或穗柄折断；幼虫可取食雌穗的花丝、穗轴。大龄幼虫蛀入穗柄和茎节，或蛀入雌穗取食籽粒。危害谷子则从茎基部蛀入，造成苗期枯心，穗期折茎。高粱受害情况与玉米相似。

（二）形态识别

1. 成虫　黄褐色，雄蛾体长 10～14mm，翅展 20～26mm。前翅内横线暗褐色波浪状，外横线暗褐色锯齿状，内、外横线间有 2 个褐色斑，外横线与外缘线之间有一褐色带；后翅灰黄色，中央和近外缘处各有一褐色带。翅展开后，前、后翅内外横线正好相接。雌蛾体长 13～15mm，翅展 25～34mm，翅颜色比雄蛾淡，前翅内、外横线及斑纹为淡褐色，后翅黄白色。雄蛾翅缰 1 根，雌蛾翅缰 2 根。

2. 卵　椭圆形，稍扁，长约 1mm。数粒或数十粒卵排列呈鱼鳞状，初产卵粒为乳白色，渐变淡黄色，孵化前卵粒前端出现小黑点（幼虫头部）。

3. 幼虫　老熟幼虫体长 20～30mm，淡褐色，背线明显，暗褐色。中胸和后胸每节各有毛片 4 个，腹部第一至八节各有毛片 6 个，前排 4 个毛片较大，后排 2 个毛片较小，腹足趾钩三序缺环。

4. 蛹　为黄褐色，体长 15～19mm，腹背密布横皱纹。腹末端有 5～8 根钩刺（图 1-5-5）。

观察玉米螟成虫体形、前翅斑纹和线纹的形态特征；幼虫的体形、体色和毛片的特征；并比较玉米不同部位危害状的异同点。

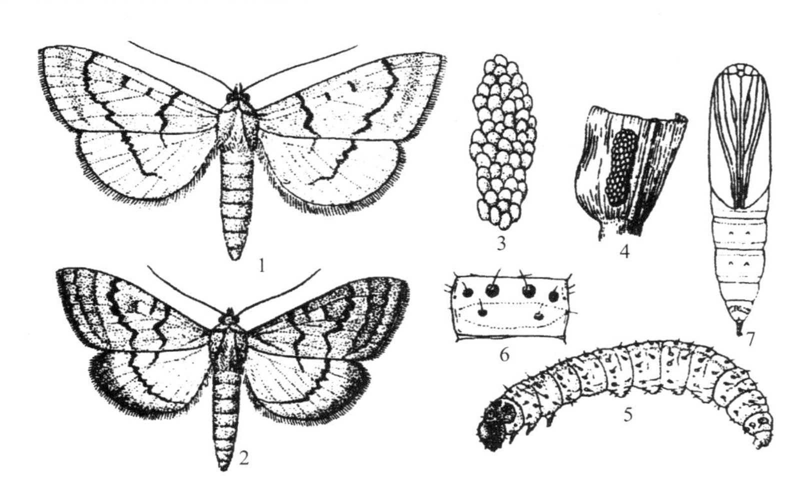

图 1-5-5　玉米螟

1. 雌成虫　2. 雄成虫　3. 卵块　4. 卵产于玉米叶背　5. 幼虫　6. 幼虫第二腹节背面　7. 蛹

（丁锦华等．2002. 农业昆虫学：南方本）

二、黏虫识别

（一）危害状识别

黏虫（*Mythimna separate* Walker）又称五色虫、夜盗虫、剃枝虫等，属鳞翅目夜蛾科。黏虫以幼虫取食叶片，大发生年份，常将作物叶片全部吃光，仅剩光秆，造成严重减产或绝产。

（二）形态识别

1. 成虫 体、翅淡灰褐色，体长17～20mm，翅展35～45mm。前翅中央近前缘处有2个淡黄色圆斑，在外方圆斑下有1个小白点，其两侧各有1个小黑点，顶角有1条伸向后缘的黑色斜线，沿外缘有7个小黑点。雄蛾腹部较细，用手指轻捏，腹端可伸出1对长鳞片状抱握器，翅缰1根；雌蛾腹部较粗，手捏时伸出管状产卵器，翅缰3根。

2. 卵 直径0.5mm，馒头形，表面有网状脊纹。初产时乳白色，后为黄白色，孵化前呈灰黑色，单层排列成行，形成卵块。

3. 幼虫 幼虫共6龄，老熟幼虫体长38mm。头部黄褐色，沿蜕裂线有棕黑色“八”字纹。幼虫体表有许多纵条纹。背中线白色、较细，两侧有细黑线；亚背线红褐色，其上下有灰白色细线；气门黑色，气门线黄色，其上下有白色带纹。腹足基部外侧有黑褐色斑，趾钩单序中带，排成半环形。

4. 蛹 红褐色，有光泽，体长20mm。腹部背面第五至七节近前缘有马蹄形刻纹。尾刺3对，中间的大而直，两侧的细小而弯曲（图1-5-6）。

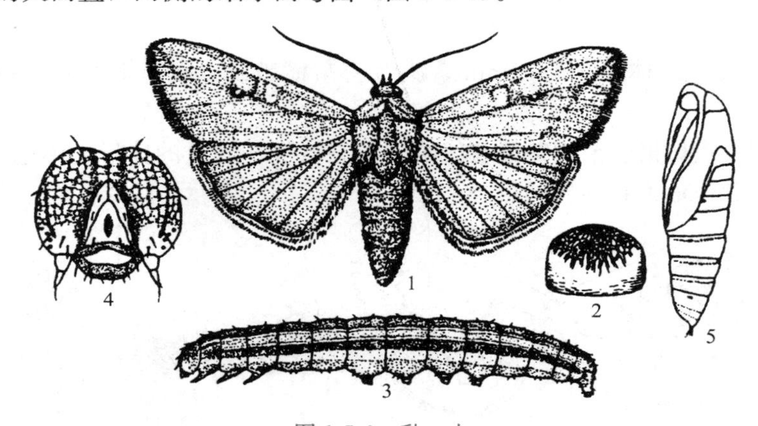

图1-5-6 黏 虫

1. 成虫 2. 卵 3. 幼虫 4. 幼虫头部 5. 蛹

（丁锦华等．2002. 农业昆虫学：南方本）

观察黏虫成虫体形、前翅斑纹及幼虫体色、体线和腹足趾钩排列方式等特征。

三、草地贪夜蛾识别

（一）危害状识别

草地贪夜蛾（*Spodoptera frugiperda* Smith）也称秋黏虫，属于鳞翅目夜蛾科。幼虫食性杂，寄主植物有玉米、水稻、高粱、谷子、甘蔗、小麦、大豆、棉花等76科353种，其中对玉米的危害最重。玉米叶片、茎秆、雄穗、花丝和籽粒等部位均可被幼虫取食危害，低龄幼虫可吐丝并在风或其他外力作用下转主危害。

（二）形态识别

1. 成虫 体长16～20mm，翅展32～40mm。前翅深棕色，后翅灰白色，边缘有窄褐色带。前翅中部各一黄色不规则环状纹，其后为肾状纹；雌蛾前翅呈灰褐色或灰色，无明显斑纹；雄蛾前翅灰棕色，翅顶角向内有一近三角形大白斑，环状纹黄褐色，后侧各有一条浅色带自翅外缘至中室，肾状纹内侧有一条白色楔形纹。

2. 卵　卵粒圆顶形，通常 100～200 粒堆积成单层或多层的块状，卵粒直径约为 0.4mm，高 0.3mm，初产时为浅绿或白色，孵化前逐渐变为棕色。其覆毛卵块整体为灰粉色或浅灰色，毛状物似霉层。

3. 幼虫　幼虫共 6 龄，老熟幼虫体长 30～36mm。体色多呈棕色，也有呈黑色或绿色，头部呈黑、棕或橙色，具白色或黄色倒 Y 形斑。体表有许多纵行条纹，背中线黄色，背中线两侧各有 1 条黄色纵条纹，条纹外侧依次是黑色、黄色纵条纹，腹部末节背面有呈正方形排列的 4 个黑斑。

4. 蛹　体长 14～18mm，化蛹初期体淡绿色，逐渐变为红棕色至黑褐色。腹部末端有 1 对短而粗壮的臀棘，棘基部稍粗，分开向外侧延伸呈“八”字形，臀棘端部无弯曲。

观察草地贪夜蛾成虫体形、前翅斑纹及幼虫体色、体线和腹部末节背面黑斑排列等特征。

四、东亚飞蝗识别

（一）危害状识别

东亚飞蝗（*Locusta migratoria manilensis* Meyen），属直翅目蝗科。以成虫和若虫（蝗蝻）咬食植物的叶、嫩茎、幼穗，即可取食寄主全部地上部分的绿色组织，成群迁飞危害时，可将作物吃成光秆，造成颗粒无收。

（二）形态识别

1. 成虫　体常为绿色或黄褐色。雄虫体长 32.4～48.1mm，前翅长 34.0～43.8mm；雌虫体长 38.6～52.8mm，前翅长 44.65～55.9mm。触角丝状，淡黄色。前胸背板马鞍形，中隆线发达，略呈弧状隆起（散居型）或较平直（群居型）。两侧常具棕色纵纹，群居型明显。前翅褐色，有许多暗色斑；后翅无色透明。后足腿节内侧的基半部黑色，近端部有黑环，胫节红色，外缘具刺 10～11 个。散居型东亚飞蝗体色随环境变化而呈草绿色或淡绿色，黑褐色斑少而色淡；群居型东亚飞蝗体色较固定，呈赤褐色或黑褐色，黑褐色斑较多而色深。

2. 卵囊及卵　卵囊长 45～67mm，黄褐色，长筒形，上部稍细，中间略弯，上部 1/5 为海绵状胶质，下部含卵粒，卵粒间胶质黏结。每块卵 45～85 粒，多者可达 200 粒，呈 4 行斜向排列。卵呈香蕉状。

3. 若虫　若虫称蝗蝻，共有 5 龄。群居型蝗蝻体型较小，一龄灰黑色，翅芽很小，不明显；二龄黑灰色或黑色，头部稍显红褐色，前、后翅芽相差不大；三龄黑色，头部红褐色部分扩大，前翅芽显著小于后翅芽；四、五龄红褐色，四龄翅芽长达腹部第二节，五龄翅芽达腹部第四、五节。散居型体型较大，体色与所处环境有关，不随龄期变化，多为绿色或黄绿色（图 1-5-7）。

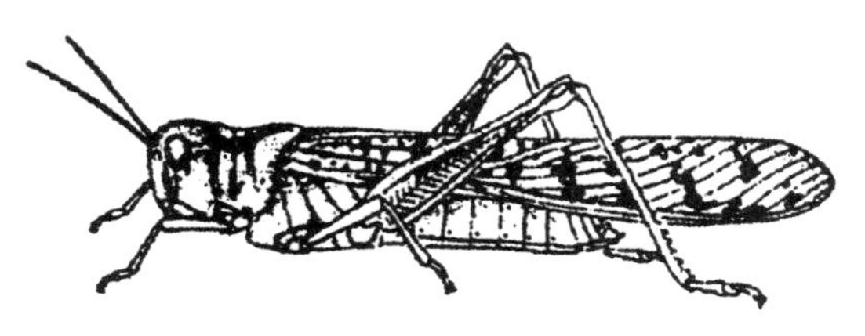

图 1-5-7　东亚飞蝗
（张学哲．2005. 作物病虫害防治）

观察东亚飞蝗成虫体形、前翅，蝗蝻的体形、体色、翅芽的长短特征等；判断蝗蝻的龄期。

五、二点委夜蛾识别

（一）危害状识别

二点委夜蛾（*Proxenus lepigone* Moschler）属鳞翅目夜蛾科。主要钻蛀玉米幼苗根部或切断浅表层根，对玉米的危害依玉米苗龄的大小而定，危害状可分为两类：第一类是危害小苗，受害后根被咬坏，或者根部被咬成孔洞，被害小苗地上部表现失水萎蔫；第二类是危害大苗，这种苗的茎比较硬，幼虫咬噬根，当一侧的部分根被吃掉后，玉米开始倒伏，但不萎蔫。

（二）形态识别

1. 成虫　成虫体长8～12mm，翅展20mm。雌虫略大于雄虫。体灰褐色。翅上有白点和黑点各1个；环纹为一黑点；肾纹小，有黑点组成的边缘，外侧中凹处有1个白点。

2. 卵　卵馒头状或圆球形，上有纵脊，初产黄绿色，后土黄色。直径0.5～0.6mm。

3. 幼虫　老熟幼虫体长20mm左右，体黑褐色或灰褐色，头部褐色。各体节背面有1个倒三角的深褐色斑纹，腹部背面有2条褐色背侧线，到胸节消失。

4. 蛹　蛹长7～10mm，纺锤形，化蛹初期淡黄褐色，逐渐变为褐色，老熟幼虫入土做一丝质土茧包被内化蛹。

观察二点委夜蛾成虫翅面斑纹特点及幼虫体色、斑纹等特征。

六、杂粮其他害虫识别

（一）玉米双斑萤叶甲

玉米双斑萤叶甲［*Monolepta hieroglyphica*（Motschulsky）］属鞘翅目叶甲科萤叶甲亚科，又称为双斑长跗萤叶甲、四目叶甲，是一种在我国广泛分布的多食性害虫。可危害玉米、高粱、豆类、棉花、马铃薯、苜蓿、茼蒿、胡萝卜、十字花科蔬菜、向日葵、杏、苹果等多种作物。该虫以成虫群集危害，主要危害玉米叶片，成虫取食叶肉，残留不规则白色网状斑和孔洞，严重影响光合作用。8月咬食玉米雌穗花丝，影响授粉。也可取食灌浆期的籽粒，引起穗腐。危害严重时可造成大面积减产，甚至绝收。

成虫长卵形，体长3.6～4.8mm，宽2.0～2.5mm，棕黄色，具光泽，头、胸红褐色，触角灰褐色，11节，丝状，长为体长2/3；复眼大，卵圆形；前胸背板宽大于长，表面隆起，密布很多细小刻点；小盾片黑色呈三角形；鞘翅布有线状细刻点，每个鞘翅基半部具一近圆形淡色斑，四周黑色，淡色斑后外侧多不完全封闭，其后面黑色带纹向后突伸成角状，有些个体黑带纹不清或消失。两翅后端合为圆形，后足胫节端部具一长刺；腹部腹面黄褐色，体毛灰白色，腹管外露。卵椭圆形，长0.6mm，棕黄色，表面具网状纹。幼虫体长5～6mm，白色至黄白色，11节，头和臀板褐色，前胸和背板浅褐色，有3对胸足，体表有成对排列的不明显的毛瘤。蛹白色，表面具刚毛。

观察玉米双斑萤叶甲成虫体色、鞘翅上斑纹的形状和颜色及幼虫的特征。

（二）甘薯麦蛾

甘薯麦蛾（*Brachmia macroscopa* Meyrick）又名甘薯卷叶虫，属鳞翅目麦蛾科。主要危害甘薯、蕹菜和其他旋花科植物。以幼虫吐丝卷叶，在其中取食叶肉，留下白色表皮，状似薄膜。幼虫也能食害嫩茎和嫩梢，严重大发生时大部分薯叶被卷食，几乎可食尽叶肉，呈现火烧现象。

成虫黑褐色，体长5～7mm，翅展15mm，前翅狭长，中央有2个环形圈纹，外缘有1列黑点；后翅菜刀状，淡灰色，缘毛很长。末龄幼虫体长约15mm，黑褐色，头稍扁。前胸背板褐色，两侧暗褐色，暗褐色部分呈倒“八”字形。腹足细长，白色。全体生稀疏的长刚毛，着生在漆黑色的圆形小片上。

观察甘薯麦蛾成虫体形、前翅斑纹，幼虫的体形、体色及斑纹等特征，以及幼虫腹足趾钩排列方式等。

（三）粟茎跳甲

粟茎跳甲（*Chaetocnema ingenua* Baly）属鞘翅目叶甲科。危害谷子、玉米、高粱和水稻。以幼虫蛀入出土后不久的幼苗，造成枯心苗；成虫取食谷叶表皮组织，形成条纹，严重时叶片纵裂或枯萎。

成虫体长2～3mm，黑褐色或青蓝色，有光泽，呈卵圆形。鞘翅上点刻排列成纵线。后足腿节膨大，善跳跃。幼虫体长4.0～6.5mm，近桶形，头黑色，体白色，具褐色斑点。

观察粟茎跳甲成虫体形、体色及鞘翅上点刻排列方式和幼虫的体色、斑点等特征。

杂粮病虫害的发生和危害

据报道，全世界玉米病害有80多种，我国有30多种，其中叶部病害10多种、根茎病害6种、穗部病害3种、系统性侵染病害9种。危害玉米严重的主要有大斑病、小斑病、弯孢菌叶斑病、粗缩病、茎腐病、灰斑病、丝黑穗病及黑粉病等。近年来，大斑病在东北、华北偏重发生，局部大发生，西南大部中等发生；小斑病在黄淮海中等发生；褐斑病在黄淮海中等发生，局部偏重发生；灰斑病在东北北部、西南偏重发生；粗缩病在黄淮中南部中等发生；纹枯病、锈病、顶腐病等病害在部分玉米产区也有一定程度的危害。

高粱主要分布于我国北方，南方各省份也有零星种植。已报道的高粱病害有30余种，以炭疽病、紫斑病发生危害比较普遍，但黑穗病所致的损失最大。高粱黑穗病主要有散黑穗病、丝黑穗病和坚黑穗病3种。高粱散黑穗病在我国各高粱产区普遍发病，在华北、东北发病较重；近年来炭疽病、紫斑病等叶部病害在北方地区发生较为严重。谷子病害有50多种，发生严重的有白发病、锈病、谷瘟病、纹枯病、红叶病等。我国有甘薯病害近30余种，甘薯病害发生普遍而危害较重的有黑斑病、根腐病、茎线虫病等。甘薯黑斑病在世界甘薯产区均可发生，常年损失达总产量的5%～10%，且带病甘薯所产生的甘薯黑疱霉酮能引起家畜中毒死亡。根腐病是一种毁灭性病害，曾在黄淮海、长江中下游一些地区猖獗危害，通过抗病品种、轮作倒茬和加强检疫有效地减轻了根腐病的危害。近几年，甘薯根腐病主要危害华北、华东等主产区甘薯。

杂粮害虫的种类很多，在播种期和苗期，主要受地下害虫的危害；在生长期主要受玉米螟、草地贪夜蛾、二点委夜蛾、黏虫、条螟、东亚飞蝗等食叶害虫危害；同时受刺吸式口器害虫蚜虫、朱砂叶螨和高粱长蝽的危害。玉米螟是世界性大害虫，2013年玉米螟发生面积达0.23亿hm^2，其中，一代玉米螟在黑龙江中南部、吉林西部、辽宁中西部、内蒙古中东部及新疆北部等春玉米主产区发生偏重，东北其他大部地区、黄淮海等地中等发生，发生危害面积达0.11亿hm^2；二代玉米螟在东北中南部、华北北部偏重发生，黄淮海、西南大部中等发生，发生危害面积在0.08亿hm^2；三代玉米螟在黄淮海中等发生，发生面积467万hm^2。蓟马在黄淮海中等至偏重发生；棉铃虫在黄淮海、西北西部中等发生；地下害虫在东北、华北偏重发生，黄淮、西北、西南中等发生。黏虫目前在全国发生危害继续呈上升趋势，二、三代黏虫在东北、华北、黄淮和西南等地中等以上发生，遇适宜的气候条件，部分地区大发生的风险较高。玉米双斑萤叶甲，近年来在我国东北、西北局部地区发生较重，主要危害棉花、玉米、豆类、苜蓿等。据报道，二点委夜蛾分布在日本、朝鲜、西伯利亚等亚洲地区和瑞典、芬兰等欧洲地区。2005年7月，在我国河北省发现二点委夜蛾危害玉米，此后该虫在山东、河南、安徽、江苏、山西、北京等省份相继发生，部分地区发生严重。2012年二点委夜蛾在黄淮海部分夏玉米区发生区域扩大，越冬基数分布较为广泛。蚜虫在华北、西北大部偏重发生。高粱条螟为世界性害虫，国内大多数省份均有发生，在东北、西北、华北及华中等地区常与玉米螟混合发生，危害高粱和玉米。近年来，东亚飞蝗、亚洲飞蝗及西藏飞蝗在我国局部地区均有一定程度的发生，必须加强蝗情监测工作，坚持蝗害可持续控制的策略，以控制蝗害的发生和蔓延。草地贪夜蛾是联合国粮农组织全球预警的跨国界迁飞性农业重大害虫，主要危害玉米、甘蔗、高粱等作物，已在近100个国家发生。2019年1月由东南亚侵入我国云南、广西，截至2019年8月17日，已遍及华南、西南、江南、长江中下游、黄淮等地区的24个省份，并呈现继续北扩态势，严重威胁我国农业及粮食生产安全。

有文献记载的甘薯害虫有106种，主要有甘薯麦蛾、甘薯象甲、斜纹夜蛾、甘薯天蛾等，其次还有地下害虫蛴螬和小地老虎等。甘薯麦蛾在全国各地都有发生，以南方各省份发生较重，主要危害甘薯、蕹菜和其他旋花科植物。甘薯象甲是国际性检疫害虫，主要分布在长江以南各省份，寄主植物有甘薯、蕹菜、野牵牛、月光等旋花科植物，是我国南方甘薯生产中的重要害虫。

练　习

1. 绘制玉米螟、黏虫成虫前翅形态图。
2. 调查当地玉米主要病虫害的种类及发生危害情况，撰写1份调查报告。

思考题

1. 简述玉米螟的危害特点。
2. 如何识别二点委夜蛾的危害状？
3. 二点委夜蛾和黏虫成虫前翅翅面斑纹有何不同？

考核评价

从识别杂粮病虫的准确程度，室内镜检操作的规范熟练程度，实验报告完成情况及学习态度等几方面（表 1-5-1）对学生进行考核评价。

表 1-5-1　杂粮病虫害识别考核评价

序号	考核项目	考核内容	考核标准	考核方式	分值
1	杂粮病害识别	杂粮病害症状观察识别	能仔细观察、准确描述杂粮主要病害的症状特点，并能初步诊断其病原类型	现场识别考核	20
		杂粮病害病原物室内镜检	对田间采集（或实验室提供）的杂粮病害标本，能够熟练地制作病原临时玻片，在显微镜下观察病原物形态，并能准确鉴定	现场操作考核	20
2	杂粮害虫识别	杂粮害虫形态及危害状观察识别	能仔细观察、准确描述杂粮主要害虫的形态识别要点及危害状特点，并能指出其所属目和科的名称	现场识别考核	20
3	实验（调查）报告		实验报告完成认真、规范；绘制的病原物和害虫形态特征典型，标注正确。调查报告内容真实，表述清晰，文字流畅	评阅考核	30
4	学习态度		对老师提前布置的任务准备充分，发言积极，观察认真；遵纪守时，爱护公物	学生自评、小组互评和教师评价相结合	10

子项目六　棉花病虫害识别

【学习目标】识别棉花主要病害的症状及其病原物形态和主要害虫的形态特征及危害状。

任务 1　棉花病害识别

【材料及用具】棉花苗期病害、棉花枯萎病、棉花黄萎病、棉铃病害等棉花病害的新鲜标本、干制标本和病原玻片标本；显微镜、镊子、挑针、载玻片、盖玻片等有关用具；多媒体教学设备及课件、挂图等。

【内容及操作步骤】

一、棉花苗期病害识别

（一）症状识别

棉花苗期病害可分为根病和叶病两类。根病类可引起烂种、烂芽、根腐和茎基腐，常见的有立枯病、炭疽病和红腐病等。此类苗期病害轻则引致僵苗迟发，重则大量死苗，造成缺苗断垄。叶病类主要危害子叶和真叶，常见的有茎枯病、角斑病和黑斑病等，这类病害一般不造成死苗，但影响棉株壮苗早发。

1. 棉立枯病　病苗嫩茎靠近地面处出现黄褐色水渍状病斑，后扩展包围整个茎基部，形成褐色或黑褐色缢缩溃烂，致地上部干枯直立而死。拔起病株，病部常有菌丝并黏附小土粒（图 1-6-1）。

2. 棉炭疽病 病苗茎基部和根茎交界处出现红褐色梭形条斑，略凹陷并具纵向裂痕，严重时病斑环绕茎基部使其变黑褐色溃烂，病苗萎蔫死亡。潮湿时病部出现橘红色黏稠物质。病苗子叶和真叶边缘呈现半圆形或圆形、边缘紫红色、中央褐色的病斑，后期病斑干枯脱落（图 1-6-1）。

3. 棉红腐病 出土后根尖先发病呈黄褐色至褐色，扩展后全根变褐腐烂，有时病部略肿大。子叶多于叶缘产生半圆形或不规则形黄褐色病斑，潮湿时病斑表面产生白色或粉红色霉层（图 1-6-1）。

4. 棉茎枯病 棉花整个生长期均可受害，多发生于棉苗后期至成株期。叶部病斑边缘紫红色、中央淡褐色，近圆形，有少量轮纹；嫩茎及叶柄上病斑梭形、下陷、边缘色深，病斑中央散生黑色小颗粒。

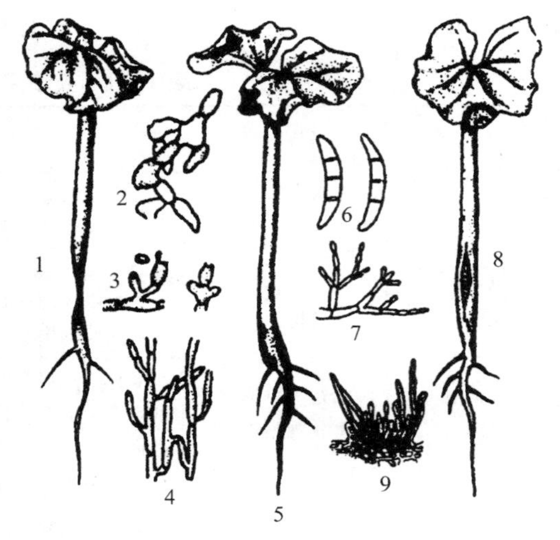

图 1-6-1 棉苗病害

棉立枯病：1. 病苗 2. 老菌丝 3. 担孢子 4. 幼菌丝
棉红腐病：5. 病苗 6. 大型分生孢子 7. 小型分生孢子
棉炭疽病：8. 病苗 9. 分生孢子盘及分生孢子
（吉林省农业学校．1996. 作物保护学各论）

观察棉立枯病、棉炭疽病、棉红腐病、棉茎枯病的发病部位及症状特征，注意比较棉立枯病和棉炭疽病的症状特点。

（二）病原识别

1. 棉立枯病 由半知菌类丝核菌属立枯丝核菌（*Rhizoctonia solani* Kühn）引起。菌丝初期无色，分枝处近直角，分枝基部缢缩，菌核不规则形，暗褐色，表面粗糙，不产生孢子（图 1-6-1）。

2. 棉炭疽病 由半知菌类炭疽菌属胶孢炭疽菌［*Colletotrichum gloeosporioides* (Penz.) Sacc.］引起。病菌在病部产生分生孢子盘，盘的四周生有排列不整齐的褐色、有分隔的刚毛。盘上产生许多无色透明、棍棒形的分生孢子梗，梗顶端着生无色、单胞、长椭圆形或短棒状的分生孢子。分生孢子聚集时呈橘红色黏稠状物（图 1-6-1）。

3. 棉红腐病 由多种镰孢菌引起，主要有串珠镰孢（*Fusarium moniliforme* Sheld.）和禾谷镰孢（*F. graminearum* Schw.），属半知菌类镰孢属。串珠镰孢大型分生孢子镰刀形，一般 3～5 个隔膜，小型分生孢子卵形或椭圆形，单胞、无色，串生或成堆聚生。禾谷镰孢无小型分生孢子，大型分生孢子与串珠镰孢类似（图 1-6-1）。

4. 棉茎枯病 由半知菌类壳二孢属棉壳二孢（*Ascochyta gossypii* Syd.）引起。分生孢子器球形、褐色；分生孢子无色、卵形，单胞或双胞。

挑取或切取上述棉花苗期病害病部病征，制成临时性玻片，并对照永久性玻片标本，观察棉立枯病菌菌丝、棉炭疽病菌分生孢子盘、棉红腐病分生孢子和棉茎枯病菌分生孢子器的形态。

二、棉花枯萎病和黄萎病识别

（一）症状识别

棉花枯萎病可在棉花苗期和现蕾前后引起大量死苗，轻病株虽可成活，但结铃少，产量低，品质变差。棉花黄萎病发病较晚，死苗率低，但常因叶片干枯而导致蕾铃脱落，影响棉花的产量和品质。

1. 棉花枯萎病 在子叶期即可发病，至现蕾期达到发病高峰。其症状因品种和环境条件的不同可出现多种类型，以下4种类型较为常见。

（1）黄色网纹型。病株叶脉变黄，叶肉保持绿色，形成黄色网纹状。

（2）黄化型。病株子叶或真叶出现黄色或淡黄色斑块。

（3）紫红型。病株叶片变为紫红色或出现紫红色斑块，斑块处叶脉褪色，逐渐萎蔫死亡。

（4）青枯型。病株子叶或真叶萎蔫下垂，开始像开水烫过，以后变青枯，一般不脱落，多雨时易出现此症状。

现蕾前后，除前述症状外，还有矮缩型病株出现，即病株矮化，节间缩短，叶色浓绿，叶片加厚，且向上卷，下部个别叶片的局部或全部叶脉变黄呈黄色网纹状。重病株叶片萎蔫脱落，干枯死亡。有的病株半边枯死。若雨后骤晴，有的病株会突然失水萎蔫。

各种类型病株的共同特征是根、茎内部的导管变为深褐色或墨绿色。纵剖木质部，可见有黑色条纹。天气潮湿时，枯死茎秆上出现粉红色霉层，系病菌菌丝体及其分生孢子（图1-6-2）。

图1-6-2 棉花枯萎病和黄萎病
棉花枯萎病：1. 病叶 2. 健茎（左）、被害茎（右）
3. 小型分生孢子 4. 大型分生孢子 5. 厚垣孢子
棉花黄萎病：6. 病叶 7. 分生孢子及分生孢子梗
（吉林省农业学校.1996. 作物保护学各论）

2. 棉花黄萎病 比枯萎病发病稍迟。一般现蕾后开始发病，到花铃期达到高峰。先从植株下部叶片开始发病，逐渐向上扩展。主要表现两种类型症状。

（1）掌状斑驳型。病株叶脉及其附近叶肉保持绿色，稍远些的叶肉及叶缘逐渐变黄、焦枯，叶片主脉间出现淡黄色斑块，呈掌状枯焦或花西瓜皮状，叶缘稍向上反卷。

（2）急性凋萎型。病株铃期时，遇暴雨突晴或灌溉之后，叶片主脉间产生水渍状淡绿色至灰绿色斑块，叶片很快萎蔫下垂，像开水烫过一样，随即脱落。

黄萎病病株根、茎木质部也有变色条纹，但较枯萎病浅，呈黄褐色或淡褐色。天气潮湿时，枯死茎秆上出现白色霉层，系病菌菌丝体及分生孢子（图1-6-2）。

值得提出的是，田间枯萎病、黄萎病常混合发生，甚至同一病株上有两种病害的症状表现，调查时应仔细区别。两者症状比较见表1-6-1。

表 1-6-1　棉花枯萎病和棉黄萎病症状比较

枯萎病	黄萎病
发病时期早，苗期即可严重危害	发病晚，蕾期才开始发生
多从植株顶端向下发展	多从下部叶片开始发病，向上发展
有时矮缩，叶常变小而皱缩	一般不矮缩，叶大小无变化
叶脉常变黄，呈网纹状	叶脉保持绿色，主脉间叶肉变黄呈斑块状
常早期即落叶成光杆	较少落叶，一般在后期
病株维管束变色较深，呈深褐色或墨绿色	病株维管束变色较浅，呈黄褐色或淡褐色

观察棉花枯萎病和棉花黄萎病病株，比较两者在症状表现上的区别，注意棉花枯萎病不同类型症状的特点；剖视病株茎部、叶柄，观察其病变特征。

（二）病原识别

1. 棉花枯萎病　由半知菌类镰孢属尖孢镰孢萎蔫专化型［*Fusarium oxysporum* f. sp. *vasinfectum*（Atk.）Snyder et Hansen］引起。菌丝无色，多分隔。大型分生孢子镰刀形、无色，微弯曲，两头尖，有2～5个隔膜，多为3个；小型分生孢子椭圆形，无色，多为单胞，少数有1个隔膜。厚垣孢子壁厚，近圆形，黄色，表面光滑，单生或串生。

2. 棉花黄萎病　我国棉花黄萎病的病原为大丽轮枝孢（*Verticillium dahliae* Kleb.），属半知菌类轮枝孢属。菌丝初时无色，老熟时褐色，多分隔。分生孢子梗有2～4轮分枝，每轮3～5根，顶生分生孢子。分生孢子椭圆形、无色、单胞，常在分生孢子梗顶端聚积。菌丝顶端某些细胞形成厚垣孢子和拟菌核，厚垣孢子和拟菌核可以抵抗不良环境。

取已制病原玻片，在显微镜下观察并比较两种病原菌分生孢子及分生孢子梗的形态。

三、棉花铃期病害识别

（一）症状识别

棉花铃期病害是棉花生长后期受多种病菌侵染而发生的一类病害，常造成僵瓣、烂铃，直接影响棉花的产量和品质。

1. 疫病　感病青铃基部或顶部呈暗绿色水渍状病斑，后扩展为黄褐色至青褐色软腐，表面有黄白色的薄霉层。

2. 红腐病　棉铃病斑无固定形状，病斑上出现红色均匀的霉层。

3. 红粉病　棉铃表面布满一层不均匀的淡粉红色、厚而疏松的霉层。

4. 炭疽病　棉铃初期出现暗红色小点，后发展成呈暗褐色或墨绿色的凹陷病斑。高湿环境下病斑表面产生橘红色黏质物。

5. 黑果病　病铃变黑、变硬，僵缩，表面密生小黑点，并布满一层烟煤状物。病铃不开裂，内部纤维亦变黑腐烂。

观察当地棉铃病害的症状特点，注意棉红腐病与棉红粉病在霉层分布及颜色等方面的差异。

（二）病原识别

1. 疫病　由卵菌门疫霉属苎麻疫霉（*Phytophthora boehmeriae* Sawada）引起。孢囊梗无色，单生或假轴状分枝，其顶端着生孢子囊。孢子囊卵圆形，顶部有乳头状突起，无色，无分隔。

2. 红腐病　见棉花苗期棉红腐病病原。

3. 红粉病　由半知菌类聚端孢属粉红聚端孢［*Trichothecium roseum*（Pers.）Link］引起。分生孢子梗直立，单生，2～3个分隔。分生孢子梨形或卵形，双胞，分隔处稍缢缩，两细胞大小不等，无色，聚集时呈粉红色（图1-6-3）。

4. 炭疽病　见棉花苗期棉炭疽病病原。

5. 黑果病　由半知菌类色二孢属棉色二孢菌（*Diplodia gossypina* Cooke.）引起。分生孢子器黑褐色、球形；分生孢子椭圆形，初为单胞、无色，成熟后双胞、褐色（图1-6-4）。

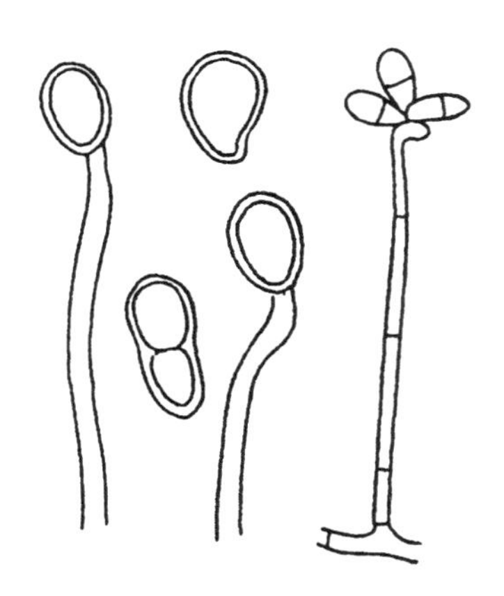

图1-6-3　棉红粉病菌分生孢子梗和分生孢子
（陈利锋等．2001．农业植物病理学）

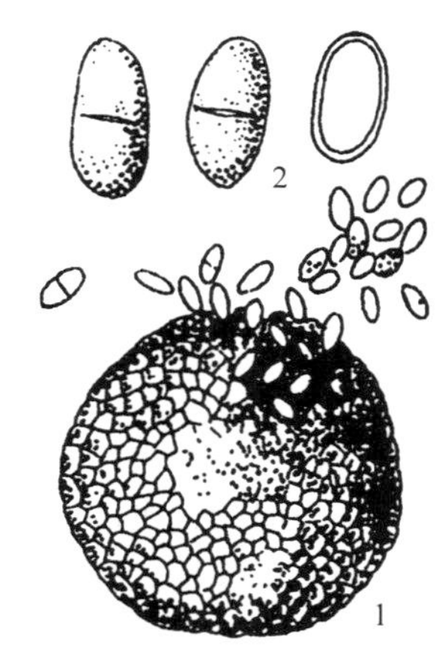

图1-6-4　棉黑果病菌
1. 分生孢子器和分生孢子　2. 分生孢子（放大）
（陈利锋等．2001．农业植物病理学）

挑取棉红腐病、红粉病、疫病病铃上的霉层制片，镜检观察病菌形态，注意棉红腐病菌和红粉病菌形态上的区别；取永久玻片标本，在显微镜下观察棉黑果病菌分生孢子器的形态。

四、棉花其他病害识别

（一）棉细菌性角斑病

棉细菌性角斑病由变形菌门黄单胞菌属野油菜黄单胞杆菌［*Xanthomonas campestris* pv. *malvacearum*（Smith）Dye］引起。棉花各部均可受害，子叶受害后，出现水渍状小圆斑，后变成圆形或不规则形褐色病斑。真叶发病，叶背面先出现深绿色的小斑点。病斑扩大后呈水渍状褐色多角形。叶片上病斑多时，棉叶萎垂和脱落。有时病斑沿着主脉扩展，形成黑褐色长条状病斑。潮湿情况下病部常分泌出黏稠状菌脓，干燥后形成一层淡灰色薄膜。

观察棉细菌性角斑病在潮湿情况下菌脓溢出现象。

（二）棉红（黄）叶茎枯病

棉红（黄）叶茎枯病是一种生理性病害。在田间常表现红叶和黄叶两种症状。一般初花期开始发病，铃期至吐絮期为发病盛期。发病初期叶片出现红色或紫红色斑点，叶片边缘稍带黄色。以后病斑逐渐扩展，除叶脉及其附近仍为绿色外，其余均呈紫红色；或先变黄色再变红色。病叶变厚、变硬、变脆皱缩，有时有萎蔫现象。严重时叶片自下而上干枯凋落，甚至全株枯死。剖视茎秆维管束不变色。

观察棉细菌性角斑病和棉红（黄）叶茎枯病的症状特征。

练　　习

绘制棉红粉病菌、红腐病菌、炭疽病菌、黄萎病菌和黑果病菌形态图。

思 考 题

1. 如何从症状上区分棉苗炭疽病和立枯病？
2. 如何从症状上区分棉花枯萎病和黄萎病？在田间如何简易诊断这两种病害？
3. 如何从症状上区分棉铃红腐病和红粉病？

任务2　棉花害虫识别

【材料及用具】棉蚜、棉叶螨、棉铃虫、棉红铃虫、棉盲蝽、棉大卷叶螟、棉小造桥虫、棉叶蝉、棉蓟马等棉花害虫的新鲜标本、干制或浸渍标本，危害状及生活史标本；体视显微镜、放大镜、镊子、挑针、载玻片等用具；多媒体教学设备及课件、挂图等。

【内容及操作步骤】

一、棉蚜识别

（一）危害状识别

棉蚜（*Aphis gossypii* Glover）属同翅目蚜科，是棉花苗期和蕾铃期的主要害虫。棉蚜以成蚜、若蚜群集于棉花嫩头、叶片背面和嫩茎上刺吸汁液，受害叶片向背面卷缩，棉株生长发育受到抑制，推迟现蕾开花。棉花现蕾后受害，造成蕾铃脱落，严重影响产量。棉蚜在取食过程中还排泄大量蜜露，污染叶面，导致霉菌寄生，影响棉株光合作用。

（二）形态识别

无翅胎生雌蚜体卵圆形，体长1.5～1.9mm，夏季黄色或黄绿色，春、秋季蓝黑色或深绿色。触角6节，有感觉孔2个。复眼红色，腹部背面几乎无斑纹。有翅胎生雌蚜体长1.2～1.9mm，夏季腹部黄绿色，深秋季深绿色。触角6节，有感觉孔8～11个。前胸背板黑色。翅膜质，中脉三分叉。越冬卵漆黑色（图1-6-5）。

观察棉蚜的多型现象，比较有翅型、无翅型在体长、体色等方面的差异。

二、棉叶螨识别

（一）危害状识别

棉叶螨属蛛形纲蜱螨目叶螨科。危害棉花的优势种是朱砂叶螨（*Tetranychus cinnabarinus* Bois.）和截形叶螨（*T. truncatus* Ehara）。棉叶螨通常以成螨、若螨群集在棉花叶背结网危害，被害叶面开始出现黄白色小点，以后变为赤色斑块，严重时叶片卷缩呈褐色，如同火烧一样，导致叶片干枯、落蕾、落铃，影响棉花产量和品质。

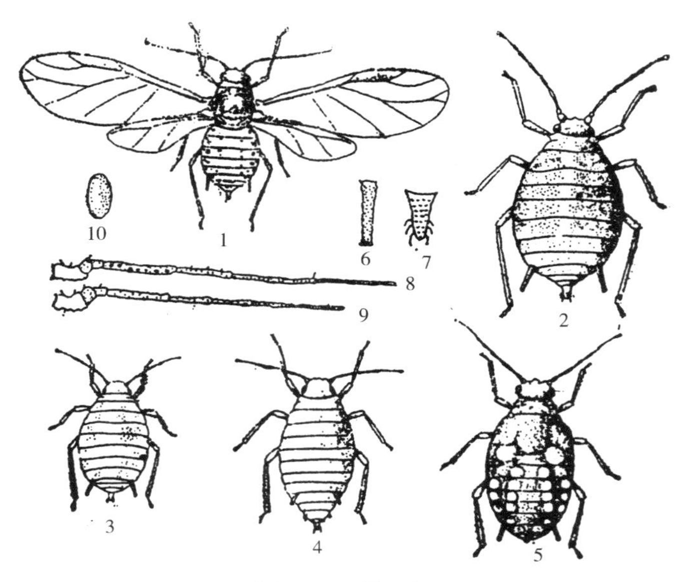

图 1-6-5　棉　蚜

1. 有翅胎生雌蚜　2. 无翅胎生雌蚜　3. 无翅胎生若蚜
4. 干母　5. 有翅若蚜　6. 有翅胎生雌蚜腹管　7. 尾片
8. 有翅胎生雌蚜触角　9. 无翅胎生雌蚜触角　10. 卵
（陕西省农林学校 . 1980. 农作物病虫害防治学各论：北方本）

（二）形态识别（朱砂叶螨）

1. 成螨　雌成螨体长 0.42～0.52mm，体红褐色、锈红色或红色，梨圆形，体背两侧有黑色斑 1 块，从头胸部末端延伸到腹部后端。有时黑斑分为 2 块，前面一块略大。雄成螨体长 0.26～0.36mm，头胸部前端近圆形，腹末稍尖。

2. 卵　圆球形，初产无色，后为黄色。

3. 幼螨　近圆形，足 3 对，稍透明，浅红色。

4. 若螨　椭圆形，4 对足。体色变深。体侧出现深色斑点（图 1-6-6）。

观察棉叶螨危害状和朱砂叶螨标本或活体，注意其大小、体段、足的数量等形态特征。

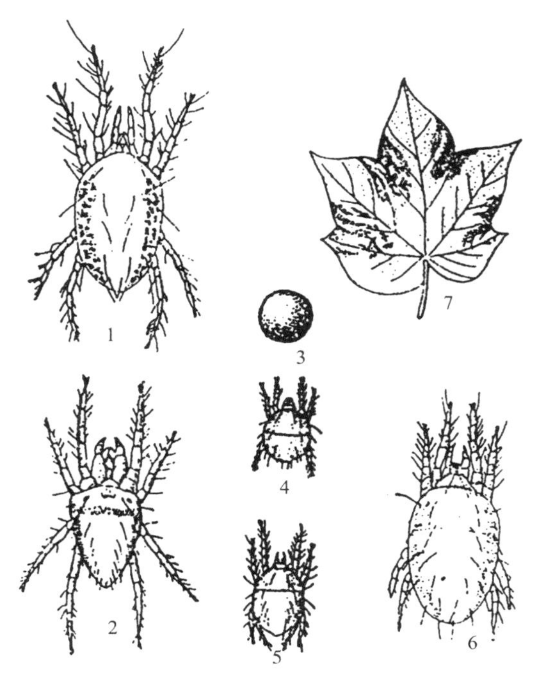

图 1-6-6　朱砂叶螨

1. 雌成螨　2. 雄成螨　3. 卵　4. 初孵幼螨
5. 一龄若螨　6. 二龄若螨　7. 被害棉叶
（陕西省农林学校 . 1980. 农作物病虫害防治学各论：北方本）

三、棉盲蝽识别

（一）危害状识别

危害棉花的盲蝽主要有绿盲蝽（*Lygus lucorum* Meyer-Dur）、中黑盲蝽

（*Adelphocoris suturalis* Jakovlev）、苜蓿盲蝽（*A. lineolatus* Goeze）、三点盲蝽（*A. taeniphorus* Reuter）和牧草盲蝽（*Lygus pratensis* Linnaeus），均属半翅目盲蝽科。上述各种盲蝽均以成虫、若虫刺吸植株汁液，造成蕾、铃大量脱落，植株破头、破叶和枝叶丛生。子叶期受害，顶芽焦枯变黑称为枯顶，形成无头棉和多头棉；真叶出现后，顶芽被害导致枯死，不定芽丛生；顶芽被害，多因叶片破碎而形成破头疯；幼叶被害，形成破叶疯；幼蕾被害，由黄变黑，形似荞麦粒，而后脱落；受害的幼铃，轻则伤口呈水渍状斑点，重则僵化脱落；顶心和旁心受害，枝叶丛生疯长，称为扫帚苗。

（二）形态识别

5 种盲蝽的形态特征见表 1-6-2 和图 1-6-7。

表 1-6-2　5 种盲蝽的形态特征

（华南农学院．1981. 农业昆虫学）

虫态	绿盲蝽	中黑盲蝽	苜蓿盲蝽	三点盲蝽	牧草盲蝽
成虫	体长 5mm，触角比体短，体绿色。前胸背板上有黑色小点刻，前翅绿色。膜区暗灰色	体长 6～7mm，体黄褐色。前胸背板有 2 个小黑点，前翅以黑褐色为主	体长 6.5～7.5mm，黄褐色。小盾片中央有 T 形黑纹	体长 7mm，黄褐色。小盾片与 2 个楔片呈明显的 3 个黄绿色三角形斑	体黄绿色。前胸背板中部有 4 条纵纹，小盾片黄色，中央黑褐色
五龄若虫	体鲜绿色，翅尖端蓝色	体深绿色，翅全绿色	体暗绿色，翅密布黑点	体黄绿色，翅末段黑色	体黄绿色，翅为绿色
卵	约 1mm，卵盖奶黄色	1.2mm，卵盖有黑斑	1.3mm，卵盖平坦	1.2mm，卵盖有杆形丝状体	1.1mm，卵盖有向内弯曲柄状物

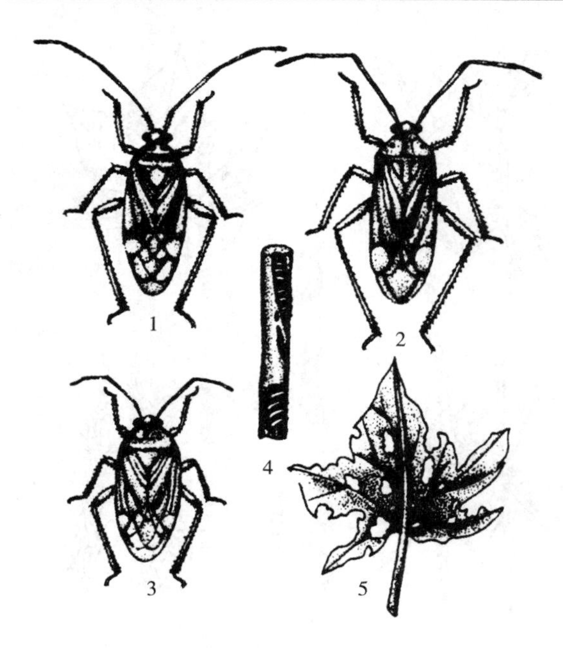

图 1-6-7　棉盲蝽

1. 三点盲蝽　2. 苜蓿盲蝽　3. 绿盲蝽
4. 棉叶柄上的卵　5. 棉叶被害状

（李清西等．2002. 植物保护）

观察棉盲蝽的危害状，注意比较当地常发生的几种盲蝽的大小、体色、小盾片及前翅楔片的斑纹和颜色。

四、棉铃虫识别

（一）危害状识别

棉铃虫（*Helicoverpa armigera* Hübner）属鳞翅目夜蛾科。其以幼虫蛀食棉花的蕾、花、铃，小蕾被害，苞叶发黄向外张开，容易脱落；大蕾和花被害，常被吃光雄蕊；嫩铃和青铃被害，手捏时感觉柔软，棉铃内的纤维和未成熟的棉籽呈水渍状，容易诱致病菌侵染，引发铃期病害。

棉铃虫寄主很多，除危害棉花外，小麦、玉米、高粱、番茄、豆类等 200 多种植物都可受害。

（二）形态识别

1. 成虫　体长 15～20mm，体色变化较大，一般雌蛾黄褐色或红褐色，雄蛾灰褐色或灰绿色。前翅有4条波状横线，中部近前缘处，有1个暗褐色环状纹和1个黑褐色肾状纹；外横线和亚外缘线之间褐色，形成一宽带；前翅外缘有7个小黑点。后翅灰白色，中部有1个月牙形黑斑，外缘有1条黑褐色宽带，宽带中部有2个白色不规则的圆斑。

2. 卵　近半球形，高约0.5mm，宽约0.45mm，纵棱达底部，每2根纵棱间有1根纵棱分为2岔或3岔。初产卵乳白色，逐渐变黄，近孵化时为紫褐色。

3. 幼虫　老熟幼虫体长40～45mm，体色变化大，有绿色、褐色、淡红色、淡黄色或黄绿色等。头部黄色，有不规则的黄褐色网状斑纹，背线2条或4条，气门上线可分为不规则的3～4条，其上有连续的白色纹。各体节有毛片12个，前胸气门下方的1对毛片连线的延长线穿过气门，或与气门下缘相切。

4. 蛹　体长17～20mm，纺锤形。初为灰绿色至褐色，近羽化时为深褐色，有光泽，复眼红色，尾端有臀棘两根（图1-6-8）。

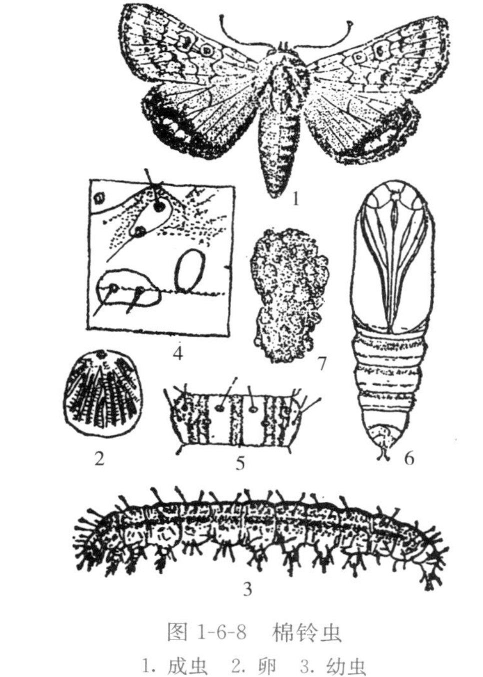

图1-6-8　棉铃虫
1. 成虫　2. 卵　3. 幼虫
4. 幼虫前胸气门附近体壁放大，示气门前两根毛与气门的关系　5. 幼虫第二腹节背面观
6. 雄蛹　7. 虫茧
（陕西省农林学校．1980．农作物病虫害防治学各论：北方本）

观察棉铃虫在棉花不同部位的危害状；观察棉铃虫成虫前、后翅斑纹，幼虫的体形、体色、体线，蛹的体形及卵的特征。

五、棉红铃虫识别

（一）危害状识别

棉红铃虫（*Pectinophora gossypiella* Saunders）属鳞翅目麦蛾科。主要危害棉花，其次危害蜀葵、红麻、木槿等。危害棉花时，以幼虫蛀食棉花蕾、花、铃及棉籽，被害花呈风车状，引起花、蕾、幼铃脱落，使大铃腐烂或形成僵瓣，降低皮棉品质。

（二）形态识别

1. 成虫　体长6～7mm，翅展12mm左右，灰褐色。前翅尖叶形，有4条不规则的黑褐色横带。后翅菜刀形，银灰色，缘毛长。

2. 卵　长椭圆形，长0.4～0.6mm。初产时乳白色，渐变黄色，近孵化时呈淡红色。

3. 幼虫　低龄幼虫乳白色，略带红色，老熟幼虫体长11～13mm，润红色，头部棕褐色，前胸背板和腹末臀板棕黑色。

4. 蛹　体长6～9mm，纺锤形，黄褐色，近羽化时黑褐色（图1-6-9）。

观察棉红铃虫的危害状及各虫态的特征。

六、棉花其他害虫识别

（一）棉大卷叶螟

棉大卷叶螟（*Sylepta derogate* Fabricius）属鳞翅目螟蛾科。除危害棉花外，还可在苘麻、木槿、木芙蓉、蜀葵、黄蜀葵、梧桐、扶桑等植物上发生危害。以幼虫卷叶危害，轻则棉铃过早吐絮，重则将叶片吃光，棉花棉花不能开花结铃。

成虫体长8～14mm，全体黄白色，有闪光。前后翅外缘线、亚外缘线、外横线、内横线均为褐色波状纹。中央接近前缘处有似OR形褐斑纹。老熟幼虫体长25mm，体绿色，头部棕黑色，胸足黑色，体上有稀疏的长刚毛，背线暗绿色，气门线稍淡。

观察棉大卷叶螟的危害状及虫体标本或活虫，注意成虫前翅的斑纹和幼虫体色、体线等特征。

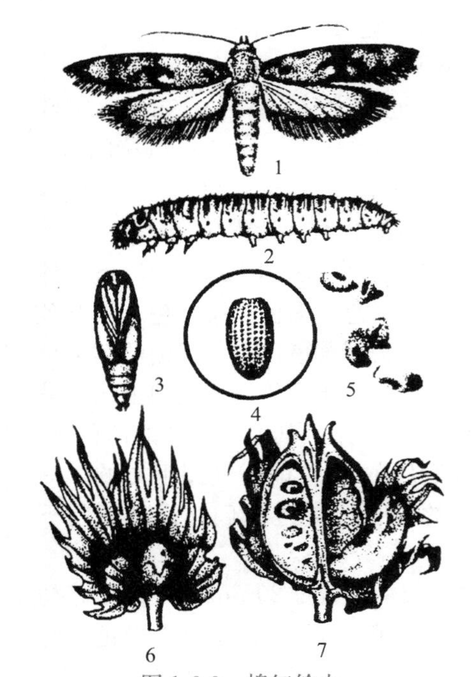

图1-6-9　棉红铃虫

1成虫　2. 幼虫　3. 蛹　4. 卵　5～7. 被害棉籽、蕾、铃

（吉林省农业学校 . 1996. 作物保护学各论）

（二）棉小造桥虫

棉小造桥虫（*Anomis flava* Fabricius）属鳞翅目夜蛾科。危害棉花、黄麻、苘麻、烟草、木槿、冬葵等植物。幼虫食害棉花等寄主叶片，咬成缺刻或孔洞，常将叶片吃光，仅剩叶脉。棉铃受害青铃不能充分成熟，对棉花产量、品质影响很大。

成虫体长10～13mm，头、胸部橘黄色，腹部背面灰黄至黄褐色。雌虫前翅淡黄褐色，雄虫黄褐色。雄虫触角锯齿状，雌虫丝状。前翅内半部分金黄色，外半部分褐色，有4条横形波纹，肾形纹为短棒状，环形纹为一白斑。老熟幼虫体长33～37mm，头淡黄色，体黄绿色，胸部和腹部纵贯7条白线。第一对腹足退化，第二对较短小，爬行时虫体中部拱起，似尺蠖。

观察棉小造桥虫的危害状及成、幼虫形态特征。

练　习

1. 比较当地常见刺吸式口器棉花害虫的危害状特点。
2. 绘制棉铃虫、棉红铃虫成虫前、后翅形态图。

思考题

1. 试比较棉铃虫和棉红铃虫的危害特点。

2. 调查当地棉花主要病虫害的种类及发生危害情况，撰写1份调查报告。

棉花病虫害的发生和危害

我国记载的棉花病害有40余种，其中较重要的有苗期病害如棉立枯病、棉炭疽病、棉红腐病、棉茎枯病以及棉角斑病等，系统侵染的病害如棉花枯萎病和棉黄萎病，铃期病害如棉铃疫病、棉炭疽病、棉红腐病、棉红粉病和棉黑果病等。常见的棉花害虫约30种，但各棉区常发生的种类仅为少数几种，如棉蚜、棉铃虫、棉叶螨和蓟马等。全国棉花病虫害以棉铃虫、棉蚜、棉叶螨、棉盲蝽、棉花枯萎病等为主。

近年来，棉花前期病虫害发生程度总体偏轻，中后期病虫害总体中等发生，发生危害重于前期，并且以虫害为主，其中棉盲蝽在黄河流域棉区、蚜虫和棉叶螨及烟粉虱在新疆和其他棉区局部呈偏重危害趋势；黄萎病和铃期病害在大部分棉区有突发的潜在威胁；由于抗虫棉的推广，棉铃虫的危害程度有所下降，在全国大部分棉区总体为偏轻发生，长江流域棉区为中等发生，黄河流域和南疆为偏轻发生，新疆棉区危害较重；棉盲蝽在江苏和黄河流域大部、北部棉区偏重发生，在新疆和长江流域的其他大部分棉区中等发生；伏期棉蚜在新疆北部和东部、河北和山西南部局部偏重发生，长江流域、黄河流域其他大部棉区和南疆中等至偏轻发生；棉叶螨在黄河流域、长江流域大部分地区为中等发生，南疆喀什和阿克苏地区、北疆昌吉回族自治州和博尔塔拉蒙古自治州、东疆哈密地区及江西北部等地可达偏重发生；烟粉虱在长江流域和新疆大部中等发生，黄河流域棉区偏轻发生；黄萎病在河北和湖北棉花连作棉区偏重发生，黄河流域、长江流域其他大部棉区和新疆棉区中等发生；斜纹夜蛾在长江流域棉区发生，棉蓟马在新疆中等发生；铃期病害在全国大部分棉区偏轻至中等程度发生，遇多雨天气铃期病害有严重发生的可能。棉茎枯病在局部地区发生也较重。

从识别棉花病虫的准确程度，室内镜检操作的规范熟练程度，实验报告完成情况及学习态度等几方面（表1-6-3）对学生进行考核评价。

表1-6-3　棉花病虫害识别考核评价

序号	考核项目	考核内容	考核标准	考核方式	分值
1	棉花病害识别	棉花病害症状观察识别	能仔细观察、准确描述棉花主要病害的症状特点，并能初步诊断其病原类型	现场识别考核	20
		棉花病害病原物室内镜检	对田间采集（或实验室提供）的棉花病害标本，能够熟练地制作病原临时玻片，在显微镜下观察病原物形态，并能准确鉴定	现场操作考核	20
2	棉花害虫识别	棉花害虫形态及危害状观察识别	能仔细观察、准确描述棉花主要害虫的形态识别要点及危害状特点，并能指出其所属目和科的名称	现场识别考核	20

（续）

序号	考核项目	考核内容	考核标准	考核方式	分值
3	实验（调查）报告		实验报告完成认真、规范；绘制的病原物和害虫形态特征典型，标注正确。调查报告内容真实，表述清晰，文字流畅	评阅考核	30
4	学习态度		对老师提前布置的任务准备充分，发言积极，观察认真；遵纪守时，爱护公物	学生自评、小组互评和教师评价相结合	10

子项目七　油料作物病虫害识别

【学习目标】识别油料作物主要病害的症状及其病原物形态和主要害虫的形态特征及危害状。

任务1　油料作物病害识别

【材料及用具】油菜菌核病、大豆胞囊线虫病、大豆花叶病、大豆霜霉病、大豆灰斑病、大豆疫霉根腐病、花生根结线虫病、花生青枯病、花生叶斑病、花生锈病等油料作物病害的新鲜或干制标本、病原玻片标本；显微镜、镊子、挑针、载玻片、盖玻片等有关用具；多媒体教学设备及课件、挂图等。

【内容及操作步骤】

一、油菜菌核病识别

（一）症状识别

油菜苗期受害，在接近地面的根颈与叶柄上，初生红褐色斑点，后扩大变为白色，病组织变软腐烂，上面长出白色棉絮状菌丝。病斑绕茎后幼苗死亡，后期病部形成黑色菌核。成株期受害多从植株下部叶片开始形成圆形或半圆形、灰褐色或黄褐色的病斑，有2～3种不同颜色的同心轮纹，外缘有黄色晕圈。干燥时病斑破裂穿孔，潮湿时病斑上有白色棉絮状菌丝。茎与分枝发病多发生在主茎的中、下部，初为淡褐色长椭圆形、梭形至长条状绕茎大斑，略凹陷，有同心轮纹，水渍状；后变为灰白色、边缘深褐色，病健交界明显。严重时皮层纵裂，维管束麻丝状外露，茎秆中空易折，在潮湿条件下，上面长出白色絮状菌丝，故称“白秆”“霉秆”，后期内有黑色鼠粪状菌核。病茎部以上部分早枯。在花瓣上产生水渍状、暗褐色、无光泽小点，角果上产生不规则白色病斑，潮湿时均可长出白色菌丝，角果内形成菌核。种子发病呈瘪粒，表面粗糙，灰白色。少数种子表面也裹有菌丝（图1-7-1）。

观察叶片、茎秆的症状特点，注意发病部位病斑的形状、颜色、菌丝及菌核的着生情况。

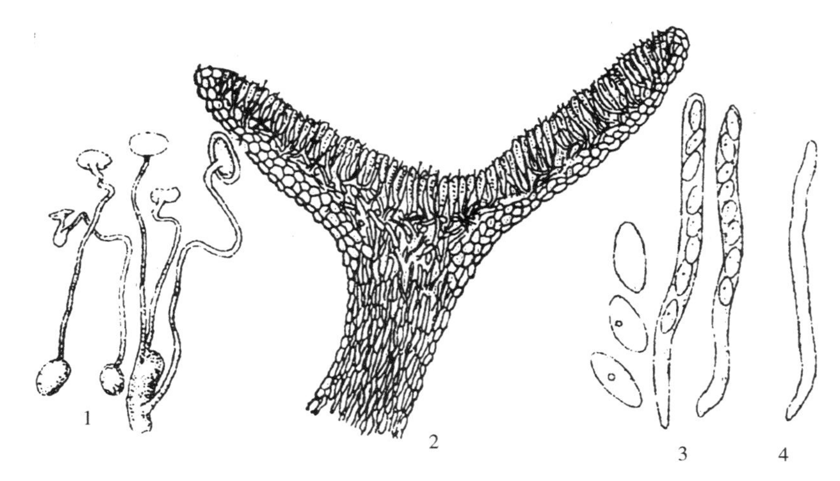

图 1-7-1　油菜菌核病菌

1. 菌核萌发形成子囊盘　2. 子囊盘纵剖面　3. 子囊和子囊孢子　4. 侧丝

（陈利锋等．2007. 农业植物病理学）

（二）病原识别

病原为核盘菌［*Sclerotinia sclerotiorum*（Lib.）de Bary］，属子囊菌门核盘菌属。菌核球形或鼠粪状，不规则形，萌发可产生 1～4 个子囊盘，子囊盘肉质，浅肉色至褐色，子实层由子囊与侧丝栅状排列。子囊无色，棍棒状或圆柱形，内生 8 个子囊孢子；子囊孢子单胞，无色透明，椭圆形。菌核对干旱和低温等不良条件抵抗能力强。光照不足时，菌核萌发只长出子囊盘柄，而不能形成子囊盘。

取已制病原玻片，在显微镜下观察病菌子囊盘的形态。

二、大豆胞囊线虫病识别

（一）症状识别

大豆胞囊线虫病在大豆整个生育期均可发生危害。大豆开花期前后症状最明显，病株瘦弱，明显矮化，似缺氮、缺水状；叶片褪绿变黄；病株根瘤少，根系不发达并形成大量须根，须根上附有大量白色至黄白色小颗粒，即线虫的胞囊（雌成虫），后期胞囊变褐，脱落于土中。病株根部表皮常被雌虫胀破，被其他腐生菌侵染而引起根系腐烂，病株叶片常脱落，使植株提早枯死。发病植株结荚少或不结荚，籽粒小而瘪。在田间，因线虫在土壤中分布不均匀，常造成大豆地块呈点片发黄状（图 1-7-2）。

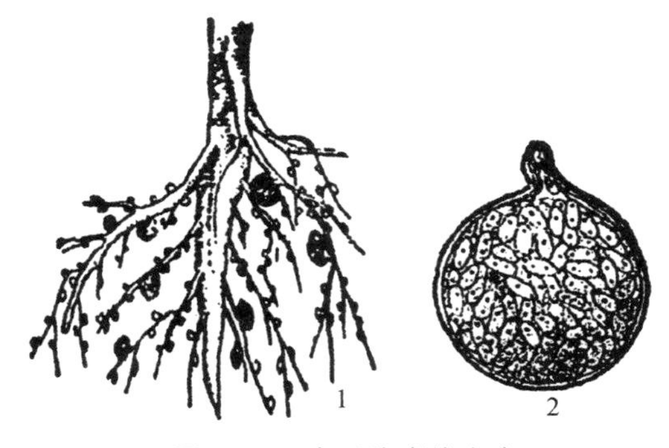

图 1-7-2　大豆胞囊线虫病

1. 病株根部　2. 胞囊

（张学哲．2005. 作物病虫害防治）

观察大豆胞囊线虫病症状，注意比较与健株在株形、叶色和根部发育情况方面的差异。注意根瘤和胞囊的大小及颜色差异。

（二）病原识别

病原物为大豆胞囊线虫（*Heterodera glycines* Ichinoche），属垫刃目异皮线虫属（又称胞囊线虫属）。卵呈蚕茧状，向一侧微弯，在雌虫体内形成，贮存于胞囊中。幼虫分 4 龄，蜕皮 3 次后变为成虫。线虫的一龄幼虫在卵内发育，二龄幼虫破壳而出，一、二龄雌雄幼虫均为线状；三龄幼虫雌雄可辨，雌虫腹部膨大成囊状，雄虫仍为线状；四龄幼虫形态与成虫相似。雄成虫线状，雌成虫梨形。

制片镜检或观察已制好的玻片标本，观察胞囊（雌成虫）的形态特征。

三、大豆花叶病识别

（一）症状识别

大豆花叶病的症状因寄主品种、病毒株系、侵染时期和环境条件的不同差别很大。轻花叶型病叶生长基本正常，用肉眼能观察到叶片上有轻微淡黄色斑驳，叶脉无坏死，叶片不皱缩。此症状在后期感病植株或抗病品种上常见。重花叶型病叶呈黄绿相间的斑驳，暗绿色，严重皱缩，叶肉呈突起状，叶缘向后卷曲，叶脉坏死，感病或发病早的植株矮化。皱缩花叶型病叶歪扭、皱缩、叶脉疱状突起，植株矮化，结荚少。黄斑型病株是轻花叶和皱缩花叶的混合发生。芽枯型病株矮化，病株顶芽萎缩卷曲，发脆易断，呈黑褐色枯死，开花期花芽萎缩不结荚，或豆荚畸形，其上产生不规则或圆形褐色的斑块。病种子呈现褐斑粒，斑纹为云纹状或放射状，是花叶病在种子上的表现，病株种子受气候或品种的影响，有的无斑驳或很少有斑驳。

观察叶片的斑驳、皱缩程度，种子褐斑粒的症状特点。

（二）病原识别

大豆花叶病毒（*Soybean mosaic virus*，SMV），属马铃薯 Y 病毒属（*Potyvirus*），病毒粒体线状。SMV 主要由带毒种子和昆虫介体传播，也可由汁液接触传染。

四、花生青枯病识别

（一）症状识别

从苗期至收获期均可发生，但以盛花期发病最重。该病是典型的维管束病害，叶片急性凋萎和导管变色。病株地上部主茎顶梢叶片在中午失水萎蔫，晚上和早晨可以恢复，数天后早、晚也不能恢复，病株叶片自上而下很快凋萎下垂，叶色暗淡，但仍呈青绿色，故称青枯病。病株地下部主根尖端变褐、湿腐，根瘤呈墨绿色，向上扩展后，可全根腐烂。病株上果柄、荚果亦呈黑褐色、湿腐状。剖视根或茎部，可见维管束变为淡褐色至黑褐色。潮湿条件下，用手挤压切口处，可渗出污白色细菌黏液。一般植株从发病到枯死需 7～15d，少数达 20d 以上。

观察花生青枯病病株，注意地上部青枯和地下部变褐、湿腐的症状特点。

（二）病原识别

病原为茄劳尔氏菌［*Ralstonia solanacearum*（Smith）Yabuuchi et al.］，属变形菌门劳尔氏菌属。菌体短杆状，两端钝圆，极生鞭毛 1～4 根。

制片镜检或观察已制好的玻片标本，注意菌体的形状、革兰氏染色反应等特点。

五、花生叶斑病识别

（一）症状识别

花生叶斑病包括褐斑病和黑斑病，两种病害在田间常同时发生，症状相似。发病初期均形成褐色小点，扩大后在叶片上形成褐色圆形病斑，在叶柄和茎秆上形成褐色椭圆形病斑。两种病害的区别在于：黑斑病的病斑较小，直径多为2～5mm，病斑颜色呈黑褐色，且叶斑正面和背面颜色基本相同。老病斑周围常有淡黄色晕圈，在叶片背面病斑上产生大量黑色小点（子座），排列呈同心轮纹状。褐斑病的病斑较大，直径4～10mm，病斑颜色较浅，叶斑背面比正面更浅，一般正面为茶褐色，背面则为黄褐色，初期病斑就有明显的黄色晕圈。主要在叶片正面病斑上产生小黑点（子座），散生且不明显。潮湿时，两种病害在病斑上的小黑点处产生灰褐色霉层。

观察花生叶斑病标本，对比褐斑病和黑斑病病斑的大小、颜色及产生霉层的特点。

（二）病原识别

黑斑病病原为球座尾孢菌（*Cercospora personata* Berk. et Curt），褐斑病病原为花生尾孢菌（*C. arachidicola* Hori），均属半知菌类尾孢属。

黑斑病菌的子座主要产生于叶斑背面，暗褐色，半球形；分生孢子梗丛生，褐色，不分枝，短粗，有0～2个分隔，上部呈膝状弯曲。分生孢子倒棍棒状或圆筒状，褐色，短粗，分隔少，多数为3～5个。褐斑病菌子座主要产生在叶斑正面，暗褐色，不明显；分生孢子梗丛生或散生，不分枝，黄褐色，较细长，0～2个分隔，上部呈膝状弯曲，分生孢子倒棍状或鞭状，细长，无色或淡褐色，分隔多，多数为5～7个（图1-7-3）。

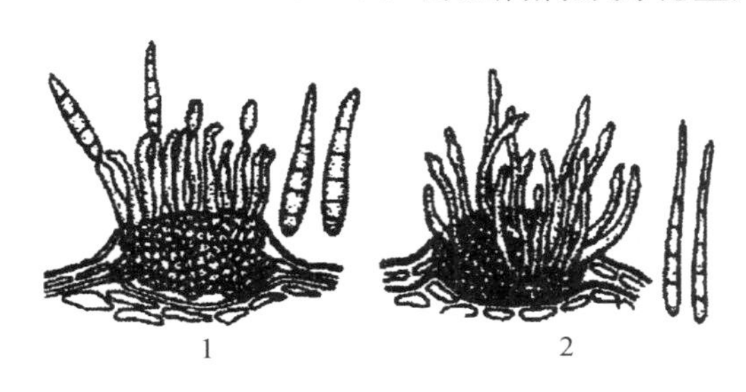

图1-7-3　花生叶斑病菌
1. 黑斑病菌分生孢子梗和分生孢子
2. 褐斑病菌分生孢子梗和分生孢子
（张学哲．2005．作物病虫害防治）

挑取病部灰褐色霉少许制片，镜检观察分生孢子梗及分生孢子的形态特征，注意区别两种病菌分生孢子的颜色及分隔情况。

六、油料作物其他病害识别

（一）大豆霜霉病

大豆霜霉病的病原为东北霜霉菌［*Peronospora manshurica*（Naum）Syd.］，属卵菌门霜霉属。在大豆各生育期均可发生，危害大豆幼苗、叶片、荚和籽粒。幼苗受害后，叶片沿叶脉形成褪绿斑，最后变黄色至褐色枯死。成株叶片上散生多角形或不规则形、中部褐色、边缘深褐色的病斑，背面密生灰色至紫灰色霉层（孢囊梗和孢子囊）。豆荚受害后，荚皮无明显症状，但剥开病荚，可见内壁有大量的杏黄色粉状物，即病原菌的卵孢子。被害籽粒无光泽，色白而小，表面黏附一层灰白色或黄白色粉末，为病原菌的菌丝和卵孢子。

观察大豆霜霉病标本，注意叶片和籽粒上的症状特点，挑取病部病菌制片，镜检观察孢囊梗和孢子囊形态。

（二）大豆疫霉根腐病

大豆疫霉根腐病病原为大豆疫霉菌（*Phytophthora sojae* Kaufmann & Gerdemann），属卵菌门疫霉属。出苗前发病引起种子腐烂。出苗后病根或茎基部腐烂萎蔫或立枯，根变褐，软化。真叶期发病，侧根腐烂、主根变为深褐色，并可沿主茎向上延伸几厘米，甚至有的可达第十节；茎上可出现水渍斑，叶片萎蔫、黄化，最终死苗。成株发病，枯死较慢，先是下部叶片脉间变黄，上部叶片褪绿，植株逐渐萎蔫，叶片凋萎但仍悬挂在植株上。后期病茎的皮层及维管束组织均变褐。

观察大豆疫霉根腐病病株，注意病株茎基部及根部发病部位的颜色变化情况。

（三）大豆灰斑病

病原为大豆尾孢菌（*Cercospora sojina* Hara），属半知菌类尾孢属。主要危害叶片，也可侵染幼苗、茎、荚和种子。叶片发病，初为褪绿色小圆斑，后逐渐扩展为圆形，边缘褐色，中央为灰色或灰褐色的蛙眼状病斑。有时病斑也可扩展至椭圆形或不规则形。潮湿时，在叶片背面病斑的中央密生灰色霉层（分生孢子梗和分生孢子）。病害严重时，病斑可合并达整个叶片，使叶片干枯死亡，提早脱落。种子上病斑明显，多为蛙眼状灰褐色圆斑，边缘深褐色。

观察大豆灰斑病标本，注意叶片和籽粒上的症状特征。

（四）花生锈病

病原为落花生柄锈菌（*Puccinia arachidis* Speg.），属担子菌门柄锈菌属。花生锈病主要危害花生叶片，亦可危害叶柄、托叶、茎秆、果柄和荚果。发病初期在叶片的背面产生针头大小的疹状白斑，正面形成黄色小点，后扩大形成黄色至黄褐色、圆形的夏孢子堆。表皮破裂后，露出铁锈色的粉末状夏孢子。病害一般自下部叶片逐渐向上部叶片扩展，叶片密布夏孢子堆后，叶、茎蔓干枯，呈火烧状。托叶、茎秆、果柄和果壳上的病状与叶片上的相似。收获时病果柄易断，荚果脱落土中。

观察花生锈病标本，注意夏孢子堆的形状和颜色特点。

1. 列表比较油料作物主要病害的症状特点。
2. 绘制油菜菌核病菌和花生叶斑病菌的形态图。

1. 简述油菜菌核病的诊断要点。
2. 大豆疫霉根腐病和大豆胞囊线虫病在大豆根部的症状特点如何？怎样区别？
3. 如何诊断花生叶斑病？褐斑病和黑斑病有何区别？
4. 调查了解当地油菜、大豆、花生等油料作物上有哪些主要病害，其症状特点、严重程度如何。

任务 2　油料作物害虫识别

【材料及用具】豆荚螟、大豆食心虫、草地螟、豌豆潜叶蝇、豆根蛇潜蝇、豆天蛾等油料作物害虫的新鲜标本、干制或浸渍标本，危害状及生活史标本；体视显微镜、放大镜、镊子、挑针、盖玻片、载玻片等用具；多媒体教学设备及课件、挂图等。

【内容及操作步骤】

一、豆荚螟和大豆食心虫的识别

（一）危害状识别

豆荚螟［*Etiella zinckenella*（Treitschke）］属鳞翅目螟蛾科。以幼虫在豆荚内蛀食豆粒，轻则造成豆粒残破，重则全荚豆粒被吃空。豆粒被虫粪污染后，易霉烂。大豆食心虫［*Leguminivora glycinivorella*（Matsumura）］又名大豆蛀荚蛾，属鳞翅目小卷蛾科。以幼虫蛀入豆荚食害豆粒，形成破瓣豆，对产量、品质影响较大。豆荚螟与大豆食心虫的危害状相似，前者的蛀入孔和脱荚孔多在豆荚中部，脱荚孔圆形而大，而后者的蛀入孔和脱荚孔多在豆荚的侧面靠近合缝处，脱荚孔椭圆形，且小。

（二）形态识别

1. 豆荚螟

（1）成虫。体长 10～12mm，翅展 20～24mm，体灰褐色。触角线状，雄蛾触角基部有灰白色毛丛。前翅灰褐色，狭长，杂有深褐色和黄白色鳞片，前缘有 1 条白色纵带，近翅基 1/3 处有 1 条金黄色宽横带。后翅黄白色，沿外缘褐色。

（2）卵。长径 0.5～0.8mm，短径约 0.4mm，椭圆形，表面密布不规则的网状刻纹。初产时乳白色，渐变红色，孵化前呈淡黄色。

（3）幼虫。体长 14～18mm，紫红色。前胸背板中央有黑色“人”字形纹，两侧各有 1 个黑斑，腹面及胸背两侧青绿色。后缘中央有 2 个小黑斑。背线、亚背线、气门线、气门下线明显。趾钩双序环式。

（4）蛹。初化蛹为绿色，后变粉红色，2～3h 后变为黄褐色，羽化前为深褐至黑褐色，体长 9～10mm，宽约 3mm，腹端有钩刺 6 根（图 1-7-4）。

2. 大豆食心虫

（1）成虫。体暗褐色或黄褐色，体长 5～6mm。翅展 12～14mm，前翅暗褐色，前缘有大约 10 条黑紫色短斜纹，外缘内侧有 1 个银灰色椭圆形斑，斑内有 3 个紫褐色小斑。雄蛾前翅色较淡，有翅缰 1 根，腹部末端有抱握器和显著的毛束，雄蛾腹末较钝。雌成虫体色较深，有 3 根翅缰，腹部末端产卵管突出。

（2）卵。扁椭圆形，长约 0.5mm，初产时卵呈乳白色，后变黄色或橘红色，孵化前变成紫黑色。

（3）幼虫。分 4 龄。初孵幼虫淡黄色，入荚后为乳白色至黄白色，老熟幼虫鲜红色，脱荚入土后为杏黄色。老熟幼虫体长 8～9mm，略呈圆筒形，趾钩单序全环，靠近腹部中线的趾钩稍长。腹部第七至八节背面有 1 对紫色小斑者为雄性。

（4）蛹。体长 5～7mm，腹部第二至七节背面前后缘各有刺 1 列，在第八至九节仅有 1 列较大的刺。腹末端背面有 8 根粗大短刺。土茧白色丝质，外附有土粒，长椭圆形（图 1-7-5）。

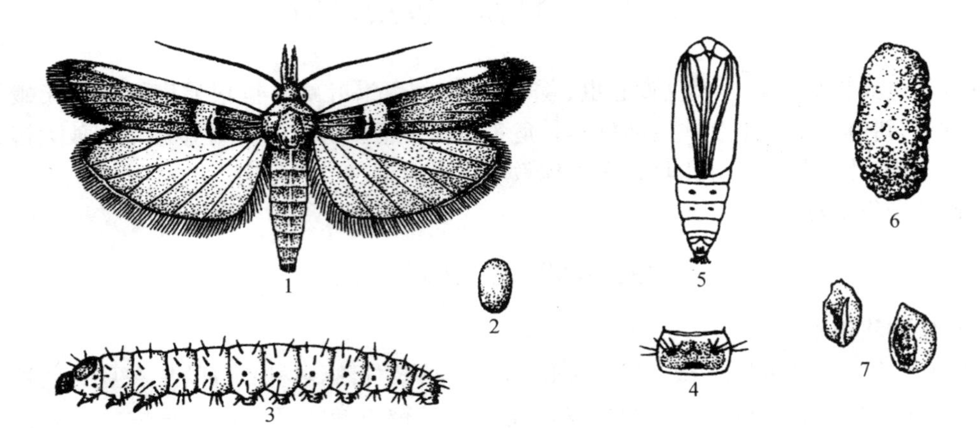

图 1-7-4　豆荚螟

1. 成虫　2. 卵　3. 幼虫　4. 幼虫前胸背板

5. 蛹　6. 土茧　7. 大豆被害状

（丁锦华等 . 2002. 农业昆虫学：南方本）

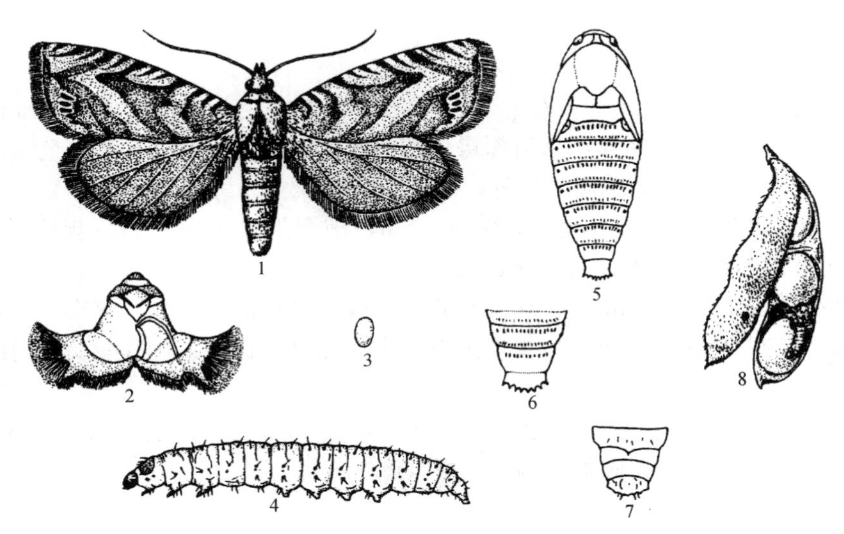

图 1-7-5　大豆食心虫

1. 雌成虫　2. 雄成虫外生殖器　3. 卵　4. 幼虫

5. 蛹　6. 雌蛹腹部末端　7. 雄蛹腹部末端　8. 被害状

（丁锦华等 . 2002. 农业昆虫学：南方本）

观察豆荚螟和大豆食心虫成、幼虫的形态特征，注意比较两种幼虫在颜色、斑纹上的区别及危害状的异同点。

二、草地螟识别

（一）危害状识别

草地螟［*Loxostege sticticalis*（Linnaeus）］又名甜菜网螟，属鳞翅目螟蛾科。幼虫喜食甜菜、大豆、向日葵等；野生植物中嗜食灰菜等藜科植物。初孵幼虫在叶背剥食叶肉，仅留薄壁；二至三龄幼虫群居心叶危害，残留透明的角质膜及叶脉，使被害叶片形成网状；三龄幼虫可将叶片吃光。

（二）形态识别

1. 成虫　体长10～12mm，翅展18～20mm。体中、小型，黑褐色，触角丝状。前翅灰褐色，翅面有暗褐色斑纹，沿外缘有黄色点状条纹，近中后部中央有1个黄白色斑，近顶角处有一长形黄白色斑纹；后翅灰色，沿外缘有两条黑色平行波纹。静止时，2个前翅叠成三角形。

2. 卵　长0.8～1.0mm，宽0.4～0.5mm，椭圆形，初产时乳白色，有光泽，后变黄色，孵化时为黑色。

3. 幼虫　老熟幼虫体长19～21mm，灰绿色。头部黑色，有明显白斑。虫体背面及侧面有明显暗色纵带，纵带间有黄绿色波状线。腹部各节有明显刚毛肉瘤。刚毛基部黑色，外围有两个同心黄色圆环。

4. 蛹　黄褐色，体长15mm，腹末有8根刚毛，蛹外包被泥沙及丝质口袋形的茧，茧长20～40mm（图1-7-6）。

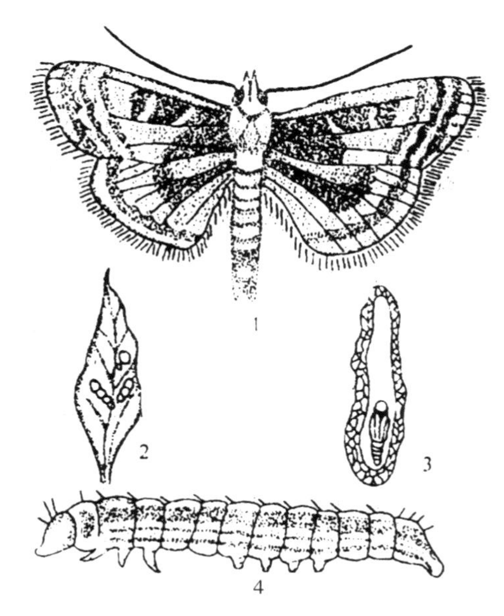

图1-7-6　草地螟
1. 成虫　2. 卵　3. 茧内蛹　4. 幼虫
（洪晓月等.2007. 农业昆虫学）

观察草地螟成、幼虫的形态特征；注意观察成虫前翅斑纹颜色、形状，幼虫体线特征及危害状特点。

三、油料作物其他害虫识别

（一）豌豆潜叶蝇

豌豆潜叶蝇（*Phytomyza horticola* Goureau）又名油菜潜叶蝇、豌豆彩潜蝇等，属双翅目潜蝇科。主要取食油菜等十字花科和豌豆、蚕豆等豆科作物。幼虫在叶片上下表皮之间潜食叶肉。被害叶上出现灰白色弯曲的潜道，潜道内留有黑色虫粪。严重时可吃光叶肉，仅剩上、下表皮，造成叶片枯萎、脱落。

成虫体长2～3mm，翅展5～7mm。体暗灰色，有黑色鬃毛。具芒状触角。头部黄褐色，短而阔；复眼椭圆形，黑褐色或红褐色；前翅半透明，白色带有紫色光泽。腹部灰黑色。老熟幼虫体长2.9～3.5mm，黄白色。口钩黑色，头小，前胸和腹部末节的背面各有1对管状突起的气门，腹末端呈平截状。

观察豌豆潜叶蝇成、幼虫的形态特征及危害状特点。

（二）豆根蛇潜蝇

豆根蛇潜蝇（*Ophiomyia shibatsuji* Kato），又名大豆根潜蝇，属双翅目潜蝇科。只取食大豆和野生大豆。成虫舐吸大豆苗的叶片汁液，叶面出现很多密集透明的小孔；

幼虫孵化后在幼根胚轴皮层下蛀食，形成3～5cm长的隧道，破坏韧皮部和木质部，受害严重的逐渐枯死。

成虫体长2.2～2.4mm，黑色。复眼暗红色，具芒状触角。前翅透明，有紫色闪光，翅脉上有毛。幼虫体长4mm，乳白色，呈圆筒形。头部有指形突起，口钩黑色。

观察豆根蛇潜蝇幼虫危害状及成虫、幼虫的形态特征。

（三）豆天蛾

豆天蛾（*Clanis bilineata* Walker）属鳞翅目天蛾科。主要危害大豆，也能危害绿豆、豇豆等。幼虫食害大豆叶片，轻者叶片被吃成网孔状，严重的可将豆株吃成光秆。

成虫体长40～45mm，翅展100～120mm，虫体和翅黄褐色；头胸部背中线暗褐色，腹部背板各节后缘有黑色横纹。前翅狭长，前缘近中央有较大的褐绿色半圆形斑，翅面上可见褐色的6条波状横纹，顶角有黑褐色斜纹；后翅小，暗褐色，基部上方有红色斑，后角附近黄褐色。幼虫体长90mm，青绿色，密生黄色小颗粒，腹部两侧有7对黄白色斜纹，尾角青色。

观察豆天蛾成、幼虫的形态特征及危害状特点。

1. 列表比较油料作物主要害虫的危害特点。
2. 绘制豆荚螟、大豆食心虫和草地螟成虫前翅形态图。

1. 大豆食心虫和豆荚螟危害状上有何异同点？
2. 调查了解当地油菜、大豆、花生等油料作物上有哪些主要害虫，其危害特点、严重程度如何。

油料作物病虫害的发生和危害

我国主要油料作物有油菜、大豆、花生和芝麻等，油菜和芝麻产于长江流域各省份，大豆和花生遍及全国各地，其中大豆的主产区在我国东北地区，花生的主产区在山东半岛。油料作物病虫害种类很多。我国已报道的油菜病害有17种，主要有菌核病、病毒病、白锈病等，尤以油菜菌核病在长江中下游油菜主产区发生严重。

我国已报道的大豆病害有52种，其中发生普遍、危害严重的有大豆胞囊线虫病、大豆花叶病、大豆霜霉病、大豆疫霉根腐病和一些叶斑类病害等。大豆疫霉根腐病是重要的植物检疫对象，近年来有加重危害的趋势，必须加强预防和严格检疫。大豆胞囊线虫病是危害大豆最重、发生最普遍的一种病害，尤其在黑龙江、吉林等省份的西部干旱地带发生普遍，重病地四五年内难以再种植，对大豆生产危害极大。大豆菌核病以黑龙江、内蒙古大豆产区发病重，大豆花叶病在我国各大豆产区都有发生，以北方大豆产区危害严重。大豆灰斑病等在部分大豆产区发生也较重。

我国已发现的花生病害有30多种，危害较重的有北方根结线虫病、叶斑病、根腐病、青枯病、茎腐病、病毒病等。花生根结线虫病几乎在所有种植花生的地区都有发生，一般减产20%～30%，严重的可达70%以上，甚至绝收。花生青枯病在我国主要分布于长江以南各省份，危害很大。近年来在河南南部、山东中南部等部分地区发生危害也较严重，北部的辽宁、河北等省份也有发生。花生叶斑病是花生上常见的叶部病害，主要发生在花生生长的中后期。

油菜害虫主要有菜蚜、菜蛾、菜粉蝶、黄曲条跳甲、靛蓝龟象甲等。菜蚜在西南大部分地区和北方油菜区偏重发生，长江中下游地区中等程度发生。其中桃蚜为多食性害虫，除危害十字花科蔬菜和油菜外，还危害大豆、烟草、马铃薯、果树等。萝卜蚜和甘蓝蚜为寡食性害虫，主要危害十字花科蔬菜。

大豆产区的主要害虫有豆荚螟、大豆食心虫、大豆蚜和草地螟等。豆荚螟在我国辽宁南部地区以南都有分布，以黄河、淮河和长江流域各大豆产区受害最重。大豆食心虫是我国北方大豆产区的重要害虫。草地螟是东北、华北和西北地区间歇暴发成灾的迁飞性害虫。近十多年内草地螟的发生呈现出持续性勃发式大发生和周期性的特征。

花生害虫主要有蚜虫、叶螨、棉铃虫、蛴螬、地老虎、蝼蛄、金针虫等。

从识别油料作物病虫的准确程度，室内镜检操作的规范熟练程度，实验报告完成情况及学习态度等几方面（表1-7-1）对学生进行考核评价。

表1-7-1　油料作物病虫害识别考核评价

序号	考核项目	考核内容	考核标准	考核方式	分值
1	油料作物病害识别	油料作物病害症状观察识别	能仔细观察、准确描述油料作物主要病害的症状特点，并能初步诊断其病原类型	现场识别考核	20
		油料作物病害病原物室内镜检	对田间采集（或实验室提供）的油料作物病害标本，能够熟练地制作病原临时玻片，在显微镜下观察病原物形态，并能准确鉴定	现场操作考核	20
2	油料作物害虫识别	油料作物害虫形态及危害状观察识别	能仔细观察、准确描述油料作物主要害虫的形态识别要点及危害状特点，并能指出其所属目和科的名称	现场识别考核	20
3	实验报告		报告完成认真、规范，内容真实；绘制的病原物和害虫形态特征典型，标注正确	评阅考核	30
4	学习态度		对老师提前布置的任务准备充分，发言积极，观察认真；遵纪守时，爱护公物	学生自评、小组互评和教师评价相结合	10

子项目八　蔬菜病虫害识别

【学习目标】识别蔬菜主要病害的症状及其病原物形态和主要害虫的形态特征及危害状。

任务1　蔬菜病害识别

【材料及用具】 蔬菜苗期病害、大白菜软腐病、番茄青枯病、番茄病毒病、番茄灰霉病、茄子褐纹病、辣椒炭疽病、马铃薯晚疫病、黄瓜霜霉病、黄瓜枯萎病、菜豆锈病、蔬菜根结线虫病、辣椒疫病、马铃薯环腐病、番茄早疫病等蔬菜病害的盒装标本及新鲜标本、病原玻片标本；显微镜、镊子、挑针、载玻片、盖玻片等有关用具；多媒体教学设备及课件、挂图等。

【内容及操作步骤】

一、蔬菜苗期病害识别

猝倒病、立枯病以及由低温引起的生理性病害沤根是蔬菜苗期的主要病害，全国各地都有分布。茄科、葫芦科蔬菜幼苗受害较为严重。在冬春季苗床上发生较普遍，轻则引起死苗缺株，严重时可引起大量死苗。

（一）症状识别

1. 猝倒病　幼苗出土前、后均能受害。幼苗出土后发病，茎基部初呈水渍状，后病部变黄色，缢缩成线状。病情发展迅速，常在子叶尚未凋萎时幼苗即折倒贴伏地面，故称为“猝倒”。低温高湿时，病苗及其附近的土壤上，长出一层白色棉絮状物。尚未出土幼苗发病，胚茎和子叶变褐腐烂。

2. 立枯病　刚出土的幼苗和大苗均可受害，但多发生在育苗的中后期。患病幼苗茎基部产生暗色病斑，早期病苗中午萎蔫，早晚恢复。病部逐渐凹陷、扩大至绕茎一周，最后病部缢缩，植株枯死。由于病苗大多直立而枯死，故称为“立枯”。发病轻的幼苗，仅在茎基部形成褐色病斑，幼苗生长不良，但不枯死。在潮湿的条件下，病部常有淡褐色的、稀疏的蛛丝网状霉层。

3. 沤根　幼苗期或移栽后幼苗不发新根，根部表面初呈锈褐色，后逐渐变褐色腐烂，地上部叶片变黄、萎蔫，生长停止，幼苗极易拔起。

取蔬菜苗期猝倒病、立枯病和沤根标本，仔细观察症状特征，注意发病部位和病部变色、缢缩现象，病部有无霉层等病征出现。

（二）病原识别

1. 猝倒病　由卵菌门腐霉属瓜果腐霉［*Pythium aphanidermatum*（Eds）Fitzp］引起。孢子囊着生于菌丝顶端或中间，顶端膨大成球形的泡囊。游动孢子双鞭毛，肾形。有性生殖产生卵孢子，卵孢子球形、光滑。

2. 立枯病　由半知菌类丝核菌属立枯丝核菌［*Rhizoctonia solani* Kühn］引起。菌丝体淡褐色，分枝处呈直角，分枝基部微缢缩，且有一隔膜。菌丝交错纠结形成菌核，菌核无定形，大小不等，淡褐色至黑褐色，质地疏松，表面粗糙。病菌不产生无性孢子。

3. 沤根　沤根为生理性病害。苗床土温过低、高湿、光照不足是诱发该病的主要原因。

取蔬菜苗期猝倒病和立枯病新鲜标本，保湿处理后挑取病菌制片镜检，注意观察腐霉菌的无隔菌丝体、孢子囊的形态和丝核菌菌丝的分隔、分枝的角度及分枝基部的缢缩等特征。

二、大白菜软腐病识别

（一）症状识别

大白菜田间发病，多从包心期开始。最初植株的外围叶片在烈日下表现萎垂，继而瘫倒在地，露出叶球，称为“脱帮”。重病株叶柄基部和根茎处心髓组织完全腐烂，呈黏滑状，并发出恶臭味，菜球易用脚踢落，称为“烂疙瘩”。有的从外叶边缘或新叶顶端开始向下发展或从叶片虫伤处向四周蔓延，最后造成整个菜头腐烂。腐烂叶片在干燥情况下，失水干枯呈薄纸状。

观察大白菜软腐病新鲜标本，注意其发病部位、病部的颜色和腐烂情况，并注意有无臭味。

（二）病原识别

大白菜软腐病由变形菌门欧文氏菌属胡萝卜欧氏杆菌［*Erwinia carotouora* subsp. *carotovora*（Jones）Bergey et al.］引起。菌体短杆状，周生鞭毛2～8根。

从大白菜软腐病病部切取病组织，观察细菌溢脓现象。

三、番茄青枯病识别

（一）症状识别

番茄苗期不表现症状，植株长到30cm高以后才开始发病。首先是顶部叶片萎垂，病株最初白天萎蔫，傍晚以后恢复正常，如果土壤干燥、气温高，2～3d后病株不再恢复正常而死亡，叶片色泽稍淡，但仍保持绿色，故称青枯病。在土壤含水量较多或连续下雨的条件下，病株可持续1周左右才死去。病茎下端往往表皮粗糙不平，常生有长短不一的不定根。天气潮湿时病株茎上可出现1～2cm大小、初呈水渍状后变为褐色的斑块，病茎木质部褐色，用手挤压有乳白色的黏液渗出，这是本病的重要特征（图1-8-1）。

观察番茄青枯病茎部症状，注意茎部维管束变色情况。横切病茎用手挤压，注意是否有菌脓溢出。

（二）病原识别

病原为变形菌门劳尔氏菌属茄劳尔氏菌（*Ralstonia solanacearum* = *Pseudomonas solancearum*）。菌体短杆状，两端圆，极生鞭毛1～3根。

取已制病原玻片在显微镜下观察菌体形态或观察多媒体课件中的菌体及菌落形态。

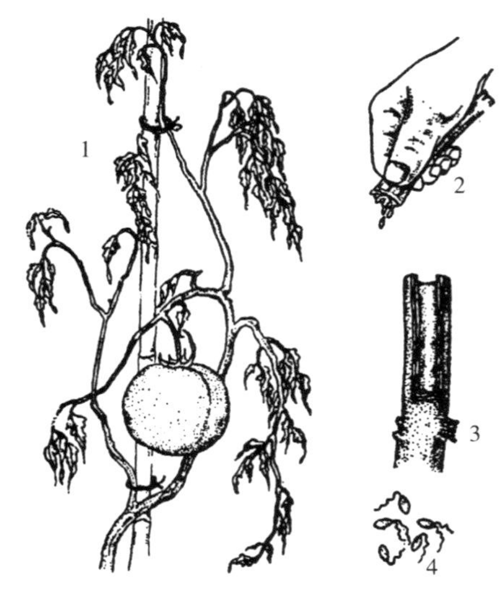

图1-8-1 番茄青枯病

1. 病株 2. 病茎挤出的菌液 3. 病茎维管束变色 4. 病原细菌

（农业部人事劳动司等.2004. 农作物植保员）

四、番茄病毒病识别

（一）症状识别

番茄病毒病症状表现多种多样。常见有花叶型、条斑型和蕨叶型3种，其中以条斑型对产量影响最大，其次为蕨叶型。

1. 花叶型 花叶型在田间有两种表现：一种是轻型花叶，叶片平展、大小正常，植株不矮化，只是在较嫩的叶片上出现深绿与浅绿相间的斑驳，使叶片呈花叶状，对产量影响不大；另一种是重型花叶，叶片凹凸不平，扭曲畸形，叶片变小，嫩叶上花叶症状明显，植株矮化，果小质劣，多呈花脸状，对产量影响较大。

2. 条斑型 条斑型可侵染茎、叶和果实。叶片上多呈现深绿色或浅绿色相间的花叶症状；茎部发病，茎秆上、中部初生暗绿色下陷的短条纹，后变为深褐色下陷的油渍状坏死斑，逐渐蔓延扩大；果实发病，果面散布不规则形褐色下陷的油渍状坏死斑，病果畸形。

3. 蕨叶型 蕨叶型症状多发生在植株上部，新叶细长呈线状，生长缓慢，叶肉组织严重退化，甚至完全退化，仅剩下主脉；病株一般明显矮化，中、下部叶片向上卷起。发病早时，植株不能正常结果。

近年来，番茄黄化曲叶病毒病在我国的许多省份大面积暴发，并呈现由南向北迅速蔓延的趋势。染病番茄植株矮化，生长缓慢或停滞，顶部叶片常稍褪绿发黄、变小，叶片边缘上卷，叶片增厚，叶质变硬，叶背面叶脉常显紫色。生长发育早期染病植株严重矮缩，无法正常开花结果；生长发育后期染病植株仅上部叶片和新芽表现症状，结果数量减少，果实变小。成熟期果实着色不均匀（红不透），基本失去商品价值。

观察番茄病毒病花叶型、条斑型、蕨叶型和黄化曲叶病毒病症状标本，注意花叶型的斑驳、叶片大小；条斑型茎秆上油渍状坏死条斑；蕨叶型的细小蕨叶，黄化曲叶病毒病植株矮化、叶片增厚、边缘上卷等症状特征。

（二）病原识别

番茄病毒病由多种病毒引起，我国报道的主要有6种：烟草花叶病毒（*Tobacco mosaic virus*，TMV）、黄瓜花叶病毒（*Cucumber mosaic virus*，CMV）、马铃薯X病毒（*Potato virus X*，PVX）、马铃薯Y病毒（*Potato virus Y*，PVY）、烟草蚀纹病毒（*Tobacco etch virus*，TEV）、苜蓿花叶病毒（*Alfalfa mosaic virus*，AMV）。我国北方以TMV为主，南方以CMV为主，长江中下游地区TMV和CMV都是重要毒源。

TMV病毒粒体杆状，CMV病毒粒体球状。两者寄主范围都很广，前者在番茄上形成的主要症状是各种类型的系统花叶，果实和叶脉上的枯斑和茎秆上的条状枯死斑；后者在番茄上主要症状是花叶、畸形、蕨叶、丛枝与严重矮化。

番茄黄化曲叶病毒病病原为中国番茄黄化曲叶病毒（*Tomato yellow leaf curl virus*，TYLCV），称双生病毒（亚组Ⅲ），简称TY，是一种具有孪生颗粒形态的单链环状DNA植物病毒。其不能经种子、机械摩擦等途径传播，主要由烟粉虱传播，也可通过嫁接传播。烟粉虱在有毒寄主植物上最短获毒时间为15～30min，一旦获毒可终身带毒，属于持久性传毒类型。除番茄外，TYLCV易感染的寄主植物还有曼陀罗、烟草、菜豆、苦苣菜、番木瓜等几十种。

五、番茄灰霉病识别

（一）症状识别

番茄灰霉病主要危害花、果实、叶片及茎。病菌多先从残留的柱头或花瓣侵染，后向果面或果柄扩展，呈灰白色腐烂，病部长出大量灰色霉层，果实失水后僵化。叶片发病，多从叶缘呈V形向内扩展，病斑浅褐色，边缘不规则，具深浅相间轮纹，后病部产生灰霉，叶片枯死。茎部发病，开始呈水渍状小点，后扩展为长椭圆形或长条形斑，湿度大时病斑上长出灰褐色霉层，严重时引起病部以上枯死。

观察番茄灰霉病不同部位的典型症状，注意病果水渍状、变褐、软腐的特点，病叶上病斑暗绿色，注意有无隐约的轮纹，并注意霉层的颜色。

（二）病原识别

番茄灰霉病由半知菌类葡萄孢属灰葡萄孢（*Botrytis cinerea* Pers.）引起。分生孢子梗丛生，不分枝或分枝，直立，顶端簇生分生孢子。分生孢子聚生，呈葡萄穗状，椭圆形或卵形，无色，单胞。当田间条件恶化后，病部可见黑色片状菌核。

挑取病部霉层制成临时玻片镜检观察，注意病菌分生孢子梗的颜色、形态，分生孢子是否小而密集，似葡萄穗状。

六、茄子褐纹病识别

（一）症状识别

茄子褐纹病主要危害茄果，也侵染叶片和茎秆。果实病斑近圆形，褐色，稍凹陷，逐渐腐烂，病部出现同心轮纹，其上产生许多小黑点。湿度大时，病果常落地腐烂或挂在枝上干缩成僵果。叶片受害，形成直径1～2cm、不规则形、边缘暗褐色、中央灰白色至深褐色的病斑。病斑上轮生许多小黑点。病组织脆薄，易破裂呈穿孔状。茎秆发病，产生褐色、梭形、稍凹陷、呈干腐状的溃疡病斑。

观察茄子褐纹病发病叶片、茎秆、果实的症状特点，注意病斑有无轮纹及小黑点的排列情况。

（二）病原识别

茄子褐纹病由半知菌类拟茎点霉属茄褐纹拟茎叶霉［*Phomopsis vexans*（Sacc. et Syd.）Hartter.］引起。分生孢子器埋生于寄主表皮下，成熟后突破表皮外露，球形或扁球形。分生孢子无色，单胞，椭圆形或丝状。在自然条件下病菌还可侵染辣椒等。

切取一小块病组织，做徒手切片后镜检，观察分生孢子器的形状及分生孢子的形态。

七、辣椒炭疽病识别

（一）症状识别

辣椒炭疽病根据其症状表现和病原物的不同可分为黑色炭疽病、黑点炭疽病和红色炭疽病3种。此病除危害辣椒外，还侵染茄子和番茄。

1. 黑色炭疽病　黑色炭疽病主要危害果实，特别是近成熟期的果实更易发生，也侵染叶片和果梗。果实发病，初期病斑为水渍状，褐色，长圆形或不规则形，扩大后病斑凹陷，斑面上隆起不规则形环，环纹上密生黑色小粒点。潮湿时，病斑周围有湿润状变色圈；干燥时，病斑常干缩，极易破裂。叶片上病斑褐色，圆形，中间灰白色；后期在病斑上产生轮纹状排列的小黑点。茎和果梗被害，形成褐色凹陷斑，不规则形，干燥时易开裂。

2. 黑点炭疽病　黑点炭疽病主要危害成熟的果实，症状与黑色炭疽病相似，病斑表面上产生的黑色粒点较大、色深。潮湿条件下溢出黏质物。

3. 红色炭疽病　成熟果及幼果均能受害。病斑圆形，黄褐色，水渍状，凹陷，斑上着生橙红色小粒点，略成同心轮纹排列。潮湿条件下，病斑表面溢出淡红色黏质物。

观察辣椒炭疽病的病叶、病果，注意不同发病部位病斑的形状、大小和颜色，用放大镜观察病斑上黑色小点、橙色小点的排列情况。

（二）病原识别

辣椒黑色炭疽病、黑点炭疽病和红色炭疽病分别由半知菌类黑刺盘孢菌（*Colletotrichum nigrum*）、辣椒丛刺盘孢菌（*Vermicularia capsici*）、辣椒盘长孢菌（*Gloeosporium piperatum*）引起。病斑上产生的黑色小粒点、橙色小粒点均为病菌的分生孢子盘及分生孢子。分生孢子盘初生于寄主表皮下，成熟后突破表皮外露，黑色，盘状或垫状，其上生有暗褐色刚毛和分生孢子梗，刚毛具2～4个隔膜。分生孢子梗短粗，圆柱状，单胞，无色，顶端产生分生孢子。分生孢子新月形或镰刀形，端部尖，单胞，无色。有的分生孢子盘上刚毛少见，分生孢子椭圆形、无色、单胞。

切取辣椒炭疽病的小块病组织做徒手切片镜检，观察病菌分生孢子盘和分生孢子的形态。

八、马铃薯晚疫病识别

（一）症状识别

马铃薯晚疫病可发生于叶片、叶柄、茎和薯块上。叶片发病，多在叶尖或叶缘出现圆形或半圆形、暗绿或暗褐色、边缘不明显的病斑，病斑边缘有白色稀疏的霉层，叶背更为明显。发病严重时，叶柄及茎部可产生褐色条斑，使叶片萎蔫下垂，最后整个植株变焦黑，呈湿腐状。干燥条件下，病斑干枯呈褐色，不产生霉层。薯块感病，形成淡褐色或灰紫色不规则形下陷的病斑，病斑下薯肉变成褐色，易被其他病菌侵染发生软腐，常引起入窖后的薯块大批腐烂（图1-8-2）。

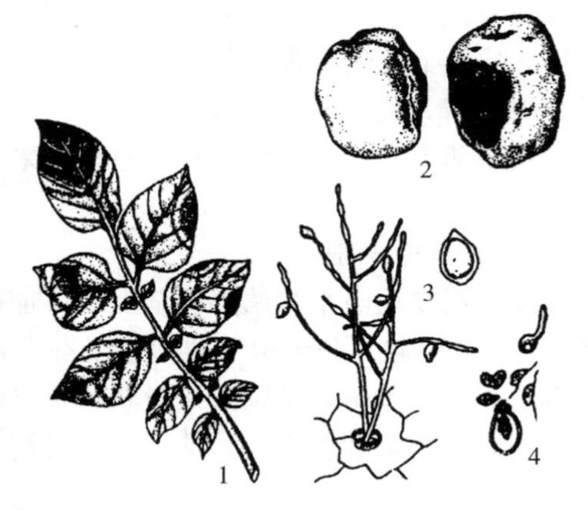

图1-8-2　马铃薯晚疫病
1. 病叶　2. 病薯　3. 孢囊梗及孢子囊
4. 孢子囊萌发产生游动孢子
（吉林省农业学校．1996. 作物保护学各论）

观察马铃薯晚疫病的症状特征，注意病部有无稀疏的白色霉层。

（二）病原识别

马铃薯晚疫病由卵菌门疫霉属致病疫霉菌［*Phytophthora infestans*（Mont.）de Bary］引起。孢囊梗自气孔伸出，无色，有1～4根分枝，每一分枝的顶端着生孢子囊。孢子囊无色、单胞、卵圆形，顶端有乳突，萌发产生游动孢子或直接产生芽管。孢子囊脱落后，孢囊梗呈节结状。

挑取病部霉层制片镜检，观察孢囊梗和孢子囊的形态。

九、黄瓜霜霉病识别

（一）症状识别

幼苗至成株期均可发生，主要危害叶片。发病初期在叶片正面产生淡黄色小斑块，扩大后因受叶脉限制而呈多角形淡黄色病斑，潮湿时在叶背病斑上长有紫黑色霉层，为病菌的孢囊梗和孢子囊。严重时，病斑连接成片，全叶呈黄褐色干枯卷缩，田间一片枯黄，使植株早衰死亡。

取黄瓜霜霉病标本观察病叶正面病斑的颜色、形状、大小和分布情况，注意叶背霉状物的有无、颜色和着生情况。

（二）病原识别

黄瓜霜霉病由卵菌门假霜霉属古巴假霜霉［*Pseudoperonospora cubensis*（Berk. et Cert.）Rostov］引起，为专性寄生菌。孢囊梗由气孔伸出，无色，锐角分枝3～5次，末端小梗直或稍弯，顶端着生孢子囊。孢子囊卵形或椭圆形，淡褐色，有乳头状突起，高湿条件下萌发产生游动孢子。湿度低时，孢子囊直接萌发产生芽管。我国至今还未见病菌的卵孢子。病菌喜高湿，孢子囊要求叶面上有水滴或水膜存在时才能萌发。

挑取病叶背面的霉状物制片镜检，注意孢囊梗的形状和分枝特点，孢子囊的形状、颜色和特征。

十、黄瓜枯萎病识别

（一）症状识别

黄瓜枯萎病在植株整个生长期都能发生。幼苗受害，子叶萎蔫或全株枯萎，茎基部变褐缢缩，幼苗猝倒。多数病株在开花结果期逐渐表现症状，发病初期叶片由下向上逐渐萎蔫，似缺水状，数日后整株叶片萎蔫下垂，茎蔓上出现纵裂，裂口处流出黄褐色胶状物，病株根部腐烂，纵切病茎检查，可见维管束呈褐色。

观察黄瓜枯萎病标本，注意病害在不同发病部位的症状表现和茎基部病斑的颜色及病部的纵裂情况。横切病茎，观察维管束变色情况。

（二）病原识别

黄瓜枯萎病由半知菌类镰孢属尖孢镰孢（*Fusarium oxysporum* Schlecht.）引起。气生菌丝白色棉絮状。小型分生孢子无色，长椭圆形，无隔或有1个分隔；大型分生孢子无色，纺锤形或镰刀形，1～5个分隔，多为3个分隔。

挑取病部霉状物制片，镜检观察大型分生孢子和小型分生孢子的形状、颜色和分隔情况。

十一、菜豆锈病识别

（一）症状识别

此病主要危害叶片，也危害叶柄、茎和豆荚。叶片发病，形成黄褐色夏孢子堆，很快突出叶片表皮细胞和角质层并散出红褐色粉状物（夏孢子）。植株生长后期，叶片上的夏孢子堆逐渐形成深褐色的冬孢子堆，或在病斑周围长出黑褐色的冬孢子堆。孢子堆突破叶片表皮后散出黑褐色的冬孢子。叶柄、茎和豆荚被侵染后所产生症状与叶片相似。

观察菜豆锈病标本，比较病叶上夏孢子堆和冬孢子堆的形状、大小、颜色和特征，并观察孢子堆破裂后散出的锈粉。

（二）病原识别

菜豆锈病由担子菌门单胞锈菌属疣顶单胞锈菌［*Uromyces appendiculatus*（Pers.）Ung.］引起。除侵染菜豆外，还侵染豇豆、扁豆和绿豆等豆类植物。夏孢子单胞，黄褐色，椭圆形或卵圆形，表面生有细刺；冬孢子单胞，栗褐色，近圆形，壁平滑，顶端有浅褐色的乳头状突起，基部有柄，无色透明，与夏孢子长度基本相等（图 1-8-3）。

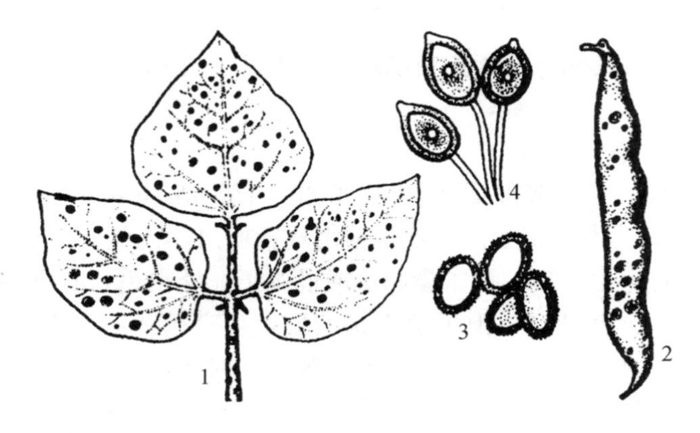

图 1-8-3　菜豆锈病
1、2. 被害状　3. 夏孢子　4. 冬孢子
（华中农业大学．2001. 蔬菜病理学）

挑取病部夏孢子和冬孢子制片镜检，观察其形态、颜色。

十二、蔬菜根结线虫病识别

（一）症状识别

主要危害植株的根部，以侧根和须根最易受害。发病后侧根或须根上形成大小不一、形状不同的瘤状根结。根结大小因寄主和根结线虫的种类不同而异，最小的根结肉眼可见，呈微肿状，较大的如蚕豆大小甚至更大，有时数个根瘤连成串珠状。发病中后期，大型根结表面粗糙，最后变褐色，易腐烂。剖视根结，可见许多柠檬形的雌虫。病株地上部表现为营养不良，植株矮小，叶片褪绿黄化，生长衰弱，结果少、小，品质变劣，严重时整个植株逐渐萎蔫死亡（图 1-8-4）。

图 1-8-4　黄瓜根结线虫病
1. 被害状　2. 雌成虫　3. 雄成虫
（蔡银杰．2006. 植物保护学）

观察病株标本，注意根结形状和根部特征；剖开根结，观察内部有无白色小米粒状虫体。

（二）病原识别

病原物属垫刃目根结线虫属。主要种类有南方根结线虫（*Meloidogyne incognita*）、花生根结线虫（*M. arenaria*）、北方根结线虫（*M. hapla*）和爪哇根结线虫（*M. javanica*）。其中南方根结线虫为优势种群，危害河南、山东、山西等地葫芦科植物的根结线虫多为南方根结线虫 1 号。该种线虫属内寄生线虫，雌虫和雄虫的形态明显不同，雌虫成熟后膨大呈梨形，雄成虫细长，尾短，无交合伞，交合刺粗壮。根结线虫寄主范围广，可寄生 39 科 130 余种植物。

挑取蔬菜根结线虫病的根结，剖开后观察雌虫的形态特征。

十三、蔬菜其他病害识别

（一）辣椒疫病

辣椒疫病由卵菌门疫霉属辣椒疫霉菌（*Phytophthora capsici* Leonian）引起。辣椒从苗期至成株期均可被侵染，茎、叶和果实都能发病。苗期发病，首先在茎基部形成暗绿色水渍状病斑，迅速褐腐缢缩而猝倒。成株期叶片感病，病斑圆形或近圆形，直径2～3cm，边缘黄绿色，中央暗褐色。果实发病，多从蒂部开始，水渍状、暗绿色，边缘不明显，扩大后可遍及整个果实，潮湿时表面产生稀疏的白霉，即病菌的孢子囊和孢囊梗。果实失水干燥，形成僵果，残留在枝上。茎和枝发病，病部初呈水渍状、暗绿色，后出现环绕表皮扩展的褐色或黑色条斑，病部以上枝枯叶落，维管束色泽正常，根系发育良好。

（二）马铃薯环腐病

马铃薯环腐病由放线菌门棒形杆菌属密执安棒形杆菌［*Clavibater michiganense* subsp. *sepedonicum*（Spieckermann & Kotthoff）Davis et al.］引起。其病株表现为叶片萎蔫，逐渐黄化凋萎，甚至枯死，但不脱落。病薯纵切后可见维管束变成黄色或黄褐色，严重的连成一圈，用手挤压切口处，有乳白色或黄白色细菌溢出。

（三）番茄早疫病

番茄早疫病由半知菌类链格孢属茄链格孢菌［*Alternaria solani*（Ellis et Martin）Jones et Grout.］引起。其在茎秆及叶片上产生1～2cm的病斑，边缘深褐色，中央灰褐色，圆形或椭圆形，上有同心轮纹。潮湿时病斑上长出黑霉。

观察辣椒疫病、马铃薯环腐病和番茄早疫病的症状及病原物的特征。

（四）黄瓜绿斑驳病毒病

黄瓜绿斑驳病毒病为国内植物检疫性病害。黄瓜绿斑驳病毒病分绿斑花叶和黄斑花叶两种类型。绿斑花叶型苗期染病，幼苗顶尖部的2～3片叶出现亮绿或暗绿色斑驳，叶片较平，产生暗绿色斑驳的病部隆起，新叶浓绿，后期叶脉透明化，叶片变小，引起植株矮化，叶片斑驳扭曲，呈系统性侵染；瓜条染病现浓绿色花斑，有的也产生瘤状物，致果实成为畸形瓜，影响商品价值，严重的减产25%左右。黄斑花叶型症状表现与绿斑花叶型相近，但叶片上产生淡黄色星状疱斑，老叶近白色。

病原为黄瓜绿斑花叶病毒（*Cucumber green mottle mosaic virus*，CGMMV），病毒粒体杆状。钝化温度80～90℃，稀释限点10^{-6}，体外保毒期1年以上。可经汁液摩擦或土壤传播，体外存活期数月至1年。自然界主要侵染甜瓜、西瓜、黄瓜、南瓜及瓠瓜等多种葫芦科作物。

观察黄瓜绿斑驳病毒病症状，注意绿斑花叶和黄斑花叶两种类型症状的区别。

1. 绘制当地番茄主要病害病原菌形态图2～3种。
2. 绘制茄子和马铃薯病害病原菌形态图各1种。
3. 绘制辣椒炭疽病病原菌形态图。

4. 绘制黄瓜霜霉病和枯萎病病原菌形态图。
5. 绘制蔬菜根结线虫雌成虫图。

思考题

1. 当地发生的蔬菜苗期病害有哪几种？如何进行识别？
2. 番茄病毒病的症状有哪些类型？
3. 如何诊断番茄青枯病和黄瓜枯萎病？
4. 试述茄子褐纹病、番茄灰霉病、辣椒炭疽病、马铃薯晚疫病的典型症状。

任务2　蔬菜害虫识别

【材料及用具】菜蚜、菜粉蝶、小菜蛾、斜纹夜蛾、美洲斑潜蝇、黄曲条跳甲、温室白粉虱、黄守瓜、马铃薯瓢虫、菜螟、马铃薯块茎蛾等蔬菜害虫的盒装标本及新鲜标本；体视显微镜、镊子、挑针、放大镜等有关用具；多媒体教学设备及课件、挂图等。

【内容及操作步骤】

一、菜蚜识别

（一）危害状识别

危害十字花科蔬菜的蚜虫主要有萝卜蚜（*Lipaphis erysimi* Kaltcnbach），又称为菜缢管蚜；桃蚜（*Myzus persicae* Sulzer），又称为烟蚜；甘蓝蚜［*Brevicoryne brassicae*（L.）］3种，均属同翅目蚜科。3种蚜虫都以成、若蚜群聚在幼苗、嫩叶、嫩茎和近地面的叶片上吸食汁液，造成叶面卷曲皱缩，叶片发黄，生长不良；嫩茎和花梗受害多呈畸形，影响抽薹、开花和结实。菜蚜还能传播病毒病，造成更大的损失。

观察3种菜蚜的危害状，注意在不同十字花科蔬菜上的危害特点。

（二）形态识别

1. 萝卜蚜　有翅胎生雌蚜体长约1.6mm，头胸部黑色。触角第三节有感觉孔16～26个。腹部黄绿色，两侧具黑斑，并覆有稀薄的白色蜡粉。第一、二腹节和腹管以后各节的背面各有一黑色横纹。腹管淡黑色，末端缢缩。无翅胎生雌蚜体长1.8mm，触角第三节无感觉孔，其余同有翅蚜。

2. 桃蚜　有翅胎生雌蚜体长2mm左右，头部黑色，额瘤显著，向内倾斜。复眼赤褐色。触角黑色，共6节，第三节有1列感觉孔，9～17个。胸部黑色，腹部绿色、黄绿色、褐色或赤褐色。无翅胎生雌蚜体长2mm左右，触角第三节无感觉孔，其他特征同有翅蚜。

3. 甘蓝蚜　有翅胎生雌蚜体长约2mm，头、胸部黑色，触角第三节有感觉孔37～50个。腹部黄绿色，被有蜡粉，背面有暗绿色横纹，两侧各具5个黑点。腹管很短。无翅胎生雌蚜体长约2.5mm，暗绿色，触角无感觉孔，其余同有翅蚜。

观察萝卜蚜、桃蚜、甘蓝蚜有翅胎生雌蚜和无翅胎生雌蚜的形态，注意其体色、额瘤、腹管和尾片的特征。

二、菜粉蝶识别

（一）危害状识别

菜粉蝶［*Pieris rapae*（Linnaeus）］属鳞翅目粉蝶科。幼虫称菜青虫，以十字花科蔬菜受害最重。幼虫食害叶片，大白菜、甘蓝等苗期受害，重则整株死亡，轻则影响包心。幼虫钻入菜球内危害，易引起腐烂和造成粪便污染，取食造成的伤口又为软腐病菌的侵入创造了条件。

观察菜青虫的危害状，注意其在不同十字花科蔬菜上危害程度的差异。

（二）形态识别

1. 成虫　体长12～20mm，翅展45～55mm。雌虫淡黄白色，近翅基部灰黑色，前翅顶角有1个三角形黑斑，其下方有2个黑色圆斑；后翅前缘也有一黑斑。雄虫翅基灰黑色部分及翅面黑斑较小，色淡。

2. 卵　瓶形，黄色，长约1mm，表面有方格状脊纹。

3. 幼虫　末龄幼虫体长28～35mm，青绿色，背面密生细毛和黑点，每个体节有4～5条横皱纹。气门周围和气门后各有1个黄斑。

4. 蛹　体长18～21mm，有灰绿、灰黄、青绿等色，蛹体两端尖细，头部前端中央有一短而直的管状突起，体背有3条纵脊。尾部和腰间有丝与寄主相连（图1-8-5）。

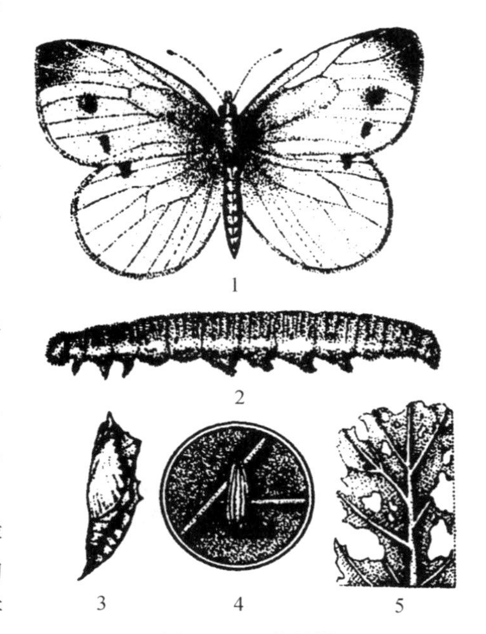

图1-8-5　菜粉蝶

1. 成虫　2. 幼虫　3. 蛹　4. 卵　5. 被害状

（吉林省农业学校.1996. 作物保护各论）

观察菜粉蝶各个虫态的形态，注意成虫前、后翅的颜色和色斑，雌、雄成虫的区别及幼虫的体形、体色和线纹等特征。

三、小菜蛾识别

（一）危害状识别

小菜蛾［*Plutella xylostella*（Linnaeus）］属鳞翅目菜蛾科，主要危害十字花科蔬菜，其中又以甘蓝、花椰菜、大白菜、油菜等受害最重。一、二龄幼虫取食叶肉，残留上表皮呈透明小斑点，俗称“开天窗”。较大幼虫可将叶片咬成空洞和缺刻，仅留下叶脉，严重时叶片被吃成网状。在甘蓝、大白菜苗期常集中危害心叶，影响包心，还可危害嫩茎和籽荚，影响留种菜的留种。

观察小菜蛾在不同十字花科蔬菜上的危害状。

（二）形态识别

1. 成虫　体长6～7mm，翅展12～15mm。前、后翅狭长而尖，缘毛很长，前翅中央有三度弯曲的黄白色波状纹。静止时，两翅折叠呈屋脊状，黄白色波纹合成3个连串的斜方块斑，故称方块蛾。前翅缘毛长并翘起如鸡尾。

2. 卵 长椭圆形，长约0.5mm，初产乳白色，后变黄绿色。表面光滑。

3. 幼虫 老熟幼虫体长10mm，纺锤形。头黄褐色，胸、腹部绿色。前胸背板上有淡褐色小点，很有规则地排列成U形纹。臀足向后伸长超过腹部末端。

4. 蛹 体长5～8mm，呈纺锤形，初为淡绿色，后变灰褐色。腹部第二至七节背面两侧各有一小突起，末节腹面有2对钩刺。体外有网状薄茧，外观可透见蛹体（图1-8-6）。

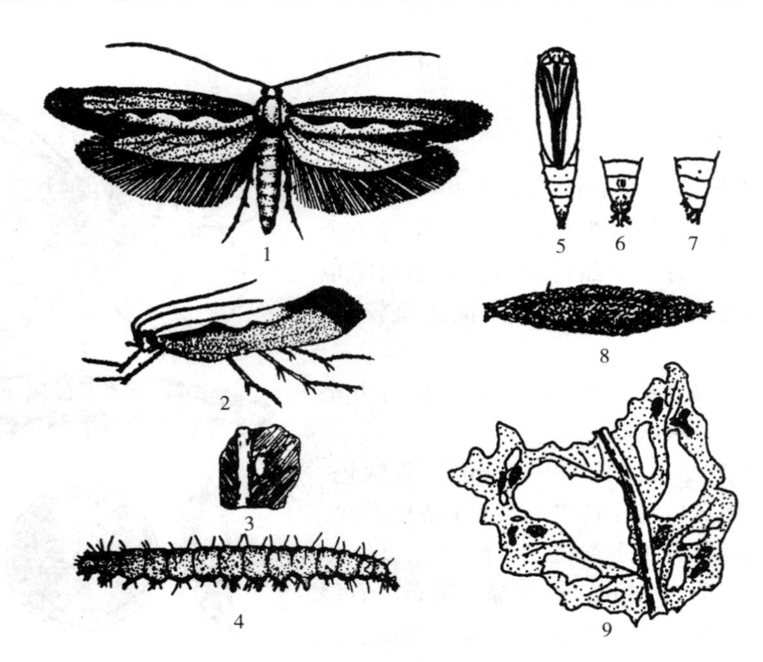

图1-8-6 小菜蛾

1. 成虫 2. 成虫（侧面观） 3. 卵 4. 幼虫 5. 蛹
6. 蛹末端腹面观 7. 蛹末端侧面观 8. 茧 9. 叶被害状

（沈阳农业大学.1999. 蔬菜昆虫学）

观察小菜蛾成虫的大小、前翅的特征，幼虫的体形、体色等。

四、斜纹夜蛾识别

（一）危害状识别

斜纹夜蛾［*Prodenia litura*（Fabricius）］属鳞翅目夜蛾科。可危害甘蓝、花椰菜、大白菜、萝卜等十字花科蔬菜，茄科、葫芦科、豆科蔬菜，薄荷、葱、韭菜、菠菜以及其他农作物达99科290种以上。幼虫取食叶、花蕾、花及果实，严重时可将全田作物吃光。在甘蓝、大白菜上可蛀入叶球、心叶，并排泄粪便，造成污染和腐烂，使之失去商品价值。

（二）形态识别

1. 成虫 体长14～20mm，翅展35～40mm，头、胸、腹均为深褐色，胸部背面有白色丛毛，腹部前数节背面中央具暗褐色丛毛。前翅灰褐色，斑纹复杂，内横线及外横线灰白色，波浪形，中间有白色条纹，在环状纹与肾状纹间，自前缘向后缘外方有3条白色斜线，故名斜纹夜蛾。后翅白色，无斑纹。前后翅常有水红色至紫红色闪光。

2. 卵　扁半球形，直径 0.4～0.5mm，初产时黄白色，后转淡绿色，孵化前紫黑色。卵粒集结成 3～4 层的卵块，外覆灰黄色疏松的绒毛。

3. 幼虫　老熟幼虫体长 38～51mm，头部黑褐色，腹部体色因寄主和虫口密度不同而异，有土黄色、青黄色、灰褐色或暗绿色等，背线、亚背线及气门下线均为灰黄色及橙黄色。从中胸至第九腹节在亚背线内侧有三角形黑斑 1 对，其中以第一、七、八腹节的最大。胸足近黑色，腹足暗褐色。

4. 蛹　长 15～20mm，赭红色，腹部背面第四至七节近前缘处各有 1 个小刻点。臀棘短，有 1 对强大而弯曲的刺，刺的基部分开（图 1-8-7）。

观察斜纹夜蛾的危害状和斜纹夜蛾生活史标本，注意成虫前翅的颜色和色斑，幼虫的体色、线纹及斑纹等特征。

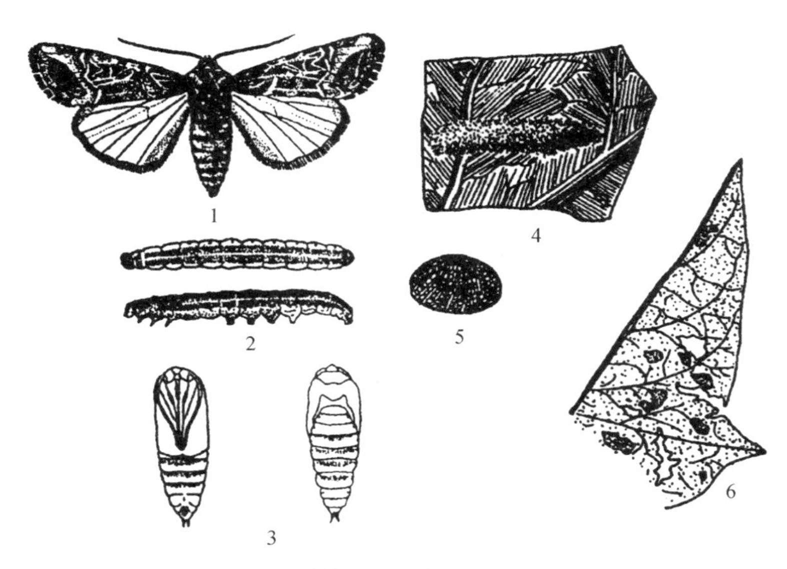

图 1-8-7　斜纹夜蛾

1. 成虫　2. 幼虫的背、侧面观　3. 蛹的腹、背面观　4. 卵块　5. 卵　6. 叶被害状

（沈阳农业大学 . 1999. 蔬菜昆虫学）

五、黄曲条跳甲识别

（一）危害状识别

黄曲条跳甲［*Phyllotreta vittata*（Fabr.）］属鞘翅目叶甲科，以成、幼虫危害十字花科蔬菜等植物。成虫咬食叶片，造成细密的小孔洞，使叶片枯萎；还可取食嫩荚，影响结实。幼虫蛀食根皮，形成弯曲的虫道，使地上部生长不良。取食造成的伤口能诱发软腐病。

观察黄曲条跳甲的危害状，注意其成虫和幼虫危害状的不同。

（二）形态识别

1. 成虫　体长约 2.3mm，椭圆形，黑色有光泽。前胸背板及鞘翅上布满点刻。鞘翅中央有一黄色曲条，两端宽，中央狭。后足腿节膨大，适于跳跃。

2. 卵　椭圆形，长 0.3～0.4mm，淡黄色。

3. 幼虫 体长约4mm，近圆筒形。头、前胸背板及臀板淡褐色，其余部分乳白色。各体节生有细小的毛瘤及刚毛。

4. 蛹 裸蛹，乳白色，长约2mm。腹部末端有一端部褐色的叉状突起（图1-8-8）。

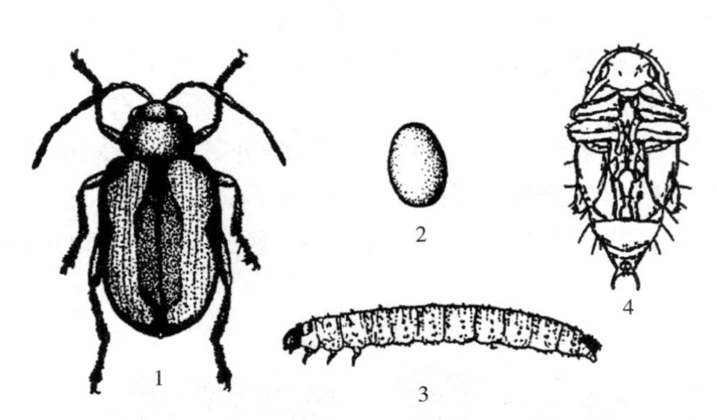

图1-8-8 黄曲条跳甲

1. 成虫 2. 卵 3. 幼虫 4. 蛹

（沈阳农业大学．1999．蔬菜昆虫学）

观察黄曲条跳甲成虫的形态，注意鞘翅上黄色条纹的形状和宽窄。

六、美洲斑潜蝇识别

（一）危害状识别

美洲斑潜蝇（*Liriomyza sativae* Blanchard）属双翅目潜蝇科，为多食性害虫，国内有记载的寄主植物有21科100多种，其中蔬菜寄主有豆科、茄科、十字花科和葫芦科等。

成、幼虫均可危害，雌成虫刺伤植物叶片，进行取食和产卵，幼虫潜入叶片和叶柄危害，产生不规则的蛇形白色虫道，破坏叶绿素，影响光合作用，受害重的叶片脱落，造成花芽、果实灼伤，严重的造成毁苗。美洲斑潜蝇发生初期，虫道呈不规则形线状伸展，虫道终端常明显变宽而有别于其他潜叶蝇。

（二）形态识别

1. 成虫 体长1.3～2.3mm，浅灰黑色，背板黑色有光泽，腹部背面黑色，侧面和腹面黄色。头黄色，复眼红色，触角小而短，3节，亮黄色。前足黄褐色，后足黑褐色。雌虫比雄虫大。

2. 卵 米色，半透明，大小0.2～0.3mm。

3. 幼虫 老熟幼虫体长约3mm。蛆状，初无色，后变为浅橙色至橙色。后气门有形似圆锥状突起，顶端三分叉，各具一开口。

4. 蛹 椭圆形，橙色，腹面稍扁平，大小1.7～2.3mm。

观察美洲斑潜蝇的危害特点和其成虫、幼虫的形态特征，注意与其他潜叶蝇的区别。

七、温室白粉虱和烟粉虱识别

（一）危害状识别

温室白粉虱［*Trialeurodes vaporariorum*（Westwood）］和烟粉虱［*Bemisia tabaci*

(Gennadius)] 均属同翅目粉虱科。两种粉虱均以成虫和若虫群集在瓜类、番茄、茄子等植物的叶背吮吸汁液，使叶片褪绿、变黄、萎蔫，致植株衰弱，甚至枯死。成虫、若虫在取食的同时，还分泌蜜露，污染叶片和果实，引起煤污病，并能传播病毒病。

观察温室白粉虱、烟粉虱危害状及其引起的煤污病症状。

（二）形态识别（温室白粉虱）

1. 成虫　体长 0.99～1.06mm，淡黄色，全体覆有白色蜡粉，翅脉简单。

2. 卵　长椭圆形，有卵柄，初产时淡黄色，以后逐渐变为黑褐色。

3. 若虫　长卵圆形，扁平，体长约 0.52mm，淡黄色或淡绿色，体表具有长短不齐的蜡丝。

4. 伪蛹　也称假蛹，蛹壳椭圆形，扁平，黄褐色，体背有 11 条长短不齐的蜡丝（图 1-8-9）。

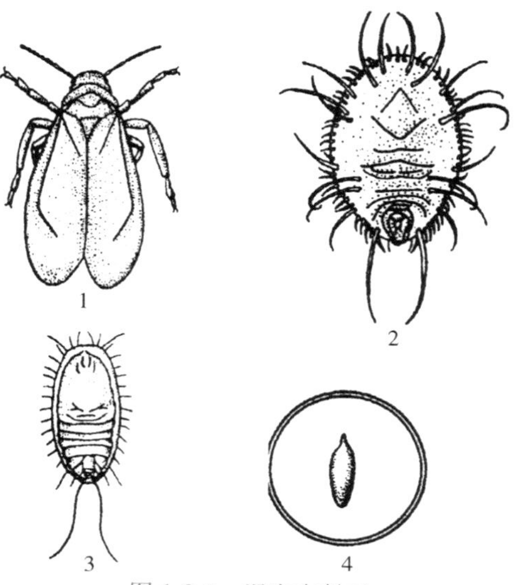

图 1-8-9　温室白粉虱
1. 成虫　2. 伪蛹背面观　3. 若虫　4. 卵
（吉林省农业学校．1996. 作物保护学各论）

温室白粉虱和烟粉虱成虫及伪蛹的形态区别见表 1-8-1。

表 1-8-1　温室白粉虱和烟粉虱的形态区别

特征	温室白粉虱	烟粉虱
体长	0.99～1.06mm	0.85～0.91mm
前翅翅脉	分叉	不分叉
翅合拢形状	较平坦	呈屋脊状
伪蛹	白色至淡绿色，蛹壳边缘厚，有细小蜡丝	淡绿色或黄色，蛹壳边缘扁薄，无蜡丝

观察温室白粉虱、烟粉虱各个虫态的形态特征，注意比较两者的不同。

八、蔬菜其他害虫识别

（一）韭菜迟眼蕈蚊

韭菜迟眼蕈蚊（*Bradysia odoriphaga* Yang et Zhang）又称韭蛆，属双翅目眼蕈蚊科，可危害百合科、藜科、菊科、十字花科、伞形科、葫芦科等 7 科 30 多种蔬菜，北方保护地韭菜受害最重，其次为大蒜、洋葱、瓜类。韭菜受害，地下部的鳞茎和柔嫩的茎部腐烂，地上部韭叶枯黄，甚至整墩韭菜死亡。大蒜受害，地下部鳞茎裂开，蒜瓣裸露，地上部矮化失绿，变软倒伏。

成虫体细长，体长 2.0～5.5mm，黑褐色，头小，胸部隆起。触角丝状，复眼背面左右相连成"眼桥"。前翅淡烟色，翅脉较简单，前缘脉及亚前缘脉较粗，后翅退化为平衡棒。卵多堆产，长 0.3mm，宽 0.1mm。幼虫细长，头部黑色，身体由半透明逐渐变成乳白色，末龄幼虫体长 6～7mm。蛹为裸蛹，长 2.7～3.0mm，由浅黄白色变为黄褐色至灰黑色，外有白色薄丝茧。

观察韭菜迟眼蕈蚊的危害状及成、幼虫的形态特征。

（二）茶黄螨

茶黄螨［*Polyphagotarsonemus latus*（Banks）］又称侧多食跗线螨，属蛛形纲蜱螨目跗线螨科。成螨和幼螨集中在植株的幼嫩部分刺吸植物的汁液，受害叶片背面灰褐色或黄褐色，具油质光泽或油渍状，叶片边缘向下卷曲；受害的嫩茎、嫩枝变褐色，扭曲畸形，严重时植株顶端干枯。

雌螨长约 0.21mm，椭圆形，较宽阔，淡黄色至橙黄色，半透明；幼螨体背有一白色纵带；若螨长椭圆形。

观察茶黄螨的危害状及成、若螨的形态特征。

（三）棕榈蓟马

棕榈蓟马（*Thtips palmi* Karny），又称瓜蓟马、南黄蓟马，属缨翅目蓟马科。危害菠菜、菜豆、苋菜、冬瓜、西瓜、茄子、番茄等。成虫和若虫锉吸瓜类嫩梢、嫩叶、花和幼瓜的汁液，被害嫩叶、嫩梢变硬缩小，茸毛呈灰褐色或黑褐色，植株生长缓慢，节间缩短；幼瓜受害后亦硬化，毛变黑，造成落瓜，严重影响产量和质量。茄子受害时，叶脉变黑褐色。

雌成虫体长 1.0～1.1mm，雄成虫 0.8～0.9mm，黄色。触角 7 节，第一、二节橙黄色，第三节及第四节基部黄色，第四节的端部及后面几节灰黑色。单眼间鬃位于单眼连线的外缘。前胸后缘有缘鬃 6 根，中央两根较长。后胸盾片网状纹中有一明显的钟形感觉器。前翅上脉鬃 10 根，其中端鬃 3 根，下脉鬃 11 根。第二腹节侧缘鬃各 3 根；第八腹节后缘栉毛完整。

观察棕榈蓟马的危害状及成、若虫的形态特征。

（四）黄守瓜

黄守瓜（*Aulacophora femoralis chinensis* Weise）属鞘翅目叶甲科。其成虫咬食叶、茎、花和果实，在叶片上常残留半月形食痕或圆形孔洞。幼虫为半土生，群集在瓜根内或瓜的贴地部分蛀食危害，造成幼苗干枯死亡，或引起瓜的内部腐烂。

成虫体长 8～9mm，椭圆形，除中、后胸及腹部腹面黑色外，其余部分均为橙黄色，有光泽。末龄幼虫体长约 12mm，头部黄褐色，胸、腹部黄白色，臀板长椭圆形，腹面有肉质突起，用以步行。

观察黄守瓜的危害状及成、幼虫的形态特征。

1. 列表比较蔬菜主要害虫的危害特点。
2. 绘制菜粉蝶和小菜蛾成虫形态图。

思考题

1. 当地发生的菜蚜主要有哪几种？
2. 如何识别小菜蛾的成虫和幼虫？

3. 如何识别黄曲条跳甲危害状及成虫形态特征？

4. 如何识别美洲斑潜蝇的危害状？

拓展知识

蔬菜病虫害的发生和危害

蔬菜病虫害种类多，危害严重。十字花科蔬菜常发生的病害有 40 多种，害虫有 130 多种。茄科蔬菜常发生的病害有 70 多种，害虫有 30 余种。葫芦科蔬菜常发生病害有 100 多种，害虫有 20 余种。十字花科蔬菜病毒病、软腐病及霜霉病是全国各地菜区的重要蔬菜病害。青枯病、病毒病、灰霉病、菌核病是茄科蔬菜的重要病害，特别是近几年番茄黄化曲叶病毒病发生严重，可造成毁灭性危害。番茄叶霉病和晚疫病在条件适宜时发生也较重。黄萎病是茄子的重要病害之一。葫芦科蔬菜的霜霉病、疫病、枯萎病常发生较重。菜豆和豇豆等豆科蔬菜的锈病、病毒病，菜豆火疫病及豇豆煤霉病等都是常发性病害。几乎所有蔬菜均受根结线虫的危害，其中以番茄、菜豆、瓜类和芹菜等受害较重。

危害十字花科蔬菜的害虫主要有小菜蛾、菜粉蝶、蚜虫、黄曲条跳甲、甜菜夜蛾、斜纹夜蛾和菜螟等；危害葫芦科的有瓜绢螟、守瓜类、瓜蚜、叶螨等；危害豆类的有豆野螟、豆荚螟、大豆食心虫、美洲斑潜蝇等；危害茄科的有棉铃虫、烟青虫、茄二十八星瓢虫、蚜虫、蓟马、叶螨和茶黄螨等；危害百合科的有葱蓟马、韭蛆、葱蝇等。地下害虫如小地老虎、蛴螬和蝼蛄等，也可危害多种蔬菜。在温室及保护地蔬菜上以蚜虫、叶螨、粉虱等危害严重。近年来，尤以烟粉虱危害严重，其不仅可以取食危害多种寄主植物（寄主达 74 科 500 种以上），并可在 30 种作物上传播 70 种以上的病毒病，特别是由烟粉虱传播的番茄黄化曲叶病毒病严重威胁着设施番茄的生产。

随着保护地蔬菜栽培面积的逐步扩大，蔬菜病虫害的发生和危害有进一步加重的趋势。由于保护地蔬菜生产连茬严重，土壤盐渍化情况普遍，根腐病、黄萎病、枯萎病等根、茎部病害及瓜打顶、筋腐果、畸形果和裂果等生理性病害，在连阴雨的不良气候条件下将较重发生。近年来，灰巴蜗牛、野蛞蝓危害蔬菜也较重。

考核评价

从识别蔬菜病虫的准确程度，室内镜检操作的规范熟练程度，实验报告完成情况及学习态度等几方面（表 1-8-2）对学生进行考核评价。

表 1-8-2　蔬菜病虫害识别考核评价

序号	考核项目	考核内容	考核标准	考核方式	分值
1	蔬菜病害识别	蔬菜病害症状观察识别	能仔细观察、准确描述蔬菜主要病害的症状特点，并能初步诊断其病原类型	现场识别考核	20
		蔬菜病害病原物室内镜检	对田间采集（或实验室提供）的蔬菜病害标本，能够熟练地制作病原临时玻片，在显微镜下观察病原物形态，并能准确鉴定	现场操作考核	20

（续）

序号	考核项目	考核内容	考核标准	考核方式	分值
2	蔬菜害虫识别	蔬菜害虫形态及危害状观察识别	能仔细观察、准确描述蔬菜主要害虫的形态识别要点及危害状特点，并能指出其所属目和科的名称	现场识别考核	30
3	实验报告		报告完成认真、规范，内容真实；绘制的病原物和害虫形态特征典型，标注正确	评阅考核	20
4	学习态度		对老师提前布置的任务准备充分，发言积极，观察认真；遵纪守时，爱护公物	学生自评、小组互评和教师评价相结合	10

子项目九　果树病虫害识别

【学习目标】识别果树主要病害的症状及其病原物形态和主要害虫的形态特征及危害状。

任务1　果树病害识别

【材料及用具】苹果树腐烂病、苹果轮纹病、苹果斑点落叶病、苹果霉心病、梨黑星病、梨锈病、桃褐腐病、葡萄黑痘病、葡萄白腐病、葡萄霜霉病、葡萄灰霉病、柑橘溃疡病、柑橘黄龙病等果树病害的新鲜或干制标本、病原玻片标本；显微镜、镊子、挑针、载玻片、盖玻片等有关用具；多媒体教学设备及课件、挂图等。

【内容及操作步骤】

一、苹果树腐烂病识别

（一）症状识别

苹果树腐烂病又称烂皮病，其症状分溃疡型和枝枯型两种。

1. 溃疡型　溃疡型症状多发生在主干和大枝上，以主枝和枝干分杈处最多。发病初期，病部淡红褐色、水渍状，稍肿起，用手按压，有黄褐色汁液溢出，表皮易剥离，内部呈红褐色湿腐状，有浓烈酒糟味。后期病部失水干缩下陷，病部表面产生黑色小颗粒，潮湿时产生橘黄色卷须状的分生孢子角。孢子角干燥后硬化，遇雨即自行消解，散出孢子。发病严重时，病斑环绕枝干一周，受害部位以上的枝干干枯死亡。

2. 枝枯型　多发生于二至五年生的小枝条上。病斑形状不规则，红褐色，无明显边缘，不呈水渍状，扩展迅速，环绕一圈便全枝干枯，后期病部出现黑色小粒点。

注意观察比较苹果树腐烂病两种不同症状的发生部位及病部特征；有条件的可以到果园观察孢子角的释放情况。

（二）病原识别

病原物有性态为苹果黑腐皮壳菌（*Valsa mali* Miyabe et Yamada），属子囊菌门黑腐皮壳属；无性态为壳囊孢（*Cytospora* sp.），属半知菌类壳囊孢属。病部表面产生的黑色小颗粒是子座的顶部，其中着生有分生孢子器或子囊壳。分生孢子器一室或多室，分生孢子无色、单胞、香蕉形。子囊壳烧瓶状，有长颈伸出子座，子囊孢子香肠形、单胞、无色（图 1-9-1）。

用刀片切取病部组织制成玻片或取已制的玻片标本，在显微镜下观察分生孢子器和分生孢子、子囊壳、子囊和子囊孢子的形态特征。注意分生孢子器的多室现象。

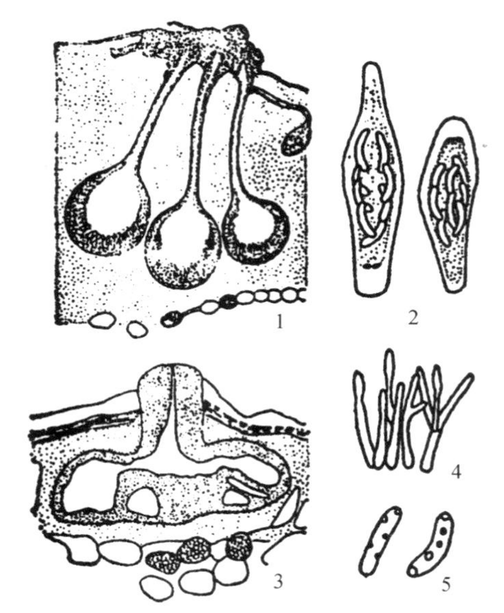

图 1-9-1　苹果腐烂病菌
1. 子囊壳　2. 子囊及子囊孢子　3. 分生孢子器
4. 分生孢子梗　5. 分生孢子
（曹若彬．2001．果树病理学）

二、苹果轮纹病识别

（一）症状识别

苹果轮纹病又称粗皮病、轮纹褐腐病，俗名烂果病，主要危害枝干和果实。

1. 枝干　枝干受害时，以皮孔为中心产生近圆形或不规则形褐色病斑，病斑中心疣状隆起，质地坚硬，边缘发生龟裂，与健部组织形成一道环状沟。翌年病健部裂纹逐渐加深，病组织翘起，如马鞍状，病斑中间产生黑色小粒点。许多病斑连在一起，使表皮显得十分粗糙，故有粗皮病之称。

2. 果实　果实受害多在近成熟期和贮藏期发病。初以皮孔为中心产生水渍状褐色近圆形小斑点，扩大后形成明显的浅褐色和褐色相间的同心轮纹。在条件适宜时，几天内使全果腐烂。烂果果肉软腐多汁，常溢出茶褐色黏液，并发出酸臭气味。后期病斑中心散生黑色小粒点。

注意观察比较轮纹病在枝干和果实上的不同症状特点。

（二）病原识别

病原物有性态为梨生囊孢壳（*Physalospora piricola* Nose.），属子囊菌门囊孢壳属，不常出现；无性态为轮纹大茎点菌（*Macrophoma kawatsukai* Hara），属半知菌类大茎点霉属。病部产生的黑色小粒点即分生孢子器，扁圆形，具乳头状孔口，分生孢子单胞、无色、长椭圆形或纺锤形。子囊壳球形或扁球形，具孔口，黑褐色。子囊长棍棒状，无色，子囊孢子单胞、无色、椭圆形（图 1-9-2）。

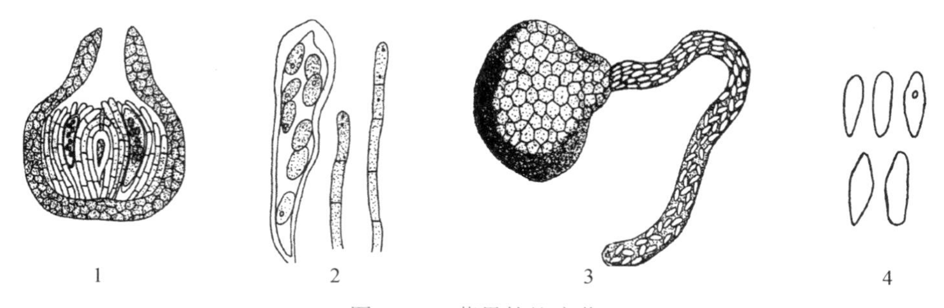

图 1-9-2　苹果轮纹病菌
1. 子囊壳　2. 子囊、子囊孢子及侧丝　3. 分生孢子器　4. 分生孢子
（曹若彬．2001．果树病理学）

用刀片切取病部组织制成临时玻片或取已制的玻片标本，在显微镜下观察分生孢子器和分生孢子的形态特征。

三、苹果早期落叶病识别

（一）症状识别

苹果早期落叶病主要有褐斑病、灰斑病、轮纹病和斑点落叶病 4 种，其中以斑点落叶病和褐斑病危害最重。苹果早期落叶病除危害苹果外，还可危害沙果、海棠等。

1. 斑点落叶病 苹果斑点落叶病又称褐纹病，主要危害叶片，特别是展叶 20d 内的嫩叶。叶片染病后，初为褐色小圆形斑，以后病斑逐渐扩大，呈红褐色，边缘有紫褐色晕纹。病部中央常具一深色小点或同心轮纹。潮湿时病部正反两面均可产生墨绿色至黑色霉状物，严重时叶片焦枯脱落。枝条感病多在小枝上产生褐色或灰褐色近圆形病斑，凹陷坏死。果实受害多在近成熟期，果面上产生红褐色小斑点。

2. 褐斑病 苹果褐斑病主要危害叶片，也能侵染果实和叶柄。病斑褐色，边缘为不规则绿色。叶片症状有以下 3 种类型：①轮纹型，病斑较大，近圆形，中心为暗褐色，四周为黄色，病斑有大量同心轮纹状排列的小黑点；②针芒型，病斑小，似针芒状向四周扩散；③混合型，病斑大，不规则，其上有小黑点（分生孢子器）。果实染病，初为淡褐色小粒点，渐扩大为圆形或不规则形，直径为 6～12 mm，散生黑色小粒点。

观察苹果斑点落叶病和褐斑病在叶片上的典型症状。

（二）病原识别

1. 苹果斑点落叶病 病原物为苹果链格孢（*Alternaria mali* Roberts），属半知菌类链格孢属。病部产生的墨绿色至黑色霉状物即为分生孢子梗和分生孢子。分生孢子梗束状，暗褐色，弯曲，有隔膜；分生孢子暗褐色，倒棍棒状或纺锤形，有短柄，具横隔和纵隔。

2. 褐斑病 病原物为苹果盘二孢［*Marssonina mali*（P. Henn.）Ito.］，属半知菌类盘二孢属。分生孢子盘初期埋在表皮下，成熟后突破表皮外露。分生孢子梗无色、单生、棍棒状。分生孢子无色、双胞，中间缢缩，上胞大且圆，下胞小而尖，呈葫芦状。

选取病征明显的标本，挑取少许霉状物制片，在显微镜下观察分生孢子梗及分生孢子的形态、大小、颜色和有无纵横分隔等。

四、梨黑星病识别

（一）症状识别

梨黑星病又称疮痂病，从落花期到果实近成熟期均可发病，病部形成显著的黑色霉斑，很像一层煤烟，构成明显的病征。

1. 芽 病芽鳞片茸毛多，表面具黑色霉层。

2. 新梢 病芽抽出的新梢，基部产生黄褐色小病斑，不久变黑凹陷，表面龟裂并长出黑色霉层，后期病部皮层开裂，呈粗皮状疮痂，所以又称疮痂病。

3. 花序 病芽抽出的花序，多在基部和花梗上发病，使病部以上组织枯死。

4. 叶片 一般在叶背沿主脉或支脉产生淡黄色圆形或不规则形的病斑，不久病斑上产生煤烟状的黑色霉层。

5. 果实　幼果受害时，病部生长受阻，后期硬化，导致果实畸形，易早期脱落。果实成长期发病时，在果实表面产生一些大小不等的圆形黑色病斑，病斑表面粗糙硬化，凹陷龟裂，呈疮痂状。

观察比较梨黑星病在梨树新梢、叶片、果实等不同发病部位的症状特点。

（二）病原识别

有性态为梨黑星菌（*Venturia pirina* Aderh.），属子囊菌门黑星菌属。子囊壳圆球形或扁球形，黑褐色，有孔口。子囊棍棒状，无色。子囊孢子双胞，淡黄褐色。无性态属半知菌类黑星孢属梨黑星孢菌［*Fusicladium pirinum*（Lib.）Fuckel］。病斑上生出的黑霉是病菌的分生孢子梗和分生孢子。分生孢子梗暗褐色，粗短无分枝，屈膝状，顶端着生卵圆形或纺锤形分生孢子，脱落后有明显孢子痕（图 1-9-3）。

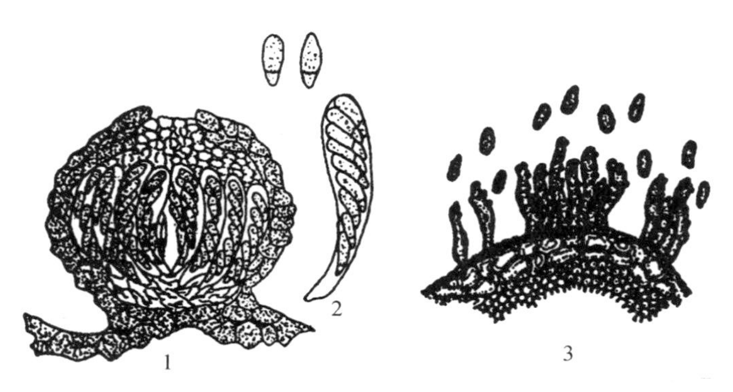

图 1-9-3　梨黑星病菌

1. 子囊壳　2. 子囊及子囊孢子　3. 分生孢子梗及分生孢子

（陕西省仪祉农业学校．1989. 果树病虫害防治学）

选取病征明显的标本，挑取少量霉状物制片或取已制的玻片标本，在显微镜下观察分生孢子梗及分生孢子的形态、大小、颜色和有无隔膜等。

五、梨锈病识别

（一）症状识别

梨树受害，在叶片正面形成橙黄色近圆形病斑，有黄绿色晕圈，后期在病斑表面密生橙黄色针头大的小粒点，即病菌的性孢子器。以后病斑逐渐向叶背隆起，在隆起部位长出灰黄色的毛状物，即病菌的锈孢子器。幼果、新梢被害症状与叶片上相似，只是在同一病斑的表面产生灰黄色的毛状物。

转主寄主桧柏等受侵染，初在针叶、叶腋或小枝上发生淡黄色斑点，以后稍隆起。翌春逐渐突破表皮，露出红褐色的圆锥状物，即病菌的冬孢子角。雨后冬孢子角吸水变成橙黄色舌状胶质块，即冬孢子堆。

观察比较梨锈病在梨树和桧柏上发生的部位及病部特征。注意观察在梨树叶片正面和背面形成的不同症状特点。

（二）病原识别

病原物为梨胶锈菌（*Gymnosporangium haraeanum* Syd.），属担子菌门胶锈菌属。性孢子器扁烧瓶状，释放纺锤形、单胞、无色的性孢子；锈孢子器长圆筒形，内生近球形、单胞、橙黄色的锈孢子；冬孢子纺锤形，双胞，黄褐色，柄细长，遇水胶化；冬孢子萌发时产生具有 3 隔 4 个小梗的担子，每个小梗上生有 1 个卵形、淡黄褐色、单胞的担孢子。

选取病征明显的标本，注意叶片正面及背面的不同病征，切取病原组织制片并在显微镜下观察性孢子器和性孢子、锈孢子器和锈孢子的形态特征；观察桧柏上冬孢子角的形态特征。在室温下将冬孢子角浸渍 15min，挑取少量冬孢子，显微镜下观察冬孢子的形态及其萌发产生的担子和担孢子，注意担子分隔状态。

六、桃褐腐病识别

（一）症状识别

桃褐腐病又名菌核病、果腐病，以果实受害最重。花器受害，先从花瓣和柱头上产生褐色水渍状斑点，后逐渐延至全花。天气潮湿时病花迅速腐烂，表面丛生灰色霉状物。

嫩叶染病，叶缘产生褐色水渍状病斑，以后逐渐扩展到叶柄，使全叶萎蔫下垂，如霜害状。枝梢受害，形成长圆形溃疡斑，中央灰褐色，稍凹陷，边缘紫褐色。气候潮湿时，溃疡斑上也可长出灰色霉层。

果实以近成熟期和贮藏期发病重。初于果面产生褐色圆形病斑，后迅速扩展到整个果面，果肉变褐软腐。病斑表面产生黄白色至灰褐色绒球状霉层，初呈同心轮纹状排列，后逐渐布满全果。病果腐烂后易脱落，但不少失水后变成僵果，挂于枝上久不脱落。

注意观察比较桃褐腐病在不同发病部位形成的症状特征。

（二）病原识别

有性态为桃褐腐（链）核盘菌［*Monilinia laxa*（Aderh. et Ruhl.）Honey］，属子囊菌门链核盘菌属，无性态为 *Monilia cinerea* Bon.，属半知菌类丛梗孢属。病部产生的霉层即病菌的分生孢子梗和分生孢子。分生孢子无色、单胞、柠檬形或卵圆形。有性阶段产生子囊盘，不常见。

挑取少许病部霉层制片，在显微镜下观察分生孢子梗和分生孢子的形态，并注意其在分生孢子座上的着生特点。

七、葡萄黑痘病识别

（一）症状识别

黑痘病又名疮痂病、鸟眼病。幼果被害，果面出现褐色小圆斑，后病斑扩大，中央灰白色，稍凹陷，外缘深褐色至紫褐色似鸟眼状。后期病斑硬化或龟裂，果实小而酸。最后病斑上散生黑色小粒点，潮湿时溢出乳白色的黏质物。叶片感病，病斑圆形或不规则形，中央灰白色，边缘色深，干燥时病部脱落，形成穿孔。新梢、蔓、叶柄或卷须发病，同叶片相似，中部凹陷并开裂，新梢未木质化以前最易感染，发病严重时，病梢生长停滞，萎缩枯死。

注意观察葡萄黑痘病在不同发生部位的特征；尤其注意观察果面上鸟眼的特征。

（二）病原识别

病原无性态为葡萄痂圆孢菌（*Sphaceloma ampelinum* de Bary），属半知菌类痂圆孢属。病部着生的小黑点为该菌的分生孢子盘，溢出的灰白色黏液为分生孢子和胶体物质的混合物。分生孢子梗短，单胞；分生孢子椭圆形或圆形、单胞、无色。

选取病征明显的标本，用刀片切取病部的黑色小粒点制成玻片或取已制玻片，在显微镜下观察分生孢子盘、分生孢子梗及分生孢子的形态特征。

八、葡萄白腐病识别

（一）症状识别

白腐病又称腐烂病。主要危害果穗果粒，引起烂穗。一般接近地面的果穗尖端先发病。在小果梗或穗轴上产生水渍状、浅褐色病斑，逐渐蔓延至整个果粒，最后全粒呈褐色腐烂，病穗轴及果面密生灰白色小粒点，溢出灰白色黏液，病部呈灰白色腐烂，所以称为白腐病。严重时全穗腐烂，受到振动时病果甚至病穗极易脱落。有时病果失水形成干缩僵果，悬挂于枝上。

枝蔓上病斑暗褐色，凹陷不规则，表面密生灰白色小粒点。后期病皮呈丝状纵裂与木质部分离，如乱麻状。

叶片发病，初呈水渍状、淡褐色、近圆形斑点，逐渐扩大成具有环纹的大斑，上面也着生灰白色小粒点，后期病斑常干枯破裂。

注意观察白腐病病菌在果穗、新梢及叶片上的症状特点。

（二）病原识别

病原无性态为葡萄白腐盾壳霉［*Coniothyrium diplodiella*（Speg.）Sacc.］，属半知菌类盾壳霉属。病部长出的灰白色小粒点，即病菌的分生孢子器。分生孢子器球形或扁球形，分生孢子单胞，卵圆形或圆形（图 1-9-4）。

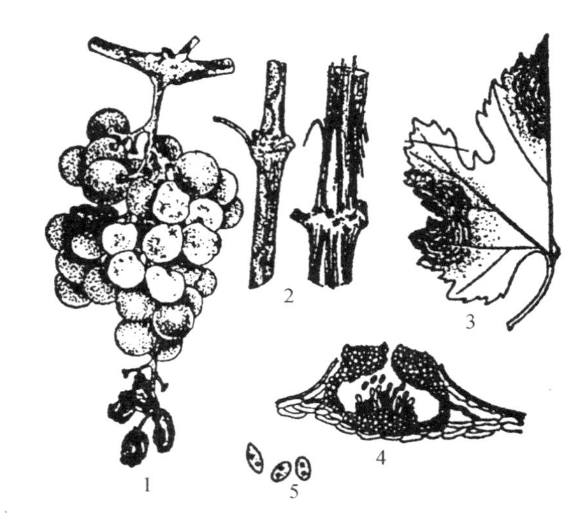

图 1-9-4　葡萄白腐病

1. 病果　2. 病蔓　3. 病叶　4. 分生孢子器　5. 分生孢子

（费显伟.2005. 园艺植物病虫害防治）

选取病征明显的标本，注意病部的灰白色小粒点。用刀片切取病部的小粒点或取已制玻片，在显微镜下观察分生孢子器、分生孢子梗及分生孢子的形态特征。

九、葡萄霜霉病识别

（一）症状识别

葡萄霜霉病主要危害叶片。叶片发病，最初在叶片正面出现不规则水渍状病斑，淡绿至淡黄色。逐渐向叶脉扩大，形成黄褐色多角形大斑。潮湿时，叶背面出现白色霜状霉层。最后病斑变褐干枯，易早落。嫩梢、穗轴、叶柄感病后，形成黄绿色至褐色稍凹陷的病斑，潮湿时，病斑表面产生白色霜状霉层，病梢生长停滞、扭曲，严重时枯死。幼果染病后，病部褪色，表面生白色霉层，后期病果萎缩脱落。

注意观察葡萄霜霉病在叶片正面形成的病状及在叶片背面形成的病征。

（二）病原识别

病原为葡萄生单轴霉［*Plasmopara viticola*（Berk. et. Curt.）Berl. et de Toni］，属卵菌门单轴霉属。发病部位的霜霉状物即病菌的孢囊梗及孢子囊。孢囊梗 4～6 根成簇从表皮气孔伸出，无色，单轴直角或近直角分枝，枝端小梗上着生孢子囊。孢子囊无色、单胞、卵形，顶端有乳突。有性阶段产生卵孢子，卵孢子球形、褐色。

用刀片刮取少量霜状霉层制片，在显微镜下观察孢囊梗及孢子囊的形态特征，注意孢囊梗分枝与主枝间的夹角。

十、柑橘溃疡病识别

（一）症状识别

叶片受害，开始于叶背出现黄色油渍状小斑点，叶面逐渐隆起，呈米黄色海绵状。后期隆起更显著，木栓化，表面粗糙破裂，病斑淡褐色，中央灰白色，在病健部交界处常有褐色的釉光边缘。后期病斑中央凹陷呈火山口状开裂。

枝梢和果实上病斑与叶片上相似，但病斑较大，木栓化程度比叶部更为坚实。病斑中央火山口状开裂更为显著。一般无黄色晕环。

注意观察比较柑橘溃疡病在枝干和果实上的不同症状特点。

（二）病原识别

病原为地毯草黄单胞杆菌柑橘致病变种［*Xanthomonas axonopodis* pv. *cirtri*（Hasse）Vauterin］，属变形菌门黄单胞菌属。菌体短杆状，两端圆，极生单鞭毛。

选取病征明显的新鲜标本，注意病部溢出的菌脓。挑取适量菌液制片，在显微镜下用油镜观察细菌的形态特征。

十一、柑橘黄龙病识别

（一）症状识别

柑橘黄龙病又称黄梢病，是国内植物检疫对象。春梢叶片正常转绿后部分叶片褪绿转黄，叶脉肿突呈黄白色或淡绿色，叶片出现黄绿相间的斑驳。夏秋梢叶片尚未完全转绿时即停止转绿，后变为均匀的黄绿色或黄白，或呈黄绿相间的斑驳。叶质多硬化，无光泽，叶脉轻微或显著肿胀，浅绿色或黄白色。发病的黄梢至秋末时陆续脱落。翌春这些病梢萌芽多而早，长出的叶片细小狭长，主侧脉绿色，其余部分淡黄色或黄色，与缺锌的症状相似。病叶厚，有革质感，在枝上着生较直立，有些黄叶的叶脉木栓化，浅褐色，开裂，叶端稍向叶背弯卷。病树开花早，花多、小且畸形，小枝上花朵往往多个聚集成团，这些花易脱落。病果小而畸形，果皮光滑无光泽，着色不均匀。

注意观察比较黄龙病在枝干和果实上的不同症状特点。

（二）病原识别

病原物为亚洲韧皮部杆菌（*Liberobacter asianticum* Jagoueix），属变形菌门韧皮部杆菌属。病菌菌体有多种形态，多数呈圆形、椭圆形或香肠形，少数呈不规则形，无鞭毛，革兰氏染色反应阴性。限于韧皮部寄生，至今还未能在人工培养基上培养，故也称为韧皮部难培养菌。

十二、果树其他病害识别

（一）苹果霉心病

苹果霉心病又称心腐病、霉腐病、果腐病，是由交链孢菌、单端孢菌、壳蠕孢菌、镰孢菌和拟茎点菌等多种弱寄生菌混合侵染引起。这些病原菌均属于半知菌类。

受害果实初期外部症状一般不明显，剖开果实观察，果实心室受害，逐渐向外扩展。病果果心变褐，长满灰绿色霉状物，有时为粉红色霉状物，发展严重时会引起果心霉烂。在贮藏过程中，当果心霉烂发展严重时，果实胴部可见水渍状、褐色、形状不规则的湿腐斑块，斑块有时相连成片，造成全果腐烂，果肉味苦，不能食用。

病果在树上早期表现为果面发黄、未成熟失绿、着色较早等症状。此外，病菌的侵染还会引起幼果的大量脱落，导致减产。

观察苹果霉心病症状，注意比较其在不同生长时期果实上的不同症状表现。

（二）苹果白粉病

苹果白粉病由子囊菌门叉丝单囊壳属［*Podosphaera leucotricha*（Ell. et Ev.）Salm］引起。主要危害叶片。新梢顶端被害后，展叶迟缓，抽出的叶片细长，紫红色，发育停滞，后期在病部生出很多密集的黑色小粒点。病芽在春季萌发较晚，发出的新梢和嫩叶表面布满白粉，节间短，叶窄小，后期大多干枯脱落。花器受害，花梗畸形，花瓣细长，严重的不能结果。幼果多在萼洼处产生白粉，成果初期网状锈斑，后期形成锈皮果。

观察苹果白粉病在发病部位的典型症状，注意病部有无黑色小粒点出现。

（三）桃细菌性穿孔病

桃细菌性穿孔病由变形菌门黄单胞菌属黄单胞杆菌［*Xanthomonas campestris* pv. *pruni*（Smith）Dye］引起。叶片发病，形成紫褐色近圆形或不规则形病斑，周围有黄绿色晕环，以后病斑干枯，病部组织脱落形成穿孔。枝条受害，一种为春季溃疡斑，发生在两年生的枝条上。春季展叶后，枝条上形成暗褐色小疱疹，以后逐渐扩展，有时可造成枯梢。另一种为夏季溃疡斑，发生在当年新生的嫩枝上。以皮孔为中心形成近圆形、暗褐色至紫黑色病斑，稍凹陷，边缘水渍状。夏季溃疡斑多不扩展。

（四）桃缩叶病

桃缩叶病由子囊菌门外囊菌属［*Taphrina deformans*（Berk.）Tulasme］引起。病叶表现肿大肥厚，皱缩扭曲，质地变脆，呈红褐色，上生一层灰白色粉状物，后病叶变褐焦枯脱落。枝梢受害，病部肿大，节间缩短，叶片簇生，病梢扭曲，生长停止，最后枯死。幼果染病，初生黄色病斑渐变为褐色，后期病果畸形，果面龟裂，易早期脱落。

观察桃细菌性穿孔病和桃缩叶病在不同发生部位所表现的症状。

（五）葡萄灰霉病

葡萄灰霉病，俗称烂花穗，是由半知菌类葡萄孢属灰葡萄孢菌（*Botrytis cinerea* Pers.）引起。主要危害花穗和果实，严重时也危害叶片、新梢和果梗。花序受害，初期似被热水烫伤状，后呈暗褐色，病部组织软腐，表面密生灰色霉层，被害花序萎蔫，幼果极易脱落。花穗和刚落花后的小果穗易受侵染，发病初期被害部呈淡褐色水渍状，很快变暗褐色，整个果穗软腐，潮湿时病穗上长出一层灰色霉层。果实被害，果面出现褐色凹陷病斑，很快整个果实软腐，长出灰色霉层，果梗变黑，后期在病部长出黑色块状菌核。

观察葡萄灰霉病在不同发生部位所表现的症状，注意病部产生的灰色霉层。

（六）枣疯病

枣疯病的病原是植原体（*Phytoplasma*），其主要症状如下。

1. 花变叶　花器变成营养器官，花柄延长成枝条。花瓣、萼片和雄蕊肥大，变绿，延长成枝叶。雌蕊变成小枝。

2. 丛枝 芽大多都萌发成发育枝。病枝纤细，节间变短，病枝不结果，健枝能结果，果实大小不一，果面凹凸不平，着色不匀。叶小而黄，硬而发脆，干枯不落。病根萌发大量短疯枝，呈刷状。后期病根变褐腐烂，最后整株枯死。

观察枣疯病的不同症状表现。

练 习

1. 列表比较各类果树主要病害的症状特点。
2. 绘制常见各类果树主要病害的病原菌形态图，并标明各部分名称。

思考题

1. 苹果树腐烂病和苹果轮纹病在症状上有何不同？
2. 如何区别葡萄白腐病和葡萄黑痘病？
3. 梨黑星病的主要症状特点是什么？
4. 调查了解当地各类果树上有哪些细菌性病害，这些细菌病害的发生有何特点。
5. 苹果霉心病的症状特征有哪些？

任务2 果树害虫识别

【材料及用具】 各种食心虫类、卷叶蛾类、蚜虫类、蚧类、螨类、天牛类等害虫的新鲜标本、干制或浸渍标本，危害状及生活史标本；显微镜、镊子、挑针等有关制片用具；多媒体教学设备及课件、挂图等。

【内容及操作步骤】

一、食心虫类识别

（一）危害状识别

食心虫是指蛀入果实的一类鳞翅目害虫，有些种类还可以危害新梢和嫩芽。各种食心虫均以幼虫危害，影响水果的产量和质量，甚至使其失去食用价值，造成减产、减收。这类害虫发生广，危害重，是当前果树生产上的重要害虫。危害果树的食心虫类主要有果蛀蛾科桃小食心虫（*Carposina niponensis* Walsingham）和卷叶蛾科梨小食心虫［*Grapholitha molesta*（Busck）］，均属鳞翅目。

1. 桃小食心虫 简称“桃小”，危害梨、苹果、枣、山楂等。以幼虫钻蛀果实危害。多从果实胴部或顶部蛀入，经2～3d蛀孔口流出水珠状半透明的果胶滴，俗称“淌眼泪”。随着果实的生长，蛀入孔愈合成一针尖大的小黑点，周围果皮略呈凹陷，俗称“青疔”。幼虫蛀入后在皮下及果内纵横潜食，被害果变畸形，俗称“猴头果”。在果实发育后期，幼虫在果内排泄大量红褐色虫粪，造成“豆沙馅”。幼虫老熟后，在果面咬一圆形脱果孔，孔外常堆积红褐色新鲜虫粪。

2. 梨小食心虫 简称“梨小”，危害梨、桃、苹果、枇杷、李、杏等。幼虫在早春危害桃梢，多自顶端第二至第三幼嫩叶基部蛀入，向下蛀食，蛀孔外有虫粪，并流出胶液，受害新梢很快枯萎下垂，俗称“折梢”。每个幼虫可食害 3～4 个新梢。幼虫蛀果，蛀道直达果心。蛀孔外有虫粪，蛀孔周围腐烂变黑，俗称“黑膏药”。

（二）形态识别

1. 桃小食心虫　成虫体灰白色或淡灰褐色。前翅前缘近中部有一蓝黑色近三角形的大斑；基部和中央部位有 7 簇黄褐色或蓝褐色的斜立鳞片。后翅灰色。卵竖椭圆形，顶端环生 2～3 圈 Y 形的外长物。末龄幼虫体长 13～16mm，全体桃红色；腹足趾钩单序环状。蛹淡黄白色至黄褐色。茧有两种，冬茧扁圆形，质地紧密；夏茧纺锤形，质地疏松，一端有羽化孔（图 1-9-5）。

2. 梨小食心虫　成虫体灰褐色，无光泽，前翅前缘有 8～10 组白色短斜纹；中室外方有 1 个明显的小白点，近外缘有 10 个小暗褐色斑点。卵扁椭圆形，初产时乳白色，后变淡黄色。老熟幼虫体长 10～13mm，头黄褐色，体淡红色，腹足趾钩单序环状。蛹黄褐色（图 1-9-6）。

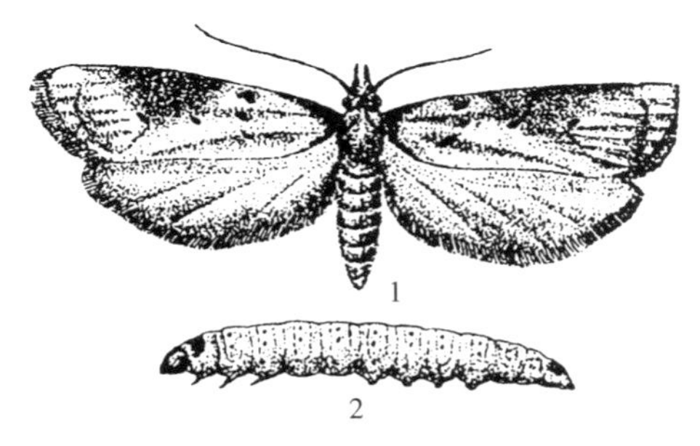

图 1-9-5　桃小食心虫

1. 成虫　2. 幼虫

（黄宏英等 . 2006. 园艺植物保护概论）

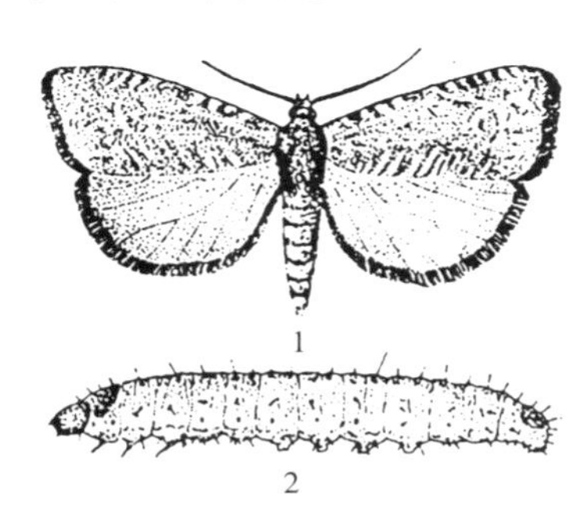

图 1-9-6　梨小食心虫

1. 成虫　2. 幼虫

（黄宏英等 . 2006. 园艺植物保护概论）

观察两种食心虫成虫前翅的形态特征，幼虫的体形、体色及腹足趾钩排列特点，卵和蛹的颜色及形态；并比较其危害状上的异同点。

二、卷叶蛾类识别

（一）危害状识别

危害果树的卷叶蛾是指幼虫吐丝缀合植物叶片成苞，匿居其中食叶的昆虫。其种类很多，对果树危害严重的主要有鳞翅目卷叶蛾科的苹小卷叶蛾［*Adoxophyes orana*（Fischer von Roslerstamm）］和小卷叶蛾科的顶梢卷叶蛾（*Spilonota lechriaspis* Meyrick）等。

1. 苹小卷叶蛾　又名小黄卷叶蛾等，俗名舔皮虫。幼龄幼虫危害嫩芽，咬食花蕾，吐丝缀合嫩叶，啃食叶肉。大幼虫常将叶片食成孔洞或缺刻，或把叶片平贴在果实上，或啃食果肉和果皮，形成许多不规则的紫红色小坑洼或针孔状木栓化的小虫疤。

2. 顶梢卷叶蛾　又名顶芽卷叶蛾。以幼虫危害枝梢嫩叶，吐丝将数张嫩叶缠缀在一起，呈疙瘩状（拳头状）卷叶团，并且啃下叶背茸毛做成筒巢（茧），潜藏于巢内。危害时将体躯爬出一半取食嫩叶。顶梢卷叶团干枯后不脱落，易于识别。

（二）形态识别

1. 苹小卷叶蛾　成虫体黄褐色；前翅略呈长方形，基斑褐色；中带上端狭窄，并在中部加宽分叉呈h形，端纹明显；后翅淡灰褐色。卵扁平椭圆形，淡黄色，数十粒排列呈鱼鳞状的卵块。老熟幼虫体长13～18mm，翠绿色；头部黄绿色，前胸背板及胸足黄色或淡黄褐色。蛹黄褐色（图1-9-7）。

2. 顶梢卷叶蛾 成虫体银灰褐色；前翅前缘有数组褐色短斜纹，基部1/3处和中部各有一暗褐色弓形横带，后缘近臀角处有一近似三角形暗褐色斑；近外缘处，从前缘至臀角间有6～8条黑褐色平行短纹。卵扁椭圆形，乳白色至淡黄色，散产。老熟幼虫体粗短，污白色；头部、前胸背板和胸足暗棕色至黑色；腹足趾钩双序环状。蛹纺锤形，黄褐色。茧黄白色绒毛状，椭圆形（图1-9-8）。

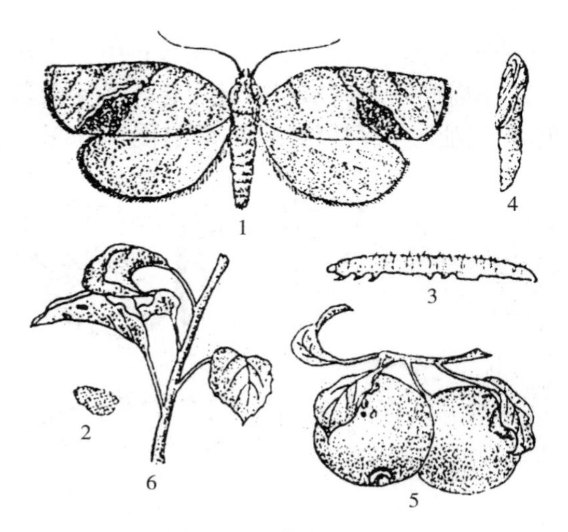

图1-9-7　苹小卷叶蛾

1. 成虫　2. 卵　3. 幼虫　4. 蛹　5. 被害果　6. 被害叶片

（李清西等．2002. 植物保护）

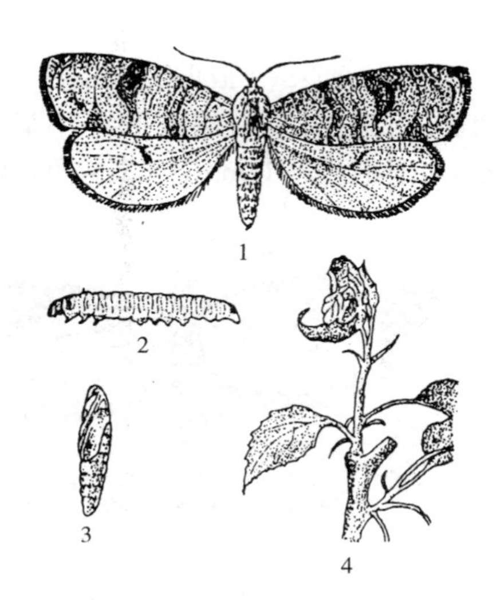

图1-9-8　顶梢卷叶蛾

1. 成虫　2. 幼虫　3. 蛹　4. 被害状

（李清西等．2002. 植物保护）

观察比较两种卷叶蛾成虫及前翅特征，幼虫的头部、胴部、前胸背板的颜色和形状，蛹的体色，卵块的排列情况；比较其危害状上的异同点。

三、蚜虫类识别

（一）危害状识别

蚜虫，俗名蜜虫、腻虫。多集中在植物幼嫩部分或叶背为害，造成受害部位畸形。其排泄物能诱发煤污病，影响植物的生长发育。蚜虫还是多种病毒病的媒介昆虫。多数蚜虫寄主种类多，具有在不同寄主间转移为害的习性。果树上常见的蚜虫主要有绣线菊蚜（*Aphis citricola* Van der Goot）、梨二叉蚜（*Schizaphis piricola* Matsumura）和桃蚜（*Myzus persicae* Sulzer）等，均属同翅目蚜科。

1. 绣线菊蚜 寄主植物有苹果、梨、海棠、山楂、桃、李、杏、樱桃、木瓜等，其中以苹果、梨、山楂受害严重。以成虫和若虫群集刺吸危害寄主的新梢、嫩芽和嫩叶。受害叶片向叶背面做横卷。严重时叶片皱缩不平，变成红色，影响光合作用，甚至使叶片早落，新梢生长受阻。

2. 梨二叉蚜 寄主主要有梨及狗尾草。成、若蚜群集于芽、叶、嫩梢和茎上吸食汁液。

梨叶受害严重时由两侧向正面纵卷成筒状，易招致梨木虱潜入。幼树受害后，影响树冠形成并推迟结果。

桃蚜寄主植物广泛，越冬及早春寄主以桃为主，其他有李、杏、樱桃、柑橘等；夏秋寄主有烟草、大豆、瓜类、番茄、白菜等。其危害状识别和形态识别见项目一子项目八任务2中菜蚜识别部分。

（二）形态识别

1. 绣线菊蚜　无翅胎生雌蚜体长约1.6mm，纺锤形。体黄色至黄绿色，头部淡黑色，复眼、腹管、尾片黑色。腹管圆筒形，具瓦纹，尾片长圆锥形，有长毛9～13根。有翅胎生雌蚜体长约1.5mm，体长卵形。头胸部、腹管、尾片黑色，腹部黄色，两侧有黑斑。翅两对透明。卵椭圆形。初产时淡黄色，最后变成漆黑色。若蚜体鲜黄色，触角、复眼、腹管及足均为黑色。腹部较肥大，腹管很短。有翅若蚜胸部具翅芽1对。

2. 梨二叉蚜　无翅胎生雌蚜体长约2mm，绿、暗绿或黄褐色，常疏被白色蜡粉，头部额瘤不明显，口器黑色，背中央有一条深绿色纵带。有翅胎生雌蚜体长1.5mm左右，翅展约5mm，头胸部黑色，腹部绿，前翅中脉分二叉。无翅若蚜与无翅胎生雌蚜相似，体小，有翅若蚜胸部较大，具翅芽。

观察比较绣线菊蚜和梨二叉蚜成蚜的形态特征，并比较其危害状异同点。

四、天牛类识别

（一）危害状识别

危害果树的天牛属鞘翅目天牛科，体多为长形，大小变化很大。成虫产卵时，一般咬刻槽后将卵产于树皮下，少数产于腐朽孔洞内及土层内。均以幼虫蛀食果树枝条和树干，削弱树势，严重时造成整枝或全株枯死。

常见的有星天牛［*Anoplophora chinensis*（Förster）］（危害柑橘、苹果、梨、枇杷等）、褐天牛［*Nadezhdiella cantori*（Hope）］（危害柑橘）、桑天牛［*Apriona germari*（Hope）］（主要危害苹果、无花果、梨、枇杷、樱桃、桑等）、桃红颈天牛（*Aromia bungii* Faldermann）（危害桃、李、梅等）等。星天牛幼虫主要危害成年树的主干基部及主根；褐天牛幼虫主要危害主干、主枝，树干内虫道呈纵横状；桑天牛幼虫危害树枝干时，很快蛀入木质部，自上而下蛀形成单直通道，每隔一定距离向外咬一排粪孔，有木屑粪便和树胶流出；桃红颈天牛幼虫在枝干木质部钻蛀隧道，蛀孔外有大量红褐色虫粪及碎屑，造成树干中空，树势衰弱甚至枯死。

（二）形态识别

1. 桃红颈天牛　成虫体长26～51mm，黑色，有光泽。前胸背板棕红色或全黑，两侧各有一尖锐刺突，背面具瘤状突起4个。鞘翅基部宽于胸部，后端略狭，表面光滑。卵长圆形，乳白色。幼虫乳白色，前胸背板扁平方形，前缘具黄褐色斑块。蛹淡黄白色，羽化前黑色。

2. 桑天牛　成虫体长26～51mm，黑褐至黑色，密被青棕或棕黄色绒毛。鞘翅基部密布黑色光亮的颗粒状突起，占全翅的1/4～1/3。卵长椭圆形，长6～7mm，稍扁而弯，初乳白后变淡褐色。幼虫乳白色，前胸背板后部密生赤褐色颗粒状小点并有“小”字形凹纹。蛹长30～50mm，纺锤形，初淡黄后变黄褐色，翅芽达第三腹节。

观察常见天牛的危害状；观察桃红颈天牛和桑天牛等常见天牛成虫及幼虫的形态特征。

五、蚧类识别

（一）危害状识别

危害果树的介壳虫种类很多，均属同翅目蚧总科。其中北方以桑白蚧（*Pseudaulacaspis pentagona* Targioni）和朝鲜球坚蚧（*Didesmococcus koreanus* Borchs）危害严重。南方以矢尖蚧（*Unaspis yanonensis* Kuwana）危害严重。桑白蚧又名桑白盾蚧，属盾蚧科。朝鲜球坚蚧又名桃球坚蚧，属蜡蚧科。矢尖蚧又名箭头蚧，属盾蚧科。介壳虫类的危害方式相同，均以若虫和雌成虫聚集固定在树干、枝条或叶片上刺吸汁液，寄主受害后生长不良，树势产量和品质均受到影响，严重者枯死。除直接危害外，还可排泄一些蜜露，诱发煤污病的发生。

（二）形态识别

1. 朝鲜球坚蚧　雌成虫体近球形，后端直截。雌介壳红褐色至黑褐色，体背有3～4列纵向刻点，并被覆薄的蜡粉。雄成虫长有发达的足及1对前翅，翅脉简单呈半透明。雄介壳长椭圆形，灰白色。卵椭圆形，粉红色。一龄若虫体色淡，扁长圆形，善爬行，二龄若虫体色加深，被薄蜡层（图1-9-9）。

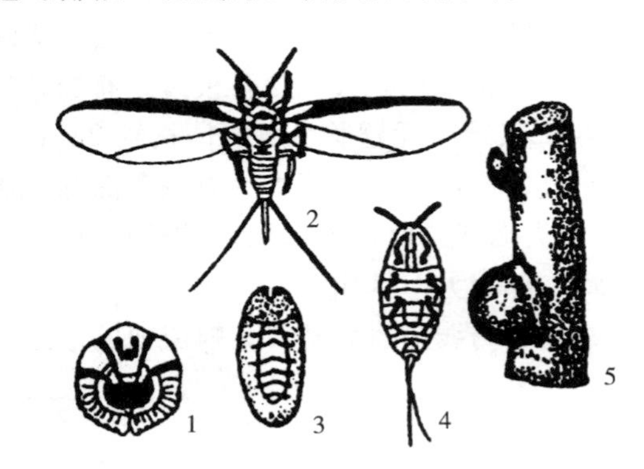

图1-9-9　朝鲜球坚蚧

1. 雌成虫腹面　2. 雄成虫　3. 雄介壳　4. 若虫　5. 雌介壳

（张随榜．2001. 园林植物保护）

2. 桑白蚧　雌介壳圆形，略隆起，白色或灰白色，壳点黄褐色，偏生一方。雌成虫橙黄或橘红色，宽卵圆形。雄介壳长形，白色，有3条纵脊，壳点橘黄色，位于前端。雄成虫橙色至橘红色，有卵圆形灰白色前翅1对。初孵若虫淡黄褐色，扁卵圆形，足发达，能爬行。两眼间有2个腺孔，分泌棉毛状物质遮盖身体。卵椭圆形，初粉红色，孵化前橘红色（图1-9-10）。

3. 矢尖蚧　雌虫介壳细长，紫褐色，边缘灰白色，中央有一纵脊，前端尖，后端宽圆；雄虫介壳白色，蜡质长形，两侧平行，壳背有3条纵隆起线。雌成虫长形，橙黄色；初孵若虫橙黄色，草鞋形，触角和足发达，二龄若虫椭圆形，淡黄色，后端黄褐色。卵椭圆形，橙黄色（图1-9-11）。

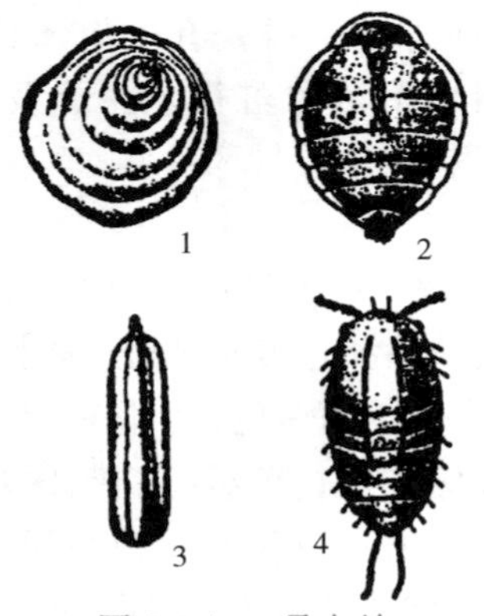

图1-9-10　桑白蚧

1. 雌介壳　2. 雌成虫腹面　3. 雄介壳　4. 若虫

（孙象钧等．1991. 观赏植物病虫害及其防治）

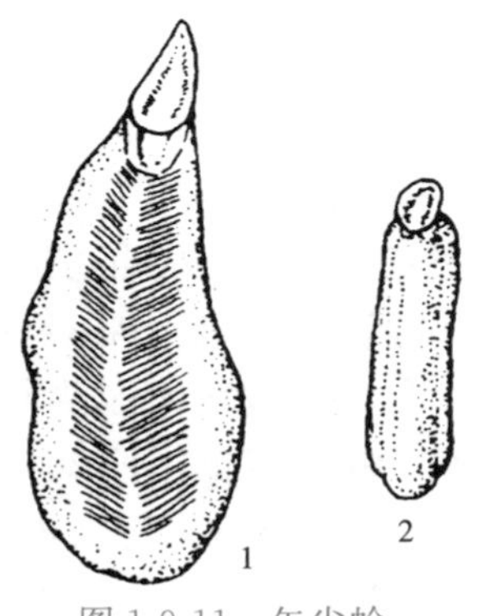

图1-9-11　矢尖蚧

1. 雌虫介壳　2. 雄虫介壳

（洪晓月等．2007. 农业昆虫学）

观察比较3种介壳虫雌、雄介壳及成虫的形态特征；注意雌、雄成虫的差异。

六、叶螨类识别

（一）危害状识别

叶螨是对植物叶片取食危害的叶螨科螨类的总称。山楂叶螨主要危害仁果类、核果类果树，柑橘全爪螨主要危害柑橘，它们均属蛛形纲蜱螨目叶螨科。

1. 山楂叶螨（*Tetranychus viennensis* Zacher）　又名山楂红蜘蛛，以成、若、幼螨刺吸果树的芽、叶、果的汁液，被害叶片开始呈现很多失绿小斑点，后渐扩大成片，严重时叶片苍白焦枯早落；常造成二次开花，当年果实不能成熟，还影响花芽的形成和下一年的产量。

2. 柑橘全爪螨［*Panonychus citri*（Mc Gregor）］　又名柑橘红蜘蛛。以成、若、幼螨吸食危害柑橘的叶片、嫩茎及果实。被害叶片呈灰白色失绿斑点，严重时叶片苍白脱落，削弱树势，常引起落果。

（二）形态识别

1. 山楂叶螨　雌成螨体卵圆形，体背隆起，体背刚毛细长，共26根，横排成6行。有冬、夏型之分。冬型朱红色；夏型红色至或深红色，体背两侧有黑斑。雄成螨纺锤形，体浅黄绿色至淡橙黄色，体背两侧各具一黑绿色斑。卵球形，浅黄白色至橙黄色。幼螨足3对，体圆形，黄白色，取食后卵圆形，浅绿色，体背两侧出现深绿长斑。若螨足4对，淡绿色至浅橙黄色，体背出现刚毛，两侧有深绿斑纹，后期与成螨相似。

2. 柑橘全爪螨　雌成螨体近椭圆形，暗红色。背毛白色，着生于瘤突上。雄成螨体小，鲜红色，腹部后端较尖，呈楔形。卵球形，略扁，顶部有一丝柄，从柄端向四周散射出10～12条细丝拉在叶面上。幼螨足3对，色淡。若螨体形似成螨，但略小，有足4对。

观察两种叶螨的危害状，比较两种叶螨雌、雄成螨的形态。

七、果树其他害虫识别

（一）金纹细蛾

金纹细蛾（*Lithocolletis ringoniella* Matsumura）属鳞翅目细蛾科，在北方苹果园危害较重。以幼虫潜伏在叶背面表皮下取食叶肉，仅剩下表皮，内有黑色粪粒。叶面被害部位呈黄绿色网眼状虫疤。成虫体与前翅均为金褐色，前翅狭长，翅上有3条银白色条纹。后翅尖细，缘毛甚长。老熟幼虫体稍扁，细纺锤形，黄色。

观察金纹细蛾成虫、幼虫的形态及危害状特点。

（二）梨木虱

梨木虱（*Psylla chinensis* Yang et Li）属同翅目木虱科。以成虫及若虫吸食芽叶及嫩梢汁液，受害叶片呈现褐色枯斑，重者变黑脱落。若虫在叶片上分泌大量蜜汁黏液，诱致煤烟病。成虫分冬、夏两型：越冬成虫体较大，深褐色，翅透明，翅脉褐色。夏型成虫体较小，黄绿色，翅脉淡黄褐色。若虫体扁圆形，淡绿色，翅芽明显。

观察梨木虱危害状，比较冬、夏两型成虫特征。

（三）梨网蝽

梨网蝽（*Stephanitis nashi* Esaki et Takeya）属半翅目网蝽科。以成虫和若虫在寄主叶背刺吸危害。被害叶正面形成苍白斑点，叶片背面有斑点状褐色粪便及产卵时留下的蝇粪状黑点，使整个叶背面呈现出锈黄色。受害严重时，叶片早期脱落。

成虫体扁平，暗褐色。触角丝状。前胸背板隆起，向后延伸呈扁板状，盖住小盾片，两侧向外突出呈翼状。前翅合叠，其上黑褐色斑纹呈X状。前胸背板与前翅均半透明，具褐色细网纹。若虫深褐色，翅芽明显。

观察梨网蝽成虫、若虫的形态，注意被害叶片的表现。

（四）桃蛀螟

桃蛀螟（*Dichocrocis punctiferalis* Guenée）又名桃蠹螟，俗称蛀心虫，属鳞翅目螟蛾科。以幼虫蛀入果心危害果实。蛀孔常流出胶质，并排出褐色颗粒状粪便，果内也有虫粪。

成虫体黄色。胸部、腹部及翅上都具有黑色斑点。前翅黑斑有25或26个，后翅约10个。个体间有差异。幼虫头部黑褐色，胸、腹部颜色多变化，有暗红色、淡灰褐色、浅灰蓝色等，各体节有毛瘤。

观察桃蛀螟成虫、幼虫形态及危害状特点，并与食心虫类的危害状进行比较。

（五）桃一点叶蝉

桃一点叶蝉（*Erythroneura sudra* Distant）又名桃小绿叶蝉、桃浮尘子，属同翅目叶蝉科。以成虫、若虫在桃树叶背吸食汁液，被害叶片呈失绿白斑，暴发时整树叶片都变为苍白色，极易脱落，造成树势衰弱，影响来年花芽分化和树体生长。

成虫体淡黄色至绿色，头顶有一圆形黑斑，黑斑外围有白色晕圈，翅淡绿色、半革质。若虫体深绿色，复眼紫黑色，翅芽绿色。

观察桃一点叶蝉危害状及其成虫形态，注意与大青叶蝉形态的区别。

练　习

1. 绘制桃小食心虫和梨小食心虫成虫的形态图。
2. 绘制顶梢卷叶蛾和苹小卷叶蛾成虫的形态图。

思考题

1. 如何根据形态特征和危害特点区分果树常见食心虫、卷叶蛾和蚜虫的种类？
2. 调查了解当地果园有哪些种类的天牛、介壳虫和叶螨。

拓展知识

果树病虫害的发生和危害

我国地域辽阔，各地栽培的果树种类繁多，果树病虫害种类和发生规律各异。苹果树腐烂病几乎遍布各苹果产区，轻则削弱树势，影响产量，重者枝枯树死，甚至毁园。尤其在我国北方地区，苹果树腐烂病是造成毁园的最重要的病害，被果农称为苹果树的癌症。在高温多雨地区和降水量多的年份，褐斑病、斑点落叶病等早期落叶性病害常大发生，严重影响树势和产量。苹果花叶病毒病有逐年加重的趋势，苹果霉心病、白粉病等在部分地区发生也较重。梨树病害中以梨黑星病发生普遍，危害严重。苹果、梨轮纹病是重要的枝干病害，且造成大量烂果。近几年梨干腐病在山西晋中地区发生严重，苹果、梨锈病在部分地区发生也较重。葡萄白腐病、霜霉病、黑痘病是葡萄的重要病害，果农一直非常重视对这几种病害的防治。近几年随着设施栽培的不断发展，棚室栽培葡萄面积不断增加，葡萄灰霉病的发生呈上升趋势。桃树病害以细菌性穿孔病和褐腐病发生最普遍。柑橘溃疡病对橙类苗木和幼树危害最严重，属国内外检疫对象。柑橘黄龙病的发生可引起大量落果，甚至整株死亡，属国内检疫对象。

在成龄果园，实行套袋技术之前，食心虫类中以桃小食心虫、梨小食心虫危害最重，造成部分果园虫果率高达80%左右。随着套袋技术的实施，果树上桃小食心虫的危害基本可以控制，而主要转移至枣树上危害枣果，对枣的产量和品质影响很大，应该引起足够的重视。梨小食心虫危害仍然很严重。刺吸类害虫如蚜虫、梨网蝽、梨木虱、绿盲蝽、介壳虫及螨类在气候条件适宜年份可造成严重危害，尤其是梨黄粉蚜在套袋后仍会造成很大的危害。在南方地区桃一点叶蝉的危害呈逐年加重趋势，而北方果园以大青叶蝉产卵危害幼树树干和枝条，从而造成树势衰弱。

果树的不同病害、病虫之间关系密切，往往互为因果。如冻害是苹果树腐烂病流行的重要因素，虫害造成的伤口为病菌的侵入提供了条件。一些立地条件不良或栽培管理不当的果园，常因缺乏某种微量元素而出现相应的生理病害。刺吸式口器害虫如叶蝉、飞虱、蚜虫等是重要的传毒媒介。由于化学农药使用不当，一方面杀伤天敌，另一方面病虫抗药性问题的产生，导致一些次要病虫害上升为重要病虫害。贮藏期病虫害问题也越来越受到人们的重视，如苹果霉心病对果实的危害已经成为有关专家和研究所研究的课题。在现实生产和贮运的过程中，要加强管理，做好预防工作，以收获高产量的优质产品。

考核评价

从识别果树病虫的准确程度，室内镜检操作的规范熟练程度，实验报告完成情况及学习态度等几方面（表1-9-1）对学生进行考核评价。

表1-9-1　果树病虫害识别考核评价

序号	考核项目	考核内容	考核标准	考核方式	分值
1	果树病害识别	果树病害症状观察识别	能仔细观察、准确描述果树主要病害的症状特点，并能初步诊断其病原类型	现场识别考核	20
		果树病害病原物室内镜检	对田间采集（或实验室提供）的果树病害标本，能够熟练地制作病原临时玻片，在显微镜下观察病原物形态，并能准确鉴定	现场操作考核	20
2	果树害虫识别	果树害虫形态及危害状观察识别	能仔细观察、准确描述果树主要害虫的形态识别要点及危害状特点，并能指出其所属目和科的名称	现场识别考核	30
3	实验报告		报告完成认真、规范，内容真实；绘制的病原物和害虫形态特征典型，标注正确	评阅考核	20
4	学习态度		对老师提前布置的任务准备充分，发言积极，观察认真；遵纪守时，爱护公物	学生自评、小组互评和教师评价相结合	10

子项目十　地下害虫识别

【学习目标】识别主要地下害虫的形态特征及危害状。

任务　地下害虫识别

【材料及用具】地老虎、蛴螬、蝼蛄、金针虫的新鲜标本、干制或浸渍标本，危害状及生活史标本；体视显微镜、镊子、挑针等有关制片用具；多媒体教学设备及课件、挂图等。

【内容及操作步骤】

一、地老虎识别

（一）危害状识别

地老虎俗称土蚕、切根虫、夜盗虫，属鳞翅目夜蛾科。危害农作物的地老虎有20多种，主要有小地老虎（*Agrotis ypsilon* Rottemberg）、黄地老虎（*A. segetum* Schiffermuller）和大地老虎（*A. tokionis* Butler）3种，其中尤以小地老虎最为重要。危害多种农作物和蔬菜、花卉、果树、林木幼苗，可切断幼苗近地面的茎，使整株死亡。轻则缺苗断垄，重则毁种重播。

（二）形态识别

3种地老虎的形态特征见表1-10-1和图1-10-1、图1-10-2、图1-10-3。

表1-10-1　3种地老虎的形态特征

（张随榜.2001.园林植物保护）

虫态	特征	小地老虎	大地老虎	黄地老虎
成虫	体长（mm）	16～23	20～23	14～19
	前翅	暗褐色，肾状纹外有一尖长楔形斑，亚缘线上也有2个尖端向里的楔形斑，三斑相对	黄褐色，横线不明显，有肾状纹和环状纹，无楔形纹	黄褐色，无楔形斑，肾状纹、环状纹、棒状纹均明显，各横线不明显
	触角（雄）	双栉齿状，分枝仅达1/2处，其余为丝状	双栉齿状，分枝逐渐短小，几达末端	分枝达2/3处，其余为丝状
幼虫	体长（mm）	37～44	40～60	33～34
	体色	黄褐色至黑褐色	黄褐色	灰黄褐色
	毛片	各节背板上有4个毛片，前后各2个，后面2个比前面2个大1倍以上	各节两对毛片大小约相等	各节两对毛片大小约相等
	臀板	黄褐色，有2条深色纵带	深褐色，表面密布龟裂状皱纹	黄褐色，有时有1对稍暗的斑点

观察地老虎的危害状和3种地老虎各虫态特征，注意比较其幼虫形态的区别。

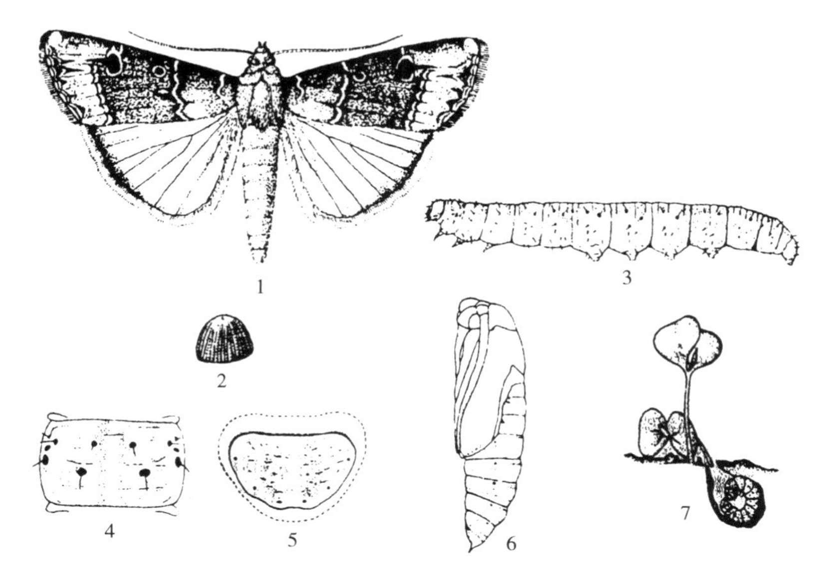

图 1-10-1　小地老虎

1. 成虫　2. 卵　3. 幼虫　4. 幼虫第四节背面观

5. 幼虫末节背板（刚毛略去）　6. 蛹　7. 棉苗被害状

（洪晓月等 . 2007. 农业昆虫学）

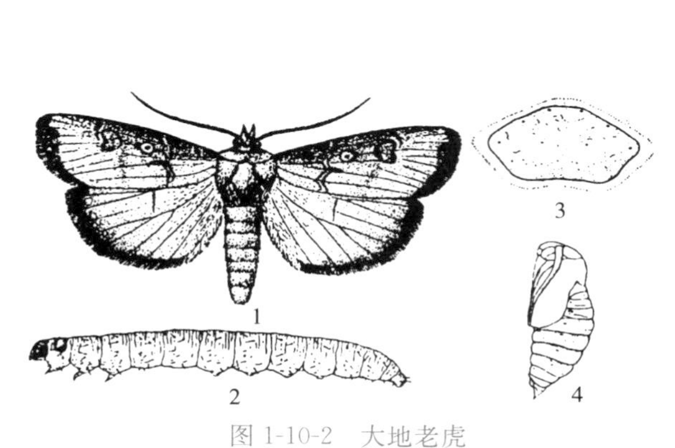

图 1-10-2　大地老虎

1. 成虫　2. 幼虫

3. 幼虫末节背板（刚毛略去）　4. 蛹

（洪晓月等 . 2007. 农业昆虫学）

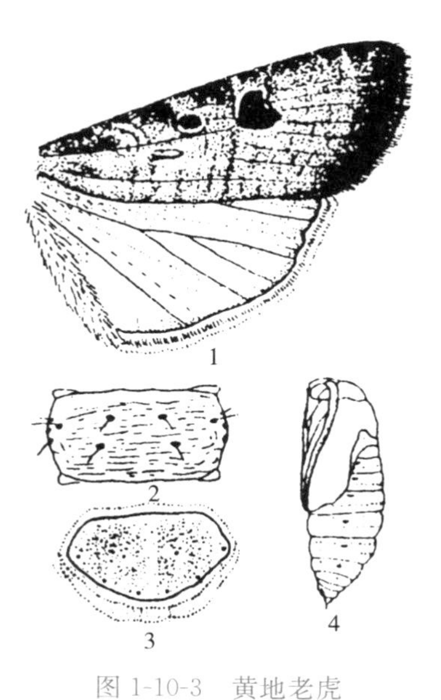

图 1-10-3　黄地老虎

1. 成虫前、后翅

2. 幼虫第四腹节背面观

3. 幼虫末节背板（刚毛略去）　4. 蛹

（洪晓月等 . 2007. 农业昆虫学）

二、蛴螬识别

（一）危害状识别

蛴螬是鞘翅目金龟甲总科幼虫的通称，俗称白土蚕、地漏子等，是地下害虫中种类最多、分布最广、危害最重的一大类群。我国已经记载的蛴螬种类有100余种，其中常见的有30余种，以东北大黑鳃金龟（*Holotrichia diomphalia* Bates）、华北大黑鳃金龟（*H. oblita* Faldermann）、暗黑鳃金龟（*H. parallela* Motschulsky）、铜绿丽金龟（*Anomala corpulenta* Motschulsky）等发生普遍而严重。一个地区多种蛴螬常混合发生。蛴螬食性杂，危害多种旱地作物，食害播下的种子或咬断幼苗的根、茎，咬断处断口整齐。成虫啃食各种植物叶片形成孔洞、缺刻或秃枝。

（二）形态识别

3种蛴螬的形态特征见表1-10-2和图1-10-4。

表1-10-2　3种金龟甲成虫、幼虫的形态特征

（张学哲．2005．作物病虫害防治）

虫态	特征	大黑鳃金龟	暗黑鳃金龟	铜绿丽金龟
成虫	体长（mm）	16～22	17～22	19～21
	体色	黑褐色，有光泽	暗黑色，无光泽	铜绿色，有光泽
	鞘翅	有4条纵隆线，翅面及腹部无短绒毛	纵隆线不明显，翅面及腹部有短小绒毛	有4条明显纵隆线，前胸背板及鞘翅铜绿色
	前足胫节	外侧有3个尖锐齿突	外侧有3个较钝齿突	外侧有2个齿状突起
	腹部	臀节背板包向腹面	背、腹板相会于腹末	臀节背板不包向腹面
幼虫	体长（mm）	35～45	35～45	30～33
	头部前顶刚毛	每侧3根，冠缝侧2根，额缝侧上方1根	冠缝两侧各1根	冠缝两侧各6～8根，排成一纵列
	肛腹板覆毛区刺毛列	无刺毛列；钩状毛散生，排列不均匀，达全节的2/3	无刺毛列；钩状毛排列散乱，但较均匀，仅占全节的1/2	钩毛区中央有2列长针状刺毛相对排列，每侧15～18根

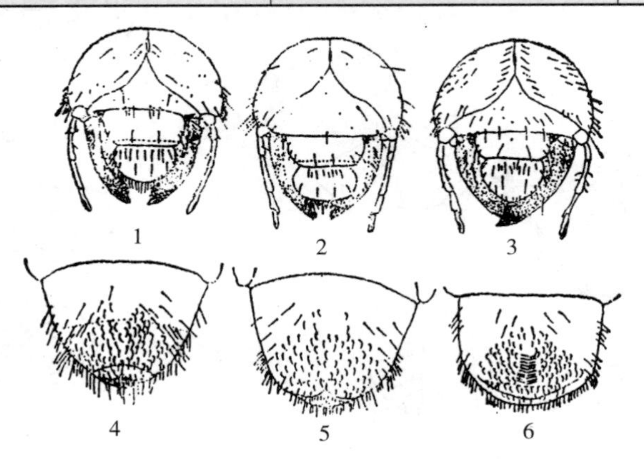

图1-10-4　蛴　螬

华北大黑鳃金龟幼虫：1. 头部　4. 臀节腹面

暗黑鳃金龟幼虫：2. 头部　5. 臀节腹面

铜绿丽金龟幼虫：3. 头部　6. 臀节腹面

（陕西省农林学校．1980．农作物病虫害防治学各论：北方本）

观察蛴螬的危害状，注意咬断处断口是否平截；观察3种金龟甲成虫、幼虫的形态，注意其区别。

三、蝼蛄识别

（一）危害状识别

蝼蛄俗称拉拉蛄、土狗，属直翅目蝼蛄科。以成虫和若虫在土中危害，咬食各种作物种子、幼芽或咬断幼根，也蛀食薯类的块根和块茎。幼苗根茎被害部呈麻丝状，这是判断蝼蛄危害的重要特征。此外，由于其在土中活动形成隧道，能使幼苗根系与土壤分离，失水干枯而死。

我国蝼蛄主要有4种，即东方蝼蛄（*Gryllotalpa orientalis* Burmeister）、华北蝼蛄（*G. unispina* Saussure）、普通蝼蛄（*G. gryllotalpa* Linnaeus）和台湾蝼蛄（*G. formosana* Shiraki）。我国蝼蛄分布广泛，危害严重的主要为前两种。

（二）形态识别

两种蝼蛄的形态特征见表1-10-3和图1-10-5。

表1-10-3 华北蝼蛄和东方蝼蛄的形态特征比较

虫态	特征	华北蝼蛄	东方蝼蛄
成虫	体长（mm）	36～55	30～35
	体色	淡黄褐色至黄褐色	黄褐色
	腹部	近圆筒形	近纺锤形
	后足	胫节背侧内缘有棘1个或消失	胫节背侧内缘有棘3或4个，或4个以上
若虫	后足	五、六龄以上同成虫	二、三龄以上同成虫
	体色	黄褐色	灰黑色
	腹部	近圆筒形	近纺锤形
卵		颜色较浅，孵化前呈暗灰色	颜色较深，孵化前呈暗褐色或暗紫色

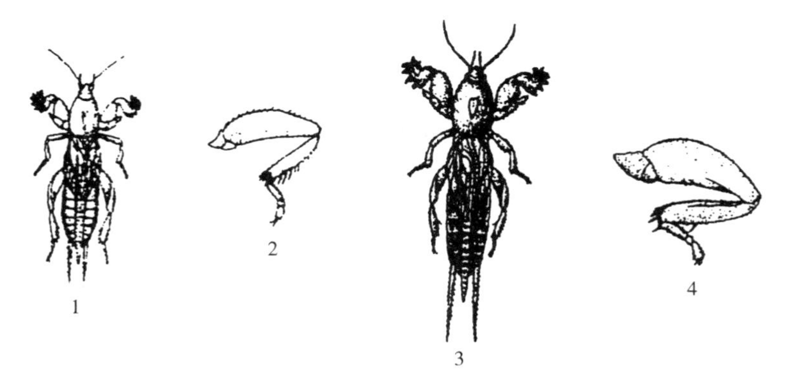

图1-10-5 华北蝼蛄和东方蝼蛄
1. 东方蝼蛄成虫 2. 东方蝼蛄后足 3. 华北蝼蛄成虫 4. 华北蝼蛄后足
（张学哲.2005.作物病虫害防治）

观察蝼蛄的危害状，注意断口处是否呈乱麻状；观察华北蝼蛄和东方蝼蛄成虫及若虫的形态特征，注意两者后足胫节背侧内缘棘的个数。

四、金针虫识别

（一）危害状识别

金针虫俗称铁丝虫，是鞘翅目叩甲科幼虫的统称，成虫俗称叩头虫。幼虫咬食刚播下的种子，食害胚乳，使之不能发芽；危害须根、主根或茎的地下部分，使幼苗枯死。一般受害苗主根很少被咬断，被害部不整齐而呈刷状。秋季还蛀食马铃薯、甜菜、胡萝卜等的块茎和块根。成虫食叶，但危害轻微。常见的有沟金针虫（*Pleonomus canaliculatus* Faldermann）和细胸金针虫（*Agriotes fuscicollis* Miwa）。

（二）形态识别

两种金针虫的形态特征见表 1-10-4 和图 1-10-6。

表 1-10-4　两种金针虫的形态特征

虫态	特征	沟金针虫	细胸金针虫
成虫	体长（mm）	雌 14～17，雄 14～18	体长 8～9
	体色	浓栗色，全体密被金黄色细毛，足浅褐色	暗褐色，密被灰色短毛，并有光泽，足赤褐色
	前胸背板	呈半球状隆起，宽大于长，密布点刻，中央有细纵沟	略呈圆形，长大于宽
	鞘翅	长约为前胸的 4 倍，其上纵沟不明显	长约为前胸的 2 倍，上有 9 条纵列的刻点
幼虫	体长（mm）	老熟时体长 20～30	老熟时体长约 32
	体色	黄褐色	淡黄褐色，有光泽
	体形	细长筒形略扁	细长圆筒形
	尾节	两侧缘隆起，有 3 对锯齿状突起，尾端有 2 分叉，各叉内侧有 1 个小齿	圆锥形，近基部两侧各有 1 个褐色圆斑和 4 条褐色纵纹

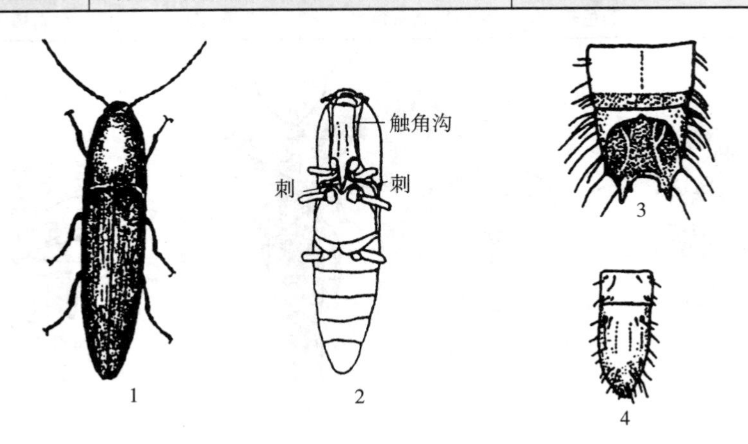

图 1-10-6　沟金针虫、细胸金针虫

1. 细胸金针虫成虫　2. 金针虫腹面　3. 沟金针虫腹末　4. 细胸金针虫腹末

（张随榜．2001．园林植物保护）

观察金针虫的危害状和两种金针虫成虫、幼虫的形态特征，注意幼虫尾节的区别。

练　习

1. 列表比较当地主要地下害虫成虫、幼（若）虫的形态特征和危害状特点。
2. 绘制铜绿金龟甲幼虫头部形态图。
3. 绘制小地老虎、大地老虎成虫前翅图和小地老虎幼虫臀板形态图。

思考题

1. 当地危害较重的地下害虫有哪几种？
2. 如何区别小地老虎、大地老虎和黄地老虎的幼虫？
3. 简述沟金针虫和细胸金针虫幼虫尾节的区别。
4. 华北蝼蛄和东方蝼蛄成虫在形态上有何主要区别？

拓展知识

地下害虫的发生和危害

地下害虫是指在活动危害期或主要危害虫态生活在土壤中，并主要危害作物地下部分的一类害虫。我国已记载的地下害虫有320余种，隶属于昆虫纲的有8目38科，包括地老虎、蛴螬、蝼蛄、金针虫、根蛆、蟋蟀、白蚁、根天牛、拟地甲、根蚜、根象甲、根叶甲、根粉蚧、根蝽和弹尾虫等。其中以前4种发生面积最广、危害程度最重，其他类群在局部地区有些年份危害也较重。

地下害虫的发生遍布全国，从全国的发生情况看，北方重于南方，旱地重于水地，优势种群因地而异。多数种类的生活周期和危害期很长，寄主种类复杂，且多在春、秋两季危害。主要危害植物的种子、地下部及近地面的根茎部。其发生与土壤环境和耕作栽培制度的关系极为密切。我国地下害虫的发生曾几度起伏。20世纪50年代初，地下害虫普遍严重，特别是蛴螬、金针虫、蝼蛄和地老虎十分猖獗，其中尤以蝼蛄在华北地区危害极重，常导致毁种重播。后经大面积推广以六六六为主的药剂防治，虫口密度大为减少。70年代，蝼蛄危害已基本得到控制，金针虫和地老虎仅在局部地区发生严重，唯蛴螬在很大范围内普遍上升发展，成为大害。80年代以后，各地推广使用辛硫磷、甲基异柳磷等新农药取代六六六进行大面积防治后，对控制地下害虫危害具有明显的效果。近几年，许多地方推广48%毒死蜱乳油土壤处理或药液灌根防治地下害虫，效果良好。90年代以来，随着农业产业结构的调整和水利设施条件的不断改善，农田生态系统有了新的变化，地下害虫的发生情况有了变化。目前，我国地下害虫蛴螬危害严重，危害跃居各类地下害虫首位；金针虫危害有加重的趋势，豫、京、冀、陕、皖、甘等省份的虫口密度普遍回升；随着地膜覆盖面积的扩大及设施农业的逐渐推广，土温增高，蝼蛄和金针虫的活动危害期也相应提早。地老虎在北方地区成灾频率明显减少，但在南方早春危害有所加重。根蛆主要在华北、东北、西北和内蒙古等地区发生危害较重；南方部分蔗区近年蔗根锯天牛严重发生。油葫芦（*Teleogryllus mitratus* Burmeister）在山东、河北、河南、皖北等地危害秋粮作物，常造成严重危害。其他类群则常在局部地区猖獗成灾。地下害虫的发生动态又出现了一些新特点，一是优势虫种此起彼伏交替变化；另一特点是新的地下害虫种类不断出现，如河北有粉蚧危害玉米；辽宁、山东有危害小麦、玉米、棉花的大蚊；麦沟牙甲（*Helophorus auriculatus* Sharp）在河南鲁山、南召和嵩县的高山河谷两岸及陕西以幼虫危害麦苗根部；山东还发现麦拟根蚜危害小麦，小麦严重受害后不能抽穗。新黑地珠蚧（*Neomargarades niger* Green）在东部花生产区危害花生根部等。这些新发现的或过去报道极少的地下害虫的发生趋势，值得引起进一步重视。

从识别地下害虫的准确程度，实验报告完成情况及学习态度等几方面（表 1-10-5）对学生进行考核评价。

表 1-10-5　地下害虫识别考核评价

序号	考核项目	考核内容	考核标准	考核方式	分值
1	地下害虫识别	地下害虫形态及危害状观察识别	能仔细观察、准确描述主要地下害虫的形态识别要点及危害状特点，并能指出其所属目和科的名称	现场识别考核	50
2	实验报告		报告完成认真、规范，内容真实；绘制的害虫形态特征典型，标注正确	评阅考核	30
3	学习态度		对老师提前布置的任务准备充分，发言积极，观察认真；遵纪守时，爱护公物	学生自评、小组互评和教师评价相结合	20

子项目十一　杂草与害鼠识别

【学习目标】掌握杂草与害鼠识别技术，能识别当地农田常见的杂草与害鼠。

任务 1　杂草识别

【材料及用具】稗草、狗尾草、马唐、野燕麦、牛筋草、鸭跖草、反枝苋、马齿苋、藜、鸭舌草、看麦娘、异型莎草、香附子等杂草成株和幼苗的新鲜标本或干制标本；多媒体教学设备及课件、挂图等。

【内容及操作步骤】我国幅员辽阔，地跨热带、亚热带、暖温带、温带、寒温带，杂草种类很多，危害严重的主要农田杂草见表 1-11-1。

表 1-11-1　常见农田杂草的形态特征

杂草名称	幼苗期特征	成株期特征
稗［*Echinochloa crusgalli*（L.）Beauv］，属禾本科	第一片真叶带状披针形，有 15 条直出平行叶脉，无叶耳、叶舌，第二片叶与第一片叶相似	一年生草本。高 40～130cm，直立或基部膝屈。叶鞘光滑，无叶耳、叶舌。圆锥形总状花序，小穗含两花，其一发育外稃有芒；另一不育，仅存内外稃。颖果卵形，米黄色。第一片叶条形，长 1～2cm，自第二片叶始渐长，全体光滑无毛
马唐［*Digitaria sanguinalis*（L.）Scop］，属禾本科	第一片真叶卵形或披针形，具 19 条平行叶脉，叶缘具睫毛。叶舌微小，顶端齿裂，叶鞘密被长柔毛。第二片叶带状披针形，叶舌三角形，顶端齿裂	一年生草本。成株高 40～100cm，茎基部展开或倾斜丛生，着地后节部易生根，或具分枝，光滑无毛。叶鞘松弛包茎，大都短于节间，疏生疣基软毛。叶舌膜质，先端钝圆，叶片条状披针形，两面疏生软毛或无毛
野燕麦［*Avena fatua* L.］，属禾本科	初生叶片卷成筒状。叶片细长，扁平，略扭曲，两面均疏生柔毛。叶舌较短，透明膜质，先端具不规则齿痕。叶鞘具短柔毛及稀疏长纤毛	一年生或越年生草本植物。成株高 30～150cm，茎直立，光滑，具 2～4 节，叶鞘松弛，光滑或基部被有柔毛。叶舌透明膜质，叶片宽条形。花序圆锥状，开展呈塔形，分枝轮生，小穗含 2～3 朵花，疏生，柄细长而弯曲下垂，两颖近等长。颖果长圆形
牛筋草［*Eleusine indica*（L.）Gaertn］，属禾本科	第一片真叶呈带状披针形，具 3 条平行叶脉，第二、三片真叶与第一片真叶相似，叶耳缺。全株无毛	一年生草本。成株高 15～90cm，植株丛生，基部倾斜向四周开展。须根较细而稠密，为深根性，不易整株拔起。叶鞘压扁而具脊，鞘口具柔毛；叶舌短，叶片条形。穗状花序，小穗含 3～6 朵花，颖果长卵形
鸭跖草（*Commelina communis* L.），属鸭跖草科	子叶 1 片。子叶鞘与种子之间有 1 条白色子叶连接。第一片叶椭圆形，有光泽，先端锐尖，基部有鞘抱茎，叶鞘口有毛。第二至第四片叶为披针形。后生叶长圆状披针形	一年生草本。成株高 30～50cm，茎披散，多分枝，基部枝匍匐，节上生根，上部枝直立或斜生。叶互生，披针形或卵状披针形。总苞片呈佛焰苞状，有长柄，与叶对生。聚伞形花序，花瓣 3 枚。蒴果椭圆形，2 室，有种子 4 粒
反枝苋（*Amaranthus retroflexus* L.），属苋科	叶长椭圆形，先端钝，基部楔形，具柄，子叶腹面灰绿色，背面紫红色，初生叶互生全缘，卵形，先端微凹，叶背面亦呈紫红色；后生叶有毛，柄长	一年生草本。成株高 20～120cm，茎直立，粗壮，上部分枝绿色。叶具长柄，互生，叶片菱状卵形，叶脉突出，两面和边缘具有柔毛，叶片灰绿色。圆锥状花序顶生或腋生，花簇多刺毛；苞叶和小苞叶膜质；花被白色
马齿苋（*Portulaca oleracea* L.），属马齿苋科	紫红色，下胚轴较发达；子叶长圆形；初生叶 2 片，倒卵形，全缘	一年生肉质草本，全体光滑无毛。茎自基部分枝，平卧或先端斜生。叶互生或假对生，柄极短或近无柄；叶片倒卵形或楔状长圆形，全缘。花瓣黄色，蒴果圆锥形，盖裂
藜（*Chenopodium album* L.），属藜科	子叶近线形，或披针形，长 0.6～0.8cm，先端钝，肉质，略带紫色，叶片下面有白粉，具柄。初生叶 2 片，长卵形，先端钝，边缘略呈波状，主脉明显，叶片下面多呈紫红色。后生叶互生，卵形，全缘或有钝齿	一年生草本。成株高 30～120cm，茎直立粗壮，有棱和纵条纹，多分枝，上升或开展。叶互生，有长柄；基部叶片较大，上部叶片较窄，全缘或有微齿，叶背均有灰绿色粉粒。圆锥状花序，由多束花簇聚合而成；花两性，花被黄绿色或绿色。胞果完全包于花被内或顶端稍露
鸭舌草［*Monochoria vaginalis*（Burm.）Presl ex Kunth］，属雨久花科	初生叶 1 片，后生叶互生，披针形，基部两侧有膜质的鞘边，有 3 条直出平行脉，第一片互生叶与初生叶相似	一年生草本株高 10～30cm，全株光滑无毛。茎短，有分枝。叶从基部长出，具长柄，披针形或卵形，弧状脉；叶柄中部常有一个纺锤形的膨大部分，基部有紫红色膜质鞘。总状花序于叶鞘中抽出，有花 3～8朵，花呈钟状，淡蓝色。蒴果卵形

（续）

杂草名称	幼苗期特征	成株期特征
看麦娘（*Alopecurus aequalis* Sobol），属禾本科	第一片真叶带状，先端钝，长10～15mm，宽0.4～0.6mm，绿色，无毛；第二、三片叶线形，先端尖锐，长18～22mm，宽0.8～1.0mm，叶舌薄膜质	一年生或越年生草本。须根细软。秆高15～40cm，丛生，软弱光滑。叶鞘光滑，常短于节间；叶片扁平质薄，长3～10cm；叶舌薄膜质。圆锥花序圆柱状，灰绿色；小穗椭圆形或卵状长圆形；花药橙黄色。颖果长椭圆形，暗灰色
异型莎草[*Cyperus difformis*（L.）]，属莎草科	淡绿色至黄绿色，基部略带紫色，全体光滑无毛；第一至第三片叶条形，略带波状曲折，长5～20mm；第四叶以后，开始分蘖。叶鞘闭合	一年生草本。高20～65cm，秆丛生，扁三棱形。叶基生，条形，短于秆。叶鞘稍长，淡褐色，有时带紫色。苞片叶状，2或3枚，长于花序；花序长，侧枝聚伞形简单。小穗多数集成球形，具8～28朵花。小坚果倒卵状，椭圆形，淡黄色
香附子（*Cyperus rotundus* L.），属莎草科	第一片真叶线状披针形，有5条明显的平行脉，叶片横剖面呈V形。第三片真叶具10条明显平行脉	多年生草本。具地下横走根茎，顶端膨成块茎，有香味，高20～95cm。秆散生，直立，锐三棱形。叶基生，短于秆。叶鞘基部棕色。苞片叶状，3～5枚，下2或3枚长于花序，小穗条形，具6～26朵花，果三棱状长圆形，暗褐色，具细点
猪殃殃[*Galium aparine* L. var. *tenerum*(Gren. et Godr.) Rchb.]，属茜草科	幼苗子叶长椭圆形，具长柄。下胚轴发达，带红色，上胚轴亦发达，呈四棱形，棱上生刺状毛，亦带红色。初生叶4片轮生，阔卵形，先端钝尖，具睫毛，基部宽楔形	一年生或越年生草本。茎多自基部分枝，四棱形，棱上和叶背中脉及叶缘均有倒生细刺。叶4～6片，轮生，线状倒披针形，顶端有刺尖，表面有疏生细刺毛。聚伞花序腋生或顶生，有花3～10朵。花小，花萼细小，约1mm，上有钩刺毛。花瓣黄绿色，4裂，裂片长圆形。雄蕊4枚
田旋花（*Convolvulus arvensis* L.），属旋花科	初生叶1片，近矩圆形，先端圆，基部两侧稍向外突出成距。上、下胚轴均发达	多年生草本。茎蔓生或缠绕，具条纹或棱，上部有柔毛。叶互生，有柄，叶形多变，全缘或3裂，中裂片开展，成耳形或戟形，微尖。花1～3朵，腋生。苞片2片，远离萼片。萼片5片，卵圆形，边缘膜质。花冠漏斗形，粉红色
播娘蒿[*Descurainia sophia*(L.)]，属十字花科	幼苗灰绿色。子叶长椭圆形，长0.3～0.5cm，先端钝基部渐狭，具柄。初生叶2片，叶片3～5裂，中间裂片大，两侧裂片小，先端尖锐。上胚轴与下胚轴均不发达。后生叶片互生	一年生或越年生草本。茎直立，圆柱形，多分枝。株高20～100cm，全体有叉状毛。叶狭卵形，长3～5cm，宽2.0～2.5cm，2～3回羽状全裂，末回裂片条形或条状长圆形。下部叶有柄，上部叶无柄。花淡黄色，花瓣4片

练　习

1. 识别当地常见的农田杂草。
2. 调查你所在地区主要农作物田间杂草的种类、分布及发生危害情况，撰写1份调查报告。

思考题

1. 如何识别稗草幼苗？
2. 如何识别看麦娘和日本看麦娘？

任务2　害鼠识别

【材料及用具】褐家鼠、黑线仓鼠、黑线姬鼠、小家鼠、黄胸鼠等害鼠浸渍或干制标本；多媒体教学设备及课件、挂图等。

【内容及操作步骤】鼠类是陆生哺乳动物中最大的一个类群。按照动物学的分类，鼠类属于脊索动物门脊椎动物亚门哺乳纲，分属于啮齿目和兔形目。通常将此两目的动物统称为啮齿动物，简称鼠类。但是，狭义上的鼠类是指啮齿目的动物。我国啮齿类动物约有190种，对农作物构成危害的主要有30多种，分属于6个科。其中发生面积较大，危害频繁的主要害鼠只有10多种；局限到一个县或乡的范围内，就可能只有1～2种，多则3～4种。常见害鼠的形态及特性如下。

1. 褐家鼠　褐家鼠（*Ruttus norvegicus*）又称为沟鼠、大家鼠或挪威鼠，属鼠科。属世界性分布的鼠类，是最常见和危害最大的一种家鼠。食性很杂，在住宅区主要盗食粮食和各种食品，在野外主要以各种成熟的作物为食。

成年鼠一般体长17～20cm，体重200～300g。鼻端圆钝，耳短厚，向前折不能达到眼部。尾长略短于体长，尾上鳞环比较清楚，鳞环间尚有较短的刚毛。后足较粗大，长33mm。雌鼠乳头6对。背毛一般有棕褐、灰褐、棕灰、棕黄等颜色，头及背部杂有黑色毛，腹毛一般灰白色，足背为白色。

2. 黑线仓鼠　黑线仓鼠（*Cricetulus barabensis*）又称为小仓鼠、花背仓鼠，属于仓鼠科。其主要分布在山东、山西、安徽等省份，以平原和低山区为主；食性杂，喜食粮油作物的种子和幼苗，造成播种后农田严重缺苗断垄。

成年鼠一般体长10cm左右，体重30～40g。体型较小，体肥壮。吻钝、耳圆，腮部有颊囊。背毛黄褐色，脊背中央有一黑色条纹。吻侧、腹面及四肢下部均为灰白色，与背部毛色分界明显。四肢短，尾短不到体长的1/4。

3. 黑线姬鼠　黑线姬鼠（*Apodemus agrarius*）又称为田姬鼠，属鼠科。食性杂，主要取食植物种子、青苗、根、茎以及少量昆虫等。

成年鼠一般体长10cm左右，体重100g左右。外形和小家鼠很相似。其明显特征为背部中央有一黑色的条纹，从两耳之间一直延伸到尾基，有少数地区的个体黑纹不甚明显或无此纹。

4. 小家鼠　小家鼠（*Mus musculus*）又称为小鼠、鼷鼠或小耗子，属鼠科。危害农林业、食品和衣物等十分严重，食性杂，较喜食各种种子，尤其喜吃小粒谷物种子。

成年鼠一般体长7cm左右，体重15～20g。鼻尖而短，耳壳亦不长，耳向前折不能达到眼部。从侧面看，上颌门齿有一明显缺刻。背毛呈灰褐色和黑灰色，腹毛灰黄色或灰白色。也间有棕色、纯白色背毛出现。尾尖细，略短于体长。

5. 黄胸鼠　黄胸鼠（*Rattus flavipectus*）又称为屋顶鼠、黑家鼠或黄腹鼠，属鼠科。主要分布在华南各省份及其沿海地区，江苏、淮河以南和山东南部等地也有发现。较喜食植物性食料和含水分较多的食物，在住宅区主要盗食粮食和各种食品，在野外危害谷类、蔬菜、花生等农作物。

成年鼠一般体长17～20cm，体重200～250g。口鼻较尖，耳大，薄且长，向前折可达到眼部。前足背面有一块深暗色斑，掌垫5枚，后足细长，有肉垫6枚。雌鼠有乳头5对。

背毛棕褐色或黑色，腹毛浅黄或灰白色，胸部黄色较深。

调查所在地区农田害鼠的优势种类、分布及危害情况，撰写1份调查报告。

1. 如何识别褐家鼠？
2. 如何区别黑线姬鼠与小家鼠？

杂草和鼠类的基本知识

（一）杂草基本知识

杂草是能够在人工生境中自然繁衍其种族的植物。通俗地说，农田杂草是指人类栽培目的植物以外的田间自生植物。它们的存活是长期适应气候、土壤、耕作制度及社会因素，并与栽培作物竞争的结果。

1. 杂草的一般性状 杂草在与栽培植物相互竞争的条件下，形成了许多栽培植物所不具备的特殊的生物学特性和生长发育规律。因此，了解杂草的生物学特性，就可以掌握杂草的发生和危害规律，从而采取有效的防除措施，减少杂草对农业的危害。

杂草一般比农作物吸收水分和养分的能力强，生长快且旺盛。杂草种子的成熟期和出苗期参差不齐，农田杂草种子的成熟期比栽培作物早，成熟期也不一致。杂草的繁殖方式一般有种子繁殖、根茎繁殖、匍匐茎繁殖和块根、块茎繁殖。杂草有很强的生态适应性和抗逆性，能忍耐干旱、低温、盐碱和贫瘠土壤。杂草的传播方式多种多样，其中人的活动对杂草的远距离传播起主要作用。人类的引种、播种、灌溉、施肥、耕作、整地、搬运等活动，均可直接或间接地将杂草从一地传到另一地，如我国广泛危害的豚草就是从美洲传播而来的。很多杂草种子小而轻，风和水都可以传播。常见的有蒲公英、苦苣菜的种子顶端有降落伞状的冠和茸毛，可借风力远距离飘移。

2. 杂草的分类

（1）按亲缘关系分类。在植物学上也称自然分类法，即按照植物系统演化和亲缘关系的理论，将杂草按界、门、纲、目、科、属、种进行分类。每种杂草都有自己的分类位置。如野燕麦属于植物界被子植物门单子叶植物纲颖花目禾本科燕麦属。

（2）按生物学特性分类。

①一年生杂草：指春、夏季发芽出苗，到夏、秋季开花结实后死亡，整个生命周期在1年内完成的杂草。以种子繁殖为主。它们多于秋熟旱作物及水稻等作物田发生危害，是农田的杂草的主要类群。

②二年生或越年生杂草：这类杂草一般在夏、秋季发芽，以幼苗或根芽越冬，翌年夏、

秋季开花结实后死亡。整个生命周期需跨越两个年度，故又称越年生杂草，以种子繁殖为主。如黄花蒿、益母草、牛蒡、野胡萝卜、附地菜、看麦娘、播娘蒿等。主要发生于大麦、小麦、油菜等夏熟作物田。

③多年生杂草：生命周期在 3 年以上，即指可连续生存 3 年以上的杂草。这类杂草一次出苗，可在多个生长季节内生长并开花结实，既能种子繁殖，又能利用地下营养器官进行繁殖。每年地上部分于结实后或于冬季死亡，而依靠地下器官越冬。翌年地上长出新的植株，继续开花结实。如打碗花、刺儿菜、香附子、芦苇、扁秆藨草等。这类杂草对各类作物、蔬菜、果树都有危害，一旦蔓延起来，很难彻底根除。

（3）按生态类型分类。

①水生杂草：适应于水中生活的杂草。这类杂草对水稻、莲藕等作物危害严重。根据杂草在水中的生长状况又分为沼生杂草（挺水杂草），如鸭舌草、泽泻、野慈姑等；浮水杂草，如眼子菜等；沉水杂草，如菹草、黑藻等。

②湿生杂草：适于在水分经常饱和的土壤上生活的杂草。在水中生长不良，甚至死亡。主要生长于稻田中，也能生长于旱作物田中，如稗草、异型莎草等，是水稻田的主要杂草。

③中生杂草：适于在水分适中的土壤上生活的杂草。在过湿或过干燥土壤中生长不良，甚至死亡。如牛筋草、狗牙根、马齿苋等很多旱田杂草都属于这一类，主要危害旱田作物。

④旱生杂草：能在水分较为缺乏的环境中生活的杂草。这类杂草具有极强的抗旱能力。如狗尾草、猪毛蒿等，对沙地和干旱山坡的作物危害严重。

（4）按形态学分类。

①禾草类：主要包括禾本科杂草，如野燕麦、早熟禾、稗草等。其主要形态特征有：茎圆或略扁，节和节间有区别，节间中空。叶鞘开张，常有叶舌。胚具 1 片子叶，叶片狭窄而长，平行叶脉，叶无柄。

②莎草类：主要包括莎草科杂草，如香附子等。茎三棱形或扁三棱形，无节与节间的区别，茎常实心。叶鞘不开张，无叶舌。胚具 1 片子叶，叶片狭窄而长，平行叶脉，叶无柄。

③阔叶草类：一般指双子叶植物杂草。茎圆形或四棱形。叶片宽阔，叶着生角度大而平展，网状叶脉，叶有柄。胚常具 2 片子叶。

该分类方法虽然粗糙，但在杂草的化学防治中有其实际意义。许多除草剂就是根据杂草的形态特征差异而获得选择性的。

（二）鼠类基本知识

鼠类主要特征是上、下颌各有 1 对门牙，无齿根，能终生不断生长，常借咬噬杂物而磨损牙齿；缺犬齿；性成熟早，生殖力强。由于鼠类繁殖力特别强，数量大，食性杂，适应性广，与人类争粮争地、同生境、共疾病，严重威胁人类的生命安全，成为世界性的灾害。20 世纪 90 年代以来，我国由于耕作栽培制度的改变，农业生态环境的变化及异常气候的影响，鼠害逐年加重，给农业生产造成了严重损失。

1. 鼠类的食性　大多数鼠类是以植物性食物为主，而且多为广食性，少数为狭食性。有的鼠类除吃植物外，还能捕食昆虫、小鱼、小青蛙、蜥蜴等。生活在农业区的鼠种喜欢盗食各种农作物。在播种季节它们盗食刚播下的农作物种子；在作物生长阶段，咬食植物的茎、叶和地下块茎；在作物成熟季节，咬断作物，盗食粮食，贮存越冬食物。不同鼠种食量差异很大。鼠体大者食量大，小者食量小，而且随鼠的年龄、性别及食物种类等的不同食量也有差异。通常鼠的日食量可达其体重的10%～30%。

2. 鼠类的栖息 鼠类按种类分布特性可分为林栖类、草原类、高原类和家栖类等；其栖息地按种群选择习性则可分为最适栖息地、可居栖息地和不适栖息地；根据不同鼠种的较为固定的栖息场所，可分为家栖鼠类和野栖鼠类两大类型。家栖鼠类主要栖居在人类生活的场所如房屋、仓库、厨房以及下水道等处；野栖鼠类多栖息在野外，如农田、草原、荒漠、河谷、丘陵、山地及森林等地带。绝大多数农田害鼠为野栖类。有的鼠家野交栖，如褐家鼠等。

除了少数树栖、半水栖的鼠种外，绝大多数鼠类都在地下挖土掘洞。鼠洞不仅是鼠类居住的地方，同时也是其繁殖后代、贮藏食物、躲避不良气候和天敌的场所。洞穴结构与鼠的种类及其生活环境、活动季节等有关。一般有鼠居住的洞穴，洞口光滑、整齐、无蜘蛛网，有鼠的足迹和跑道，洞口周围有新鲜、疏松、堆状的土丘，并有鼠粪和鼠尿。了解鼠类栖息场所及特点，能有的放矢投放灭鼠器械或毒饵，从而提高灭鼠效果。

3. 鼠类的活动规律 指鼠出洞后的活动，如觅食、占域和交尾等。鼠类的活动规律与光照有密切关系。根据鼠类活动与光照的关系，可分为夜行性、日行性、无明显昼夜活动规律3种类型。多数鼠类属夜行性种类。

夜行性鼠类的活动高峰大多在日落后和日出前，如仓鼠等，也有些是在午夜时分活动，如褐家鼠、小家鼠等。日行性鼠类多栖息于隐蔽条件好或便于入洞躲藏的环境，其活动高峰随天气变化而改变，气候寒冷时多在气温较高的午间出来活动，日活动高峰只有一个；夏季气温高，则以温度较低的早晨和午后为主，有两个活动高峰。生活在地下和树栖鼠类的活动则没有很明显的规律，受气候的影响较大。

鼠类的活动多遵循一定的路线进行。如黑线姬鼠和褐家鼠在农田沿着田埂或田边走动，形成一条鼠道。在室内褐家鼠、小家鼠常沿着墙根、墙角、墙道行走。了解和掌握害鼠的活动规律，对提高灭鼠效果具有重要的意义。

4. 鼠类的越冬 农田害鼠越冬的方式主要有冬眠、储粮、迁移和改变食性。

冬眠的鼠类有黄鼠、跳鼠等。其特点是在植物生长季节充分肥育，积蓄大量脂肪，进入越冬状态后，体蜷缩不动，待来年地温回升再苏醒。这类鼠寿命多在3年以上，生殖力较低。

储粮越冬的种类有仓鼠、田鼠、沙鼠等。它们依靠秋季收集的大量种子、块根、块茎和植株茎叶，作为冬季的主要食物。大多群居，可供的食物也较多，故利于种群的延续。这类鼠个体较小，寿命也短，繁殖力强。

5. 鼠类的迁移 鼠类的迁移分为季节性迁移和扩散性迁移两种。季节性迁移最明显的种类是家鼠。春、夏季野外食物丰富，就在野外生活，秋、冬季又迁入居室。所以通常秋、冬期间居室内鼠害最为严重。大多数野鼠秋、冬季会迁至麦场、粮垛、柴垛及村镇附近，沙鼠、跳鼠、黄鼠则集中于田间林地、田埂、荒地越冬。

扩散性迁移的原因有幼鼠与亲鼠分居，寻觅新的栖息领域，或者是由于食物匮乏，鼠类大量迁移另觅食源地，或者是发情觅偶以及环境发生了不适于生存的改变。扩散中的鼠类常造成突发性的危害。

6. 鼠类的繁殖 鼠类的繁殖力是由种群的年产仔窝数、每窝产仔数、开始产仔时的年龄、雌雄性比等因素决定的。鼠类的个体较小，性成熟快，孕期短，产仔数多。多数鼠类出生后，2个月左右性成熟，即产仔，可见鼠类的繁殖力极强。有些鼠类虽然全年都能繁殖，但繁殖高峰往往出现在春末、夏初和秋季。春、秋繁殖盛期后，幼鼠大量出现，因此，在夏末和深秋鼠类种群数量大大增加，危害显著加重。

7. 鼠类的生长发育　根据鼠类的生长阶段，一般将其分为幼鼠、亚成体鼠、成体鼠和老体鼠4个年龄组。各组间的比例是判断种群结构，预测数量变化的依据之一。幼鼠指自出生至可独立觅食的阶段，多数鼠种在这一阶段死亡率较高。亚成体鼠指可独立觅食至性成熟的阶段，在实际工作中一般以亚成体与母鼠分居为界，分居后即为成体。有些繁殖力很强的鼠类在长到亚成体时就可参加繁殖。冬眠种类及秋季出生的幼鼠则在翌年才参加繁殖。成体鼠是种群中的繁殖主体，其体形、性器官均已成熟。它们的生殖力旺盛，活动力强，造成的经济损失大。这一阶段的存活率也比较高。老体鼠的体形、毛色已明显衰弱，大多数鼠种在此阶段仍有繁殖能力。

8. 鼠类与环境条件的关系　环境条件中首先是温度、降雨、光照等气候因子，对鼠类的生长、发育、繁殖、死亡影响很大。春、夏温度适宜，是多种鼠类繁殖和活动盛期。土壤和地形对鼠类的分布和生存也有一定的影响，每一种鼠都有它们栖息的最适生境。如黄鼠在黏土地分布少，沙土地分布多。植物是鼠类食物的来源，食物丰富的季节和年份，对鼠类的繁殖、生存有利；而天敌的影响，人类的活动与鼠类的发生、繁殖也有很大关系。

思考题

1. 按生物学特性，可将杂草分为哪几类？
2. 按形态学分类，可将杂草分为哪几类？
3. 根据鼠类的生长阶段，一般将其分为哪几个年龄组？
4. 鼠类的栖息有何特点？活动有何规律？
5. 鼠类越冬的方式主要有哪几种？

考核评价

从识别杂草与害鼠的准确程度，调查报告完成情况及学习态度等几方面（表1-11-2）对学生进行考核评价。

表1-11-2　杂草与害鼠识别考核评价

序号	考核内容	考核标准	考核方式	分值
1	杂草识别	能仔细观察、准确描述农田杂草主要种类的形态特点，并能准确识别当地农田常见的杂草	现场识别考核	40
2	害鼠识别	能仔细观察害鼠的形态特征，识别当地农田常见的害鼠	现场识别考核、答问考核	20
3	调查报告	能够认真独立完成调查报告，内容真实，表述清晰，文字流畅	评阅考核	15
4	知识点考核	了解杂草的一般性状，掌握杂草分类的方法；了解鼠类的生物学特性及其与环境条件的关系	闭卷笔试	15
5	学习态度	对老师布置的任务准备充分，发言积极，观察认真；遵纪守时，爱护公物	学生自评、小组互评和教师评价相结合	10

子项目十二　植物病虫害标本的采集、制作与保存

【学习目标】 掌握植物病虫害标本采集、制作与保存的方法；熟悉当地常见作物病虫害的种类。

任务1　病害标本的采集、制作与保存

【材料与用具】 标本夹、采集箱、修枝剪、小刀、小锯、镊子、吸水草纸，显微镜、放大镜、载玻片、挑针、标本瓶、大烧杯、滴瓶等用具；乳酚油、福尔马林（甲醛）、甘油明胶、醋酸钾浮载剂、加拿大树胶、醋酸铜、硫酸铜、亚硫酸、蒸馏水等材料。

【内容及操作步骤】

一、病害标本的采集

（一）采集用具

采集标本的用具以轻便、坚固、实用为原则。一般必须具备的工具有：①标本夹。用来压制标本的木夹，由一些木条平行钉成的两个对称的栅状板组成，一般长60cm，宽40cm。适用于各类含水分不多的枝叶病害标本。外出采集前，标本夹中应夹好一些吸水草纸，以便在病害标本采集以后压干，防止卷缩。②采集箱或采集袋。③放大镜。④其他用具，如枝剪、镊子、记录本等。

（二）采集方法

将植株的有病部位（如带病的根、枝、叶、果）连同健全部分，用刀或剪取下。适于干制的标本，应随采随压于标本夹中。柔软的肉质多汁类标本，应先用标本纸或塑料袋分别包好，再放在标本箱或标本袋中，以免污染、挤压或混杂。合格的病害标本，必须具备：病状典型、病征明显、避免混杂及有采集记录等几个方面的要求。采集记录主要包括：标本编号、寄主名称、品种及生育期、病害名称、受害部位、症状特点、采集地点、栽培环境、采集日期、采集人姓名等。

二、病害标本的制作

（一）干制标本的制作

将适于压制的标本，如病叶、茎等，压在标本夹的纸层中，用绳子将标本夹扎紧，放置日光下或通风良好处，标本干得越快越能保持原有色泽。所以，干制标本的好坏，关键在于要勤换纸，勤翻晒。在换纸时，应随时将标本加以整理，使其保持平整。肉质多水或较大枝干和坚果类病害标本、蕈体可直接晒干、烤干或风干。

（二）浸渍标本的制作

果实、块根、球茎、根系和柔软肉质的担子菌子实体等标本，以及为了保持标本的原有色泽和症状特征时，常制成浸渍标本。常用的浸渍液有以下几种。

1. 一般保存液　有3种，一种为5%的甲醛液，一种为70%的酒精，第三种是由40%甲醛1份、95%酒精6份及水40份混合而成。这3种浸渍液只防腐不保色。浸渍时应将标本洗净，使液体浸没标本。

2. 绿色标本浸渍液　通常用醋酸铜浸渍液。将15g醋酸铜结晶逐渐加入大约1 000mL 50%的醋酸溶液中，制成冰醋酸饱和液作为原液。取1份原液加水3～4份，加热煮沸后放入标本，继续加热，标本的绿色开始褪去，3～4min后，标本又恢复绿色。将标本取出，放在清水中冲洗几次，最后放在5%的甲醛液中，封口长期保存。对于一些不能煮制的果实标本，可将标本放入2～3倍醋酸铜稀释液中浸泡3昼夜以上，待标本恢复原来的绿色后，取出用清水漂洗，保存于5%甲醛液中。

3. 黄色和橘红色标本浸渍液　梨、杏、柿子等果实标本，放入4%～10%亚硫酸稀溶液中，封口保存。果实浸渍后如发生崩裂，可加入少量甘油。

4. 红色标本浸渍液　将200g氯化锌溶解于4 000mL水中，再分别加入福尔马林及甘油各100mL，过滤后即成浸渍液。把标本放入浸渍液中，封口保存即可。

（三）显微切片的制作

对于植物病害的病原物，一般都制成病原物玻片标本封藏保存。一般采用简便易行的徒手切片法：较硬的材料，可直接拿在手里切。细小而较柔软的组织，需夹在马铃薯薯条之间切。切时刀口应从外向内，从左向右拉动。切下的材料应达最薄限度。切下的薄片，应放在盛有清水的培养皿中。用挑针选取薄片，放在载玻片的水滴中，盖上盖玻片，用显微镜观察。对于典型的切片，需长期保存时，可用甘油明胶作浮载剂，待水分蒸发后，再用加拿大树胶封固，即可长期保存。

三、病害标本的保存

标本干燥后，按不同材料分别保存在标本盒内或标本袋里。标本盒的一角加一标签；浸渍标本制成后，标本瓶上贴上标签，注明病害名称、寄主名称、采集地点、采集时间、采集人姓名及制作者姓名等，然后放入专用标本柜。玻片标本保存在玻片标本盒内。标本柜则可用来存放标本盒、标本袋和玻片标本盒。

练　习

1. 采集并制作植物病害干制标本10种、浸渍标本1种。
2. 列举在植物病害标本采集过程中认识的植物病害种类，并描述其症状特点。

思考题

1. 合格的植物病害标本必须具备哪几个方面的要求？
2. 如何制作植物病害干制标本？影响其质量的关键因素是什么？
3. 哪些植物病害标本适合干制？哪些适合制成浸渍标本？为什么？

任务 2　昆虫标本的采集、制作与保存

【材料与用具】 捕虫网、毒瓶、吸虫管、诱虫灯、指形管、采集箱、采集袋、活虫采集盒、三角纸袋、昆虫针、展翅板、三级台、三角台纸、幼虫吹胀干燥器、还软器等用具；粘虫胶、酸性品红溶液、福尔马林（甲醛）、酒精液、二甲苯、阿拉伯胶、丁香油、水合氯醛、葡萄糖水溶液、氢氧化钾（钠）液、蒸馏水等材料。

【内容及操作步骤】

一、昆虫标本的采集

昆虫标本的采集

（一）采集用具

1. 捕虫网　按用途分为空网、扫网和水网 3 种类型。空网用来采集善于飞翔的较大昆虫，如蛾、蝶、蜂、蜻蜓等。扫网主要用来捕捉栖息于草丛或灌木丛的昆虫，水网专用来捞取水生昆虫。

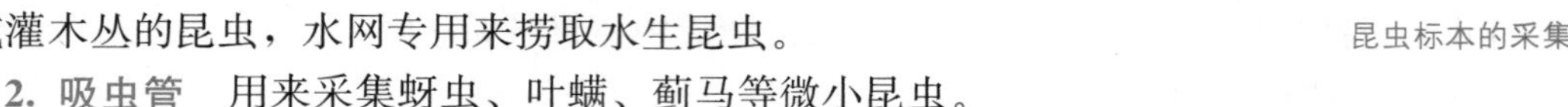

2. 吸虫管　用来采集蚜虫、叶螨、蓟马等微小昆虫。

3. 毒瓶　用来迅速毒杀采集的昆虫。一般用封盖严密的磨口广口瓶，在其最下层放氰化钾（KCN）或氰化钠（NaCN），上铺一层锯末，压平后再在上面加一层石膏粉，滴上清水，使之结成硬块即可。上铺一层吸水滤纸，即可使用（图 1-12-1）。

图 1-12-1　毒　瓶
（李清西等．2002．植物保护）

蛾、蝶不能同其他昆虫共用 1 个毒瓶，以免撞坏鳞粉。小虫可用小毒瓶或毒管分装。毒瓶要注意清洁、防潮，瓶内吸水纸应经常更换，平时塞紧瓶塞，既避免对人的毒害，又可延长毒瓶的使用时间。毒瓶要妥善保存，破裂后应立即掘坑深埋。

4. 三角纸袋　用坚韧的白色光面纸裁成 3∶2 的长方形纸片，大小多备几种，用来包装暂时保存的标本。折叠方法如图 1-12-2 所示。

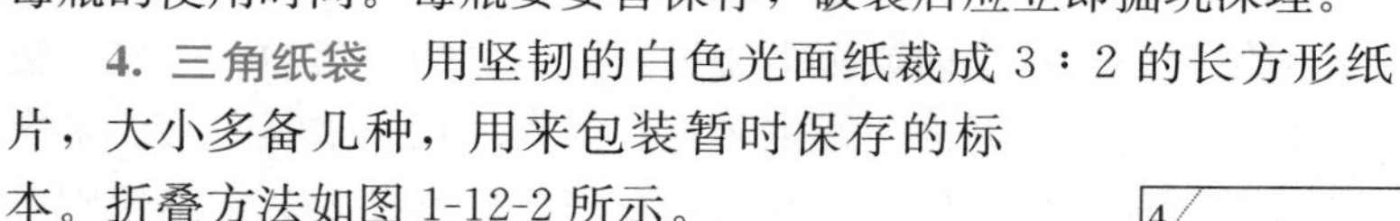

5. 活虫采集盒　用来采装活虫，用铁皮做成，盖上装有透气金属纱和活动的盖孔。

6. 采集箱　防压的标本和需要及时插针的标本，以及用三角纸包装的标本，需放在木制的采集箱内。

7. 指形管　一般使用的是平底指形管，用来保存幼虫或小成虫。

8. 采集袋　形如挂包，上有许多大小不一的口袋，用来装盛小瓶、指形管、放大镜、修枝剪、镊子、记载本等用具。具体形式可根据要求自行设计。

9. 诱虫灯　专门用来诱集夜间活动的昆虫。诱虫灯下设一漏斗并加个毒瓶，可以及时毒杀诱来的虫子。

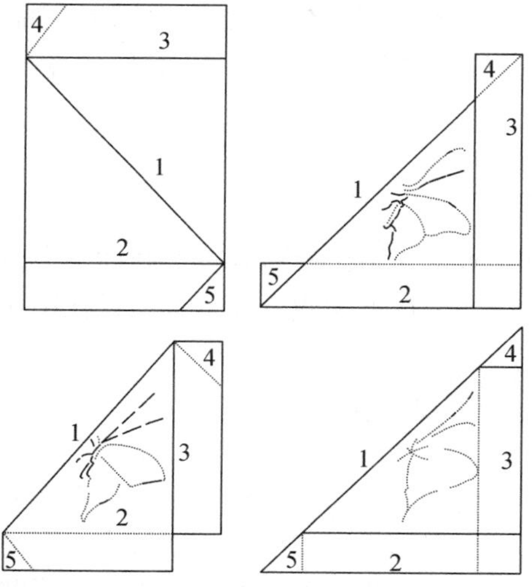

图 1-12-2　三角纸的用法
1、2、3、4、5. 代表使用的顺序
（李清西等．2002．植物保护）

（二）采集方法

1. 网捕 用来捕捉能飞善跳的昆虫。对于能飞的昆虫，可用捕虫网迎头捕捉或从旁掠取，并立即挥动网柄，将网袋下部连虫子一并甩到网圈上来。如捕到的是大型蝶、蛾，可由网外用手捏压其胸部，使其失去活动能力；如捕获的是中小型昆虫，且数量很多，可将网袋抖动，使虫集中在底部，连网放入毒瓶，待虫毒死后再取出分装、保存。栖息于草丛或灌木丛中的昆虫，只能用扫网捕捉，采集者用扫网边走边扫。

2. 振落 对于那些具有拟态的昆虫，只要稍稍振动树干，昆虫就会受惊起飞，从而暴露目标。具有假死性的昆虫，经振动就会坠地或吐丝下垂。

3. 诱集 利用昆虫的某些特殊趋性和生活习性而设计的招引法。常用的有灯光诱集、食物诱集、性诱集、场所诱集等。

4. 搜索和观察 许多昆虫营隐蔽生活，如蝼蛄、叩头甲的幼虫生活在土里，天牛、象甲等幼虫钻蛀在植物茎秆里，卷叶蛾生活在卷叶里，还有不少昆虫钻在枯枝落叶和树缝里，这些场所需要仔细观察搜索，才能采获多种昆虫标本。

（三）注意事项

1. 昆虫标本个体的完整性 昆虫的足、翅、触角极易损坏，一旦被损坏，就失去了鉴定和研究的价值，因此采集时要小心保护。对易损伤的鳞翅目成虫要及时毒杀并用三角纸袋保存，一个纸袋内不宜放置太多标本。对其他类别的昆虫也要尽量分瓶保存，以免相互残杀造成损坏。

2. 昆虫标本生活史的完整性 采集时，昆虫的各个虫态及危害状都要采集到，这样才能对昆虫的形态特征和危害特点有一个整体的认识，同时还要注意各个虫态都要采集一定的数量，以保证昆虫标本后期制作的质量和数量。

3. 昆虫标本资料的完整性 采集到的所有昆虫标本都要做好采集记录，包括编号、采集日期、采集地点、采集人姓名等，并记录当时的环境条件、寄主和昆虫的生活习性等。

二、昆虫标本的制作

（一）针插标本的制作

1. 制作用具

昆虫标本的制作与保存

（1）昆虫针。系不锈钢针，型号分为 00、0、1、2、3、4、5 共 7 种，其中 00 号长 1cm，顶端不膨大，用来插体形细小的昆虫。0 号至 5 号昆虫针长 4cm，号愈大愈粗，顶端有膨大的针头。

（2）三级台。由一整块木板做成，长 7.5cm，宽 3cm，高 2.4cm，分为三级（图 1-12-3）。制作标本时将虫针插入孔内，使昆虫、标签在针上的位置整齐一致。

（3）展翅板。用软木、泡沫塑料等制成，用来展开蛾、蝶等昆虫的翅。展翅板底部是一块整木板，上面是两块可以活动的木板，以调节板间缝隙的宽度。展翅板长 33cm，宽 8cm。

（4）台纸。将厚的道林纸，剪成宽 3mm、高 12mm 的小三角，或长 12mm、宽 4mm 的长方形纸片，用来粘放小型昆虫。

此外，还有幼虫吹胀干燥器、还软器、粘虫胶等用具。

2. 制作方法

(1) 针插。除幼虫、蛹和小型个体外，都可制成针插标本，装盒保存。插针时，依标本的大小选择适当的昆虫针。夜蛾类一般用 3 号针，天蛾用 4 号或 5 号针，盲蝽、叶蝉、小蛾类则用 1 号或 2 号针。虫体上的针插位置有统一要求，如鞘翅目从右翅基部约 1/4 处插入；半翅目从中胸小盾片中央偏右插入；直翅目从前胸背板右面稍后处插入；同翅目、双翅目等从中胸背面中间偏右插入；鳞翅目、膜翅目等从中胸背面正中央插入（图 1-12-4）。虫体在针上有一定的高度，在制作时可将插有虫体的针倒过来放在三级台第一级小孔中，使虫体背部紧贴台面，其上部留针长度是 8mm。

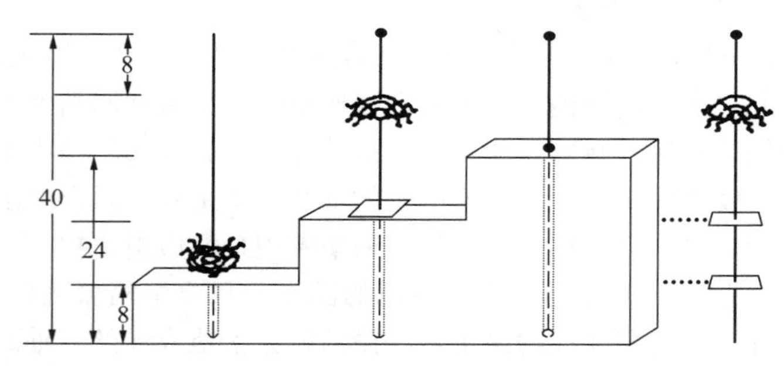

图 1-12-3　三级台（单位：mm）
（李清西等 . 2002. 植物保护）

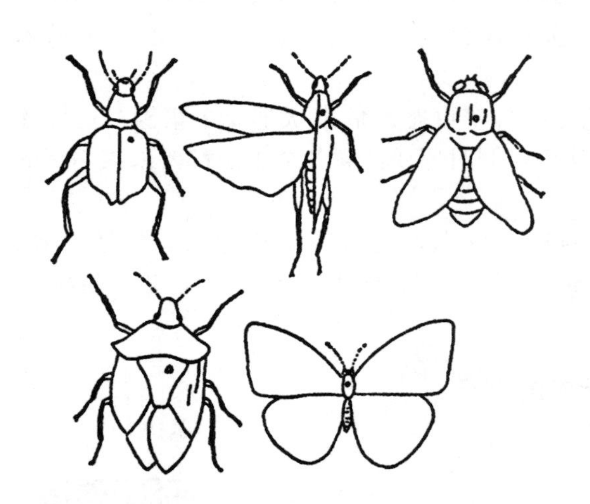

图 1-12-4　各种昆虫的插针位置
（李清西等 . 2002. 植物保护）

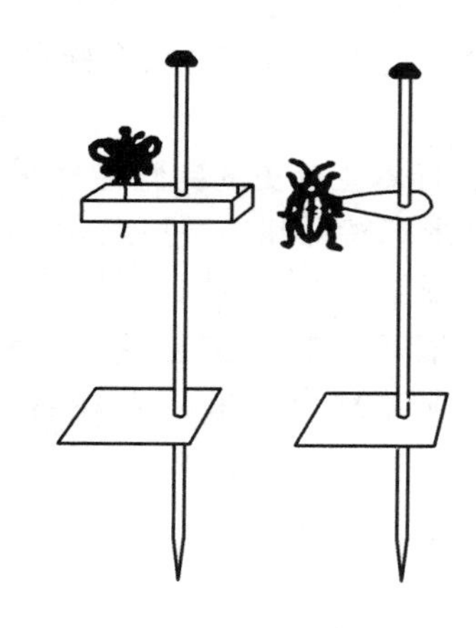

图 1-12-5　微小昆虫标本的制作方法
（山西农业大学昆虫教研室 . 1984. 昆虫标本采集与制作）

甲虫、蝗虫、椿象等昆虫，插针后，需要对其进行整姿，使前足向前，中足向两侧，后足向后；触角短的伸向前方，长的伸向背两侧，使之保持自然状态，整好后用虫针固定，待干燥后即定形。

微小昆虫可用粘虫胶粘在三角形台纸的尖端（纸尖粘在虫的前足与中足间），底部插在昆虫针上。纸的尖端指向左方，虫的头部向前（图 1-12-5）。

(2) 展翅。鳞翅目、双翅目、膜翅目及蜻蜓目等昆虫，针插后还需要展翅。将插好针的新鲜昆虫标本插放在展翅板的槽内，虫体的背面与展翅板两侧面平，用昆虫针轻轻拨动前翅，鳞翅目以两前翅后缘与身体纵轴垂直为准；蜻蜓目、脉翅目昆虫则以前翅后缘稍向前倾，后翅的两前缘成一直线为准；蜂类、蝇类等昆虫以前翅顶角与头相齐为准。先用昆虫针固定住前翅，再拨后翅，将前翅的后缘压住后翅的前缘，左右对称，充分展平。然后用光滑的纸条压住，以大头针固定后置于通风干燥处（图 1-12-6）。经 5～7d 干燥定形后，即可取下保存。

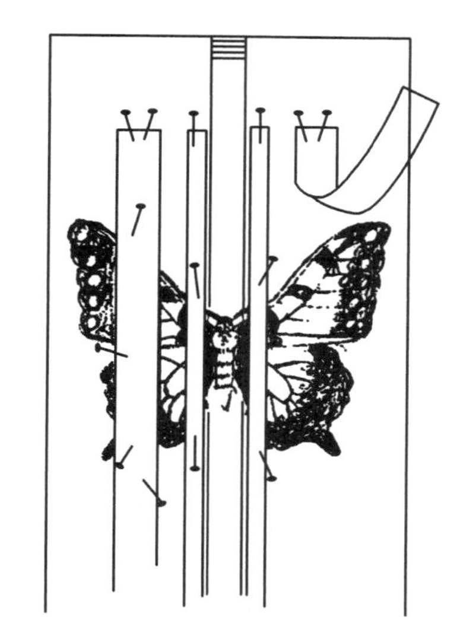

图 1-12-6　昆虫的展翅方法
（山西农业大学昆虫教研室．1984．昆虫标本采集与制作）

（二）浸渍标本的制作

体柔软或微小的成虫、螨类及昆虫的卵、幼虫和蛹，均可以浸泡在指形管或标本瓶的保存液里来保存。保存液应具有杀死和防腐的作用，并尽可能保持昆虫原有的体形和色泽。

常用的保存液有：

1. 酒精液　常用浓度为 75%。小型或软体昆虫先用低浓度酒精浸泡，再用 75% 酒精保存，虫体就不会立即变硬。若在酒精中加入 0.5%～1.0%的甘油，能使体壁保持柔软状态。半个月后，应更换 1 次酒精，以后保存液酌情更换 1～2 次，便可长期保存。

2. 福尔马林液　福尔马林（40%甲醛）1份，加水 17～19 份，保存昆虫的卵，效果较好。

3. 醋酸、福尔马林、酒精混合液　冰醋酸 1 份、福尔马林（40%甲醛）6 份、95%酒精 15 份、蒸馏水 30 份混合而成。此种保存液保存的昆虫标本不收缩、不变黑，保存液无沉淀。

（三）生活史标本的制作

生活史标本供教学、展览用。通过生活史标本，能够认识害虫的各个虫态，了解其危害情况。制作时，先要通过收集或饲养得到昆虫的各个虫态（卵，各龄幼虫，蛹，雌、雄成虫）、植物被害状、天敌等。成虫需要整姿或展翅，干后备用。各龄幼虫和蛹需保存在封口的指形管中。按昆虫的发育顺序，安装在一个标本盒中，贴上标签即可。

（四）玻片标本的制作

微小昆虫和螨类，必须制成玻片标本，放在显微镜下才能看清楚其特征。为了观察昆虫身体的某些细微部分，如蛾、蝶、甲虫等鉴定工作中作为鉴定依据的雌、雄外生殖器，也常制成玻片标本。一般采用阿拉伯胶封片法。胶液的配方是：阿拉伯胶 12g、冰醋酸 5mL、水合氯醛 20g、50%葡萄糖水溶液 5mL、蒸馏水 30mL。

制作步骤：

1. 固定　将采集的微小昆虫放在 70%的酒精中固定几小时。

2. 透明　将虫体放入 8%～15%氢氧化钾（钠）溶液中，在水浴或烘箱（80～90℃）中加热（微小昆虫），或直接加热（外生殖器）。加热时间以材料基本透明为准。

3. 清洗　透明后的材料用蒸馏水清洗数次。

4. 染色　一般材料用 0.5%～5.0%酸性品红染色。

5. 脱水　染色后将材料放入 75%→85%→95%酒精中各 5min 左右，再放入 100%酒精中 10min，取出材料置于载玻片上，连续滴加二甲苯 7 份和无水酒精 3 份的混合液进行脱水，用吸水纸吸取混合液，再滴加丁香油，同时在油中进行整姿。

6. 封固 用吸水纸吸取多余的丁香油，用解剖针蘸极少量树胶将材料粘在载玻片上，置干燥器内干燥。待胶干燥后，再滴加适量的加拿大树胶，将盖玻片轻轻盖在载玻片材料上，置干燥处数天即可。

三、昆虫标本的保存

暂时保存的、未经制作和未经鉴定的标本，应有临时采集标签。标签上写明采集的时间、地点、寄主和采集人。制作后的标本应带有采集标签，如属针插标本，应将采集标签插在第二级的高度。浸渍标本的临时标签，一般是在白色纸条上用铅笔注明时间、地点、寄主和采集人，并将标签直接浸入临时保存液中。玻片标本的标签应贴在玻片上，注明时间、地点、寄主、采集人和制片人。经过有关专家正式鉴定的标本，应在该标本之下附种名鉴定标签，插在昆虫针的下部。如属玻片标本，则将种名鉴定标签贴在玻片的另一端。

未经制作的昆虫标本，可放在三角纸包内或置浸渍液中临时保存，三角纸包可存放在箱内，要保持干燥，避免冲击和挤压，注意防虫、防鼠、防霉。装有保存液的标本瓶、小试管、器皿等封盖要严密，如发现液体颜色有改变，要及时更换新液。昆虫标本长期保存时，针插标本必须插在有盖的标本盒内，标本在标本盒中可按分类系统或寄主植物排列整齐，盒子的四角用大头针固定樟脑球纸包或对二氯苯防虫。标本盒放入标本柜中，每年至少检查 2 次，并用敌敌畏熏蒸。浸渍标本应在浸渍液表面加 1 层液体石蜡，防止浸渍液挥发。玻片标本放入玻片标本盒，每个玻片标本应有标签，玻片盒外应有总标签。

练　习

1. 采集并制作昆虫针插标本 20 种（其中展翅标本至少 10 种）。
2. 列出所采集昆虫标本的主要种类清单并附采集记录。

思考题

1. 昆虫标本的采集方法有哪些？
2. 制作昆虫针插标本应注意哪些问题？
3. 举例说明干制昆虫标本的插针位置。

考核评价

根据学生所制作植物病虫害标本的数量和质量、识别标本的准确性及实训报告、学习态度等几方面（表 1-12-1）进行考核评价。

表 1-12-1　植物病虫害标本的采集、制作与保存考核评价

序号	考核项目	考核内容	考核标准	考核方式	分值
1	昆虫标本的采集、制作和鉴定	昆虫标本的采集	会正确使用采集用具，所采集的标本完整、数量多、质量好，有采集标签	现场操作考核	10

（续）

序号	考核项目	考核内容	考核标准	考核方式	分值
1	昆虫标本的采集、制作和鉴定	昆虫标本的制作	每人制作昆虫针插标本 20 种（展翅标本至少 10 种），标本完整，制作规范	现场操作考核	30
		昆虫标本的鉴定	主要目科鉴定准确，每一个标本都有鉴定标签	现场操作考核	10
2	植物病害标本的采集和制作	植物病害标本的采集	采集的标本完整、典型、数量多、质量好，记载准确	现场操作考核	10
		植物病害标本的制作	每人制作植物病害干制标本 10 种，浸渍标本 1 种；制作的标本符合要求，有保存利用价值	现场操作考核	20
3	实训报告		报告完成认真、规范，内容真实	评阅考核	10
4	学习态度		遵守纪律，服从安排，积极利用课内外时间进行标本的采集和制作	学生自评、小组互评和教师评价相结合	10

项目二 植物有害生物调查和预测预报

项目提要

本项目围绕农作物（水稻、小麦、杂粮、棉花、油料作物、蔬菜、果树）重要病虫害的田间调查和短期预测、农田杂草与害鼠调查两个子项目及相应10项任务，介绍了农作物病虫草鼠等有害生物的田间调查取样、数据记载、资料统计和计算及预测预报等基本知识。要求学生掌握植物病虫害调查取样的方法，会整理、计算调查资料数据，并对调查结果进行分析，结合天气及病虫发生情况做出预测预报。

子项目一 农作物重要病虫害的田间调查和短期预测

【学习目标】掌握农作物重要病虫害的田间调查、数据统计和短期预测的方法。

任务1 水稻主要病虫害的田间调查和预测

【场地及材料】水稻病虫害发生重的田块，记录本、放大镜、铅笔、皮卷尺或米尺、粘虫胶、33cm×45cm的白搪瓷盘、2m长竹竿等用具。

【内容及操作步骤】

一、稻瘟病田间调查和短期预测

（一）田间调查

1. 叶瘟普查　在分蘖末期和孕穗末期各查1次。按病情程度选择当时田间发病轻、中、重3种类型田，每类型田查3块，总田块数不少于20块，每块田查50丛稻的病丛数、5丛稻的绿色叶片病叶率。采用5点取样法，每点直线隔丛取10丛稻，调查病丛数。每点随机选取1个发病稻丛，查清绿色叶片的总叶数和发病叶数。计算病丛率和病叶率。

大田叶瘟病情严重度分级标准（以叶片为单位）如下。

0级：无病。

1级：病斑少而小，病斑面积占叶片面积的1%以下。

2级：病斑小而多，或大而少，病斑面积占叶片面积的1%～5%。

3级：病斑大而较多，病斑面积占叶片面积的5%～10%。

4级：病斑大而多，病斑面积占叶片面积的10%～50%。

5 级：病斑面积占叶片面积的 50%以上，全叶将枯死。

2. 穗瘟普查　在黄熟期进行。按品种的病情程度，选择有代表性的轻、中、重 3 种类型田，总田块数不少于 20 块，采用平行跳跃式或棋盘式取样，每块田查 50～100 丛。分级记载病穗数，计算病穗率及病情指数。将调查结果记入表 2-1-1。

表 2-1-1　穗瘟调查记载

（农业标准出版研究中心 . 2011. 最新中国农业行业标准：第六辑）

调查日期	地点	类型田	品种名称	生育期	调查总穗数	病穗数	严重度						病情指数	病穗率（%）	损失率（%）	备注
							0	1	2	3	4	5				

穗瘟病情严重度分级标准（以穗为单位）如下。

0 级：无病。

1 级：每穗损失 5%以下，或个别枝梗发病。

2 级：每穗损失 5.1%～20.0%，或 1/3 左右枝梗发病。

3 级：每穗损失 20.1%～50.0%，或穗颈、主轴发病。

4 级：每穗损失 50.1%～70.0%，或穗颈发病，大部分秕谷。

5 级：每穗损失 70%以上，或穗颈发病造成白穗。

（二）短期预测

1. 查叶瘟，看天气和品种，定防治对象田　在水稻分蘖期，气温达 20℃时，生长浓绿的稻株和易感病的品种，发现病株或出现发病中心，而天气又将连续阴雨时，则 7～9d 后大田将有可能普遍发生叶瘟，10～14d 后病情将迅速扩展。如出现急性型病斑，温度在 20～30℃，天气预报近期阴雨天多，雾、露大，日照少，则 4～10d 后叶瘟将流行；如果急性型病斑每日成倍增加时，则 3～5d 后叶瘟将流行。

在孕穗期间，稻株贪青，剑叶宽大软弱，延迟抽穗，或在抽穗期间，叶瘟继续发展，剑叶发病，特别是出现急性型病斑，则预示穗颈瘟将流行。如果孕穗期病叶率达 5%，则穗颈瘟将严重发生。如果孕穗期叶枕瘟达 1%，并有阵雨闷热天气，降水量充沛，温度高达 25～30℃时，5d 后将会出现穗瘟。

早稻穗期温度在 25℃以下，晚稻穗期温度在 20℃以下，连续阴雨 3d 以上，对感病品种虽达不到叶瘟防治指标，也都应列为防治对象田。

2. 查水稻生育期，定防治适期　分蘖期田间出现中心病株，特别是出现急性型病斑时需立即防治。孕穗期病叶率达到 2%～3%或剑叶病叶率达 1%以上的田块，感病品种和生长嫩绿的田块，应掌握孕穗末期、破口和齐穗期喷药防治 2～3 次。晚稻齐穗后，如天气仍无好转，处于灌浆期的水稻也应掌握在雨停间隙喷药。使用内吸性药剂时应适当提前用药。

二、稻纹枯病田间调查和短期预测

（一）田间调查

1. 菌核调查　春季稻田翻耕前，选择上年发病轻、中、重 3 种类型田各 1 块，5 点取样，每点 0.1m²。将厚度为 1cm 的表土连同作物或残渣一并铲起（如在越冬后春花田调查，取 5～10cm 厚表土）置于缸内，加水充分搅动，捞出水面浮渣，计算菌核量，折算出每

667m² 菌核残留量。

2. 大田病情普查 在水稻分蘖盛期、孕穗期、抽穗期、乳熟期各调查 1 次。选择早、中、迟熟类型田 8～10 块，直线取样，每块田调查 100 丛，计算丛发病率和株发病率，并从中选取 10 丛进行严重度分级，计算病情指数。调查结果记入表 2-1-2。

表 2-1-2 水稻纹枯病病情调查记载

（农业标准出版研究中心．2012．最新中国农业行业标准：第八辑 种植业分册）

调查地点	调查日期	类型田	水稻种类	品种	生育期	调查丛数（丛）	病丛数（丛）	病丛率（%）	调查总株数（株）	病株数（株）	病株率（%）	各级严重度病株数（株）						病情指数	肥水管理	备注
												0	1	2	3	4	5			

注：1. 水稻种类指粳稻、籼稻、糯稻、杂交籼稻和杂交粳稻等。
2. 稻作类型指早稻、中稻、单季晚稻和双季晚稻等。
3. 肥水管理分好（施肥管水合理，水稻生长正常）、差（施肥管水不当，稻苗徒长）。

水稻纹枯病病情严重度分级标准（以株为单位）如下。

0 级：全株无病。

1 级：基部叶片叶鞘发病。

2 级：第三叶片以下各叶鞘或叶片发病（自顶叶算起，下同）。

3 级：第二叶片以下各叶鞘或叶片发病。

4 级：顶叶叶鞘或叶片发病。

5 级：全株发病枯死。

（二）短期预测

根据稻田残留菌核量、前期病情调查情况及其与历年同期情况的比较，参考近期气象预报，预测病害发生发展趋势，发布病害短期发生程度预报。有资料提到，每 667m² 残留菌核量达 6 万粒以上时，会引起早稻纹枯病大流行。水稻分蘖末期至孕穗期、破口期露穗前，若遇多雨天气，高温高湿，天气闷热，有利于病情发展。将早稻分蘖拔节期丛发病率达 10%～15%，孕穗期丛发病率达 15%～20%及晚稻孕穗期丛发病率达 25%～30%的田块列为防治对象田。近年江苏提出，要重点把握好分蘖末期至拔节期、孕穗破口期及灌浆前期的防治。防治指标要从严，首次施药时间应掌握在分蘖末期病丛率达 5%时。

三、水稻条纹叶枯病田间调查和短期预测

（一）田间调查

1. 灰飞虱普查 根据不同播期和长势，分别选择早、中、晚及长势好、中、差的不同类型田共 20～30 块，小麦田于冬后越冬代灰飞虱高龄若虫至成虫期以及第一代灰飞虱若虫高峰期进行调查，每 5d 调查 1 次，共查 2 次；水稻秧田于第一代灰飞虱成虫迁入盛期开始，每 5d 调查 1 次，共查 2～3 次；水稻本田分别于第二、三代若虫高峰期每 5d 调查 1 次，共查 2～3 次。采用对角线 5 点取样，麦田及水稻秧田每点调查 0.11m²，水稻本田每点查 10 丛，记载灰飞虱成、若虫各虫态及数量，折算每 667m² 虫量或百丛虫量。

2. 灰飞虱带毒率测定　在上年不同发生程度的地区，分别在不同播期和抗性品种的田块采集越冬代或第一代灰飞虱高龄若虫或成虫，各类型田虫量不少于 50 头，分别测定越冬代或第一代灰飞虱带毒率。通常测定越冬代即可，第一代灰飞虱带毒率可参照越冬代结果。

灰飞虱带毒率测定采用江苏省农业科学院植物保护研究研制的斑点免疫快速测定方法(Dot-ELISA，DIBA)。将采集的成虫或高龄若虫单头虫置于 200μL 离心管中加 100μL 碳酸盐缓冲液，用木质牙签捣碎后制成待测样品。在硝酸纤维素膜上划 0.5cm×0.5cm 方格，每格加入 3μL 样品室温晾干；在 37℃条件下，4%牛血清（或 0.4%牛血清白蛋白）封闭 0.5h 后浸入酶标单抗（封闭液稀释 500 倍）孵育 1.5h，洗涤后浸入固体显色底物液中 0.5h。每步用磷酸缓冲液（PBST）洗涤 3 次，每次 3min。检查反应类型（带毒灰飞虱呈现阳性反应），记载带毒虫量。计算灰飞虱带毒率。

3. 水稻条纹叶枯病普查　根据水稻不同播种期与抗性，分别选择早、中、晚及不同抗感类型田共 20～30 块。秧田普查于虫量高峰后 20d 左右即第一代灰飞虱传毒危害稳定后进行，每 5d 调查 1 次，共查 2～3 次。本田普查分别于第二、三代灰飞虱传毒危害田间病情稳定后进行，每 5d 调查 1 次，每代共查 2 次。采用对角线 5 点取样，秧田每点调查 0.11m^2，本田每点查 10 丛，秧田记载发病株数，本田记载发病丛数、发病株数、严重度，计算病株率、病丛率、病情指数等。

（二）短期预测

根据灰飞虱带毒率测定结果、田间发育进度与发生量调查结果，结合水稻品种抗感性和天气情况，做出水稻条纹叶枯病发生程度趋势预报。一般灰飞虱带毒率大于 3%，虫量高，第一代灰飞虱迁入高峰期与秧苗期吻合，品种较感病时，水稻条纹叶枯病流行的可能性较大，带毒率达到 12%以上则为大流行趋势。秧苗 2 叶期至分蘖期是预防外来灰飞虱带毒虫迁入传病的适期。浙江提出在水稻条纹叶枯病、黑条矮缩病发生区，水稻秧苗期、分蘖期灰飞虱防治指标为灰飞虱有效虫量达每平方米 2～3 头，即每 667m^2 灰飞虱有效虫量1 300～2 000头。

四、水稻螟虫田间调查和短期预测

（一）田间调查

1. 卵块密度调查　在成虫始盛期 3d 后开始，每隔 5d 查 1 次，共查 3～4 次。根据水稻品种、播期、移栽期等将水稻大田划分为不同种类的类型田，每种类型田选择有代表性的田块 2 块，采用平行跳跃式取样，调查二化螟时每块田标定 100 丛，调查三化螟时每块田标定 500 丛，每次调查摘取所取样点内的全部卵块，计算卵块密度。秧田划定 10m^2 作为卵量观察圃，每次调查在计数全部卵块后，摘除卵块，计算卵块密度。

2. 螟害率和虫口密度调查　枯鞘率或枯心率调查可结合当代稻螟残留虫量调查进行；枯孕穗、白穗、虫伤株调查于水稻黄熟期进行。按稻作类型（早、中、晚稻）、品种、栽插期、抽穗期或螟害轻、中、重分为几个类型，在每类型田中选择有代表性的田块 2 块。采用平行跳跃式取样，二化螟每块田取 100 丛，三化螟每块田取 200 丛，计数其中的被害株。连根拔取全部被害株，如枯鞘、枯心、虫伤株、枯孕穗和白穗等，剥查其中幼虫和蛹的数量及其发育级别。计算被害率及虫口密度。调查 20 丛稻的分蘖或有效穗数。将调查结果记入表 2-1-3。

表 2-1-3　水稻螟虫虫口密度及被害率调查

（农业标准出版研究中心 . 2011. 最新中国农业行业标准：第六辑）

调查日期	世代	类型田	品种	生育期	调查丛数（丛）	平均每丛（个）		调查株数（株）	调查虫量（头）		每 667m² 活虫量	死亡率（%）	××螟占稻螟总活虫比例（%）	被害株数	被害株率（%）	稻螟被害总株数	稻螟被害总株率（%）	备注
						分蘖数	有效穗数		活虫数	死虫数								

（二）短期预测

发生期分为始见期、始盛期（16%）、高峰期（50%）、盛末期（84%）和终见期。田间化蛹率达 16%、50%、84%的日期加当代蛹历期，或田间某一蛹级达 16%、50%、84%的日期加上该蛹级至羽化所需的发育天数，分别为该代蛾的始盛期、高峰期、盛末期；再分别加上产卵前期和卵历期则分别为卵孵化始盛期、高峰期、盛末期。结合灯测和田间卵孵化进度调查可较为准确地了解当地的卵孵化时期，用以指导螟害防治。

1. 防治枯鞘、枯心两查两定

（1）查卵块孵化进度，定防治适期。在发蛾高峰期，根据水稻品种和移栽期划分田块类型，每类型选有代表性的田块 2～3 块，每块田采取多点平行线取样法查 300～500 丛，每隔 2～3d 查 1 次，连查 3 次，每次将查到的有卵株连根拔起，移栽到田边或盆罐中，每天下午观察 1 次孵化情况，以确定孵化进度。选择药剂防治适期时，二化螟掌握在卵孵化高峰后至枯心形成前防治，三化螟掌握在卵孵化高峰期防治，卵块密度特别大时在卵孵化始盛期和高峰期各防治 1 次。

（2）查枯鞘团、枯鞘率或卵块密度，定防治对象田。在卵块孵化高峰期开始调查，查枯鞘团时，每块田查一定面积，计算每公顷危害团数。查枯鞘率采用多点平行取样，每块田查 200 丛，并查 20 丛株数，计算枯鞘率。当查到二化螟枯鞘团达到 900 个/hm² 以上，或第一代早稻枯鞘率 7%～8%、常规中稻 5%～6%、杂交稻 3%～5%，二代枯鞘率 0.6%～1.0%时，或二化螟卵块达2 250块/hm²、三化螟卵块达1 500块/hm² 列为防治对象田。

2. 防治虫伤株和白穗两查两定

（1）查发蛾情况，预测卵块孵化进度，定防治适期。根据幼虫、蛹发育进度调查或灯下发蛾情况，推算卵块孵化进度，掌握在卵孵化高峰期或高峰期后 5～7d 用药。

（2）查虫情与苗情配合情况，定防治对象田。凡螟卵孵化始盛期到水稻成熟不到半个月的早熟早稻，可不必防治，相隔 15d 以上始熟的中、迟熟早稻，要挑治上一代残留虫口较高、生长嫩绿的早稻，或调查中心凋萎虫伤株数量，在螟卵孵化始盛期，查到中心凋萎虫伤株每公顷达 750 个点的田块，定为防治对象田。

防治白穗，在螟卵盛孵期内掌握早破口早用药，迟破口迟用药的原则，一般在破口抽穗 5%～10%时用药 1 次，如果螟虫发生量大或水稻抽穗期长，则隔 4～5d 再用药 1 次。螟卵盛孵前已经抽穗而尚未齐穗的稻田，则掌握在螟卵孵化始盛期用药。凡在螟卵盛孵期内，孕穗（大肚）植株达 10%以上至齐穗植株 80%以下的稻田，均列为防治对象田。

五、稻纵卷叶螟田间调查和短期预测

（一）田间调查

1. 田间赶蛾　从灯下或田间始见蛾开始，至水稻齐穗期，选取不同生育期和好、中、差3种长势的主栽品种类型田各1块，每块田调查面积为50～100m^2，手持长2m的竹竿沿田埂逆风缓慢拨动稻丛中上部（水稻分蘖中期前同时调查周边杂草），用计数器计数飞起蛾数，隔天9时之前进行一次。结合赶蛾，用捕虫网采集雌成虫20～30头进行卵巢解剖。

2. 虫口密度或受害率调查　幼虫密度调查：选主要类型田各3块，双行平行跳跃式，每块田查50～100丛，调查百丛虫量，并折算为667m^2虫量；取其中20丛查卷叶数，计算卷叶率。发育进度调查：每类型田取50条幼虫，分别记录虫态和龄期。调查稻株顶部3张叶片的卷叶率，确定稻叶受害程度。

（二）短期预测

1. 查幼虫发育进度，定防治适期　赶蛾时蛾量突增为始盛期，蛾量最多时为发蛾高峰日。江苏提出“治早治小”的药剂防治策略，掌握在卵孵化高峰期至一、二龄幼虫高峰期防治。卵孵高峰期由田间赶蛾查得蛾高峰日，加上本地当代的产卵前期（外来虫源为主的世代或峰次不加产卵前期）。二龄幼虫期为卵孵化高峰期加上卵历期和一龄幼虫历期。

2. 查虫口密度，定防治对象田　在水稻分蘖期至抽穗期，二、三龄幼虫密度分蘖期达50头/百丛，孕穗期达30头/百丛的田块列为防治对象田。

六、稻飞虱田间调查和短期预测

（一）大田虫情普查

主害前一代若虫二、三龄盛期查1次，主害代防治前和防治10d后各查1次，共查3次。每次成虫迁入峰后，立即普查1次田间成虫迁入量。在观察区和辖区范围内调查每种主要水稻类型田不少于20块，面积不少于1hm^2。每块田采用平行跳跃式取样，每块田取5～10点，每点2丛。每块田的调查丛数可根据稻飞虱发生量而定。每丛少于5头时，每块田查50丛以上；每丛5～10头时，每块田查30～50丛；每丛多于10头时，每块田查20～30丛。用水湿润白搪瓷盘（33cm×45cm）内壁，查虫时将盘轻轻插入稻行，下缘紧贴水面稻丛基部，快速拍击植株中、下部，连拍3下，每点计数1次，计数各类飞虱不同翅型的成虫，以及低龄和高龄若虫数量，同时记录蜘蛛和黑肩绿盲蝽数量。每次拍查计数后，清洗白搪瓷盘，再进行下次拍查。调查结果记入表2-1-4。

表2-1-4　稻飞虱大田虫口密度普查记载

（农业标准出版研究中心．2011. 最新中国农业行业标准：第六辑）

调查日期		调查地点	类型田	品种	生育期	成虫量（头/百丛）			若虫量（头/百丛）			总虫量（头/百丛）	褐飞虱百分率（%）	防治情况
月	日					长翅	短翅	小计	低龄	高龄	小计			

（二）短期预测

1. 查虫龄，定防治适期 在各地主害代田间成虫高峰出现后，调查有代表性的类型田1～2块，每隔2～3d抽查1次。采用直线跳跃式取样，每块田查25～50丛。当查到田间一至三龄若虫占田间总虫量50%以上时，即为防治适期。

2. 查虫口密度，定防治对象田 根据县（市）病虫测报站防治适期预报，对当地水稻不同品种类型、插秧期早迟和前一世代防（兼）治情况划分若干类型田，进行稻飞虱密度普查。水稻孕穗期至破口露穗期，当田间一、二龄若虫明显增多时，主害代褐飞虱虫量达8～12头/丛、白背飞虱达8～15头/丛；压前控后的前代褐飞虱达0.5～1.0头/丛，白背飞虱达1头/丛时均应列为防治对象田。对未达到防治指标的田块，过4～5d再复查1次，已经达到防治指标的田块，立即施药1次。当早稻田蜘蛛和稻飞虱的比例为1∶4，晚稻田为1∶(8～9）时，可不用药防治。

任务2　小麦主要病虫害的田间调查和预测

【场地及材料】 小麦病虫害发生重的田块，记录本、放大镜、铅笔、皮卷尺或米尺及其他有关用具。

【内容及操作步骤】

一、小麦赤霉病田间调查和短期预测

（一）田间调查

1. 残体带菌率调查 在小麦拔节期、孕穗期和始穗期各调查1次。在稻麦轮作区，选择残留有稻桩的田块3块；在华北、西北和东北等旱作地区，选择残留有玉米、小麦秸秆或病残穗的田块3块。所选田块要能代表越冬状态的不同类型，并估测该类型田在当地麦田中的面积比例。每块田随机调查50～100丛（株），针对赤霉病菌在不同地区的主要越冬场所，分别检查稻桩、玉米或小麦秸秆等的带菌情况，计算病残体带菌率。

2. 病情普查 在当地小麦主栽品种齐穗期至灌浆期（病情发展高峰期）和蜡熟期（收割前10～15d）各进行1次。根据前茬类型（水稻或旱作）、小麦品种和生育期的不同，选择各种类型田不少于10块，其中应包含一定数量的未防治田块。每块田随机取样500穗，调查病穗数和病情严重度，计算病穗率和病情指数，另外还需由发病田块数和调查田块总数计算病田率。调查结果记入表2-1-5。

表2-1-5　小麦赤霉病病情普查记载

（农业标准出版研究中心．2012. 最新中国农业行业标准：第八辑 种植业分册）

调查日期	调查地点	类型田	品种	生育期	调查穗数（个）	病穗数（个）	病穗率（%）	各严重度级别穗数（个）					病情指数	备注
								0	1	2	3	4		

病情严重度分级标准如下。

0 级：无病。

1 级：病小穗数占全部小穗的 1/4 以下。

2 级：病小穗数占全部小穗的 1/4～1/2。

3 级：病小穗数占全部小穗的 1/2～3/4。

4 级：病小穗数占全部小穗的 3/4 以上。

病小穗指出现穗腐症状（或由秆腐引起的白穗症状）的小穗。

（二）短期预测

在小麦穗期，赤霉病防治行动前 3～10d（或小麦大面积齐穗前 5～7d），根据子囊壳成熟指数及空中孢子捕捉数量、小麦抽穗扬花进度、抽穗扬花期气温和连阴雨持续天数，采用当地适用的数理统计预测模型，做出赤霉病发生程度和面积的预测。

有资料提出：如 4 月上、中旬雨日 6d 以上，平均相对湿度大于 70%，稻桩子囊壳丛带菌率超过 20%或玉米秆带菌率大于 15%，子囊壳成熟早，天气预报 4 月下旬至 5 月中旬降雨日在 13d 以上，并有 3d 以上连阴雨日，降水量大于 100mm，相对湿度大于 80%，可预报赤霉病将严重流行。如果降水量大，或 10d 内雨日超过 5d，即将严重发生，应迅速进行分类防治。如抽穗扬花期（一般小麦在始花期，大麦在齐穗期），天气预报平均气温达 15℃，且有 3d 以上的连续阴雨天气出现，则赤霉病有严重流行的可能，应抢在降雨之前打药，5～7d 防治第二次，以确保防治效果。

二、小麦白粉病田间调查和短期预测

（一）大田普查

分别在小麦秋苗期、拔节期、孕穗期和乳熟期各调查 1 次。依据小麦栽培区和常年发病情况选定若干代表性区域，在各代表性区域内选当地的主栽品种和感病品种的早、中、晚播麦田调查。调查田块选 10 块地以上。每块田采取 5 点取样。白粉病处于零星发生期时，每点实查 10m 双行或 5m^2，检查发病株数和病叶的发病情况；全田普遍发病时，每点 1m 双行或 1m^2，各点随机检查 100 张叶片（调查上部 3 片叶的发病情况，旗叶和旗叶下一、二叶的取样数量应大体一致），调查发病叶片数和严重度，计算病叶率、平均严重度和病情指数，并计算病点率。

小麦白粉病严重度根据病叶上病斑菌丝层覆盖叶片面积占叶片总面积的比例，用分级法表示，设 8 级，分别用 1%、5%、10%、20%、40%、60%、80%、100%表示。对处于等级之间的病情则取其接近值，虽已发病但严重度低于 1%的，按 1%记载。

（二）短期预测

小麦发病后，特别是拔节期至孕穗期的病情增长速度快，其间温度、湿度又有利于发病，此后天气预报 4 月下旬至 5 月上旬阴雨高湿（相对湿度 70%以上），无高于 25℃的连续高温天气，小麦长势较嫩，田间荫蔽，白粉病将大流行。

三、小麦纹枯病田间调查和短期预测

（一）大田普查

分别在小麦秋苗期、拔节期、扬花期、乳熟期调查。每年普查时间应大致相同。依据小麦栽培区划和常年发病情况选定若干代表性区域，在各代表性区域内选不同品种、不同茬口、不同播期及不同施肥水平等不同生态类型田10块以上。每块田对角线5点取样，每点调查20株，记载病株数、侵茎数和病情指数，统计病田率。

病情严重度分级标准如下。

0级：无病。

1级：叶鞘发病，或茎秆上病斑宽度占茎秆周长的1/4以下。

2级：茎秆上病斑宽度占茎秆周长的1/4～1/2。

3级：茎秆上病斑宽度占茎秆周长的1/2～3/4。

4级：茎秆上病斑宽度占茎秆周长的3/4以上，但植株未枯死。

5级：病株提早枯死，呈枯孕穗或枯白穗。

（二）短期预测

根据早春病情、气温回升情况、病情增长速度、小麦长势，结合中短期天气预报综合分析预测。若早春发病重，气温回升快（10℃以上），小麦长势好，病情发展迅速，气象预报3、4月雨水偏多，光照不足，病害将大流行；反之则发生轻。一般掌握在小麦分蘖末期纹枯病纵向侵染时，当平均病株率达10%～15%或病情指数达5时进行防治。

四、小麦蚜虫田间调查和短期预测

（一）大田普查

在小麦秋苗期、拔节期、孕穗期、抽穗扬花期、灌浆期进行5次普查，选择有代表性的麦田10块以上，每块田单对角线5点取样，秋苗期和拔节期每点调查50株，孕穗期、抽穗扬花期和灌浆期每点调查20株，调查有蚜株数和有翅、无翅蚜量，统计有蚜株（茎）率和百株（茎）蚜量。

（二）短期预测

一般当有蚜株（茎）率超过25%，百株（茎）蚜量达500头左右，气象预报适期内无中到大雨，应立即发出防治预报。3d后调查，如蚜量明显上升，小麦抽穗前百株蚜量超过1 500头，小麦抽穗后百株蚜量达1 000～1 200头，天敌单位与蚜虫数比例小于1∶150，应立即发出防治警报，迅速开展防治。

任务3　杂粮主要病虫害的田间调查和预测

【场地及材料】杂粮病虫害发生重的田块，记录本、放大镜、铅笔、皮卷尺或米尺及其他有关用具。

【内容及操作步骤】

一、玉米螟田间调查和短期预测

（一）田间调查

1. 卵量普查　在系统调查田出现产卵高峰时，进行大田卵量普查。每个县选择玉米种植面积大的3～5个乡镇开展普查，每个乡镇选择有代表性的玉米田5～10块。每块田采用对角线5点取样法，每点取样20株，逐叶观察，尤应注意检查叶背面中脉附近，区分正常卵块、寄生卵块和孵化卵块数等，并计算出平均百株有效（即正常）卵块数。

2. 幼虫和作物被害情况普查　在玉米大喇叭口期、灌浆期、收获前各调查 1 次。每县（市、区）依据不同生态类型、作物布局等，选择玉米种植面积大的 3～5 个乡镇开展普查，每个乡镇选择有代表性的玉米田 5～10 块。每块田采用对角线 5 点取样法，每点取样 20 株。玉米大喇叭口期和灌浆期各调查 1 次被害株率；玉米收获期观察植株茎秆和雌穗等处是否有蛀孔，发现蛀孔则用小刀在蛀孔的上方或下方划一纵向裂缝，撬开茎秆将虫取出，分别判别末代钻蛀性幼虫种类（玉米螟、桃蛀螟、大螟和高粱条螟）和数量。

（二）短期预测

依据化蛹、羽化进度调查蛹和成虫的始盛期、高峰期，按各地虫态历期来推算卵、幼虫发生危害的始盛期、高峰期。根据越冬代基数、存活率、蛾量及一代发生期降水、温度等气象情况，结合玉米种植面积、品种布局及其长势，做出第一代发生程度预报。根据前一代危害的轻重、残虫量、春播与夏播玉米种植面积、品种布局及其长势等因素，结合气象条件，预报下一代发生程度。

二、黏虫田间调查和短期预测

（一）田间调查

1. 成虫诱测　各地诱蛾时间不同。一代发生区南部自 2 月 10 日至 4 月 10 日，北部自 3 月 5 日至 4 月 15 日；二代发生区自 5 月 10 日至 6 月 20 日；三代发生区自 7 月 15 日至 8 月 15 日；四代发生区自 9 月 1 日至 10 月 10 日。各地可从诱蛾器（糖醋液）、糖醋毒草或虫情测报灯等几种观测工具中选出一种诱蛾效果最好的进行诱蛾。

（1）糖醋液诱蛾。配方为：40°～50°白酒 125mL、水 250mL、红糖 375g、食醋 500mL、90%敌百虫原药 3g。先将红糖和敌百虫盛出，用温水溶化后，加入醋、酒，拌匀即为一台诱蛾器诱剂全量。可使用专门的诱蛾器，或用 5L 旧塑料油瓶自制简易诱蛾器。选择离村庄稍远、比较空旷、容易遭受虫害的作物田，一般设置 2 台诱蛾器，间距应在 500m 以上，诱蛾器可以用木架或铁器架架起，诱蛾器底部距地面 1m。设立后不要轻易移动位置，保持相对稳定。加入诱剂后，每天黄昏前将诱剂皿盖打开，翌日清晨将落在皿内和皿外死亡的黏虫成虫取出，携回检查并将诱剂皿盖盖好，减少诱剂蒸发，再罩好筒罩。诱剂每逢五（每月 5 日、15 日、25 日）增加半量，逢十（每月 10 日、20 日、30 日或 31 日）更换全量。

（2）糖醋毒草把诱蛾。选用粗壮未发霉的干稻草，剪成 50cm 长，基部扎紧直径 10cm 的草把，端部朝下，插在 1.5m 左右长的木棍或竹竿上。草把下边装一个盛蛾铁皮漏斗，漏斗直径 60cm、高 30cm，草把上安装一棚罩，以防雨淋。糖醋毒草把诱剂成分为：红糖 100g、食醋 100mL、水 100mL、40°～50°白酒 50mL、90%敌百虫原药 2g，以上为 5 个毒草把诱剂全量，配制方法同诱蛾器诱剂。诱液于傍晚涂在草把上，漏斗中可放入少许稻草，防止鸟雀啄食蛾子；翌日清晨将落在漏斗内的黏虫成虫取出，携回检查。诱液每 2d 涂 1 次。

（3）虫情测报灯诱蛾。在常年适于成虫发生的场所，装设 1 台多功能自动虫情测报灯或 20W 黑光灯，要求设在视野开阔处，其四周没有高大建筑物或树木遮挡，灯管下端与地表面垂直距离为 1.5m。一般每年更换 1 次灯管。灯的高度一般应以灯管下端高出作物 30～

70cm为宜，也可以安装在便于管理的田边或路边。每天黄昏开灯，翌日清晨关灯。自各代成虫发生初期起，逐日调查统计蛾量及雌雄比，并解剖雌蛾卵巢，观察发育进度和抱卵量。也可进行草把诱卵。

2. 幼虫普查 当系统调查大部分幼虫进入二龄期时，立即组织一次普查。选具有代表性的各种寄主作物田进行，普查田块总数不少于20块，每块田以棋盘式10点取样，条播、穴播的小麦、谷子、水稻每点$1m^2$，撒播的作物每点0.3m×0.3m；玉米、高粱每点10株，调查后均折算成平均每平方米虫数。调查条播麦田、谷田时，样点下铺一白布，拍打植株，如此重复数次，直至拍打后再不出现幼虫为止，然后扒开行间，检查布上或地表上的幼虫数量及其发育龄期；还应翻转根际松土，检查潜土的幼虫；谷叶心内常有低龄幼虫潜伏，除拍打外，对心叶及穗轴应仔细检查。玉米、高粱等高秆作物，先检查心叶、叶腋、雌雄穗及干叶卷缝内的虫量、虫龄；再查地表及土内虫量、虫龄；如田中杂草较多，也要查清杂草上的虫量、虫龄。

（二）短期预测

根据诱蛾结果，由发蛾高峰日（蛾量最多的1日）起，加上卵期、一龄和二龄幼虫历期，即为三龄幼虫发生盛期，也是用药防治的关键时期。根据测报站预报，在卵块孵化盛期开始幼虫普查，每隔3d查1次，当查到玉米苗期二、三龄幼虫密度达10～15头/百株，生长中后期达50～100头/百株；小麦田每公顷二、三龄幼虫多于15万头的田块，列为防治对象田。

三、玉米大斑病田间调查及短期预测

（一）田间调查

从3叶期开始至收获止，每隔5～7d调查1次。选择当地感病品种，历年发病重的地块，5点取样，每点查10株，共50株，统计发病率和病情指数；并在发病后，每点定玉米2株，观察病斑增长数，统计病情指数增长率。

病情严重度分级标准如下。

0级：全株叶片无病斑。

1级：全株叶片有零星少量病斑（占叶面积10%以下）。

2级：全株病斑较多（占叶面积10%～25%），或个别叶片枯死。

3级：全株病斑多，下部叶片部分枯死。

4级：全株病斑很多，一半以上叶片枯死。

5级：全株基本枯死。

（二）短期预测

南方玉米栽培区2～4月，北方玉米栽培区6～8月，当田间病株率达70%，病叶率在20%左右时，气象预报有中雨或大雨，气温在25℃以下，玉米大斑病在半月左右将暴发。一般将玉米吐丝后15d，病情指数达10的玉米田列为防治对象田。

任务4　棉花主要病虫害的田间调查和预测

【场地及材料】棉花病虫害发生重的田块，记录本、放大镜、铅笔、皮卷尺或米尺及其

他有关用具。

【内容及操作步骤】

一、棉叶螨田间调查和短期预测

（一）大田普查

分别于苗期、蕾花期、花铃期棉叶螨危害高峰前，各进行1次普查。大面积防治前，普查10块以上有代表性的棉田，应特别注意对历年棉叶螨发生重的棉田进行调查。按Z形多点目测踏查。每块田每次查50株，对有危害状的棉株，取主茎上（最上主茎展开叶）、中、下（最下果枝位叶）部各一片叶，记载有螨株率和螨害级别。

螨害严重度分级标准（以朱砂叶螨为主的地区）如下。

0级：无危害。

1级：叶面有零星黄色斑块。

2级：红色斑块占叶面1/3以下。

3级：红色斑块占叶面1/3以上。

$$\text{平均螨害级数}=\frac{\sum(\text{某级螨害数}\times\text{该级级值})}{\text{调查叶片总数}}$$

（二）短期预测

棉花叶螨的预测可分苗期预测、蕾花期预测和花铃期预测，分别从早春虫源基数、苗期和蕾花期的棉叶螨发生情况，系统调查和大田普查结果，结合春季、6～7月及7～8月天气预报（降水量、温湿度），棉田环境和代表性天敌高峰期出现时间，对比历年棉花叶螨发生资料进行综合分析，应用多种预报方法做出预测。

将苗期红斑株率达33%、蕾铃期红斑株率达38%的棉田定为防治对象田。掌握在5月中下旬和6月中下旬棉花叶螨的两次扩散期，采取发现一株打一圈，发现一点打一片的施药方法，将叶螨控制在点片发生阶段。

二、棉蚜田间调查和短期预测

（一）田间调查

1. 苗期棉蚜调查　调查时间为棉苗出土后至苗期棉蚜危害末期。结合棉花前茬作物，选择发生期不施药或很少施药，具代表性的一类、二类、三类棉田各3块，每块田采取5点取样法，定苗前每点查40株，定苗后每点查20株，每5d调查1次全株蚜量，计算蚜株率和百株蚜量。当出现棉花卷叶时，调查卷叶株数，计算卷叶株率。同时调查并记录天敌种类和数量，折算天敌单位数。

2. 伏期棉蚜调查　调查时间为自伏期棉蚜危害期开始至伏期棉蚜危害末期。选择发生期不施药或很少施药的一类、二类棉田各3块，每块田采取5点取样，伏期每点查10株，每5d调查1次。调查每株主茎的上、中、下3片叶蚜量、蚜霉菌寄生情况、油斑株数、卷叶株数，并计算蚜株率、百株三叶蚜量、百株三叶感染蚜霉菌的蚜虫数、油斑株率和卷叶株率。同时调查并记录天敌种类和数量，折算天敌单位数。

在苗期和伏期系统调查田蚜量达到防治指标时开展普查，未防治棉田在棉蚜高峰期进行普查。根据当地栽培情况，按一类、二类、三类棉田比例选择有代表性的棉田10块以上。

随机取样，苗期每块田调查100株，伏期每块田调查50株；调查、计算有蚜株数、卷叶株数、油斑数、蚜株率、卷叶株率、油斑率和蚜田率。

3. 棉蚜天敌单位的换算 异色瓢虫、七星瓢虫、十三星瓢虫等食蚜量大的瓢虫成、幼虫都以1个虫体作为1个天敌单位。龟纹瓢虫、多异瓢虫的成、幼虫，大草蛉、中华草蛉的幼虫，食蚜蝇的幼虫，拟环纹狼蛛以2个虫体作为1个天敌单位。黑襟毛瓢虫成、幼虫，草间小黑蛛等一般食蚜量的蜘蛛以4个虫体作为1个天敌单位。小花蝽、大眼长蝽以10个虫体为1个天敌单位。被寄生蜂寄生的蚜虫以120头僵蚜为1个天敌单位。

（二）短期预测

棉蚜全年的发生危害期统一划分为两个阶段，即苗期棉蚜和伏期棉蚜，简称苗蚜和伏蚜；苗期棉蚜又分为3叶前期和4叶后期（3叶期过后至现蕾前）。

1. 苗期棉蚜预测 3叶前预测以早春虫源基数调查资料和4～5月气象预报，结合历年统计汇总棉蚜发生资料进行分析，应用多种预报方法做出预报。其中影响棉蚜发生的主要因子包括气候、天敌数量、防治程度和棉花种植品种等。4叶后预测，根据3叶期棉蚜发生危害情况、棉田的益害比和天敌单位总量、代表性天敌（例如七星瓢虫）有效虫态高峰期出现的时间及与蚜虫发生危害高峰期的吻合度、5～6月气象预报，对比历年资料进行综合分析，应用多种预报方法做出预报。一般情况下，北方寒冷地区，温度16～22℃；温带地区，温度17～28℃，相对湿度47%～81%时，苗蚜将急剧增长。但5月下旬至6月中旬，蚜茧蜂寄生率达20%，或6月上中旬，瓢蚜比达1∶150时，可使棉蚜虫口密度大幅度下降。

2. 伏期棉蚜预测 根据7～8月气象预报，对比历年资料，应用多种预报方法做出预报。7月上、中旬降雨次数少。旬降水量为20mm以下，晴雨次数频繁，相对湿度为55%～85%时，伏蚜将高速增殖，猖獗发生。7月上中旬无雨，温度持续高达30℃以上；或旬内降雨日数多于晴天数，旬降水量约为60mm，相对湿度达90%左右时，伏蚜增殖下降，不会形成猖獗发生。7月上中旬连续降雨达5d，旬降水量60mm以上，相对湿度80%～90%时，蚜霉菌开始侵染流行，伏蚜群体基数下降。

当苗期百株蚜量达1 000头或卷叶株率10%以上，伏期百株蚜量达6 000头或卷叶株率10%以上即需防治。

三、棉铃虫田间调查和短期预测

（一）田间调查

1. 成虫诱测 以灯光诱蛾为主，杨树枝把诱蛾和性诱剂诱蛾两种方法作为补充。

（1）灯光诱蛾。在常年适于成虫发生的场所，设置1台多功能自动虫情测报灯（或20W黑光灯），置于视野开阔地，要求其四周没有高大建筑物和树木遮挡。虫情测报灯（或黑光灯）的灯管下端与地表面垂直距离为1.5m，需每年更换一次新的灯管。黄河流域、长江流域和新疆南疆棉区的诱蛾时间从4月5日开始；新疆北疆棉区从4月中旬开始；辽河流域棉区从5月上旬开始，10月底结束。每日统计一次成虫发生数量，将雌蛾、雄蛾分开记载。

（2）杨树枝把诱蛾。从6月初至9月底进行。选生长较好的棉田2块，每块田2×667 m^2 以上，将长67cm左右的二年生杨树带叶枝条10根，晾萎蔫后捆成一束，插入棉田，上部高于棉株15～30cm，每块田10束。每日日出之前用塑料袋套住枝把，使成虫跌入袋中，分别记录雌、雄虫数。杨树枝把每 7～10d 更换 1 次，以保持诱蛾效果。统计平均 10 把诱蛾量。

(3) 性诱剂诱蛾。从 6 月初至 9 月底进行。采用统一诱芯，按统一规范安装和安放。用直径 30cm 的瓷盆或塑料盆为诱盆，内放含有少量洗衣粉或洗涤液的清水，在盆口上绑有十字交叉的铁丝，在交叉处固定一个大头针或铁丝，针头向上，将橡胶诱芯凹面向下固定在针尖上，以免凹面内存有雨水，盆内水面距诱芯约 1cm。雨季注意盆内盛水量不宜过多，以免因降雨而使成虫随水溢出。诱芯使用 15d 更换 1 次。每日早晨检查诱到的雄虫虫量。当枝把或黑光灯诱蛾量突然增加时，即为发蛾始盛期。此时，棉田可全面设把诱蛾，同时开始普查卵量。

2. 查卵和查幼虫　卵量调查时，选择有代表性的一类棉田一块，5 点取样。第二代每点顺行连续调查 20 株，共查 100 株；第三、四、五代每点顺行连续调查 10 株，共查 50 株。每块田采用定点定株调查方式，第二代查棉株顶端及其以下 3 个枝条上的卵量，第三、四、五代查群尖和嫩叶上的卵量。每次调查选择上午，每 3d 调查 1 次。幼虫调查，北方棉区查第二、三、四代，南方棉区查第二、三、四、五代，各代分别选择一块不打药的棉田，面积不少于 334m^2，采用 5 点取样，定点调查。第二代每点查 10 株，第三、四、五代每点查 5 株，每 5d 调查 1 次。分别记载卵、幼虫的数量和龄期，调查后将卵和幼虫抹掉。同时调查捕食性天敌。统计百株卵量、百株一至三龄虫量和总虫量。

(二) 短期预测

初孵幼虫高峰期（即发蛾高峰期后 6～10d）为防治适期。将棉田百株卵量达 100 粒或百株幼虫达 10 头的田块列为防治对象田。

任务 5　油料作物主要病虫害的田间调查和预测

【场地及材料】油料作物病虫害发生重的田块，记录本、放大镜、铅笔、皮卷尺或米尺及其他有关用具。

【内容及操作步骤】

一、油菜菌核病田间调查和短期预测

(一) 病情普查

于油菜初花期、盛花期及成熟收获前 7～10d（病情定局）各调查 1 次。按品种、茬口和长势等各类型田共选择调查田不少于 20 块。每块田 5 点取样，每点按行查 10 株，发病初期调查叶发病株、茎发病株和茎发病严重度；当茎病株率达 10%以上时（或油菜终花期以后），只查茎病株及其严重度，分别计算叶、茎病株率和病情指数。

病情严重度分级标准如下。

0 级：无病。

1 级：1/3 以下分枝数发病，或主茎病斑不超过 3cm。

2 级：1/3～2/3 分枝数发病，或发病分枝数在 1/3 以下及主茎病斑超过 3cm 以上。

3 级：2/3 以上分枝数发病，或发病分枝数在 2/3 以下及主茎中下部病斑超过 3cm 以上。

（二）短期预测

根据田间病情程度、病情增长速度，油菜花期、角果期的气象预报，油菜盛花期与子囊盘萌发期的吻合程度，油菜长势和茬口等因素综合分析，作出短期预报。若当前发病程度重于常年，油菜盛花期与子囊盘萌发盛期吻合度高，油菜长势旺，油菜花期、角果期降水量（或降水日数）多、特别是油菜成熟前20d内降水量偏多，病害将偏重发生，反之则轻发生。

二、大豆食心虫田间调查和短期预测

（一）田间成虫消长调查

调查时间在东北地区为8月1～25日，在华北地区为8月5～31日。选当地种植的主栽大豆品种，固定两块邻近上年豆茬的田块，每块面积不少于0.33hm^2，每隔20垄取1点，每点长100m、宽2垄，共取5点，做好标记。持65cm长木棍，行进并拨动豆株，目测惊起蛾团数和每个蛾团的蛾数。每次调查时，用捕虫网采集成虫20头以上，分辨雌、雄，计算性比。

（二）短期预测

吉林等东北地区的经验，如7月上旬降水较多，中下旬降水不多，日降水量低于60mm，8月上旬不特殊干旱，成虫期无大的暴雨，又加上豆田蛾量剧增，蛾团数也在增加，雌雄比接近1∶1，连续3d累计双行百米蛾量达100头，应立即进行防治。用药棒熏成虫（如敌敌畏浸泡的高粱秸或玉米秸），可在成虫初盛期开始；药剂喷雾防治成虫和幼虫，可在成虫高峰期后5～7d内进行。

任务6　蔬菜主要病虫害的田间调查和预测

【场地及材料】蔬菜病虫害发生重的田块，记录本、放大镜、铅笔、皮卷尺或米尺、30cm×30cm×10cm黄色方型诱杀盆或直径18～25cm黄色圆盆等用具。

【内容及操作步骤】

一、十字花科蔬菜霜霉病田间调查和短期预测

（一）田间调查

1. 田间中心病株调查　自真叶出现开始调查至定棵前，每5d调查1次，选择早播、感病品种和田间湿度大的易发病田5块，每块地5点取样，每点随机取25株，调查病株数，计算病株率，查清中心病株出现日期。

2. 病情系统调查　定棵后至收获前，每5d调查1次。选择早播、感病品种和田间湿度大的易发病田3块，对角线5点取样，每点定10株，调查病株数和发病严重度。

3. 大田病情普查　从发现中心病株开始，每10d调查1次，选择5个以上有代表性种植区域，每区调查2块田，每块田随机3点，每点随机20株，调查各区病田率、病株率及病情指数等发病情况。

病情严重度分级标准如下。

0级：植株无病。

1级：植株发病叶数占全株展叶数的1/4以下。

2 级：植株发病叶数占全株展叶数的 1/4～1/2。

3 级：植株发病叶数占全株展叶数的 1/2～3/4。

4 级：植株发病叶数占全株展叶数的 3/4 以上。

（二）短期预测

查见十字花科蔬菜霜霉病中心病株后，遇有利发生的气候条件，如阴雨天，夜间温度在16℃以下等，应及时发出预报，指导防治。田间株发病率达 5%～10%为防治适期。进入生长盛期至采收中后期前的各类型大田为防治对象田。

二、十字花科蔬菜软腐病田间调查和短期预测

（一）田间调查

1. 系统调查　从苗期至蔬菜收获，每 5d 调查 1 次。选取十字花科白菜类、甘蓝类、芥菜类蔬菜当地主要品种的早播田、适播田各 1 块，每块田对角线 5 点取样，苗期每点 20 株，成株期每点 10 株，调查发病株数，计算病株率。

2. 大田病情普查　当田间发现病株后开始，每 10d 普查 1 次，选择 5 个以上十字花科蔬菜种植面积较大的区域，每区调查 2 块田，每块田采用对角线 5 点取样，每点 10 株，调查发病田数和发病田病株数，计算病田率和病株率。

（二）短期预测

秋季持续温暖或土壤温度较高，或氮肥多、植株生长弱时发病重。感染病毒病、霜霉病和黑腐病的植株发病重。多雨年份利于病菌传播，或久旱遇雨、蹲苗过度、灌水过量均易引发软腐病。查见十字花科蔬菜软腐病后，遇以上情况需要防治。

三、小菜蛾田间调查和短期预测

（一）田间调查

1. 利用黑光灯和性诱剂诱测成虫

（1）灯光诱测。自 3 月下旬至 11 月底，采用多功能自动虫情测报灯（或 20W 黑光灯）诱蛾，要求其四周无高大建筑物或树木遮挡。虫情测报灯（或黑光灯）的灯管下端与地表面垂直距离为 1.5m。20W 黑光灯的灯管一般每年更换 1 次。每日检查灯下成虫的数量、性比。

（2）性诱剂诱测。在十字花科蔬菜生长季节，选择当地有代表性的连片种植的十字花科蔬菜田 1 块，设置相互距离 50m 左右的诱盘 3 个，三角形排列，利用小菜蛾性诱剂诱芯进行诱蛾消长观察。用直径 30cm 的瓷盆或塑料盆，内放含少量洗衣粉或洗涤液的清水，在盆口上绑有十字交叉的铁丝，在交叉处固定一个大头针或铁丝，针头向上，将橡胶诱芯凹面向下固定在针尖上，盆内水面距诱芯 1cm，诱捕器放在十字花科蔬菜地，盆面高出苗 30cm。每 15d 更换 1 次诱芯。每天记录诱蛾量，并记录当晚午夜前天气情况（气温、风力和降雨）。雨季注意盆内盛水量不能过多，平时要及时补充水量。

2. 大田普查　在十字花科蔬菜生长季节，小菜蛾高峰期后 2～5d，每 10d 普查 1 次。选择 5 个以上有代表性的种植区域，每区调查 2 块田。采取对角线 5 点取样法，每田调查 5 点，每点 5 株。调查卵、幼虫、蛹数量及有虫株数，换算百株卵、幼虫、蛹量及有虫株率。

（二）短期预测

根据灯诱和性诱成虫结果，统计小菜蛾成虫始盛期、高峰期和盛末期，结合将要预报的下一代发生期间当地的气温预报及该条件下的各虫态历期，推测下一代的发生期。

防治适期为二龄幼虫盛期（即成虫高峰日＋卵历期＋一龄幼虫期）。百株虫量21头以上（含21头）、有虫株率达15％以上、苗期至采收期10d前的类型田定为防治对象田。

四、黄曲条跳甲田间调查和短期预测

（一）田间调查

1. 黄盆诱测 当地春季温度达到10℃左右开始至秋季温度回落到10℃以下时止，在主要生产基地，选择有代表性的茬口、主栽品种，区域生产面积至少应大于667m^2。在空旷、便于调查进出的田边放置30cm×30cm×10cm黄色方型诱杀盆或18～25cm直径黄色圆盆3只，周边应避免有同类的光谱干扰，盆间距离10m，在盆深2/3左右位置开5～8个2mm直径的溢水孔，盆放在近地面，盆内盛清水至溢水孔，并加入少量敌百虫农药，防止已诱捕盆内的成虫再跳出诱虫盆，每日上午同一时间调查记录隔日的诱虫数。

2. 大田普查 在黄曲条跳甲发生盛期开始至年度的发生末期止，选播种出苗后15d以上主栽品种，主栽茬口的早、中、晚茬十字花科蔬菜田各2块，采用对角线5点取样法，每10d调查1次，每点取样20株，调查100株的有虫株，统计有虫株率。

大田普查发生程度分级标准如下。

1级：有虫株率≤20％，或株平均虫量≤3头。

2级：有虫株率20.1％～40％，或株平均虫量3.1～8头。

3级：有虫株率40.1％～60％，或株平均虫量8.1～15头。

4级：有虫株率60.1％～80％，或平均虫量15.1～25头。

5级：有虫株率＞80％，或株平均虫量＞25头。

（二）短期预测

根据黄盘诱虫系统消长调查，在成虫盛发期前5～7d，向主要生产区发布大田虫情防治适期预报。防治适期为成虫始盛期至高峰期。防治对象田为大田虫情普查有虫株率达到10％以上的田块（或发生程度属中等发生以上）和连茬种植萝卜类型田。

任务7　果树主要病虫害的田间调查和预测

【场地及材料】病虫害发生重的果园，记录本、放大镜、铅笔、皮卷尺或米尺等用具。

【内容及操作步骤】

一、柑橘溃疡病田间调查和短期预测

（一）病情普查

1. 苗木调查 在春、夏、秋梢萌发后15d、30d左右各调查1次，共查6次。按品种、生长类型，选择发病轻、中、重和各类型苗圃，每类型苗圃调查3丘，5点取样，每点20株，每丘共查100株，以株为单位，调查病株数、严重度。

苗木溃疡病病情严重度分级标准（以株为单位）如下。

0 级：无病斑。

1 级：病斑 5 个以下。

2 级：病斑 5～10 个。

3 级：病斑 10～20 个。

4 级：病斑 20～40 个。

5 级：病斑 40 个以上或主株发病。

2. 成年结果树溃疡病普查 掌握春、夏、秋梢叶在萌发后 60d（或叶片革质化）、果实下部转黄时各调查 2 次。按病情程度选择轻、中、重 3 种类型的主栽品种柑橘园各 1 个以上。每个柑橘园查 50 株的株发病率、叶发病率或果实发病率。叶或果实最后一次调查时，增加病情指数考查。

成年结果树溃疡病病情严重度分级标准（以叶、果为单位）如下。

0 级：果上无病斑。

1 级：每叶（果）上有病斑 1～5 个。

2 级：每叶（果）上有病斑 6～10 个。

3 级：每叶（果）上有病斑 11～15 个。

4 级：每叶（果）上有病斑 16～20 个。

5 级：每叶（果）上有病斑 21 个及以上。

（二）短期预测

在有初侵染来源的情况下，以品种的感病性，新梢抽放期、抽放次数和数量、整齐度等情况和新梢长 1.6cm 至幼果横径 0.9～3.0cm（落花后 30～60d）的气象预报作为本病预测预报的依据。旬平均气温达 15℃以上，相对湿度在 60%以上，春梢即可受侵染，加上 20d 左右的潜育期，即为春梢期溃疡病的始发期。春、夏、秋梢期间，旬平均气温达 20～30℃，相对湿度在 80%以上，旬降水量 20～200mm，又与新梢和幼果的易侵入期相吻合，则可能严重发生（温度 20～30℃，潜育期为 3～10d）。落花后 30～60d，如遇上述气象条件，叶或果病情指数达 1，需要防治。

春梢前期和秋梢后期，除降雨、湿度条件外，主要受温度条件制约。春季温度回升慢，则始发期迟；秋季低温、干旱来得早，则提早停止发病。同等条件下，幼龄果树发病重，老龄果树发病轻。

二、葡萄霜霉病田间调查和短期预测

（一）田间调查

1. 系统调查 葡萄展叶后经常观察，发现病叶后即开始定园、定点调查，至秋季葡萄开始落叶结束，一般从 4 月下旬至 10 月下旬，每 5d 调查 1 次，每旬逢 3 日、8 日调查。选择当地发病重且面积在 667m^2 以上的幼果园、盛果园、老果园各 1 个，每个园按 5 点取样各固定 5 个新梢，每梢自上而下调查 10 张叶片，分别记载发病级数。

2. 普查 分别在葡萄落花后 20d、果实着色初期、果实收获后和葡萄落叶前普查 4 次。每次根据当地葡萄品种、栽培年限等，分类普查 10～15 块面积大于 667m^2 的葡萄园，每个园按 5 点取样调查 25 个新梢，每梢自上而下调查 10 张叶片，分别记载发病级数，计算病叶率和病情指数。

病情严重度分级标准如下。

0 级：无病斑。

1 级：病斑面积占整个叶片面积的 10%以下。

2 级：病斑面积占整个叶片面积的 11%～25%。

3 级：病斑面积占整个叶片面积的 26%～40%。

4 级：病斑面积占整个叶片面积的 41%～65%。

5 级：病斑面积占整个叶片面积的 65%以上。

（二）短期预测

早春日平均温度达 10～15℃，降雨、湿度大时病害即可发生初次侵染，7～12d 后可发生再侵染。查见中心病株后 10～15d 内遇阴雨天或有露，湿度 90%以上，夜间温度在 16℃以下，利于病害发生。8 月下旬到 9 月，昼夜温差大，晚上露水多时间长，有利于霜霉病发生。田间病叶率达 5%或病情指数达 1.1 以上的田块需进行防治。

三、桃小食心虫田间调查和短期预测

（一）田间调查

1. 利用性诱剂诱测成虫　在 5 月 10 日至 9 月 30 日果实主要生长期，选择上年桃小食心虫发生重、面积不小于 5×667m^2 的果园 2～3 个。每园采用对角线 5 点取样法，在果园中部选 5 株树，树间距 50m，每株悬挂 1 个性诱剂诱捕器，诱捕器悬挂在树冠外围距离地面 1.5m 的树荫处。每天上午检查诱蛾数，统计和记载每日诱捕器诱蛾数量。诱捕器需经常清洗和加水，并加少量洗衣粉。诱芯每 30d 更换 1 次。当诱到雄蛾时，约是幼虫出土始盛期，即地面防治适期。性诱剂诱捕器可用直径约为 20cm、高 10cm 的塑料盆制作，在盆口处等距离钻 3 个小孔，用 3 根约 50cm 长的细铁丝捆绑好用于悬挂，在盆深 1/3 左右位置开 5～8 个 2mm 直径的溢水孔，盆内倒入含少许洗衣粉的清水，另用细铁丝将性诱剂诱芯固定在诱捕盆的正中距离水面 1cm 处。

2. 查卵果率　当桃小食心虫性诱捕器连续 3d 诱到雄蛾时，开始田间卵量调查。选择危害轻重不同、面积不少于 5×667m^2 的果园 3～5 个，棋盘式 10 点取样，每点 1 株，在每株树的东、南、西、北、中 5 个方位，各随机调查 20 个果实，每株树调查 100 个果实，每 5d 调查 1 次，记载调查果中的卵果数和卵粒数，统计卵果率。调查后将卵抹掉。

注意由于桃小食心虫产卵对品种选择性很强，品种间卵量差异较大，因此，必须分品种调查，分别计算卵果率；另外，同品种株间差异也较大，因此调查株数多些比较准确。

（二）短期预测

当诱到第 1 头成虫时，表明已到地面防治的最后期限，应立即组织地面防治。当卵果率达 0.5%～1.0%，同时又发现极少数幼虫已孵化蛀果，果面有果汁流出时，为树上防治适期。

任务 8　地下害虫的田间调查和预测

【场地及材料】地下害虫发生重的田块，记录本、放大镜、铅笔、皮卷尺或米尺、锄头或铁锹等用具。

【内容及操作步骤】

（一）田间调查

挖土调查是地下害虫种类和数量调查中最常用的方法。一般在春、夏、秋播种前或在秋季（收获后，结冻前）进行，选择有代表性的田块 5 块以上，分别按不同土质、地势、茬口、水浇地、旱地等进行调查，每块田不少于 2×667m²。每块田采用对角线 5 点取样或棋盘式取样方法，每点 1m²（长宽各 1m 或长 2m、宽 0.5m 均可），1hm² 内取 5 点，1hm² 以上每加大 667m² 增加 1 点，挖土深度一般 30cm（如进行蝼蛄垂直活动调查，则要分层挖土，一般分为 0～15cm、16～34cm、35～45cm、46cm 以下 4 层进行，分别统计虫口数），记录各种地下害虫的种类及数量，统计虫口密度（头/m²）。5 点内未发现地下害虫，应增加点数，至少挖到 1 头地下害虫为止。将调查结果填入表 2-1-6。也可采用灯光诱测成虫、食物诱集或目测（如蝼蛄在 10 时以前调查土表虚土堆或短虚土隧道数以确定虫量）的方法进行调查或在作物苗期调查被害率。

表 2-1-6　地下害虫田间密度调查

调查日期	地点	地势	土质	前茬作物	土地类型	取样面积（m²）	蝼蛄（头）	蛴螬（头）	地老虎（头）	金针虫（头）	其他地下害虫	虫口密度（头/m²）				备注
												蝼蛄	蛴螬	金针虫	总计	

（二）短期预测

地下害虫的发生危害受多种因素的影响，应根据当地情况对不同种类采取不同的预测方法。

1. 查成虫发生盛期，定防治适期　小地老虎可采用蜜糖液诱蛾器，如平均每天每台诱蛾器诱蛾 10 头以上，表示进入发蛾盛期，蛾量最多的一日即为发蛾高峰期，后推 20～25d 为二、三龄幼虫盛期，即为防治适期；诱蛾器如连续两天诱蛾在 30 头以上，预示小地老虎将有大发生的可能。金龟甲可从当地优势种常年始见期开始，设置诱虫灯逐日观测；或在金龟甲经常活动的场所，如大豆田、灌木丛等，固定 3～5 点，每点 10m²，由专人于每天18～20 时检查虫量，当金龟甲数量急剧增加时，即为防治成虫的适期。

2. 查害虫活动情况，定防治对象田　春季当蝼蛄已上升至表土层 20cm 左右，蛴螬和金针虫在 10cm 左右，田间发现被害苗时，即需及时防治。当蝼蛄达 0.5 头/m²（或有新鲜浮土或隧道 1 个/m²），或作物被害率在 10%左右；蛴螬达 3～5 头/m²，或作物受害率达 10%～15%；小地老虎幼虫达 1 头/m²，或作物被害叶率（花叶）达 25%；金针虫达 5 头/m² 的田块列为防治对象田。

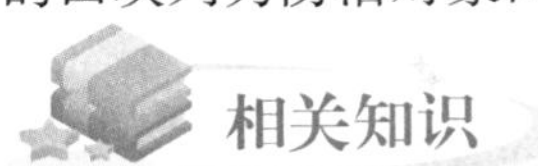

植物有害生物的调查及预测预报

（一）植物有害生物的调查

1. 调查类型　病虫害调查根据其目的和要求大致可分为 3 种类型。

（1）普查。用于了解当地各种作物或某种作物上病虫害的种类、分布特点、危害损失程度等，或当年某种病虫害在各阶段发生的总体情况。可采用访问和田间调查等方法。一般调查面积较大，范围较广，但较粗放。

（2）系统调查。用于了解病虫在当地的年生活史或某种病虫害在当年一定时期内发生发展的具体过程。一般要选择、确定有代表性的场所或田块，按一定时间间隔进行多次调查，每次都要按规定的项目、方法进行调查和记载。

（3）专题调查。用于对病虫害发生发展规律、调查或防治中的某些关键性因子或技术进行研究。这类调查要有周密计划，并与田间或室内试验相结合。

2. 调查内容

（1）病虫发生及危害情况调查。主要是了解一个地区一定时间内病虫种类、发生时期、发生数量及危害程度等。

（2）病虫、天敌发生规律的调查。调查某一病虫或天敌的寄主范围、发生世代、主要习性以及在不同农业生态条件下数量变化的情况等。为制订防护措施和保护利用天敌提供依据。

（3）越冬情况调查。调查病虫的越冬场所、越冬基数、越冬虫态和病原越冬方式等，为制订防治计划和开展预测预报提供依据。

（4）防治效果调查。包括防治前后病虫发生程度的对比调查；防治区与未防治区的对比调查和不同防治措施的对比调查等，为选择有效的防治措施提供依据。

3. 调查方法　有害生物的田间调查方法取决于有害生物的田间分布型（也称为空间格局）。

（1）有害生物田间分布型。有害生物田间分布型主要有以下 3 种（图 2-1-1）。

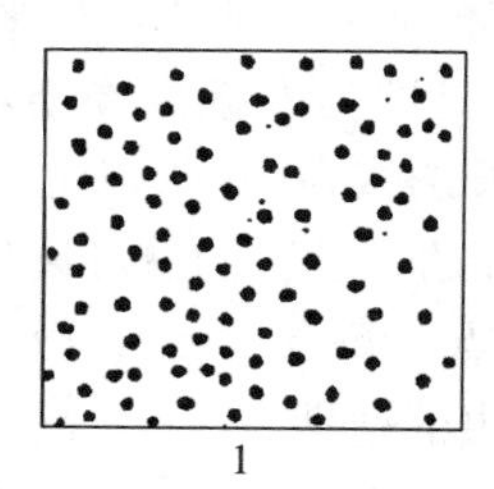
1

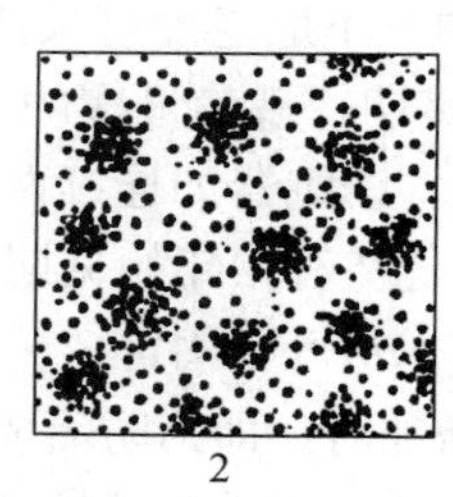
2

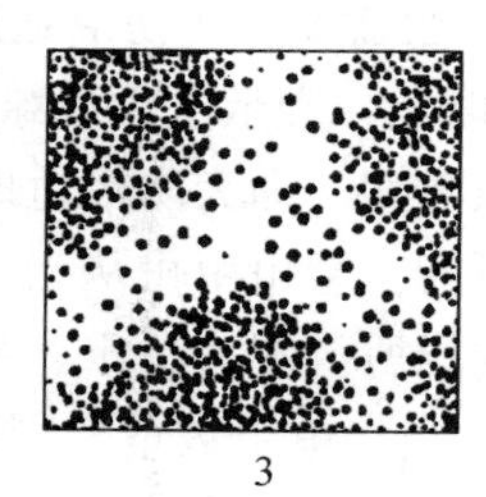
3

图 2-1-1　植物病虫害的田间分布型

1. 随机分布　2. 核心分布　3. 嵌纹分布

（李清西等 . 2002. 植物保护）

①随机分布：又称潘松分布。有害生物在田间分布是随机的，每个个体之间的距离不等，但比较均匀。如玉米螟卵块和稻瘟病流行期病株多属此类型。

②核心分布：又称奈曼分布。有害生物在田间不均匀地呈多个小集团核心分布。核心内为密集的，而核心间是随机的。如玉米螟幼虫及其被害株在玉米田内的分布、水稻白叶枯病由中心病株向外蔓延的初期均属此类型。

③嵌纹分布：又称负二项式分布。有害生物在田间呈不规则的疏密相间的不均匀分布。

（2）调查取样方法。取样方法有多种，可根据病虫在田间的分布不同而采取不同的取样方法。无论采用何种取样，总的原则是抽取的样本要有代表性，以最大限度地缩小误差。常用的取样方法有 5 点取样、棋盘式取样、对角线取样（单对角线、双对角线）、分行式取样和Z形取样等（图2-1-2）。一般前3种取样适用于随机分布型的病虫调查，分行式取样和棋盘式取样适用于核心分布型的病虫，Z形取样适用于嵌纹分布型的病虫。

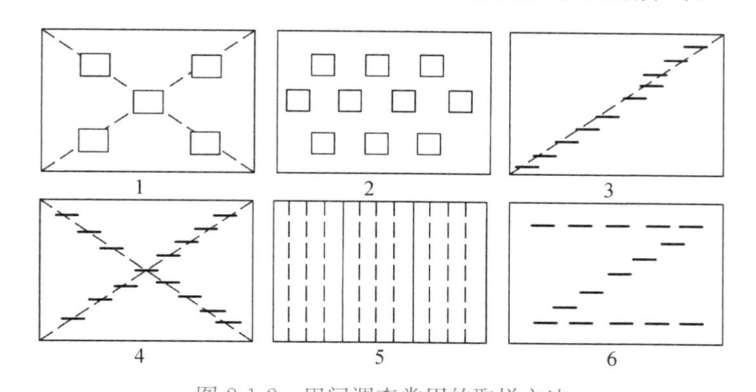

图2-1-2　田间调查常用的取样方法

1.5点式（面积）　2.棋盘式　3.单对角线式　4.双对角线式　5.分行式　6.Z形式

（李清西等.2002.植物保护）

（3）取样单位和数量。应随作物和病虫的种类而定，一般常用的单位有：长度单位（m），适用于调查麦类等条播密植作物上的病虫害；面积单位（m^2），适用于调查地下害虫和密集作物或作物苗期病虫害；质量单位（kg），多用于调查粮食、种子中的病虫害；以植株和部分器官为单位，适用于调查全株或茎、叶、果等部位上的病虫害；以网捕为单位，即以一定大小口径捕虫网的扫捕次数为单位，多用于调查虫体小而活动性大的害虫；此外还有以体积、诱集器械为单位。

取样数量因病虫的分布和作物的受害程度不同而不同，一般每样点取样数量是：全株性病虫取100～200株，叶部病虫取10～20片叶，果部病虫取100～200个果。

4. 资料记载和计算

（1）资料的记载。记载是田间调查的重要工作。记载要求准确、简明、有统一标准。田间调查记载内容，根据调查的目的和对象而定，一般采用表格的形式记载。应有调查时间、地点、作物及生育期、调查株（丛、叶等）数或面积、查得病虫数、病虫严重度分级数、统计数等。对于较深入的专题调查，记载的内容应更详尽。

（2）调查资料的整理与计算。通过抽样调查，获得的资料和数据，必须经过整理、简化、计算和比较分析，才能提供给病虫预测预报使用。下面介绍一下调查资料的常用计算方法。

①被害率、发病率：反映病虫发生或危害的普遍程度，其计算公式如下。

$$被害率=\frac{被害株（秆、叶、花、果）数}{调查总株（秆、叶、花、果）数}\times 100\%$$

$$发病率=\frac{病苗（株、叶、秆）数}{调查总苗（株、叶、秆）数}\times 100\%$$

②虫口密度：一般用单位面积的虫量表示。虫口密度也常用百株（穗、铃、丛等）虫量表示，密度很大时也可用单株（或其他单位）虫量表示。

$$虫口密度（头/hm^2）=\frac{查得的总虫数}{调查总面积}$$

③病情指数：病情指数表示田间总体受害程度，是病害发生普遍程度和严重程度的综合

指标。常用于植株局部受害，且各株受害程度不同的病害。其计算公式如下。

$$病情指数=\frac{\sum[各级病株（秆、叶、花、果）数\times 该病级代表值]}{调查总株（秆、叶、花、果）数\times 最高级代表值}\times 100$$

在虫害调查时，也可根据作物受害程度分级，然后计算被害指数。计算方法一般与病情指数相同，但有时为了反映不同级别的重要性，用代表值来代替级数。如棉蚜蚜量指数的计算中以1、5、10分别代表Ⅰ、Ⅱ、Ⅲ级量。

④损失率：除少数病虫如小麦散黑穗病的发病率，三化螟的白穗率接近或等于损失率外，大部分病虫的被害率与损失率不一致。病虫所造成的损失应以生产水平相同的受害田与未受害田的产量或经济产值对比来计算。

$$损失率=\frac{未受害区产量（产值）-受害区产量（产值）}{未受害区产量（产值）}\times 100\%$$

（二）植物有害生物的预测预报

植物有害生物的预测预报是在认识有害生物发生消长规律的基础上，有目的、有计划地进行调查，取得数据，结合历年观测资料和天气预报等信息，进行分析判断，推测出病虫在未来一段时间内的发生期、发生量及危害程度等，并及时发出情报，使有关部门和农户及时做好准备，抓住有利时机，开展防治工作。预测预报是植物保护工作的重要组成部分，是贯彻落实“预防为主，综合防治”植保工作方针，保证农业增产增收的重要手段。

1. 预测预报的类型 预测按其内容可分为发生期预测、发生量预测、发生程度预测和产量损失预测等。

按时效分，预测又可分为长期预测、中期预测和短期预测3类。长期预测一般是在年初预测全年的病虫消长动态和灾害程度，其期限可以是一个季度、作物的一个生长季节、半年或几年不等，长期预测难度大；中期预测的期限为几周到一个季度，对害虫通常是从上一代预测下一代；短期预测就是在小范围内预测病虫害在未来几天到十几天内的发生情况，对害虫来说一般是从前一、二个虫态的发生情况推测后一、二个虫态的发生期和发生量等，以确定防治适期、次数和方法等；对病害来说是在其发生前不久预测流行的可能性和程度，以指导防治。短期预测准确性高。

病虫预测还可以根据其手段、方法分为常规预测、数理统计预测、种群系统模型预测和专家系统预测等。

预报按其性质可分为通报、补报和警报等。通报是正常预报，一般由县级测报部门定期或不定期地发布书面病虫情报；补报是根据情况的变化发出的补充预报，用于对通报内容进行补充或修正；警报是就即将在短时间内暴发的病虫害做出紧急防治部署。

2. 害虫的预测

（1）发生期预测。害虫发生期的预测主要是根据某种害虫防治对策的需要，预测某个关键虫期（适于防治的虫期）出现的时间。常用的预测方法如下。

①发育进度预测法：此法是根据实查的田间害虫发育进度和气温条件，参考历史资料，将实查日期加上相应的虫态历期，来推算以后虫期的发生期。此法适用于短期预测。主要有历期预测法、分龄分级预测法和期距预测法3种。

历期预测法：昆虫各虫态在一定温度条件下，完成其发育所需天数称为历期。一般是通过对田间某种害虫前一个虫态发生情况的系统调查，明确其发育进度，如化蛹率、羽化率、孵化率及各龄幼虫数，并确定其发育百分率达始盛期、高峰期和盛末期的时间，在此基础上分别加上当时当地气温下各虫态的平均历期，推算出后1个或几个虫态、虫龄发生的相应日期。习惯上将昆虫某一虫态出现达16%称为始盛期；出现达50%称为高峰期；出现达84%称为盛末期。

分龄分级预测法：是通过对害虫做2～3次田间发育进度调查，仔细进行卵分级、幼虫分龄、蛹分级，并分别计算其所占百分率，再从后往前累加其百分率，当累加值达到始盛期（16%）、高峰期（50%）、盛末期（84%）标准之一时，将起算日加上该虫态或虫龄至成虫羽化的历期，即可推算出下一代成虫的始盛期、高峰期、盛末期。这种预测方法多适用于各虫态发育历期较长的昆虫，如果各虫态历期较短，则用历期预测法。

期距预测法：期距一般是指一个虫态到下一个虫态，或者是由一个世代到下一个世代的时间距离，是根据当地累积多年的历史资料总结出的经验值。一般是以前一虫态田间害虫系统发育进度为依据，当调查到其百分率达到始盛期、高峰期、盛末期的标准时，分别加上当时气温下各虫态历期，即可预测下一虫态或下一个世代的发生期。不同地区、同一地区不同世代的期距均不同，测报时一定要用当地资料。

②物候预测法：利用自然界各种生物现象的相互关系预测。由于害虫的发生受到自然界气候的影响，其某一发育阶段也必然只在一定的节令才能出现。这是长期适应的结果。如在辽宁，黏虫的发蛾盛期与刺槐的盛花期相吻合。在河南，小地老虎的发生规律则是“桃花一片红，发蛾到高峰”“榆钱落，幼虫多”。人们可以利用物候作为预测该种害虫发生时期的指标。利用物候法要注意地域性，特别要注意将观察重点放在害虫即将大发生的物候上，以便更好地指导防治。

③有效积温预测法：根据有效积温公式$K=N(T-C)$，可推出$N=K/(T-C)$。只要知道了某虫态的C和K值，就可根据近期气象预报或常年同期平均温度，预测下一虫态的发生期。

（2）发生量预测。害虫发生量预测主要依照当时害虫的发生动态和环境条件，参考历史资料，估计未来发生数量。影响害虫发生量的因素较多，因此准确预测害虫发生量比较困难。目前主要是预测害虫的发生程度，在防治时再进行两查两定，调查田间实际虫口密度，确定防治对象田。发生量预测常用以下几种方法。

①依据有效基数预测：这是当前常用的方法，对一化性害虫或1年发生2～4代害虫的第一、二代预测效果较好。害虫的发生数量通常与前一代的虫口基数有关，因此，许多害虫越冬后在早春进行有效基数的调查，可作为第一代发生数量的依据。在实际运用中，根据害虫前一世代的有效基数，推测后一世代的发生数量。

②依据主导环境因子预测：环境对害虫发生量的影响很大，特别是一年多代的害虫，其发生量大小主要受环境条件的支配。影响发生量的环境条件有气候（温度、湿度、降水量、雨日数、日照时数等）、食料和天敌等。它们对害虫的作用是综合的，而且错综复杂，但一般都可以找出一种或若干种关键性或比较重要的因子。利用主导因子对害虫发生量进行预测，一般要先通过对历史资料的统计分析，得出与害虫各发生程度相对应的指标或综合指数，然后用于预测。或直接应用经统计分析求得的回归方程进行预测。

③依据形态指标预测：环境条件对昆虫是否有利，往往会通过昆虫的形态及生理状

态的变化反映出来。如当食料、气候等条件适宜时，蚜虫中的无翅蚜数量多，介壳虫中的无翅雌虫数量多，飞虱中的短翅型个体数量多，短翅型飞虱和无翅蚜及无翅雌蚧属于居留繁殖型，它们的比例大，是种群数量将要激增的预兆。在环境条件不适时，多产生有翅蚜、有翅雄蚧和长翅型飞虱，它们属于迁移型，预示着种群密度下降而危害范围扩大。所以，昆虫种群中各型的比例大小，反映了环境条件的适宜程度，可以作为预测种群数量发展趋势的指标。

3. 病害的预测 病害的预测远不如害虫预测那样完善和准确。病害的发生期和流行程度预测往往结合在一起进行。一般是在对观测圃、系统观察田、大田进行调查的基础上根据品种、发病基数、作物生长状况、气候、栽培条件等因素进行估计。

（1）孢子捕捉预测法。某些真菌病原孢子随气流传播，发病季节性较强，容易流行成灾，可用空中捕捉孢子的方法预测发生动态。

（2）观测圃预测法。观测圃设立在有代表性的区域，种植当家品种或感病品种，可分期播种，给予有利于发病的肥水条件。在观测圃中可以系统调查病情，观察作物生育期。通过调查观察，掌握大田调查和始病期，了解病情的发展，指导大田调查和防治。观测圃也可以在已种植的田块中划定，选有代表性的品种及施肥水平高的田块。

（3）气象指标预测法。作物病害的发生和流行与气象条件密切相关。可以根据某些有利病害流行的气象条件能否出现以及何时出现，预测病害的发生情况。

练　习

以小组为单位，根据当地各类作物病虫害发生特点，有选择地开展以下调查测报操作，并对获取的各种调查数据进行分析整理，每人撰写1份调查报告。

（1）灯光诱测。在本校实习农场安装多功能自动虫情测报灯或20W黑光灯，从3月上中旬开始到11月上旬，进行灯光诱测。分种类记录各类作物主要害虫灯下诱测数据，并根据成虫高峰日预测幼虫孵化高峰。也可到当地县级植物病虫测报站参观，了解灯光诱虫情况。

（2）草把诱测、糖醋液诱测或性诱剂诱测。在麦田开展草把诱测、糖醋液诱测，在玉米田或蔬菜田开展性诱剂诱测。

（3）病圃诱测。在实习农场建立不小于200m^2的病害观测圃，种植当地主要农作物数种，并给予偏施氮肥、高湿等条件，诱发病害发生并进行测报。不具备相关条件的可到当地省（市）级农业科学研究院（所）参观或实习。

（4）挖土法调查各种地下害虫密度。

（5）作物病虫害田间调查和短期预测。根据各地不同情况，选择水稻、玉米、蔬菜、果树等当地主要作物3～5种，开展病虫发生情况普查和主要病虫短期测报工作，按有关要求认真记载各项调查数据，并进行统计分析。

思考题

1. 病虫害的田间调查取样方法有哪些？各适合什么分布型？

2. 怎样计算被害率、虫口密度、病情指数、被害指数及损失率？试举实例进行计算。
3. 害虫发生期预测常用的预测方法有哪些？
4. 何谓害虫某虫态的始盛期、高峰期和盛末期？

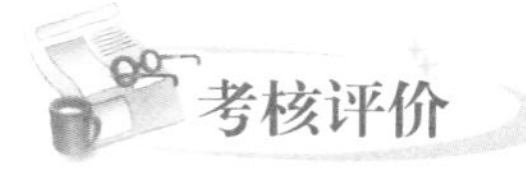

考核评价

根据学生对农作物重要病虫害田间调查和短期预测的规范熟练程度、调查报告完成情况及学习态度等几方面（表 2-1-7）进行考核评价。

表 2-1-7　农作物重要病虫害的田间调查和短期预测考核评价

序号	考核项目	考核内容	考核标准	考核方式	分值
1	田间调查	类型田选择	能现场区分类型田，并选择其中之一进行调查；类型田选择合理	现场操作考核	10
		田间调查取样	能根据当地田间主要作物重要病虫害种类及发生情况进行调查取样；方法正确，操作熟练		10
		实地调查	针对调查对象，在所选择的田块实地调查，能对主要作物病害进行发病率和严重度分级调查，对主要害虫进行发生期和发生量调查；方法正确，操作熟练		20
		数据记载	数据记载完整、准确		10
2	数据统计	数据统计分析	会计算发病率、病情指数或被害指数和虫口密度等，能使用计算工具做简单的统计分析；分析论据充分，结论正确	答问考核	10
3	预测分析	获取植保信息	能通过多种途径了解当地主要作物病虫害发生信息	学生自评、小组互评和教师评价相结合	10
		防治决策	能根据调查结果，短期预测病虫的发生期；查对防治指标，确定调查田块是否需要防治；决策对指导当地病虫害防治具有指导意义		10
4	调查报告		调查报告规范，文字流畅，内容真实，调查结果与实际发生情况相符	评阅考核	10
5	学习态度		遵守纪律，服从安排，有较强的团队协作精神，积极利用课内外时间进行病虫害的田间调查，现场调查认真细致	学生自评、小组互评和教师评价相结合	10

子项目二　农田杂草与害鼠调查

【学习目标】掌握农田杂草与害鼠的调查方法。

任务 1　农田杂草调查

【场地及材料】杂草发生重的田块，调查记载表格、记录本、铅笔、皮卷尺或米尺、

50cm×50cm铁线框或竹、木制框等用具，杂草彩色图谱等。

【内容及操作步骤】

（一）调查类型

1. 杂草种类的区域分布与危害调查 杂草种类的区域分布调查是为了解某个区域农田杂草种类的特点、分布状况，以确定田间杂草优势种、杂草群落或杂草组合。选择代表性田块进行实查，每一田块面积与所代表的农田面积比为1：（10～20），传统取样面积0.11m²，现取样面积多为0.25m²，对角线5点或多点或W形9点取样。杂草危害调查是在农作物生长中后期，主要采用目测分级调查方法（如“三层三级”法），调查杂草对农田中主要农作物的危害情况。

2. 杂草发生规律调查 在农作物生长期内调查了解田间主要杂草的发生消长规律，为确定最佳的用药时间提供依据。选择代表性田块，定点观察，样点面积与一般杂草调查的相同，一般为0.11～0.25m²，确定样点后，每间隔一定时间（如3d或5d）进行1次调查，主要调查杂草的出苗数，至无杂草出苗为止。有时要适当记录作物的生育期，并绘制杂草消长动态图，确定发生高峰。

3. 杂草田间试验调查 主要是为了某一专题试验目的进行的调查。如杂草对作物产量的损失调查，除草剂防除杂草的效果等。在试验小区中，选取样方，每一小区的样方一般为3～5个，样方大小因试验目的而定。调查每一样方中试验杂草的株数或鲜重，最后抽样调查小区中作物的产量结构，对调查结果进行统计分析。除草剂田间试验中，每小区取样方3个，每点0.11～0.25m²，用药后分次调查残留杂草株数，最后一次还要增加鲜重调查。茎叶处理时还要在用药前进行杂草基数调查。试验过程中要对环境条件进行记录，如天气状况、土壤条件、作物茬口等。

此外，还有杂草空间分布类型调查等。

（二）调查方法

杂草调查方法主要有绝对值法和估计值法两种。

1. 绝对值法 也称为数测法。在田间用取样框选取一定数量的样方，统计样方中杂草种类、各种杂草的株数或计称杂草的质量（多用鲜重），杂草的平均高度以及作物的平均高度等。样方的大小、形状和数目，可根据最小面积原则及具体情况而定。根据农田杂草的发生特点，对于种类组成和地上部生物量等数量指标调查，一块667m²左右的田块，5个0.33m²或3个1m²的样方均可达到满意的效果。

对于面积较小的田块，采用随机取样或双对角线5点取样即可，样方面积为0.25m²（50cm×50cm）。对于面积较大，而且杂草分布不均匀的田块，多采用倒置W9点取样法或多点随机取样法。

倒置W取样法：调查者到达选定的片区（地块）后，沿地边向前走70步，向右转后向地里走24步，开始倒置W9点的第一点取样（调查地块较大时，可相应调整向前向后的行走步数）。第一步调查结束后，向纵深前方走70步，再向右转后向地里走24步，开始第二步取样。以同样的方法完成9点取样后转移到另一选定的片区（地块）取样。每点取样面积0.25m²，用样框（边长为0.5m的正方形铅丝框或木框）进行取样（图2-2-1）。

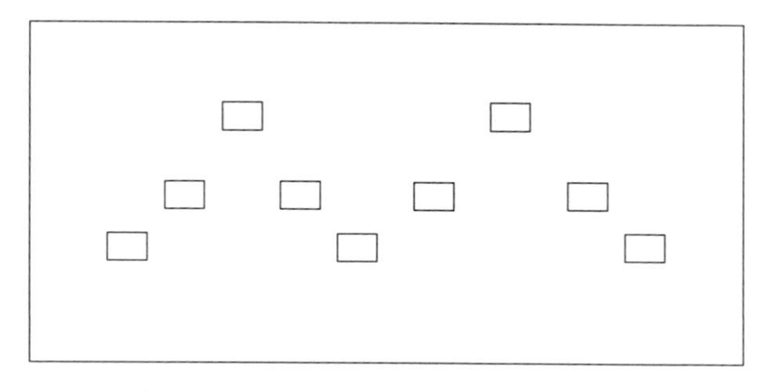

图 2-2-1　杂草倒置 W 取样田间样点示意

2. 估计值法　也称目测法。它具有工作量小、效率高的特点，但调查结果量化性较差，要求工作人员具有丰富的经验。这种调查方法包括估计杂草群落总体和单株杂草种类，可用杂草数量、覆盖度、高度和长势等指标。在除草剂田间药效试验中，估计值调查法结果可用简单的百分比表示（如 0 为杂草无防治效果，100%为杂草全部防治）。此外还应该提供对照小区或对照带的杂草株数、覆盖度的绝对值。一般可以采用下列分级标准进行调查：

杂草防效的目测法标准如下。

1 级：无草。

2 级：相当于空白对照区杂草数的 0～2.5%。

3 级：相当于空白对照区杂草数的 2.6%～5%。

4 级：相当于空白对照区杂草数的 5.1%～10%。

5 级：相当于空白对照区杂草数的 10.1%～15%。

6 级：相当于空白对照区杂草数的 15.1%～25%。

7 级：相当于空白对照区杂草数的 25.1%～35%。

8 级：相当于空白对照区杂草数的 35.1%～67.5%。

9 级：相当于空白对照区杂草数的 67.6%～100%。

使用分级标准进行调查的人员，用前应进行训练。本分级范围可以直接应用，不必转换成估算值的百分数的平均值。

（三）调查、统计项目

为便于记载，杂草的株数以杂草茎干数表示。调查并记载各样点中出现的杂草种类、株数、高度等。统计各种杂草的密度（D）、平均密度（MD）、田间均度（U）、频度（F）、相对频度（RF）、相对均度（RU）、相对密度（RD）、相对多度（RA）等。各项目含义如下：

密度（D）：单位面积或样方中某种杂草的株数，以株/米^2 表示。

相对密度（RD）：一种杂草的密度占所有杂草种密度之和的百分数。

盖度（C）：杂草地上部分在地上的垂直投影面积占样方面积的百分数。

相对盖度（RC）：一种杂草的盖度占所有杂草种盖度之和的百分数。

频度（F）：某种杂草出现的样方数占所有调查样方数的百分数。

相对频度（RF）：一种杂草在田间的发生频度占所有杂草种发生频度之和的百分数。

相对高度（RH）：田间杂草的高度相当于作物高度的百分数。

重量（生物量）（W）：单位面积或样方中某种杂草的鲜重或干重。

相对重量（RW）：一种杂草的重量占所有杂草种重量之和的百分数。

田间均度（U）：某种杂草在调查田块中出现的样方次数占总调查样方数的百分数。

相对均度（RU）：一种杂草的均度占所有杂草种均度之和的百分数。

平均密度（MD）：某种杂草在各调查田块样方中的密度之和与调查田块数之比。

相对多度（RA）：某种杂草的相对多度（RA）为该种杂草的相对频度（RF）、相对均度（RU）、相对密度（RD）之和，即 RA＝RF＋RU＋RD。

任务 2　农田害鼠调查

【场地及材料】鼠害发生重的田块，调查记载表格、记录本、铅笔、游标卡尺或常规直尺、普通天平或电子天平、弹簧秤、鼠夹、医用解剖刀或解剖剪等用具和消毒剂、医用手套等防护用品。

【内容及操作步骤】

（一）调查时间

1. 大田普查　每年调查两次，第一次在春季，即在当地害鼠尚未大量繁殖之前（4 月中旬左右），主要调查了解当年害鼠种群大量繁殖之前的越冬存活率及年龄结构、性比和繁殖鼠在种群中所占比例。第二次在当地害鼠越冬前（9 月中旬左右），主要调查了解害鼠越冬前的种群数量与年龄结构。

2. 系统调查　系统监测点每月上旬（1～10 日）调查 1 次。其中南方地区，1 年调查 12 个月；北方寒冷地区，1 年可调查 8 个月（3～10 月）。季节监测点在 3 月、6 月、9 月、12 月各调查 1 次，其他观测点在春、秋两季灭鼠前各调查 1 次。主要调查鼠害发生消长情况。

（二）调查场所

1. 观测区的设置与规模　观测区是指能够反映一定区域内的害鼠数量分布与危害程度而设立的野外调查区。观测区应选择在当地主要害鼠栖息的典型地段，其位置相对稳定。监测点由专业技术人员监测。选择有代表性的农舍、农田两种生境类型进行调查。农田监测范围不小于 $60hm^2$；农舍不少于 50 户。

2. 样地的设置与规模　样地是指能够反映主要害鼠对农田危害的地点，也是长期监测害鼠数量动态的观测地点。样地能够满足长期调查取样的需要。样地设在观测区内，当样地内鼠密度不能反映当地主要害鼠数量变动趋势时，方可变更。样地离永久居民区 500m 以外。样地基本调查面积为 $0.5hm^2$，每次调查面积为一个基本调查单位，若 1 次捕鼠数量少于 15 只，应再扩大 1～2 个基本调查单位。

（三）调查项目

主要调查鼠种种类、鼠密度及鼠种组成、有效洞密度、年龄结构、繁殖特征、危害损失等。根据当地害鼠种群动态环境特点和调查结果，经综合分析处理，预测出害鼠数量变动趋势。

（四）调查方法

调查鼠密度的方法较多，为便于统计，对一般地面活动鼠的调查，要求统一采用鼠夹法；对不适宜用鼠夹法调查的鼠种（如鼢鼠等地下活动鼠，或部分洞居生活明显且洞道易于发现的鼠种），可选用害鼠有效洞密度调查法。

1. 鼠夹法　有夹夜法和夹日法两种。采用规格为 150mm×80mm 或 120mm×65mm 的大型或中型木板夹或铁板夹，诱饵选用生花生仁或葵花籽，每天更换1次。每月1～10日，选择晴朗天气，傍晚放置，清晨收回（夹日法为清晨放置24h后收回），雨天顺延。室内以房间为单位，$15m^2$以下房间置夹1个，$15m^2$以上每增加$10m^2$增加鼠夹1个，置夹重点位置是墙角、房前屋后、畜禽栏（圈）、粮仓、厨房及鼠类经常活动的地方。农田采用直线或曲线排列，夹距×行距为5m×50m或10m×20m，特殊地形可适当调整夹距。置夹重点位置是田埂、地埂、土坎、沟渠、路边及鼠类经常活动的地方，鼠夹与鼠道方向垂直。每月在各生境类型地分别放置夹200个以上。记录捕获的鼠数，计算捕获率。必要时进行测量、解剖，记录捕获鼠体重、胴体重、体长、尾长、胚胎数等。

2. 有效洞法　有堵洞法和挖洞法两种。堵洞法适用于洞居习性强并有明显洞口的鼠类，每月1～10日调查1次，选择具有代表性的鼠害发生环境，取3个样方，每个样方面积$1hm^2$，用小块土或纸团将每个样方内的所有鼠洞轻轻堵住，24h后观察，堵塞物被推开的洞口为有效鼠洞。挖洞法（掏洞法）适用于长期在地下生活，具有堵洞习性的鼠类（如鼢鼠等），每月1～10日调查1次，取3个样方，每个样方面积$1hm^2$，将样方内洞系的主洞道挖开1个口，翌日观察，被鼠推土堵住洞口的为有效洞系。在有效洞密度低于5.0个$/hm^2$的地区，应增加样方数或样方面积进行再次调查。

根据害鼠繁殖的早晚、年龄结构，结合气候条件、食物条件等因素综合分析，预测害鼠发生高峰期。根据鼠类越冬基数、冬后密度、繁殖状况、年龄结构以及气候、食物条件等因素综合分析，预测害鼠的发生量。一般高温、洪灾、暴雨对害鼠发生不利，作物播种期、成熟期是鼠害严重危害期。春季害鼠密度高，雌鼠多，怀孕率高，种群中亚成体鼠和成体鼠所占比例高，鼠类身体状况好，田间食物丰富，中长期的天气对鼠类发生有利，则当年害鼠数量将明显增加，危害就重。

（五）安全防护和注意事项

1. 配备鼠情监测防护用具　各鼠情监测点应为鼠情监测人员提供必要的防护用具，如口罩、手套、雨鞋、防蚤袜和消毒、防毒药品等，保障鼠情监测人员的生命安全。

2. 严格鼠情监测操作程序　鼠情监测人员在操作过程中应穿长袖衣、长裤和鞋袜，戴防毒口罩，禁止吸烟、饮酒、进食，操作结束后应用肥皂洗手、洗脸，清水漱口，及时处理防护用品。鼠情监测人员应以身体健康的中青年为宜。

对捕获鼠用乙醚熏蒸5min，以杀死附着在其上的寄生虫，鼠解剖后，深埋处理，捕鼠后鼠夹和解剖工具用医用酒精、新洁尔灭等浸泡、清洗。

练　习

以小组为单位，分别调查当地主要农田杂草和害鼠的发生危害情况，分析种群数量变化的原因，撰写800字以上的调查报告各1份。

思考题

1. 何谓杂草倒置W取样法？
2. 杂草调查方法有哪几种？

3. 害鼠调查方法有哪几种？

4. 如何选择害鼠调查的观测区和样地？

根据学生对农田杂草与害鼠调查的规范熟练程度、调查报告完成情况及学习态度等几方面（表 2-2-1）进行考核评价。

表 2-2-1　农田杂草与害鼠调查考核评价

序号	考核项目	考核内容	考核标准	考核方式	分值
1	农田杂草调查	类型田选择，田间调查取样，数据记载，统计分析	类型田选择合理；能采用正确的方法调查杂草的种类、株数、鲜重和高度等，统计各种杂草的密度、平均密度、田间均度、频度、相对频度、相对均度、相对多度等；调查取样方法正确，操作熟练，数据记载完整、准确，统计分析正确	现场操作考核	30
2	农田害鼠调查	样地选择，调查方法的确定，数据记载，统计分析	样地选择合理；能应用鼠夹法或有效洞法调查鼠密度；调查取样方法正确，操作熟练，数据记载完整、准确，统计分析正确	现场操作考核	30
3	调查报告		调查报告规范，文字流畅，内容真实，调查结果与实际发生情况相符	评阅考核	30
4	学习态度		遵守纪律，服从安排，有较强的团队协作精神，对老师提前布置的任务准备充分，现场调查认真细致	学生自评、小组互评和教师评价相结合	10

项目三

植物有害生物综合防治

项目提要

本项目在了解植物有害生物综合防治方案制订原理的基础上，重点介绍稻、麦、杂粮、棉花、油料、蔬菜、果树等主要病虫害及地下害虫的发生规律和综合防治技术，并介绍了稻田、旱地、蔬菜田和果园杂草的化学防除技术及农田害鼠的防治技术。要求学生掌握当地农作物主要病、虫、草、鼠害的发生规律，学会制订科学的综合防治方案，并能组织实施各项防治措施。

子项目一　综合防治方案的制订

【学习目标】 了解综合防治的概念和综合防治方案的制订原则，掌握综合防治的主要措施。能结合实际制订本地主要农作物病虫害的综合防治方案。

任务　制订综合防治方案

【材料及用具】 本地气象资料、栽培品种介绍、栽培技术措施方案和主要农作物病虫害发生情况等资料。

【内容及操作步骤】

一、综合防治的概念

综合防治是对有害生物进行科学管理的体系，它从生态系统的整体观点出发，本着预防为主的指导思想和安全、有效、经济、简便的原则，因地制宜地协调应用农业、生物、物理、化学的方法以及其他有效的生态手段，把有害生物控制在经济受害允许水平之下，以获得最佳的经济、生态和社会效益。它和国外流行的害虫综合治理（Integrated Pest Management，简称IPM）的意义内涵基本一致，都包含了经济观点、生态观点、综合协调观点和安全环保观点。

二、综合防治方案的制订

农作物有害生物的综合防治实施方案，应以建立最优的农业生态系统为出发点，一方面要利用自然控制，另一方面要根据需要和可能性，协调各项防治措施，把有害生物控制在经济受害允许水平以下。

1. 综合防治方案的基本要求 在制订有害生物综合防治方案时，选择的技术措施要符合“安全、有效、经济、简便”的原则。“安全”指的是人、畜、作物、天敌及其生活环境不受损害和污染。“有效”是指能大量杀伤有害生物或明显压低其密度，起到保护植物不受侵害或少受侵害的作用。“经济”是以最少的投入，获取最大的经济收益。“简便”指要求因地、因时制宜，防治方法简便易行，便于群众掌握。其中，安全是前提，有效是关键，经济与简便是目标。

2. 综合防治方案的类型

（1）以单个有害生物为对象。即以一种主要病害或害虫为对象，制订该病害或害虫的综合防治措施，如对稻纵卷叶螟的综合防治方案。

（2）以一种作物为对象。即以一种作物所发生的主要病虫害为对象，制订该作物主要病虫害的综合防治措施，如对小麦病虫害的综合防治方案。

（3）以整个农田为对象。即以某个村、镇或地区的农田为对象，制订该村镇或地区各种主要作物的重点病、虫、草、鼠等有害生物的综合防治措施，并将其纳入整个农业生产管理体系中去，进行科学系统的管理。如对某个乡、镇的各种作物病、虫、草、鼠害的综合防治方案。

三、综合防治的主要措施

（一）植物检疫

1. 植物检疫的概念 植物检疫是指一个国家或地方政府颁布法令，设立专门机构，禁止危险性病、虫、杂草等随种子、苗木及农产品等在国际及国内地区之间调运而传入和输出，或者传入后为限制其继续扩展所采取的一系列措施。

植物检疫按其职责和任务，分为出入境植物检疫和国内植物检疫。出入境植物检疫又称对外检疫、国际检疫。国家在沿海港口、国际机场及国际交通要道，设立植物检疫机构，对进、出口和过境的植物及其产品进行检验和处理，防止国外新的或在国内局部地区发生的危险性病、虫、杂草的输入，同时也防止国内某些危险性病、虫、杂草的输出。国内植物检疫是对国内地区间调运的植物和植物产品及其他应检物等实施检疫，以防止和消灭通过地区间的物资交换，调运种子、苗木及其他农产品而传播的危险性病、虫及杂草。

2. 植物检疫对象的确定 植物检疫对象是每个国家或地区为保护本国或本地区农业生产安全，在充分了解国内外危险性有害生物的种类、分布和发生情况并对可能传入的危险性病、虫、杂草进行风险性评估后而制订的。植物检疫对象必须符合 3 个基本条件，一是国内或当地尚未发生或虽有发生但分布不广的病、虫、杂草等有害生物；二是危险性大，一旦传入则难以根除的有害生物；三是能随植物及其产品人为传播的有害生物。三者缺一不可。

3. 植物检疫的主要措施

（1）调查研究，掌握疫情。了解国内外危险性病、虫、杂草的种类、分布和发生情况。有计划地调查当地发生或可能传入的危险性病、虫、杂草的种类，分布范围和危险程度。调查的方法可分为普查、专题调查和抽查等形式。

（2）划定疫区和保护区。局部地区发生植物检疫对象的，应划为疫区，采取封锁、消灭措施，防止植物检疫对象传出；发生地区已比较普遍的，则应将未发生地区划为保护区，防止植物检疫对象的传入。随着现代贸易的发展和风险管理水平的提高，商品携带检疫性有害生物的零允许量已被突破，疫区和保护区也被进一步细化，进而出现了有害生物低度流行区和受威胁地区的概念。

（3）采取检疫措施。我国主要实施产地检疫和调运检疫。产地检疫合格时，发给《产地检疫合格证》（可换取《植物检疫证书》）。凡从疫区调出的种子、苗木、农产品及其他播种材料应严格检疫，发现有检疫对象，对能进行除害处理的，在指定地点按规定进行处理后，经复查合格发给《植物检疫证书》；不能进行除害处理或除害处理无效时，视不同情况分别给予转港、改变用途、禁运、退回、销毁等处理。严禁带有检疫对象的种子、苗木、农产品及其他播种材料进入保护区。

（二）农业防治

农业防治

农业防治就是运用各种农业技术措施，有目的地改变某些环境因子，创造有利于作物生长发育和天敌发展而不利于病虫害发生的条件，直接或间接地消灭或抑制病虫的发生和危害。农业防治是有害生物综合治理的基础措施。其优点是对有害生物的控制以预防为主，多数情况下是结合栽培管理措施进行的，不需要增加额外的成本，对其他生物和环境的破坏作用最小，可长期控制多种病虫害，有利于保持生态平衡，符合农业可持续发展要求，易于被群众接受，易推广。其不足是防治作用慢，对暴发性病虫的危害不能迅速控制，而且地域性、季节性较强，受自然条件的限制较大。有些防治措施与丰产要求或耕作制度有矛盾。农业防治的具体措施主要有以下几方面。

1. 选用抗性良种　选育和推广抗性良种是防治有害生物最经济有效的办法。目前我国在玉米、小麦、棉花、向日葵、烟草等作物上已培育出一批具有综合抗性的品种，并在生产上发挥作用。随着现代生物技术的发展，利用基因工程等新技术培育抗性品种，将会在今后的有害生物综合治理中发挥更大作用。

2. 使用无害种苗　生产上常通过建立无病虫种苗繁育基地、种苗无害化处理、工厂化组织培养脱毒苗等途径获得无害种苗，以杜绝种苗传播病虫害。建立无病虫留种基地应选择无病虫地块，播前选种或进行消毒，加强田间管理，采取适当防治措施等。

3. 改进耕作制度　包括合理的轮作倒茬、正确的间作套种、合理的作物布局等。实行合理的轮作倒茬可恶化病虫发生的环境，如水旱轮作可以减轻一些土传病害（如棉花枯萎病）和地下害虫的危害。正确的间、套作有助于天敌的生存繁衍或直接减少害虫的发生，如麦棉套种，可减少前期棉蚜迁入，麦收后又能增加棉株上的瓢虫数量，减轻棉蚜危害；又如在棉田套种少量玉米，能诱集棉铃虫在其上产卵，便于集中消灭。合理调整作物布局可以造成病虫的侵染循环或年生活史中某一段时间的寄主或食料缺乏，达到减轻危害的目的，这在水稻螟虫等害虫的控制中有重要作用。但是，如果轮作和间作套种应用不当，也可能导致某些病虫危害加重。如水稻与玉米轮作，会加重大螟的危害；棉花与大豆间作有利于棉叶螨的发生。

4. 加强田间管理　田间管理是各种农业技术措施的综合运用，可以有效地改善农田的小气候环境和生态环境，使之有利于作物的生长发育，而不利于有害生物的发生危害，对于防治病虫害具有重要的作用。如适时播种，合理密植，适时中耕，科学管理肥水，适时间苗、定苗，拔除弱苗和病虫苗，及时整枝打杈、适当修剪、清洁田园等，对控制病虫害发生都有重要作用。

5. 安全收获　采用适当的方法、机具和后处理措施适时收获作物，对病虫害的防治也有重要作用。如大豆食心虫和豆荚螟，在大豆成熟时幼虫脱荚入土越冬，如能及时收割、尽快干燥脱粒，就可阻止幼虫入土，减少翌年越冬虫源。作物收获后要适当处理，如大田作物的籽实要经干燥后才贮藏，而多汁的水果、蔬菜，收获时必须注意避免机械创伤，防止感染致病，必要时还需进行消毒和保鲜处理。

（三）物理防治

物理防治

物理防治是指利用简单的器械和各种物理因素（如光、电、色和温度、湿度等）来防治有害生物。此法简单易行，经济安全，很少有副作用，但有的措施费时费工或需要一定的设备，有些方法对天敌也有影响。物理防治可以作为害虫大量发生时的一种应急措施。

1. 捕杀法 利用人工或各种简单的器械捕捉或直接消灭害虫。如人工挖掘捕捉地老虎幼虫，挖蝼蛄卵，振落捕杀金龟甲，用铁丝钩杀树干中的天牛幼虫等。

2. 诱杀法 利用害虫的趋性或其他习性，人为设置器械或引诱物来诱杀害虫。常用方法有以下几种。

（1）灯光诱杀。利用害虫的趋光性进行诱杀。常用波长365nm的20W黑光灯或与日光灯并联或旁加高压电网进行诱杀。生产上推广使用的频振式杀虫灯对害虫诱集效果比传统的黑光灯好。

（2）潜所诱杀。利用害虫在某一时期喜欢某一特殊环境的习性，人为设置类似的环境引诱害虫来潜伏，然后及时消灭。如在树干基部绑扎草把或包扎布条诱集梨星毛虫、梨小食心虫越冬幼虫。在玉米地插枯草把诱集黏虫成虫产卵，在玉米苗期地头堆放新鲜杂草，诱集小地老虎幼虫潜伏草下。

（3）食饵诱杀。利用害虫的趋化性，在其所喜欢的食物中掺入适量毒剂来诱杀害虫。例如常用炒香的麦麸、谷糠拌入适量敌百虫、辛硫磷等来诱杀蝼蛄、地老虎等地下害虫，常以糖、酒、醋加敌百虫来诱杀地老虎、黏虫成虫。

（4）色板诱杀。将黄色黏胶板设置于田间、菜地、果园，可诱到大量有翅蚜、白粉虱、斑潜蝇等害虫，蓝色诱虫板则可以诱杀到大量蓟马。

（5）银膜驱蚜。有翅蚜对银灰色有负趋性，可用银灰色反光塑料薄膜覆盖蔬菜育苗地，避蚜效果良好，可减少蚜虫传毒机会。

3. 汰选法 利用健全种子与被害种子在形态、大小、相对密度上的差异进行分离，剔除带有病虫的种子。常用的有手选、筛选、风选、盐水选等方法。

4. 温度处理 夏季利用室外日光晒种，能杀死潜伏其中的害虫。冬季，在北方地区，可利用自然低温杀死储粮害虫。瓜类、茄果类种子消毒可用55℃温水浸种，维持水温10～15min，可预防叶霉病、早疫病、瓜类真菌性枯萎病等多种病害。伏天高温季节，通过闷棚、覆膜晒田，可将地温提高到60～70℃，从而杀死多种有害生物。

5. 窒息法 人为造成缺氧环境，使害虫窒息死亡。如在豌豆收获后，将豌豆粒装入双席包密闭囤内，四周填充麦糠密闭15d，囤内呈高温、缺氧环境，即可杀死潜伏于豆粒内的豌豆象。必须注意豌豆粒含水量不得超过14%。

6. 阻隔法 根据病虫害的特性，设置各种障碍物，防止病虫危害或阻止其活动、蔓延。如利用防虫网防止蚜虫、叶蝉、粉虱、蓟马等害虫侵害温室花卉和蔬菜；果实套袋防止病虫侵害水果；撒药带阻杀群迁的黏虫幼虫；树干涂胶、绑塑料薄膜阻止梨尺蠖和枣尺蠖雌成虫上树等。

此外，还可用高频电流、超声波、激光、原子能辐射等高新技术防治病虫。

（四）生物防治

生物防治就是利用有益生物或其代谢产物来防治有害生物的方法。生物防治的特点是对人、畜、植物安全，不污染环境，害虫不易产生抗性，天敌来源广，且有长期抑制作用。但往往局限于某一虫期，作用慢，成本高，人工培养及使用技术要求比较严格。必须与其他防治措施相结合，才能充分发挥其应有的作用。然而，从发展角度看，21 世纪植物保护工作将进入以生物防治占主导地位的有害生物综合治理的新历史时期。生物防治主要包括以下几方面内容。

生物防治

1. 利用天敌昆虫消灭害虫　以害虫作为食料的昆虫称为天敌昆虫。利用天敌昆虫防治害虫又称为“以虫治虫”。天敌昆虫可分为捕食性和寄生性两类。常见的捕食性天敌昆虫如螳螂、瓢虫、草蛉、猎蝽、食蚜蝇等，其一般均较被猎取的害虫大，捕获害虫后立即咬食虫体或刺吸害虫体液。寄生性天敌昆虫主要包括寄生蜂和寄生蝇，它们的某个时期或终身寄生在其他昆虫的体内或体外，以后者体液和组织为食来维持生存，最终导致寄主昆虫死亡。这类昆虫个体一般较寄主小，1 个个体或多个个体才能导致一个寄主死亡，但它们的数量比寄主多得多。利用天敌昆虫防治害虫的主要途径有以下几种。

（1）保护利用本地自然天敌昆虫。自然界的天敌昆虫种类很多，人们可以有意识地改善或创造有利于自然天敌昆虫生存的环境条件，如直接保护天敌昆虫安全越冬，人为创造条件使天敌昆虫增殖，果树修剪后，剪下的枝叶应堆放一周后才烧毁，采到的虫卵、蛹等可放到寄生蜂保护器内，均可以保护其中的寄生性天敌。同时，在进行化学防治时，应选择合适的农药种类、浓度、用药时间和方法，以减少农药对天敌的杀伤。

（2）人工大量繁殖和释放天敌昆虫。在自然情况下，天敌的发展总是以害虫的发展为前提。在很多情况下不足以控制害虫的暴发。因此，常用人工饲养的方法在室内大量繁殖天敌昆虫，在害虫大发生前释放到田间或仓库中去，以补充自然天敌数量的不足，达到控害的目的。如饲养释放赤眼蜂防治玉米螟、松毛虫等。

（3）引进外地天敌昆虫。我国解放初从国外引入澳洲瓢虫防治柑橘吹绵蚧，效果显著。在 20 世纪 50 年代从前苏联引进日光蜂与山东胶东地区日光蜂杂交，提高其后代的生活力与适应性，从而有效控制了烟台等地苹果绵蚜的危害。1978 年从英国引进丽蚜小蜂控制温室白粉虱获得成功。引进天敌时，必须选择适应能力强，寻找寄主的活动能力大，繁殖率高，繁殖速度快，生活周期短，无重寄生物的天敌昆虫。

2. 利用微生物及其代谢产物防治害虫　也称为“以菌治虫”。引起昆虫疾病的微生物有真菌、细菌、病毒、原生动物及线虫等多种类群。

（1）细菌。目前已知的昆虫病原细菌有 90 多种，其中以苏云金杆菌类（Bt）应用较广。主要用于防治棉花、蔬菜、果树等作物上的多种鳞翅目害虫。此外，形成商品化生产的还有乳状芽孢杆菌，主要用于防治蛴螬。被细菌感染的昆虫，死亡后腐烂发臭。

（2）真菌。寄生于昆虫的真菌多达 750 余种，但研究较多且实用价值较大的主要是接合菌中的虫霉属，半知菌中的白僵菌属、绿僵菌属及拟青霉属。目前应用最广泛的是白僵菌，主要用于防治玉米螟、松毛虫、大豆食心虫、甘薯象甲、稻叶蝉、稻飞虱等。昆虫感染真菌死亡后，虫体僵硬并布满各种颜色的霉层。

（3）病毒。目前有 700 多种昆虫可被病毒感染而发病致死。能引起昆虫发病的病毒以核型多角体病毒（NPV）最多，其次为颗粒体病毒（GV）和质型多角体病毒（CPV）。目前主要利用核多角体病毒防治桑毛虫、棉铃虫等鳞翅目害虫。昆虫感染病毒死亡后臀足仍紧附于寄主枝叶上，躯体下垂，虫体变软，皮破流液，但无臭味。可从田间采回感染致病微生物死亡后的虫体，碾碎加水过滤后喷回到田间作物上，可引起同种害虫大量死亡。

（4）杀虫素。某些放线菌类微生物在代谢过程中能够产生杀虫的活性物质，称为杀虫素。我国已经商品化生产的杀虫素有阿维菌素、杀蚜素、浏阳霉素等。

近年来，其他昆虫病原微生物也有一定应用，如利用原生动物中的微孢子虫防治蝗虫，利用昆虫病原线虫防治玉米螟、桃小食心虫等。

3. 利用微生物及其代谢产物防治病害 也称为“以菌治病”。某些微生物在生长发育过程中能分泌一些抗菌物质，抑制其他微生物的生长，称为抗生菌。抗生菌种类很多，最主要的是放线菌和真菌。抗生菌分泌能够抑制、杀伤甚至溶化其他有害微生物的特殊物质，称为抗菌素。在我国广泛使用的有井冈霉素、灭瘟素、春雷霉素、多抗霉素、木霉菌、武夷菌素、中生霉素、链霉素、土霉素等。在生产上还利用植物在接种弱致病力的病毒后不再感染或少感染强致病力病毒的特点来预防病毒病。如生产上利用诱变技术获得野生型烟草花叶病毒弱毒株系后，接种到健康植株来使其不受野生型烟草花叶病毒的危害。此外，还有一些不产生抗菌素的真菌或细菌，因为它们繁殖很快，可以占领病原物的生存空间，并夺取其养料，从而抑制病害的发展。

生产上可通过适当的栽培方法和措施，如合理轮作和施用有机肥，改变土壤的营养状况和理化性状，使之有利于植物和有益微生物生长而不利于病原物的生长，从而提高自然界中有益微生物的数量和质量，达到减轻病害发生的目的。或将通过各种途径获得的有益微生物，经工业化大量培养或发酵，制成生防制剂后施用于植物（拌种、处理土壤或喷雾于植株），以获得防病效果。

4. 其他有益生物治虫 其他有益生物包括蜘蛛、捕食螨、两栖类、爬行类、鸟类、家禽等。农田中蜘蛛有百余种，常见的有草间小黑蛛、八斑球腹蛛、三突花蛛、拟水狼蛛等。蜘蛛繁殖快、适应性强，对稻田飞虱、叶蝉及棉蚜、棉铃虫等的捕食作用明显，是农业害虫的一类重要天敌。农田中的捕食性螨类，如植绥螨、长须螨等，在果树、棉田、蔗地害螨的防治中有较多应用。青蛙、蟾蜍和鸟类也主要以昆虫为食。此外，稻田养鸭、养鱼，果园养鸡也可减少害虫的发生。

5. 利用昆虫激素和不育性防治害虫 我国商品化的昆虫激素类农药达50多种，其中性外激素在害虫防治及测报上有很大的应用价值。我国已合成利用的有甘蔗螟虫、菜蛾、棉铃虫、玉米螟等害虫的性外激素。在生产上，常将性诱剂点少量大地与粘虫胶、毒药、诱虫灯或高压电网灯配合使用，可诱杀雄虫（诱杀法），或点多量少地在农田、果林等处喷洒，使雄虫找不到雌虫交配而无法繁殖（迷向法）。

不育性治虫是采用辐射源或化学不育剂处理昆虫或用杂交方法使其不育，然后释放到田间，使其与正常的防治对象交配，从而无法繁殖后代，经过多代释放，可造成害虫种群数量不断下降，达到防治害虫的目的。这种方法对某些一生只交配一次的昆虫效果更好。

（五）化学防治

利用化学农药直接杀灭农业有害生物的方法，称为化学防治。化学防治的优点可用

“多、快、好、省、高”5个字概括，即品种多，作用速度快，防治效果好，省时省力，可高度机械化。化学防治的缺点也可用“毒、伤、残、抗、害”5个字概括，即人、畜易中毒，杀伤天敌，部分品种可残留在环境中，容易引起有害生物产生抗药性，作物易产生药害。

但是，当某些病虫害大发生时，化学防治可能是唯一的有效方法。今后相当长时期内化学防治仍然占重要地位。至于化学防治的缺点，可通过发展选择性强、高效、低毒、低残留的农药以及通过改变施药方式、减少用药次数等措施逐步加以解决，同时还要与其他防治方法相结合，扬长避短，充分发挥化学防治的优越性，减少其毒副作用。

综上所述，有害生物的各种防治措施均有一定的优缺点，对于种类繁多、适应性强的有害生物来说，单独利用其中任何一种措施，都难以达到持续有效控制的目的。因此，必须利用各种有效技术措施，采取积极有效的防治策略，才能持续控制有害生物，确保农业生产高产稳产、优质高效。

1. 试以当地主要作物的某种主要害虫或病害为对象，编制1份综合防治方案。
2. 分组到校内外实习基地或相关单位调查生物防治的具体应用，并撰写1份调查报告。
3. 参与或组织实施利用捕杀法、诱杀法、阻隔法防治害虫。

1. 综合防治有哪些基本观点？各类防治方法的优缺点是什么？
2. 常用的农业防治法有哪些具体措施？
3. 常用的物理防治法有哪些具体措施？
4. 昆虫感染不同微生物后有何表现？
5. 利用天敌昆虫防治害虫的主要途径有哪些？
6. 试从综合防治的角度论述怎样才能防止或减少植物病虫害的发生。

有害生物的综合治理

我国劳动人民具有与作物病虫害斗争的悠久历史。早在2 600多年前有治蝗、治螟的科学记载，2 000年前认识到小麦“黄疸”（锈病）、麻类枯死现象与栽培的关系，明确了合理密植、轮作等防病的作用。1 800年前已经应用砷剂、汞剂和藜芦杀虫。这些都比欧美各国的研究早得多。新中国成立后，党和政府十分重视病虫害防治和检疫工作。解放初期就提出“防重于治”的方针。1975年在全国植保工作会议上，制定了以农业防治为基础的“预防为主，综合防治”的植保工作方针。综合防治（IC）这个术语是由Michelbacher等1952年在美国加利福尼亚州防治核桃害虫时首次提出的，并将它作为正确选择杀虫剂种类、施药时间和剂量、保护有益节肢动物的有效方法加以利用。1972 年美国联邦政府机构环境质量委员会在《有害生物综合治理》一书中正式提出 IPM 这一概念。20 世纪 80 年代以后，IPM 作为一种经济有效且保护环境的有害生物防治方法，广泛应用于农业、林业、公共卫生等领域。1987 年世界环境与发展委员会提出了“可持续发展”的概念，这一思想很快为世界各地所接受。1995 年第 13 届国际植物保护大会将主题确定为“可持续的植物保护造福于全人类”。由此，害虫的可持续控制策略（SPM）成为热门话题。SPM 是强调从生态系统的角度出发，而 IPM 是从生态的角度出发，因此，SPM 是在 IPM 基础上的一次飞跃。随着可持续理论的不断深入，人们越来越深刻地认识到可持续农业是未来农业的发展方向。农业有害生物可持续控制思想也应运而生。它强调农业生态系统对生物灾害的自然调控功能的发挥，协调运用与环境和其他有益物种的生存和发展相和谐的措施，将有害生物控制在生态、社会和经济效益可接受的低密度，并在时空上达到可持续控制的效果。可持续发展是 21 世纪的发展主题，也是农业有害生物控制的必然选择。随着对有害生物发生规律的认识不断加深，以及新方法、新技术的增加和应用，综合治理的内容又有了新的发展，强调生物与环境的整体观和不以彻底消灭病虫为目的的防治思想。21 世纪的病虫治理必须融入农业的持续发展和环境保护之中，要扩大病虫害综合治理的生态学尺度，要与其他学科交叉起来，尽量减少化学农药的施用，利用各种生态手段，最大限度地发挥自然控制因素的作用，使经济、社会和生态效益同步增长。

绿 色 防 控

绿色防控是指以确保农业生产、农产品质量和农业生态环境安全为目标，以减少化学农药使用为目的，优先采取生态控制、生物防治和物理防治等环境友好型技术措施控制病虫危害。植保三大理念即“科学植保、公共植保、绿色植保”，农业部于 2006 年提出“公共植保、绿色植保”理念，2012 年又提出“科学植保”理念。2015 年 2 月，农业部制定并下发了《到 2020 年农药使用量零增长行动方案》，提出实现目标的主要技术路径，即重点在“控、替、精、统”4 个字上下功夫：采用绿色防控技术控制病虫发生危害，推进低毒低残留农药替代高毒高残留农药、高效大中型药械代替低效小型药械，推行精准施药，实施统防统治，逐步降低单位面积化学农药使用量。

绿色防控技术实施要突出小麦、水稻、玉米、马铃薯、蔬菜、水果、茶叶等主要作物，要根据不同地区主要作物分布和有害生物发生特点，实施分类指导、分区推进。其中水稻、玉米、马铃薯、大豆等粮油作物一季种植区——东北地区，应重点推广玉米螟生物防治、生物农药预防稻瘟病等绿色防控措施，发展大型高效施药机械和飞机航化作业。小麦、夏玉米轮作区——黄淮海地区，应重点推行绿色防控与化学防治相结合、专业化统防统治与群防群治相结合、地面高效施药机械与飞机航化作业相结合措施，大力推广蝗虫生物防治、药剂拌种、秸秆粉碎还田等技术。稻麦、稻油轮作区，柑橘、茶叶、蔬菜等优势产区——长江中下游地区，应重点推行专业化统防统治，促进统防统治与绿色防控融合发展，实施综合治理。柑橘、茶叶、蔬菜作物上推行灯诱、性诱、色诱、食诱“四诱”措施，优先选用生物农药或高效低毒低残留农药。双季稻种植区，水果、茶叶、甘蔗等优势产区和重要的冬季蔬菜生产基地——华南地区，应重点推行绿色防控与统防统治融合发展。水果、茶叶、冬季蔬菜生产基地重点推广灯诱、色诱、性诱、生态调控和生物防治措施。稻麦（油）两熟区、春播马铃薯主产区，水果、蔬菜、茶叶优势产区——西南地区，应重点推行精准施药和绿色防控，水果、蔬菜、茶叶等重点推广“四诱”和生物防治等绿色防控技术。马铃薯、春玉米、小麦、棉花等作物一季种植区，苹果、葡萄等优势产区——西北地区，应重点推行绿色防控措施，最大限度降低化学农药使用量；青藏地区应重点推行以生物防治、生态调控为主的绿色防控措施。

以作物生育期为主线的有害生物全程绿色防控技术模式的集成，是当前我国绿色防控技术研究和推广的热点。集成路径一般有技术选择、应用技术研究、技术组装配套、技术标准化4个环节构成：①技术选择。坚持绿色防控技术原则，优先选择采用生态调控、生物和物理等非化学农药防治技术。同时，要确保作物、环境、天敌、人畜和农产品质量安全，并根据农产品质量等级（无公害、绿色或有机）决定取舍不同类别的防控技术和产品。②应用技术研究。将所选择的技术在当地目标作物的产前、产中和产后的全程进行田间或实验室内的技术熟化试验研究，检验技术是否适应当地情况。③技术组装配套。对应用技术研究中得到验证或检验的各种绿色防控技术进行评价、排除、精炼或选择，然后按照当地目标作物的产前、产中和产后的全过程管理进行组装。④技术标准化。通过一定面积的示范，来检验或验证技术模式的应用效果和问题，并根据示范检验或验证结果，对技术模式中的各种技术应用指标进行精炼、选择或排除，进一步改进、组装和配套形成技术标准或规程，使之形成农民可以照着做的标准样式。

考核评价

从所制订农作物病虫害综合防治方案的科学性和可行性、现场防治操作的表现、调查报告的质量及学习态度等几方面（表3-1-1）对学生进行考核评价。

表3-1-1　综合防治方案制订考核评价

序号	考核内容	考核标准	考核方式	分值
1	综合防治方案的制订	能根据当地某一作物病虫害的发生情况，制订综合防治方案，防治方案制订科学，各项措施达到最优化，应急措施可行性强	个人表述、小组讨论和教师对方案评分相结合	30
2	防治措施的组织和实施	能按照实训要求，做好具体防治措施的组织和实施，操作规范、熟练	现场操作考核	30
3	调查报告	格式规范，内容真实，文字精练	评阅考核	30
4	学习态度	遵守纪律，服从安排，积极思考，能综合应用所掌握的基本知识，分析问题和解决问题	学生自评、小组互评和教师评价相结合	10

子项目二　水稻病虫害综合防治

【学习目标】 掌握水稻病虫害发生规律，制订有效综合防治方案并组织实施。

任务1　水稻病害防治

【场地及材料】 水稻病害发生较重的田块，根据防治操作内容需要选定的农药及器械、材料等。

【内容及操作步骤】

一、稻瘟病防治

（一）发生规律

稻瘟病菌以分生孢子或菌丝体在病谷和病稻草上越冬。病谷播种后引起苗瘟，但病谷的传病作用因育秧时期和育秧方式不同而异，如南方双季稻区，早稻育秧期间气温低，病种一般很少引起秧苗发病，但在晚稻育秧期间，气温已升高，种子带菌可引起秧苗发病。病稻草上越冬的菌丝在翌年气温回升到20℃左右时，遇雨不断产生分生孢子。分生孢子借气流、雨水传播到秧田和大田，萌发入侵水稻叶片，引起发病。温湿度适宜时，病斑上产生的大量分生孢子继续传播危害，引起再侵染。叶瘟发生后，相继引起节瘟、穗颈瘟乃至谷粒瘟。

水稻品种抗病性差异很大，存在高抗至感病各种类型。同一品种不同生育期抗性也有差异，以四叶期、分蘖盛期和抽穗初期最感病。气温在20～30℃，尤其在24～28℃，阴雨多雾，露水重，田间高湿条件下，易引起稻瘟病严重发生。抽穗期如遇到20℃以下持续低温7d或者17℃以下持续低温3d，常造成穗瘟流行。氮肥施用过多或过迟、密植过度、长期深灌或烤田过度都会诱发稻瘟病的严重发生。

（二）防治方法

稻瘟病的防治应采取以种植高产抗病品种为基础，加强肥水管理为中心，辅以适时施药防治的综合措施。

1. 选用高产抗病品种　要注意品种的合理布局，防止单一化种植，并注意品种的轮换、更新。

2. 加强栽培管理　合理施用氮肥，多施有机肥，配施磷、钾肥，根据不同地区土壤肥力状况，适当施用含硅酸的肥料。合理排灌，以水调肥，促控结合，分蘖后期适度搁田，抽穗期不断水，后期干干湿湿。

3. 减少菌源　一是不用带菌种子，二是及时处理病稻草，三是进行种子消毒。可用20%三环唑可湿性粉剂800～1 000倍液或80%乙蒜素乳油8 000倍液浸种24～48h。也可用二硫氰基甲烷、咪鲜胺等浸种。

4. 药剂防治　坚持“主动预防”策略，重点把握好破口抽穗期的预防。防治苗瘟或叶瘟要掌握在发病初期用药，及时消灭发病中心。防治穗颈瘟应在破口至始穗期施第一次药，然后根据天气情况在齐穗期施第二次药。用20%三环唑可湿性粉剂1 125～1 500g/hm²、40%稻瘟灵乳油1 125～1 500mL/hm²、25%咪鲜胺乳油600～750mL/hm²或9%吡唑醚菌酯微囊悬浮剂900～1 100mL/hm²，加水600～900kg喷雾或加水300kg弥雾。此外，还可选用稻瘟酰胺、氟环唑、春雷霉素、四氯苯酞、嘧菌酯、枯草芽孢杆菌、戊唑·咪鲜胺、甲硫·戊唑醇、肟菌·戊唑醇等杀菌剂防治。提倡使用高含量单剂农药，避免使用低含量复配剂。

二、稻纹枯病防治

（一）发生规律

纹枯病菌主要以菌核在土壤中越冬，水稻收割时大量菌核落入田中，成为翌年或下季的主要初侵染源。春耕灌水、耕田后，越冬菌核漂浮于水面上。插秧后菌核附着在稻株基部的叶鞘上，在适温条件下，萌发长出的菌丝在叶鞘上扩展延伸，并从叶鞘缝隙进入叶鞘内侧，从叶鞘内侧表皮气孔侵入或直接穿破表皮侵入。病部长出的气生菌丝接触到邻近稻株可引起再侵染。一般在分蘖盛期至孕穗期，病菌主要在株、丛间横向扩展，亦称水平扩展，导致病株（穴）率增加；孕穗后期至蜡熟前期，由稻株下部向上部蔓延，称垂直扩展。病部形成的菌核脱落后，随水流传播、附着在稻株叶鞘上萌发，也可引起再侵染。

上年发病重的田块，田间遗留菌核多，下年的初侵染菌源数量大，稻株初期发病较重。纹枯病属于高温高湿型病害。温度在22℃以上，相对湿度达90%以上即可发病，温度在25～31℃，相对湿度达97%以上时发病最重。长期深灌，田间湿度偏大，有利于病害发展。氮肥施用过多、过迟，造成水稻生长过旺，田间郁闭，既有利于病菌扩展，又降低了水稻自身抗病力，有利发病。

水稻品种间的抗性有一定差别，但目前尚未发现免疫品种。其抗病性一般规律为籼稻最抗病，粳稻次之，糯稻最感病；窄叶高秆品种较阔叶矮秆品种抗病。

（二）防治方法

稻纹枯病的防治应以农业防治为基础，适期进行药剂防治。

1. 栽培防病　根据水稻的生长特点，合理排灌，以水控病，贯彻“前浅、中晒、后湿润”的用水原则，既要避免长期深灌，也要防止晒田过度。在用肥上应施足基肥，及早追肥，多施有机肥，配施磷、钾肥，避免氮肥施用过多、过迟。此外，打捞菌核，减少菌源，选用中抗丰产品种均可减轻纹枯病的发生。

2. 药剂防治　一般于水稻分蘖盛期至孕穗初期，粳稻病穴率达20%、籼稻病穴率达30%时施药。江苏省提出，要重点把握好分蘖末期至拔节期、孕穗破口期及灌浆前期的防治；防治指标要从严，首次施药时间应掌握在分蘖末期病穴率达5%时。可用24%井冈霉素水剂225～315mL/hm²、2.5%井冈霉素·枯草芽孢杆菌水剂3 750～4 500mL/hm²、12.5%井冈霉素·蜡质芽孢杆菌水剂3 000mL/hm²，针对稻株中下部加水900kg喷雾或加水4 500～6 000kg泼浇。或用5%苯醚甲环唑超低容量液剂1 500～3 000mL/hm²、5%嘧菌酯超低容量液剂1 500～3 000mL/hm²、6%噻呋·氟环唑超低容量液剂1 005～1 500mL/hm²、24%烯肟·戊唑醇可分散油悬浮剂450～750mL/hm²，采用植保无人机喷雾。还可选用丙环唑、噻呋酰胺、氯啶菌酯等药剂，发病初期选用持效期长的噻呋酰胺、氟环唑、肟菌·戊唑醇、烯肟菌·戊唑醇等。但要注意三唑类药剂适合在水稻拔节前或拔节初期使用，在水稻破口抽穗初期过量施用或用水量不足易产生药害，造成包颈、抽穗不足甚至不抽穗。

三、稻曲病防治

（一）发生规律

病菌以落入土中的菌核和附着在种子表面或落入土中的厚垣孢子越冬。翌年菌核萌发产生子座，子座内形成子囊壳及子囊孢子，厚垣孢子萌发产生分生孢子。子囊孢子和分生孢子随风雨传播，主要在孕穗末期至抽穗期侵染花器及幼颖，引起谷粒发病。气流、雨水是病菌田间传播的主要方式，土壤中菌核、厚垣孢子借灌溉水传播，带菌种子的调运则是主要的远距离传播方式。

水稻品种间抗病性差异较大，一般穗大粒多、密穗型及晚熟品种发病重。中晚稻一般抽穗早的发病较轻，抽穗迟的发病重。粳稻、糯稻发病重，籼稻发病较轻。水稻孕穗至抽穗期适温、多雨、日照少有利发病。沿海和丘陵山区雾大、露重，病害往往发生较重。氮肥施用过多、过迟，抽穗后植株过于嫩绿，发病较重。长期深灌，田水落干过迟也会加重发病。

（二）防治方法

稻曲病的防治应采取以种植抗耐病品种为基础，减少菌源等措施为辅，适期喷药预防为关键的综合措施。

1. 农业防治 选用抗耐病品种。选用无病稻种，不在病田留种。加强肥水管理，增施磷、钾肥，防止迟施、偏施氮肥，后期湿润灌溉。

2. 清除菌源与种子处理 发病时摘除并销毁病粒，秋收后深耕翻埋病菌。播种前先用泥水或盐水选种，清除病粒，再用50%多菌灵可湿性粉剂1 000倍液浸种24～48h。此外，也可用福尔马林、硫酸铜等浸种。

3. 药剂防治 在孕穗后期，即距水稻破口期5～7d为防治的关键时期（田间可按照剑叶叶枕露出30%～50%为指标确定用药时间），对感病品种、后期嫩绿田块及抽穗扬花期阴雨天气多时，间隔5～7d，需第二次用药。可用2.5%井冈霉素·枯草芽孢杆菌水剂4 500～5 250mL/hm^2、60%肟菌酯水分散粒剂135～180mL/hm^2、35%氟唑·嘧菌酯微囊悬浮—悬浮剂450～750mL/hm^2，加水300kg机动弥雾或加水750～900kg手动喷雾。或用3%戊唑醇超低溶量液剂1 500～3 000mL/hm^2，采用植保无人机喷雾。还可选用丙环唑、苯醚甲环唑·丙环唑、井冈霉素·蜡质芽孢杆菌、戊唑醇、肟菌·戊唑醇、氟环唑、碱式硫酸铜等药剂。

四、水稻病毒病防治

（一）发生规律

稻条纹叶枯病病毒主要在越冬的灰飞虱若虫体内越冬，部分在大麦、小麦和杂草病株内越冬，成为翌年发病的初侵染源。在大麦、小麦田越冬的若虫，羽化后在原麦田繁殖，然后迁飞至早稻秧田或本田传毒危害并繁殖，早稻收获后，再迁飞至晚稻上危害，晚稻收获后，迁回冬麦上越冬。水稻在苗期到分蘖期易感病，随植株生长抗性逐渐增强。早播田重于迟播田，稻田周围杂草丛生病害发生重。秋、冬季温度偏高，春季降水偏少，有利于灰飞虱的存活和繁殖，虫口多发病重。若灰飞虱虫量大、带毒率高，且灰飞虱传毒高峰期与水稻感病生育期吻合程度高，则发病重。

稻黑条矮缩病病毒主要在大麦、小麦、杂草等病株上越冬，也有一部分可在灰飞虱体内越冬。其发生流行与灰飞虱种群数量消长及携毒传播相对应，田间病毒通过麦-早稻-晚稻的途径完成侵染循环。晚稻早播比迟播发病重，稻苗幼嫩发病重。

南方水稻黑条矮缩病主要的越冬虫源、毒源地之一是越南。病毒初侵染源以外地迁入的带毒白背飞虱为主，冬后带毒寄主（如田间再生苗、杂草等）也可成为初侵染源；带（获）毒白背飞虱取食寄主植物即可传毒。水稻感病期主要在分蘖前的苗期（秧苗期和本田初期），拔节以后不易感病。最易感病期为秧苗的2～6叶期。随着病毒分布范围的扩大，发生会逐年加重；中晚稻发病重于早稻；育秧移栽田发病重于直播田；杂交稻发病重于常规稻；田块间发病程度差异显著，发病轻重取决于带毒白背飞虱迁入量；尚未发现有明显抗病性的水稻品种。

（二）防治方法

稻条纹叶枯病和稻黑条矮缩病的防治，应在采取“品种抗病、栽培避病”的农业措施基础上，坚持“切断毒链、治虫防病”的药剂防治策略，治麦田保稻田、治秧田保大田、治前期保后期，最大限度地控制灰飞虱传毒危害，经济有效地控制病害发生。

1. 农业防治

（1）推广种植抗耐病品种。要坚持优质、高产、多抗原则选种抗病良种，大力压缩高感品种。条纹叶枯病与黑条矮缩病混发区，选用高抗条纹叶枯病、较耐黑条矮缩病的水稻品种。

（2）优化栽培方式，适期迟播。推广旱育秧、机插秧、小苗抛栽等省工、节本、控害的轻型栽培技术，减少常规水（旱）育秧，科学调整播栽期，避开第一代灰飞虱成虫迁入秧田和早栽大田高峰期，减少第一代灰飞虱传毒概率，减轻病害发生程度。

（3）集中育苗、培育壮秧。秧田选址应尽量远离麦田，避免麦田建畦进行旱育秧育苗，以减少第一代灰飞虱成虫迁入传毒。秧田尽量集中成片。

此外，优化茬口与布局，重发地区可进行水稻与灰飞虱非寄主作物如棉花、大豆、蔬菜、瓜类的轮作换茬。科学施肥，适当控制氮肥用量。防除杂草、清洁田园，减少传毒虫源，并尽早拔除病苗。分蘖前期发病较重的田块，采取拔除病株（丛）、补栽健丛的应急补救措施，可减轻损失。尤其是稻黑条矮缩病症状隐蔽性强、补救适期短，早发现、早移苗补缺，能减少损失。

2. 物理防治　机插秧面积较大及灰飞虱发生量大、条纹叶枯病或黑条矮缩病感病品种比例高的地区，水稻播种后用20目以上的防虫网或15～20g/m^2的无纺布全程覆盖秧田，可有效阻止灰飞虱迁入，保护秧苗免受灰飞虱传毒危害。

3. 化学防治　在灰飞虱传毒关键时期，科学防治灰飞虱。即在做好前期麦田第一代灰飞虱防治、压低基数的基础上，狠抓秧田第一代灰飞虱成虫，本田第二、三代若虫防治，全面控制灰飞虱传毒。重点打好第一代灰飞虱成虫迁移盛期的防治。对未覆盖防虫网或无纺布的秧田，旱育秧从揭膜起防治；机插秧、水育秧从出苗或现青时开始防治；移栽前2～3d用好送嫁药，做到带药移栽；直播稻2～3叶期开始防治。大田期，机插稻、移栽稻活棵后立即用药，此后根据虫情密度决定用药次数；在第二、三代灰飞虱若虫高峰期，结合稻纵卷叶螟、稻飞虱和螟虫等虫情对达标田块实施兼治。可选用吡蚜酮、烯啶虫胺、醚菊酯、噻虫嗪、异丙威、稻丰散、敌敌畏、毒死蜱等单剂及其复配剂。水稻后期，还应考虑加强五代灰飞虱的防治，9月中旬结合褐飞虱防治，使用吡蚜酮等药剂，一并防治第五代灰飞虱，既可控制其造成“黑穗”，还可降低越冬基数。防治灰飞虱要尽量做到统一、集中、连片，以保证防治效果；还要注意药剂交替使用，以延缓抗药性产生。

秧田防治可适当使用防病毒药剂或病毒钝化剂，如可在第一代灰飞虱成虫迁入秧田高峰期至发病显症初期用药1～2次，用8%宁南霉素水剂450～675mL/hm^2 或50%氯溴异氰尿酸可溶粉剂600～900g/hm^2，加水450～600kg喷雾，以提高植株抗病毒能力，减轻危害。

对南方水稻黑条矮缩病，要坚持“治虫控病”的药剂防治策略，科学防治白背飞虱。应本着治早、速效加持效的原则，在带毒白背飞虱迁入秧田和本田初期时用药预防，即以迁入代虫源、迁入峰期分别作为白背飞虱的主攻对象和防治适期，降低传毒介体发生量，减少传毒风险。防治药剂可参照灰飞虱。对分蘖期已染病稻田，还可采用毒氟磷、三氮唑核苷、盐酸吗啉胍、乙酸铜等抗病毒剂防治，同时喷施叶面肥，增施磷、钾肥和农家肥，增强水稻植株抗病能力。

近年提出的防治水稻病毒病新方针是“虫病共防共治，防控水稻病害与稳定增产相结合”。

五、稻白叶枯病和稻细菌性条斑病防治

（一）发生规律

1. 稻白叶枯病 带菌谷种和病稻草是主要初侵染源。翌年播种期间，一遇雨水，病菌便随水流传播到秧田，主要由叶片水孔或伤口侵入。病苗或带菌苗移栽本田，发展成为中心病株；或病菌随水流流入本田，引起本田稻株发病。病株上溢出的菌脓，其内大量细菌借风雨飞溅或被雨水淋洗后随灌溉水流传播，不断进行再侵染，使病害扩展蔓延。

适温（25～30℃）、高湿、多露、台风、暴雨、洪涝是病害流行条件。氮肥施用过多、过迟，深水灌溉或稻株受淹，田水串灌、漫灌等均会使病害发生加重。一般糯稻、粳稻比籼稻抗病。孕穗至抽穗期最感病。

2. 稻细菌性条斑病 病菌在病谷、病残体或自生稻上越冬，成为翌年初次侵染源。病谷播种后，病菌侵染幼苗，移栽时被带入本田。病原菌主要通过风、雨、露等途径接近秧苗，从气孔或伤口侵入，侵入后在气孔下室繁殖并在薄壁组织的细胞间扩展。叶脉对病菌扩展有阻碍作用，故在病部形成条斑。在江苏、安徽等地，常年7月中旬始见，8月上中旬为显症高峰；抽穗扬花期发展缓慢，9月上中旬出现第二发病高峰。

（二）防治方法

稻白叶枯病和稻细菌性条斑病的防治应在控制菌源的前提下，以种植抗病品种为基础，秧苗防治为关键，狠抓肥水管理，辅以药剂防治。

1. 加强检疫 严禁从病区调种和引种。加强产地检疫，重病田生产的种子彻底销毁，轻病田的种子要单收、单存，严防与无病种子混杂。

2. 选用抗病品种 常发病区应因地制宜地选用抗病良种，这是防治稻白叶枯病和稻细菌性条斑病的经济有效措施。

3. 减少菌源 处理好病草，不用病草扎秧把、覆盖秧田。种子处理可用10%叶枯净可湿性粉剂200倍液浸种24～48h；85%三氯异氰尿酸水剂300倍液浸种24h，洗净后再浸种催芽。

4. 培育无病壮秧 选择背风向阳、地势较高、排灌方便、远离屋边晒场和上年病田的

田块育秧。加强秧田管理，实行排灌分家，防止大水淹苗。

5. 加强肥水管理　合理施肥，后期慎用氮肥；科学管水，不串灌、漫灌和淹苗。

6. 药剂防治　秧田期，一般在3叶期和拔秧前5d左右各喷药1次；大田期，发现发病中心应立即用药封锁。用25%叶枯唑可湿性粉剂1 500～2 250g/hm^2、20%噻菌酮悬浮剂1 500～1 875g/hm^2、3%中生菌素可湿性粉剂1 500g/hm^2、50%氯溴异氰尿酸可湿性粉剂750～900g/hm^2、30%噻唑锌悬浮剂1 000～1 500mL/hm^2、1.2%辛菌胺醋酸盐水剂2 000～2 500mL/hm^2、60亿芽孢/mL解淀粉芽孢杆菌Lx-11 7 500～9 000g/hm^2、2%宁南霉素水剂3 750mL/hm^2等，对水600～900kg喷雾。

六、水稻其他病害防治

（一）稻恶苗病

带菌种子是主要初侵染源，其次是带菌稻草。播种带菌种子或用病稻草做覆盖物，当稻种萌发后，病菌即可从芽鞘侵入幼苗引起发病。病死植株上产生的分生孢子可传播到健苗上，从茎部伤口侵入，引起再侵染。带菌秧苗移栽到大田后，在适宜条件下陆续表现出症状。水稻扬花时，枯死或垂死病株上产生的分生孢子借风雨、昆虫等传播到花器上进行再侵染，感染早的谷粒受害，感染迟的虽外表无症状，但谷粒已带菌。

一般土温为30～35℃时，最适合发病。移栽时，若遇高温烈日天气，发病较重。伤口有利于病菌侵入，旱育秧比水育秧发病重，长期深灌、多施氮肥等均会加重发病。一般粳稻发病较籼稻重。

近年来，稻恶苗病在江苏地区呈快速上升态势，发生程度加重，发生面积扩大，并以机插稻和旱直播田发病较重，重病田块病株率超过35%，严重影响水稻安全生产。究其原因：一是病菌对主要药种咪鲜胺产生抗药性；二是部分品种高度感病；三是密播及高温催芽有利侵染，塑盘育苗、高密度播种育苗及塑盘堆叠或覆膜催芽，造成高温条件，利于恶苗病菌侵染繁殖；四是浸种质量差，药剂浓度不够、时间不足、浸泡不匀等。

建立无病留种田和进行种子处理是防治此病的关键。要精选稻种，压缩高感品种；科学开展药剂浸种，坚持“药种调优、方法调优”的防治策略。在对咪鲜胺已产生较高水平抗药性的地区要调整药种，可选用氰烯菌酯、咯菌腈、乙蒜素等药剂浸种，并准确把握浸种药剂浓度和浸种时间，25%氰烯菌酯悬浮剂2 000～4 000倍液、17%杀螟·乙蒜素可湿性粉剂200～400倍液，浸种48～60h，浸后不用淘洗，直接播种或催芽播种。还要注意浸匀、浸透，要将稻种从包装袋中倒入浸种容器中浸种，确保种子均匀接触药液，提高浸种效果；杜绝将整袋稻种放入容器中浸种；机插稻分批浸种时切忌废液再利用，以防药剂浓度下降和病菌污染降低防效；浸种时药液要淹没稻种；要适当降低塑盘育苗期间的温度，药剂浸种后可不催芽直接播种或多浸少催，以降低长芽阶段病菌的侵染。

（二）稻干尖线虫病

以幼虫或成虫潜伏在谷粒的颖壳和米粒间越冬，借种子传播。从芽鞘或叶鞘缝隙处侵入稻苗，附着在生长点或叶芽及新生嫩叶外部，以吻针刺吸组织汁液营外寄生生活，后随着稻株的生长逐渐向上部移动集中，附于叶鞘内侧吸食；幼穗形成初期则进入穗部营内寄生生活。线虫在水稻生育期繁殖1～2代，通过水流传播。水稻品种间抗性有明显差异。播种后半个月内低温多雨，有利于发病。

防治上要严防带病稻种调运，不从病区调种。种子处理可用16%咪鲜胺·杀螟丹可湿性粉剂15g，对水4～5kg，浸稻种4～5kg，或用4.2%二硫氰基甲烷乳油2mL，对水8kg，浸稻种6kg，浸种时间为72h，然后催芽播种。也可用50%杀螟丹可溶性粉剂4g，或95%杀螟丹可溶性粉剂2g，对水16kg，浸稻种10kg，浸48h，捞出后清水冲洗，再催芽。

（三）稻粒黑粉病

以冬孢子在土壤、种子和粪肥中越冬。水稻孕穗至开花期，水面或湿土面上的冬孢子萌发，随气流传播，侵入花器。氮肥重及花期雨水多、湿度大等有利于发病。糯、粳稻发病轻，杂交稻制种田，特别是花期不遇的制种田发病严重。

防治上要求制种基地合理轮换，年限保持3年以上，以水稻与旱作物基地轮换为最佳，轮作区之间距离宜在500m之外。同时选用无病种子。播种前用10%盐水或泥水选种，汰除病粒。

母本盛花始期和高峰期各用药1次，如花期相遇不好，出现父早母迟的情况，第二次用药应提前1～2d；反之则推迟1～2d。选用20%三唑酮乳油1 200mL/hm^2，或12.5%烯唑醇可湿性粉剂480～960g/hm^2，对水450kg，小孔喷片，手动喷雾。

（四）稻胡麻斑病

病稻草和病谷是主要的初侵染来源。翌年潜伏在病谷上的菌丝体可直接侵害幼苗，病稻草上越冬或由越冬菌丝产生的分生孢子随风散布，侵染秧田和本田的稻叶。病部形成的分生孢子可进行再侵染。本病一般在土地贫瘠、缺肥时发生较重。

防治上要施足基肥，及时追肥，增施钾肥，以提高土壤肥力，减轻病害发生。后期病害严重时可喷药保护剑叶，药剂防治方法可参照稻瘟病。

（五）稻细菌性基腐病

病菌可在病稻桩、稻草和杂草上越冬，翌年主要从植株根部和茎基部的伤口侵入，可多次再侵染。一般粳稻、糯稻发病重于籼稻，常规稻重于杂交稻，秧苗素质差、受伤重、氮肥过多、长期深灌及高温条件均会加重发病。

防治上主要采取选用抗病品种，抓好种子处理（用80%乙蒜素乳油2 000倍液浸种48h），小苗直栽浅栽以避免伤口，适当增施磷、钾肥，药剂蘸秧（起秧稍干后放在80%乙蒜素乳油1 000倍中浸1～2min后再栽插）等措施。

（六）稻叶鞘腐败病

病种和病草是主要初侵染来源，翌年病菌产生分生孢子在孕穗初期侵入剑叶叶鞘。氮肥过多或后期脱肥引起早衰，穗期雨水多、螟害重等均可加重发病。一般杂交稻制种田母本及某些晚粳稻发病较重。

防治上主要采取选用抗病品种，处理病种、病草，合理施肥，及时治虫，适期喷药（孕穗后期喷施20%三唑酮乳油600mL/hm^{2}等）等措施。

练　习

1. 通过查阅资料、调查询问，了解当地水稻主要病害的发生危害情况及其发生规律，并结合当地的气候资料和农事操作，分析水稻主要病害在当地严重发生的原因。撰写1份调查报告，阐述以上内容。

2. 根据当地水稻主要病害的发生情况，拟订 2～3 种水稻病害的综合防治方案。

3. 参与或组织实施防治措施，如选择常用杀菌剂，正确配制浸种液来防治稻恶苗病、稻干尖线虫病或喷雾防治稻瘟病、稻纹枯病等。

4. 列表比较当地常用水稻杀菌剂的防治对象和使用技术。

思考题

1. 影响稻瘟病发生的主要因素有哪些？如何进行稻瘟病的综合防治？

2. 简述稻纹枯病侵染循环的过程，并提出防治措施。

3. 调查近年来当地重发的水稻病毒病种类及危害情况，并分析其大发生的原因。

4. 分析近年稻恶苗病在部分稻区呈快速上升态势的原因，并提出有效防治措施。

任务 2　水稻害虫防治

【场地及材料】水稻害虫危害重的田块，根据防治操作内容需要选定的农药及器械、材料等。

【内容及操作步骤】

一、稻螟虫防治

（一）发生规律

1. 生活史及习性

（1）三化螟。1 年发生 2～7 代，湖南、江西、浙江中南部 1 年发生 4 代，江苏、安徽、浙江北部 1 年发生 3 代。以老熟幼虫在稻桩内滞育越冬。在长江中下游的 3～4 代区，越冬代成虫于 5 月中下旬盛发，第一至三代幼虫盛孵期分别在 5 月下旬、7 月上中旬、8 月中下旬。成虫白天静伏，夜间活动。趋光性强，雌蛾喜在生长茂密、嫩绿的稻株上产卵，卵块多产在叶片的中上部，正反两面都有。初孵幼虫称为蚁螟，蚁螟通过爬行或吐丝下垂随风飘落到附近稻株上，寻找适宜部位蛀入茎内危害，幼虫有转株危害习性，一般转株 1～3 次。以老熟幼虫在稻株茎内化蛹。

（2）二化螟。在我国 1 年发生 1～5 代。以四至六龄幼虫在稻桩、稻草、茭白等及杂草中越冬。由于越冬场所条件不同，因此发育进度不一，羽化不整齐，故田间有世代重叠现象。二化螟成虫的习性大致与三化螟相似。成虫趋光性强，喜选择稀植、茎粗、秆高、浓绿的稻田中产卵。在水稻苗期和分蘖初期，卵多产在叶片正面距叶尖 3～6cm 处，以基部 2～3 叶上最多；分蘖后期至抽穗期，卵多产在离水面 7cm 以上叶鞘上，每头雌蛾可产卵 2～4 块。秧苗小时，蚁螟一般分散蛀食叶鞘内部，而在稻苗 5～6 叶龄后蚁螟先群集在叶鞘内侧取食，受害叶鞘 2～3d 后变色，7～10d 后枯黄，即为枯鞘期。此时幼虫尚未侵入心叶或稻茎，是查治的有利时机。二、三龄幼虫开始蛀茎并转株分散危害，从水稻分蘖期直到抽穗成熟期都能蛀食危害，造成枯心苗、枯孕穗、白穗和虫伤株。幼虫转株频繁，一般可转株 3～5 次，多的达 10 次以上。幼虫老熟后，转移到健株茎内或叶鞘内侧化蛹。

（3）大螟。在长江中下游稻区 1 年发生 3～4 代。多数以老熟幼虫，少数以三至四龄幼虫在稻桩、玉米、茭白等残株和禾本科杂草茎秆及根际中越冬。趋光性不及二化螟和三化螟。各代成虫盛发期大致为：越冬代5月上中旬，第一代7月上中旬，第二代8月中下旬到9月初，可发生第三代成虫的年份则多在9月下旬至10月上旬盛发。第一代幼虫主要危害早稻和春玉米。第二、三代幼虫主要危害单季杂交稻和中、晚稻。成虫喜欢在茎秆粗壮、叶鞘包茎较松的稻株上产卵，分蘖期主要产在倒2～3叶的叶鞘内侧，孕穗、抽穗期主要产在剑叶及其下一叶的叶鞘内侧，且以近田埂2m内稻株上产卵最多。大螟还喜产卵于稻田四周的稗草上，尤以分蘖期为甚。其危害习性与二化螟相仿，但其转株危害较二化螟频繁。

2. 发生条件

（1）气候。温度对螟虫发生期的影响较大。当年春季气温偏高，越冬代螟蛾发生较早，反之推迟。湿度和降水量对螟虫发生量影响较大，三化螟越冬幼虫化蛹阶段，如果经常阴雨，越冬幼虫死亡率高。二化螟化蛹期和幼虫孵化期遇暴雨，田间积水深，会淹死大量蛹和初孵幼虫，发生量减少。

（2）食料。食料因素中，水稻的生育状况对稻螟的蛀入和成活有明显影响，尤以三化螟为甚。水稻分蘖期稻苗叶鞘的脉间距离较宽，组织柔嫩疏松，蚁螟容易侵入；而孕穗期只有一层剑叶鞘包裹稻穗，叶鞘两边抱合部分的组织柔软，易为蚁螟侵入。破口抽穗期，蚁螟有隙可乘，是最易侵入的时期。因此，水稻的分蘖期，特别是孕穗期末到破口期，是水稻最易遭受螟害的时期，常被称为“危险生育期”。凡是螟卵盛孵期与危险生育期相吻合，螟虫发生危害就严重，若错开，则危害较轻。

水稻的耕作制度和栽培技术不同，3种螟虫种群的消长及危害程度也有很大差异。当水稻耕作制度由单纯改向复杂时，三化螟种群趋向繁荣，二化螟种群随之趋向凋落；耕作制度由复杂改为单纯，则相对有利于二化螟而不利于三化螟的发生。一般粳稻比籼稻有利于三化螟的发生，籼稻比粳稻适合二化螟的发生，杂交稻上二化螟、大螟发生较重。因品种混杂，管理不当，追肥过多、过迟，以致水稻生长参差不齐，抽穗期拉得长，螟害就会发生重。

（3）天敌。稻螟的天敌很多，螟卵、幼虫、蛹都有多种寄生蜂寄生。此外，幼虫、蛹还可为多种寄生菌和线虫所寄生。捕食性天敌如蜘蛛、青蛙、鸭等，对抑制螟害都有一定作用。

（二）防治方法

水稻螟虫的防治，要坚持“农业措施为基础、科学用药为关键、压低基数与控制危害相结合”的综合治螟策略，采取防、避、治相结合的综合防治措施。

1. 农业防治 因地制宜，合理布局，统一水稻主栽品种和栽培技术，避免不同生育期品种混栽，适当推迟播栽期。推广旱育秧、直播稻、小苗抛栽等播栽期相对较迟的轻型栽培技术，也可达到减轻秧田落卵量与危害的目的。

注意选用抗虫良种，提高种子纯度，科学肥水管理，促使水稻生长正常，成熟一致，缩短易受害的危险期。拾毁稻桩，及早处理稻草，清除田边、沟边杂草及茭白残株，可减少螟虫的越冬基数。少（免）耕地区实行浅旋耕灭茬，最大限度地破碎稻根，增加越冬幼虫死亡率。适时灌深水，可消灭一部分虫蛹。防治大螟还可在田边栽稗诱卵，在卵块盛孵后5～7d，幼虫分散前拔除销毁，同时拔除田边1m内的稗草。

2. 物理防治 利用螟虫的趋光性，结合其他害虫的防治，用黑光灯、双波灯、频振式杀虫灯等诱杀成虫。秧田期在螟虫成虫盛发期间，覆盖无色防虫网，可阻隔螟蛾进入产卵繁殖。还可采取摘除卵块、拔除枯心苗等措施。

3. 生物防治　在卵孵高峰后 2～5d 或一、二龄幼虫期，用每毫升含 100 亿活芽孢的苏云金杆菌（Bt）悬浮剂1 500～2 250mL/hm^2，加水 750kg 喷雾，一般喷施1～2 次，并注意保护其他天敌。

4. 药剂防治　对螟虫，重点把握好水稻分蘖期和破口抽穗期的防治，防止枯心和白穗。掌握在卵孵高峰期，对重点区域主动用药防治。要注意交替用药，延缓抗药性的产生，禁用高毒高残留农药及菊酯类农药等，注意对水生生物、家蚕及蜜蜂等生物的安全用药。

一般在孵化高峰期后的 3～5d 内为防治二化螟和大螟枯心苗的施药适期；防治三化螟枯心苗的适期一般在孵化高峰期，如果苗情好、螟卵多，则宜在孵化率达 30%时就用药，隔 5～6d 后再防治 1 次。

防治白穗需在螟卵盛孵期内掌握早破口早用药，迟破口迟用药的原则，一般在破口抽穗 5%～10%时用药 1 次，如果螟虫发生量大或水稻抽穗期长，则隔 4～5d 再用药 1 次。螟卵盛孵前已经抽穗而尚未齐穗的稻田，则掌握在螟卵孵化始盛期用药。

选用 5%甲氨基阿维菌素苯甲酸盐（甲维盐）微乳剂 225～300mL/hm^2、24%甲氧虫酰肼悬浮剂 300～450mL/hm^2、20%甲维·甲虫肼悬浮剂 300～375mL/hm^2、35%氯虫苯甲酰胺水分散粒剂 60～90g/hm^2、2%多杀霉素微乳剂 180～225g/hm^2、20%阿维·甲虫肼悬浮剂 300～450mL/hm^2、80 亿孢子/g 金龟子绿僵菌 CQMa421 可湿性粉剂 900～1 350g/hm^2、25%杀虫双水剂3 000～3 750mL/hm^2 或 90%杀虫单可溶粉剂 525～750g/hm^2，加水 750～900kg 喷雾。或用 5%氯虫苯甲酰胺超低容量液剂 450～600mL/hm^2、20%二嗪磷超低容量液剂3 000～3 750mL/hm^2、10%甲维·茚虫威可分散油悬浮剂 150～180mL/hm^2，采用植保无人机喷雾。在螟虫对杀虫双、杀虫单等沙蚕毒素类药剂已产生抗性的地区，应停止使用此类药剂，没有产生抗性的或抗性已减退的地区，可将此类药剂与其他药剂轮换使用。药液喷洒要均匀周到，施药时田间要保持 5～6cm 水层 3～5d。稻桑混栽区勿用沙蚕毒素类药剂。

二、稻飞虱防治

（一）发生规律

1. 生活史及习性

（1）褐飞虱。在我国，稻褐飞虱仅在冬季有水稻栽培或有再生稻、自生稻苗生长的南方少数地区越冬，其越冬北界在北纬 21°～25°。我国广大稻区的主要虫源是随着春、夏季暖湿气流由南向北推进，每年的主要初始虫源是在南亚次大陆。秋季大陆高压南移，可以出现由北向南回迁的现象。我国常年可出现 5 次自南向北迁飞，3 次自北向南回迁。

褐飞虱的发生世代数自北至南有 1～12 代，其中江苏、浙江、湖北、四川等省份 1 年发生 4～5 代，湖南、江西、福建 1 年发生 6～7 代，广东、广西南部 1 年发生 10～11 代，海南岛 1 年发生 12 代。由于褐飞虱产卵期长，田间发生世代重叠。

褐飞虱喜阴湿环境，成虫、若虫栖于稻丛下部取食生活，穗期以后，逐渐上移。成虫、若虫都不很活泼，如无外扰，很少移动，受到惊扰就横行躲避，或落水面，或飞（跳）到他处。成虫有趋嫩习性，趋光性强。长翅型成虫起迁飞扩散作用，短翅型成虫则定居繁殖。短翅型成虫产卵前期短、产卵历期长、产卵量高，因此短翅型成虫的增多是褐飞虱大发生的征兆。

卵成条产于叶鞘肥厚部分，在老的稻株上也产在叶片基部中肋和穗颈下方的茎秆上。产卵痕初呈长条形裂缝，不太明显，以后逐渐变为褐色条斑。

（2）白背飞虱。白背飞虱的越冬北界是北纬26°，在我国广大稻区的初期虫源也主要由热带地区迁飞而来，其迁入期比褐飞虱早。各地都是以成虫迁入后田间第二代若虫高峰构成主要危害世代，严重发生时迁入成虫便能造成明显危害，即“落地成灾”。在长江中下游地区1年发生4代左右，世代划分的方法与褐飞虱相同。我国自南向北主要危害时期从5月中下旬至9月上旬，长江中下游地区为7月下旬至8月上中旬。

白背飞虱的习性与褐飞虱相似。成、若虫在稻株栖息的部位比褐飞虱略高，部分低龄若虫可在幼嫩心叶内取食。

（3）灰飞虱。灰飞虱的抗寒力和耐饥力较强，在我国各稻区均可安全越冬，是3种飞虱中发生最早的一种，主要危害秧田和本田分蘖期的稻苗，其传毒致病所造成的损失远大于直接刺吸危害。

灰飞虱在各地1年发生4～8代不等，长江中下游地区1年发生5～6代。以三、四龄若虫在麦田、绿肥田、田埂、沟边、荒地上的杂草根际，落叶下及土缝内越冬。越冬若虫于翌年春天开始陆续羽化为成虫，羽化后多留在原田中取食并产卵繁殖；麦收季节，灰飞虱从麦田或其他越冬寄主上向稻田迁飞危害。在南方无越冬现象地区冬季仍可继续危害小麦。灰飞虱有趋光、趋嫩绿和趋边行的习性，边行虫口密度远高于田中，生长嫩绿茂密的稻田中产卵量多。

2. 发生条件 褐飞虱和白背飞虱是迁飞性害虫，影响发生的首要条件是迁入虫量的多少。如果虫源基地虫量大，迁入季节又雨日频繁、降水量大，降落的虫量就多。灰飞虱则为当地虫源。在一定的虫源基数下，充足的食料和适宜的气候条件有利于飞虱的繁殖。褐飞虱喜温暖高湿，生长发育的适温为20～30℃，最适温度26～28℃，相对湿度在80%以上。长江中下游地区“盛夏不热，晚秋不凉，夏秋多雨”是褐飞虱大发生的气候条件。白背飞虱对温度的适应范围比褐飞虱广，在15～30℃温度范围内都能正常生长发育。在苏南稻区，凡夏初多雨，盛夏干旱，发生危害就较重。灰飞虱耐寒怕热，最适宜的温度在25℃左右，冬春温暖少雨，有利于其发生。

稻飞虱的天敌种类很多，寄生于卵的有稻飞虱缨小蜂、褐腰赤眼蜂等；寄生于成虫的有稻虱螯蜂、稻虱线虫等。捕食性天敌有黑肩绿盲蝽、蜘蛛、步甲等。

（二）防治方法

1. 农业防治 因地制宜地选用抗（耐）虫高产良种。水稻合理布局、连片种植、科学肥水管理、适时搁田，避免偏施氮肥，促控适当，防止封行过早，贪青倒伏，清除杂草，减少虫源。

2. 生物防治 稻飞虱各虫期的天敌有数十种之多，因而应注意合理使用农药，保护利用天敌。另外，人工搭桥助迁蜘蛛和稻田放鸭食虫，对稻飞虱的防治均有显著作用。

3. 药剂防治 根据水稻品种类型和虫情特点，各地确定主害代进行防治，并制订相应的防治策略。如江苏对稻飞虱，坚持“治上压下”的防治策略，把握在卵孵高峰至低龄若虫盛期适期防治，尤其对褐飞虱，重点抓好8月下旬六（3）代药剂防治，减轻灌浆期七（4）代防治压力。可选用25%吡蚜酮可湿性粉剂300～450g/hm^2、10%烯啶虫胺水剂300～450mL/hm^2、10%三氟苯嘧啶悬浮剂150～240mL/hm^2、20%呋虫胺悬浮剂450～600mL/hm^2、20%噻虫胺悬浮剂450～750mL/hm^2、20%异丙威乳油2 250～3 000mL/hm^2、50%混灭威乳油1 500～2 250mL/hm^{2}等，对水750～900kg喷雾。或用5%烯啶虫胺超低容量液剂 1 200～1 800mL/hm²、25%呋虫胺可分散油悬浮剂 375～450mL/hm²、21%噻虫嗪可分散油悬浮剂 450～600mL/hm²、80 亿孢子/mL 金龟子绿僵菌 CQMa421 可分散油悬浮剂 900～1 350mL/hm²，采用植保无人机喷雾。

防治稻飞虱施药时要先灌水，抬高稻飞虱的栖息位置，药液要均匀喷洒到稻丛基部。水稻中后期提倡粗喷雾或大水泼浇，用足水量。另外，应注意不同作用机理的药剂轮换使用，以延缓或防止抗性的产生。

三、稻纵卷叶螟防治

（一）发生规律

稻纵卷叶螟在 1 月平均气温 4℃等温线（相当于北纬 30°附近）以北地区，任何虫态均不能越冬。在 1 月平均气温 16℃等温线（相当于我国大陆南海岸线）以南地区周年繁殖危害。在 1 月平均气温 4～16℃等温线之间属于越冬区。稻纵卷叶螟具有远距离迁飞特性。在我国东半部地区，稻纵卷叶螟春、夏季随着高空西南气流逐代逐区北移，秋季又随着高空盛行的东北风大幅度南迁，从而完成周年的迁飞循环。1 年发生代数由北向南递增，为 1～11 代不等。

成虫有趋光性、强趋荫蔽性，并喜吸食植物的花蜜和蚜虫的蜜露作为补充营养。产卵喜选择生长嫩绿、叶片宽软的稻株，卵多散产于水稻中上部叶片背面，尤以倒 2～3 叶为最多。初孵幼虫取食心叶或嫩叶鞘叶肉，被害处呈针头大小半透明的小白点。二龄开始在叶尖或叶片的上中部吐丝缀成小虫苞，二龄幼虫期虫苞的长度一般不超过 5cm，此时称为“束叶期”。三龄虫苞长度多超过 13cm，称为“纵卷期”。通常一叶一苞，一苞一虫，少数高龄幼虫也有缀 2～3 叶为一虫苞的。三龄以后，幼虫有转移危害的习性，四龄后则转移换苞频繁。转移时间在傍晚和早晨，阴雨天白天也转移。幼虫食量从三龄开始明显增大，五龄为暴食阶段，五龄取食量占总食量的 80%～90%。幼虫性活泼，当剥开卷叶时，即迅速倒退跌落。老熟幼虫多在稻丛基部黄叶、老叶鞘内化蛹。

稻纵卷叶螟的发生与虫源基数、气候、水稻品种及长势、天敌等有关。稻纵卷叶螟在周年繁殖区以本地虫源为主，发生轻重主要由上代残留虫量决定；在其他稻区，则取决于迁入虫源的数量。适温（22～28℃）、高湿（80%以上）适宜其发生。温度高于 30℃或低于 20℃，或相对湿度低于 70%，则均不利于发育。

凡早、中、晚稻混栽地区，水稻生育期参差不齐，为稻纵卷叶螟各代提供了丰富的食料，其繁殖率和成活率相应提高，发生量大。不同水稻品种及同一品种不同的生育阶段，稻纵卷叶螟的危害程度有一定差异。一般叶色深绿、质地软的比叶色浅淡、质地硬的受害重；矮秆品种比高秆品种、粳稻比籼稻、杂交稻比常规稻发生重。同一品种，幼虫取食分蘖至抽穗期的成活率高，有利于其发育。在栽培措施方面，管水不科学，偏施氮肥或施肥过迟，引起稻株贪青疯长，也会加重稻纵卷叶螟危害。

稻纵卷叶螟天敌种类很多，卵期有赤眼蜂，幼虫期有绒茧蜂，蛹期有寄蝇和姬蜂，此外还有螨类、蜘蛛、步甲等捕食性天敌。

（二）防治方法

1. 农业防治　选用抗（耐）虫的优良品种，加强肥水管理，促进水稻健壮整齐。适当调节搁田时期，降低幼虫孵化期的田间湿度，或在化蛹高峰期灌深水灭蛹。

2. 生物防治　幼虫孵化高峰期，用苏云金杆菌（Bt）可湿性粉剂（每克含 100 亿活芽孢）2 250～3 000g/hm²，加水 900～1 125kg 喷雾。有条件的地区在成虫始盛期到产卵高峰期内，每隔 2～3d 防治 1 次，分批释放赤眼蜂，每公顷每批放蜂 45 万～60 万头。水稻生长前期稻纵卷叶螟在中等以下发生程度时，推广 Bt 螟虫专用菌株及甜菜夜蛾核型多角体病毒·Bt 等生物农药。

3. 药剂防治 根据水稻分蘖期和穗期易受稻纵卷叶螟危害，尤其是穗期损失更大的特点，各地确定主害代进行防治。坚持"治早治小"的药剂防治策略，掌握在卵孵高峰至一、二龄幼虫高峰期防治。可用 5%甲氨基阿维菌素苯甲酸盐微乳剂 225～300mL/hm²、30%茚虫威悬浮剂 90～120mL/ hm²、10%四氯虫酰胺悬浮剂 150～300mL/hm²、200g/L 氯虫苯甲酰胺悬浮剂 105～150mL/ hm²、11%阿维·三氟苯悬浮剂 225～300mL/hm²，加水 750～900kg 喷雾。或用 6%甲维·茚虫威超低容量液剂 495～600mL/hm²、1%甲氨基阿维菌素苯甲酸盐超低容量液剂 1 500～3 000mL/hm²、1.5%阿维菌素超低容量液剂750～600 mL/hm²，采用植保无人机喷雾。也可用 5%杀虫双颗粒剂 22.5kg/hm²加湿润细土撒施。

防治适期内如遇阴雨天气，必须抓紧雨停间隙用药，不能延误。施药时，田内应保持 3～7cm 水层 3～4d。

四、水稻其他害虫防治

（一）中华稻蝗

在长江流域及北方地区 1 年发生 1 代，南方地区 1 年发生 2 代。以卵在土表层越冬。成虫飞翔力强，对白光和紫光有明显趋性。卵成块产于 1.2～1.6cm 深的表土层中，以稻田田埂两侧及沟边、渠坡等处为多。稻蝗产卵以湿度适中、土质松软的环境为宜。初孵化的幼蝻多聚集在原产卵场所附近活动取食，二龄开始向稻田扩散，三龄时危害近田埂 1.0～1.5m 处的稻苗；四、五龄可扩散至全田。一般沿海、滨海滩涂面积大的地区稻蝗发生重，冈坡稻区发生轻；田埂、田边发生重，田中间发生轻。

防治上采取有计划治理荒滩、开垦荒地，调整茬口、水旱轮作，以恶化稻蝗的生态环境。冬、春铲除田埂及附近杂草，连土刨起，能杀伤越冬蝗卵，压低虫口基数。药剂防治要采取"集中用药，统一防治，治田边，保全田"的对策，防治适期在蝗蝻盛孵期至三龄之前。蝗蝻一龄盛期，对虫口较密集的越冬田埂、沟渠施药，二龄末期对秧田和早栽大田的田边 2m 左右宽幅内用药防治，可选用 50%辛硫磷乳油 1 500 mL/hm²、25%杀虫双水剂 3 000mL/hm²等加水常量喷雾或低容量喷雾。

（二）稻象甲

在我国 1 年发生 1～2 代，在 1 代发生区如苏南单晚稻区，以幼虫在稻桩周围土隙中越冬为主，少数以蛹在稻桩附近 3～6cm 深处做土室越冬，亦有少量成虫越冬。浙江双季稻区 1 年 2 代，主要以成虫和幼虫越冬。成虫多在早、晚活动，无明显趋光性，活动能力较弱，有假死性，喜食甜物。坠落水面后，能游水重新攀上稻苗危害。成虫用喙在离水面 3cm 左右的水稻叶鞘上咬孔产卵，在稻苗基部叶鞘浸水情况下，成虫能潜入水中产卵于基部叶鞘上，且卵粒在水中能正常发育。幼虫孵化后，沿稻株潜入土中 3～5cm 处，取食水稻根系。翌年老熟幼虫在稻根附近筑土室化蛹。成虫羽化后仍蛰伏于土室内，2～3d 后外出活动，耕翻上水后转移到田埂上或露出水面的麦茬上，栽秧以后即危害稻苗。田间杂草及稻桩的大量存在，免耕或少耕播种，均有利于稻象甲越冬存活；早稻中后期田间无水层，有利于化蛹和羽化。一般旱秧田比水秧田发生重，沙质土田块比黏质土田块发生重。

防治上提倡免少耕与深耕轮换，早春及时沤田，多犁多耙；铲除田边、沟边杂草，减少越冬虫源。在成虫盛发期，按水：糖：醋比例为5：1：1加少量白酒混合后浸湿草把，放入秧田或分蘖期大田，再在草把下撒一层毒土，能够诱杀成虫。药剂防治应采取“治秧田保大田、治成虫控幼虫”的策略。用药适期为成虫羽化期至产卵盛期之前。一般掌握在秧苗3叶期和拔秧前2～3d用药，水稻移栽后5～10d当虫量达防治指标时立即用药。选用90%敌百虫原药1 500 g/hm^2、10%醚菊酯乳油750～900mL/hm^2，或用10%吡虫啉可湿性粉剂300g/hm^2，加水600kg喷雾。

（三）稻苞虫（直纹稻弄蝶）

我国从北到南1年发生3～8代。北方稻区2～3代，黄河以南长江以北4～5代。在南方稻区，以老熟幼虫在背风向阳的稻田边、低湿草地、水沟边、河边等处的杂草中结苞越冬，其越冬场所分散。在黄河以北，则以蛹在向阳处杂草丛中越冬。成虫白天活动，飞翔能力很强，喜取食多种植物的花蜜，喜在生长旺盛、叶色浓绿的稻田里产卵，卵散产在叶片上。低龄幼虫只在近叶尖处的边缘咬成缺刻，吐丝将上部叶缘向正面折卷成小苞。幼虫一、二龄时卷单叶苞，三龄后能缀叶成多叶苞，幼虫取食苞周围叶片，清晨、黄昏及阴雨天爬出苞外取食。老熟后在苞内或稻丛基部丛间缀苞化蛹。冬季气温偏高，越冬虫量就大。6～8月降水量和降雨日数多，降水量分布均匀，时晴时雨，有利其发生；若高温干旱，则发生少。蜜源多的地区发生重。

铲除田边、沟边等处杂草，消灭越冬幼虫；用虫梳梳落虫蛹，也可人工摘除虫苞；在蜜源植物集中处捕杀成虫。在二至三龄幼虫高峰期，百穴有虫30头左右的田块，应及时用药防治。选用80%敌敌畏乳油2 250～3 000mL/hm^2、40%毒·辛乳油1 200～1 500mL/hm^2、17%阿维·毒1 200～1 500mL/hm^2，或用生物制剂苏云金杆菌水剂1 500～2 250mL/hm^{2}等加水750kg喷雾。在山区可喷粉防治。晴天宜在傍晚施药，阴天则整天都可施药。

（四）稻蓟马

稻蓟马在福建和两广南部，可以终年繁殖危害，1年发生15～19代；在我国其他稻区1年发生10～14代，田间世代重叠。以成虫在麦田和禾本科杂草等处越冬。成虫活泼，稍受惊动即飞散。成、若虫均畏光怕旱，多隐匿在寄主的心叶、卷叶内活动取食，卵散产在叶片表皮下的脉间组织内。一、二龄若虫行动活泼，是若虫取食危害的主要阶段。三、四龄若虫行动呆滞，取食甚少。暖冬年份有利其越冬和早春繁殖。凡初夏气温偏低，梅雨期长的年份，稻蓟马发生期长，危害重。苗情好，长势嫩绿、多肥的田块发生重。

防治上要尽量避免水稻早、中、晚混栽，相对集中播种期和栽秧期；清除杂草，合理施肥。药剂防治适期掌握在卵孵高峰期，以秧田期和本田分蘖前期为防治重点。选用10%吡虫啉可湿性粉剂150～225g/hm^2、25%杀虫双水剂3 000mL/hm^2、90%敌百虫原药1 500g/hm^{2}加水喷雾。还可用吡蚜酮、烯啶虫胺等喷雾。也可用吡虫啉拌种或噻虫嗪包衣种子。

（五）稻黑蝽

在湖南、广东、江西1年发生2代，在江苏、浙江、贵州等地1年发生1代。以成虫及少数高龄若虫在稻田附近的杂草丛根际、枯枝落叶下、土壤或砖石缝隙中和稻桩内越冬。越冬成虫5～7月迁入稻田取食产卵。成虫、若虫均具有群集、避光、假死、坠落习性。成虫行动迟缓，在田间扩散距离短，有明显的危害中心。卵多产于稻株近水面的叶鞘或稻茎上，卵块常 10～14 粒，排成两排，也有 3～4 排的。若虫孵出后围聚于卵壳四周，二龄后开始分散，潜伏稻株下部危害取食。高龄若虫和成虫晚间或阴天爬到稻株上部取食稻叶，抽穗后危害稻穗。夏季干旱少雨的年份发生量大。

清除田边、沟边杂草，减少越冬虫源；越冬成虫迁向稻田期间，以灯光诱杀成虫。7 月产卵盛期先放掉田水，以降低产卵部位，然后每隔 4d 灌 1 次深水，每次 24h，连续 2～3 次，浸杀虫卵。在低龄若虫期，平均每穴水稻有虫 0.5 头时用药防治。选用 90%敌百虫原药1 500g/hm^2 或 10%吡虫啉可湿性粉剂 300g/hm^2，加水 750kg 喷雾。施药时田中要有 3～7cm 水层。

（六）稻叶蝉

黑尾叶蝉 1 年发生代数自北向南递增，长江流域各省份 1 年发生 5～6 代，从第三代起世代重叠。多以四龄若虫、少量三龄若虫及成虫在绿肥及田边、沟边、塘边和其他越冬作物田中的杂草上越冬。3 月中旬以后陆续羽化为成虫，迁飞到早稻秧田，在秧苗上产卵，后被带到本田；羽化迟的越冬代成虫，则直接迁飞到本田危害。成虫有较强的趋光性，产卵趋嫩绿，卵多产在叶鞘边缘内侧组织中，卵粒倾斜呈单行排列。产卵处外表有隆起的斑痕，2～3d 后变为褐色。一般多在稻株上部吸汁取食。冬季气温偏高，有利其越冬，虫口基数大。夏、秋季晴热、少雨干旱的年份，发生量大，危害重。

防治上结合冬、春季积肥，铲除田边杂草，减少虫源；避免混栽，减少桥梁田；选用抗虫品种，合理肥水管理和合理密植。成虫盛发期，点灯诱杀。狠抓在早稻秧田集中危害期防治，压低全年的发生量。适用的药剂及用量参照稻飞虱的防治。

练　习

1. 调查了解当地水稻主要害虫的发生危害情况、主要防治措施和成功经验，撰写调查报告 1 份。

2. 根据当地水稻主要害虫的发生情况，拟订 2～3 种水稻害虫的综合防治方案。

3. 列表比较当地常用水稻杀虫剂的防治对象和使用技术。

思考题

1. 试比较 3 种稻螟（三化螟、二化螟、大螟）和 3 种稻飞虱（褐飞虱、白背飞虱、灰飞虱）生活习性的异同。

2. 水稻栽培管理对水稻病虫害的发生有什么影响？如何运用栽培管理措施来减轻水稻病虫害的发生？

拓展知识

水稻病虫害综合防治技术

水稻病虫害的综合防治是从农田生态系统整体观念出发，以生态学、经济学和环境保护学的观点，全面考虑水稻整个生育阶段主要病虫害的发生、发展规律，结合地域特点、耕作制度等，采取以农业防治为基础，因地制宜地协调使用生物防治、化学防治等技术措施，以达到经济、安全、有效地控制水稻病虫危害的目的。在具体实施过程中，应从各稻区的特点出发，开发关键技术，形成各稻区病虫害防治技术体系及多样化综合治理模式。

（一）植物检疫

对调运及引进的种子或稻草，应严格进行检疫，防止危险性病虫传入，如水稻细菌性条斑病、稻水象甲等都是重要的检疫对象，要采取切实可行的措施，杜绝其传播蔓延。

（二）播前农业防治

1. 种植抗（耐）病虫良种　这是防治病虫害最经济有效的措施。各稻区应根据本地病虫害发生的具体情况，有针对性地选育和推广抗稻条纹叶枯病、稻黑条矮缩病、稻瘟病、稻白叶枯病、稻飞虱等主要病虫或病虫兼抗的优良品种。

2. 统筹规划，合理安排茬口　力求连片种植，尽量避免不同熟制的水稻混栽，以减少害虫辗转危害的桥梁田，可有效地防治三化螟等害虫。实行水旱轮作对水稻病虫害也有很好的控制作用。

3. 消灭越冬病虫源

（1）减少病虫源基数。拾毁稻桩，及早处理稻草，清除田边、沟边杂草及茭白残株，可减少螟虫的越冬基数；处理病稻草，还可减少稻瘟病、纹枯病、白叶枯病等的初侵染源。春耕灌水整田时，打捞田边四角浪渣，可减少稻纹枯病的菌源。

（2）及时春耕灌水。在螟虫春季化蛹期间，将休闲或绿肥稻田，及时翻耕灌水沤田，可以闷杀稻根内的虫蛹，减少虫源。

（三）秧田期防治

秧田期的病虫害主要有稻恶苗病、稻瘟病（苗瘟）、稻条纹叶枯病、地下害虫、稻瘿蚊以及稻蓟马等。秧田期病虫防治策略是以“防”为主，一方面通过选好秧田位置、种子消毒、肥水管理等措施培育壮秧，另一方面根据秧田面积小，多种病虫集中危害和易于开展防治的特点巧用农药。

1. 精选和处理种子　对稻干尖线虫病、稻恶苗病等种传病害，控病关键是种子消毒处理，而稻瘟病、稻白叶枯病等通过种子处理也可减少菌源，可针对当地病害发生的实际情况选用合适的药剂浸种或拌种，要求浸足时间，注意浸匀浸透。如三氯异氰尿酸浸种可有效防治稻白叶枯病、细菌性条斑病，并可兼治其他病害。咪鲜·杀螟丹或杀螟·乙蒜素浸种可防治稻干尖线虫病、恶苗病等。在稻恶苗病菌对咪鲜胺已产生较高水平抗药性的地区，可选用氰烯菌酯、咯菌腈、乙蒜素、肟菌·异噻胺、甲霜·种菌唑等药剂浸种或拌种。三环唑或乙蒜素浸种，可防治稻瘟病等。

防治稻飞虱的拌种药剂有10%高渗吡虫啉可湿性粉剂或25%吡蚜酮可湿性粉剂。

2. 培育无病壮秧　首先应选择好秧田，秧田应选择避风向阳地势较高的田块，避免稻场边的田块作秧田，秧田要平整，播种要均匀；其次在秧田管理中，合理施肥，浅水灌溉，湿润管理，促进秧苗早发健壮，增强秧苗抗、耐病虫的能力。

3. 喷药保护　秧田施药保护具有省工、省时、成本低、效果好等优点。秧苗在3叶期和移栽前3～4d各喷药1次。使用药剂种类，可根据当地病虫害发生情况有针对性地选用，力求做到一次施药兼防多种病虫害。在病毒病发生地区，应重视前期治虫防病工作。防治水稻苗期病害（主要是绵腐病和立枯病），可在旱育秧田中使用土壤杀菌剂敌磺钠、噁霉灵、甲霜灵等进行秧板消毒；也可在发病初期喷施噁霉灵、敌磺钠等防治立枯病，喷洒敌磺钠或硫酸铜液防治绵腐病。防治稻蓟马等可用杀虫双防治。防治稻瘿蚊，在播种前整秧畦时，用3%氯唑磷颗粒剂拌湿润细土撒施，耥平后再播种；或在播种后3～5d，用3%氯唑磷颗粒剂或10%灭线磷颗粒剂拌湿润细土撒施。在插秧前用20%三环唑药液浸秧苗，堆闷半小时再插秧，可减少本田叶瘟的发生。

（四）大田期防治

分蘖期、孕穗期是纹枯病、稻瘟病、白叶枯病、稻飞虱、二化螟以及稻纵卷叶螟等多种病虫害的上升时期。尤其是水稻孕穗后期至齐穗期这一阶段是水稻一生中抗逆性最弱、受害最敏感的时期，也是防治的关键时期。此期发生有稻穗颈瘟、纹枯病、稻曲病、白叶枯病、细菌性条斑病、云形病、褐色叶枯病、稻叶黑粉病、稻粒黑粉病、紫秆病、菌核病、叶鞘腐败病等多种病害及二化螟、三化螟、稻飞虱和稻纵卷叶螟等多种害虫。

根据水稻分蘖期个体和群体补偿能力较强的特点，在水稻生长前、中期，推广以合理施肥、科学管水为中心的栽培技术，尽量少用化学农药或推广高效、低毒的选择性农药，减少对害虫天敌的杀伤，以利天敌种群的建立，控制水稻后期害虫的发生。因地制宜地应用“治小田，保大田”和“抓两头（秧田期和孕穗抽穗期），放中间（分蘖期）”的防治策略。

1. 健身控害栽培

（1）合理密植。实行合理密植、低群体栽培，可以改善农田小气候。通风透光条件好，有利防病增产。

（2）科学管水。根据水稻的生长发育规律，实行科学管水，对调节稻田生态环境、控制纹枯病等病害的发生流行具有重要作用。总的管水原则是实行浅水勤灌、适时晒田，促进发棵、抽穗齐整，株叶挺健。水稻生长后期田间要干干湿湿，防止长期深灌或脱水过早。当田间出现白叶枯病和细菌性条斑病中心病株时，应严禁将病田水排到无病田块，以阻止病情进一步扩散。

（3）合理施肥。增施磷、钾肥，不偏施、迟施氮肥，实行配方施肥，以增强稻株抗病虫能力，减轻病虫（如纹枯病、稻飞虱、稻纵卷叶螟等）危害。

2. 合理使用农药 要根据当地水稻种植类型、品种抗病虫性、主要病虫的发生情况，抓住重点，提倡一药多治、病虫兼治和合理混配。

早稻穗期以水稻破口初期预防稻穗颈瘟和防治二化螟或三化螟为主，兼治纹枯病、稻飞虱、稻纵卷叶螟等。单季稻和晚稻穗期主要应抓住两个防治关键时期：一是水稻破口前5d左右以预防稻曲病为主，兼治由云形病、褐色叶枯病、稻叶黑粉病、稻粒黑粉病、紫秆病、菌核病、叶鞘腐败病等病害引起的水稻穗期综合征和其他水稻害虫；二是水稻破口期，主要以预防稻穗颈瘟和防治三化螟为主，兼治稻飞虱、稻纵卷叶螟、二化螟、纹枯病等。

各稻区在基本弄清病虫宏观规律的情况下，农药使用技术要逐步向规范化方向发展，科学开展病虫防治总体治理。具体施药技术要点如下。

（1）选择安全、高效的对口药剂。推广高效、低毒、低残留农药和生物农药，避免使用广谱农药。如推广井冈·蛇床素、井冈·枯草芽孢杆菌、井冈·蜡芽菌防治水稻纹枯病、稻曲病等；推广阿维菌素、苦参碱、印楝素、Bt螟虫专用菌株及甜菜夜蛾核型多角体病毒·Bt等生物农药防治水稻螟虫、稻纵卷叶螟等；推广宁南霉素防治稻白叶枯病、稻条纹叶枯病等。对南方水稻黑条矮缩病可选用毒氟磷、宁南霉素、氨基寡糖素、香菇多糖、三氮唑核苷、盐酸吗啉胍、乙酸铜等。以上抗病毒剂中具有钝化病毒作用的是宁南霉素、嘧肽霉素等，具有治疗病毒作用的是毒氟磷、三氮唑核苷、盐酸吗啉胍、乙酸铜等，具有诱导保护作用的是毒氟磷、氨基寡糖素和香菇多糖等。在稻飞虱尚未有迁入之前的时期，特别是在秧田期，建议使用具有诱导保护作用的药剂，如毒氟磷、氨基寡糖素、超敏蛋白、香菇多糖等；在稻飞虱大量迁入时期，如果稻飞虱带毒率较高，必须加用病毒钝化剂，如宁南霉素、嘧肽霉素等；一旦发现水稻染毒，特别是在水稻成熟期，建议使用病毒治疗剂，以压低水稻的病毒带毒率，减轻病毒扩散带来的危害，这一时期，可使用三氮唑核苷、盐酸吗啉胍、乙酸铜等。

（2）制订适当的防治指标，调节用药时间。根据生产水平和水稻各生育期的不同耐受力以及天敌作用，制订适当的防治指标。避免在天敌繁殖、活动期间用药，选择对天敌影响最小、防治效果最大的时期用药。

（3）正确施药。要做到3个协调，一是药剂的作用机理、农药剂型与施药方法协调，如触杀作用为主的杀虫剂宜喷细雾，颗粒剂则可撒施；二是施药方法要和病虫发生危害部位协调，如防治稻瘟病、稻纵卷叶螟等叶面病虫提倡低容量、超低容量喷雾，防治纹枯病、稻飞虱等中下部病虫要喷粗雾；三是施药方法要与保护利用天敌相协调，如撒施颗粒剂防治害虫，减少药剂与天敌的接触。当田间蜘蛛与飞虱数量比为（1∶5）～（1∶6）时，可不必采用化学防治，依靠蜘蛛等天敌控制飞虱危害。近年试验采用带药漂浮载体水面施药法防治螟虫及采用根区施药、秧苗蘸药等，可以保护叶面天敌。

此外，田埂种植芝麻、大豆或黄秋葵、向日葵等显花作物涵养天敌，种植香根草诱集螟虫；应用性诱装置诱杀螟虫或稻纵卷叶螟；释放赤眼蜂、稻田放鸭；应用防虫网、频振式杀虫灯等绿色防控措施均可有效地防治水稻病虫害。

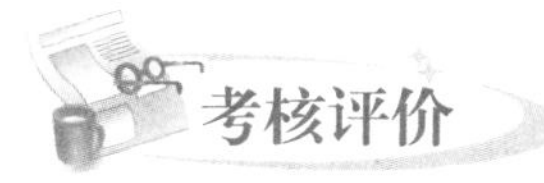

考核评价

根据学生对水稻主要病虫害发生原因分析和发生规律掌握的程度、所制订综合防治方案的科学性和可行性、现场防治操作的表现、调查报告的质量及学习态度等几方面（表3-2-1）进行考核评价。

表3-2-1　水稻病虫害综合防治考核评价

序号	考核内容	考核标准	考核方式	分值
1	水稻主要病虫害发生原因分析	对水稻主要病虫害发生规律了解清楚，在当地的发生原因分析合理、论据充分	闭卷笔试、答问考核	20
2	综合防治方案的制订	能根据当地水稻主要病虫害发生规律制订综合防治方案，防治方案制订科学，应急措施可行性强	个人表述、小组讨论和教师评分相结合	20
3	防治措施的组织和实施	能按照实训要求做好各项防治措施的组织和实施，操作规范、熟练，防治效果好	现场操作考核	20
4	调查报告	格式规范，内容真实，文字精练，体会深刻，对当地水稻病虫害防治具有指导意义	评阅考核	30
5	学习态度	遵守纪律，服从安排，配合老师积极主动联系实训现场，积极思考，能综合应用所掌握的基本知识和技能，分析问题和解决问题	学生自评、小组互评和教师评价相结合	10

子项目三　麦类病虫害综合防治

【学习目标】 掌握小麦病虫害发生规律，制订有效综合防治方案并组织实施。

任务1　小麦病害防治

【场地及材料】 小麦病害发生较重的田块，根据防治操作内容需要选定的农药及器械、材料等。

【内容及操作步骤】

一、小麦赤霉病防治

（一）发生规律

小麦赤霉病菌腐生能力强，可以在多种植物残体上越夏、越冬，如长江中下游冬麦区的稻桩、西北和黄淮冬麦区的玉米秸秆及东北春麦区的麦秸秆和杂草残体等，病害初侵染来源主要是越冬后在各种残体上产生的子囊孢子。通常在小麦抽穗前后形成子囊孢子的数量最大，子囊孢子借风雨传播，落到正在开花的麦穗上后，主要从花药侵入，也可直接从颖片内侧壁侵入。穗腐发生后，病部产生的大量分生孢子可引起再侵染。由于病菌的侵染多集中于扬花期，因此在生育期较一致时分生孢子的再侵染作用不大。但在熟期早晚相差较大时，早发病麦穗上的分生孢子便可侵染晚成熟的小麦。

赤霉病的发生流行主要取决于品种的抗病性及易感病生育期、菌源量和气候条件的综合作用。不同品种发病程度存在着明显差异，通常穗形细长、小穗排列稀疏、抽穗扬花整齐集中、花期短、残留花药少、耐湿性强的品种较抗病；小麦扬花期最易感病，抽穗期次之，乳熟期病菌侵染率明显降低。足够的菌源量是病害流行的前提，而气候条件尤其是小麦抽穗扬花期的雨日、降水量和相对湿度等是决定病害能否流行的重要因素。赤霉病发病最适温度为24～28℃，最适相对湿度为80%～100%。在小麦抽穗扬花期，如果阴雨连绵，潮湿多雾，天气闷热，极易造成赤霉病的发生和流行。另外，施氮肥过多，造成植株贪青徒长，田间郁闭；种子混杂等也有利于发病。

（二）防治方法

防治小麦赤霉病应采取以农业防治为基础，药剂保穗为关键的综合防治措施。

1. 农业防治　因地制宜选育和推广抗（耐）病性良好、优质的品种，提高种子纯度，避免混杂；清除病残体，减少菌源。加强管理，开沟排水，合理施肥，促进麦株健壮生长。收割后及时脱粒、晒干后入仓贮藏，并保持仓内较低温度，防止收获后麦粒霉变。

2. 药剂防治　药剂防治的重点是施药保穗，小麦齐穗期至盛花期是药剂防治的关键时期。通常首次最佳施药时间为扬花初期，即扬花率10%左右。用40%多菌灵悬浮剂1 500g/hm^2、70%甲基硫菌灵可湿性粉剂750～1 200g/hm^2、25%氰烯菌酯悬浮剂1 500～3 000mL/hm^2，或用8%叶菌唑悬浮剂840～1 125mL/hm^2、30%肟菌·戊唑醇悬浮剂 540～675mL/hm^2、2%苯甲·多抗可湿性粉剂 375～450g/hm^2，对水 750kg 常量喷雾或对水 300kg 低容量喷雾，要对准小麦穗部均匀喷雾。或用 30%丙硫菌唑可分散油悬浮剂 600～675mL/hm^2，采用植保无人机喷雾。一般年份施药 1 次即可，病害偏重以上流行年份至少防治 2 次，间隔 5～7d。

江苏省提出坚持"预防为主，主动出击"的防治策略。病害中等及以下流行年份，把握在小麦抽穗扬花初期用药；病害偏重以上流行年份，高感品种防治适期提早至破口齐穗期。施药后 6h 内遇雨应及时补喷。在赤霉病菌对多菌灵抗性频率高的地区，应限制使用多菌灵。上述药剂施用时，可加入适量生化制剂如植物活力素、磷酸二氢钾等任意一种，药肥混喷，保粒增重。

二、小麦白粉病防治

（一）发生规律

小麦白粉病的侵染循环因各地生态条件不同而有较大差异。病菌的越夏有两种方式：一种是以分生孢子在夏季气温较低地区（最热一旬的平均气温不超过 24℃）的自生麦苗上或夏播小麦植株上越夏；另一种是以混杂在小麦种子内或病残体上的闭囊壳在低温干燥的条件下越夏。病菌越夏后，首先侵染越夏区的秋苗，然后向附近及低海拔地区和非越夏区传播，侵害这些地区的秋苗。病菌以菌丝体和分生孢子在秋苗上越冬，春季病菌恢复活动，病部产生大量分生孢子随气流传播，引起再侵染。感病品种在适温（15～20℃）、较高湿度（相对湿度 70%以上）下发病重。早播、密植、氮肥多或地势低洼、排水不良均会加重发病。过分缺水干旱，有时发病也重。

（二）防治方法

小麦白粉病的防治应以种植抗病品种为主，辅以药剂防治和栽培防病措施。

1. 农业防治　种植抗（耐）病品种是控制白粉病最经济有效的措施，还要注意抗病品种的合理布局。越夏区麦收后及时耕翻灭茬，铲除自生麦苗，妥善处理带病麦秸。同时，加强栽培管理，合理施肥，开沟排水，降低湿度等均可减轻发病。

2. 药剂防治　在春季发病初期（病叶率达到 10%或病情指数达到 1 以上），孕穗至扬花期，上部 3 张功能叶病叶率达 30%时及时喷药。用 25%三唑酮可湿性粉剂 360～480g/hm^2、25%戊唑醇可湿性粉剂 150～225g/hm^2 或 33%三唑酮·多菌灵可湿性粉剂 750g/hm^2，或 5%烯肟菌胺乳油 67～134mL/hm^2，加水 750kg 喷雾。或用 10%唑醚·戊唑醇超低容量液剂 1 200～1 500mL/hm^2，采用植保无人机喷雾。一般喷雾 1 次即可基本控制白粉病危害。甲氧基丙烯酸酯类的嘧菌酯、醚菌酯、吡唑醚菌酯等对白粉病防效好，与三唑类杀菌剂交替使用可延缓抗药性的产生。在秋苗发病重的地区，可用三唑酮、戊唑醇或咯菌腈与苯醚甲环唑混合进行拌种。

三、小麦纹枯病防治

（一）发生规律

病菌主要以菌核在土壤中或以菌丝体在土壤内的病株残体上越夏，播种后侵染秋苗，然后以菌丝体在麦苗上越冬，返青后逐渐向植株上部扩展。部分在土壤、病残体上越冬的菌源于春季侵染麦苗，然后不断扩大蔓延。

纹枯病在田间的发生发展过程可分为 3 个阶段：第一个为秋、冬季初发病阶段，造成烂芽、病苗或死苗；第二个为春季普遍率上升阶段，土壤中和病株上的病菌不断侵染麦株，使田间病株率明显上升，同时病斑逐渐扩大，并侵染茎秆，引起茎秆发病；第三个为病情加重阶段，发病严重的可造成烂秆、死株、枯白穗。

一般秋、冬季温暖，发病早；春季气温回升快，多阴雨，可加速病情发展，病害重。早播田块、氮肥偏多、排水不良、草害重均会加重发病。纹枯病的发生与土壤类型也有一定关系。沙壤土地区纹枯病重于黏土地区，黏土地区纹枯病重于盐碱土地区。中性偏酸性土壤发病较重。品种间的抗病性有一定差异，但目前生产上推广的品种多数感病，这是小麦纹枯病普遍发生的一个重要原因。

（二）防治方法

防治小麦纹枯病应采取以健身控病为基础，药剂处理种子早预防、早春拔节期药剂防治为重点的综合防治措施。

1. 农业防治 适期播种，控制密度，增施有机肥和钾肥，实行轮作，防除草害，开沟排水，降低田间湿度，种植抗（耐）病品种。

2. 药剂防治

（1）药剂拌种。每100kg麦种用2%戊唑醇湿拌种剂150g拌种，也可用种子质量0.2%的33%三唑酮·多菌灵可湿性粉剂拌种。

（2）早春喷药防治。一般在小麦返青拔节期，病菌开始侵入茎秆之前，病株率达20%左右时，进行第一次喷药防治。对草害重、播种早、群体密度偏大的田块或病害发生较重的年份，隔7～10d再用1次药。用5%井冈霉素水剂3 000～4 500mL/hm^2 加水900kg喷雾。还可选用井冈·蜡芽菌、苯甲·丙环唑、己唑醇、戊唑醇、烯唑醇、噻呋酰胺等药剂。注意喷雾加水量要足，药液应喷于植株茎秆基部。

四、麦类其他病害防治

（一）小麦病毒病

小麦黄矮病由麦蚜传播，其中麦二叉蚜为主要传毒媒介，麦二叉蚜在病叶上吸食30min即能获毒，带毒蚜在健苗上吸食5～10min即能使健苗感病。丛矮病的传毒媒介为灰飞虱，飞虱一旦获毒，便可终身传毒，但不能经卵传毒。梭条花叶病和土传花叶病主要由土壤中的禾谷多黏菌传播，其初侵染源为田间病残根上带毒的禾谷多黏菌的休眠孢子。秋季，休眠孢子释放出大量带毒的游动孢子侵入2～3叶期的麦苗，翌春温度适宜时表现症状。小麦生长后期禾谷多黏菌又形成休眠孢子，麦收后病毒随休眠孢子越夏。连年种植感病品种、播种偏早以及传毒昆虫发生重的年份，有利于病毒病的发生流行。

防治上主要采取种植抗（耐）病品种，轮作换茬，合理安排套作，适当迟播，合理施肥，及时清除杂草和病残体，治虫防病等措施。

（二）小麦锈病

3种锈病菌都属活体营养生物，以夏孢子为侵染体，完成周年循环，其病害循环包括越夏、秋苗感染、越冬和春季流行4个环节。条锈病菌喜凉不耐热，麦收后夏孢子随气流远程传播到甘肃、青海等高寒地区的小麦上越夏，初秋再传到平原冬麦区危害早播秋苗，以菌丝体或夏孢子在麦苗上越冬。春季温度回升后继续扩大危害。叶锈病菌对温度的适应性较强，因而其越冬和越夏的地区也都比较广。在我国大部分麦区，小麦收获后病菌转移到自生麦苗上越夏，冬麦秋播出土后，病菌又从自生麦苗上转移到秋苗上危害、越冬，越冬后继续扩大危害。秆锈病菌对高温、低温都比较敏感，夏孢子主要在福建、广东等南方冬麦区越冬，春、夏季越冬区的夏孢子由南向北、向西逐步传播，经由长江流域、华北平原到东北、西北及内蒙古等地的春麦区，造成全国大范围的春、夏季流行。麦收后又传至西北、西南等高寒地区越夏。

3 种锈病都是典型的气传病害，传播范围广。大面积种植感病品种是锈病流行的必要条件。菌源多、气候适宜、管理不当等均会使病害加重。

选用抗病品种是防治锈病最经济有效的措施，但要注意抗病品种合理布局，避免单一化种植。药剂防治用三唑酮、烯唑醇（分别用种子质量 0.03%、0.01%的有效成分）等三唑类杀菌剂拌种，可有效控制秋苗发病，减少越冬菌源。在病害流行年份，对感病品种应及时用药保护或铲除发病中心。用 20%三唑酮乳油 600～750mL/hm^2、12.5%烯唑醇可湿性粉剂 300～450g/hm^2 加水 750kg 喷雾，还可选用丙环唑等药剂喷雾。栽培防病措施有适时播种，合理密植，开沟排水，适施氮肥，增施磷、钾肥等。

（三）麦类黑穗病

麦类黑穗病均属系统侵染性病害，每年仅侵染一次而无再侵染，但又各具特点。如大麦、小麦散黑穗病于田间出现时正值各自寄主的开花期，冬孢子随风吹散，落在健穗花器上，萌发后侵入子房，以菌丝体潜伏在胚部越夏，属种子内部带菌的花器侵染型。大麦、小麦播种后，潜伏的菌丝体恢复活动，进入幼芽生长点，随着麦苗的生长而向上扩展。到孕穗期，菌丝在小穗内扩展，破坏花器，形成冬孢子。大麦、小麦抽穗扬花期间，若温暖、多雾或小雨、微风，则有利于冬孢子的传播和萌发、侵入，种子带菌量增高，下一年发病重。

小麦腥黑穗病、大麦坚黑穗病以种子表面带菌为主，小麦腥黑穗病也可由土壤、粪肥带菌。冬孢子在麦类播种发芽时也开始萌发，由芽鞘侵入麦苗并到达生长点，菌丝随小麦一起生长，侵入子房，破坏花器，形成菌瘿，这一类属于幼苗侵染型。冬麦迟播、落谷过深、土温低、出苗慢，感染期长，发病重。

药剂拌种是防治麦类黑穗病最经济有效的措施。每 100kg 种子可选用 75%萎锈灵可湿性粉剂 300g、20%三唑酮乳油 150mL、40%拌种灵·福美双可湿性粉剂 150g、50%多菌灵可湿性粉剂 100～200g、2%戊唑醇干拌种剂 100～150g、10%咯菌腈悬浮种衣剂 25mL 等拌种。先将药剂对少量水配成药液，然后均匀喷洒于种子上，晾干后播种。注意严格掌握拌种用药量，防止产生药害。用戊唑醇拌种后不宜深播，且土壤墒情要好。还可选用三唑醇、烯唑醇等药剂拌种。

（四）小麦全蚀病

此病主要依靠含有病根残茬的土壤和混有病根、病茎、病叶鞘等残体的粪肥及种子 3 种途径传播。病菌的主要初侵染源是病根茬上的休眠菌丝体，播种后，病菌从麦苗根部、幼芽鞘等处侵入；返青后，随温度升高，菌丝繁殖加快，沿根扩展，并侵害分蘖节和茎基部。拔节至抽穗期，菌丝继续蔓延，根及茎基部变黑腐烂，病株陆续死亡，至灌浆阶段田间就会出现早枯白穗。

土壤肥力低，缺磷及偏碱性土壤发病重。病田连作寄主作物在一定时间内（3～6 年）病害逐年加重，当病害发展到危害高峰期再继续连种小麦，病情又明显减轻，趋于稳定下降状态，这种现象称为全蚀病的自然衰退。一般认为这与土壤中的拮抗微生物有关。

防治上要严格执行植物检疫制度，保护无病区，无病区禁止调运病区种子；零星发病区要及时拔除病株，就地烧毁；重病区轮作换茬，适当增施有机肥和硫酸铵、磷肥，适期晚播，种植耐病高产品种。处理种子可用三唑酮或三唑醇按种子量0.025%～0.030%（有效成分）拌种，或用25%丙环唑乳油按种子量0.2%拌种；也可用12.5%硅噻菌胺悬浮剂拌种或用3%苯醚甲环唑种衣剂与2.5%咯菌腈悬浮种衣剂混合拌种。病田苗期和返青期喷施20%三唑酮乳油1 500mL/hm^2。

（五）小麦胞囊线虫病

小麦胞囊线虫主要以胞囊在土壤中越冬、越夏。其胞囊可在土壤中存活1年以上，条件适宜时胞囊内卵先孵化出一龄幼虫，在卵内蜕一次皮后，变成二龄侵染性幼虫进入土壤，侵入到小麦根部生长点吸取营养，并在根维管束处发育为成虫，成虫突破根组织到根表面。雌虫产卵时体积增大，虫体变成胞囊，落入土中。该线虫在我国华中、华北麦区1年发生1代。

胞囊线虫病的发生与气候、土壤、肥水和小麦品种等都有关系。在小麦苗期，若遇天气凉爽且土壤湿润，可使幼虫能够尽快孵化并向植物根部移动，就会对小麦造成严重危害；一般在沙壤土或沙土中危害严重，黏重土壤中危害较轻；土壤水肥条件好的地块，小麦生长健壮，危害较轻；土壤肥水状况差的地块，危害较重。

防治上要加强检疫，防止扩散蔓延。选用抗（耐）病品种。轮作换茬，与其他禾本科作物，如水稻等轮作；或与非寄主作物，如豆科植物，进行2～3年轮作。平衡施肥，提高植株抵抗力。药剂防治可在小麦播种前用阿维菌素等药剂进行拌种或种子包衣，也可用噻唑磷颗粒剂等进行土壤处理。小麦返青期可用上述杀线虫剂颗粒剂与少量细干土混匀，顺垄沟施，施后及时浇水，使药剂尽快被植株吸收，效果较好。

（六）小麦根腐病

病菌以菌丝体在病残体、病种胚内越冬、越夏，也可以分生孢子在土壤中或附着种子表面越冬、越夏，成为初次发病的侵染源。如病残体腐烂，体内的菌丝体随之死亡；土壤中分生孢子的存活力随土壤湿度的提高而下降。在土壤和种子内外越冬的病菌，当种子发芽时即侵染幼芽和幼苗，引起芽枯和苗腐。病菌直接穿透侵入或由伤口和气孔侵入。在25℃下病害潜育期仅5d。小麦抽穗后，分生孢子从小穗颖壳基部侵入穗内，危害种子，形成黑胚粒。在冬麦区，病菌可在病苗体内越冬，返青后带菌幼苗体内的菌丝体继续危害，病部产生的分生孢子可经风雨传播，进行再侵染。重茬地块发病逐年加重。土壤过旱或过湿、幼苗受冻时发生重，抽穗后出现高温、多雨高湿气候时发生重。

因地制宜地选用适合当地栽培的抗根腐病的小麦品种。麦收后及时耕翻灭茬，使病残组织当年腐烂，以减少下年初侵染源。采用小麦与豆科、马铃薯、油菜等轮作方式进行换茬，适时早播、浅播，土壤过湿的要散墒后播种，土壤过干则应采取镇压保墒等农业措施减轻受害。化学防治可选用24%福美双·三唑醇悬浮种衣剂药种比1∶50包衣；还可选用异菌脲、萎锈灵·福美双等药剂拌种。小麦扬花期叶面施药可用25%丙环唑乳油525～600mL/hm^2，对水喷雾，必要时隔7～10d再施药1次；也可选用三唑酮、烯唑醇、福美双等药剂。

练　习

1. 通过查阅资料、调查询问，了解当地小麦主要病害的发生危害情况及其发生规律，并结合当地的气象资料和农事操作，分析小麦主要病害在当地严重发生的原因。撰写1份调查报告，阐述以上内容。

2. 根据小麦主要病害的发生规律，结合当地生产实际，拟订综合防治方案。

3. 参与或组织实施以下防治措施。

（1）种子消毒处理。用戊唑醇等拌种防治纹枯病、黑穗病等。

（2）田间施药。选择适宜药剂，用低容量喷雾防治小麦赤霉病，大水量喷雾防治小麦纹枯病等。

思考题

1. 简述小麦赤霉病侵染循环的过程和影响其发生流行的因素，如何确定其药剂防治适期？

2. 小麦纹枯病在田间的发生发展过程可分为哪几个阶段？其防治策略是什么？

3. 小麦白粉病是如何完成病害循环的？影响发病的因素有哪些？如何进行防治？

4. 小麦黄矮病、丛矮病、梭条花叶病和土传花叶病的传毒介体各是什么？如何进行综合防治？

5. 3 种小麦锈病在发生规律上有何异同点？

任务 2　小麦害虫防治

【场地及材料】 小麦害虫危害重的田块，根据防治操作内容需要选定的农药及器械、材料等。

【内容及操作步骤】

一、麦蚜防治

（一）发生规律

麦蚜 1 年发生代数，依地区而异，一般可发生 10 余代，有的地区在 20 代以上。除禾谷缢管蚜在我国北方多以卵在蔷薇科木本植物上越冬外，麦长管蚜和麦二叉蚜均以成蚜和若蚜或以卵在冬麦或禾本科杂草上越冬，翌年春暖开始活动危害。危害期间均进行孤雌生殖。如果气候、营养条件适宜，产生无翅胎生雌蚜；营养条件恶化，或虫口密度过大则多产生有翅胎生雌蚜，迁移到适宜的寄主上继续繁殖。

温湿度对麦蚜的消长起主导作用，一般以温度 15～25℃、相对湿度 75%以下为麦蚜的适宜温湿度组合，但因麦蚜种类不同而有差异。麦二叉蚜的最适温度范围为 15～22℃，30℃以上时生长发育停滞，但抗低温能力最强。麦长管蚜的适温范围为 12～20℃，低于麦二叉蚜，28℃以上生育停滞。禾谷缢管蚜最耐高温，在湿度适宜的条件下，30℃左右时生长发育最快，但不耐低温。麦长管蚜喜光耐湿，麦二叉蚜喜旱畏光，禾谷缢管蚜畏光耐高湿。大雨的机械冲击可使蚜量显著下降，尤以麦长管蚜为甚。

麦蚜的种群数量消长与小麦生育期的关系非常密切。秋季小麦出苗后，3 种麦蚜陆续迁入危害（禾谷缢管蚜以卵越冬地区，多在春后迁入），但因营养条件及温度不适，蚜量一般较低。翌年春天小麦返青后随着温度上升，营养改善，蚜虫密度增加。抽穗开花后，田间蚜量激增，乳熟期种群数量达到最高峰，这是麦蚜直接危害最严重的时期，之后种群密度逐渐下降。

麦蚜的发生程度还与小麦的播种期、品种等有关。秋季早播麦田蚜量多于晚播麦田；小穗排列稀疏的品种重于排列紧密的品种，有芒品种重于无芒品种，迟熟品种重于早熟品种。麦蚜的天敌主要有瓢虫、草蛉、食蚜蝇、蚜茧蜂、蚜小蜂和蚜霉菌等。这些天敌对抑制蚜虫都有一定的作用。

（二）防治方法

麦蚜的防治要因地制宜，区别对待。在黄矮病流行区，要做好治蚜防病，重点抓好苗期的防治；非黄矮病流行区，重点是控制穗期蚜虫危害。

1. 农业防治 在南方禾谷缢管蚜发生严重地区，减少秋玉米播种面积，切断其中间寄主，可减轻发生危害；在西北麦二叉蚜和黄矮病发生严重地区，应缩减冬麦面积，扩种春播面积；冬、春麦混种区应分别种植，适时集中播种。选用抗（耐）蚜良种，清除田间、田边杂草。春麦适当早播，冬麦适当晚播，实行冬灌，早春耙磨镇压，合理施肥，对压低种群数量有一定效果。

2. 药剂防治 在麦二叉蚜常发和黄矮病流行区，可用70%吡虫啉湿拌种剂60～180g，对水10L，与100kg小麦种子拌匀，摊开晾干后播种。

穗期治蚜掌握在小麦扬花后麦蚜数量急剧上升期，一般在小麦扬花至灌浆初期，当有蚜穗率达5%～10%时，用药防治。可选择50%抗蚜威可湿性粉剂150～225g/hm^2、10%吡虫啉可湿性粉剂150～300g/hm^2、25%唑蚜威乳油300～600mL/hm^2、2.5%溴氰菊酯乳油600mL/hm^2，对水750kg喷雾。也可用吡蚜酮、啶虫脒、呋虫胺、噻虫嗪、哌虫啶、氯噻啉、高效氯氰菊酯等。或用4%阿维·噻虫嗪超低容量液剂1 200～1 575mL/hm^2、3%噻虫嗪超低容量液剂750～1 500mL/hm^2、80亿孢子/mL金龟子绿僵菌CQMa421可分散油悬浮剂900～1 350mL/hm^2，采用植保无人机喷雾。此外，还要保护利用天敌，充分利用天敌控制蚜害。

二、小麦吸浆虫防治

（一）发生规律

小麦吸浆虫1年发生1代，以老熟幼虫在土中结圆茧越夏、越冬。翌年早春气候适宜时，破茧为活动幼虫，上升土表化蛹、羽化。越冬幼虫大量破茧上移发生在小麦拔节盛期，化蛹在孕穗期。抽穗期成虫羽化、交尾，在穗部产卵，其成虫畏强光和高温，早晨和傍晚活动旺盛。幼虫孵化后，正值小麦扬花盛期和灌浆初期，即可从颖壳缝隙侵入吸浆危害。小麦近成熟时，老熟幼虫脱颖落地，入土结茧越夏、越冬。小麦吸浆虫有多年休眠习性，如遇春旱不能破茧化蛹则继续休眠，直至下年或多年以后再化蛹羽化。

小麦吸浆虫喜湿怕干。在温度适宜时，土壤含水量是影响发生量的关键因素，同时也影响发生期。当土壤含水量低于15%时不化蛹，土壤含水量达20%～25%才大量化蛹、羽化，特别是有雾和露水时，成虫易于产卵，幼虫易于入侵。在麦收前，老熟幼虫遇雨才能脱颖入土；如天气干旱，则停留麦穗内，在小麦脱粒晒干时，大都死亡，以致下一年发生基数减少。如果春季缺雨，土壤板结，小麦吸浆虫很少化蛹、羽化，则当年发生量少，受害轻。

小麦连作受害重。凡抽穗整齐、灌浆迅速、抽穗盛期与成虫盛发期不遇的品种受害轻，反之，则受害就重。其在壤土上发生比黏土和沙土为重，碱性土壤适宜于小麦红吸浆虫发生，而小麦黄吸浆虫则较喜酸性土壤。

（二）防治方法

防治小麦吸浆虫应采取以农业防治为基础，推广抗虫品种为主，并与药剂防治相结合的综合防治措施。

1. 选用抗（避）虫良种　一般内外颖壳扣合紧密、灌浆速度快、种皮厚的品种都可阻碍成虫产卵和幼虫侵入。抽穗整齐，可减少成虫产卵。

2. 实行轮作　对危害严重的地块，可调整作物布局，实行轮作倒茬，使吸浆虫失去寄主，从而减轻危害。

3. 药剂防治　最佳用药时期在化蛹盛期和成虫盛期。化蛹盛期，每样方（10cm×10cm×20cm）平均蛹数1头以上时，即需防治。用50％辛硫磷乳油1 500mL/hm^2，加水15～30kg，拌土300kg撒施。成虫盛发期，平均网捕10次有成虫10～25头即需立即防治。用20％氰戊菊酯乳油300mL/hm^2加水喷雾，或用20％呋虫胺悬浮剂225～300mL/hm^2、10％阿维·吡虫啉悬浮剂180～225mL/hm^2、30％氯氟·吡虫啉悬浮剂60～75mL/hm^2对水喷雾，也可用80％敌敌畏乳油1 500mL/hm^2拌土300～375kg撒施。

三、小麦害螨防治

（一）发生规律

麦叶爪螨1年可发生2～3代，以成螨或卵越冬。翌年2月越冬成螨开始活动，越冬卵也先后孵化，3月中旬至4月中旬虫量迅速上升，此时正值小麦分蘖至拔节期，是发生危害盛期。此后，气温渐高，产卵于麦茬及附近土块上越夏。10月越夏卵孵化，在小麦或田边杂草上危害，并繁殖第二代。12月气温降低，以成螨或产卵于土块、干叶上或麦苗分蘖丛里越冬。喜阴湿，怕高温干燥，其发育最适温度为8～15℃，最适湿度为80％以上，故低洼、潮湿、阴凉的麦田发生重。秋雨多，春季阴凉、多雨，发生严重。

麦岩螨1年发生3～4代，主要以成螨和卵在麦田土块下、土缝中越冬。翌年2月中下旬或3月上旬成螨开始活动和产卵，越冬卵也相继孵化。4月下旬至5月上旬正值小麦孕穗至抽穗期，田间虫口密度最大，危害较重。5月中下旬气温升高，多产卵于1～4cm深的表土中越夏。10月上中旬，越夏卵孵化，在小麦幼苗上繁殖危害，12月以后以成螨和卵越冬。喜温暖干燥，生长发育的最适温度为15～20℃，最适湿度50％以下。秋雨少、春季干旱年份易于成灾。

（二）防治方法

1. 农业防治　合理轮作，麦收后浅耕灭茬，清除杂草，均可减少虫源。根据麦苗生理需要，及时抗旱灌水，对控制麦岩螨的发生有重要作用。

2. 药剂防治　春季进行田间调查，当每米麦垄有虫600头以上，大部分麦叶上密布白斑时，立即用药防治。可用15％哒螨灵乳油3 000倍液、73％炔螨特乳油2 000～3 000倍液喷雾，或用1.8％阿维菌素乳油300mL/hm^2、50％硫黄悬浮剂3 750g/hm^2等加水750kg喷雾。也可以用1.5％阿维菌素超低容量液剂600～1 200mL/hm^2，采用植保无人机喷雾。

四、麦类其他害虫防治

（一）麦秆蝇

在冬麦区1年发生4代，以幼虫在麦苗幼茎内越冬，翌年4月成虫羽化，在麦株上产卵危害，幼虫有转移危害的习性。一般在小麦拔节末期着卵及幼虫入茎最多，愈近抽穗期着卵及幼虫入茎愈少。卵大多产在叶面距叶基4mm范围内。幼虫老熟后，爬到叶鞘上部外层化蛹。

防治上采取选用抗虫良种、冬麦迟播（可减少秋苗受害，压缩越冬基数）、药剂防治

（可在越冬代成虫盛发，尚未产卵时喷敌敌畏等药液）等措施。

（二）麦叶蜂

1年发生1代，以蛹在土下越冬，翌年3月中下旬羽化为成虫。成虫多在9～15时活动。雌成虫以锯状产卵器在叶背沿中脉旁锯缝产卵，孵化后，一、二龄幼虫全天取食，三龄以后傍晚取食，4月中下旬危害最盛。幼虫有假死性。小麦抽穗时，幼虫入土做土茧滞育越夏，10月化蛹越冬。冬季温暖，土壤湿润，春季冷湿，成虫羽化期无大雨，有利于麦叶蜂发生危害。

防治上采取秋种前深耕（可将土下休眠幼虫及越冬蛹翻出土表，使其死亡）、水旱轮作等措施。药剂防治宜掌握在幼虫三龄前，选用50%辛硫磷乳油1 500倍液或2.5%溴氰菊酯乳油4 000～6 000倍液等喷雾。10时前或傍晚施药。

1. 根据小麦主要害虫的发生规律，结合当地生产实际，拟订综合防治方案。

2. 参与或组织实施防治措施。如选择适宜药剂，拌种防治地下害虫；撒施毒土防治吸浆虫；喷雾防治麦蚜等。

1. 简述3种主要麦蚜的越冬特点，它们在麦田的种群消长动态如何？怎样防治？

2. 小麦吸浆虫的防治策略是什么？如何进行综合防治？

小麦病虫害综合防治技术

小麦病虫害的综合防治就是以麦田生态系统为中心，进行适当的综合管理。以小麦各生育阶段主要病虫为对象，采取以农业防治为基础，因地制宜地协调使用生物防治、化学防治等技术措施，提高防治的总体效益，达到经济、安全、有效地控制麦类病虫危害的目的。

（一）苗期（播种至越冬前）

苗期防治对象主要是种传病害（如黑穗病等）、土传病害（如纹枯病等）、苗期感染病害（如条锈病、白粉病等）和病毒病及麦蚜、地下害虫等。

1. 农业防治

（1）选用抗性品种。要根据当地生产实际，选择对锈病、白粉病、病毒病和吸浆虫等有较好抗（耐）性的品种。在黑穗病重发生区，还要选用无病种子。

（2）合理轮作倒茬和间作套种。小麦全蚀病、根腐病、腥黑穗病、纹枯病常发区要尽量采用轮作换茬，以减少菌源。与水稻轮作可以控制地下害虫和吸浆虫的危害；与油菜间作可增加天敌数量，有效控制麦蚜等。

（3）及时翻耕灭茬。麦收后要及时翻耕，清除自生麦苗和田边地头杂草，减少越夏的锈病、白粉病的菌源及传毒灰飞虱、蚜虫数量；南方稻田、北方夏玉米田应深耕、灭茬，减少后茬麦田的赤霉病菌源。

（4）配方施肥，沟系配套。适当施用氮肥，增施有机肥和磷、钾肥，可减轻纹枯病、全蚀病等的危害；开沟降湿可有效防治纹枯病。

（5）适期适量播种。小麦条锈病秋苗早发重发地区，适期晚播可减少苗期侵染，减少越冬菌源；黑穗病发生区，冬麦适期早播、春麦适期晚播，可缩短麦苗出土时间，减少病菌侵染；推广精量播种，降低群体密度，创造不利于病虫发生危害的田间生态小环境。

2. 药剂处理麦种　开展小麦种子药剂处理，可有效控制小麦腥黑穗病、散黑穗病、全蚀病、胞囊线虫病、纹枯病、根腐病等多种种传、土传病害以及蛴螬、金针虫等地下害虫的发生与危害；在药剂有效期内对苗期蚜虫、灰飞虱等害虫也有一定的控制效果。要根据当地小麦种传、土传病害及地下害虫发生种类与特点，结合统一供种，选用适合的拌种药剂或种衣剂。

（1）纹枯病重发区及腥黑穗病、散黑穗病发生区，可选用6%戊唑醇悬浮种衣剂10mL，加300mL水拌种或包衣20～25kg小麦种子；还可选择萎锈灵·福美双等药剂拌种。

（2）全蚀病发生区，选用12.5%硅噻菌胺悬浮剂20～30mL加水0.50～0.75kg，拌麦种10kg左右，拌种后堆闷10～12h，晾干后播种。用10%咯菌腈悬浮种衣剂拌种，可防治麦类黑穗（粉）病、纹枯病、全蚀病等。

（3）根腐病发生区，可选用24%福美双·三唑醇悬浮种衣剂药种比1∶50包衣；还可选用异菌脲、萎锈灵·福美双等药剂拌种。

（4）胞囊线虫病重发区，可选用阿维菌素等进行拌种。

（5）地下害虫发生区，要坚持药剂拌种与毒土法、毒饵法结合使用，提高防控效果，可选用50%辛硫磷乳油20mL，对水2kg，拌麦种15kg，拌后堆闷3～5h播种；或用48%毒死蜱乳油10mL，对水1kg，拌麦种10kg；或用60%吡虫啉悬浮种衣剂200mL，加1.5～2.0kg水调制药液，包衣100kg麦种。

（6）地下害虫与种传、土传病害混发区，要选用杀虫剂与杀菌剂混合拌种或包衣，如40%辛硫磷乳油50g加6%戊唑醇悬浮种衣剂10mL，对水300mL拌麦种20～25kg，或用60%吡虫啉悬浮种衣剂200mL加6%戊唑醇悬浮种衣剂50mL加2kg水调制药液后拌100kg麦种，病虫兼治。

3. 田间药剂防治　主要针对条锈病、白粉病的早发田块及传播病毒病的害虫。

（1）在小麦条锈病菌、白粉病菌越夏、越冬关键地区，如果苗期出现中心病团或严重发病，要及时使用三唑酮等进行局部喷药控制。

（2）对丛矮病、黄矮病等发生重的地区，在传毒昆虫初发期要及时喷药防治，可用10%吡虫啉可湿性粉剂等喷雾防治麦蚜、灰飞虱。

（二）返青拔节期

此期主要是防治小麦纹枯病、条锈病、白粉病，小麦害螨（麦蜘蛛）等。在抓好麦田肥水管理、杂草防除等措施的基础上，应及时用药控制早期危害。

1. 防治纹枯病　用5%井冈霉素水剂对水大量喷雾，亦可加水泼浇，对高产、重发田块，一般在第一次喷药后10～15d再打1次药。用25%三唑酮可湿性粉剂、12.5%烯唑醇可湿性粉剂喷雾，还可兼治小麦全蚀病、白粉病。

2. 防治锈病、白粉病　用15%三唑酮可湿性粉剂对水喷雾或超低容量喷雾，还可兼治其他病害。12.5％烯唑醇可湿性粉剂，不仅防效高，而且持效期长，有效成分用量45～75g/hm^2。

3. 防治麦蜘蛛 可用15％哒螨灵乳油或20％双甲脒乳油等喷雾。

（三）孕穗至扬花灌浆期

此期是多种病虫急速上升危害期，是综合防治的关键阶段。除防治锈病、白粉病外，还要注重防治赤霉病、吸浆虫、麦蚜等多种病虫。同时，该时期天敌种群数量也急剧上升，要注意合理使用农药，保护麦田天敌。

1. 防治赤霉病 在小麦赤霉病常发区，应抓紧齐穗期至盛花期喷药预防，用氰烯菌酯、咪鲜胺、戊唑醇、多菌灵、烯肟菌酯等单剂及其复配剂，如果扬花期间连续阴雨，第一次用药后7d，趁下雨间隙再喷1次药。

2. 防治吸浆虫 中蛹期（小麦孕穗阶段）撒施毒土或毒沙，可用5％辛硫磷颗粒剂。扬花期补治成虫，可用80％敌敌畏乳油对水，搅匀后喷在麦糠或干细土上，下午撒入麦田熏杀或用48％毒死蜱乳油加水喷雾。

3. 防治麦蚜 当小麦百株蚜量达到500头，益害比小于1∶150，近期又无大的风雨，要及时喷药防治穗蚜，可选用25％吡蚜酮可湿性粉剂或50％抗蚜威可湿性粉剂或10％吡虫啉可湿性粉剂或48％毒死蜱乳油等喷雾。

4. 防治多种病虫 小麦穗期多种病虫混合发生时，为保护天敌，减少用药次数及用工，可选用对锈病、白粉病及麦蚜、黏虫等效果好的三唑酮、灭幼脲、抗蚜威等药剂混用，一次用药兼治多种病虫，也可使用低毒、高效的复配农药防治。在防治上述病虫时，还可结合根外追肥，药肥混喷，防病虫、防早衰、防干热风，一喷三防，保粒增重。

考核评价

根据学生对小麦主要病虫害发生原因分析和发生规律掌握的程度、所制订综合防治方案的科学性和可行性、现场防治操作的表现、调查报告的质量及学习态度等几方面（表3-3-1）进行考核评价。

表3-3-1 小麦病虫害综合防治考核评价

序号	考核内容	考核标准	考核方式	分值
1	小麦主要病虫害发生原因分析	对小麦主要病虫害发生规律了解清楚，在当地的发生原因分析合理、论据充分	闭卷笔试、答问考核	20
2	综合防治方案的制订	能根据当地小麦主要病虫害发生规律制订综合防治方案。防治方案制订科学，应急措施可行性强	个人表述、小组讨论和教师对方案评分相结合	20
3	防治措施的组织和实施	能按照实训要求做好各项防治措施的组织和实施，操作规范、熟练，防治效果好	现场操作考核	20
4	调查报告	格式规范，内容真实，文字精练，体会深刻，对当地小麦病虫害防治具有指导意义	评阅考核	30
5	学习态度	遵守纪律，服从安排，配合老师积极主动联系实训现场，积极思考，能综合应用所掌握的基本知识和技能，分析问题和解决问题	学生自评、小组互评和教师评价相结合	10

子项目四　杂粮病虫害综合防治

【学习目标】掌握杂粮病虫害发生规律，制订有效综合防治方案并组织实施。

任务1　杂粮病害防治

【场地及材料】杂粮病害发生较重的田块，根据防治操作内容选定农药及相关器械、材料等。

【内容及操作步骤】

一、玉米大斑病和小斑病防治

（一）发生规律

玉米大斑病菌主要以分生孢子或菌丝体在病残体中越冬；带病种子和堆肥中尚未腐烂的病菌也能越冬，成为初侵染来源或后续侵染菌源。玉米小斑病菌主要以菌丝体在病残体内越冬，分生孢子也可越冬，但存活率很低。上年玉米收获后遗留在田间、地头和玉米秸秆垛中尚未腐熟的病残体是主要的初侵染来源。

玉米大斑病菌越冬后的分生孢子或玉米小斑病菌在翌年玉米生长季节遇到适宜的温湿度条件时产生的分生孢子，都可通过气流传播到玉米植株上，有水膜时萌发产生芽管，从叶片上表皮细胞或气孔直接侵入，发病后病部在潮湿条件产生大量分生孢子，借气流传播进行再侵染。在一个生长季节中两种病害均可以进行多次再侵染。

不同的玉米品种对大斑病和小斑病的抗病性有显著差异。大斑病适于发病的温度为20～25℃，超过28℃就不利于其发生；小斑病适于发病的温度在25℃以上。两种病害均要求高湿条件。我国玉米产区7～8月的气温大多适于发病，此期内雨日、降水量多，露水大的年份和地区，两种病害发生重。连作地，晚播、密植、靠近村庄及地势低洼的地块发病均重。

（二）防治方法

防治玉米大斑病、小斑病应采取以种植抗病品种为主，加强田间管理，减少菌源，并与药剂防治相结合的综合防治措施。

1. 选用和推广高产抗病品种　种植抗病品种是防治玉米大斑病、小斑病最经济有效的措施。

2. 加强栽培管理，减少菌源　根据品种特性和栽培条件合理密植，降低田间湿度。注意低洼地及时排水，降低田间湿度。玉米收获后要及时翻地，将田间病残体翻入土中使其加速腐烂分解；秸秆不宜不能做篱笆，不要堆放在田间地头；秸秆做堆肥时要充分进行高温发酵。适期早播可避过抽穗灌浆期时的多雨季节，减少病害的发生和流行。有机肥应充分腐熟，施足基肥，适期追肥，氮、磷、钾肥合理配合，尤其是要避免拔节和抽穗期脱肥。大面积实行1～2年轮作也可减少发病。

3. 药剂防治　选用25％吡唑醚菌酯悬浮剂600～750mL/hm^2、45％代森铵水剂1 200～1 500mL/hm^2、70％丙森锌可湿性粉剂1 500～2 250g/hm^2、75％肟菌·戊唑醇水分散粒剂

$225\sim300g/hm^2$、35%唑醚·氟环唑悬浮剂 $450\sim600mL/hm^2$ 或 32%戊唑·嘧菌酯悬浮剂 $480\sim630mL/hm^2$，对水 750～1 125kg 喷雾。或用 200 亿芽孢/mL 枯草芽孢杆菌可分散油悬浮剂 1 050～1 $200mL/hm^2$，采用植保无人机喷雾。每隔 7～10d 喷 1 次，连续 2～3 次。

二、玉米丝黑穗病防治

（一）发生规律

病菌以冬孢子散落在土壤中、混入粪肥中或黏附于种子表面越冬，成为翌年的初侵染来源，其中土壤带菌为主要菌源。冬孢子通过牲畜消化道后仍能保持活力，施用未经腐熟的粪肥可引起田间发病。带菌种子是远距离传播的重要途径，但由于种子自然带菌量小，传病作用明显低于粪肥和土壤带菌。

土壤、粪肥中或种子上越冬的冬孢子萌发产生担孢子，两性担孢子经过性结合后产生侵染丝，从玉米幼苗的芽鞘、胚轴或幼根侵入。玉米 3 叶期前是主要的感病时期，7 叶期后病菌不再侵染。侵入后的病菌很快蔓延到达玉米的生长锥，当玉米雌雄穗分化时，病菌进入花芽和原始穗造成系统性侵染。菌丝在雌、雄穗内形成大量的黑粉（冬孢子），玉米收获时大量黑粉落入土壤中越冬。连作地发病重；种子带菌未经消毒、使用未腐熟的厩肥或病株残体未被妥善处理等都会使土壤菌量增加，导致该病的严重发生；播种过深、种子生命力过弱时发病重；在土壤含水量 20%条件下发病率最高。

（二）防治方法

防治玉米丝黑穗病应采取以种子处理为主，及时消灭菌源，种植抗病品种等农业措施相结合的综合防治措施。

1. 种子处理 播前要晒种，选籽粒饱满、发芽势强、发芽率高的种子。药剂拌种处理，可选用 40%萎锈灵·福美双胶悬剂 270～330mL 加水 1.2L 拌种 100kg，或选用 50%多菌灵可湿性粉剂，或 50%萎锈灵乳油，每 100kg 种子用药量为 250～350g；或选用 5.5%二硫氰基甲烷乳油，每 100kg 种子用药量为 1g，或用绿色木霉 L24 菌株制剂稀释 500 倍液拌种或对种子喷雾，防效较好。玉米药剂拌种后不可闷种或贮藏后播种，否则易发生药害。

2. 农业防治 种植抗病品种，且要选用兼抗玉米丝黑穗病与大斑病的品种。禁止从病区调运种子。实行 1～3 年的合理轮作。调整播期，要求播种时气温稳定在 12℃以上，地膜覆盖也可提早播种，但不可盲目地早播；及时拔除田间病株；进行高温堆肥，厩肥充分发酵；切忌将病株散放或喂养牲畜、垫圈等；育苗移栽的要选不带菌的地块或经土壤处理后再育苗，最好在玉米苗 3～4 片叶以后再移栽定植大田，可有效避免病菌的侵染。

三、玉米黑粉病防治

（一）发生规律

病菌主要以冬孢子在土壤和病残体中越冬，也可黏附于种子表面或混在粪肥中越冬。越冬的冬孢子在温湿度适宜的条件下萌发产生担孢子和次生担孢子，随着风雨传播，从寄主表皮或伤口直接侵入叶片、茎秆、节部、腋芽和雌雄穗等幼嫩的分生组织。冬孢子也可以直接萌发产生侵染丝侵入玉米的各部分组织，特别是在湿度和水分不够时，可以这种侵染方式侵入。病菌在生长繁殖过程中，分泌类似生长素的物质刺激感病组织增生、膨大形成病瘤。在病瘤内最后产生大量的黑粉状冬孢子，随风雨传播后，进行再侵染。玉米抽穗前后为玉米瘤黑粉病的发病盛期。病菌菌丝在茎秆组织和叶片内可以蔓延一定距离，因此，在叶片上可形成成串的病瘤。

硬粒玉米抗病性较强，马齿型次之，甜玉米较感病；果穗苞叶厚、长而紧密的较抗病，早熟品种比晚熟品种发病轻；夏玉米发病重于春玉米；连作或玉米收获后不能及时将秸秆运出田外处理的，田间会因积累大量菌源而发病重；在干旱少雨、缺乏有机质的沙性土壤中，冬孢子存活率高，翌年的初侵染源数量大，发病重。玉米抽雄前后是感病时期，如遇干旱，植株抗病力下降，极易感染瘤黑粉病。暴风雨、冰雹、人工作业及螟虫造成的伤口都有利于病害发生。高温、高湿、多雨的地区，土壤中的冬孢子易萌发死亡，发病较轻。

（二）防治方法

1. 农业防治　因地制宜地利用抗病品种；秋季翻地，彻底清除田间病残体，玉米秸秆用作堆肥时要充分腐熟，及早割除未变色的病瘤，并带出田外深埋处理；重病田实行2～3年的轮作；合理密植，避免偏施、过施氮肥，适时增施磷、钾肥。及时灌溉，尤其是抽雄前后要保证水分供应充足；及时防治玉米螟；尽量减少虫伤或耕作造成的机械损伤。

2. 药剂防治　每100kg种子拌12.5%烯唑醇可湿性粉剂12～16g，或50%福美双可湿性粉剂按种子质量0.5%的比例拌种，也可选用25%三唑酮可湿性粉剂等拌种。玉米出苗前可选用50%克菌丹可湿性粉剂200倍液或25%三唑酮可湿性粉剂750～1 000倍液进行土表喷雾，消灭初侵染源。在病瘤未出现前可喷洒12.5%烯唑醇可湿性粉剂或15%三唑酮可湿性粉剂等。

四、甘薯黑斑病防治

（一）发生规律

病菌以子囊孢子、厚垣孢子和菌丝体在病薯或土壤中的病残体上、粪肥及贮藏窖中越冬。干燥条件下，9cm内土壤中病菌经2年仍保存活力。带菌种薯和薯苗是主要的初侵染来源，其次是带有病残组织的土壤和肥料。病菌附着于种薯表面或潜伏在种薯皮层组织内，育苗时，染病幼苗重者死亡，染病轻的幼苗生长衰弱。病苗移栽后，污染土壤导致大田发病，病菌可由薯蔓蔓延到新结薯块上。病菌主要从伤口侵入，也可从根眼、皮孔等自然孔口和生理裂口侵入。贮藏期一般只有一次侵染。病菌在田间主要靠种薯、种苗、土壤、肥料和人畜携带传播，在收获期和贮藏期，病菌可借人、畜、昆虫、田鼠和农具等媒介传播。

薯块易发生裂口的或薯皮较薄易破裂、伤口愈合速度较慢的品种发病较重。在收获、运输和贮藏过程中伤口多，入窖贮藏后发病也重。植株不同部位感病差异明显。薯苗基部白色部分组织幼嫩，病菌易侵入。生长期发病最适温度为25℃，甘薯贮藏期最适发病温度为23～27℃。多雨年份，地势低洼、土壤黏重的地块发病重。

（二）防治方法

防治甘薯黑斑病应采取以选用无病种薯为基础，培育无病壮苗为中心，安全贮藏为保证的综合防治措施。

1. 严格检疫　严禁从病区调运种薯、种苗。

2. 选用无病种薯并进行种薯处理　在无病田留种，并精选种薯。种薯出窖后，育苗前要严格剔除有病、有伤口、受冻害的薯块。温汤浸种消毒：将薯块放在40～50℃温水中预浸1～

2min后，移入50～54℃温水中浸种10min，注意上下水温应一致。新品种进行浸种消毒后应进行发芽试验。浸种后要立即上床排种，且苗床温度不能低于20℃。也可进行药剂浸种。选用70%甲基硫菌灵可湿性粉剂1 000倍液、80%乙蒜素乳油1 500倍液等浸种10min，或选用50%多菌灵可湿性粉剂800倍液浸种5min。浸种用药液可连续使用10～15次。

3. 培育无病壮苗 尽量选用新苗床育苗。用旧苗床时应将旧土全部清除，并喷药消毒。施用无菌肥料。高温催芽。高温处理种薯，促进愈伤组织木栓化的形成，阻止病菌从伤口侵入。高温处理是在种薯上床育苗后，保持温床34～38℃，4d以后降至30℃左右，出芽后降至25～28℃。注意防止种薯缺水干缩。实行高剪苗，可获得不带菌或带菌少的薯苗。春薯苗要求距地面3～6cm处剪苗栽插。将剪取的苗再密植于水肥条件好的地方，加强肥水管理，然后再在距地面10～15cm处高剪，栽插大田，此为二次高剪苗。药剂浸苗：剪下的种苗可选用50%多菌灵可湿性粉剂3 000倍液浸苗3min，或70%甲基硫菌灵可湿性粉剂800～1 000倍液浸苗5min，浸种苗基部10cm左右。

4. 安全贮藏 留种薯田应适时收获，严防冻伤，精选入窖，避免损伤。种薯入窖后进行高温处理，35～37℃保持4昼夜，相对湿度保持90%，以促进伤口愈合，防止病菌感染。旧窖应刨土见新。或用1%福尔马林液30～40mL/m^{3}熏蒸消毒，密闭3～4d，打开换气后藏薯。

5. 农业防治 选用抗病品种，注意品种的多抗性，即选用对根腐病、线虫病等兼抗的品种。实行轮作，施用无菌有机肥，防治地下害虫。

五、杂粮其他病害防治

（一）玉米茎基腐病

玉米茎基腐病属土传病害。腐霉菌以卵孢子，禾谷镰孢菌以菌丝和分生孢子在病株残体组织内外、土壤中越冬，成为翌年的主要侵染源。种子也可带菌。分生孢子和菌丝体借风雨、机械和昆虫传播，从寄主的根茎、中胚轴部位的伤口或直接侵入。玉米茎基腐病是以苗期侵染为主，全生育期均可侵染的病害，前期侵染的病菌可以潜伏在病根组织内，在玉米散粉至灌浆期，病菌进入茎基髓部，并向地上各节扩展，显现茎基腐状。在散粉至灌浆期遇大雨、雨后暴晴时发病重。

防治此病以选育和应用抗病品种为主，栽培防治为辅。玉米收获后彻底清除田间病残体，集中烧毁或高温沤肥。实行2～3年轮作。适期晚播，加强田间管理，在施足基肥的基础上，于玉米拔节期或孕穗期增施钾肥。此外，用25%三唑酮可湿性粉剂拌种，可兼治玉米丝黑穗病。

（二）玉米粗缩病

病毒主要在小麦和杂草上越冬，也可以在传毒昆虫体内越冬。该病毒主要经灰飞虱以持久性方式传播。当玉米出苗后，小麦和杂草上的灰飞虱即带毒迁飞至玉米上取食传毒，引起玉米发病。玉米苗龄愈小，抗病性愈弱，愈易被侵染，发病愈重；相反，苗龄愈大，抗性愈强，发病愈轻，在10片叶以后，几乎不能被侵染和发病。一般春玉米发病重于夏玉米，早播发病重；夏玉米套种发病重于纯玉米，因为套种玉米与小麦有一段共生期，有利于灰飞虱从小麦向玉米上转移。玉米靠近蔬菜地、树林或杂草丛生、耕作粗放的地块发病重。

防治玉米粗缩病可选用抗耐病品种；适期播种，避开5月中下旬灰飞虱传毒高峰；改套种为纯作，播种前深耕灭茬，彻底清除地头和田边的杂草，以减少初侵染来源，破坏灰飞虱的栖息场所；加强田间管理，结合间苗、定苗，及时拔除田间病株，带出田外烧毁或深埋，控制毒源；合理施肥、浇水，促进玉米生长，缩短感病期，减少传毒机会，并增强玉米抗、耐病能力。此外，在有条件的地方，可利用灰飞虱不能在双子叶植物上生存的弱点，在玉米周围种植大豆、棉花等作为保护带，将灰飞虱拒之于玉米田以外，也有一定的防治效果。在玉米出苗至3叶1心期喷洒高效氯氟氰菊酯、噻虫嗪、氯氰·辛硫磷等药剂，防治传毒介体灰飞虱。也可选用5%氨基寡糖素水剂1 125～1 500mL/hm^2、6%低聚糖素水剂930～1 245mL/hm^2对水750～1 125kg喷雾防治玉米粗缩病。盐酸吗啉胍·乙酸铜或三十烷·十二烷·硫铜等在发病前或发病初期使用，也有一定的防治效果。

（三）玉米弯孢菌叶斑病

病菌以菌丝体潜伏于病残体组织中越冬，也能以分生孢子越冬，遗落于田间的病叶、秸秆及带菌杂草是病害发生的初侵染源。菌丝体产生分生孢子，借气流和雨水传播到玉米叶片上，进行再侵染。病菌分生孢子最适萌发温度为30～32℃，最适的湿度为超饱和湿度，相对湿度低于90%时则很少萌发或不萌发。品种抗病性随植株生长而递减，苗期抗性较强。高温、高湿、降雨较多时可在短时期内发生流行，低洼积水田和连作地块发病较重。

防治玉米弯孢菌叶斑病，要选用抗（耐）病品种；合理轮作与密植，加强管理，提高植株抗病能力；玉米收获后及时清理病株和落叶，集中清理或深耕深埋，减少初侵染来源。气候适合发病，田间发病率达10%时，用70%甲基硫菌灵可湿性粉剂500倍液、12.5%烯唑醇可湿性粉剂3 000倍液、40%氟硅唑乳油8 000倍液或50%腐霉利可湿性粉剂2 000倍液喷雾，每隔7～10d施1次药，连续施3～4次。

（四）玉米顶腐病

病菌在土壤、病残体和带菌种子中越冬，是下一年发病的初侵染源。种子带菌可以远距离传播，使发病区域不断扩大。病原菌的寄主范围广泛，兼有系统侵染和再次侵染的能力，病株产生的分生孢子还可随风雨传播，进行再侵染。不同玉米品种抗性不同，一般玉米杂交种的抗病性强于自交系。连年重茬地、上一年发病严重的地块、低洼及土壤黏重的地块，玉米顶腐病发病重，特别是水田改旱田的地块发病更重，而坡地和高岗地发病较轻。另外，春季低温多雨，玉米出苗缓慢，幼苗期长势弱，抗逆性差，利于病菌侵染，发病严重。

防治玉米顶腐病，要选用抗病品种，建立无病繁种基地；在播前进行药剂拌种，用35%多·克·福悬浮种衣剂或20.75%腈·克·福悬浮种衣剂按药种比1∶40于玉米播种前2～4d进行均匀拌种，晾干后播种；适期播种，地温稳定在10℃时播种，合理施肥，增施优质农家肥，注意氮、磷、钾、锌等平衡施肥。加强中期管理，及时铲趟，增温散寒，消灭杂草，及时追肥，叶面喷施锌肥和生长调节剂，可以显著提高幼苗素质，增强抗病能力。在玉米苗长到5～6片叶或在玉米苗表现出顶腐病症状时，喷施5%氨基寡糖素水剂，对玉米顶腐病有较好的治疗和恢复效果。也可在发病初期选用25%戊唑醇乳油3 000～3 500倍液、12.5%腈菌唑乳油2 000～3 000倍液等喷雾，对未发病植株进行保护性预防。喷雾时最好使用背负式喷雾器，将喷头拧下对准玉米心叶从上至下喷灌，药液喷施量为每株50～100mL。

（五）玉米褐斑病

病菌以休眠孢子囊在土壤或病残体中越冬，翌年病菌随风雨传播到玉米植株上，先在玉米叶表面水滴中移动，条件适合时萌发，释放出大量的游动孢子，常于喇叭口期侵害玉米幼嫩组织引起发病。温度23～30℃、相对湿度85%以上、降雨较多的气候条件，有利于该病害流行。

防治玉米褐斑病，可选用抗病品种，实行3年以上轮作，合理密植，施足底肥，适当追肥浇水。在玉米4～5片叶期，用15%三唑酮可湿性粉剂900～1 200g/hm^2或25%吡唑醚菌酯悬浮剂450～750mL/hm^2，对水750～1 125kg喷雾，可预防玉米褐斑病的发生；或在发病初期喷洒茎叶，每隔7d左右喷1次，进行2～3次。喷后6h内如果下雨，应雨后补喷。玉米收获后彻底清除病残体组织，并深翻土壤。

（六）高粱丝黑穗病

病菌主要以冬孢子在土壤和粪肥中越冬，也可混在种子中或黏附在种子表面越冬。该病为侵染幼苗的系统性侵染病害。种子萌发至幼苗长1.5cm为病菌最适宜的侵染时期。

防治上选用抗病品种，大面积与非寄主作物进行3年以上的轮作；提高播种质量；在灰苞未破裂之前及早拔除病株。种子处理采用温汤浸种。用温水浸种后接着闷种，待种子萌发后立即播种，既保苗又降低发病率。此外，还可选用三唑酮、多菌灵或甲基硫菌灵等药剂拌种。

（七）高粱散黑穗病

高粱散黑穗病属芽期侵入的系统性侵染病害。病菌以冬孢子附着在种子上传播为主，土壤中的冬孢子不是主要初侵染源。高粱种子萌发时，冬孢子萌发形成双核侵入丝，侵入幼苗，后到达生长点，随同植株生长发育，进入穗部，在子房内形成冬孢子。

防治同高粱丝黑穗病。

（八）谷子白发病

病菌以卵孢子在土壤中、粪肥中或黏附于种子表面越冬。其中土壤带菌是病害的主要初侵染来源。当谷种发芽时，土壤、粪肥和种子表面的卵孢子也萌发，从幼芽、胚芽鞘、幼根表皮侵入，并产生大量的菌丝进入生长点组织中，随着生长点的扩展蔓延，逐步形成灰背、白尖、枪杆、看谷老等系统性侵染症状。谷芽长度2cm以下时最易受侵染。此外，产生的孢子囊经气流传播可侵入叶片，进行再侵染，产生局部枯斑。

防治上可进行种子或土壤处理。选用25%甲霜灵可湿性粉剂或25%霜霉威可湿性粉剂，按种子质量的0.07%～0.10%拌种；或用25%多菌灵可湿性粉剂、70%甲基硫菌灵可湿性粉剂按种子干重的0.5%拌种。还可采取合理轮作（3年以上），适期播种，拔除灰背、白尖病株，施用无菌肥料等措施。

练　习

1. 根据当地杂粮种植和病害发生情况，拟订2～3种杂粮病害综合防治方案。

2. 参与或组织实施防治工作。可根据田间杂粮病害发生情况选择以下防治措施，并进行操作。

（1）农业防治。调查当地主栽玉米品种及其发生的主要病害情况，根据所学知识及查阅的相关资料提出适合当地特点的抗病品种布局及茬口安排方案。

（2）物理防治。进行汰选或温汤浸种。

（3）种子消毒处理。用12.5%烯唑醇可湿性粉剂或50%福美双可湿性粉剂拌种，防治玉米黑粉病；或用50%多菌灵可湿性粉剂拌种防治玉米丝黑穗病。

（4）田间施药。选择适宜药剂，防治玉米大斑病和小斑病。

思考题

1. 为什么合理的间套作和轮作能明显地减轻玉米大斑病的危害？哪些措施能够有效地减少其初侵染源？

2. 如何防治玉米黑粉病和玉米丝黑穗病？

3. 简述甘薯黑斑病的发生规律和防治方法。

任务2　杂粮害虫防治

【场地及材料】 杂粮害虫危害重的田块，根据防治操作内容需要选定的农药及器械、材料等。

【内容及操作步骤】

一、亚洲玉米螟防治

（一）发生规律

玉米螟在我国每年发生1～6代。东北1年发生1～2代，华北一般为3代，南方如广西等地可发生5～6代。各地都以老熟幼虫在玉米、高粱秸秆内及玉米穗轴、棉花枯铃、茎秆及枯枝落叶中越冬。翌春即在茎秆内化蛹。成虫昼伏夜出，有趋光性，有趋向高大、嫩绿植株产卵的习性。卵多产在叶背靠主脉处。初孵幼虫在分散爬行过程中常吐丝下垂，随风飘到邻近植株上取食。幼虫先群集于玉米心叶喇叭口处或嫩叶上取食，四龄以前多选择含糖量较高、湿度大的心叶丛、雄穗苞、雌穗的花丝基部、叶腋等处取食，四龄以后钻蛀取食。老熟后大多在玉米茎秆内，少数在穗轴、苞叶和叶鞘内化蛹。

玉米螟的发生与品种抗螟性、虫口基数、温湿度、天敌、栽培制度等密切相关。越冬幼虫化蛹前需从潮湿的秸秆等处获得水分才能化蛹。在成虫交尾产卵和幼虫孵化阶段都需要较高的相对湿度。在此期间，如降水量充沛均匀、相对湿度高、温暖，则适于玉米螟的发生；温度在25～30℃范围内，旬平均相对湿度60%以上，越冬幼虫基数大时，可能大发生。春、夏玉米混种区比单作玉米区发生重。玉米螟的天敌有70多种，卵期有玉米螟赤眼蜂，幼虫和蛹期主要有玉米螟厉寄蝇、白僵菌等。捕食性天敌有步甲、瓢虫、食虫虻和蜘蛛等。其天敌以白僵菌和卵寄生蜂最为重要。

（二）防治方法

1. 农业防治　处理玉米秸秆，减少越冬虫源。春、夏玉米混作地区，减少春玉米栽培面积，扩大夏玉米栽培面积，控制第一代玉米螟的繁殖数量，减轻第二、三代玉米螟对夏玉米的危害。选用抗虫品种。利用玉米螟趋向高大、茂密玉米植株产卵的习性，有计划地种植早播玉米，以引诱成虫产卵，再集中消灭。

2. 物理防治　人工去雄治螟，即于玉米打苞抽雄期，玉米螟多集中在尚未抽出的雄穗上危害，这时隔行人工去除2/3的雄穗，带出田外烧毁或深埋，消灭其中的幼虫。也可安装200W或400W高压汞灯，大面积诱杀成虫。

3. 生物防治 可选用赤眼蜂和白僵菌治螟。赤眼蜂治螟：放蜂时间在各代玉米螟卵始见期、始盛期和高峰期，在玉米螟卵孵化初盛期设放蜂点 75～150 个/hm^2，将蜂卡挂在玉米第五至六叶背面，距地面 1m 处。利用蜂卡放蜂 15 万～45 万头/hm^2。白僵菌治螟：在早春越冬幼虫开始复苏化蛹前，对残存的秸秆，逐垛喷撒白僵菌粉封垛。方法是选用含孢子量 100 亿/g 的菌粉 100g/m^2，喷一个点，即将喷粉管插入垛内，摇动把子，当垛面有菌粉飞散出即可。也可选用含孢子量为每克50 亿～100 亿的白僵菌粉 0.5kg，拌炉灰渣 5kg，按 1：10 的比例制成颗粒剂，每株 2g 于心叶末期施入心叶内。

4. 药剂防治

（1）心叶末期防治。玉米心叶末期，“花叶”和“排孔”合计株率达到 10%时，可选用 0.5%辛硫磷颗粒剂、2.5%溴氰菊酯乳油、0.4%氯虫苯甲酰胺颗粒剂、8 000IU/mL 苏云金杆菌悬浮剂或 25%甲萘威可湿性粉剂等杀虫剂自制颗粒剂，每株 1～2g 撒于心叶内。此外，也可用 50%辛硫磷乳油按 1：100 配成毒土，每株撒 2g。

（2）穗期防治。当穗期虫穗率达 10%或百穗花丝有虫 50 头时，抽丝盛期防治 1 次，若虫穗率超过 30%，6～8d 后再防治 1 次。可采用前述颗粒剂撒在玉米雌穗着生节的叶腋及其上 2 叶和其下 1 叶的叶腋或雌穗顶的花丝等“四腋一顶”处。也可将 10%四氯虫酰胺悬浮剂 300～600mL/hm^2、10%氟苯虫酰胺悬浮剂 300～450mL/hm^2、25%氰戊·辛硫磷乳油 1 200～1 500mL/hm^2对水喷雾，喷洒在“四腋一顶”处。

二、黏虫防治

（一）发生规律

在我国东部的 1 月 8℃等温线以南地区，黏虫可终年繁殖危害；3～8℃等温线黏虫无冬眠，冬季虽能取食，但数量少；0～3℃等温线，以蛹和幼虫在稻草堆下、根茬、田埂草地等处越冬；0℃等温线以北的地区，越冬代成虫是从南方远距离随气流迁飞来的。在我国每年有 4 次较大规模的迁飞。黏虫在我国各地发生的世代数因纬度而异，1 年发生 1～8 代。

成虫昼伏夜出，喜食花蜜和多种酸甜类物质，对糖、酒、醋混合液和杨、柳树枝把有强烈趋性，对黑光灯也有较强趋性。卵多产在玉米穗的苞叶、花丝等部位；在小麦上多产在 3、4 片叶的尖端或枯叶及叶鞘内；在谷子上多产在枯心苗和中下部干叶的卷缝内或上部的干叶尖上；在水稻上多产在叶尖部位，尤其喜欢在枯黄叶上产卵。卵单层排列成行，形成卵块。幼虫食性很杂，初孵幼虫先取食卵壳，一、二龄幼虫啃食叶肉形成透明条纹斑，幼虫被惊动或生活环境不适时，即吐丝下垂，随风飘散，或仍沿丝爬回原处；三龄后沿叶缘取食成缺刻，并有假死性和潜入土中的习性；低龄幼虫在谷子上常躲在心叶、穗轴和裂开的叶鞘内或中下部的茎叶丛间。在玉米、高粱等作物上，常躲在喇叭口、叶腋和穗部苞叶内，有时也躲在叶背或枯心的卷缝中。多在夜间取食，气温高时，潜伏在作物根际土块下。五、六龄进入暴食期，食量占整个幼虫期的 90%以上。大发生时，可将植株叶片吃光。在食料缺乏时，大龄幼虫可成群向田外转移。幼虫老熟后，在植株附近表土下 3cm 处筑土室化蛹，在水田多在稻桩中化蛹。

黏虫发生量受虫源基数、气候条件、蜜源植物和天敌等因素的综合影响。在同一年份，不同地块的受害程度，取决于农田小气候状况。黏虫发生的最适相对湿度为 70%以上，温度为 19～22℃。幼虫孵化期和成虫产卵期，阴雨天多，气温比常年偏高，有利于黏虫的发生。成虫对生态环境有较强的选择性。临近湖泊、江河，地势低洼、田间湿度大的地块受害重。密植和肥力、灌溉条件好的小麦田，田间小气候有利于黏虫的生长发育，受害严重。黏虫的天敌有寄生蜂、寄生蝇、线虫和步甲、蜘蛛、蛙类、鸟类等。

（二）防治方法

1. 农业防治 如果第一代幼虫发生量较大，第二、三代黏虫发生区，结合夏收、夏种及时耕耙，中耕除草，清除草害，减少黏虫食源；同时，将部分幼虫翻入土中，可阻碍幼虫化蛹，并消灭一部分蛹。

2. 诱杀成虫和卵

（1）利用草把诱卵灭卵。在成虫产卵盛期前，选叶片完好的稻草、高粱干叶、玉米干叶10～20 根扎成小把插在田中，500～800 个/hm^2，每 3d 更换 1 次，并将被更换的草把烧毁，可将黏虫密度压低 50%左右。

（2）采用诱蛾器诱杀成虫。配方是白酒∶水∶红糖∶醋的比例为 1∶2∶3∶4（每份为125g），加 12.5g 90%敌百虫原药。每块地设 2 个盆，3d 加半量，每 5d 换 1 次，诱杀成虫。

3. 化学防治 田间查幼虫，小麦田少于 15 头/m^2，要进行挑治；多于 15 头/m^2 的地块要在幼虫三龄前全面防治。选用 2.5%敌百虫粉剂 22.5～37.5kg/hm^2 喷粉；也可选用 50%辛硫磷乳油 600～900mL/hm^2、2.5%溴氰菊酯乳油、10%氯氰菊酯乳油 300～600mL/hm^2 或 25%灭幼脲悬浮剂 450～600mL/hm^2 等，加水1 125L 喷雾。

三、草地贪夜蛾防治

（一）发生规律

草地贪夜蛾起源于美洲热带和亚热带地区，2016 年起传播至非洲、亚洲各地，已在 100 多个国家造成巨大农业损失。2019 年 1 月，该虫由缅甸传播至中国大陆。该虫属于迁飞性害虫，西南、华南热带和南亚热带气候分布区为周年繁殖区，江南、江淮中亚热带和北亚热带气候分布区为迁飞过渡区，黄淮海及北方温带气候区为重点防范区。缅甸、越南、老挝、泰国等东南亚国家是我国重要虫源地，3～5 月云南为缅甸虫源重点入侵地区，广西、广东、贵州、四川、湖南等为主要入侵区。该虫适宜发育温度为 11～30℃，在 28℃条件下 30d 左右可完成一个世代，在低温条件下 60～90d 完成一个世代。成虫寿命达 14～21d，一生产卵量可高达 1 000 粒，在适合温度下卵期 2～4d，幼虫有 6 个龄期，高龄幼虫有自相残杀习性。

（二）防治方法

1. 以监测预警为基础，实施分区治理 周年繁殖区应重点控制当地危害损失，减少迁出虫源数量，实施周年监测发生动态，全力扑杀境外迁入虫源，遏制当地孳生繁殖，减轻迁移过渡区防控压力；迁移过渡区应重点减轻当地危害，压低过境虫源繁殖基数，4～10 月全面监测害虫发生动态，诱杀成虫，扑杀幼虫，遏制迁出虫口数量，减轻北方玉米主产区防控压力；重点防范区应重点保护玉米生产，降低危害损失率，5～9 月全面监测虫情发生动态，诱杀迁入成虫，主攻低龄幼虫防治，将危害损失控制在最低限度。

2. 以化学防治为主，治早治小 国内尚无该虫登记农药可用。2019 年 6 月 3 日农业农村部印发《关于做好草地贪夜蛾应急防治用药有关工作的通知》，提出了 25 种应急使用的农药产品（应急用药时间至 2020 年 12 月 31 日），其中单剂有甲氨基阿维菌素苯甲酸盐、茚虫威、四氯虫酰胺、氯虫苯甲酰胺、高效氯氟氰菊酯、氟氯氰菊酯、甲氰菊酯、溴氰菊酯、乙酰甲胺磷、虱螨脲、虫螨腈、甘蓝夜蛾核型多角体病毒、苏云金杆菌、金龟子绿僵菌、球孢白僵菌、短稳杆菌和草地贪夜蛾性引诱剂等17种，复配制剂有甲氨基阿维菌素苯甲酸盐·茚虫威、甲氨基阿维菌素苯甲酸盐·氟铃脲、甲氨基阿维菌素苯甲酸盐·高效氯氟氰菊酯、甲氨基阿维菌素苯甲酸盐·虫螨腈、甲氨基阿维菌素苯甲酸盐·虱螨脲、甲氨基阿维菌素苯甲酸盐·虫酰肼、氯虫苯甲酰胺·高效氯氟氰菊酯和除虫脲·高效氯氟氰菊酯等8种。

3. 综合运用农业、物理、生物防治措施，构建绿色防控体系 有条件的地区可采取间作、套作、轮作、调整播期、种植驱避诱集植物、保护利用自然天敌等农业和生物防治措施，成虫发生期可采用灯光诱杀、性诱剂和食诱剂等物理防治措施。

四、东亚飞蝗防治

（一）发生规律

东亚飞蝗无滞育现象，国内自北向南1年发生1～4代。各地均以卵在土壤4～6cm深的卵囊中越冬。在我国作为主要发生区的黄淮海地区，东亚飞蝗1年发生2代，第一代称夏蝗，第二代称秋蝗。4月底至5月中旬越冬卵开始孵化，6月中旬至7月上旬羽化为夏蝗。7月上中旬为产卵盛期。8月中旬至9月上旬羽化为秋蝗，9月产卵越冬。在黄淮海地区南部的秋季干旱、气温高的年份，部分卵于9月中旬前后可孵化为第三代秋蝻，加重了当年的危害，10月中下旬第三代秋蝻羽化，但成虫因气温低，不能交尾产卵，常被冻死，从而减少了翌年夏蝗的虫源基数。飞蝗受种群密度和生态条件的影响，在生长发育过程中，形成群居型和散居型。过渡时期称中间型，由散居型向群居型转变的中间型称转群型，反之称为转散型。

飞蝗的食量与气候和龄期有关。干旱季节，食量大，危害重。蝗蝻虫龄越大，食量越大，成虫期食量更大，尤其在交配前期，食量最大。雌成虫交配后7～10d开始产卵，活动性显著减弱。雌虫产卵多选择植被覆盖度在25%～50%，土壤含水量10%～22%，含盐量0.1%～1.2%，且土壤结构较坚硬的向阳地带。先用产卵瓣钻孔，然后产卵，并分泌胶质性腺液体将其黏成卵块，产卵完毕，排出大量性腺液封闭卵室孔口。

成虫有跳跃、群聚、迁移和迁飞习性。群居型蝗蝻二龄以前常集中在植物上部取食，二龄以后常群聚在裸地或植被稀少的地方。迁移前先由少数蝗蝻跳动，引起条件反射，四周的蝗蝻随之跳跃群聚，由小群汇成大群，迁移方向有向着阳光照射的特点。迁移时间多在晴天的9～16时，如遇阴雨天、中午地面温度超过40℃或日落后，停止迁移。

蝗蝻夜晚有聚集到植物上部的习性。群居型成虫迁飞多发生在羽化后5～10d的性成熟前期。开始由少数飞蝗个体在空中盘旋，逐渐带动飞蝗群体飞旋，飞蝗群体越聚越大，试飞2～3d后，开始定向迁飞。微风时逆风飞，风力大时顺风飞，可持续飞行1～3昼夜。由于取食、饮水，可在飞行中降落，下雨时也降落。

飞蝗的适生环境主要是沿江、沿湖水位涨落不定的低洼地和一些有雨即涝、无雨即旱的内涝地。这些地方耕作粗放、荒地面积大，芦苇、莎草等杂草丛生，有丰富的食物；遇有干旱年份，当水位下降时，适宜蝗虫产卵繁殖，容易酿成蝗灾，并成为飞蝗大发生的基地。壤土对其产卵最有利，土质过于黏重和抛沙不利于产卵和卵的成活。东亚飞蝗发育的最适宜温度为25～35℃。

蝗虫天敌种类很多。卵期天敌有寄生蜂、寄生蝇以及捕食性的芫菁幼虫、长吻虻幼虫；蝗蝻和成虫期的天敌有蛙类、鸟类、蜘蛛类、线虫、步甲、寄生蝇等。沿海和滨湖蝗区以鸟捕食为主；在夏蝗发生期间，蜘蛛类捕食三龄以前的蝗蝻较为显著；低洼地及稻田附近，以蛙捕食蝗蝻为主。

（二）防治方法

东亚飞蝗的综合防治必须贯彻“改治并举，根除蝗患”的方针。根据蝗情监测，当种群密度达到防治指标时，及时采用药剂防治，抑制群居型种群的形成。

1. 改造蝗区　兴修水利，完善排灌系统，保证涝能排，旱能灌，从根本上治理因旱涝形成的蝗区。精耕细作，提高植被覆盖率，改善田间小气候条件和昆虫种群结构，增加天敌数量，发挥天敌控制蝗虫种群的作用。

2. 生物防治　使用生物农药，如亚蝗微粒子虫，制成每千克含 1 万亿个孢子的麦麸毒饵，按 30kg/hm^2 的施用量，于二龄蝗蝻期施用；也可放鸭或鹅啄食草根，翻土破坏蝗卵。

3. 药剂防治　狠治夏蝗，扫清残蝗，减少秋蝗虫源基数。对达到防治指标（每 10m^2 有飞蝗 5 头）的地带，掌握在蝗蝻三龄盛期前，及时用药防治。当点片发生时，用毒饵或机动喷雾器等地面喷药防治；当高密度大面积发生时可用飞机喷药。地面防治可用 80%敌敌畏乳油或 50%稻丰散乳油等，用量为1 500mL/hm^2；飞机喷药可选用 75%马拉硫磷乳油1 500mL/hm^{2}超低容量喷雾。也可选用 50%稻丰散乳油在农田周边常量或超低容量喷雾，用量为1 500～2 250mL/hm^2，药带宽 20m，进行药剂封锁，防止蝗群大量迁入农田危害。

五、二点委夜蛾防治

（一）发生规律

二点委夜蛾在黄淮海夏玉米区 1 年可发生 4 代，主要以做茧后的老熟幼虫越冬，少数未做茧的老熟幼虫及蛹也能顺利越冬。翌年 3 月陆续化蛹。一般 4 月上中旬成虫即可羽化，持续至 5 月初。第一、二代幼虫以取食小麦、玉米等禾本科作物为主；第三、四代幼虫危害豆类、薯类、棉花等作物。5 月下旬至 6 月上旬是二点委夜蛾第一代成虫盛发期，成虫产卵并孵化出第二代幼虫，于 6 月下旬至 7 月上中旬危害夏玉米幼苗。8 月底至 9 月初，第三代成虫主要在甘薯、花生、大豆等有大量落叶覆盖的地块繁殖，并主要以第四代老熟幼虫做茧越冬。二点委夜蛾具杂食性，以第二代幼虫危害玉米为主。幼虫躲在玉米幼苗周围的麦秸下、根部附近或者湿润的土缝中生存，喜阴湿环境；一般顺垄危害，有转株危害的习性；具群居性，昼伏夜出。成虫具有较强的趋光性。

（二）防治方法

二点委夜蛾的防控应推广以农业防治、物理防治为主，化学防治为辅的绿色防控技术，提倡科学用药、局部用药以降低农药使用量，确保玉米生产质量安全和田间环境安全。因二点委夜蛾隐蔽性强，具有群居性和暴发性，一旦防治不及时，往往造成玉米的严重损失，因此，要按照“治早治小，灭虫保苗”的原则，抓住玉米 6 叶前低龄幼虫期的关键防治时期。

1. 农业防治

（1）深耕冬闲田。四月初结合棉花等春播作物的播种，对前茬为棉田、豆田等冬闲田且没有秋耕的地块进行深耕，破坏二点委夜蛾越冬幼虫的栖息场所，减少虫源基数。

（2）播前灭茬或清茬。小麦收割时在收割机上挂旋耕灭茬装置，粉碎小麦秸秆。同时，在麦田施用秸秆腐熟剂，既可恶化害虫生活环境，有效减轻二点委夜蛾的危害；又可提高玉米播种质量，达到齐苗壮苗。也可结合当地秸秆能源化利用项目，将小麦秸秆清理到田外，集中回收再利用。

（3）清除玉米播种沟上的覆盖物。根据二点委夜蛾幼虫隐蔽怕光的特点，可在玉米播种机上加挂秸秆清理装置或借助钩、耙等农具，局部人工清理播种沟的麦秸和麦糠，露出播种沟，使玉米出苗后茎基部无覆盖物，消除二点委夜蛾幼虫隐蔽危害的适生环境。

2. 物理防治 开始麦收时到玉米6叶前利用诱虫灯对二点委夜蛾成虫进行大面积诱杀，按每2～3hm^{2}布1盏灯诱杀成虫，减少夏玉米的田间落卵量，降低虫源基数，减轻危害。

3. 化学防治

（1）播后苗前喷雾。秸秆未做处理且有二点委夜蛾发生可能的地块，在夏玉米播后至出苗前，用高压喷雾器将药液喷透覆盖的麦秸，杀灭在麦秸上产卵的成虫、卵及幼虫，同时兼治从小麦上转移危害的其他害虫。可选用毒死蜱、甲氨基阿维菌素苯甲酸盐、氯虫苯甲酰胺等药剂，避免单独使用菊酯类农药。

（2）苗后喷雾。在玉米6叶期前，对大龄二点委夜蛾幼虫发生地块可局部喷药防治。手压式喷雾器要将喷头拧下，顺垄喷洒药液，或用喷头直接喷淋根茎部，毒杀大龄幼虫。

（3）毒饵诱杀。用毒死蜱、甲氨基阿维菌素苯甲酸盐、氯虫苯甲酰胺或辛硫磷配制毒饵，于傍晚顺垄撒在经过清垄的玉米根部周围，不要撒到玉米上。用炒香的麦麸30～45kg/hm^{2}对适量水，加48%毒死蜱乳油4.5kg拌成毒饵。

（4）撒毒土。用毒死蜱、氯虫苯甲酰胺等制成毒土，均匀撒在经过清垄的玉米根部周围，围棵保苗，毒土要与玉米苗保持一定距离，以免产生药害。也可用80%敌敌畏乳油4 500mL/hm^{2}拌375kg细土，于早晨顺垄撒施于玉米基部，防治效果较好。还可随水灌药，用48%毒死蜱乳油15kg/hm^2，在浇地时灌入田中。

注意苗后使用除草剂烟嘧磺隆的地块，避免使用有机磷农药（如辛硫磷、毒死蜱等），以防产生药害。玉米对辛硫磷敏感，浓度稍高容易烧叶形成白色斑块。高温情况下，玉米对敌敌畏、灭多威也表现敏感，叶片容易产生白斑。

六、杂粮其他害虫防治

（一）玉米双斑萤叶甲

玉米双斑萤叶甲1年发生1代，以散产卵在表土下越冬，翌年5月上中旬孵化，幼虫一直生活在土中，食害禾本科作物或杂草的根；初羽化的成虫在地边杂草上生活，然后迁入玉米田。7～9月可持续危害。此虫能飞善跳，白天在玉米叶片和穗部活动，受惊吓后迅速跳跃或起飞。成虫飞翔能力强，有群集性。该虫的发生期早晚与温度相关，温度高则发生期早；温度低则发生期晚。高温干旱有利于双斑萤叶甲的发生，暴雨对其发生则不利。在黏土地上发生早、危害重，在壤土地、沙土地发生明显较轻。田间、地头杂草多的地块发生重。

防治上要注意及时清除田间、地边杂草，减少双斑萤叶甲的越冬寄主植物，降低越冬基数；合理施肥，合理密植；对点片发生的地块可于早晚用捕虫网人工捕杀，降低虫口基数。

在玉米抽雄吐丝期，百株虫量300头、被害株率达30%时进行防治。用20%氰戊菊酯乳油2 000倍液、2.5%高效氯氟氰菊酯乳油1 500倍液喷雾，重点喷在雌穗周围，喷药时间在9时之前，间隔5～7d再喷施1次。

（二）甘薯麦蛾

甘薯麦蛾在北京1年发生3～4代，湖北4～5代，江西5～7代，福建南部8～9代。在田间世代重叠。越冬虫态各地不一。在北京一带以蛹在田间残株和落叶中越冬。成虫趋光性强。初龄幼虫只在叶面剥食叶肉，二龄幼虫即开始吐丝做小部分卷叶，并在卷叶内取食叶肉；三龄以后，食量大增，卷叶程度也增大，且有转移危害的习性。

防治上采取清洁田园，处理残株落叶，清除杂草，以消灭越冬蛹，降低田间虫源。田园内初见幼虫卷叶危害时，要及时捏杀新卷叶中的幼虫或摘除新卷叶。药剂防治应掌握在幼虫发生初期，喷药时间以16～17时为宜，选用48%毒死蜱乳油1 000～1 500倍液、Bt乳剂（每毫升100亿孢子）400～600倍液等喷雾。

（三）粟茎跳甲

粟茎跳甲在吉林1年发生1～2代，黑龙江1年发生1代，陕北、宁夏及山西中北部和内蒙古黄河灌区1年发生2代，河北中部1年3代。各代均以成虫在地埂土块下、土缝中或杂草根际5～6cm土中越冬。春季5cm土壤日均温度达10～11℃时，越冬成虫恢复活动，14～15℃为出蛰盛期。以第一代幼虫蛀苗危害最大。1头幼虫可转株危害2～7株，受害早的幼苗矮化，叶片丛生，不能抽穗，幼虫多潜入心叶或叶鞘危害。老熟幼虫在植株附近2～5cm深的土中筑室化蛹。成虫能飞善跳，白天活动，喜食谷子、小麦等作物的叶肉。一般干旱年份发生重，耕作粗放、杂草多的田块发生重；早播田重于迟播田；重茬田重于轮作田。

防治上要避免谷子重茬，加强栽培管理，拔除被害苗并及时深埋。播种前进行土壤处理或药剂拌种。当谷苗长到3叶期时，一般为成虫危害及产卵期，及时喷洒21%马拉硫磷·氰戊菊酯乳油2 000倍液或2.5%高效氟氯氰菊酯乳油3 000倍液等。

练　习

1. 根据当地杂粮种植和害虫发生情况，拟订2～3种杂粮害虫综合防治方案。
2. 根据田间害虫发生情况，参与或组织实施以下杂粮害虫的防治操作。

（1）人工去雄治螟；或选适宜药剂，自制颗粒剂，撒于玉米心叶内防治玉米螟。

（2）毒饵诱杀或撒毒土防治二点委夜蛾。

思考题

1. 针对玉米螟幼虫有短期群集危害的习性，可采取怎样的防治方法？
2. 为什么可利用草把诱集黏虫卵？为什么诱卵用的草把需每3d更换1次？
3. 试述处理秸秆和施用颗粒剂防治玉米螟的理论依据。
4. 简述二点委夜蛾的绿色防控技术。

杂粮病虫害综合防治技术

（一）杂粮病害综合防治技术

1. 选育和推广应用抗病品种　推广种植高产抗病品种是防治杂粮病害最经济有效的措施。选择适宜的抗病品种并有针对性地配置和轮换，切忌大面积单一化种植。

2. 减少菌源　杂粮作物收获后应及时耕翻整地，将病残体翻埋于土中，清除田间、地头的病残体和杂草。重病地块应与豆类作物实行3年以上轮作。对症状明显的，可拔除田间病苗和病株，如玉米和高粱黑穗病类拔除病株后，携至田外烧毁。割除病瘤能防治玉米瘤黑粉病。培育无病种薯和无病种苗防治薯类作物病害，或建立无病留种田和无病良种繁殖中心，供生产用。

3. 加强田间管理　玉米适期盖膜早播，避过抽穗灌浆期的多雨季节；合理密植，有条件的地方实行间作套种，以利于通风透光；合理施肥灌水，施足基肥，有机肥应充分腐熟，及时追肥，实行配方施肥。开好排水沟，降低田间湿度。甘薯要适时收获，勿受霜冻。

4. 药剂防治

（1）药剂拌种。可选用15%三唑酮可湿性粉剂、70%甲基硫菌灵可湿性粉剂或50%多菌灵可湿性粉剂等拌种防治杂粮黑穗病，选用25%甲霜灵可湿性粉剂或25%霜霉威可湿性粉剂等拌谷种防治谷子白发病。

（2）喷药防治。玉米抽雄期选用5%井冈霉素水剂防治玉米纹枯病，选用25%三唑酮可湿性粉剂防治玉米锈病，选用50%多菌灵可湿性粉剂防治玉米大斑病、小斑病等。

（二）杂粮害虫综合防治技术

1. 害虫越冬期防治　防治玉米螟可采用处理越冬寄主，减少越冬虫源，烧掉越冬虫量大的根茬秸秆，或用白僵菌封垛，或用敌敌畏熏杀。此外，还可采用秸秆还田、深翻冬灌、选用抗虫品种、轮作倒茬等措施。

2. 播种期和苗期防治　种子包衣、拌种、药剂处理土壤或撒施毒土、毒谷或毒饵诱杀可防治多种地下害虫。苗期喷施50%辛硫磷乳油、2.5%溴氰菊酯乳油等可防治草地贪夜蛾和黏虫，并兼治粟茎跳甲、粟秆蝇、玉米螟（谷子蛀茎前的幼虫）、粟叶甲等害虫。

3. 生长期至成熟前的防治　高粱蚜和玉米蚜点片发生阶段，选适宜药剂进行挑治。防治玉米螟可在幼虫蛀茎前喷施白僵菌或Bt乳剂。谷子生长期至成熟前重点要防治黏虫、玉米螟、草地贪夜蛾、粟灰螟、粟秆蝇、粟负泥虫等，尽可能采用毒土施药，以减轻对天敌的杀伤。

4. 诱杀成虫　用高压汞灯或黑光灯诱杀玉米螟等有趋光性的成虫，或采用性诱剂或糖醋酒液等诱杀。

5. 人工释放赤眼蜂防治玉米螟　有条件的地区可释放赤眼蜂防治玉米螟，近年来在东北地区已大面积推广。

根据学生对杂粮主要病虫害发生原因分析和发生规律掌握的程度、所制订综合防治方案的科学性和可行性、现场防治操作的表现、调查报告的质量及学习态度等几方面（表 3-4-1）进行考核评价。

表 3-4-1　杂粮病虫害综合防治考核评价

序号	考核内容	考核标准	考核方式	分值
1	杂粮主要病虫害发生原因分析	对杂粮主要病虫害发生规律了解清楚，在当地的发生原因分析合理、论据充分	闭卷笔试、答问考核	20
2	综合防治方案的制订	能根据当地杂粮主要病虫害发生规律制订综合防治方案，防治方案制订科学，应急措施可行性强	个人表述、小组讨论和教师对方案评分相结合	20
3	防治措施的组织和实施	能按照实训要求做好各项防治措施的组织和实施，操作规范、熟练，防治效果好	现场操作考核	20
4	调查报告	格式规范，内容真实，文字精练，体会深刻，对当地杂粮病虫害防治具有指导意义	评阅考核	30
5	学习态度	遵守纪律，服从安排，配合老师积极主动联系实训现场，积极思考，能综合应用所掌握的基本知识和技能，分析问题和解决问题	学生自评、小组互评和教师评价相结合	10

子项目五　棉花病虫害综合防治

【学习目标】掌握棉花病虫害发生规律，制订有效综合防治方案并组织实施。

任务 1　棉花病害防治

【场地及材料】棉花病害发生较重的田块，根据防治操作内容需要选定的杀菌剂及器械、材料等。

【内容及操作步骤】

一、棉花苗期病害防治

（一）发生规律

立枯病菌为土壤习居菌，其菌核一般在土壤中能存活 2～3 年。棉炭疽病、棉红腐病除危害棉苗外，还危害棉铃，因此种子带菌很普遍，成为初侵染的主要来源，病残体是另一重要菌源。茎枯病菌主要在土壤及病残体中越冬。此外，这些病菌的其他寄主均可成为翌年发病的初侵染源。

土壤中病菌主要通过农事操作、风雨、流水等在田间扩散传播，昆虫的活动及病健体接触等也能传播。带菌棉籽则可通过种子调运而进行远距离传播。病部产生的分生孢子借气流和雨水等传播进行再侵染。病、健苗接触亦可传染病菌。

播种后一个月内若遇持续低温多雨，特别是遇寒流，苗病发生重。播种过早或过深、地势低洼、排水不良、土质黏重、多年连作等均会使病害加重。

（二）防治方法

防治棉苗病害，应采取以加强栽培管理为主，棉种处理与药剂防治为辅的综合防治措施。

1. 精选棉种 汰除小籽、破籽、瘪籽和虫蛀籽，并充分暴晒，以杀死种子表面的病菌，提高种子的生活力。

2. 种子处理 用棉籽质量0.5%的40%福美双·拌种灵可湿性粉剂拌种，或用棉籽质量0.5%～0.8%的50%多菌灵可湿性粉剂拌种后，密闭半个月左右播种。也可用0.3%的40%多菌灵悬浮剂浸种14h，或用80%乙蒜素乳油2 000倍液，在55～60℃下浸闷30min，晾干后播种。也可在55～60℃温水中浸种30min后立即转入冷水中冷却，捞出后晾至绒毛发白，可再结合药剂拌种后播种。

3. 加强栽培管理 合理轮作，精细耕地；适期播种，提高播种质量；加强中耕，及时疏苗、定苗；施足基肥，及时追肥；连续阴雨时，应及时排水防渍。

4. 喷药保护 棉苗出土前后应及时拨土查苗。苗病发生初期，特别是低温降雨天气来临之前，需抢晴喷药保护。一般出苗80%左右时进行叶面喷雾，以后视病情而定是否继续施药。可选用25%吡唑醚菌酯悬浮剂450～540mL/hm^2、50%甲基硫菌灵悬浮剂5 055～7 590mL/hm^2、20%甲基立枯磷乳油2 250～3 000mL/hm^2、25%多菌灵可湿性粉剂3kg/hm^2，对水600～900kg喷雾。

二、棉花枯萎病和黄萎病防治

（一）发生规律

病田土壤、病残体、病种、带菌的棉籽壳和土杂肥以及其他寄主植物等都可成为病害的初侵染来源，其中带菌土壤尤为重要。两种病菌都能在土壤中营腐生生活，存活6～7年甚至更久。翌年环境条件适宜时，病菌从根的表皮、根毛或根的伤口侵入寄主，以后在棉株维管束的导管内繁育，扩展到枝、叶、铃和种子等部位，最后病菌又随病残体遗留在土壤内越冬。病菌可通过带菌种子和棉籽壳、棉饼肥的调运进行远距离传播，施带菌粪肥也能传病。在田间，病害还可借灌溉水、农具或耕作活动而传播。

棉花枯萎病的发生流行与品种抗病性、生育阶段以及土壤温湿度关系十分密切。一般在土温20～27℃、土壤含水量60%～75%时，发病最重，所以6～7月雨水多，分布均匀，枯萎病一般发生重。黄萎病的发生流行除上述因素外，还受雨日、降水量、空气相对湿度等的影响。特别是盛花期的雨日天数是影响该病发生流行的重要因素。此外，连作棉田，地势低洼、排水不良的棉田，大水漫灌、耕作粗放的棉田以及土壤线虫危害重的棉田，两病发生均重。

（二）防治方法

1. 保护无病区 无病区必须认真执行植物检疫制度，把好种子关，力求做到自留、自选、自繁、自用，不轻易从病区引种。必须引种时，应进行种子消毒处理，并经过试种、鉴定后，再大面积推广。

2. 控制轻病区，消灭零星病区 轻病区应采取以轮作为主，零星病区采取以消灭零星病株为主的综合防治措施。在零星病区，特别是在棉花良种场，拔除病株后，对病点要进行土壤消毒处理，力求做到当年发现，当年消灭，扑灭一点，保护一片。每平方米可用棉隆原粉70g拌入30～40cm的土层中，然后用净土覆盖或浇水封闭。也可用三氯异氰尿酸、农用氨水等进行土壤处理。此外，病田需专人管理，间去的棉苗、摘除的枝叶、掉落田间的残体等要集中烧毁。

3. 改造重病区 重病区应采取以种植抗病品种为主的综合措施。

（1）种植抗病品种。抗枯萎病的品种有中棉所27、中棉所35、中棉所36、豫棉19等，抗黄萎病的品种有川737、川2802、86-6、BD18、陕416、中棉12、78-088等。

（2）精选种子和种子消毒。棉种要进行精细挑选，去瘪、去劣，无虫、无病，并进行消毒处理。常用的种子消毒方法是用多菌灵悬浮剂浸种，即将40%多菌灵悬浮剂配成含有效成分0.3%的药液1 000kg浸种400kg，14h后取出，稍加吹干后即可播种。

（3）实行轮作换茬。与禾本科作物轮作3年以上，有条件的地方与水稻实行2年以上的轮作效果更好。

（4）加强田间管理。适时播种，培育壮苗，勤中耕，增施底肥和磷、钾肥，用无病土育苗。小水勤浇，防止大水漫灌。夏季多雨时要及时排水。

（5）药剂灌根。发病初期，用3%甲霜·噁霉灵水剂600倍液灌根，每株用药液0.25kg，然后用0.5%氨基寡糖素水剂2 250～3 000mL/hm^2、1 000亿芽孢/g枯草芽孢杆菌可湿性粉剂20～30mL/hm^2、80%乙蒜素乳油375～450mL/hm^2、10亿芽孢/g解淀粉芽孢杆菌B7900可湿性粉剂1 500～1 875g/hm^2等，对水600～900kg喷雾。间隔7d喷1次，连喷2～3次。棉枯萎病和黄萎病盛发期，用36%三氯异氰尿酸可湿性粉剂1 200～1 500g/hm^2或50%甲基硫菌灵悬浮剂5 055～7 590 mL/hm^2，对水喷雾，间隔7d喷1次，连喷2～3次，可兼治其他棉花真菌、细菌病害。

三、棉铃病害防治

（一）发生规律

病菌主要在种子内外、病残体和土壤中越冬，靠风雨、流水和昆虫传播。根据对棉铃侵染力的不同，棉铃病菌可分为两类：一类侵染力较强，能直接侵染健铃，如棉铃疫病菌、炭疽病菌和棉黑果病菌；另一类侵染力较弱，不能直接侵染健铃，只能从铃壳裂缝、病虫造成的伤口以及机械伤口侵入，如棉红腐病菌、棉红粉病菌等。前者造成的病斑往往是后者病菌侵入的途径。

凡棉花铃期阴雨连绵、田间湿度大、棉铃虫等害虫发生重，棉铃病害发生就重。氮肥过多或施入偏晚，植株旺长，田间通风透光不良时发病重。棉株下部1～5果枝上的棉铃易感病，第六果枝以上棉铃病轻或不发病，吐絮前10～15d的棉铃发病重。早播、早发棉比迟播、迟发棉发病重，平作棉比间作棉发病重。

（二）防治方法

根据当地铃病发生状况，因地制宜，采取以改善棉田生态环境为中心的综合防治措施。

1. 加强栽培管理 棉花提倡大小垄种植、宽垄密植或与甘薯、马铃薯、绿豆等矮秆作物间作；棉田应施足基肥，稳施蕾肥，巧施追肥，做到氮、磷、钾配比恰当；合理肥水，防止植株徒长，后期及时排水，及时整枝打杈，能降低田间湿度，减轻发病。

2. 去蕾、化控防病 棉花适当去早蕾，使结铃期推迟，可明显减轻铃病；高产棉田施用甲哌鎓等植物生长调节剂，形成合理的株形结构，提高抗病力。

3. 及时采摘烂铃 发病棉铃及时采摘剥晒，并将烂铃带出田外集中处理。

4. 药剂防治 棉铃病害发生初期，应及时防治。根据具体病害种类，可选用25%多菌灵可湿性粉剂3kg/hm^2、80%三乙膦酸铝可湿性粉剂1 763～3 525g/hm^2、80%代森锰锌可湿性粉剂750～1 125g/hm^2、58%甲霜·锰锌可湿性粉剂1 500～1 800g/hm^2、72%霜脲·锰锌可湿性粉剂1 950～2 700g/hm^2、64%噁霜·锰锌可湿性粉剂3 045～3 750g/hm^{2}等，对水600～900kg喷雾。

四、棉花其他病害防治

（一）棉细菌性角斑病

病菌主要在棉籽短绒上越冬，其次为病株残体。土温16～20℃时开始发病，27～28℃发病最重，阴雨多时发病重。防治上选用抗病品种，清除棉田病残体。种子消毒可用50%琥胶肥酸铜可湿性粉剂按种子质量0.5%拌种或用70℃温水浸种0.5h。

（二）棉红（黄）叶茎枯病

此病主要由水肥失调，特别是缺钾所致。此外，连作、干旱、缺肥、管理粗放的棉田发病也重。棉田深耕细作，施足基肥，及时追肥浇水，多施钾肥可预防发病。发病初期田间追施草木灰和稀粪水2～3次。缺钾棉田采用叶面喷施2%的氯化钾（硫酸钾或硝酸钾）溶液或施草木灰，并及时灌水，可减轻发病。

练　习

1. 通过查阅资料、调查询问，了解当地棉花主要病害的发生危害情况及其发生规律，并结合当地的气象资料和农事操作，分析棉花主要病害在当地严重发生的原因。撰写1份调查报告，阐述以上内容。

2. 制订棉花病害综合防治方案。

（1）选择2～3种棉花病害，根据其发生规律，制订综合防治方案。

（2）根据当地棉花病害发生情况，拟订棉花病害综合防治方案。

3. 参与或组织棉花病害防治工作。可根据田间棉花病害发生情况选择防治措施，并进行操作。

（1）调查当地主栽棉花品种及其发生的主要病害情况，根据所学知识及查阅的相关资料提出适合当地特点的抗性品种布局及茬口安排方案。

（2）根据当地棉花病害发生情况，选择杀菌剂进行药剂拌种或浸种。

思考题

1. 影响棉苗病害发生的主要因素有哪些？如何进行棉苗病害的综合防治？

2. 简述棉枯萎病、黄萎病侵染循环的过程及各类不同病区应采取的防治措施。

3. 棉铃病害主要包括哪些种类？在什么条件下发生严重？如何进行综合防治？

任务2　棉花害虫防治

【场地及材料】 棉花害虫危害重的田块，根据防治操作内容需要选定的杀虫剂及器械、材料等。

【内容及操作步骤】

一、棉蚜防治

（一）发生规律

棉蚜在辽河流域1年发生10～20代，在黄河、长江流域和华南棉区1年发生20～30代。除在华南棉区和云南等地终年以无性繁殖而不经过有性世代外，其他棉区的棉蚜都是以卵在木本植物的花椒、石榴、木槿、鼠李的树枝上和夏枯草、紫花地丁等杂草根部过冬。在越冬寄主上繁殖3～4代，到4月下旬棉苗出土后，产生有翅蚜迁入棉田繁殖危害。棉蚜在棉田常形成1～3次迁飞高峰，其中以6月上中旬棉花现蕾初期出现的迁飞最为重要，导致棉蚜由点片发生扩向全田，形成大面积危害。在长江流域棉区，5月中旬至6月上中旬是棉蚜危害的主要时期，这个时期发生的棉蚜称为苗蚜。7月下旬至8月上旬，可形成伏蚜猖獗危害。秋季棉株衰老时，迁飞至越冬寄主上，产生无翅有性雌蚜和有翅雄蚜，交配后在腋芽处产卵越冬。5～6月干旱少雨，苗蚜发生重；盛夏期间少雨，气温较低，有利于伏蚜发生。伏蚜的猖獗危害与棉蚜产生抗药性和天敌被杀伤有关。棉蚜的天敌种类有瓢虫、蚜茧蜂、草间小黑蛛、食蚜蝇、草蛉和蚜霉菌等，这些天敌对棉蚜的发生有明显的抑制作用。

（二）防治方法

1. 合理作物布局　可采用多种作物条带种植、间作、套种或插花种植，创造天敌自然控制棉蚜的条件。

2. 药剂拌种　每公顷用3%克百威颗粒剂22.5kg，于棉花浸种后，晾至大半干时拌入，然后催芽或播种，可控制蚜害30d左右。此外，还可用70%吡虫啉湿拌种剂3.0～4.5kg与棉籽90kg混合拌匀。

3. 苗期点涂　用40%氧乐果乳油100倍液等内吸剂滴棉心，也可用其5倍液点涂苗茎红绿交界处。点心方法是将配好的药液装入喷雾器中，喷头用两层纱布包住，开关仅开1/3，打小气。将药液滴入棉顶心，使其能下流2～3cm。涂茎方法是将药液装入广口瓶中，在细棍一端绑绿豆粒大小的棉球，蘸取药液点涂棉茎。

4. 田间喷药　可选用10%烯啶虫胺水剂150～300mL/hm^2、25%噻虫嗪水分散粒剂60～120g/hm^2、50%氟啶虫胺腈水分散粒剂105～150g/hm^2、25%氯虫·啶虫脒可分散油悬浮剂150～180mL/hm^2、22%噻虫·高氯氟微囊悬浮—悬浮剂75～150mL/hm^{2}等，对水600～900kg喷雾。或用25%氯虫·啶虫脒可分散油悬浮剂150～195mL/hm^2、10%溴氰虫酰胺可分散油悬浮剂500～600mL/hm^2，采用植保无人机喷雾。

5. 保护和利用天敌　提倡麦棉或棉油间作，有利于瓢虫等天敌的自然迁移。田间瓢虫和蚜虫的比例达到1∶120时可不用药，以发挥天敌的自然控制作用。

二、棉叶螨防治

（一）发生规律

棉叶螨1年发生10～20代，由北向南递增。北方棉区以雌成螨聚集在枯叶、杂草根际、土缝或树皮缝隙中越冬，南方棉区除以雌成螨在上述场所越冬外，还可以若螨和卵在杂草、绿肥、蚕豆上继续繁殖过冬。翌年春天5日平均气温上升至5～7℃时，越冬成虫开始活动取食，先在越冬或早春寄主上繁殖2代左右，棉苗出土后再转移至棉田危害。每年发生严重时，东北、西北棉区在7～8月有1个发生高峰期，黄河流域棉区6～8月约有两个发生高峰期，长江流域和华南棉区4月下旬至9月上旬可有3～5个高峰期。棉株衰老后再迁至晚秋寄主上繁殖1代，当气温继续下降至15℃以下时，便进入越冬阶段。

成螨主要以两性方式繁殖，少数孤雌生殖。卵多单粒散产于叶背。幼、若和成螨畏光，栖息于叶背。当发生数量较多时，叶背往往有稀薄的丝网。棉叶螨主要通过爬行或随风扩散，也可随水流转移。因此其通常首先在毗邻沟渠、地头及虫源植物的田边点片发生，然后逐渐向田中间蔓延，在植株上则由下部向上部扩散。棉叶螨喜高温干燥条件，干旱少雨有利其发生。与玉米、豆类、瓜类、芝麻等邻作或套作的棉田及豆后、油后棉田棉叶螨发生重。

（二）防治方法

针对棉叶螨分布广、虫源寄主多、易于暴发成灾的特点，在防治上应采取压前（期）控后（期）的策略。以挑治为主，辅以普治。

1. 农业防治 合理轮作、间作，合理安排茬口，冬耕、冬灌，冬、春季清除杂草，消灭越冬棉叶螨。

2. 药剂防治 在点片发生期挑治。除结合防治棉蚜滴心、涂茎外，还可用5%噻螨酮乳油1 500～2 000倍液、1.8%阿维菌素乳油2 000倍液、20%哒螨灵乳油2 000～2 500倍液、73%炔螨特乳油2 000～2 500倍液于初发生时喷洒，重点喷施叶背面，每隔7d左右防治1次，连防3～4次，且要注意轮换施药。

3. 生物防治 棉叶螨的天敌较多，有食螨瓢虫、食螨蜘蛛、食螨蓟马、草蛉幼虫等，在防治上应保护天敌，以达到以虫治虫的目的。

三、棉盲蝽防治

（一）发生规律

棉盲蝽种类多，发生期很不整齐，以棉花现蕾期和开花初期危害最重。成虫怕强光，白天多隐伏，17时左右开始活动，阴雨天则全天活动。飞翔力强，行动活泼。对黑光灯有趋性。有趋向现蕾开花期植物产卵的习性。产卵部位随寄主而异，在棉花上多产在幼叶主脉、叶柄、幼蕾和苞叶的表皮下。6～8月多雨、温暖、高湿有利其发生。棉花生长茂密，现蕾早，蕾花多，覆盖度高，光照弱，适宜其发生危害。棉田靠近苜蓿地，或周围杂草丛生，特别是蒿类杂草多时，受害也重。棉盲蝽天敌有寄生蜂、草蛉、蜘蛛、小花蝽等。

（二）防治方法

1. 农业防治 清除杂草和残枝落叶，减少越冬虫源；合理密植，避免氮肥过多，防止棉花徒长，及时整枝打叶，减轻田间郁闭；对早期生长点受害形成的多头棉进行整枝，以减少产量损失。

2. 化学防治　在二、三龄若虫盛期，用25%噻虫嗪水分散粒剂60～120g/hm^2、50%氟啶虫胺腈水分散粒剂105～150g/hm^2、50g/L顺式氯氰菊酯乳油510～690g/hm^2、52.25%高氯·毒死蜱乳油480～675mL/hm^2、26%氯氟·啶虫脒水分散粒剂90～120g/hm^{2}等，对水600～900kg喷雾。

此外，利用棉盲蝽的趋光性，可在棉田点灯诱杀成虫。

四、棉铃虫防治

（一）发生规律

棉铃虫在山东、河南等地1年发生4代，在新疆、甘肃等地1年发生3代，在长江以南发生5～7代，均以蛹在土中越冬。以山东为例：第一代幼虫发生在5月中下旬，危害小麦、豌豆等；第二代卵于6月中下旬产于棉株顶端的嫩叶正面和嫩蕾上，幼虫危害盛期在6月下旬至7月上旬；第三代卵主要产于棉花、玉米、高粱上，产卵盛期在7月中下旬，幼虫的危害盛期在7月下旬至8月上中旬；第四代卵于8月下旬至9月初主要产于贪青晚熟的棉田内，一般年份幼虫危害不重。

成虫飞翔能力强，对黑光灯及杨树枝叶有趋性，也喜欢取食各种花蜜。卵散产，产卵对寄主有明显的选择性，在与春玉米间作的棉田里，春玉米上的卵量可比棉花多几倍。在嗜食寄主间，则有追逐花蕾期植物产卵的习性。产卵还有明显的趋嫩性和趋表性，即喜产在嫩尖、嫩叶、蕾、苞叶及玉米高粱心叶上。初孵幼虫先吃卵壳，然后食害嫩尖、叶；二龄幼虫蛀食幼蕾；三、四龄以危害蕾花为主；五、六龄时蛀食青铃。有转移危害习性。三龄前幼虫早晚常在叶面爬行，抗药力差，易被药剂杀死。因此，防治棉铃虫应在卵孵盛期开始防治，把棉铃虫消灭在三龄以前。

棉铃虫在温度25～28℃、相对湿度75%～90%、降水量分布均匀的情况下发生严重。暴雨对卵和幼虫有冲刷作用，土壤湿度过大对蛹羽化成虫不利，现蕾早、生长茂密的棉田，棉铃虫发生早而重。棉铃虫的捕食性天敌有草蛉、蜘蛛、瓢虫、小花蝽、猎蝽等，寄生性天敌有赤眼蜂、姬蜂、茧蜂和寄生蝇等。

（二）防治方法

1. 农业防治　适度推广种植转Bt基因的抗虫棉。越冬蛹期耕翻，各代蛹期锄地灭蛹或培土闷蛹，干旱时结合灌水灭蛹，以减少虫源。在棉铃虫产卵盛期，结合田间整枝打杈，采卵灭虫，将打下的枝杈、嫩头和无效花蕾带出田外沤肥，可消灭卵和一、二龄幼虫。

2. 诱杀防治　种植诱集作物，如芹菜、洋葱、胡萝卜等伞形科植物及可以诱集棉铃虫产卵的玉米、高粱等作物，进行诱杀。发蛾高峰期，将长60～70cm的杨树枝条7～8枝扎成一把，于每天傍晚插到棉田，枝把高出棉株，每公顷棉田插150把，翌日日出前用塑料袋套把捕杀成虫。也可每3hm^{2}棉田安装频振式杀虫灯1盏，灯距地面1.6m，在成虫盛发期，19时开灯，次日7时关灯，杀虫效果可比黑光灯、高压汞灯高数倍。

3. 生物防治　产卵盛期释放赤眼蜂，幼虫孵化期喷施Bt乳剂200倍液或棉铃虫核多角体病毒（NPV）（10%棉烟灵）1 000倍液。

4. 药剂防治　根据虫情预报情况，严格按照防治指标组织统一施药。黄淮流域棉区棉铃虫药剂防治的策略是“弃治一代、控制（棉田）二代、严治三代、重视四代”，长江流域棉区是“巧治三代，控制四、五代”，新疆棉区主要是防治第三代。防治指标，第二代一般掌握在百株累计卵量达100～150粒或百株有一、二龄幼虫10～15头；第三代百株累计卵量达40～60粒或百株有一、二龄幼虫5～8头；第四、五代百株有一、二龄幼虫10～15头。可选用5%氟铃脲乳油1 800～2 400mL/hm^2、20%茚虫威乳油135～225mL/hm^2、3%高氯·甲维盐乳油750～1 125mL/hm^2、3%阿维·氟铃脲悬浮剂1 050～1 350mL/hm^2、5%阿维·高氯氟水乳剂300～600mL/hm^2、20%氟铃·辛硫磷乳油1 125～1 500mL/hm^{2}等，对水600～900kg喷雾。或用25%氯虫·啶虫脒可分散油悬浮剂135～180mL/hm^2，采用植保无人机喷雾。重点喷在棉株的嫩头、顶尖、上层叶片和幼蕾上。

五、棉红铃虫防治

（一）发生规律

棉红铃虫在我国1年发生2～7代，黄河流域棉区2～3代，长江流域棉区3～4代，华南棉区5～7代。各地都以老熟幼虫随籽棉收获而在棉花仓库、晒花工具等处滞育越冬，少数在棉籽及枯铃里越冬。成虫对黑光灯趋性强，对半枯萎的杨、柳树枝也有一定的趋性。第一代卵多产在棉花嫩叶、嫩头上；第二代卵多产在中下部青铃的萼片边缘内侧及铃壳合缝处；第三代卵多产在中上部青铃上。幼虫孵化后在2h内蛀入蕾铃，一旦钻入蕾铃后，就不再转移。幼虫最喜食害20d左右的青铃。

高温多湿有利于红铃虫发生。气温在25～32℃，相对湿度在80%～100%最有利于其生长发育和繁殖。但其幼虫不耐低温，越冬幼虫在－27℃时10min致死，－15℃时3h致死。在自然条件下，5～6月降水量过多，温度下降，卵易被雨水冲刷，发生轻。7～8月多雨，田间湿度增大，有利于红铃虫发生危害。8～9月多雨，常造成严重危害。

红铃虫各代发蛾盛期与现蕾期、易受害青铃期吻合程度越高，则受害越重。第一代以现蕾早、长势好的棉田受害重；第二代以结铃早、结铃多的棉田受害重；第三代以迟衰、后劲足的棉田受害重。红铃虫的天敌有金小蜂、茧蜂、姬蜂、小花蝽、瓢虫及赤眼蜂等。这些天敌对红铃虫的种群有一定的抑制作用。

（二）防治方法

1. 消灭越冬虫源

（1）晒场灭虫。收花晒花期间，将当天采收的棉花集中堆放，上覆麻袋等物诱虫，次晨收集杀死。晒场周围开沟，沟内灌水或放草把围阻，每天清沟杀虫。晒花时驱鸡啄食，或人工扫集杀虫。

（2）低温灭虫。北方室外或用冷库贮棉，可利用冬季低温消灭越冬幼虫。

（3）放蜂灭虫。早春气温达14℃时在棉仓内释放红铃虫金小蜂，一般20～30m^{2}棉仓内放蜂2 400～10 000头。

2. 棉田防治

（1）诱杀成虫。成虫盛发期在田间设置红铃虫性诱剂，诱杀和迷向防治棉红铃虫。

（2）药剂防治。为控制第二、三代红铃虫危害，在第一、二代蛾盛发期用80%敌敌畏乳油2.25～3.0kg/hm^2，对水30kg，拌细土275kg，傍晚撒于棉垄间，以熏杀成虫。第二、三代卵孵盛期可用药喷雾防治幼虫，选用药剂同棉铃虫。

六、棉花其他害虫防治

（一）棉大卷叶螟

棉大卷叶螟在辽宁1年发生2～3代，陕西、河北、山东3～4代，湖北、浙江、江苏4～5代。各地均以老熟幼虫在棉秆或地面枯卷叶中越冬，也有在棉田附近树皮裂缝中越冬的。翌年春化蛹，长江流域一般在4月下旬，湖北在4月上旬。第一代在其他寄主上危害，第二代有少量迁入棉田，湖北8月中旬至9月初是危害盛期，之后又逐渐减少。

成虫白天多藏在叶背和杂草丛中，19时开始活动，21～22时活动最盛，有趋光性。卵散产于叶背，靠叶脉基部最多，叶面极少。一、二龄幼虫都聚集在叶背取食，保留叶的上表皮，三龄后分散，并能吐丝将叶片卷成喇叭筒形，在筒内取食，虫粪也排泄在筒内。幼虫老熟后化蛹于筒内，并吐丝粘在叶上。

注意防治春季寄主上第一代幼虫，以压低基数，减轻棉田危害。结合整枝捏死卷叶内的幼虫。掌握在幼虫一、二龄未卷叶前喷药。可在防治棉铃虫时兼治。

（二）棉小造桥虫

棉小造桥虫在黄河流域1年发生3～4代，长江流域5～6代，以蛹越冬。第一代幼虫主要危害木槿、苘麻等，第二、三代幼虫危害棉花最重。第一代幼虫危害盛期在7月中下旬，第二代在8月上中旬，第三代在9月上中旬，有趋光性。卵散产于棉花等叶背处。初孵幼虫活跃，受惊滚动下落，一、二龄幼虫取食棉株下部叶片，稍大时转移至上部危害，四龄后进入暴食期。低龄幼虫受惊吐丝下垂，老熟幼虫在叶缘或蕾铃苞叶间吐丝做薄茧化蛹。

用黑光灯或高压汞灯诱杀成虫；做好测报，加强棉田幼虫防治，掌握在幼虫孵化盛末期至三龄盛期，百株幼虫达100头时进行防治。可在防治棉铃虫时兼治。

练　习

1. 调查了解当地棉花主要害虫的发生危害情况、主要防治措施和成功经验，撰写调查报告1份。

2. 制订棉花害虫综合防治方案。

（1）选择2～3种棉花害虫，根据其发生规律，制订综合防治方案。

（2）根据当地棉花害虫的发生情况，拟订棉花害虫综合防治方案。

3. 参与或组织棉花害虫防治工作。可根据田间棉花害虫发生情况选择以下防治措施，并进行操作。

（1）滴心、涂茎防治棉蚜。结合棉蚜的发生情况，用内吸剂进行滴心、涂茎，并调查防治效果。

（2）杨树枝把诱杀。砍下当年生杨树枝条，长60～70cm，每10根1把，每把间隔10m，每5d换1次，每天早晨用纱窗网袋套住杨树枝把，再将下口攥紧，扑打枝袋，将诱到的棉铃虫捏死。

（3）灯光诱蛾。选用当前生产中推广应用的虫情测报灯诱虫。

1. 简述棉蚜的危害特点及在棉田的发生特点。
2. 简述棉叶螨的发生规律和综合防治措施。
3. 我国各棉区及棉花各生育时期的主要害虫有哪些？怎样进行综合治理？
4. 近年来棉盲蝽数量上升、危害加重的主要原因是什么？

棉花病虫害综合防治技术

（一）越冬期防治

1. 清洁田园，搞好冬耕冬灌 清除棉花枯枝及杂草等越冬寄主，及时冬耕冬灌，可以有效地杀灭越冬的棉叶螨、棉铃虫蛹等，减少翌年病虫发生基数。

2. 合理间作、套种和轮作 根据当地农业生态系统的特点及主要病虫害的发生情况，合理作物布局，选择适当的作物与棉花轮作或间作套种，可控制多种病虫的发生与危害。如黄河流域棉区的小麦与棉花间作套种，因小麦的屏障作用可阻止部分有翅棉蚜迁往棉田，而小麦上的天敌又易于转移到棉苗上，使苗蚜受到较好的控制，麦收前一般不需施药治蚜；在长江中下游棉区，小麦高留茬收割，可明显增加棉田天敌数量；实行稻棉轮作对于控制棉花枯萎病、黄萎病、棉蚜等作用明显，对盲蝽也有一定的防治效果。

（二）播种期和苗期防治

1. 选用抗病虫品种 种植抗病虫品种，既是保证棉花苗全、苗齐、苗壮的前提条件，也是有效减轻棉铃虫、棉花枯萎病和黄萎病等病虫危害，保护棉花生产安全的一项重要措施。

2. 硫酸脱绒和种子处理 硫酸脱绒一定要处理干净，不留短绒，可控制角斑病、枯萎病、黄萎病的发生蔓延。种子处理针对苗期害虫时，可选用 70%噻虫嗪水分散粒剂等。防治烂种和苗期病害时可用种子量 0.5%的 40%拌种双或 0.5%～0.8%的 50%多菌灵拌种。

3. 培育壮苗，科学管理 棉花无病土育苗移栽，可以避过病菌苗期侵染，增强棉苗抗病能力。直播棉田在棉苗出土后早中耕、勤中耕，提高地温，疏松土壤，可以促进根系发育，减轻苗病的发生。麦收后及时浅耕灭茬，可杀死一代棉铃虫蛹，减少二代棉铃虫由麦田向棉田转移的基数。结合整枝、打杈，进行人工抹卵，捕捉老龄幼虫，将疯杈、顶尖、边心及无效花蕾、烂铃等带出田外，及时清除田边地头的杂草，并将其集中处理。

注意氮、磷、钾肥合理搭配，做到有机肥与复合肥相结合，增施钾肥及微肥，切忌偏施氮肥，以防棉花生长过旺。

4. 苗期药剂防治 此期的主要病虫害是棉苗病及棉蚜、地老虎等。从棉苗出齐到一片真叶平展期是棉花最易感染苗病的阶段，也是防病的关键时期。

防治立枯病、炭疽病等苗期病害，可选用 65%代森锌可湿性粉剂、50%多菌灵可湿性粉剂或 70%甲基硫菌灵可湿性粉剂喷雾。防治苗蚜可用 40%氧乐果乳油对水 100 倍液滴心，或用3%啶虫脒乳油750g/hm^2对水600～750kg喷雾，还可兼治棉蓟马。防治地老虎应在三龄幼虫前进行，每公顷用5%毒死蜱颗粒剂45kg，加适量细沙土混合均匀，撒于棉苗根基处。

（三）棉花中后期防治

棉花中后期病虫防治的中心是保蕾、保花、保铃，在充分发挥天敌等控制作用的同时，应密切注意病虫发展趋势，及时采取药剂防治。此期的主要病虫害有棉铃虫、棉叶螨、棉盲蝽、棉花枯萎病和黄萎病、铃病及烟粉虱等。

1. 农业防治　及时整枝、去边心、抹赘芽，并带出田外销毁；在棉铃虫产卵前，喷1%～2%的过磷酸钙或磷酸二氢钾，减少田间落卵量；或在成虫发生期，田间插放杨柳枝把（每公顷150～180把）诱集棉铃虫成虫。

2. 物理机械防治　使用频振式杀虫灯、新型性诱剂诱捕器、色板和银灰膜等物理机械装置，对棉铃虫、蚜虫、烟粉虱等害虫进行诱杀。

（1）频振式杀虫灯。每4hm^2安装一台频振式杀虫灯。杀虫灯接虫袋口距地1.5m，使用220V电源，每天傍晚日落后1h开灯，次日凌晨关灯。

（2）性诱剂诱捕器。每公顷棉田设置15～45个诱蛾器，用树枝或竹竿将其悬挂于棉田，高度要高于棉花1m左右；诱捕器要在害虫越冬代成虫盛发期前悬挂。6～8月可1～2个月更换1次诱芯，其他时间2～3个月更换1次诱芯。

3. 生物防治

（1）保护和利用天敌。当有效天敌总量与棉铃虫卵量的比例为（1∶2）～（1∶3）时，天敌可以控制棉铃虫，不需施药防治。当田间瓢虫等苗蚜的天敌与苗蚜的比例大于1∶120时，也可以控制苗蚜危害。

（2）释放赤眼蜂。种植抗虫棉的地块，在第三代棉铃虫卵期放蜂，第一次放蜂于见卵开始，分5次放，间隔3～5d，每公顷放蜂60万头，卵盛期加量。

（3）应用生物农药。当棉铃虫、棉蚜和棉叶螨等害虫达到防治指标时，可用棉铃虫核多角体病毒（NPV）、1.8%阿维菌素乳油、5%天然除虫菊素乳油、20%灭幼脲悬浮剂喷雾。

4. 化学防治　应严格按照病虫防治指标，推广针对性施药技术，尽量推迟大面积喷雾时间；当多种病虫混合发生时，可采用混合施药兼治多种病虫技术。在用药中要注意不同作用机制的农药交替、轮换使用，以延缓害虫抗药性的产生和发展。

（1）主治棉蚜，兼治盲蝽等害虫。伏蚜发生期可用内吸性杀虫剂喷雾或涂茎防治，也可用敌敌畏拌麦糠撒入行间进行熏蒸杀虫。

（2）防治棉铃虫。对第二代棉铃虫，抗虫棉基本不用化学防治；常规棉第二代棉铃虫的防治，要在成虫产卵盛期进行。防治第三、四代棉铃虫可选用溴氰虫酰胺、阿维·高氯氟、高氯·甲维盐等药剂喷雾。

（3）防治棉叶螨等其他害虫。在发现中心株后24h内，用炔螨特、螺螨酯、阿维·哒螨灵等在半径7m的范围进行喷雾防治，封锁中心区域，尽可能地将棉叶螨的发生控制在点片阶段，可兼治棉蚜、棉铃虫。

（4）防治棉铃病害。防治棉铃病害应以保护青铃为主，喷药应以下部1～6果枝为重点，时间必须集中在铃病流行初期1个月，喷药2～3次。

根据学生对棉花主要病虫害发生原因分析和发生规律掌握的程度、所制订综合防治方案的科学性和可行性、现场防治操作的表现、调查报告的质量及学习态度等几方面（表 3-5-1）进行考核评价。

表 3-5-1　棉花病虫害综合防治考核评价

序号	考核内容	考核标准	考核方式	分值
1	棉花主要病虫害发生原因分析	对棉花主要病虫害发生规律了解清楚，在当地的发生原因分析合理、论据充分	闭卷笔试、答问考核	20
2	综合防治方案的制订	能根据当地棉花主要病虫害发生规律制订综合防治方案，防治方案制订科学，应急措施可行性强	个人表述、小组讨论和教师对方案评分相结合	20
3	防治措施的组织和实施	能按照实训要求做好各项防治措施的组织和实施，操作规范、熟练，防治效果好	现场操作考核	20
4	调查报告	格式规范，内容真实，文字精练，体会深刻，对当地棉花病虫害防治具有指导意义	评阅考核	30
5	学习态度	遵守纪律，服从安排，配合老师积极主动联系实训现场，积极思考，能综合应用所掌握的基本知识和技能，分析问题和解决问题	学生自评、小组互评和教师评价相结合	10

子项目六　油料作物病虫害综合防治

【学习目标】掌握油料作物病虫害发生规律，制订有效综合防治方案并组织实施。

任务 1　油料作物病害防治

【场地及材料】油料作物病害发生较重的田块，根据防治操作内容需要选定相应的农药及器械、材料等。

【内容及操作步骤】

一、油菜菌核病防治

（一）发生规律

油菜菌核病的初侵染源主要是混有菌核的土壤、病残体、种子和堆肥。越夏菌核在秋季有少量萌发，产生子囊盘或菌丝侵染油菜幼苗。大多数菌核越夏、越冬后，至翌年 2～3 月才萌发。在温湿度适宜的条件下，菌核大量萌发形成子囊盘，子囊孢子成熟后弹射出来随气流传播。子囊孢子不能直接侵染健壮茎叶，而极易侵染花瓣和老叶。病部外表产生的白色菌丝，通过植株间的接触，如通过花瓣飘落、病健搭附等途径进行再侵染，引起病害逐渐扩大蔓延。

越冬的菌核数量多，发病重。油菜开花期最易感病，如果开花期与子囊盘盛发期相吻合，则病害将大量发生。温度在20℃左右，相对湿度85%以上，有利于病菌的发育和侵入危害。在油菜开花期，天气多雨则病害发生重。连作地菌源多，发病重。地势低洼、排水不良、大水漫灌、栽植过密、偏施氮肥造成枝叶徒长、通风不良的地块均有利于发病。

（二）防治方法

油菜菌核病的防治应采取以农业防治为主，药剂防治为辅的综合防治措施。

1. 农业防治

（1）轮作换茬。水稻、油菜轮作的防病效果最好。旱地油菜的轮作年限应在2年以上。

（2）种植抗（耐）病品种，种子处理。在收获前几天选无病主轴留种。播前选种，用10%盐水或20%硫酸铵水剔除小菌核，然后用清水洗净。

（3）加强田间管理。适时播种，合理施肥，清沟排渍。油菜盛花期摘除植株中下部的病叶、老叶、黄叶，集中处理，可减少菌源。

2. 生物防治　以活体微生物制剂对油菜菌核病进行防治，对核盘菌具有生防潜能的生物种类主要有木霉、盾壳霉、芽孢杆菌和草酸降解菌等。

3. 药剂防治　油菜进入盛花期后，当叶病株率达10%以上、茎病株率在1%以下时进行药剂防治。江苏地区提出坚持“抓住适期，主动出击，全面用药”的防治对策，在主茎开花株率80%以上、一次枝梗开花株率50%左右时防治。可选用50%啶酰菌胺水分散粒剂450～750g/hm^2、43%腐霉利悬浮剂800～1 200mL/hm^2、40%菌核净可湿性粉剂1 500～2 250g/hm^2、25%多菌灵可湿性粉剂3 000g/hm^2、40亿孢子/g盾壳霉ZS-1SB可湿性粉剂675～1 350g/hm^2、23.5%异菌脲悬浮剂1 950～3 255mL/hm^2、50%腐霉·多菌可湿性粉剂1 200～1 350g/hm^{2}等，每次喷药间隔7～10d。要用足水量，每公顷用水量不少于900kg，全面喷透；要尽量向油菜茎秆中下部位喷药。

二、大豆胞囊线虫病防治

（一）发生规律

大豆胞囊线虫在东北地区1年发生3～4代，上海地区发生10代左右。大豆胞囊线虫主要以在土壤中越冬的胞囊，或混杂在种子中和土块内的胞囊作为初侵染源。种子的远距离调运是该病传播到新区的主要途径，田间传播主要通过田间作业的人、畜和农机具携带胞囊或含有线虫的土壤，其次为灌水、排水和施用未充分腐熟的粪肥。在春季气温转暖时，一龄幼虫在卵壳内孵化，二龄幼虫破卵壳进入土壤中，雌性幼虫从根冠侵入寄主根部，经皮层进入中柱，其唾液使原生木质部或附近组织形成愈合细胞，堵塞导管。线虫则以吻针插入愈合细胞吸收营养。四龄后的幼虫就发育为成虫，即大豆根上所见的白色或黄白色的球状物。雌成虫重新进入土壤中自由生活，性成熟后与雄虫交尾。雌虫体随着卵的形成而膨大呈柠檬状，后期雌虫体壁加厚，形成越冬的褐色胞囊。

连作地发病重，与禾本科作物轮作时土壤中线虫数量急剧下降，这是因为禾谷类作物的根能分泌刺激线虫卵孵化的物质，使幼虫从胞囊中孵化后找不到寄主而死亡（称这类作物为“诱捕作物”）。通气良好的沙壤土、沙土或干旱瘠薄的土壤有利于线虫生长发育；碱性土壤适合线虫生活。

（二）防治方法

在无病区加强检疫，防止大豆胞囊线虫传入；在病区应采取以种植抗病、耐病品种，合理轮作和加强栽培管理等农业防治措施为主，辅以药剂防治的综合防治措施。

1. 农业防治 有条件的地方实行水旱轮作或与禾本科等非寄主作物轮作，其中与线麻和亚麻轮作防治效果最好，一般轮作要在3年以上。在大豆播种面积大的地区，轮作还可与种植抗病品种相结合。轮作制中加入一季诱捕作物，如绿肥作物或抗病品种等，可减少轮作年限，提高防病效果。增施有机肥或喷叶面肥，促进植株生长。高温干旱的年份适当灌水。

2. 生物防治 用生物制剂淡紫拟青霉（保根菌）液剂进行大豆拌种，或用25kg/hm^{2}大豆保根菌颗粒剂，随种子、肥料一起施入田间。或用几丁聚糖（甲壳素）进行大豆拌种、灌根、喷雾，可有效防治大豆胞囊线虫。

3. 药剂防治 可选用2.5%阿维菌素颗粒剂9～10.5kg/hm^2，随播种一起施入土壤。还可选用灭线磷等杀线虫剂。

三、大豆花叶病防治

（一）发生规律

大豆花叶病毒主要在种子内越冬成为翌年的初侵染来源。种子带毒率的高低与品种感病性及各生育期的气候条件有关。在大豆感病的生育期内，感病越早，种子带毒率越高。田间传毒介体主要是蚜虫，多数有翅蚜着落于大豆冠层叶片危害，黄绿色植株上的蚜虫数量多于深绿色植株。蚜虫传播距离在100m以内，大豆上繁殖的蚜虫是传毒的主要介体，其他作物上的蚜虫也可经过大豆田，但其着落率和传毒率均低。发病适温为20～30℃，温度高于30℃时病株可出现隐症现象。长期种植同一抗病品种，会引起病毒株系变化，导致品种抗性降低或丧失。大豆花叶病毒还可通过汁液摩擦传播。

（二）防治方法

采用以农业防治为主、药剂治蚜为辅的综合防治措施。

1. 农业防治 选用抗病品种；建立无病留种田，提倡在无病田留种，种子田应与大豆生产田隔离100m以上；播种前严格筛选种子，清除褐斑粒。在大豆生长期间彻底拔除病株；避免晚播，使大豆易感病期避开蚜虫高峰期；采用大豆与高秆作物间作可减轻蚜虫危害，从而减轻发病。

2. 加强种子检疫 引种时，对引进的种子要先隔离种植，从无病株上留取无病毒的种子繁殖。

3. 治蚜防病 选用50%抗蚜威水分散粒剂150～240g/km^2、40%啶虫脒水分散粒剂45～60g/hm^2，对水喷雾。此外，用银灰薄膜放置于田间驱蚜，防病效果达80%，但此法只适用于小规模田块应用。

4. 药剂防治 在发病前和发病初期开始喷药，用2%宁南霉素水剂900～1 200g/hm^2，或5%氨基寡糖素水剂1 290～1 605mL/hm^{2}均匀喷雾，连续喷3次，每次间隔7～10d。

四、花生青枯病防治

（一）发生规律

病菌主要在土壤中越冬，并能存活5～8年。病菌在病残体或混有病残体的土壤中及以病株作为饲料的牲畜粪便中均可存活，成为翌年的初侵染源。病菌在田间主要靠流水传播，农事活动和人、畜及昆虫的活动也可传播。由根部自然孔口或伤口侵入寄主，通过皮层进入维管束。在维管束内病菌迅速繁殖蔓延，造成导管堵塞，并分泌毒素引起植株中毒，产生萎蔫和青枯症状。病菌还可从维管束向四周薄壁细胞组织扩展，分泌果胶酶，消解中胶层，使组织崩解腐烂。腐烂组织上的病菌可借流水进行再侵染。

高温多湿发病重。当气温上升到27～32℃，时晴时雨、多雨天气，或雨后突然转晴时，病害往往严重发生。一般连作田发病重，管理粗放、地下害虫多、串灌、积水、伤根、烂根等都有利于病害发生；土壤瘠薄的粗沙田发病重。花生品种间抗病性存在明显差异，一般蔓生型品种较直立型品种抗病；播种后30～40d发病最重。

（二）防治方法

1. 农业防治

（1）合理轮作。水源充足的地方实行水旱轮作，旱地可与禾谷类等非寄主作物轮作。

（2）种植抗病品种。一些品种的抗性在各地表现不一样，应进一步通过试验，因地制宜地选用抗病品种。

（3）加强栽培管理。发病初期及时拔除病株，收获后清除田间病残体，病穴撒上石灰消毒，不要将混有病残体的堆肥直接施入花生田或轮作田作为基肥，粪肥要经高温发酵后再施用。也可施用石灰450～750kg/hm^2，使土壤呈微碱性，抑制病菌生长。病田要增施有机肥和磷、钾肥，促使植株生长健壮。

2. 药剂防治　发病初期可喷施2%春雷霉素可湿性粉剂1 500～2 250g/hm^{2}或50%氯溴异氰尿酸可溶性粉剂750～900g/hm^2，每隔7～10d喷1次，连续喷3～4次；用14%络氨铜水剂300倍液或10%二硫氰基甲烷灌根，均有一定的防病效果。

五、花生叶斑病防治

（一）发生规律

病菌主要以子座、菌丝团、分生孢子在病残体中越冬，或以分生孢子附着在种子上或种壳上越冬。温湿度条件适宜时，子座和菌丝团可产生分生孢子，靠风、雨和昆虫传播，由气孔或直接穿透表皮侵入寄主，病部产生的分生孢子可进行重复再侵染。病菌分生孢子的形成、萌发和侵染均需较高的温度和湿度，7～9月若降水多，发病就重。土壤肥力差田块，长势弱、分枝稀少的植株黑斑病发生重。连作田比轮作田发病重。一般直立型品种较蔓生型品种抗病。

（二）防治方法

1. 农业防治　选种抗病品种；花生收获后要尽量清除田间病残组织，及时耕翻，实行轮作。

2. 药剂防治　发病初期可选用25%联苯三唑醇可湿性粉剂990～1 245g/hm^2、30%烯唑醇悬浮剂180～240g/hm^2、40%多菌灵可湿性粉剂1 875g/hm^2、30%戊唑·多菌灵悬浮剂 750～900mL/hm^2、325g/L 苯甲·嘧菌酯悬浮剂 450～750mL/hm^2 等喷雾。一般每 15d 左右喷 1 次，共 2～3 次。

六、油料作物其他病害防治

（一）大豆霜霉病

病菌以卵孢子在种子和病残体中越冬。带菌种子是主要的初侵染源，播种带菌的种子可引起幼苗发病成为田间中心病株。气候温和湿润，昼夜温差大，有利于孢子囊的形成和病菌的生长发育，故平均温度 20～24℃的天气常造成病害流行。播种后低温有利于卵孢子萌发和侵入种子。种子带菌率高，苗期病重。大田连作，田间菌源量大，霜霉病发生重。一般认为空气中孢子囊数量出现高峰期后 10d 左右，田间出现发病高峰。

防治大豆霜霉病应选用抗病品种，建立无病种子田，或从无病田中留种；实行 2 年以上的合理轮作，大豆收获后清除田间病残体，集中焚毁并翻地，减少菌源。铲除病苗，当田间发现中心病株时，可结合田间管理清除病苗。增施磷、钾肥，中耕除草松土，促使植株生长健壮。化学防治可采用药剂拌种。选用 35%甲霜灵可湿性粉剂按种子质量的 0.3%拌种，或选用 80%噁霉灵可湿性粉剂按种子质量的 0.3%拌种。发病始期及早喷药，可选用 10%氰霜唑悬浮剂 480～600mL/hm^2、40%百菌清悬浮剂 1 200～1 800mL/hm^2、80%代森锰锌可湿性粉剂 900～1 125mL/hm^2、40%霜脲·氰霜唑水分散粒剂 450～600g/hm^2、68%精甲霜·锰锌水分散粒剂 1 500～1 800g/hm^2 等喷雾。每隔 7～10d 喷 1 次，共两次，用药液量 1 125kg/hm^2。

（二）大豆疫霉根腐病

土壤中病残体上的卵孢子是主要的初侵染来源。当土壤中有自由水时，卵孢子萌发产生大量游动孢子，随水传播，遇上大豆根以后，先形成休止孢，后萌发侵入寄主根部引起发病。带菌土壤飞溅引起叶部侵染。在大豆生长期内可进行多次再侵染。湿度高或多雨天气发病重，重茬地、地势低洼、黏土、排水不良地块发病重。在病区土壤温度达 15～20℃后，遇大雨田间积水时，此病严重发生。

防治上采取种植抗（耐）病品种，加强田间管理，做好种子及土壤药剂处理等综合措施。雨后及时排除积水防止湿气滞留。播种时沟施甲霜灵颗粒剂，播种前选用 35%甲霜灵可湿性粉剂，按种子质量 0.3%进行拌种，或利用甲霜灵进行种子处理，控制早期发病，但对后期无效。必要时喷洒或浇灌 25%甲霜灵可湿性粉剂 800 倍液或 58%甲霜灵·锰锌可湿性粉剂 600 倍液。因病菌可随种子远距离传播，还应做好种子调运的检疫工作。

（三）大豆灰斑病

病菌以菌丝体在种子或病残体上越冬。其中以病残体带菌为主要初侵染来源，种子带菌对病害流行关系不大。表土层的病残体越冬后产生的分生孢子进行初侵染引起发病，带菌种子长出的幼苗在叶片上可出现病斑。温暖、潮湿时病斑上产生的分生孢子或土壤表层病残体上产生大量的分生孢子，靠气流传播侵染寄主引起发病，成为田间病害的再侵染源。

防治上选用抗（耐）病品种；合理轮作，合理密植，加强田间管理，降低田间湿度；收获后要及时清除田间病残体和翻耕，减少越冬菌量。发病始期或结荚盛期可选用 40%多菌灵可湿性粉剂1 875g/hm^2、25%联苯三唑醇可湿性粉剂 990～1 245g/hm^2、30%烯唑醇悬浮剂 180～240g/hm^2 等喷雾。每隔 7d 喷 1 次，连续喷 2 次。

（四）花生锈病

华南地区锈菌夏孢子主要在冬季花生落粒病苗上存活越冬，病蔓和带病荚果也是春花生的重要初侵染来源。夏孢子萌发产生侵入丝，从表皮细胞间隙或气孔侵入，并产生吸器，吸收营养，形成夏孢子堆，夏孢子堆成熟后，突破表皮散出夏孢子，借气流传播进行多次再侵染。越冬菌源的多少与当年秋花生、冬花生及田间自生苗的发病程度关系密切。花生锈病在20～26℃适温和多雨、浓雾、露重的气候条件下发病严重。春花生早播则受害轻，晚播因在生长中后期遇上雨季，田间湿度大，发病重。相反，秋花生早播，因生长期遇多雨天气发病重，晚播则发病轻。连作、连片种植的发病重。偏施氮肥，田间排水不良，花生徒长，株间湿度大，有利于锈病发生。品种间的抗病性差异明显，珍珠型及多粒型品种较感病，普通型、蔓生型品种较抗病。

因此，春花生适当早播，秋花生适当晚播，避过多雨季节，减少发病。一般南部地区春花生可在立春至雨水播种，北部地区可在惊蛰播种。施足基肥，增施磷、钾肥，早施追肥。春、秋花生收获后，要清除田间落粒自生苗。实行轮作，减少田间菌源。种植抗病、耐病品种。当病株率达 15％～30％时，叶片病情指数在 3 左右，或近地面 1～2 片叶有 2～3 个病斑时，及时喷药防治。可选用 30％烯唑醇悬浮剂 180～240g/hm^2、10％苯醚甲环唑水分散粒剂 975～1 200g/hm^2、40％百菌清悬浮剂 1 200～1 800mL/hm^2 等对水喷雾。喷药次数根据病情和天气情况而定，一般每 8～10d 喷药 1 次，连续 3～4 次。

1. 根据当地油料作物病害发生情况，拟订大豆、油菜或花生病害综合防治方案。
2. 根据田间油料作物病害发生情况，参与或组织实施以下防治措施。

（1）种子处理。用甲霜灵等药剂拌种，防治大豆疫霉根腐病等。

（2）土壤处理。选用适宜药剂进行土壤处理，防治大豆胞囊线虫病。

（3）田间施药。选择适宜药剂在田间喷施，防治大豆霜霉病等。

1. 请到大豆田调查并拔出病株，观察根瘤与胞囊有什么区别。
2. 苗期发现了大豆胞囊线虫病，已错过种子或土壤处理的防治时期，还可采取哪些补救措施？
3. 如何运用栽培管理措施来减轻花生青枯病的发生？
4. 怎样采取农业措施防治油菜菌核病？

任务 2　油料作物害虫防治

【场地及材料】 油料作物害虫危害重的田块，根据防治操作内容需要选定的农药及器械、材料等。

【内容及操作步骤】

一、豆荚螟防治

（一）发生规律

豆荚螟每年发生代数因地而异。山东、陕西、辽宁南部1年发生2～3代，湖北、湖南、江苏、安徽、浙江、江西等省份发生4～5代，广东、广西等地发生7～8代，均以末龄幼虫在寄主作物田或晒场周围的土中结茧越冬。

成虫昼伏夜出，趋光性弱，受惊扰可短距离飞行，晚间活动、交配产卵，在大豆结荚前，雌蛾交配后2～3d选择幼嫩叶柄、花柄、嫩芽或嫩叶背面产卵；单粒散产，结荚后多产在植株中上部豆荚上，一般1个豆荚上产1粒卵。初孵幼虫先在荚面爬行1～3h，后在荚面吐丝结一白色薄茧藏身其中，经6～8h蛀入豆荚内。幼虫入荚后蛀入豆粒危害，1头幼虫可食害4～5个豆粒，并可转荚危害1～3次。幼虫老熟后脱荚入土，在0.5～4.0cm深处吐丝结茧化蛹。

冬季气温低，越冬幼虫的存活率低。土壤绝对含水量达12.6%时，化蛹率和羽化率高。壤土发生重，黏土发生轻；高地发生重，低地发生轻。其他豆科植物种植面积大、种植期长、距大豆田近，可使大豆田虫口密度增加。同一地区种植春、夏、秋大豆，有利于不同世代转移危害。大豆结荚期与成虫产卵期吻合时发生重，结荚期长、荚毛多的品种受害重。豆荚螟的天敌有多种赤眼蜂、小茧蜂、姬蜂等，幼虫和蛹也常受细菌、真菌等昆虫病原微生物的侵染。

（二）防治方法

1. 农业防治 合理轮作，避免大豆与豆科植物连作或邻作，采用大豆与水稻等非豆科作物轮作；有条件的地方可增加秋、冬季灌水次数，促使越冬幼虫死亡；选种早熟丰产、结荚期短、豆荚毛少或无毛的抗虫品种；调整播种期，使大豆的结荚期与豆荚螟的产卵期错开；采取豆科绿肥结荚前翻耕，大豆成熟及时收获，并随割随运，都能减少越冬幼虫数量。

2. 生物防治 老熟幼虫入土前，若田间湿度较高，可在土表喷施白僵菌粉剂；在成虫产卵始盛期释放赤眼蜂效果也很好。

3. 药剂防治 在成虫进入盛发期时，选定田块，定期检查产卵数。当100个荚上卵数激增时，为产卵盛期，应立即进行药剂防治。可选用50g/L虱螨脲乳油600～750mL/hm^2、60g/L乙基多杀菌素悬浮剂750～870mL/hm^2、1%甲氨基阿维菌素苯甲酸盐微乳剂150～255mL/hm^2、15%茚虫威悬浮剂75～225mL/hm^2、45%甲维·虱螨脲水分散粒剂75～150mL/hm^2等，对水600～900kg喷雾；或用10%溴氰虫酰胺可分散油悬浮剂210～270mL/hm^2，采用植保无人机喷雾。

二、大豆食心虫防治

（一）发生规律

大豆食心虫在我国各地均为每年1代，以老熟幼虫在大豆田或晒场的土壤中做茧越冬。成虫发生期北部偏早，南部偏晚，一般于7月下旬至9月上旬出现。成虫多在午前羽化，飞翔力不强，一般不超过6m。羽化后由越冬场所飞往豆田，上午多潜伏在叶背面或茎秆上，17～19时在大豆植株上方0.5m左右呈波浪形飞行，在田间见到的成虫成团飞舞现象是成虫盛发期的标志。成虫有趋光性，产卵有明显的选择性，多数产在豆荚上，少数产在叶柄、侧枝及主茎上。初孵幼虫在豆荚上爬行数小时后，从豆荚边缘的合缝处附近蛀入，先吐丝结成白色薄丝网，在网中咬破荚皮，蛀入荚内，在豆荚内危害。1 头幼虫可取食 2 个豆粒，将豆粒咬成兔嘴状缺刻。幼虫入荚时，豆荚表皮上的丝网痕迹长期留存，可作为调查幼虫入荚数的依据。幼虫老熟后在豆荚的边缘咬孔脱出，入土 3～8cm 深处做茧越冬。大豆收割前是幼虫脱荚的高峰期，有少数幼虫尚未脱荚，收割后如果在田间放置可继续脱荚，运至晒场也可继续脱荚，爬至附近土内越冬，成为翌年虫源之一。

7～9 月降水量多，土壤湿度大，有利于化蛹和成虫出土，也有利于幼虫脱荚入土。少雨干旱则对其不利。大豆连作比轮作受害重。寄生于大豆食心虫卵的有澳洲赤眼蜂；寄生幼虫的有多种茧蜂和姬蜂，寄生率可达 17%～65%，幼虫被寄生是翌年化蛹前后引起死亡的原因之一；捕食性天敌有步甲等。白僵菌侵染寄生幼虫可达 5%～10%。

（二）防治方法

大豆食心虫的防治应以农业防治为基础，将农业丰产栽培措施与化学防治、生物防治有机地结合起来。

1. 农业防治　选用抗虫或耐虫品种；有条件的地区实行大豆远距离的合理轮作，如采取水旱轮作；豆茬和豆后麦茬地及时翻耙，可提高越冬幼虫的死亡率。当年大豆田距上年大豆田1 000m 以上，可降低虫食率 87%～96%。耕翻地灭虫，在化蛹和羽化的虫源地块中增加中耕锄草次数，特别是在化蛹和羽化期增加铲耥，可减少成虫羽化数量，减轻危害。

2. 生物防治　人工释放赤眼蜂灭卵。在大豆食心虫成虫产卵盛期按每公顷 30 万～45 万头的放蜂量放蜂；或采用白僵菌防治脱荚幼虫，在幼虫脱荚之前，按 22.5kg/hm^2 的白僵菌粉用量，对细土或草木灰 200kg，均匀撒在成熟的大豆田垄台上，落地幼虫接触白僵菌孢子后，温湿度条件适合时便发病死亡。

3. 药剂防治　药剂防治应抓住成虫盛发期和卵孵化盛期两个关键时期，将幼虫控制在蛀荚危害之前。8 月 10 日开始，每天 16～18 时进行田间调查。拨动大豆植株，如果发现蛾量骤增和少数成虫交尾，预示 2～3d 后进入成虫高峰期，是防治成虫的适宜期。在安徽淮北地区，8 月中旬成虫始盛期，100m^2 蛾量为 50 头时，为防治对象田。在东北成虫盛发期，连续 30m 双行蛾量达 100 头，或虫食率达 8%以上时需要进行防治。

（1）敌敌畏熏杀防治成虫。取 2 节长的高粱秸秆、麻秆或其他秸秆，一节去皮蘸药，当药棒吸药达到饱和时，取出放入塑料袋内，到田间将留皮的一节插入田间，每 200 根浸 500mL 药剂原药，按每公顷 600～750 根均匀插在垄台上。或用玉米的穗轴作载体，吸饱药后，卡在豆株的中上部枝杈上。也可用其他颗粒或块状载体拌入药液，均匀撒布在田间垄沟中。但敌敌畏对高粱有药害，高粱间种大豆的地块不宜使用敌敌畏熏杀防治成虫。

（2）喷雾法防治成虫。选用 2.5%溴氰菊酯乳油 300～450mL/hm^2，加水1 125L 喷雾，或加水 22.5L 超低容量喷雾。或用 5%S-氰戊菊酯乳油、2.5%高效氯氟氰菊酯乳油375mL/hm^2 常量喷雾。用背负式喷雾器，将喷头朝上，从豆根部向上喷，倒着走，边喷边向后退。

（3）幼虫入荚期防治。可选用拟除虫菊酯类或其他触杀类药剂对水喷雾，喷雾要均匀，特别是结荚部位都要着药。也可在成虫产卵盛期喷洒上述药剂。

（4）大豆收获后防治。用 90%敌百虫原药 800 倍液浇湿垛底土，湿土层厚 3cm，然后用碌压实，再将收回的大豆垛在上面，杀死入土幼虫。

三、草地螟防治

（一）发生规律

草地螟在我国每年发生1～4代，随地区而异。青海湟源发生1代；吉林、黑龙江、华北各省份北部，一般2代；陕西发生3～4代。以老熟幼虫在土中结丝茧越冬。翌年春季化蛹、羽化。在晋北、内蒙古、河北张家口一带及黑龙江，一般年份越冬代成虫在5月中下旬出现，6月上中旬是盛发期。

成虫具有远距离迁飞的习性。成虫具有群集性，飞翔、取食、产卵或是在草丛中停栖隐蔽等活动，均以大小不等、高密度群集的形式出现。成虫具有强烈的趋光性。成虫白天潜伏在草丛及作物田内，受惊动时可进行1m高、3～7m远的近距离飞移，据此习性可进行步测和网捕。成虫在20～23时活动最旺盛。成虫选择小气候较湿润又有成片的幼虫喜食寄主的地方产卵，单产或3～5粒呈覆瓦状排列。初孵幼虫先在杂草上取食，之后转移到作物上危害。一、二龄幼虫吐丝下垂，通常三龄开始结网，一般3～4头幼虫结1个网，四龄末至五龄常单独结网分散危害。幼虫老熟后，钻入土层4～9cm处做袋状茧，竖立于土中，幼虫在茧内化蛹。幼虫活泼，受惊即扭动逃离。大发生时能成群迁移数公里。

温度和湿度条件是影响草地螟发生的重要因素。相对湿度为60%～80%时，生殖力最高；相对湿度低于40%，雌蛾生殖力减退或不孕。幼虫发育的最适平均温度为20℃或稍高，相对湿度为60%～70%。发生期蜜源植物的多少决定着产卵量的多少。草地螟的天敌种类很多，主要的天敌类群有寄生蜂、寄生蝇、白僵菌、细菌类以及捕食性的蚂蚁、步甲和鸟类等。

（二）防治方法

1. 农业防治 耕翻整地，在草地螟集中越冬的地区，采取秋翻、春耙及冬灌等措施，可明显压低越冬虫源基数，减轻第一代幼虫的发生量；成虫产卵之前，及时清除田间、地头的杂草（特别是藜科杂草），并深埋处理，可有效减少田间虫口密度；加强田间管理，在草地螟幼虫入土后，及时采取中耕、灌水等措施，对压低种群数量也有明显效果。在受害严重的田块周围挖沟或喷洒药带，从而封锁地块，阻止幼虫迁移危害。

2. 化学防治 防治适期应掌握在幼虫三龄前。在不同作物上的防治指标不同：如大豆每平方米达到30～50头，油用亚麻每平方米15～20头，甜菜3～5头/株，向日葵每平方米30～50头。

药剂防治可选用2.5%溴氰菊酯乳油300～450mL/hm^2、15%茚虫威悬浮剂75～225mL/hm^2、10%联苯菊酯乳油75～150mL/hm^2、45%甲维·虱螨脲水分散粒剂75～150mL/hm^2、10%溴氰虫酰胺可分散油悬浮剂150～210mL/hm^2等，对水喷雾。

四、油料作物其他害虫防治

（一）豌豆潜叶蝇

豌豆潜叶蝇在华北地区1年发生5代，广东发生18代。在淮河以北以蛹越冬；在长江以南至南岭以北以蛹越冬为主，少数幼虫和成虫也能越冬；在华南地区终年繁殖。成虫白天在植株间活动，夜间和阴雨天潜伏在植株上或其他隐蔽处。寄生幼虫和蛹的天敌有茧蜂科和小蜂科的多种寄生蜂。

早春及时清除杂草和摘除油菜老叶，可减少虫源基数。采用3%红糖液或煮甘薯、胡萝卜的汁液，加0.5%的90%敌百虫原药制成毒糖液喷在少量油菜植株上，可诱杀成虫。药剂防治可选用1.8%阿维菌素可湿性粉剂450～600g/hm^2、70%灭蝇胺水分散粒剂225～300g/hm^2、31%阿维·灭蝇胺悬浮剂225～300mL/hm^2等，对水喷雾。

（二）豆根蛇潜蝇

1年发生1代，以蛹在大豆根部及其附近土壤中越冬。成虫飞翔力弱，有趋光性。成虫多集中在大豆植株上部叶片附近活动、取食和交尾，温度低、风力大时在下部叶片隐藏。成虫取食大豆幼苗子叶或真叶的汁液补充营养，用产卵器划破叶片，舔食汁液，取食处呈枯斑状。幼虫孵化后，在产卵孔附近短暂活动，后沿胚轴向根部钻蛀，在皮层和韧皮部取食，形成红褐色蛇形隧道，根部常呈开裂状。

合理轮作可减轻危害。发生严重的地块，大豆收割后深翻将蛹深埋，可减少翌年成虫羽化量，秋耙地可将在土壤中越冬的蛹带到地表，增加蛹的死亡率。利用早熟品种适期早播，增施磷、钾肥，加快大豆幼苗生长发育，提高根部木质化程度，使大豆幼苗期避过幼虫盛发期，减轻受害。土壤处理可在播前沟施2.5%阿维菌素颗粒剂9～10.5kg/hm^2，种子处理可选用50%辛硫磷乳油按种子质量0.1%的有效剂量拌种。

（三）豆天蛾

豆天蛾在淮河以南1年发生2代，淮河以北1年发生1代。以老熟幼虫在9～12cm深土中越冬，越冬场所多在豆田及其附近的土堆、田埂等向阳处。翌年春天幼虫上升土表做土室化蛹；成虫昼伏夜出，飞翔力强，对黑光灯有强趋性；成虫喜食花蜜。

利用黑光灯诱杀成虫，幼虫发生期人工摘除幼虫和卵，结合秋翻拾除越冬幼虫。豆天蛾幼虫和蛹个体较大，可在春季或秋季犁地时，跟犁拾虫。豆田高龄幼虫较多，防治困难时，可人工捕杀幼虫。用10%高效氯氟氰菊酯水乳剂75～150mL/hm^2、20%灭幼脲悬浮剂375～570mL/hm^2、15%茚虫威悬浮剂75～225mL/hm^2、10%联苯菊酯乳油75～150mL/hm^2、1%甲氨基阿维菌素苯甲酸盐微乳剂150～255mL/hm^2等，对水喷雾。

练　习

1. 根据当地油料作物害虫发生情况，拟订大豆、油菜或花生害虫综合防治方案。
2. 根据田间油料作物害虫发生情况，参与或组织实施以下防治措施。

（1）生物防治。用白僵菌防治豆荚螟和大豆食心虫幼虫。

（2）物理防治。在田间架设黑光灯，诱杀各种蛾类成虫。

（3）田间施药。用敌敌畏熏杀防治大豆食心虫成虫等。

思考题

1. 为什么大豆食心虫药剂防治的有利时机是成虫盛发期和卵孵化盛期？
2. 简述豆荚螟农业防治的理论依据。
3. 大豆与高粱间种地块，能不能用敌敌畏熏蒸防治大豆食心虫？
4. 为什么土壤含水量会影响豆荚螟的发生量？

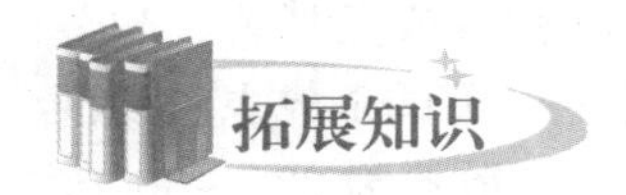

油料作物病虫害综合防治技术

（一）大豆病虫害综合防治技术

1. 农业措施

（1）深翻整地。秋季耕翻，清除病残体，可有效降低越冬虫源和病源基数，减少地下害虫、苗期害虫及土传病害的发生。对大豆原茬地实行多耕多耙，可破坏大豆食心虫的地下生活环境，减少羽化率。

（2）轮作倒茬，间作套种。进行水旱轮作，能有效控制蛴螬、大豆食心虫、豆荚螟和豆天蛾等害虫的发生。同时，可防治大豆胞囊线虫病、大豆疫霉根腐病和花生青枯病等土传病害。

（3）选种抗病虫品种。针对大豆食心虫、豆荚螟、豆秆黑潜蝇、大豆灰斑病、大豆花叶病等多种病虫害，因地制宜地选种高产抗病虫或耐病虫品种，可有效地减轻病虫害发生及危害。

（4）加强田间管理。成虫产卵之前，及时清除田间地头的杂草并深埋处理，可有效地减少田间虫口密度。在草地螟幼虫入土后，及时采取中耕、灌水等措施，对压低其种群数量也有明显效果。

2. 保护和释放天敌 在大豆田每 $10m^2$ 挖 1 个长、宽、深各 12cm 的小坑，内覆盖杂草，可有效地引诱步甲、蜘蛛、蟾蜍等天敌栖息，增加豆田天敌数量。对大豆造桥虫、豆天蛾、黑点银纹夜蛾、豆小卷叶蛾、大豆卷叶螟等还可用赤眼蜂、苏云金杆菌、灭幼脲等进行防治；对大豆食心虫、豆荚螟可用白僵菌防治。

3. 灯光诱杀 对趋光性较强的蛾类，可于发蛾盛期在田间设置黑光灯、高压汞灯等诱杀成虫，可显著降低该类蛾类的田间落卵量。

4. 加强检疫 在引种或调运种子时，要加强对种子进行检疫，防止危险性病、虫随种子调运进行传播。

5. 合理使用农药

（1）播前药剂处理种子。用辛硫磷进行闷种，可防治豆根蛇潜蝇、二条叶甲、象甲、黑绒鳃金龟及网目沙潜等。施用毒土、毒粪、毒颗粒也是防治苗期害虫的好方法。利用敌百虫配制毒饵，可诱杀地老虎和蝼蛄等。播种时沟施克百威颗粒剂，可兼治多种苗期害虫和大豆胞囊线虫病。种子包衣可防治大豆灰斑病及大豆霜霉病等。

（2）生长期喷药防治。对大豆蚜、叶螨、蓟马等害虫要控制在点片发生阶段；对草地螟、豆天蛾、大豆食心虫、造桥虫类、夜蛾类、灯蛾、毒蛾、豆小卷叶蛾等食叶害虫，达到防治指标（如每平方米草地螟 28 头以上，豆天蛾百株 10 头以上，造桥虫百株 80 头以上）时进行防治。

（二）油菜病虫害综合防治技术

1. 农业措施 选种抗病虫品种。合理轮作，适时换茬。坚持与非十字花科作物轮作，避免与十字花科作物重茬。在南方冬油菜产区，应提倡稻油水旱轮作和麦油轮作，轮作年限 2 年以上。实施丰产栽培，改进管理技术。精选种子，适时早播，合理施肥，可促进形成壮苗，提高耐害性，增强抗逆性能；适期播种和移栽可避免蚜虫危害传毒；油菜花期摘除底部老黄叶，并集中销毁，可减少油菜菌核病菌源，消灭油菜跳甲幼虫；油菜收获后及时清洁田园，尽早进行秋耕，可减少越冬病菌和虫源。

2. 合理使用农药

（1）隐蔽施药。播种时或油菜移栽后，沟施或穴施克百威颗粒剂，可控制并防治蚜虫、苗期跳甲、靛蓝龟象甲等，且对天敌安全。

（2）喷药封锁。春播油菜区，防止早春跳甲等害虫从田边迁移至油菜田，在油菜子叶期于田边四周喷 10～20m 宽的药带封锁侵入，效果很好。

（3）全田喷药。应根据害虫种类、虫情，抓住关键时期用药。油菜苗期以控制蚜虫、菜粉蝶和跳甲为主，一般全田喷药 1 次即可。在抽薹期和初荚期各施药 1 次，兼治多种害虫，盛花期选用菌核净等防治油菜菌核病。

（三）花生病虫害综合防治技术

1. 农业措施　在有水浇条件的地区，实行小麦、玉米、花生两年三茬轮作制或水旱轮作，对花生蛴螬有明显的控制作用；无水浇条件的地区，实行花生与谷子或甘薯隔年轮作，对减少蛴螬数量也有明显的效果。在花生田边地头零散种植蓖麻毒杀成虫，也可控制蛴螬的发生。清除越冬寄主，可减少虫源。收获后彻底清除田间病残体，可防治花生青枯病。

2. 诱杀、捕杀害虫　在蛴螬成虫盛发期用黑光灯诱杀成虫，秋翻或花生收获时人工捕杀幼虫，可有效减少翌年的虫源。

3. 合理使用农药　药剂拌种或撒施颗粒剂可防治越冬蛴螬，兼治蚜虫及一些其他苗期病虫害。采用土壤熏蒸、沟施颗粒剂和毒土等可防治花生根结线虫病。花生生长期蛴螬严重的田块可在成虫产卵盛期顺垄撒施颗粒剂。

考核评价

根据学生对油料作物主要病虫害发生原因分析和发生规律掌握的程度、所制订综合防治方案的科学性和可行性、现场防治操作的表现、调查报告的质量及学习态度等几方面（表 3-6-1）进行考核评价。

表 3-6-1　油料作物病虫害综合防治考核评价

序号	考核内容	考核标准	考核方式	分值
1	油料作物主要病虫害发生原因分析	对油料作物主要病虫害发生规律了解清楚，在当地的发生原因分析合理、论据充分	闭卷笔试、答问考核	20
2	综合防治方案的制订	能根据当地油料作物主要病虫害发生规律制订综合防治方案，防治方案制订科学，应急措施可行性强	个人表述、小组讨论和教师对方案评分相结合	20
3	防治措施的组织和实施	能按照实训要求做好各项防治措施的组织和实施，操作规范、熟练，防治效果好	现场操作考核	20
4	调查报告	格式规范，内容真实，文字精练，体会深刻，对当地油料作物病虫害防治具有指导意义	评阅考核	30
5	学习态度	遵守纪律，服从安排，配合老师积极主动联系实训现场，积极思考，能综合应用所掌握的基本知识和技能，分析问题和解决问题	学生自评、小组互评和教师评价相结合	10

子项目七　蔬菜病虫害综合防治

【学习目标】 掌握蔬菜病虫害发生规律，制订综合防治方案并组织实施。

任务1　蔬菜病害防治

【场地及材料】 蔬菜病害发生较重的田块，根据防治操作内容需要选定的农药及器械、材料等。

【内容及操作步骤】

一、蔬菜苗期病害防治

（一）发生规律

猝倒病菌主要以卵孢子或菌丝体在土壤病残体上越冬，可在土壤中长期存活。条件适宜时，卵孢子萌发产生游动孢子或直接萌发产生芽管侵入寄主。病菌主要借雨水、灌溉水、带菌的堆肥和农具传播，可不断产生孢子囊，进行重复侵染，后期在病组织内产生卵孢子越冬。立枯病菌以菌丝体和菌核在土壤、病残体中越冬，一般在土壤中可存活2～3年。病菌可通过雨水、灌溉水、农具转移以及使用带菌堆肥等传播蔓延。

低温高湿、光照不足是导致苗期病害发生的重要因素。长期阴雨、下雪，棚室保温性不好，导致苗床温度过低，易发生猝倒病和沤根病。立枯病常在苗床温度较高、幼苗徒长情况下发生。幼茎尚未木栓化是感病的危险期，若此时低温阴雨，根系生长不良，幼苗生长缓慢，感病期延长，有利于病菌侵入。苗床浇水过多、种植过密、通风不良等条件下，病害极易发生。

（二）防治方法

1. 加强苗床管理　苗床应设在地势较高、排水良好的向阳地块，要选用无病新土作为床土；苗床要做好保温、通风换气和透光工作，防止低温或冷风侵袭，促进幼苗健壮生长，提高抗病力；避免低温高湿条件出现，苗床洒水应看土壤湿度和天气情况，阴雨天不要浇水，以晴天上午浇水最好，每次浇水量不宜过多。

2. 床土消毒处理　将40%五氯硝基苯粉剂与50%福美双可湿性粉剂或45%代森铵水剂等量混合均匀，每平方米用药量为8g，加10～15kg细土拌匀成药土。播种前一次浇透底水，待水渗下后，取1/3药土撒在床面上作为垫土，另外2/3药土均匀撒在种子上覆土，下垫上覆，使种子夹在中间，可预防病害。苗床播种后，也可用30%噁霉灵水剂按每平方米用药2mL对水喷淋苗床。

3. 种子处理　可选用40%拌种灵·福美双可湿性粉剂或50%苯菌灵可湿性粉剂等拌种，用药量均为种子质量的0.2%。此外，也可用25%甲霜灵可湿性粉剂与70%代森锰锌可湿性粉剂以9∶1混合浸种，待风干后播种。

4. 药剂防治　如苗床已发现少数病苗，应及时拔除，并施药保护，以防止病害蔓延。猝倒病常用药剂有722g/L霜霉威盐酸盐水剂5～8mL/m^2（黄瓜苗床浇灌）、34%春雷·霜霉威水剂 12.5～158mL/m^2（黄瓜苗床浇灌）、2 亿孢子/g 木霉菌 4～6g/m^2（番茄苗床喷淋）、3 亿孢子/g 哈茨木霉菌 4～6g/m^2（番茄灌根）、20%乙酸铜可湿性粉剂 1.5～2.4g/m^2（黄瓜灌根）；立枯病防治常用药剂有 50%异菌脲可湿性粉剂 2～4g/m^2（辣椒泼浇）、15%噁霉灵水剂 5～7g/m^2（辣椒泼浇）、1 亿 CFU/g 枯草芽孢杆菌微囊粒剂 0.15～0.25g/m^2（番茄喷雾）、3 亿孢子/g 哈茨木霉菌 4～6g/m^2（番茄灌根）、70%敌磺钠可溶性粉剂0.37～0.74g/m^2（黄瓜泼浇或喷雾）、30%甲霜·噁霉灵水剂 1.5～2g/m^2（黄瓜苗床喷雾）、70%噁霉灵可湿性粉剂 1.25～1.75 g/m^2（黄瓜苗床喷雾）。苗床施药后，往往造成湿度过大，可撒草木灰或细干土以降低湿度。

二、大白菜软腐病防治

（一）发生规律

白菜软腐病的诊断与防治

病菌主要在留种株、土壤、堆肥及菜窖内、外的病残体上越冬，通过雨水、灌溉水、昆虫、肥料等传播。由寄主的伤口和生理裂口侵入，能分泌果胶酶，使寄主细胞的中胶层离解，导致组织解体软腐。病菌从春到秋在各种蔬菜上传染繁殖，最后传至秋甘蓝、秋白菜和秋萝卜上，引起田间大量发病。贮藏期间，病菌能从伤口大量侵入，温度适宜时可引起烂窖。

软腐病的发生程度，与寄主的伤口多少和愈伤能力关系密切。愈伤能力强的品种，表现出明显的抗病性。大白菜一般在苗期愈伤能力强，所以发病轻。白菜包心后，多雨使叶片基部处于浸水和缺氧状态，伤口不易愈合，有利于病菌的繁殖和传播，往往发病严重。害虫能造成伤口并传带病菌，故虫多的地块软腐病发生也重。另外，前茬为茄科植物、施用未腐熟的肥料、播种过早等也能加重病情。

（二）防治方法

1. 治虫防病　消灭地下害虫和甘蓝蝇、黄曲条跳甲、菜青虫、小菜蛾、蟋蟀等害虫，减少虫咬伤口，可减轻病害发生。

2. 加强栽培管理　选择地势高燥的地块，起垄种植，施足基肥，合理浇水，及时中耕，防止脱帮和根茎产生自然裂口，及时检查，拔除病株，并在病穴中撒石灰消毒。

3. 药剂防治　大白菜包心前可选用 100 亿芽孢/g 枯草芽孢杆菌可湿性粉剂 900～1 050g/hm^2、20%噻菌铜悬浮剂 1 125～1 500g/hm^2、50%氯溴异氰尿酸可溶性粉剂 750～900g/hm^2、5%大蒜素微乳剂 900～1 200g/hm^2、30%噻森铜悬浮剂 1 500～2 025g/hm^2、2%春雷霉素可湿性粉剂 1 500～2 250g/hm^2，对水喷雾。喷药 2～3 次，间隔 7～10d。

4. 加强贮藏期管理　大白菜入窖前先除去病叶，经日光暴晒使外叶萎蔫。将菜窖用 40 倍福尔马林液消毒后再入窖；窖温控制在 2～5℃。贮藏期及时翻菜，剔除病棵。

三、番茄青枯病防治

（一）发生规律

病菌主要随病株残体在土中越冬，可在土壤中存活 14 个月甚至更久。病菌从寄主的根部或茎基部的伤口侵入，在维管束的导管内繁殖，并沿导管向上蔓延，将导管阻塞或穿过导管侵入邻近的薄壁细胞组织，使之变褐腐烂。整个输导器官被破坏后，茎、叶因得不到水分的供应而萎蔫。田间病害的传播，主要通过雨水和灌溉水。此外，农具、家畜等也能传病。

高温高湿的环境适于青枯病的发生，故此病在我国南方发生重。土温达到 25℃左右时病菌活动最盛，田间出现发病高峰。久雨或大雨后转晴，气温急剧上升时会造成病害的严重发生。在我国南方，气温一般容易满足病菌的要求，因此降雨的早晚和降水量的多少是发病轻重的决定性因素。

一般在低畦栽培、土壤连作、微酸性土壤的条件下，青枯病发生重。施用氮素肥料时，施硝酸钙比施硝酸铵的田块发病轻，多施钾肥可以减轻病害发生。番茄生长中后期中耕过深，损伤根系会加重发病。

（二）防治方法

1. 轮作 一般发病地实行 3 年轮作，重病地实行 4～5 年轮作。有条件的地区实行水旱轮作效果更好。

2. 调节土壤酸度 结合整地撒施适量的石灰，使土壤呈微碱性，以抑制病菌生长，减少发病。要根据土壤的酸度不同，按750～1 500kg/hm^2 的用量撒施石灰。

3. 改进栽培技术 选择高燥无病地块作为苗床；适期播种，培育壮苗；在番茄生长早期中耕宜深，以后宜浅，到番茄生长旺盛期要停止中耕，同时避免践踏畦面，以防伤害根系。注意氮、磷、钾肥的合理配合，适当增施氮肥与钾肥。

4. 药剂防治 田间发现病株应立即拔除烧毁，病穴可灌注 2%福尔马林液或 20%石灰水消毒，或用 3%中生菌素可湿性粉剂600～1 000倍液、10%中生·寡糖素可湿性粉剂 1 600～2 000 倍液、20%噻森铜悬浮剂 300～500 倍液、50 亿 CFU/g 多粘类芽孢杆菌可湿性粉剂 1 000～1 500 倍液、1 亿孢子/mL 枯草芽孢杆菌水剂 300～500 倍液灌根；也可用 20%噻菌铜悬浮剂 200～500 倍液、77%氢氧化铜可湿性微粉剂 400～500 倍液等喷雾防治，隔 7～10d 喷 1 次，连喷 3～4 次。

四、番茄病毒病防治

（一）发生规律

由于烟草花叶病毒（TMV）寄主范围很广，可以在多种多年生植物和宿根性杂草上越冬，病毒还可附着于番茄种子表面、果肉残屑上，少量可侵入种皮内和胚乳中越冬。此外，病毒还可在多种植物病残体中存活相当长的时期，甚至可在干燥的烟叶和卷烟中越冬。TMV 具有高度的传染性，属接触传染，经移栽、整枝、打杈、中耕、锄草等农事操作传播，而蚜虫不传毒。黄瓜花叶病毒（CMV）由蚜虫传播，如桃蚜、棉蚜等多种蚜虫均可传播，但以桃蚜为主。一般平均气温达 20℃，病害开始发生，25℃时进入发病盛期。高温低湿有利于蚜虫的迁飞和传毒，也有利于病毒的增殖和症状表现。番茄花叶型和条斑型主要由汁液传染，农事操作也是传毒途径之一；蕨叶型由蚜虫传播，特别是桃蚜。田间杂草多时发病重。另外，番茄定植期的早晚与发病有关，春番茄定植早的发病轻，定植晚的发病重。土壤中缺少钙、钾等元素时，花叶型发生严重。不同品种的番茄对 TMV 和 CMV 都存在明显的抗病性差异。

近年来烟粉虱发生重是导致番茄黄化曲叶病毒病流行的主要原因。高温干燥条件不仅有利于烟粉虱传毒，也有利于病毒在寄主体内迅速增殖。高温季节栽培的夏、秋番茄发病重，低温季节的越冬番茄发病轻。番茄播种过早、晚秋不凉、暖冬、春天气温回升早，均有利于烟粉虱越冬、繁殖及传毒危害。品种感病、毒源植物众多以及不同茬口的番茄生长季节重叠使番茄黄化曲叶病毒（TYLCV）得以周年繁殖并造成交叉感染。

（二）防治方法

1. 选用抗（耐）病品种　针对当地主要毒源，因地制宜地选用抗（耐）病品种。

2. 种子处理　用10%磷酸三钠溶液浸种20～30min，然后用清水冲洗干净，催芽播种，可去除附着在种子表面的TMV。

3. 加强栽培管理　适期播种，培育壮苗；定植后适当蹲苗，促进根系发育。在发病初期用1%过磷酸钙溶液或1%硝酸钾溶液实施根外追肥，可减轻发病。农事操作时，要注意剔除病苗，及时用肥皂水或10%磷酸三钠溶液消毒，以免在分苗定植、整枝打杈时传播病毒。清除病残体和杂草。深耕及轮作均可减少毒源。

4. 早期防治传毒介体　提倡采用防虫网育苗、栽培，防止蚜虫、烟粉虱传毒。利用蚜虫、烟粉虱的趋黄性，悬挂黄板诱杀成虫。用银灰膜覆盖全畦或畦梗，或用银灰膜做成8～10cm的银灰条拉在大棚架上，利用银灰膜反光驱避蚜虫，以减少蚜传CMV。蚜虫、烟粉虱是番茄病毒病的重要传播介体，在烟粉虱等发生早期及时防治，可降低虫传病毒引发病毒病的概率。可选用吡蚜酮、烯啶虫胺、啶虫脒或噻嗪酮等喷施。

此外，也可适当使用防病毒药剂或病毒钝化剂，如发病初期选用8%宁南霉素水剂1 125～1 500mL/hm^2、1.2%辛菌胺醋酸盐水剂3 495～5 250mL/hm^2、20%盐酸吗啉胍可湿性粉剂3 510～7 020g/hm^2、5%氨基寡糖素水剂1 290～1 605mL/hm^2、1%香菇多糖水剂1 245～1 875 mL/hm^2、30%毒氟磷可湿性粉剂1 350～1 650g/hm^2、20%吗胍·乙酸铜可湿性粉剂2 505～3 750g/hm^2、5.9%辛菌胺·吗啉胍水剂3 330～3 810mL/hm^2，对水喷雾。每隔10d喷1次，连续喷3次。

五、番茄灰霉病防治

（一）发生规律

病菌主要以菌核在土壤中，或以菌丝体及分生孢子随病残体在土壤中越冬。翌春条件适宜，菌核萌发，产生菌丝体和分生孢子。分生孢子成熟后脱落，借气流、雨水或露珠及农事操作进行传播。分生孢子萌发长出芽管，从寄主伤口或衰老的器官及枯死的组织处侵入。蘸花是重要的人为传播途径。花期是侵染高峰期，尤其在穗果膨大期浇水后，病果剧增，是烂果高峰期，之后在病部可产生大量分生孢子，借气流传播进行再侵染。

该病菌为弱寄生菌，可在有机质上腐生。低温高湿是灰霉病发生的主要因素，病原菌发育温度范围为2～31℃，最适宜温度18～22℃。一般在12月至翌年5月，如遇连续阴雨天气，大棚不能及时放风，特别是加温温室刚停火时，棚室内气温低，相对湿度保持90%以上，气温20℃左右，病害发生严重。密度过大、管理不当、通风不良，都会加快此病的扩展蔓延。

（二）防治方法

1. 生态防治　加强通风，实施变温管理法。具体做法：晴天上午晚放风，使棚温迅速升高，当温度超过33℃再开始放顶风（31℃以上高温可降低病菌孢子的萌发速度，推迟产孢，降低产孢量）。棚温达25℃以上时，中午继续放风，使下午棚温保持在20～25℃；棚温降至20℃时关闭通风口，以减缓夜间棚温的下降速度，使棚温保持在15～17℃。阴天中午也要打开通风口换气。

2. 加强栽培管理　严格控制浇水，尤其在花期应控制用水量及次数；浇水宜在上午进行，发病初期适当控制浇水，浇水后防止结露。避免阴天浇水。发病后及时摘除病果、病叶和侧枝，集中烧毁和深埋。在番茄蘸花后15～25d用手摘除幼果残留的花瓣及柱头，防病效果更好。

3. 药剂防治　严格掌握防治适期，在发病初期开始喷药。可选用50%异菌脲可湿性粉剂750～1 500g/hm²、50%腐霉利可湿性粉剂750～1 500g/hm²、30%咯菌腈悬浮剂135～180mL/hm²、50%啶酰菌胺水分散粒剂600～750g/hm²、400g/L嘧霉胺悬浮剂930～1 410mL/hm²、0.3%丁子香酚可溶液剂1 350～1 800g/hm²、2亿活孢子/g木霉菌可湿性粉剂1 875～3 750g/hm²、65%啶酰·腐霉利水分散粒剂90～120g/hm²，对水喷雾。隔7～10d喷1次，连喷3～4次。保护地可用10%腐霉利烟剂3 000～4 500g/hm²、15%腐霉·百菌清烟剂3 000～4 500g/hm²等，傍晚密闭棚室，熏烟4h以上。由于灰霉病易产生抗药性，应尽量减少用药量和施药次数，轮换和交替用药，以提高防治效果，延缓抗药性产生的速度。

六、茄子褐纹病防治

（一）发生规律

病菌主要以菌丝体潜伏在病残体及种子内越冬，也可以分生孢子器随病残体在土壤表层越冬，或附着在种子表面越冬，成为翌年初侵染来源。种子带菌常引起幼苗猝倒和立枯，病残体带菌常引起茎部溃疡。病部产生的分生孢子可引起再侵染，分生孢子借风雨、昆虫及田间农事操作等途径传播，种子带菌是远距离传播的主要途径。病菌可直接从表皮侵入，也可通过伤口侵入。侵入后在幼苗上经3～5d，成株期经7～10d，发病部位即可形成分生孢子器。病害的发生、流行与温湿度关系密切。28～30℃的高温和80%以上相对湿度条件下发病重。因此，夏季高温多雨季节病害易流行。苗床播种过密，田间地势低洼，土壤黏重，排水不良，栽植过密，植株郁闭，通风透光差等均易使发病加重。此外，品种间抗性差异明显。

（二）防治方法

1. 选用抗病品种　一般长茄较圆茄抗病，白皮茄、绿皮茄比紫皮茄抗病。

2. 选用无病种子和种子处理　从无病田或无病株上采种，如种子带菌应进行消毒处理。可用55℃温水浸种15min或50℃温水浸种30min，取出后立即用凉水冷却、催芽、播种。

3. 实行轮作　应避免与茄科作物连作，南方地区实行3年以上轮作，北方地区实行4～5年轮作。

4. 加强栽培管理　旧苗床土壤用福尔马林、福美双、多菌灵等药剂处理。新床要选用无病净土。施足底肥，宽行密植，提早定植。实行地膜覆盖栽培或行间盖草。植株结果后立即追肥，并结合中耕培土。茄子生育后期，采取小水勤灌，以满足茄子结果对水分的需要。雨后及时排水。

5. 药剂防治　幼苗期或发病初期，可喷施70%代森锰锌可湿性粉剂、50%克菌丹可湿性粉剂等，定植后在植株基部周围地面上撒施草木灰或熟石灰粉，以减轻茎基部侵染。成株期、结果期应根据病势发展情况，每隔7～10d喷1次，连喷3～4次，可选用10%氟硅唑水乳剂600～750g/hm²、10%苯醚甲环唑水分散粒剂750～1 245g/hm²等，对水喷雾。

七、辣椒炭疽病防治

（一）发生规律

病菌主要以分生孢子附着在种子表面，或以菌丝体潜伏在种皮内越冬，也能以分生孢子盘和菌丝体随病残体在土壤中越冬，成为翌年病害的初侵染来源。翌年越冬菌源在适宜条件下产生分生孢子，或越冬的分生孢子借气流雨水等传播进行初侵染。发病后病斑上产生新的分生孢子，不断反复侵染传播。分生孢子多从伤口侵入，也可从寄主表皮直接侵入，潜育期一般为3～5d。此病的发生与温湿度关系密切，一般温暖多雨有利于病害发生。菜地潮湿、通风差、排水不良、种植密度过大、施肥不足或施氮肥过多，或因落叶而造成的果实日灼等均易加重病害的发生。此外，品种间抗病性也有差异。

（二）防治方法

1. 选用抗病品种　各地可根据具体情况选用抗病品种，一般辣味强烈的品种较抗病。

2. 选用无病种子及种子消毒　建立无病留种田或从无病果留种。若种子带菌，播前用55℃温汤浸种30min消毒处理。取出后凉水冷却，催芽播种。也可用冷水浸种10～12h，再用1%硫酸铜溶液浸5min，捞出后用少量草木灰或生石灰中和酸性，即可播种。

3. 轮作和加强栽培管理　发病严重的地块要与茄科和豆科蔬菜实行2～3年轮作。应在施足有机肥的基础上配施氮、磷、钾肥；避免栽植过密和地势低洼地种植；采用营养钵育苗，培育适龄壮苗；预防果实日灼；清除田间病残体，减少病菌侵染源等措施都可减轻发病。

4. 药剂防治　发病初期或果实着色时开始喷药，可选用50%咪鲜胺锰盐可湿性粉剂555～1 110g/hm^2、80%代森锰锌可湿性粉剂2 250～3 150g/hm^2、22.5%啶氧菌酯悬浮剂420～495mL/hm^2、25%嘧菌酯悬浮剂480～720mL/hm^2、30%肟菌酯悬浮剂375～562mL/hm^2、30%唑醚·戊唑醇悬浮剂900～1 050mL/hm^{2}等，对水喷雾。隔7～10d喷1次，连喷2～3次。

八、马铃薯晚疫病防治

（一）发生规律

马铃薯晚疫病发生规律

带病种薯是马铃薯晚疫病的初侵染来源。病薯播种后，多数病芽失去发芽能力或出土前腐烂，只有少数感病轻微的病芽可以生长，并在基部形成不明显的条斑，潮湿环境下产生孢子囊，侵染附近植株而形成明显的发病中心。孢子囊靠风雨传播，在适宜条件下，自发病中心形成至全田普遍发病，仅需10余天时间。若病菌来自田内中心病株，病斑多发生于底部叶片，并可看到明显的侵染中心。若病菌来自田外，则病斑分散，多发生于上部叶片。

高湿凉爽的气候适宜病害发生。华北、西北及东北地区，马铃薯春播秋收，如果雨季来得早，7、8月降水量大，病害发生早而重。品种间抗病性差异很大，一般株形直立、叶小多毛、叶肉厚、叶色深的品种较抗病。芽期和开花期最感病。地势低洼、排水不良的地块发病重。平作田、植株徒长或生长衰弱，发病也重。

（二）防治方法

1. 种植抗病品种　各地可根据具体情况选用抗病品种。

2. 加强栽培管理　播前精选无病种薯，起垄种植，合理施肥，雨后注意排水等，都可减轻病害。流行年份提早割蔓，两周后再收获，能降低薯块带菌率。

3. 药剂防治　当发现中心病株后，可用10%氰霜唑悬浮剂480～600mL/hm^2、50%氟啶胺可湿性粉剂450～525g/hm^2、40%烯酰吗啉悬浮剂600～750mL/hm^2、23.4%双炔酰菌胺悬浮剂300～600mL/hm^2、40%霜脲·氰霜唑水分散粒剂450～600g/hm^2、72%霜脲·锰锌可湿性粉剂1 950～2 700g/hm^2、58%甲霜·锰锌可湿性粉剂1 500～1 800g/hm^2，对水

喷雾。间隔 7～10d 喷 1 次，连喷 2～3 次。

九、黄瓜霜霉病防治

（一）发生规律

我国北方地区，冬季霜霉病菌在温室、塑料大棚的黄瓜上越冬，病部产生的孢子囊借气流传播到阳畦和露地黄瓜上，依次引起夏黄瓜、秋黄瓜发病，最后又在棚室黄瓜上越冬。只要条件适宜，各茬黄瓜上可多次发生再侵染。田间孢子囊借气流和雨水传播，从寄主的气孔或表皮侵入。冬季严寒的东北北部，每年初侵染的菌源，一般认为是孢子囊随季风由外地传入的。

黄瓜霜霉病的流行要求多雨、多露、多雾、昼夜温差大及阴雨天与晴天交替的气象条件。适宜病害流行的气温为 20～24℃。当气温 16℃以上，如遇降雨，空气湿度大，田间便可出现发病中心。此后若雨日多，晴雨交替，相对湿度 80%以上，病害就会流行。一般山东、河南 5 月上旬开始发生，5 月中下旬至 6 月上旬为发病盛期；辽宁的发病盛期在 6 月下旬至 7 月上旬；黑龙江于 7 月上中旬流行。此外，地势低洼、栽植过密、浇水过多也会加重病害。棚室黄瓜若管理不善，造成高湿的小气候，昼夜温差大，叶片上长时间保持水滴和露珠时，就会导致病害的严重发生，尤其是遇连阴天光照不足时病害更重。品种间抗病性也有差异。

（二）防治方法

1. 选用抗病品种 各地可根据当地条件选种抗病品种，如博新 3-6、博新 3-9、沃林 3 号、沃林 6 号、沃林 18、津优 35、津优 36、德瑞特 16A、德瑞特 16B、京研 107、冬冠等。

2. 加强栽培管理 选择地势较高、排水良好的地块建棚或栽植黄瓜。栽前施足基肥；适当控制浇水次数，加强中耕，露地黄瓜注意雨后排水。

3. 生态防治 棚室黄瓜要选用无滴膜，生长期控制浇水次数，适当放风通气，降低棚内湿度至 90%以下，叶面无结露现象。发病初期，还可进行高温闷棚灭菌。具体方法是：选择晴天的中午，闷棚前先灌足底水，使土壤湿润，以增强高温下黄瓜生长的适应性。在黄瓜生长点附近，安放温度计，以检查温度的上升限度。闷棚的温度掌握在 45～47℃，持续 0.5～1.5h，黄瓜生长点部位的温度不能超过 47℃，否则会造成烧伤。若闷棚过程中出现温度过高的现象，应及时轻度通风降温。闷棚结束时，逐渐揭膜通风降温，切忌温度大起大落，闷棚后 2d 内及时追施适量速效肥。每隔 10～15d 闷棚 1 次，共进行 2～3 次。

4. 药剂防治 黄瓜霜霉病流行性强，蔓延迅速，必须在病害发生前或中心病株刚出现时开始喷药，间隔 7～10d 喷 1 次。药剂可选用 25%嘧菌酯悬浮剂 480～720mL/hm^2、10%氰霜唑悬浮剂 480～600mL/hm^2、50%吡唑醚菌酯水分散粒剂 375～450g/hm^2、40%烯酰吗啉悬浮剂 600～750mL/hm^2、722g/L 霜霉威盐酸盐水剂 900～1 500mL/hm^2、60%霜脲·嘧菌酯水分散粒剂 210～270g/hm^2、68%精甲霜·锰锌水分散粒剂 1 500～1 800g/hm^2、18.7%烯酰·吡唑酯水分散粒剂 1 125～1 875g/hm^2、58%甲霜·锰锌可湿性粉剂 1 500～1 800g/hm^2，对水喷雾。大棚、温室在结瓜后发病初期，用 45%百菌清烟剂 3.75kg/hm^2，分放 6～7 处，用暗火点燃熏 1 夜，次晨通风，间隔 7d 再用药 1 次。或于傍晚用 5%百菌清粉剂 15kg/hm^2 喷粉，间隔 9～11d 再用药 1 次。喷雾应均匀周到，并特别注意喷叶背面。喷粉时施药人员要戴口罩和风镜，并由里向外喷施。

十、黄瓜枯萎病防治

（一）发生规律

枯萎病菌主要以菌丝、厚垣孢子和菌核在土壤及肥料中越冬，病菌在土壤中可存活5～6年；厚垣孢子和菌核还可通过牲畜排出的粪便传播；另外，种子也可少量带菌。病菌由寄主根部的伤口或根毛顶端的细胞间侵入，而后进入维管束，在导管内发育，能阻塞导管，影响水分运输，引起植株萎蔫。病菌还能分泌毒素，使寄主中毒死亡。

枯萎病属土传病害，其发病程度决定于当年土壤中的菌量。连作是发病的重要因素，连作年限越长病害越重。一般新病区从零星发生到普遍发病只需5～6年。地势低洼、土壤黏重、排水不良的地块，对瓜类根系发育不利，病害也较重。浇水次数过多，水量过大，对发病有利。土壤温度在24～28℃时最适合病菌的侵染，病害潜育期随温度升高而缩短。酸性土壤不适合瓜类生长，但对病菌活动有利，因而发病重。瓜类不同品种对枯萎病的抗性有差异，但高抗品种不多。据报道，黄守瓜幼虫食害瓜根造成的伤口可使病菌趁机而入，也会加重黄瓜枯萎病的发生。

（二）防治方法

1. 嫁接防病　用南瓜作砧木，嫁接黄瓜，有明显的防病增产效果。

2. 加强栽培管理　实行3年以上轮作。选用优质种子，播前用55℃温水浸种10min，然后催芽。注意地面平整，带土移栽，增施磷、钾肥，控制浇水次数。

3. 药剂防治　发病初期，用7.5%混合氨基酸铜水剂200～400倍液、4%春雷霉素可湿性粉剂100～200倍液、3%甲霜·噁霉灵水剂500～600倍液、68%噁霉·福美双可湿性粉剂800～1 000倍液等灌根，每株用药液250～500mL，每隔7d灌1次，连续3～4次。也可按每平方米苗床用50%多菌灵可湿性粉剂8g处理畦面或用50%多菌灵可湿性粉剂每公顷60kg混入细土拌匀后施于定植穴内。种子处理可用25g/L咯菌腈悬浮种衣剂进行种子包衣。

十一、菜豆锈病防治

（一）发生规律

在北方，豆类锈菌主要以冬孢子随病残体遗留在土壤表面以及附着在架材表面越冬；南方主要以夏孢子越冬，一年四季连续侵染豆科植物。病菌从气孔侵入，产生夏孢子堆，通过气流传播进行再侵染，直至生长后期或天气转凉时，在病部形成冬孢子堆和冬孢子越冬。

影响豆类锈病发生的主要条件是温湿度，北方该病主要发生在夏、秋两季。夏季温湿度适宜（温度17～27℃，相对湿度95%以上），菜豆锈病发生严重；叶面结露及叶面上的水滴是病菌孢子萌发和侵入的先决条件，所以早晚重露、阴天、多雨、多雾最易诱发锈病。此外，地势低洼积水、种植密度过大、通风不良、施氮肥过多、连作地发病重。南方一些地区春播常较秋播发病重。不同豆类品种间抗病性表现存在明显差异。

（二）防治方法

1. 选用抗病品种　各地应因地制宜选用抗（耐）病品种。

2. 加强栽培管理　实行轮作或与禾本科作物间作；春播和秋播注意隔离，以减少病菌的传播；加强肥水管理，摘除老叶、病叶，及时清除植株病残体；棚室栽培时采用生态环境调控，降低相对湿度。

3. 药剂防治 发病初期用10%苯醚甲环唑水分散粒剂975～1 200g/hm^2、25%吡唑醚菌酯水分散粒剂188～225g/hm^2、12%苯甲·氟酰胺悬浮剂600～1 005mL/hm^2、30%醚菌酯悬浮剂750～1 005mL/hm^2，对水喷雾。每隔10d喷1次，连续防治2～3次。如果在低温阴雨天棚室发病，可用粉剂喷粉，效果更佳。

十二、蔬菜根结线虫病防治

（一）发生规律

南方根结线虫主要以卵、卵囊或二龄幼虫随病残体在土壤中越冬，北方地区也可在保护地内继续危害过冬。病苗调运可使线虫远距离传播，田间主要通过病土、病苗、灌溉水和农事操作传播。翌年春季，当平均地温为10℃以上时卵孵化，寄主根的分泌物对卵的孵化有促进作用。幼虫具有侵染能力，离开卵块后寻找根尖，利用口针穿透细胞壁，其分泌液引起周围根部细胞分裂加快，形成多种巨型细胞，以此为中心膨大生长形成肿瘤，根部形成虫瘿，即根结。幼虫发育到四龄后即可交尾产卵，卵可于根结中孵化发育，也有大量的卵被排出体外进入土壤，卵孵化后进行再侵染。蔬菜生长季节，线虫世代交替，反复侵染，导致寄主根系布满根结，受到的危害越来越重。

土壤温湿度对发病影响较大。4种根结线虫中，南方根结线虫生长发育的最适温度范围最高，为27～32℃，北方线虫最适温度范围最低，为15～25℃，爪哇线虫和花生线虫介于其间，超过40℃和低于5℃时，任何根结线虫的侵染活动都很少。土壤持水量40%左右较适合线虫的生长发育。雨季有利于卵的孵化，但连续水淹4个月后幼虫死亡，而卵仍能存活；水淹22.5个月后，线虫和卵全部死亡。连作地由于线虫数量的积累而发病较重，因此保护地明显重于露地。地势高燥、土质疏松、盐分含量低的地块较土质黏重的地块发病重，适宜pH为4～8。根结线虫喜欢沙质疏松的土壤，在土壤中的分布主要集中于5～30cm土层。

（二）防治方法

1. 轮作 最好与禾本科作物实行2～3年的轮作，水旱轮作效果也较好。

2. 清洁田园，培育无病壮苗 清除病根，集中销毁，以降低田间线虫密度；选择无病地块或无病土做苗床，培育无病壮苗供移栽。

3. 物理防治

（1）水淹法。对5～30cm土层进行淤灌数月，可抑制线虫的侵染和繁殖。保护地拉秧后，挖沟起垄，加入生石灰灌水，覆地膜并闭棚，利用高温缺氧杀死线虫。

（2）暴晒法。盛夏高温季节，每隔10d左右深耕翻土，共两次，深度达25cm以上，利用高温和干燥杀死土表的线虫。

4. 土壤消毒

（1）定植前消毒。保护地有条件时可进行休闲期蒸汽消毒，事先于土壤中埋好蒸汽管，地面覆盖厚塑料布，通过打压送入热蒸汽，使25cm土层温度升至60℃以上，并维持0.5h，可大大降低虫口密度。苗床土或棚室土壤定植前化学消毒，可用滴滴混剂600kg/hm^2，在播前3周开沟施药后覆土压实，熏蒸杀线虫，也可用98%棉隆微粒剂，用药90kg/hm^2拌入900kg细干土，开25cm深的沟施药，然后覆土压实；土温为15～20℃时，封闭10～15d后再播种栽苗。

（2）定植时消毒。可用0.5%阿维菌素颗粒剂、10%噻唑膦颗粒剂、5%阿维·噻唑膦颗粒剂等穴施或沟施。

（3）药剂灌根。成株期发病可选6%阿维菌素水分散粒剂5 000～6 000倍液、20%噻唑膦水乳剂1 000倍液、21%阿维·噻唑膦水乳剂1 000倍液灌根。

十三、蔬菜其他病害防治

（一）辣椒疫病

病菌主要以卵孢子和厚垣孢子在土壤中或残留在地上的病残体内越冬，是典型的土壤习居菌。病菌可直接侵入或从伤口侵入。病菌主要借助于游动孢子在水中游动进行传播，因此水在病害循环中起着重要作用。南方地区常年春种辣椒在4月下旬发病，5～8月气温较高，又值雨季，降水量常超过200mm以上，疫病一般在降雨后3～7d病情便突发性上升。大田发病开始于在5月中下旬，6月上旬至7月下旬为发病高峰期。北方地区7月上旬始发，7月下旬至8月下旬为发病高峰期，进入9月，气温冷凉，病害蔓延速度减弱。

用1%福尔马林液浸种30min，药液以浸没种子5～10cm为宜，捞出洗净后催芽播种，或用1%硫酸铜浸种10min消毒。发病初期可喷施58%甲霜灵·锰锌可湿性粉剂、72.2%霜霉威可湿性粉剂、40%三乙膦酸铝可湿性粉剂、72.2%霜霉威可湿性粉剂、64%噁霜·锰锌可湿性粉剂等，间隔7～10d喷1次，交替用药3～4次，若施药后6h内降雨应重新喷施。棚室内用45%百菌清烟剂3.75kg/hm^2，于傍晚闭棚后熏蒸。

（二）马铃薯环腐病

带菌种薯是初侵染的主要来源。病菌从伤口侵入，切刀可以传病。细菌通过维管束扩展蔓延到植株各部分，最后进入新薯块。土壤温度19～23℃适宜发病。

剔除病薯；整薯播种或整薯催芽；切刀用0.2%氯化汞或5%苯酚消毒等都可减少田间发病。

（三）番茄早疫病

病菌随病残体在土壤中越冬。田间借气流和流水传播，由寄主的气孔、伤口和表皮侵入，分生孢子可多次进行再侵染。高温高湿利于发病。可用25%嘧菌酯悬浮剂1 000～1 500倍液、80%代森锰锌可湿性粉剂600倍液、70%甲基硫菌灵可湿性粉剂600倍液、25%丙环唑乳油3 000倍液等喷雾。

（四）黄瓜绿斑驳病毒病

黄瓜绿斑驳病毒病可通过种子和土壤传播，此外也可通过汁液、农事操作及叶片接触等方式进行传播。带毒种子传播是该病害远距离传播的主要途径。田间遇暴风雨时造成植株互相碰撞、枝叶摩擦或锄地时造成的伤根都是侵染的重要途径；高温条件下发病重。土壤黏重、偏酸；多年重茬，土壤积累病菌多时易发病。氮肥施用太多，生长过嫩，播种过密、株行间郁闭，抗性降低的易发病。肥力不足、耕作粗放、杂草丛生的田块易发病。

黄瓜绿斑驳花叶病毒侵染引起的瓜类病毒病，目前在我国尚属局部发生，但传播速度快，危害性大。防治的重点是严格检疫，严禁疫区瓜类种子及瓜类果实的异地调运。杜绝种子、种苗和土壤传毒；与非葫芦科植物进行3年以上轮作，或水旱轮作。加强栽培管理，提高植株抗性；育苗的营养土要选用无菌土，用前晒3周以上；避免在阴雨天气整枝，农事操作时注意减少植株碰撞，中耕时减少伤根，浇水要适时适量，防止土壤过干。种子处理可用0.3%～0.5%次氯酸钠溶液或10%磷酸三钠溶液浸种，发病初期喷施8%宁南霉素或5%菌毒清水剂、0.5%菇类蛋白多糖水剂及1.5%三十烷·十二烷·硫铜乳剂等，隔10d左右施1

次，用药1～2次，对减轻发病有一定的效果。

练　习

1. 根据当地各类蔬菜病害发生危害的特点，拟订某一类蔬菜病害的综合防治方案。

2. 根据田间蔬菜病害发生情况，参与或组织实施以下防治操作：

（1）高温闷棚。前一天先小灌水，于晴天中午密闭大棚，使棚温升至44～45℃，保持2h，然后放风降温。温度不可低于42℃或高于48℃，每次处理至少间隔10d。处理后要及时追肥，促进蔬菜健壮生长。此法可防治黄瓜霜霉病等。

（2）种子处理。用10%磷酸三钠溶液浸种20～30min，然后清水冲洗干净，催芽播种，可防治番茄病毒病。

思 考 题

1. 影响大白菜软腐病发生的主要因素有哪些？如何进行大白菜软腐病的综合防治？

2. 试述茄科青枯病、番茄灰霉病、辣椒炭疽病的防治方法。

3. 调查近年来当地重发的番茄病毒病种类及危害情况，并分析其大发生的原因。

4. 试述马铃薯晚疫病的发病特点及防治方法。

5. 黄瓜霜霉病、枯萎病怎样传播？什么条件下发生重？如何开展综合防治？

6. 调查当地蔬菜根结线虫病的发生危害情况，并提出综合防治方案。

任务2　蔬菜害虫防治

【场地及材料】 蔬菜害虫危害重的田块，根据防治操作内容需要选定的农药及器械、材料等。

【内容及操作步骤】

一、菜蚜防治

（一）发生规律

萝卜蚜在东北、华北地区1年发生10～20代。可以卵在贮藏的白菜或田间越冬的十字花科蔬菜枯叶背面越冬，也能以无翅胎生雌蚜在菜窖内越冬。翌年3～4月，越冬卵孵化为干母，在越冬寄主上繁殖数代后，产生有翅蚜，向春播的十字花科蔬菜上迁飞扩散。5、6月危害严重，此后数量逐渐减少。9月中旬后开始在萝卜、白菜等秋菜上大量繁殖，10月中旬达到发生高峰。直到秋菜收获时才产生性蚜，交尾产卵越冬，或以无翅蚜随秋菜采收进入菜窖内越冬。

桃蚜在华北地区1年发生10余代。北方各地以卵在桃树、菠菜心或窖藏大白菜上越冬，也可以成蚜在菠菜心内越冬。越冬成蚜3月就可进入菜地危害。越冬卵于翌年3～4月孵化，繁殖几代后，4月下旬产生有翅蚜向菜地迁飞，5月底、6月初在十字花科蔬菜上严重发生。夏季迁到茄子、烟草等植物上取食。秋季又迁回到十字花科蔬菜或桃树上繁殖，产生性蚜，交尾产卵越冬。

甘蓝蚜1年发生8～21代。以卵在晚甘蓝、球茎甘蓝、冬萝卜和冬白菜上越冬，温暖地区可终年繁殖，无越冬现象。越冬卵于翌年3～4月孵化，在十字花科蔬菜留种株上危害，之后陆续转移到大田蔬菜上。东北地区、新疆6～7月的蚜量最多，其他各省份以春季和秋末盛发。秋季甘蓝蚜集中在晚甘蓝、冬萝卜、冬白菜上取食危害，一直到10月陆续产生性蚜，交配产卵越冬。

3种菜蚜在菜田混生。萝卜蚜有明显的趋嫩性，桃蚜则多集中在底叶背面危害。3种有翅蚜均有趋黄性，对银灰色有负趋性。

菜蚜喜温暖干旱的气候条件。萝卜蚜的繁殖适温为15～26℃，桃蚜为24℃，甘蓝蚜为20～25℃。当温度高于30℃或低于6℃，相对湿度高于80%或低于50%时，繁殖便受到抑制。所以3种蚜虫均属季节消长型。即春、秋两季大量发生，夏季较轻。早春虫源少、增长慢，到春末夏初蚜量大增，形成第一个危害高峰。入夏以后，气温高，雨水多，天敌多，十字花科蔬菜栽培面积小，田间蚜量急剧下降。秋季条件适宜时，蚜虫再度大量繁殖，形成第二个危害高峰。

（二）防治方法

1. 清洁田园　蔬菜收获后要及时清理前茬病残体，铲除田间、畦埂、地边杂草。

2. 诱杀蚜虫　在田间悬挂黄板，一般每667m^2悬挂30～40张，间隔5m，下端高于作物顶部20cm。

3. 药剂防治　防治菜蚜，一般要求消灭在有翅蚜迁飞之前。可用22%氟啶虫胺腈悬浮剂113～187mL/hm^2、50%氟啶虫酰胺水分散粒剂225～375g/hm^2、40%啶虫脒水分散粒剂45～60g/hm^2、25%环氧虫啶可湿性粉剂120～240g/hm^2、10%吡虫啉可湿性粉剂120～180g/hm^2、20%溴氰·吡虫啉悬浮剂300～450g/hm^2、50%吡蚜·螺虫酯水分散粒剂225～300g/hm^2，对水喷雾。

二、菜粉蝶防治

（一）发生规律

菜粉蝶在东北地区1年发生3～4代，华北及西北大部地区1年发生4～5代。江苏南京发生7代，湖南长沙、湖北武汉发生8～9代。菜粉蝶以蛹在菜园附近的墙壁、篱笆、风障、杂草、土石缝及落叶等处越冬。越冬蛹于翌年3～4月开始羽化，因越冬环境差异很大，羽化时间参差不齐，前后可长达1个月之久。4月以后田间可同时见到各个虫期，世代重叠现象明显。

成虫喜在晴朗的白天活动，对含芥子油气味的植物有趋向性，最喜欢到芥蓝、甘蓝、芥菜等十字花科蔬菜上产卵。卵散产，每雌一般可产卵100～200粒。幼虫共5龄。一、二龄幼虫有吐丝下垂的习性，老龄幼虫则蜷缩虫体，坠落地面，幼虫行动迟缓。老熟后在菜叶上化蛹。

菜粉蝶的发生受气候、食料及天敌等的综合影响。幼虫发育的最适温度为20～25℃，相对湿度76%左右，与十字花科蔬菜栽培的适宜条件一致。发生盛期在东北为7～9月、华北为5～6月和8～9月、江南各地则以3～6月和9～10月危害严重。对于冬种蔬菜的地区，危害时期主要是秋末冬初及翌年春初。夏季高温不利于幼虫生存。菜粉蝶的天敌种类很多，主要有赤眼蜂、绒茧蜂、姬蜂、金小蜂、大腿小蜂、寄生蝇、白僵菌、青虫菌等。

（二）防治方法

1. 清洁田园 每一茬十字花科蔬菜收获后，要及时清除田间残株，以减少产卵场所，并消灭其中隐藏的幼虫和蛹。

2. 药剂防治 甘蓝幼苗期百株卵量30～50粒，百株三龄前幼虫15～20头；团棵期的卵量和幼虫量分别为200粒以上和200头以上时开始用药。可用1%甲氨基阿维菌素苯甲酸盐微乳剂150～255mL/hm^2、10%溴氰虫酰胺可分散油悬浮剂150～210mL/hm^2、15%茚虫威悬浮剂75～225mL/hm^2、0.5%苦参碱水剂705～795mL/hm^2、45%甲维·虱螨脲水分散粒剂75～150mL/hm^2、12%甲维·氟酰胺150～225mL/hm^2，对水喷雾。

3. 生物防治 用每克含活孢子量80亿～100亿的杀螟杆菌粉或青虫菌粉500倍液，也可用Bt乳剂200倍液或苏云金杆菌的一个变种“HD-1”800～1 000倍液喷雾。有条件的地区，可以用菜青虫颗粒体病毒防治。此外，在成虫产卵期，喷3%过磷酸钙浸出液，能拒避产卵。

三、小菜蛾防治

（一）发生规律

小菜蛾1年所发生的世代数因地而异，自北向南为2～19代，华北5～6代，长江流域9～14代。多代地区世代重叠严重。我国北部、西部以蛹越冬；长江中下游及其以南地区，如广西、广东、海南无越冬现象，终年可见到各种虫态，幼虫可继续危害。成虫昼伏夜出，飞翔力弱，有趋光性。成虫有趋向花蜜补充营养的习性。卵多产在叶背近主脉凹陷处，散产，每雌可产卵200粒左右。幼虫共有4龄，虫龄越大，食量越大，受害越严重。幼虫活泼，受惊倒退爬行，或吐丝下垂。老熟时，在叶背或枯叶处结茧化蛹。

菜蛾发育的最适温度为20～30℃，故一年中以春（4～6月）、秋（8～11月）两季发生重。降雨尤其是暴风雨对初孵幼虫有冲刷作用，雨水偏多的年份对其发生不利。凡在生长季节或周年十字花科蔬菜连作的地区，菜蛾常猖獗成灾。菜蛾的天敌也很多，重要的有绒茧蜂、啮小蜂及颗粒体病毒等。

（二）防治方法

1. 农业防治 要合理安排茬口，避免十字花科蔬菜连作；气温较高时，覆盖遮阳网，培养壮苗；蔬菜收获后及时清洁田园。

2. 药剂防治 小菜蛾发生代数多，用药频繁，对有机磷和拟除虫菊酯等多种杀虫剂都有抗药性，应注意药剂的轮换使用。可用15%唑虫酰胺悬浮剂450～750mL/hm^2、1%甲氨基阿维菌素苯甲酸盐微乳剂150～255mL/hm^2、25g/L多杀霉素悬浮剂750～1 050mL/hm^2、240g/L虫螨腈悬浮剂375～525mL/hm^2、22%氰氟虫腙悬浮剂1 050～1 200mL/hm^2、12%甲维·虫螨腈悬浮剂600～675mL/hm^2、20%甲维·甲虫肼悬浮剂113～187mL/hm^2，对水喷雾。

3. 生物防治 用青虫菌6号500～700倍液，或用雌性外激素顺-11-十六碳烯乙酸酯或顺-11-十六碳烯乙酸醛诱杀雄蛾。这些药剂具有高效、安全等特点，一般施药后3～5d达到最佳防治效果，持效期一般为10～15d。

四、斜纹夜蛾防治

（一）发生规律

斜纹夜蛾在我国华北地区1年发生4～5代，长江流域5～6代，在广东、广西、福建、台湾地区可终年繁殖，无越冬现象；在长江流域以北的地区，越冬问题尚无结论，推测春季虫源有从南方迁飞而来的可能性。成虫夜间活动，飞翔力强，一次可飞数十米远，高达10m以上；成虫有趋光性，并对糖醋酒液及发酵的胡萝卜、麦芽、豆饼、牛粪等有趋性。成虫需补充营养。卵多产于高大、茂密、浓绿的边际作物上，以植株中部叶片背面的叶脉分叉处最多。初孵幼虫群集取食，三龄前仅食叶肉，残留上表皮及叶脉，呈白纱状后变黄色，易于识别。四龄后进入暴食期，多在傍晚出来危害。老熟幼虫在1～3cm表土内筑土室化蛹，土壤板结时可在枯叶下化蛹。斜纹夜蛾的发育适温较高（29～30℃），因此各地危害盛期都在7～10月。

（二）防治方法

1. 诱杀成虫　结合防治其他菜虫，可采用黑光灯、糖醋液或斜纹夜蛾诱集性信息素等诱杀成虫。

2. 药剂防治　三龄前为点片发生阶段，可结合田间管理，进行挑治，不必全田喷药。四龄后夜出活动，因此施药应在傍晚前后进行。选用10亿PIB/mL斜纹夜蛾核型多角体病毒悬浮剂900～1 125mL/hm^2、1%甲氨基阿维菌素苯甲酸盐微乳剂150～255mL/hm^2、5%氯虫苯甲酰胺悬浮剂675～810mL/hm^2、400亿孢子/g球孢白僵菌可湿性粉剂375～450g/hm^2、240g/L虫螨腈悬浮剂375～525mL/hm^2、10.5%甲维·氟铃脲水分散粒剂300～500g/hm^2、6亿PIB/mL氟啶·斜纹核悬浮剂600～1 125mL/hm^2、2%高氯·甲维盐微乳剂600～900g/hm^2，对水喷雾。

五、黄曲条跳甲防治

（一）发生规律

黄曲条跳甲在东北地区1年发生2代，华北地区4～5代。长江以北地区以成虫在残株落叶下、土缝及杂草丛中越冬。一年5代区，各代成虫的发生期分别为5月中下旬、6月底、8月初、9月上旬和10月底。东北中北部地区，成虫从4月开始活动，以7～8月危害最重。北京以8～9月危害最重。

成虫活泼善跳，早晚及阴雨天常躲藏在叶背和土块下，中午前后活动最盛。成虫一般在10℃时开始取食，15℃时食量渐增，32～34℃时食量最大，以后随温度升高，食量剧减或入土蛰伏。成虫具趋光性。寿命很长，平均30～80d，有的长达1年。产卵期长达1个月，田间世代重叠现象明显。卵多产在土下的菜根上或菜根附近的潮湿土缝内。产卵成块，卵在湿润条件下才能孵化。孵化后幼虫沿须根向主根剥食表皮或蛀入根内危害。幼虫老熟后在土下3～7cm处做土室化蛹。十字花科蔬菜连作区危害重。

（二）防治方法

1. 实行轮作　菜地与非十字花科作物轮作。

2. 清洁田园　清除田内枯枝落叶和杂草，减少越冬虫源。

3. 药剂防治　成虫开始产卵前可用25%噻虫嗪水分散粒剂150～225g/hm^2、5%啶虫脒可湿性粉剂450～600g/hm^2、300g/L氯虫·噻虫嗪悬浮剂417～499mL/hm^2、80亿孢子/mL金龟子绿僵菌CQMa421可分散油悬浮剂900～1 350mL/hm^2，对水750kg喷雾。喷药时由田边向田内围喷，以防成虫逃逸。防治幼虫可用3%呋虫胺颗粒剂15～22.5kg/ hm^2、4%噻虫·高氯氟颗粒剂12～15kg/hm^2、1%联苯·噻虫胺颗粒剂60～75kg/ hm^2，拌细土撒施或施于种植穴中后覆土。

六、美洲斑潜蝇防治

（一）发生规律

美洲斑潜蝇1年发生7～8代，以蛹在保护地内越冬。春季先在大棚中危害春菜及夏菜秧苗，高峰期在5月中旬至6月上旬。5月上旬成虫通过迁飞，幼虫随幼苗移栽陆续转移到露地菜田，6月中旬到9月上旬集中在露地菜田危害；6月下旬至8月上旬，为夏秋菜危害高峰期；9月中旬又迁回大棚，至翌年5月前集中在棚室危害。

成虫飞翔力弱，有趋光、趋黄、趋蜜的习性，成虫以产卵器刺破叶片，把卵散产在叶片表皮下，产卵孔圆形，一般1个产卵孔产1粒卵。卵经2～5d孵化，幼虫孵化后蛀食叶肉，末龄幼虫咬破叶表皮，在叶外或土表下化蛹。美洲斑潜蝇的田间种群数量和对作物的危害程度，主要受虫源数量、作物品种布局及气候等因子的影响。凡是温室、大棚面积大，能在冬季提供适宜美洲斑潜蝇的越冬繁殖条件，加上周年都种植其嗜好的寄主植物，就会造成该虫猖獗危害。空气相对湿度60%以上有利于种群繁殖。

（二）防治措施

1. 农业防治 在美洲斑潜蝇危害重的地区，要考虑蔬菜布局，把美洲斑潜蝇嗜好的瓜类、茄果类、豆类与不受其危害的作物进行套种或轮作；适当稀植，增加田间通风性；及时清理田园，将被害作物集中深埋，沤肥或烧毁。

2. 黄板诱杀 在保护地中可用黄板诱杀成虫。此外，也可采用灭蝇纸诱杀成虫，在成虫始盛期至盛末期，每公顷设置225个诱杀点，每个点放置1张诱蝇纸诱杀成虫，3～4d更换1次。或用美洲斑潜蝇诱杀卡，使用时把诱杀卡揭开，挂在美洲斑潜蝇多的地方。室外使用时每15d换1次。

3. 药剂防治 药剂防治以成虫高峰期至一龄幼虫（初显虫斑）为适宜。一般每隔5～7d防治1次，连续防治2次以上。幼虫多于晨露干后到11时前在叶面活动最盛，老熟幼虫早晨易从虫道出来暴露在叶面上，是施药防治的最好时机。可选用70%灭蝇胺水分散粒剂225～300g/hm^2、31%阿维·灭蝇胺悬浮剂225～300mL/hm^2、1.8%阿维菌素可湿性粉剂450～600g/hm^2、60g/L乙基多杀菌素悬浮剂750～870mL/hm^2、1.1%阿维·高氯微乳剂1 350～2 700mL/hm^2，对水喷雾。或用22%敌敌畏烟剂4.5kg/hm^{2}傍晚闭棚熏蒸，也有较好的防治效果。

此外，还要做好检疫工作。严禁从有虫地区调运菜苗或拿带活虫标本，防止人为传播扩散。

七、温室白粉虱和烟粉虱防治

（一）发生规律

温室白粉虱在温室内1年可发生10余代，以各种虫态在温室蔬菜上越冬，也可以成虫和蛹在露地背风向阳处及花卉、杂草上越冬。翌年春季，从越冬场所向阳畦和露地蔬菜迁移扩散，至7～8月田间虫口密度急剧增长，8～9月危害最重，10月下旬后开始向温室内迁移危害，继续繁殖并越冬。白粉虱能借苗木运输等扩大传播。

成虫有趋黄性，飞翔力差，喜群集在植株上部嫩叶的背面。成虫羽化后翌日就可产卵。

在平滑的叶背上，卵排列呈圆环状；在茸毛较多的叶片上排列呈半环状；在茸毛较厚的寄主上卵均散产。成虫除两性生殖外，还可进行孤雌生殖。若虫孵化后，寻找适宜的部位刺吸危害。经蜕皮后，足和触角均退化，营固定生活。成虫活动的最适温度为25～30℃，当温度高至40℃时，活动力显著下降，因此可考虑用控制大棚温度来压低虫口密度。

烟粉虱习性与温室白粉虱基本相似。其1年发生的世代数因地而异，田间发生世代重叠极为严重。烟粉虱的最佳发育温度为23～32℃，完成一个世代所需时间随温度、湿度和寄主有所变化，一般为16～38d。烟粉虱繁殖能力强，繁殖速度快，成虫羽化后，群居于嫩叶叶背，1～3d可交配产卵，平均每雌产142.5粒。在干旱、高温的气候条件下易暴发。

（二）防治方法

1. 农业防治

（1）调整作物布局，切断桥梁寄主。合理布局，轮换种植，避免混栽，防止相互传播，连续危害。在烟粉虱的核心发生区，调整种植禾本科等非寄主植物，如水稻、玉米、小麦、大麦、葱、蒜等，形成作物隔离带，控制迁移扩散。建议大棚轮种芹菜、韭菜、生菜等烟粉虱的非喜好作物。适当推迟播种期，春季提早栽培辣椒、番茄、茄子，秋季适当推迟播种期，可以显著减少冬前烟粉虱的发生，降低大棚内的发生基数。

（2）清洁田园，消灭或减少虫源。种植前和收获后要清除田间杂草及残枝落叶，并做好棚室的熏杀残虫工作；及时整枝打杈，摘除有虫的老叶、黄叶，加以销毁。

（3）培育无虫苗，防止害虫随苗传播。温室或棚室内，在栽培作物前要彻底杀虫，严格把关。苗床与生产地（大棚、温室）要分开；对培育的或引进的秧苗要严格检查，防止有虫苗进入生产地。

2. 物理防治　利用粉虱的趋黄性，在棚室内悬挂黄板诱杀成虫；使用60目的防虫网覆盖，阻隔粉虱进入大棚内危害。

3. 生物防治　释放丽蚜小蜂防治粉虱。当每株植株有粉虱0.5～1.0头时，每株放丽蚜小蜂3～5头，每隔10d放1次，连续放蜂3～4次，可有效控制其危害。

4. 化学防治　温室大棚可用20%异丙威烟剂3～4.5kg/hm^2、3%高效氯氰菊酯烟剂2.25～5.25kg/hm^2，每667m^{2}大棚设4～6个放烟点，放烟后密闭6h，每隔3～5d放1次，连续放2～3次。或用50%敌敌畏乳油3.5～7.5kg/hm^2，加水14～15kg、锯末40～50kg拌匀后，撒于行间，关闭门窗，36℃时熏1.0～1.5h。

对烟粉虱，江苏地区提出坚持“控点保面、压前防后”的防治策略，春末夏初烟粉虱由温室内向露地作物上扩散前，狠治温室烟粉虱，压低基数，减轻夏秋季防治压力。抓好3月中旬至5月中下旬大棚揭膜前和7月中下旬到9月中旬夏秋季这两个阶段防治。选用22%氟啶虫胺腈悬浮剂225～345mL/hm^2、60%呋虫胺水分散粒剂150～255g/hm^2、21%噻虫嗪悬浮剂220～300mL/hm^2、100g/L吡丙醚乳油713～900mL/hm^2、17%氟吡呋喃酮可溶液剂450～600mL/hm^2、10%氯噻啉可湿性粉剂225～450g/hm^2、10%烯啶虫胺水剂225～450g/hm^{2}等，手动喷雾用药液量为600～900kg/hm^2，机动弥雾用药液量为300～450kg/hm^2，均匀喷施，确保喷到叶背。因烟粉虱集中在叶片背面危害，提倡使用机动弥雾机进行烟粉虱的防治。适量添加有机硅助剂，可减少药量，提高防效。注意交替用药，间隔7～10d喷1次，连续用药2～3次。

八、蔬菜其他害虫防治

（一）韭菜迟眼蕈蚊

韭菜迟眼蕈蚊（韭蛆）在华北 1 年发生 4～6 代，杭州 9 代。多以幼虫在韭菜根茎、鳞茎及根部周围土中群集越冬。越冬期北方为 10 月中下旬至 11 月中下旬，南方为 12 月中下旬。南方越冬幼虫翌年 2 月下旬开始化蛹，3 月中旬为羽化高峰。北方 3 月中下旬开始化蛹，4 月上中旬达羽化高峰，4～6 月、9 月下旬至 11 月虫量多，露地呈春、秋季 2 个危害高峰，7～8 月因幼虫不耐高温干旱导致虫量骤减。

采用日晒高温覆膜法防治韭蛆，即用厚 0.10～0.12mm 浅蓝色无滴膜覆盖（膜四周超出田边 50cm），四周压土，保证膜下 5cm 处土壤＞40℃持续 3h 以上（注意避开极端高温，韭菜根系忍受高温＜53℃）。还可用 60 目密目网隔离成虫，用 25％噻虫嗪水分散粒剂 2.7～3.6kg/hm^2，加水 3 000～4 500kg 灌根防治幼虫。

（二）茶黄螨

茶黄螨在热带及温室的条件下，全年都可发生，但冬季的繁殖力较低。在北京地区，大棚内 5 月下旬开始发生，6 月下旬至 9 月中旬为盛发期，露地以 7～9 月危害重。冬季主要在温室内越冬，少数雌成螨可在农作物和杂草根部越冬。以两性繁殖为主，也能孤雌生殖，但未受精卵孵化率低。卵多散产于嫩叶背面、幼果凹处或幼芽上。温暖多湿的环境有利于茶黄螨的发生。茶黄螨除靠本身的爬行外，还能通过被人携带和借风力进行远距离扩散。

注意加大棚室通风，降低湿度，创造不利于茶黄螨生长繁殖的条件。可选用螺螨酯、联苯肼酯、哒螨灵、阿维·螺螨酯等药剂，进行全面喷施（含叶背、地面、立柱及墙体等），每隔 10d 喷 1 次，连喷 3 次。

（三）棕榈蓟马

在广东广州 1 年发生 20 代以上，终年繁殖。冬天在枸杞、菠菜、菜豆、茄子、野节瓜上取食活动。成虫怕光，多在未张开的叶上或叶背活动。成虫能飞善跳，能借助气流进行远距离迁飞。棕榈蓟马既能进行两性生殖，又能进行孤雌生殖。卵散产于植株的嫩头、嫩叶及幼果组织中。一、二龄若虫在寄主的幼嫩部位穿梭活动，躲在这些部位的背光面，活动十分活跃，锉吸汁液。三龄若虫不取食，行动缓慢，落到地上，钻到 3～5cm 的土层中，四龄若虫在土中化“蛹”。在平均气温 23.2～30.9℃时，三、四龄若虫所需时间 3.0～4.5d。羽化后成虫飞到植株幼嫩部位危害。

蓟马成虫对蓝色趋性强，每公顷挂 300 片蓝色黏板，规格 40cm×25cm，双面诱捕成虫效果好。此外，用紫外线阻断膜作棚膜，可有效防除棕榈蓟马，并兼治菌核病、灰霉病等。可选用乙基多杀菌素、氟啶虫酰胺、噻虫嗪、噻虫胺、联苯·虫螨腈等喷雾，傍晚喷药，隔 5d 再喷 1 次。

（四）黄守瓜

黄守瓜在我国北方 1 年发生 1 代，以成虫在向阳处的草堆、土块及落叶中越冬。越冬期间遇气候温暖仍可活动。翌年 3 月下旬至 4 月上旬气温达 6℃时，越冬成虫开始活动。5 月中旬前后，瓜苗 3～4 叶时，集中迁往瓜田危害。成虫 5～8 月产卵，产卵盛期在 5 月下旬至 6 月上旬。6～8 月为幼虫危害期，以 7 月危害最重。成虫有假死性。成虫常将卵产在靠近寄主根部或瓜下的土壤缝隙中，散产或成堆。幼虫孵化后，很快潜入土壤中，食害寄主的支根，三龄后可蛀食主根、根茎或贴地瓜果。老熟后在危害部位附近做土茧化蛹。

瓜苗4～5片真叶时，若虫口数量较多，可用90%敌百虫原药1 500倍液喷雾，每公顷用药液600～750kg。幼虫危害期，用90%敌百虫原药1 000～1 500倍液、80%敌敌畏乳油1 500倍液灌根，杀死土中的幼虫。

练　习

1. 根据当地各类蔬菜害虫发生危害的特点，拟订某一类蔬菜害虫的综合防治方案。

2. 根据田间蔬菜害虫的发生情况，参与或组织实施以下防治操作。

（1）烟雾法。使用烟剂前需关闭温室、大棚的一切通风口，使棚室处于密闭状态。傍晚，将烟剂摆放在棚室内的走道上，操作者点燃烟剂后即可关闭棚室，保证细小烟剂在棚室内有比较好的沉积分布。翌日早上，及时卷帘通风换气。烟雾法可用来防治温室白粉虱等害虫。

（2）色板诱杀。采用黄板或黄皿诱杀蚜虫和温室白粉虱，蓝板诱杀蓟马。

思考题

1. 怎样防治当地常发生的菜蚜？
2. 菜粉蝶在当地一年发生几代？应怎样防治？
3. 为什么菜粉蝶、小菜蛾春、秋两季危害重？
4. 黄曲条跳甲什么情况下发生危害严重？应怎样防治？
5. 防治美洲斑潜蝇应采取哪些措施？
6. 怎样解决无公害蔬菜生产与病虫害防治的矛盾？
7. 当地蔬菜生产中病虫害防治方面存在的问题有哪些？

拓展知识

蔬菜病虫害综合防治技术

蔬菜是一类生长周期短、换茬快、食用和加工工艺简单的作物，所以蔬菜产品更容易受农药污染，对人类的健康产生较大危害。因此，在蔬菜病虫害的防治上，更应强调协调运用以农业和生物防治为主的多种防治措施，严格控制化学农药，特别是高毒、高残留农药的使用。

（一）越冬期防治

1. 深耕翻土，冬季灌水　在蔬菜收获后的秋、冬季节，及时深翻土壤或冬灌，可将多种在土中越冬的害虫和病原菌翻至地面，破坏其越冬场所，利用冬季严寒冷冻和机械杀伤，减少越冬虫、菌源。

2. 清洁田园，铲除杂草　秋季蔬菜收获后，及时清除田间残株落叶。早春及时铲除田中及周围杂草，以消灭附着其上的害虫和病原菌，减少害虫的产卵寄主和食料及病原菌的侵染来源。

（二）播种期防治

1. 选用抗病虫品种 栽培抗病虫的蔬菜品种，是控制病虫危害的最有效措施。通过新品种引进试验示范，有目的地选择适合各地栽培条件的国内外优良品种，增强作物自身的抗逆性和抗病性，实现高产高效目的。

2. 合理安排种植布局 尽量避免小范围内十字花科蔬菜的周年连作或单一品种的大面积种植，可减轻多种病虫害的发生。由于同科蔬菜均有相同或相似的病虫害，因此，合理轮作倒茬不仅有利于蔬菜生长，还可减少土壤中积年流行病害病原的积累和单食性、寡食性害虫的食源。如甘蓝与薄荷或番茄间作或套种，可驱避菜粉蝶产卵。

3. 适当调整播期或选用早熟品种 在可能的范围内适当调整蔬菜的播种期或选用早熟品种，可以避开某些害虫的发生高峰期或传毒昆虫的迁飞期，从而减轻病虫的危害。如十字花科蔬菜适期晚播，可减轻病毒病的发生；种植甘蓝时，采用早春地膜或小拱棚保护地栽培可免受菜青虫的危害，并可减少根部病害的发生；春播蒜适期早播，可使烂母期避开蒜蛆成虫的产卵高峰，从而减轻受害。

4. 培育无病虫壮苗 培育无病虫壮苗是冬季保护地栽培的关键措施之一，同时也可预防多种病虫的发生。对在北方露地栽培条件下不能越冬的害虫，如温室白粉虱、茶黄螨和美洲斑潜蝇，以及西葫芦病毒病、姜腐烂病等的防治，培育无病虫壮苗尤为重要。选择背风向阳地块作为苗床，育苗前及时清除苗床内的残根败叶和杂草。育苗时采用营养钵或穴盘育苗，营养土配制时要采用无病菌床土，施用充分腐熟有机肥和少量无机肥，播种前要进行苗床土消毒处理，出苗后加强苗床管理，定植时选用优质适龄壮苗。

5. 种子和土壤药剂处理 播种时用高效低毒的药剂处理种子或土壤，可防治各种地下害虫和根结线虫病、枯萎病及苗期立枯病、猝倒病等土传病害的发生危害。对于各种细菌性病害，病穴土壤的药剂处理是减轻其传播蔓延的重要措施。控制细菌性病害时，还可采用甲醛浸种进行种子消毒；预防真菌性病害时，可用福美双或多菌灵等杀菌剂拌种。种子消毒的药剂剂量和处理时间视蔬菜品种而定。

（三）生长期防治

1. 农业防治 主要是加强栽培管理和合理浇水施肥。科学配方施肥，依据各类蔬菜需肥规律及土壤供肥特点进行合理科学施肥，有效选择追肥、叶面喷肥种类，增强植株的生长势和对病害的抵抗能力，减轻病害的发生。定植后至生长前期适当控制浇水，及时追肥，小水勤浇，防止大水漫灌；生产过程中晴天中午及时摘除病老残叶、残花等病残体，减少病虫危害。

2. 生物防治 生物防治的主要途径是使用生物制剂和保护天敌来控制病虫的危害。如利用微生物杀虫剂 Bt 乳剂、青虫菌等防治菜粉蝶、小菜蛾等鳞翅目害虫，用抗生素类阿维菌素防治美洲斑潜蝇、螨类、温室白粉虱、鳞翅目幼虫等，应用新植霉素防治白菜软腐病、角斑病等细菌性病害，应用多抗霉素、嘧啶核苷类抗菌素防治霜霉病、白粉病等，选用核型多角体病毒制剂防治病毒病，用浏阳霉素防治豆类、瓜类、茄子叶螨等。在保护和利用天敌方面，利用瓢虫、草蛉、捕食螨、小花蝽等捕食性天敌防治害虫，有条件的可在菜田释放广赤眼蜂以控制菜粉蝶、甘蓝夜蛾等，释放丽蚜小蜂防治温室白粉虱等。应推广应用植物源农药，如利用艾叶、南瓜叶、黄瓜蔓、苦瓜叶等浸出液对水喷雾，可防治多种蔬菜害虫；利用辣椒、烟草浸出液对水喷雾，可有效防治蚜虫、白粉虱、叶螨等害虫。

3. 物理生态控制 设置防虫网，可有效防止多种害虫侵入。利用蚜虫、粉虱喜黄色，蚜虫忌避银灰色的特性，田间铺银灰膜或悬挂银灰膜条避蚜，采用黄板诱杀蚜虫、白粉虱、美洲斑潜蝇等；利用灯光诱杀一些趋光性害虫；利用糖醋液、性诱剂诱杀小菜蛾、斜纹夜蛾等。积极推广应用大棚滴灌、双膜保温、高垄嫁接栽培、地膜全覆盖、高温闷棚和冬季火炉或火墙增温保温等设施蔬菜生产关键技术。改善设施环境，最大限度地创造适合蔬菜植株生长而不利于病虫害发生的环境条件，将病虫危害降到最低。人为调控保护地小生境的温湿度，抑制某些病菌的生长。如充分利用夏、秋季节设施蔬菜休闲期，深翻土壤，耙平地面，浇透水，铺上地膜，选晴天盖棚膜，密闭棚室7～10d，使棚内最高温度达50～70℃，可有效杀死设施内土壤中的病原菌和害虫。冬季设施蔬菜生产中，通过双膜覆盖、加厚草帘、增温补光、棚前沿挖防寒沟、后墙体挂反光膜、应用EVA（乙烯-醋酸乙烯共聚物）无滴膜等措施，可提高棚温，改善光照条件，有效减轻冻害和各类病害的发生。

4. 药剂防治 在蔬菜上应尽量避免使用合成化学农药，必须使用时，应按照菜田常用农药安全合理使用标准，选用高效、低毒、低残留农药品种，做到科学用药，掌握适期用药，严格控制使用浓度、用量和次数，并注意农药的安全间隔期。交替用药，防止病虫产生抗药性；多种病虫害同时发生时，采取混合用药，达到一次用药防治多种病虫害的目的；根据天气变化灵活选用农药剂型和施药方法。如阴雨天气宜采用烟剂或粉剂防治，可有效降低设施内湿度，减轻病虫害的危害。推广应用农药残留降解技术，利用高效农药残留降解菌消除土壤、水体、蔬菜植株及其产品中的农药残留。也可在施药前喷洒巴母兰无毒保护剂400～500倍液，使叶面形成高分子脂膜，达到预防农药污染的效果。

考核评价

根据学生对蔬菜主要病虫害发生原因分析和发生规律掌握的程度、所制订综合防治方案的科学性和可行性、现场防治操作的表现、调查报告的质量及学习态度等几方面（表3-7-1）进行考核评价。

表3-7-1 蔬菜病虫害综合防治考核评价

序号	考核内容	考核标准	考核方式	分值
1	蔬菜主要病虫害发生原因分析	对蔬菜主要病虫害发生规律了解清楚，在当地的发生原因分析合理、论据充分	闭卷笔试、答问考核	20
2	综合防治方案的制订	能根据当地蔬菜主要病虫害发生规律制订综合防治方案，防治方案制订科学，应急措施可行性强	个人表述、小组讨论和教师对方案评分相结合	20
3	防治措施的组织和实施	能按照实训要求做好各项防治措施的组织和实施，操作规范、熟练，防治效果好	现场操作考核	20
4	调查报告	格式规范，内容真实，文字精练，体会深刻，对当地蔬菜病虫害防治具有指导意义	评阅考核	30
5	学习态度	遵守纪律，服从安排，配合老师积极主动联系实训现场，积极思考，能综合应用所掌握的基本知识和技能，分析问题和解决问题	学生自评、小组互评和教师评价相结合	10

子项目八　果树病虫害综合防治

【学习目标】 掌握果树病虫害发生规律，制订有效综合防治方案并组织实施。

任务1　果树病害防治

【场地及材料】 病害发生较重的果园，根据防治操作内容需要选定的农药及器械、材料等。

【内容及操作步骤】

一、苹果树腐烂病防治

（一）发生规律

病菌主要以菌丝体、分生孢子器和子囊壳在树体被害部位及病残体上越冬。分生孢子器可持续产孢两年。翌年春遇雨水释放出大量分生孢子，通过雨水飞溅或昆虫传播，主要从伤口（虫伤、锯伤、冻伤、日灼烧伤等）侵入。腐烂病菌是弱寄生菌，具有潜伏侵染的特点。每年3～4月为活动最旺盛时期，湿腐现象十分明显；7～8月为休眠期，病部停止活动或者扩展缓慢，9～10月又有回升（小高峰期）；11月以后，活动又趋缓。

各种导致树势衰弱的因素均能诱发腐烂病的发生。如立地条件不好、管理不善造成根系生长不良，施肥不足，大小年严重，修剪不当，伤口过多，其他病虫危害严重，冻害等。

（二）防治方法

苹果树腐烂病的防治要以加强栽培管理、增强树势、提高抗病力为中心，以减少和铲除病原为重点，并结合其他防病措施。

1. 加强栽培管理，增强树势　要从幼树开始，修剪适当，培养良好的树体、树形；改良土壤，保持水土，排灌方便，合理施肥，注意有机肥和氮、磷、钾肥的配合使用；合理修剪，疏花疏果，克服大小年现象；治虫防病，控制后期长势，提高抗寒能力。

2. 消除病菌　注意果园卫生，剪锯下的病枝、病组织应及时处理。剪锯口等伤口用煤焦油或油漆封闭，以减少病菌侵染。

3. 刮除病疤　一般应刮掉病斑外0.5cm以内的所有皮层，对于扩展快的病斑则应刮掉病斑外2cm以内的所有皮层。要求刮成梭形，不留死角、不留毛茬、不拐急弯，刮下的组织必须集中烧毁，并在病部涂杀菌剂1～2次。药剂有5%菌毒清水剂50倍液、50%腐必清（松焦油原液）油乳剂2～5倍液、10波美度石硫合剂、45%代森铵水剂400倍液等。

4. 树干涂白　冬前和早春树干涂白可降低树皮温差，预防冻害和日灼。

5. 桥接　对较大的病疤进行桥接可加速树势的恢复。

二、苹果轮纹病防治

（一）发生规律

病菌以菌丝体、分生孢子器在枝干或果实等病组织中越冬。当气温达到15℃以上，遇到降雨时开始产生分生孢子，孢子借雨水飞溅传播，经皮孔侵入。轮纹病菌具有潜伏侵染特点。苹果在幼果期，大致在落花后10d左右即可受侵染。侵入幼果的病菌呈潜伏状态，到果实近成熟或贮藏期生活力减弱后，潜伏菌丝迅速蔓延扩展形成症状。一般从8月中下旬开始，枝干上以皮孔为中心形成新病斑。

轮纹病菌是一种弱寄生菌，老弱枝干及弱小幼树易于感病。果实在幼果期表现抗扩展而不抗侵入。管理粗放、树势衰弱有利于发病。降雨是影响病害发生的最为关键的气候条件。如果果实自谢花后至梗洼形成期，日平均气温达15～20℃，降雨多，果实轮纹病就有可能大发生。品种间抗病性有差异。皮孔密度大、细胞结构疏松的品种相对感病。苹果品种中富士、红星、印度、青香蕉等发病较重，国光、新红星等发病较轻。

（二）防治方法

应采取以加强栽培管理为中心，以减少菌源为前提，关键时期喷药保护的综合防治措施。

1. 加强栽培管理　要增施粪肥，合理修剪，增强树势，提高抗病力。同时，要及时治虫，减少伤口。

2. 刮除病皮　结合冬春修剪，刮除病皮及老皮、粗皮，剪除病枯枝条并烧毁。

3. 早春药剂保护　在果树萌芽前喷施杀菌剂5%菌毒清水剂50～100倍液或0.3%五氯酚钠与1～3波美度石硫合剂混合液（现混现用）等。

4. 果实套袋　落花后1个月内套袋，每果一袋，可有效防止病菌侵染。

5. 喷药保护果实　对不套袋果实，谢花后每隔10～15d喷药1次，连续喷5～8次，至9月上旬结束。可选用1∶（1～2）∶（200～240）波尔多液（落花后30d内忌用）、20%氟硅唑可湿性粉剂3 000～4 000倍液、80%代森锰锌可湿性粉剂600～800倍液、80%多菌灵水分散粒剂1 000～1 200倍液、430g/L戊唑醇悬浮剂3 000～4 000倍液、70%二氰蒽醌水分散粒剂700～1 000倍液、10%苯醚甲环唑水分散粒剂1 500～2 000倍液、80%甲硫·腈菌唑可湿性粉剂800～1 100倍液等。一般果园，可以建立以波尔多液为主体、交替使用有机杀菌剂的药剂防治体系。对套袋果实，主要在谢花后至套袋前，喷施质量高、药害轻的有机杀菌剂，禁止喷施代森锰锌和波尔多液。

6. 贮藏期加强管理　果实采收及入库前淘汰病伤果，贮藏库使用前可用硫黄或仲丁胺等熏蒸剂进行消毒，苹果入库前用咪鲜胺、噻菌灵等药剂浸泡10min，捞出晾干。果实入库后低温贮藏，温度保持在1～2℃。

三、苹果早期落叶病防治

（一）发生规律

苹果早期落叶病主要有褐斑病、灰斑病、轮纹病和斑点落叶病，以斑点落叶病和褐斑病危害最重。斑点落叶病病菌以菌丝体在病叶和病枝上越冬。翌年春产生分生孢子，借雨水和风力传播。病害在一年中有两个发生高峰，分别为5月上旬至6月中旬和9月。病害流行年份可使春、秋梢及叶片大量染病，严重时造成落叶。褐斑病以菌丝体、分生孢子盘（器）在落叶上越冬。一般5月上中旬始见，7月进入发病盛期，造成大量落叶。

高温多雨时病害易发生。树势衰弱，通风透光不良，地势低洼，枝细叶嫩等条件下易发病。不同品种抗病性差异很大，一般叶龄20d以上者不易感病。

（二）防治方法

1. 农业防治 因地制宜选用红富士、红玉、嘎拉、国光、乔纳金、金帅等抗斑点落叶病品种，及祝光、鸡冠、青香蕉、倭锦等抗褐斑病品种。秋冬季结合修剪，清除果园内的病枝、病叶，以减少初侵染来源。夏季剪除徒长枝，改善果园通透性。及时排水，降低果园湿度；合理施肥，增强树势，提高树体抗病力。

2. 药剂防治 苹果发芽前喷布3～5波美度石硫合剂，铲除越冬病菌。苹果生长季病叶率10%左右为用药适期。可选用10%多抗霉素可湿性粉剂1 000～1 500倍液、75%百菌清可湿性粉剂800倍液、50%异菌脲可湿性粉剂1 000～1 500倍液、10%苯醚甲环唑水乳剂1 500～2 000倍液、80%代森锰锌可湿性粉剂800倍液、10%苯甲·多抗可湿性粉剂1 000～1 500倍液等喷雾。

四、梨黑星病防治

（一）发生规律

病菌主要以分生孢子或菌丝体在腋芽的鳞片和病梢上越冬。翌年春季，新梢基部先发病，病梢是重要的侵染中心。分生孢子通过风雨传播。病菌发育最适温度为20～23℃，分生孢子萌发要求相对湿度70%以上。5～7月雨水多，空气湿度大，容易引起病害的流行。地势低洼、树冠茂密、通风不良、树势衰弱的梨园易发病。一般中国梨最感病，日本梨次之，西洋梨较抗病。

（二）防治方法

1. 选用抗病品种 在新建梨园时，应尽量选用日本梨、西洋梨及褐梨、夏梨、沙梨等抗梨黑星病品种。

2. 消灭越冬菌源 结合修剪，及时清除病梢、叶及果实。

3. 加强管理，增强树势 增施肥料，特别是有机肥；注意排水，降低湿度；及时修剪，改善通风透光条件。

4. 药剂防治 掌握芽萌动期、谢花后30～45d的幼叶幼果期、采收前30～45d的成果期3个关键防治时期。可选用50%甲基硫菌灵可湿性粉剂500～800倍液、80%代森锰锌可湿性粉剂600～800倍液、43%戊唑醇可湿性粉剂3 000～4 000倍液、25%苯醚甲环唑水乳剂8 000～9 000倍液、30%氟硅唑可湿性粉剂3 000～4 000倍液、50%锰锌·氟硅唑可湿性粉剂2 000～3 000倍液喷雾。1∶2∶200波尔多液、碱式硫酸铜等铜制剂对梨黑星病也有较好防效，但易发生药害，尤其是果皮幼嫩的幼果期不宜使用，阴雨连绵的季节慎用。

五、梨锈病防治

（一）发生规律

病菌以菌丝体在多年生桧柏等转主寄主的病组织中越冬。翌春3月形成冬孢子角，遇水膨胀，冬孢子萌发产生担孢子，担孢子借气流传播到梨树上侵染危害。担孢子直接穿透侵入或从气孔侵入，在梨树上产生性孢子和锈孢子。锈孢子借风力传播到附近的桧柏等柏树上，萌发侵入，然后形成菌瘿，在病株体内以菌丝体越冬。

梨锈病菌需要在两类亲缘关系较远的寄主上完成其生活史。无夏孢子阶段，不发生重复侵染。担孢子传播的有效距离是2.5～5.0km，此范围内患病桧柏越多，梨锈病发生越重。

梨芽萌发、幼叶初展前后，温暖多雨、风向和风力有利于担孢子的产生、传播时发病重。梨树自展叶开始 20d 内最易感病。一般中国梨最感病，日本梨次之，西洋梨最抗病。

（二）防治方法

1. 清除转主寄主　彻底砍除距果园 5km 以内的桧柏类植物。

2. 药剂防治　无法清除转主寄主时，春雨前剪除桧柏上冬孢子角或喷施 3～5 波美度石硫合剂、0.3%五氯酚钠溶液 350 倍液，若用 1 波美度石硫合剂混加 0.3%五氯酚钠溶液效果更好。梨树上喷药应掌握在萌芽期至展叶后 20d 内。可选用 20%萎锈灵可湿性粉剂 400 倍液、12.5%烯唑醇可湿性粉剂3 000～6 000倍液或 15%三唑酮可湿性粉剂2 000倍液等。

六、桃褐腐病防治

（一）发生规律

病菌主要以假菌核（僵果）或菌丝体在病枝上越冬，翌春产生分生孢子进行侵染。分生孢子经风雨、昆虫传播，经柱头、蜜腺侵入花器引起花腐；经皮孔、伤口侵入果实引起果腐。若条件适宜，病部产生的分生孢子可进行再侵染。在贮藏期病果与健果接触也能传染。

桃树花期低温多雨，易引起花腐和幼果腐烂。果实成熟期遇温暖潮湿、多雨多雾条件，易引致果腐。果实贮藏中如遇高温高湿，则有利于病害发展。凡成熟后质地柔嫩、多汁、味甜、皮薄的品种比较感病。管理不良、树势衰弱、地势低洼、枝叶过密、通风透光不良的桃园，发病均较重。

（二）防治方法

1. 农业防治　消灭越冬病菌，结合冬剪，彻底清除园内病枝、枯枝和僵果，并集中烧毁或深埋。栽植抗病品种，加强管理，提高树体抗病力。防治蛀果害虫，以减少果面伤口。此外，还要加强贮藏、运输期间的管理。

2. 药剂防治　桃树发芽前喷 5 波美度石硫合剂。如果春季低温多雨，在初花期（花开约 20%时）开始喷药，可选用 50%多菌灵可湿性粉剂1 000倍液、70%甲基硫菌灵可湿性粉剂1 000倍液或 50%腐霉利可湿性粉剂2 000倍液等。

七、葡萄黑痘病防治

（一）发生规律

病菌主要以菌丝体在病枝蔓、病果、病叶等病组织中越冬。翌年春暖时产生新的分生孢子，借风雨传播，引起初侵染。多雨高湿的气候条件有利于病害发生。地势低洼、排水不良的果园往往发病较重。栽培管理不善、肥料不足、树势衰弱等，都会诱致病害发生。品种抗病性有明显差异。

（二）防治方法

1. 农业防治　选用抗病品种。冬季剪除病梢，摘除僵果，刮除主蔓上翘裂的枯皮，扫除病落叶、病穗，集中烧毁。合理增施磷、钾肥，控制氮肥，增强树势。

2. 苗木消毒　用 10%～15%硫酸铵溶液、3%～5%硫酸铜溶液浸泡 1～5min 后定植。

3. 药剂防治　冬季修剪后喷一次铲除剂，可用 0.5%五氯酚钠溶液混合 3 波美度石硫合剂；葡萄展叶后至果实着色前喷药防治，可选用 40%氟硅唑乳油4 000倍液、25%戊唑醇可湿性粉剂6 000倍液、10%苯醚甲环唑水分散粒剂2 000倍液等。

八、葡萄白腐病防治

（一）发生规律

病菌主要以分生孢子器和菌丝体在病残体上越冬。翌春条件适宜时产生分生孢子，靠雨水飞溅传播，通过伤口侵入，引起初侵染。生长季节可进行多次再侵染。高温高湿的气候条件是病害发生和流行的主要因素。病害的发生与寄主生育期关系密切，果实进入着色期和成熟期，其感病程度亦逐渐增加。在架式方面，立架式葡萄比棚架式发病重，双立架式比单立架式发病重，东西架向又比南北架向发病重。

（二）防治方法

1. 加强栽培管理 通过修剪绑蔓提高结果部位；及时摘心，适当疏叶，合理施肥，注意排水除草，降低湿度。

2. 清除菌源 生长季节及时剪除病果病蔓；冬季修剪后，将病残体和枯枝落叶深埋或烧毁。

3. 药剂防治 掌握发病初期开始喷药。可选用50%苯菌灵可湿性粉剂1 500倍液、75%百菌清可湿性粉剂600倍液、50%多菌灵可湿性粉剂1 000倍液、40%多·硫悬浮剂600倍液等。

九、葡萄霜霉病防治

（一）发生规律

病菌以卵孢子和菌丝体在病组织中越冬或随病残体遗落在土壤中越冬，翌年条件适宜时，卵孢子萌发产生游动孢子，借风雨传播，从气孔侵入。发病后病部产生的孢子囊，经传播进行再侵染。低温高湿条件下发病重。果园地势低洼、土壤潮湿、栽植过密、棚架过低、通风透光不良、树势衰弱、偏施氮肥等均有利于病害的发生流行。植株幼嫩部分，如嫩叶和新梢容易感病。美洲葡萄、圆叶葡萄较抗病。

（二）防治方法

1. 农业防治 选用无核白鸡心、康拜尔早生、无核1号等抗病品种，注意巨峰、玫瑰香、红地球等高感品种隔离种植。加强果园管理，合理密植、施肥，及时排水除草，及时摘心绑蔓，结合修剪，清除病残体。

2. 药剂防治 葡萄展叶后至果实着色前防治。可选用1∶0.7∶200波尔多液、58%甲霜灵·锰锌可湿性粉剂600～800倍液、40%三乙膦酸铝可湿性粉剂300～400倍液、72%霜脲氰·锰锌可湿性粉剂500～600倍液、50%烯酰吗啉水分散粒剂4 000倍液、30%烯酰·氰霜唑悬浮剂1 200～1 800倍液、48%烯酰·霜脲氰悬浮剂2 000～3 000倍液、47%烯酰·唑嘧菌悬浮剂1 000～2 000倍液。注意药剂要轮换使用，以延缓病菌抗药性产生。

十、柑橘溃疡病防治

（一）发生规律

病菌潜伏在叶、枝梢及果实的病斑中越冬。翌春条件适宜时，病部溢出菌脓，借风雨、昆虫和枝叶接触传播，从气孔、皮孔或伤口侵入。病菌具有潜伏侵染性。远距离传播主要通过带菌苗木、接穗和果实等繁殖材料。高温多雨有利病害的发生。偏施氮肥，不及时摘除夏梢、控制秋梢，潜叶蛾、食叶害虫等危害严重的果园，发病严重。溃疡病菌一般只侵染一定发育阶段的幼嫩组织，对刚抽出来的嫩梢、嫩叶、刚谢花后长出的幼果，以及老熟组织都不侵染或很少侵染。寄主抗病性有差异，一般是甜橙类最感病，柑类次之，橘类较抗病，金柑最抗病。

（二）防治方法

1. 加强植物检疫　柑橘溃疡病是国内检疫对象。从外地引进苗木和接穗时，必须进行检疫。

2. 加强栽培管理　选用南丰蜜橘、福橘、温州蜜橘、碰柑等抗性品种，注意广柑、甜橙、脐橙、柳橙、枳橙等高感品种隔离种植。冬季做好清园工作，早春结合修剪，剪除病虫枝、徒长枝和弱枝等，做好害虫的防治工作。

3. 喷药保护　选用30%氢氧化铜悬浮剂800～1 000倍液、1：1：（200～240）波尔多液、25%叶枯唑可湿性粉剂600～800倍液、1.5%噻霉酮水乳剂800～1 000倍液、30%琥珀肥酸铜悬浮剂400～500倍液、47%春雷·王铜可湿性粉剂470～750倍液等喷雾。

十一、柑橘黄龙病防治

（一）发生规律

柑橘黄龙病初侵染来源主要是田间病株、带病苗木及带菌昆虫。病菌主要通过苗木调运和带病接穗进行远距离传播，柑橘园内主要通过木虱和其他传病昆虫（如橘蚜）进行传播。园内病树多、木虱量大时，黄龙病发生就重；老龄树较幼树耐病；春梢发病轻，夏、秋梢发病重。柑橘等耐病力弱，感病后衰退快，而柚类、橙类耐病力较强。

（二）防治方法

1. 严格检疫　禁止新区和无病区从病区引进苗木和接穗。

2. 建立无病母本园和无病苗圃　采用茎尖嫁接技术脱毒，培育无病母本树，建立无病母本园。再从无病母本树上采接穗，繁育无病苗木，建立无病苗圃。

3. 隔离种植　开辟的新果园应与病园尽量隔离。重病区要在整片植株全部清除1年后才能建立新果园。

4. 治虫防病　及时防治传病媒介柑橘木虱，可用20%氰戊菊酯乳油2 000～3 000倍液等喷杀木虱。

5. 及时处理病树、消灭病原　发病果园的病树要及时挖除，集中烧毁，并要适时喷药防治传病的柑橘木虱，至采果前1个月停止施药。重病园的轻病树亦可用四环素注射，先在主干基部钻孔，孔深为主干直径的2/3，从孔口用加压注射器注入药液，每株成年树注入1 000mg/L盐酸四环素1.5～2.0kg。注意在春、秋梢抽发期使用噻嗪酮、氯氟氰菊酯、啶虫脒等防治柑橘木虱等传病介体昆虫。

十二、果树其他病害防治

（一）苹果霉心病

病菌以菌丝体潜伏在树体各部分或者僵果内外越冬，病菌的孢子还可以潜藏在芽的鳞片间越冬。翌年在苹果生长前期，分生孢子借风雨、昆虫传播，随着花朵开放，病菌借气流从开裂的花瓣、花萼、雌蕊、雄蕊侵入。落花后，病菌从花柱开始向萼心间组织扩展，然后进入心室。病菌侵入后潜伏在果心，直到果实成熟期和贮藏期发病。

霉心病发生的轻重与花期、湿度及品种关系密切。花期及花前阴雨潮湿时容易发病，且发病较重。萼筒开放式品种，如元帅系苹果易感染霉心病。病菌侵染期很长，从花期至果实采收前不断侵染。从花期至5月底前的幼果期侵染数量占全年总侵染率的80.5%，是重点侵染时期。降雨时间早、降水量大、空气湿度大、果园地势低、郁闭度大、通风不好等条件均利于霉心病的发生。如果晚春有霜降，则会使霉心病的发病率上升；山地果园早晚温差大，发病重。

防治上可以种植抗病品种；合理修剪，改善树冠内的通风透光条件；合理灌溉，注意排涝，降低果园空气湿度；结合冬剪，清除病果、僵果及病枯枝，集中烧毁，以清除菌源。药剂防治可在苹果萌芽前，喷3～5波美度石硫合剂铲除树体上越冬病菌；苹果树花露红期及花序分离期是防治关键时期，可选择10%苯醚甲环唑水分散粒剂1 500～2 000倍液、3%多抗霉素水剂800～1 200倍液、40%腈菌唑水分散粒剂6 000～7 000倍液，对全树及树下地面喷药清园；在开花前、终花期、坐果期各喷1次杀菌剂，可选用70%代森锰锌可湿性粉剂600～800倍液、70%甲基硫菌灵可湿性粉剂1 000倍液等。此外，还可以加强贮藏期管理，采取低温贮藏，保持库内温度1～3℃，并定期检查，及时剔除病果。

（二）苹果白粉病

病菌主要以菌丝体在芽鳞内越冬，其中顶芽带菌率最高。翌年病芽萌发形成病梢，表面布满白色粉状物，即病菌分生孢子，通过气流传播，直接侵染嫩叶和幼果。病害发生的两个高峰期完全与苹果树的新梢生长期相吻合，分别为4～5月和9月秋梢出现时。苹果品种间抗病性有差异。

在病梢发生初期，及时剪除新病梢和病叶丛、病花丛，集中烧毁或深埋。合理密植，及时修剪，增施有机肥，增强树势，提高抗病力。苹果花芽露红时喷第一次药，落花后喷第二次药。在病害严重的果园，落花后7～10d需喷第三次药。药剂可选用15%三唑酮可湿性粉剂1 500倍液、12%烯唑醇可湿性粉剂2 000倍液、50%甲基硫菌灵可湿性粉剂800倍液等。

（三）桃细菌性穿孔病

病原细菌在枝条病组织内越冬。翌年桃树开花前后，病菌借风雨或昆虫传播，经气孔、皮孔侵入。春秋季温暖、雨水多时则发病重。树势衰弱、排水不畅、通风不良的果园发病较重。

冬季结合修剪，彻底清除枯枝落叶，集中烧毁，减少越冬菌源。注意果园排水，降低湿度。增施有机肥料，健壮树势，提高抗病力。果树发芽前喷施3～5波美度石硫合剂或1∶1∶100波尔多液，生长季节可选用40%噻唑锌悬浮剂600～1 000倍液、20%噻菌铜悬浮剂300～700倍液或40%戊唑·噻唑锌悬浮剂800～1 200倍液喷雾。

（四）桃缩叶病

病菌主要以子囊孢子和芽孢子在桃芽鳞片和树皮上越冬。翌年4月越冬孢子萌发产生芽管，直接侵入或从气孔侵入，病部出现灰白色粉状子囊层，条件适宜时进行再侵染。低温高湿有利于病害的发生；晚熟品种较早熟品种发病轻。

及时施肥灌水，加强果园管理，增强树势，提高抗病力。及时摘除叶片，集中烧毁，清除初侵染源。药剂防治掌握在花芽开始膨大至露红期，药剂可选用2～3波美度的石硫合剂或1∶1∶100波尔多液、50%甲基硫菌灵可湿性粉剂600倍液。

（五）葡萄灰霉病

病菌以菌丝体、分生孢子及菌核在病残体和土壤中越冬。翌年春季条件适宜时，分生孢子通过气流传播到花穗上进行初侵染。发病后长出大量新的分生孢子，靠气流传播进行多次再侵染，最终引起浆果发病。该病有两个明显的发病期，第一次发病在开花前后，主要危害花及幼果，造成大量落花落果。第二次发病期在果实着色至成熟期，导致果粒大量腐烂。多雨潮湿和较凉的天气条件适宜灰霉病的发生。排水不良、枝蔓过密、通风透光不良、管理粗放、施肥不足等都有利于灰霉病的发生。

农业防治中，要彻底清园，消除病残体，减少初侵染来源。春季发病后，摘除病花穗，减少再侵染菌源。适当增施磷、钾肥，控制速效氮肥的使用，防止枝梢徒长。及时绑扎枝蔓，合理修剪，增加通风透光，降低田间湿度，以减少发病。

生态调控中，可利用设施栽培进行生态防治。晴天棚温上升至33℃时开始放风，下午棚温保持在20～25℃，当棚温降至20℃时关棚。温室大棚要尽量采用无滴膜，加大放风量，降低棚内湿度；夜间注意提高棚温，尽量使棚温保持在15℃左右，减少或避免叶片结露。

药剂防治可在春季开花前，选用1∶1∶200波尔多液、50%多菌灵可湿性粉剂500倍液、70%甲基硫菌灵可湿性粉剂600倍液、15%多抗霉素可湿性粉剂200～500倍液等，喷1～2次，有一定的预防效果。在病害发生初期，可选用40%嘧霉胺悬浮剂1 000～1 200倍液、30%苯醚甲环唑·丙环唑乳油3 000～5 000倍液、50%腐霉利可湿性粉剂1 000～1 200倍液、50%异菌脲可湿性粉剂1 000～1 500倍液等。间隔10～15d，连喷2～3次。

（六）枣疯病

病枣树是枣疯病的主要侵染源。病害传播主要通过人工嫁接，自然传播以叶蝉为媒介。远距离传播靠病苗调运。

防治上可选用无病苗木，清除病株，防治传病叶蝉。加强枣园管理，接穗用1 000mg/L盐酸四环素浸泡1h左右，有消毒防病的效果。在4月下旬、5月中旬和6月下旬3个关键时期，喷施氰戊菊酯、联苯菊酯、噻虫嗪等药剂防治传病叶蝉。

练　习

1. 根据当地果树栽培及其病害的发生情况，拟订2～3种果树病害的综合防治方案。

2. 参与或组织果树病害防治工作。可根据果园病害发生情况选择以下防治措施，并进行操作。

（1）农业防治。调查当地果园主要病害发生情况，根据所学知识，并查阅相关资料，提出适合当地果园的栽培管理措施。如结合当地果园的实际情况，提出适合当地特点的抗病树种；在冬、春季节进行刮树皮以刮除越冬病菌；建议当地果农施用腐熟的农家肥或沼渣液等。

（2）苗木消毒处理。用10%～15%硫酸铵溶液、3%～5%硫酸铜溶液浸泡苗木1～5min后定植可防治葡萄黑痘病。

（3）田间喷药。选择苹果树腐烂病、苹果轮纹病等病害发生较重的果园，在果树休眠期和生长期分别进行不同浓度石硫合剂的喷施及其他常规杀菌剂的喷施。

3. 调查了解当地苹果、梨、桃、葡萄、柑橘等果树主要病害的发生危害情况及其防治方法，结合所学植保知识，分析这些方法是否科学合理，并撰写调查报告1份。

思考题

1. 影响苹果树腐烂病发生的主要因素有哪些？为什么说增强树势是防治苹果树腐烂病的根本措施？

2. 梨黑星病发病规律如何？怎样进行防治？

3. 简述葡萄霜霉病侵染循环的过程，并提出防治措施。

4. 影响柑橘黄龙病及柑橘溃疡病发生的主要因素有哪些？如何防治这两种病害？

任务2　果树害虫防治

【场地及材料】害虫危害重的果园，根据防治操作内容需要选定的农药及器械、材料等。

【内容及操作步骤】

一、食心虫类防治

（一）发生规律

1. 桃小食心虫　1年发生1～2代，主要以老熟幼虫做冬茧在3～10cm土层中越冬。翌年5月中旬至6月上旬幼虫陆续出土，雨后出土最多，在土块、杂草等缝隙处做夏茧化蛹。越冬代成虫发生在6月上旬至8月上旬。成虫昼伏夜出，有趋光性，卵多散产于苹果萼洼处。卵期7～10d，幼虫期13～25d。第一代幼虫主要蛀食杏及桃果，幼虫在果内发育完成后，咬一圆孔脱果，一部分结冬茧直接越冬，另一部分落地结夏茧化蛹，7月底至8月上中旬羽化为成虫，第二代幼虫盛发于8月下旬，危害至9月，之后脱果入土越冬。

2. 梨小食心虫　华北1年发生3～4代，以老熟幼虫在树干裂皮缝隙及落叶杂草中结灰白薄茧越冬。越冬代成虫发生在4月中旬至6月中旬，产卵于桃树新梢和杏果。第一代成虫发生在6月上中旬，孵化出的幼虫仍危害桃、杏梢。第二代成虫发生在7月中下旬，产下的幼虫继续危害新梢、桃果及早熟梨果。8月中旬为第三代成虫羽化盛期，产下的幼虫主要危害果实，少数危害副梢。这代幼虫老熟后，大部分脱果进行越冬，小部分继续化蛹羽化。第四代幼虫8～10月发生，只危害果实。成虫昼伏夜出，产卵具有选择性，对糖醋液和果汁及黑光灯有趋性，尤其对合成性诱剂诱芯有强烈趋性。味甜、皮薄、质细的品种受害重。

（二）防治方法

防治食心虫，要坚持以农业防治措施为基础，科学用药为关键，压低基数与控制危害相结合的综合治虫策略。

1. 农业防治　结合冬春清园，刮除树干粗裂皮，剪除虫芽，摘除被害花序、虫果，并集中处理。结合中耕，刨翻树盘，可将在土中越冬的桃小食心虫及部分梨小食心虫翻向土表。新建果园时，尽可能避免桃、梨、苹果等果树混栽。此外，有条件的果园可进行果实套袋。

2. 物理防治　利用黑光灯、性诱剂、糖醋液诱杀成虫。

3. 生物防治　在害虫卵发生始盛期，在果园分批释放赤眼蜂卵卡。施用微生物农药，如苏云金杆菌、白僵菌等。

4. 药剂防治　地面处理，在桃小食心虫越冬幼虫出土期，往果树盘下地面均匀喷洒25%辛硫磷微胶囊剂、50%辛硫磷乳油或40.7%毒死蜱乳油。树上防治，当卵果率达到0.5%～1.0%时，立即喷洒药剂防治。可选用8 000IU/mL苏云金杆菌悬浮剂200倍液、35%氯虫苯甲酰胺水分散粒剂7 000～10 000倍液、25%灭幼脲悬浮剂500～1 000倍液、2.5%高效氯氟氰菊酯水乳剂3 000～4 000倍液、4.5%高效氯氰菊酯微乳剂1 000～1 500倍液、30%阿维·灭幼脲悬浮剂1 000～1 500倍液、14%氯虫·高氯氟微囊悬浮—悬浮剂3 000～5 000倍液或6%阿维·氯苯酰悬浮剂3 000～4 000倍液。注意菊酯类农药应和其他农药交替使用。

二、卷叶蛾类防治

（一）发生规律

1. 苹小卷叶蛾　华北地区1年发生3代，以二龄幼虫在树皮裂缝、老翘皮下结白色薄茧越冬。翌年苹果花芽开绽时，越冬幼虫开始出蛰危害新梢嫩叶。各代成虫发生盛期为：越冬代6月上中旬，第一代7月下旬，第二代9月上中旬。幼虫活泼，行动迅速，受惊动可倒退翻滚，并吐丝下垂逃逸。幼虫有转迁危害习性。老熟幼虫在卷叶或缀叶间化蛹。成虫对糖醋、果醋、黑光灯有较强趋性。卵多产在叶片背面。多雨、高温有利苹小卷叶蛾的发生。

2. 顶梢卷叶蛾　1年发生2代，以二至三龄幼虫在被害卷叶团中结茧越冬。早春苹果花芽展开时，越冬幼虫开始出蛰，转迁到附近枝梢顶部第一至三个芽上危害，老熟后，即在卷叶团中做茧化蛹。越冬代成虫发生盛期在6月下旬，第一代是在8月上旬。成虫昼伏夜出，喜食糖蜜，趋光性不强。卵散产在叶背多茸毛处。

（二）防治方法

1. 人工防治　越冬期间，彻底刮除老翘皮和粗皮，集中烧毁。结合冬剪和夏季果园管理，及时摘除虫苞或捏杀苞内幼虫。

2. 物理防治　用黑光灯、糖醋液或性诱剂诱杀成虫。

3. 药剂防治　以越冬代幼虫出蛰期和第一代幼虫孵化盛期为防治重点。药剂可选用3%甲氨基阿维菌素苯甲酸盐微乳剂3 000～4 000倍液、20%虫酰肼悬浮剂1 500～2 000倍液、5%虱螨脲悬浮剂1 000～2 000倍液、14%氯虫·高氯氟微囊悬浮—悬浮剂3 000～5 000倍液、20%甲维·除虫脲悬浮剂2 000～3 000倍液或4.5%高效氯氰菊酯微乳剂1 000～1 500倍液等。

4. 生物防治　在各代卵期释放松毛虫赤眼蜂3～4次，也可用苏云金杆菌等微生物农药防治幼虫。

三、蚜虫类防治

（一）发生规律

1. 绣线菊蚜　1年发生10多代。以卵在小枝条的芽侧和裂缝里越冬。翌年4月下旬越冬卵开始孵化。初孵幼蚜群集在芽和叶上危害，约经10d即产生无翅胎生雌蚜，5月下旬出现有翅胎生雌蚜，并迁飞扩散危害。6～7月繁殖加快，危害最重。8～9月蚜虫数量逐渐减少。10月产生有性蚜，交尾后产卵越冬。

2. 梨二叉蚜 1年发生20代左右。以卵在芽附近和果台、枝杈的缝隙内越冬，于梨芽萌动时开始孵化。成、若蚜群集于露绿的芽上危害，待梨芽开绽时钻入芽内，展叶期又集中到嫩梢叶面危害，致使叶片向上纵卷成筒状。落花后大量出现卷叶，5～6月产生大量有翅蚜迁飞到越夏寄主狗尾草和茅草上。9～10月迁回梨树上繁殖危害，并产生性蚜。雌雄蚜交尾产卵，以卵越冬。

（二）防治方法

1. 人工防治 在早春刮除老树皮，剪除受害枝条，消灭越冬卵。

2. 保护利用天敌 天敌有瓢虫、草蛉、食蚜蝇等。天敌多时，不施用广谱性杀虫剂或少用农药。有条件的地区可人工饲养与释放草蛉和瓢虫。

3. 药剂防治 可喷施3%啶虫脒微乳剂2 000～2 500倍液、22%氟啶虫胺腈悬浮剂10 000～15 000倍液、21%噻虫嗪悬浮剂4 375～7 000倍液、25%吡蚜酮可湿性粉剂2 000倍液、50%抗蚜威可湿性粉剂1 000倍液、22%噻虫·高氯氟微囊悬浮—悬浮剂5 000～10 000倍液等。

4. 物理机械防治 利用黄色色板诱杀或采用银白色锡纸反光，拒栖迁飞的蚜虫。

四、天牛类防治

（一）发生规律

果树天牛主要有桑天牛和桃红颈天牛。桑天牛在北方2～3年发生1代，广东1年发生1代，以幼虫在枝干内越冬。常年幼虫危害期为3～11月，老熟幼虫化蛹期为6～8月，成虫羽化产卵期为7～8月。成虫在2～4年生枝上产卵较多，产卵槽U形，幼虫孵化后于韧皮部和木质部之间向枝条上方蛀食约1cm，然后蛀入木质部内向下蛀食，稍大即蛀入髓部。开始每蛀5～6cm长向外蛀一排粪孔，随虫体增长而排粪孔距离加大，一生蛀隧道长达2m左右。桃红颈天牛2～3年发生1代，以幼虫在树干隧道内越冬。常年幼虫危害期为3～11月，老熟幼虫化蛹期5～6月，成虫羽化产卵期6～7月。卵多散产于主干基部及主枝的树皮缝隙中。幼虫孵化后，头向下蛀人韧皮部，并在此皮层中越冬。天敌有寄生于幼虫的管氏肿腿蜂。

（二）防治方法

1. 捕杀成虫 雨后晴天成虫大量出孔时组织人员捕杀成虫。

2. 树干涂白 树干涂刷石灰硫黄涂白剂可防止成虫产卵。在成虫产卵期将树干基部缠上草绳，在幼虫孵化初期解下草绳集中烧毁。

3. 钩杀幼虫 幼虫孵化后经常检查枝干，凡有虫粪、木屑堆积者，可用钢丝钩杀幼虫。

4. 药剂防治 用药棉蘸50%敌敌畏乳油塞入虫孔内，然后再用湿泥土封堵虫孔，进行毒气熏杀。在成虫产卵期和幼虫孵化期，在枝干上喷涂80%敌敌畏乳油1 000倍液或2.5%溴氰菊酯乳油3 000倍液。在成虫期于果园内悬挂蘸有诱杀液（糖＋醋＋敌百虫）的海绵球，可有效诱杀成虫。

五、蚧类防治

(一) 发生规律

1. 朝鲜球坚蚧　1年发生1代，以二龄若虫固着在枝条上越冬。若虫3月下旬至4月上旬开始活动，并寻找枝条的适当部位固着危害。4月底至5月上旬雄成虫羽化。交尾后雌成虫虫体迅速膨大硬化，5月中下旬开始产卵，6月中下旬为若虫孵化盛期，若虫分散在枝条裂缝处、当年生枝条基部、叶片及果实上危害。10月中旬越冬。

2. 桑白蚧　北方1年发生2代。以第二代受精雌成虫在枝条上越冬。寄主萌动时开始吸食危害，虫体迅速膨大，4月下旬开始产卵，若虫孵化后在介壳下停留数小时后逐渐爬出扩散，多于二至五年生枝条上固定取食，尤以枝条分杈处和背阴面多。5～7d后开始分泌出绵毛状白色蜡粉，渐形成介壳。雄若虫蜕皮2次而形成"蛹"，而后羽化为成虫。雌若虫蜕第二次皮后即为成虫。

桑白蚧喜好荫蔽多湿的小气候条件，通风不良、透光不足的地方发生危害重。但在若虫分散转移期，降雨对若虫有冲刷淋洗作用而减轻其发生和危害。

3. 矢尖蚧　华南地区1年发生3～4代，多以受精雌成虫（少数以若虫）在叶背和嫩枝上越冬。翌年春平均气温达到19℃时雌成虫开始产卵。雌成虫产卵期长达40d。若虫离开母体2～3h即可找到适宜的取食处固定下来，不再移动，次日开始分泌蜡质而逐渐形成介壳。若虫盛发期第一代为5月上中旬，主要在老叶上危害；第二代为7月上中旬，多在新叶嫩枝上危害，少数在果上；第三代为9月中下旬，多在叶片上危害。

(二) 防治方法

1. 人工防治　人工刮除枝条上的虫体，结合修剪，剪除有虫枝条，带出果园后处理。

2. 药剂防治　针对介壳虫的危害特点，喷药要在若虫出现初期尚未形成介壳之前进行。早春果树发芽前，喷3～5波美度石硫合剂。在卵孵化盛期选用低毒、高选择性杀虫剂防治，药剂可选用40%杀扑磷乳油1 000～2 000倍液、22%氟啶虫胺腈悬浮剂4 500～6 000倍液、25%噻嗪酮可湿性粉剂1 000～1 500倍液等。

3. 保护利用天敌　介壳虫的天敌主要有红点唇瓢甲、寄生蜂、草蛉等，应加以保护利用，避免使用广谱性杀虫剂，充分发挥天敌对介壳虫的自然控制作用。

六、叶螨类防治

(一) 发生规律

1. 山楂叶螨　1年发生7～8代，以受精的越冬型雌成螨在树皮裂缝及树干基部附近土缝中越冬。翌年4月上旬，苹果芽膨大露绿时，开始出蛰危害芽，展叶后便转往叶背危害。4月中下旬从展叶到初花期是出蛰盛期。雌螨危害嫩叶7～8d后开始产卵，盛花期前后为产卵盛期。落花后1周左右，卵基本孵化完毕，出现第一代幼螨、若螨，而且发生比较集中。此后各代世代重叠现象严重。高温干旱容易引起大发生。8～10月产生越冬型成螨。

2. 柑橘全爪螨　1年发生15～18代，主要以成螨及卵在叶背及枝条缝隙内越冬。翌年早春开始活动，4～5月春梢期螨量最多，部分橘园在9～10月为第二个盛发期，危害秋梢及果实。世代重叠。冬干春旱年份发生早而多，夏季高温螨量较少，秋季遇长期干旱时虫口增多。卵多散产于叶背主脉两侧。柑橘全爪螨喜光、趋嫩，嫩绿部位产卵量比老叶上多；光线充足的部位发生多。天敌主要有捕食螨、瓢虫、花蝽、猎蝽、蓟马类和草蛉类等。

（二）防治方法

1. 农业防治 在果园结合防治病害，刮除老翘皮下的越冬成螨或卵。处理距树干 0.3～0.6m 范围内的表土，消灭土中的越冬成螨。

2. 生物防治 在果园种植藿香蓟、油菜、紫花苜蓿等显花植物，为天敌的繁衍提供场所和补充食料，若有条件，可人工繁殖释放捕食螨或其他天敌。

3. 药剂防治

（1）果树休眠期防治。果树发芽前喷施 5%柴油乳剂或 3～5 波美度石硫合剂。

（2）花前、花后防治。可选用 3%阿维菌素微乳剂 4 000～5 000 倍液、30%乙唑螨腈悬浮剂 3 000～6 000 倍液、20%四螨嗪悬浮剂 2 000 倍液、6%阿维·哒螨灵微乳剂 1 500～2 000倍液、16.8%阿维·三唑锡可湿性粉剂 1 500～2 000 倍液、30%四螨·联苯肼悬浮剂 2 000～3 000 倍液或 13%唑酯·炔螨特水乳剂 1 500 倍液等喷雾。

七、果树其他害虫防治

（一）金纹细蛾

1 年发生 5～6 代，以蛹在受害落叶中越冬。翌年果树发芽时开始羽化。卵散产于叶背，成虫早晚活动，有一定趋光性。卵单产在嫩叶背面，幼虫孵化后直接蛀入叶内危害。后期世代重叠。

及时清扫果园内落叶，集中消灭越冬蛹。成虫发生盛期，选用 240g/L 虫螨腈悬浮剂 4 000～5 000 倍液、35%氯虫苯甲酰胺水分散粒剂 7 000～10 000 倍液、20%甲维·除虫脲悬浮剂 2 000～3 000 倍液、30%阿维·灭幼脲悬浮剂 1 000～1 500 倍液等喷雾。

（二）梨木虱

1 年发生 3～5 代，以越冬型成虫在枝干的树皮裂缝内及杂草落叶下越冬。3 月上旬（鸭梨花芽膨大期）开始出蛰活动，3 月中旬（鸭梨花芽鳞片露白期）为出蛰盛期。

早春刮净老翘皮，清除落叶杂草，以消灭越冬成虫。药剂防治选用 40%螺虫乙酯悬浮剂 8 000～8 890 倍液、5%吡虫啉可溶液剂 2 000～3 000 倍液、5%阿维·吡虫啉悬浮剂 2 000～3 000 倍液等喷雾。

（三）梨网蝽

华北 1 年发生 3～4 代，以成虫在枯枝落叶、枝干翘皮裂缝、杂草及土石缝中越冬。翌年梨树展叶时开始活动。成虫产卵于叶背面的叶肉内，初孵若虫有群集性。成虫和若虫皆栖居于寄主叶片背面刺吸危害。一年中以 7～8 月危害最重。10 月中下旬以后，成虫寻找适当场所越冬。

9 月进行树干束草，诱集越冬成虫。清洁果园，集中处理，消灭越冬成虫。化学防治的重点是越冬成虫出蛰后和第一代若虫的防治。可选用 2.5%高效氯氟氰菊酯水乳剂 3 000～4 000倍液、22%氟啶虫胺腈悬浮剂 10 000～15 000 倍液、22%噻虫·高氯氟微囊悬浮—悬浮剂 5 000～10 000 倍液或 12%溴氰·噻虫嗪悬浮剂 1 450～2 400 倍液等。

（四）桃蛀螟

1年发生2～3代，以老熟幼虫于粗皮缝中，玉米、向日葵等残株内结茧越冬。6月下旬为第一代幼虫危害盛期；8月上中旬为第二代幼虫危害高峰。成虫昼伏夜出，喜食花蜜及桃、葡萄等成熟果实的汁液，对黑光灯和糖醋液有趋性。幼虫有转果习性。

农业防治可采取刮除老翘皮，生长季节及时摘除虫果、清理落果；幼虫越冬前进行树干束草诱集等措施。设置黑光灯和糖醋液诱杀成虫，成虫产卵前进行果实套袋。药剂防治可选用50％辛硫磷乳油1 000倍液、20％氰戊菊酯乳油2 500～3 000倍液、2.5％溴氰菊酯乳油3 000～4 000倍液或80％敌敌畏乳油1 500～2 000倍液等喷雾。

（五）桃一点叶蝉

1年发生4～6代，以成虫在桃园附近的落叶、杂草、树皮缝隙及常绿树上越冬。3月初开始陆续飞至桃园，前期危害花和嫩芽，落花后危害叶片。4月中旬开始产卵，5月中下旬为第一代若虫孵化盛期，6月上旬为第一次危害高峰期，8月下旬为第二次危害高峰期。第二代起各世代重叠发生。

防治上，要彻底清除园内杂草，园外常绿植物喷施石硫合剂及其他杀虫剂，以降低越冬虫口密度。第一代和第二代若虫孵化盛期是药剂防治的关键期。早春药剂防治可选用3～5波美度石硫合剂，盛花后及时喷施2.5％氯氟氰菊酯乳油2 500倍液，夏秋防治可选用20％甲氰菊酯乳油2 500倍液、10％联苯菊酯乳油3 000倍液、20％异丙威乳油800倍液等喷雾。

练　习

1. 根据当地果树栽培及其害虫发生情况，拟订2～3种果树害虫综合防治方案。

2. 参与或组织果树害虫防治工作。可根据果园害虫发生情况选择以下防治措施，并进行操作。

（1）农业防治。在冬春进行刮树皮，刮除各种越冬虫态；树干绑扎果树专用诱虫带，引诱害虫产卵并集中烧毁；实施果实套袋技术等。

（2）物理防治。成虫始盛期在果园里设置黑光灯、糖醋液引诱食心虫及卷叶蛾类等害虫；设置黄板引诱蚜虫类害虫。

（3）生物防治。在蚜虫、介壳虫危害严重的果园，人工释放草蛉和七星瓢虫等天敌。

（4）田间喷药。选择蚜虫、介壳虫等害虫发生较重的果园，使用吡虫啉、杀扑磷等药剂进行防治。

3. 调查了解当地苹果、梨、桃、葡萄、柑橘等果树主要害虫的发生危害情况及其防治方法，结合所学植保知识分析这些方法是否科学合理，并撰写调查报告1份。

思考题

1. 简述桃小食心虫、梨小食心虫在生活习性上的异同点，并提出防治措施。
2. 如何综合防治果树卷叶蛾类害虫？
3. 简述蚜虫类害虫对果树的危害，并说明其防治方法。
4. 如何进行果树害虫的生态控制？

5. 说明果树介壳虫类害虫的危害特点及其防治方法。

6. 简述果树天牛类害虫的综合防治措施。

7. 试分析山楂叶螨产生抗药性的原因，并制订一套综合治理的措施。

果树病虫害综合防治技术

（一）植物检疫

许多果树苗木接穗调运频繁，易导致一些病虫害从疫区传播到保护区或新建果园区。由于保护区缺乏天敌控制，往往会造成很大的经济损失。因此，要加强苗木和接穗调运的检疫措施，防止苹果绵蚜、苹小吉丁虫、苹果蠹蛾、美国白蛾、柑橘实蝇等害虫传播蔓延，也要防止锈果病、花叶病、根癌病等病害传入新建果园。

（二）农业防治

1. 培育和使用无病虫繁殖材料 繁殖材料带病虫是多种果树病虫害远距离传播的重要途径，因此，培育和使用无病虫繁殖材料是新建果园最基础的防病虫栽培措施。

2. 清洁果园 清洁果园的主要作用是铲除或减少果园内外的病原菌及虫源。如食心虫类钻蛀果实导致僵果、落果，卷叶蛾类在被害叶内越冬，蚜虫、梨木虱、叶螨类等在树皮裂缝中越冬，苹果树腐烂病、苹果轮纹病等病菌主要来源于枝干的病斑及枯死枝，苹果斑点落叶病等主要在带病落叶上越冬。因此，及时清理摘除这些病叶、病果、病枝，刮除老翘皮，并集中深埋或焚烧，就能大大减少果园内外的病菌及害虫数量，为病虫害的综合防治打下良好的基础。

3. 加强管理 果园结合施肥，深翻树盘内表土，使越冬害虫或病菌暴露在地表，经风吹日晒或直接喷施药剂而失去活力。合理施肥排灌，及时中耕除草，合理疏花疏果，合理采收和贮藏等，都可以增强树势，提高树体的抗病虫能力。

此外，对于果实个头大、品质好、价格高的果树，进行果实套袋，避害效果十分显著。

（三）物理机械防治

利用黑光灯、性诱剂或糖醋液可诱杀桃小食心虫、梨小食心虫、卷叶蛾等多种害虫成虫。秋季在树干第一分枝下相对光滑处绑上果树专用诱虫带，对苹果、梨等果树树干越冬害虫具有良好的诱集效果，可引诱害虫、害螨钻入其中越冬，冬季解下烧掉可有效灭虫（有条件的可将诱虫带带回实验室，放在饲养笼中，待有益昆虫天敌飞出后再烧掉）。蚜虫、粉虱等对黄色有明显的趋性，可设置黄板进行诱杀。

（四）生物防治

果园生态系统中存在着许多天敌昆虫，应该加以保护。如在果园间作种植藿香蓟、油菜、紫花苜蓿等，为捕食螨、花蝽等天敌提供潜所和食料。用选择性强的药剂喷雾，可以减少对天敌的杀伤。在鳞翅目害虫产卵始盛期，释放赤眼蜂；利用卵孢白僵菌处理树盘土壤，盖草喷水保湿，可防治桃小食心虫出土幼虫。在柑橘产区大量释放、助迁和保护利用捕食性天敌，如食螨瓢虫，可以有效控制柑橘叶螨。苏云金杆菌防治桃小食心虫、尺蛾、天幕毛虫等鳞翅目幼虫效果达80%～90%。阿维菌素对多种害虫和害螨有良好的防治效果。灭幼脲对鳞翅目害虫防效好。

苹果花期防控霉心病要尽量避免使用化学农药，以最大限度地减轻对苹果产量和外观品质的影响。可选用多抗霉素防治苹果霉心病、轮纹病、斑点落叶病等。

（五）化学防治

1. 选择正确的施药时期　正确的施药时期是病虫活动的薄弱环节或对药剂的敏感期，还应考虑天敌的活动时期。如梨大食心虫越冬幼虫在出蛰期至转芽期相当集中，且树上无叶片遮挡，着药容易，此时对天敌杀伤较少，因此药剂防治关键时期应在转芽初期。而对具有群集性的害虫，防治应放在初孵幼虫群集危害时进行。对介壳虫类的防治应选择在若虫期还未分泌介壳时进行防治。果树休眠期，在蚜、蚧、螨等害虫发生严重的果园，用石硫合剂、机油乳剂等药剂，可压低虫口密度。同时，石硫合剂对病菌也有一定的杀伤作用。另外，五氯酚钠等对在枝干表面或浅层越冬的腐烂病菌、轮纹病菌等有强烈的铲除作用，也可用作休眠期铲除剂。

2. 选择合适的施药部位和施药方法　根据害虫的发生和危害习性，选择合适的施药部位和施药方法，对有效地消灭害虫和保护天敌具有重要作用，如桃小食心虫主要在树冠下的土层中越冬，因此应加强地面防治工作。而对于蚜虫、粉虱、木虱等刺吸式口器害虫的防治，可采用内吸性药剂涂抹树干后进行包扎的形式，这样有利于保护天敌。对天牛等蛀干害虫，可直接在树洞里塞药棉球，并用泥封口。

3. 应用选择性农药　选择性农药是指对害虫高毒而对天敌无毒或毒性小的农药。如白僵菌、苏云金杆菌和除虫脲类杀虫剂等，这些农药对鳞翅目幼虫有较好的防效，对天敌毒性较低。噻嗪酮、氟虫脲、炔螨特等选择性杀螨剂对天敌昆虫较安全。

4. 化学农药的交替使用　如有机磷杀虫剂和矿物油乳剂轮换使用，有机合成杀菌剂与波尔多液交替使用等可提高防治效果，延缓抗药性的产生。

考核评价

根据学生对果树主要病虫害发生原因分析和发生规律掌握的程度、所制订综合防治方案的科学性和可行性、现场防治操作的表现、调查报告的质量及学习态度等几方面（表 3-8-1）进行考核评价。

表 3-8-1　果树病虫害综合防治考核评价

序号	考核内容	考核标准	考核方式	分值
1	果树主要病虫害发生原因分析	对果树主要病虫害发生规律了解清楚，在当地的发生原因分析合理、论据充分	闭卷笔试、答问考核	20
2	综合防治方案的制订	能根据当地果树主要病虫害发生规律制订综合防治方案，防治方案制订科学，应急措施可行性强	个人表述、小组讨论和教师对方案评分相结合	20
3	防治措施的组织和实施	能按照实训要求做好各项防治措施的组织和实施，操作规范、熟练，防治效果好	现场操作考核	20
4	调查报告	格式规范，内容真实，文字精练，体会深刻，对当地果树病虫害防治具有指导意义	评阅考核	30
5	学习态度	遵守纪律，服从安排，配合老师积极主动联系实训现场，积极思考，能综合应用所掌握的基本知识和技能，分析问题和解决问题	学生自评、小组互评和教师评价相结合	10

子项目九　地下害虫综合防治

【学习目标】掌握地下害虫发生规律，制订有效的综合防治方案并组织实施。

任务　地下害虫防治

【场地及材料】地下害虫发生重的田块，根据防治操作内容需要选定的农药及器械、材料等。

【内容及操作步骤】

一、地老虎防治

（一）发生规律

1. 小地老虎　在我国1年发生1～7代，多数地区以第一代危害严重。成虫有迁飞性，在北方不能越冬，其虫源从南方迁飞而来。在南方可以幼虫、蛹和成虫越冬，其越冬北界为1月0℃等温线或北纬33°一线。成虫喜趋甜酸味的液体、发酵物、花蜜及蚜虫排泄物等，并以此补充营养，对黑光灯趋性强。卵散产或数粒散聚在一起，多数产在土块及地面缝隙内，少数产在土面的枯草茎或须根、幼苗的叶背或嫩茎上。小地老虎一至二龄幼虫白天和夜间均在地面上生活，大多集中于植物心叶和嫩叶上啃食叶肉，残留表皮。三龄后白天躲在表土层下，夜间活动危害，造成豆粒大小的洞孔或叶缘缺刻。四龄以后危害时咬断幼苗嫩茎，并将嫩头拖入穴内取食。五、六龄幼虫食量剧增，每头一夜可咬断幼苗3～5株。幼虫有假死性，一遇惊扰，就蜷缩成环状，三龄以上有相互残杀习性。

2. 黄地老虎　1年发生2～4代。主要以幼虫，少数以蛹在麦田、绿肥田、菜田以及田埂、沟渠等处10cm左右土层中越冬。春季均以第一代幼虫发生多，危害严重。主要危害棉花、玉米、高粱、烟草、大豆、蔬菜等春播作物。末代危害冬麦较重。成虫对黑光灯有一定趋性，但对一般的白炽灯趋性很弱。成虫趋化性弱，对糖醋酒液无明显趋性，但喜趋向洋葱和芹菜的花蜜取食，补充营养。卵多散产于作物土面根茬、干草棒、根须、土块及麻类、杂草的叶片背面。

3. 大地老虎　1年发生1代，以三至六龄幼虫在表土或草丛中越冬。翌年3～4月越冬幼虫开始活动危害，5月下旬至6月间，老熟幼虫在土下滞育越夏。9月中旬后化蛹羽化并产卵。成虫趋光性不强，对糖醋液有较强趋性，喜食花蜜，不能高飞。卵一般散产于土表或生长幼嫩的杂草茎叶上。幼虫四龄前不入土蛰伏，常在草丛间啮食叶片，四龄后白天潜伏在表土下，夜间出土活动危害。

黄地老虎和大地老虎的习性与小地老虎基本相似。小地老虎喜欢阴湿环境，黄地老虎喜欢较干旱的环境，3种地老虎都不适应夏季高温。耕作粗放、田间杂草丛生，有利于地老虎的产卵和繁殖。沙土地发生较少，沙壤土、壤土和黏土都适宜于地老虎发生。捕食性天敌主要有蚂蚁、蟾蜍、步甲、虻、草蛉、鸟类、蜘蛛等；寄生性天敌主要有姬蜂、寄生蝇、寄生螨、线虫和病原细菌、病毒等。

（二）防治方法

1. 除草灭虫　在春播前进行春耕、细耙等整地工作，可消灭部分卵和早春的杂草寄主。在作物幼苗期或幼虫一、二龄时结合松土，清除田内外杂草，均可消灭大量卵和幼虫。

2. 诱杀成虫　利用黑光灯、糖醋液（糖、醋、酒、水的比例为3∶4∶1∶2，加少量敌百虫，傍晚将盆置于田间1m高处）、杨树枝把或性诱剂等在成虫发生期诱杀，能诱到大量小地老虎成虫。黑光灯还能诱到黄地老虎，糖醋液可诱到大地老虎成虫。

3. 捕杀幼虫　对高龄幼虫，可在清晨扒开被害株的周围或畦边、田埂阳坡表土进行捕杀，也可用新鲜泡桐叶诱集捕杀。

4. 药剂防治　当虫口密度达到每平方米1头或每百株2～3头，作物被害叶率（花叶）达10%时，应及时用药防治。一般在第一次防治后，隔7d左右再治1次，连续2～3次。防治一、二龄幼虫可喷粉、喷雾或撒毒土，防治三龄以上幼虫可撒施毒饵或毒草诱杀。一、二龄幼虫期是药剂防治的关键时期。常用药剂和使用方法主要有以下几种。

（1）喷雾。幼虫三龄前用48%毒死蜱乳油1 500倍液、50%辛硫磷乳油1 000倍液或2.5%溴氰菊酯乳油3 000倍液进行地面喷洒，或用90%敌百虫原药800～1 000倍液、80%敌敌畏乳油1 000～1 500倍液在作物幼苗（高粱禁用）或杂草上喷雾。

（2）毒土、毒沙。用75%辛硫磷乳油、50%敌敌畏乳油、20%氰戊菊酯乳油等分别以1∶300、1∶1 000、1∶2 000的比例，拌成毒土或毒沙300～375kg/hm²，顺垄撒施于作物幼苗根际周围。对低龄幼虫和高龄幼虫均有效。

（3）毒饵或毒草诱杀。将谷子、麦麸、豆饼或谷糠炒香，用90%敌百虫原药，按饵料重的1%药量和10%水稀释后拌入制成毒饵，于傍晚顺垄撒于地面，每公顷用60～75kg。也可将药剂稀释10倍，喷拌在切碎的鲜草或小白菜上制成毒草，于傍晚成小堆撒放在田间，用量225～300kg/hm²。

5. 生物防治　地老虎的天敌种类很多，应加以保护利用。

二、蛴螬防治

（一）发生规律

1. 华北大黑鳃金龟　在华北、东北地区2年发生1代，黄河以南1～2年发生1代。均以成虫或幼虫在土中20～40cm深处越冬。当4月10cm土温在15℃左右越冬成虫开始出土，出土高峰期为5月上中旬。成虫产卵盛期为5月下旬和6月上中旬，卵多散产于10～15cm的卵室内，孵化盛期为6月中下旬，幼虫危害盛期在7月下旬至10月中旬，10月底三龄幼虫开始向土层深处移动，进入越冬。翌年4月上旬气温达14℃左右时，越冬幼虫上升危害麦苗和春播作物，6月下旬开始化蛹，7月中旬成虫羽化，至10月上旬结束。当年羽化的成虫仍在蛹室内潜伏越冬。成虫于傍晚出土活动，20～21时活动最盛，趋光性和飞翔力弱，活动范围一般不出虫源地，因此，虫量分布相对集中，常在局部地区形成连年危害的老虫窝。成虫有假死性，喜食杨树、豆类等叶片。幼虫具自残性，主要危害小麦、玉米、花生、大豆、甘薯等，也可危害林、果树木的根部。

此虫危害有“大小年”之分，即以幼虫越冬为主的年份，翌年春季麦田和春播作物受害重，以成虫越冬为主的年份，翌年春季成虫发生多，幼虫少，危害轻，但经成虫产卵繁殖后，幼虫危害夏秋作物重。

生态环境中，土地利用率低，田埂、地头非耕地面积占的比例大，缩根性和多年生的杂草较多，林木稀少的地区发生较重。气候条件中，降水量是影响其发生的关键因素，5月上中旬干旱无雨，发生危害重，1次降水量10mm左右，为中等或中等偏重发生，若1次降水超过30mm，则为中等或中等偏轻发生。

2. 暗黑鳃金龟 在东北2年发生1代，其余地区1年发生1代，多以三龄幼虫在20cm左右的土层中越冬，少数以成虫越冬。越冬幼虫一般春季不危害，翌年4月底至5月为化蛹始期，5月中下旬为化蛹盛期，5月下旬或6月初始见成虫，6月中旬至7月份盛发，7月中下旬至8月上旬为产卵期，7月中旬至9月为幼虫危害期，8月中下旬是危害盛期，主要危害花生、大豆、甘薯和秋播麦苗。9月中旬前后，老熟幼虫开始下移越冬。以成虫越冬的，翌年4月下旬以后出土，5月下旬灯下始见。

成虫黄昏时出土，有隔日出土的习性。成虫趋光性强，有假死和群集习性。20～21时活动最盛。成虫的活动高峰也是交尾盛期。雌虫交尾后5～7d产卵。卵多产在土下3～17cm处。卵经8～10天孵化为幼虫。成虫喜食榆、杨、槐、柳、桑、梨、苹果等乔木树叶，偶尔也取食玉米和大豆叶。幼虫有自相残杀的习性。

长期旱作有利于虫量积累及危害。7月中下旬降水量少于100mm，土壤水分适宜，蛴螬发生严重；超过100mm，土壤含水量增加，幼虫死亡率高，则发生危害就轻。林木果树混交地区，成虫食料丰富，有利于暗黑鳃金龟的发生。蛴螬的天敌有卵孢白僵菌、乳状芽孢杆菌、线虫；外寄生土蜂有大斑土蜂和臀钩土蜂等；寄生性的有金龟长喙寄蝇。此外，还有病毒、立克次氏体等。天敌对其发生有一定的影响。

3. 铜绿丽金龟 1年发生1代，以三龄幼虫在土中越冬。在江苏、安徽等地，越冬幼虫3月下旬至4月上旬上升活动危害，5月开始化蛹，6～7月为成虫出土危害期，6月中旬盛发，7月中旬逐渐减少，8月上旬终见。产卵期为6月中旬至8月中旬，产卵盛期为6月下旬至7月上旬，幼虫盛孵期为7月上中旬，8月下旬大部分幼虫达三龄，10月下旬后开始向土壤深层迁移越冬。成虫白天隐伏于灌木丛、草皮中或表土中，傍晚飞出，交尾产卵、取食危害。5～6月降水量充沛，成虫出土较早，盛发期提前。成虫有假死性，飞翔力和趋光性强。卵散产，多产于5～6cm深土壤中。一、二龄幼虫多出现在7、8月，食量较小，9月后大部分变为三龄，食量猛增，越冬后又继续危害到5月，形成春、秋两季危害高峰。幼虫一般在清晨和黄昏由深处爬到表层，咬食苗木近地面的基部、主根和侧根。

铜绿丽金龟成虫产卵和幼虫对土壤湿度要求较高，幼虫孵化的适宜温度为25℃，土壤含水量为8%～15%；适宜幼虫活动危害的10cm土温为23.3℃，土壤含水量为15%～20%。在淮北地区，以果林和水稻混种地区发生的数量较多。

（二）防治方法

当虫口密度达到防治指标：每平方米3～5头，作物受害率达10%～15%时，及时开展药剂防治。未达指标时加强管理，采用诱杀、生物防治等控制危害。

1. 防治成虫 在成虫发生盛期，设置频振式杀虫灯诱杀成虫。人工振落捕杀成虫，或用90%敌百虫原药或80%敌敌畏乳油1 000倍液，20%甲氰菊酯乳油或50%杀螟硫磷乳油或50%辛硫磷乳油1 500倍液任一种，于18时后树冠喷雾。

2. 防治幼虫

（1）播种前可用3%氯唑磷颗粒剂45.0～75.5kg/hm^2 或5%辛硫磷颗粒剂30kg/hm^2 拌细土300～750kg，均匀撒于地面，随即耕翻耙耘。

（2）育苗时用50%辛硫磷乳油拌种，按1份药加50份水稀释，然后与500份种子混匀，闷3～4h，待种子干燥后播种；苗木生长期发现蛴螬危害，可用25%辛硫磷乳油或90%敌百虫原药1 000倍液灌根。

（3）加强管理，不使用未腐熟的有机肥。中耕除草，冬季翻耕灌水，或于5月上中旬作物生长期间适时浇灌大水，均可减轻危害。

此外，还应保护利用天敌，如各种鸟类、刺猬、青蛙、蟾蜍、步甲及寄生蜂、寄生蝇和乳状芽孢杆菌等。

三、蝼蛄防治

（一）发生规律

1. 东方蝼蛄 在华北以南地区1年发生1代，在东北则需2年完成1代。以成虫或中、老龄若虫在地下越冬。翌年3～4月移至地表活动取食。5月是危害盛期。越冬若虫5～6月羽化为成虫，5月下旬至7月交尾产卵。越冬成虫4～5月产卵。喜欢潮湿，多集中在沿河两岸、池塘和沟渠附近产卵。产卵前先在腐殖质较多或未腐熟的厩肥土下5～20cm处筑土室产卵，每室产卵25～40粒。1头雌虫可产卵60～80粒。卵期约15d。若虫8龄或9龄。初龄若虫群集于卵室，稍大后分散取食，约经4个月羽化为成虫。秋季天气变冷后即以成虫及老龄若虫潜至60～120cm土壤深处越冬。

2. 华北蝼蛄 约3年发生1代。以成虫和八龄以上的各龄若虫在土中越冬，有时深达150cm。来年3～4月，开始上升危害。越冬成虫于6～7月交配。卵期20～25d。初孵若虫最初较集中，以后分散活动，至秋季达八、九龄时即入土越冬。翌年春季，越冬若虫上升危害，到秋季达十二、十三龄时，又入土越冬。第三年春再上升危害，到8月上中旬开始羽化为成虫，入秋即以成虫越冬。

蝼蛄昼伏夜出，以21～23时为活动取食高峰。具强趋光性和趋化性。利用黑光灯在无月光、无风、闷热的夜晚，可诱到大量的东方蝼蛄，而且雌性多于雄性。华北蝼蛄因虫体笨重，飞翔力弱，常落于灯下周围地面。

两种蝼蛄对具有香、甜味的物质都具有趋性，嗜食煮至半熟的谷子、棉籽、炒香的豆饼、麦麸等，对马粪、有机肥等未腐熟的有机物也有一定的趋性。喜欢湿润的土壤，盐碱地虫口密度大，壤土次之，黏土最少。

（二）防治方法

蝼蛄防治指标为每平方米0.5头，作物被害率在10%左右。

1. 农业防治 有条件的地区，可实行水旱轮作。加强田间管理，结合中耕，挖虫灭卵。施用腐熟有机肥料。

2. 灯光诱杀 利用该虫的趋光性，在成虫盛发期，选晴朗、无风、闷热的夜晚，利用频振式杀虫灯或20W黑光灯诱杀成虫。

3. 毒饵诱杀 利用其趋化性，在成虫盛发期，选晴朗、无风、闷热的夜晚，用炒香的米糠或花生麸30份，加1份敌百虫，洒上清水搓匀，做成黄豆大的毒饵撒在地上。

4. 药剂拌种 用50%辛硫磷乳油100倍液拌种，保苗效果长达20d。

5. 药剂灌洞 用80%敌敌畏乳油30倍液灌洞，可杀洞中幼虫。

6. 土壤处理 发生重的地区，可结合播种，用3%氯唑磷颗粒剂或5%辛硫磷颗粒剂拌干细土，混匀后撒于苗床上、播种沟或移栽穴内，然后覆土，可兼治多种地下害虫。

四、金针虫防治

（一）发生规律

沟金针虫在北京地区3年以上完成1代，河南2年以上完成1代。以成虫及幼虫在土中越冬。在北京地区，4月上旬当10cm深土温达6℃左右时成虫即上升活动，当10cm深土温达10～20℃时危害种子幼苗，15.1～16.6℃时危害最严重。雄成虫善飞，有趋光性。雌成虫无飞翔能力，卵产于土中，以3～7cm深处居多，产卵近百粒，到第三年8月，老熟幼虫在土中13～20cm做土室化蛹，成虫羽化后即在原处越冬。

细胸金针虫在东北约需要3年完成一个世代，在内蒙古6月上旬土中有蛹，多在7～10cm深处，6月中下旬羽化成虫，在土中产卵，卵散产。细胸金针虫在旱地几乎不发生，早春土壤解冻即开始活动，10cm深土温达7～12℃时为危害盛期。

（二）防治方法

当虫口密度达每平方米5头时，用药防治。播种或移植前，用氯唑磷颗粒剂或辛硫磷颗粒剂拌细土，均匀撒于地面，深耙20cm。用种子质量1%的25%辛硫磷微胶囊缓释剂拌种。发生较重时还可用50%辛硫磷乳油1 000～1 500倍液等灌根。其他防治方法参考蛴螬类害虫防治。

1. 调查了解当地主要地下害虫的发生危害情况、主要防治措施和成功经验，撰写调查报告1份。

2. 根据当地地下害虫发生危害的特点，拟订主要地下害虫的综合防治方案。

3. 参与或组织地下害虫防治工作。可根据地下害虫发生的情况选择以下防治措施，并进行操作。

（1）种子处理。用辛硫磷拌种防多种地下害虫。

（2）毒饵诱杀。将敌百虫拌入炒香的米糠、谷子或麦麸等制成毒饵撒于田间诱杀，或用糖醋液诱杀地老虎成虫，用鲜草堆诱杀地老虎幼虫，用榆、杨、柳枝浸农药诱杀金龟子成虫。

（3）土壤处理。结合播前整地，用氯唑磷、辛硫磷颗粒剂等拌细土全田撒施或沟施。

（4）田间喷药。在地老虎幼虫三龄前用毒死蜱等对被害作物进行叶面喷雾，在金龟甲成虫发生盛期，用甲氰菊酯等喷到有成虫危害的树冠上。

思考题

1. 影响地下害虫发生的主要因素有哪些？如何进行地下害虫的综合防治？

2. 简述小地老虎的发生危害特点，并提出防治措施。

3. 翻耕、灌水、水旱轮作等耕作栽培措施对地下害虫的发生有什么影响？如何运用这些措施来减轻地下害虫的危害？

4. 分析当地某一种地下害虫近年发生重（或轻）的原因。

拓展知识

地下害虫综合防治技术

地下害虫是国内外公认的较难防治的一类害虫。地下害虫的防治应贯彻“预防为主，综合防治”的植保方针。根据虫情，因地、因时制宜，将各项措施协调运用，做到地下害虫地上治，成虫、幼虫结合治，田内田外选择治，将地下害虫的危害控制在经济允许水平以下。

（一）农业防治

1. 搞好农田基本建设　平整土地，深翻改土，消灭沟坎荒坡，植树种草，消灭地下害虫的滋生地，创造不利于地下害虫发生的环境。

2. 合理轮作倒茬　地下害虫最喜食禾谷类和块茎、块根类大田作物，不喜取食棉花、芝麻、油菜、麻类等直根系作物。因此，合理轮作可以明显地减轻地下害虫的危害。

3. 深耕勤耙，中耕除草　春、秋播前翻耕土壤，通过机械杀伤、暴晒、鸟雀啄食等，一般可消灭50%～70%蛴螬、金针虫；蝼蛄产卵盛期可人工挖窝毁卵，效果显著。

4. 合理施肥，不施未腐熟的有机肥　猪粪厩肥等农家有机肥料腐熟后方可施用，否则易招引金龟甲、蝼蛄等产卵；化学肥料深施既能提高肥效，又因腐蚀、熏蒸作用而起到一定的杀伤地下害虫作用。

5. 适时灌水　春季和夏季作物生长期间适时灌水，迫使上升土表的地下害虫下潜或死亡，可以减轻危害。

6. 堆草诱杀　田间堆小草堆每公顷300～750个，诱集细胸金针虫成虫和油葫芦成、若虫，早晨进行捕杀。

7. 人工捕捉　金龟甲晚上取食树叶时，振动树干，将假死坠地的成虫拣拾杀死。对蛴螬等也可采取犁后拾虫的方法消灭。

（二）物理防治

蝼蛄、多种金龟甲、沟金针虫雄虫等具有较强的趋光性，可利用黑光灯进行诱杀，频振式杀虫灯诱虫效果比传统的黑光灯更显著。

（三）生物防治

保护利用天敌，如各种益鸟、刺猬、青蛙、蟾蜍、步甲及寄生蜂、寄生蝇和乳状杆菌等。用性诱剂等诱杀地老虎成虫，用蛴螬乳状杆菌防治大黑鳃金龟。

（四）化学防治

1. 种子处理 种子处理方法简便，用药量低，对环境安全，是保护种子和幼苗免遭地下害虫危害的理想方法。育苗时用25%辛硫磷乳油拌种或25%辛硫磷微胶囊缓释剂拌种。

2. 土壤处理 结合播前整地，用药剂处理土壤。常用方法有：①将药剂拌成毒土，均匀撒施或喷施于地面，然后浅锄或犁入土中；②撒施颗粒剂；③将药剂与肥料混合施入，即使用肥料农药复合剂；④沟施或穴施等。常在播种或移植前，用3%氯唑磷颗粒剂或5%辛硫磷颗粒剂拌细土，撒于地面，深耙20cm。苗期用90%敌百虫原药1 000倍液或50%辛硫磷乳油1 000～1 500倍液灌根，每株50～100mL。用48%毒死蜱乳油6 000～7 500mL/hm^{2}土壤处理或随水流大水漫灌，或2 250～3 000mL/hm^{2}对水顺根定向浇灌，对蒜蛆、葱蛆等效果好。

3. 毒饵诱杀 毒饵可诱杀多种地下害虫。如将敌百虫拌入炒香的米糠、谷子、麦麸等制成毒饵撒入田间可诱杀地老虎、蝼蛄，用榆、杨、柳枝浸农药可诱杀金龟子成虫等。

4. 喷雾防治 地老虎三龄前可用毒死蜱、辛硫磷、溴氰菊酯等地面喷洒或用敌百虫、敌敌畏在作物幼苗或杂草上喷雾进行防治。金龟甲成虫发生盛期，可用敌百虫、敌敌畏、甲氰菊酯等喷到其成虫危害的树冠上。

根据学生对主要地下害虫发生原因分析和发生规律掌握的程度、所制订综合防治方案的科学性和可行性、现场防治操作的表现、调查报告的质量及学习态度等几方面（表3-9-1）进行考核评价。

表3-9-1　地下害虫综合防治考核评价

序号	考核内容	考核标准	考核方式	分值
1	主要地下害虫发生原因分析	对主要地下害虫发生规律了解清楚，在当地的发生原因分析合理、论据充分	闭卷笔试、答问考核	20
2	综合防治方案的制订	能根据当地主要地下害虫发生规律制订综合防治方案，防治方案制订科学，应急措施可行性强	个人表述、小组讨论和教师对方案评分相结合	20
3	防治措施的组织和实施	能按照实训要求做好各项防治措施的组织和实施，操作规范、熟练，防治效果好	现场操作考核	20
4	调查报告	格式规范，内容真实，文字精练，体会深刻，对当地地下害虫防治具有指导意义	评阅考核	30
5	学习态度	遵守纪律，服从安排，配合老师积极主动联系实训现场，积极思考，能综合应用所掌握的基本知识和技能，分析问题和解决问题	学生自评、小组互评和教师评价相结合	10

子项目十　农田杂草化学防除

【学习目标】 了解农田杂草的防除方法；掌握水稻田，小麦、玉米、棉花、油菜、大豆等旱田及蔬菜田和果园杂草的化学防除技术。

任务1　水稻田杂草化学防除

【场地及材料】 稻田杂草发生较重的田块，根据防治操作内容需要选定的除草剂及器械、材料等。

【内容及操作步骤】 我国稻区分布广，由于各稻区气候、土壤条件、耕作制度及栽培方式等不同，杂草发生情况也有很大差异。全国稻田杂草有200多种，其中发生普遍、危害严重的主要杂草约有40种，如稗草、鸭舌草、牛毛毡、水莎草、矮慈姑、节节菜、双穗雀稗、空心莲子草、异型莎草、眼子菜、扁秆藨草、萤蔺、千金子、鳢肠、四叶萍、陌上菜等。

一、移栽田杂草化学防除

1. 水稻秧田杂草化学防除　水稻秧田化学除草以防除稗草，特别是夹棵稗为主，兼除其他杂草。育秧田杂草防除的要点是：在播种前后或秧苗小时用药，对除草剂的选择要求严格；秧田应平整、精细；提倡除草剂混用，以扩大杀草谱、提高安全性。水稻育秧主要包括旱育秧、湿润育秧和工厂化育秧3种模式，其中工厂化育秧一般为高温处理后基质盘育秧，少有杂草。

（1）旱育秧田。每公顷可用：40%噁草·丁草胺（噁草酮·丁草胺）乳油1 650～1 875mL，在苗床浇足水、落谷、盖土（不露籽）后喷药，然后盖膜；60%丁草胺乳油1 245～2 130mL，播后3d施药，保持田面湿润，勿淹水，以上两种配方均对水450kg喷施。

（2）湿润育秧田。防除稗草等禾本科杂草，可掌握在秧苗1叶1心至2叶期每公顷用50%禾草丹乳油4 000～6 000mL，拌细土750～1 500kg撒施，且要保水用药，但水勿淹过秧苗心叶；秧苗2～3叶期每公顷用50%二氯喹啉酸可湿性粉剂450～750g，对水450～600kg，排干水层后喷雾，药后1～2d上水。

防除阔叶杂草和莎草，可掌握在秧苗1叶1心至3叶期前每公顷用30%苄嘧磺隆可湿性粉剂150～200g对水450～600kg喷雾，保水用药，但水勿淹过秧苗心叶。在秧苗4叶期后每公顷可用48%灭草松水剂1 500～3 000mL或13% 2甲4氯水剂3 465～6 930mL，均对水450～600kg喷雾，用药前先排干秧田水，药后1d再保水。

防除稗草等禾本科杂草，同时对莎草和阔叶杂草也有效，可选择在秧苗1叶1心至3叶期前，每公顷用12%噁草酮乳油750～1 350mL，对水15kg甩施，要求用药前先排水，药后1d再保水。

2. 水稻机插秧稻田杂草化学防除　在上水整地平田时，用丙草胺与苄嘧磺隆或吡嘧磺隆的复配剂，对水均匀喷施，自然落干后栽插，或在栽插后3～5d，用丙草胺、异隆·丙草胺·氯吡嘧磺隆等药剂，拌细湿土均匀撒施封闭；水稻移栽后20d左右，根据田间草情选择茎叶处理药剂，防禾本科杂草可选用五氟磺草胺、噁唑酰草胺、氰氟草酯等，防阔叶类杂草可选用灭草松、2甲4氯等。

3. 人工移栽大田杂草化学防除 在水稻栽后5～7d，用乙·苄（乙草胺·苄嘧磺隆）、异丙·苄（异丙草胺·苄嘧磺隆）、丁·苄（丁草胺·苄嘧磺隆）等，拌潮细土或拌肥料撒施，施药时田间保持水层3～5cm，药后保水3～5d。水稻移栽后25d左右，根据田间草情选择茎叶处理药剂，防禾本科杂草可选用五氟磺草胺、噁唑酰草胺、氰氟草酯等，防阔叶类杂草可选用灭草松、2甲4氯等。

4. 水稻抛栽田杂草化学防除 以稗草、莎草为主的抛秧田，可选用60%丁草胺乳油1 245～2 130mL/hm^2（或5%丁草胺颗粒剂15～22.5kg/hm^2），于水稻立苗后拌200～300kg湿细土撒施。以阔叶杂草为主的抛栽田，可用10%苄嘧磺隆可湿性粉剂225～300g/hm^{2}于抛后7～10d拌200～300kg湿细土撒施。以稗草、莎草及阔叶杂草混生的抛栽田，可用30%丁·苄可湿性粉剂1 800～2 400g/hm^{2}于水稻立苗后拌200～300kg湿细土撒施；或36%二氯·苄可湿性粉剂675～750g/hm^{2}于抛后7～10d拌200～300kg湿细土撒施。

二、直播稻田杂草化学防除

1. 水直播稻田化学除草 水直播稻田杂草发生主高峰期通常为播后7～25d，长达20d左右。在防治上可采取"一封（如选用噁草酮、丁草胺、苄嘧磺隆、吡嘧磺隆等除草剂，于播前或播后苗前进行土壤表面封闭灭草）一杀"（在幼苗期使用禾草丹、二氯喹啉酸、苄嘧磺隆、吡嘧磺隆等进行茎叶处理）的对策，也可将"一封一杀"合二为一，一次性除草，此后，根据田间草情，选用二氯喹啉酸、灭草松、2甲4氯、麦草畏和五氟磺草胺等进行补杀，以防除残余杂草和阔叶杂草。在药剂选用上要力求广谱、高效、长效、安全。常选配方为：第一次用药在催芽稻种播后4～5d，用30%丙草胺乳油1 500～1 800mL/hm^{2}加10%苄嘧磺隆可湿性粉剂或10%吡嘧磺隆可湿性粉剂225～300g/hm^2，对水450～600kg喷雾。第二次用药在播种后20d左右（秧苗3叶1心期），用53%苄嘧·苯噻酰可湿性粉剂750～900g/hm^2，拌肥料或毒土进行撒施。注意药后保水5～7d。

前期防除效果不理想的田块，可在中期进行补除。如对稗草等草龄较大的田块，可以排干田水，用2.5%五氟磺草胺油悬浮剂900～1 200mL/hm^2，或50%二氯喹啉酸可湿性粉剂375～600g/hm^2，或10%氰氟草酯乳油750～900mL/hm^2，对水450～600kg均匀喷雾；喷药后1d重新上水，并保持5d以上的浅水层。氰氟草酯对千金子也有很好的防效。以鸭舌草、矮慈姑等阔叶杂草为主的田块，可用10%吡嘧磺隆可湿性粉剂225～300g/hm^2，或13% 2甲4氯水剂3 465～6 930mL，对水600kg喷雾。药后保持5d左右的浅水层。

2. 旱直播稻田化学除草 旱播水管田和旱稻田杂草的防治对策基本上与水播稻田相同，只是在用药品种和方法上应适应旱田的特点。如播后苗前可用噁草酮加丁草胺做土壤处理，但苗后则不宜使用，否则效果较差。在播种并窨水落干后，用47%异丙隆·丙草胺·氯吡嘧磺隆可湿性粉剂1 200～1 800g/hm^{2}或20%苄嘧·二甲戊可湿性粉剂600～900g/hm^{2}等，对水均匀喷雾，进行土壤封闭；播种20d后，根据田间草情，防除禾本科杂草可选用五氟磺草胺、噁唑酰草胺、氰氟草酯或二氯喹啉酸等，防阔叶类杂草可选用灭草松、2甲4氯等。

在旱田进行化学除草尤其要注意施药质量，进行土壤封闭时应选用喷雾法。为提高除草效果必须把地整平整细，喷药时加大喷液量。

任务2　旱地杂草化学防除

【场地及材料】杂草发生较重的小麦、玉米、棉花、油菜、大豆田块，根据防治操作内容需要选定的除草剂及器械、材料等。

【内容及操作步骤】

一、麦田杂草化学防除

我国麦田常见杂草有野燕麦、看麦娘、日本看麦娘、多花黑麦草、牛繁缕、猪殃殃、播娘蒿、荠菜、泽漆、麦家公、刺儿菜、藜、硬草、卷耳、大巢菜、棒头草、菵草、卷茎蓼等。在冬麦区，通常可以分为冬前小麦播种后20～30d和翌年3月小麦返青期至拔节期前两个出草高峰；在春麦区，常仅有4月的一个出草高峰。

小麦田化学除草采用土壤封闭与茎叶处理相结合的封杀技术，优先选择土壤封闭除草技术，提高抗性杂草的防除效果，减轻后期除草压力，减少除草剂使用量。在小麦播种后至幼苗期，使用异丙隆、吡氟酰草胺、乙草胺及其复配剂等土壤封闭除草剂，将杂草消灭在萌芽状态，喷施土壤封闭除草剂时用水量要适当加大，以450～600kg/hm^{2}为宜；在小麦生长早期根据田间残留杂草种类选择精噁唑禾草灵、唑啉草酯·炔草酸、氟唑磺隆、氯氟吡氧乙酸、2甲4氯、唑草·苯磺隆（唑草酮·苯磺隆）、双氟·唑草酮（双氟磺草胺·唑草酮）、双氟·氯氟吡（双氟磺草胺·氯氟吡氧乙酸）、环吡·异隆（环吡异喹酮·异丙隆）、氟吡·双唑酮（氯氟吡氧乙酸异辛酯·双唑草酮）等除草剂进行茎叶喷雾，喷施茎叶处理除草剂时用水量要适中，水量太大易造成流失，水量太小易导致喷雾不匀，以300～450kg/hm^{2}为宜。适期使用具有封杀双重作用的除草剂进行“封杀”除草，如氟噻·吡酰·呋（呋草酮·氟噻草胺·吡氟酰草胺）、吡酰·异丙隆（吡氟酰草胺·异丙隆）、二磺·甲碘隆（甲基二磺隆·甲基碘磺隆钠盐）、甲基二磺隆、啶磺草胺等。

1. 播后苗前土壤处理　麦田播后苗前土壤处理主要是防除禾本科杂草，阔叶类杂草的防除则以苗后为主。由于小麦播种较浅，此期用药前务必覆盖好种子层，以免用药时伤害种子；土壤墒情是药效能否充分发挥的关键，因此土地要整平、整细，保持适宜的土壤湿度；喷雾要均匀、周到。可选用50%异丙隆可湿性粉剂2 250～3 000g/hm^2、40%扑·乙（扑草净·乙草胺）可湿性粉剂1 800～2 250g/hm^{2}进行土壤处理。

2. 苗后茎叶处理　在麦田苗后茎叶处理中，冬前用药不宜太迟，春后用药不宜太早，以免低温引起小麦药害。

（1）防除阔叶杂草。以猪殃殃、荠菜等阔叶杂草为主的小麦田，在冬前或早春可用200g/L氯氟吡氧乙酸异辛酯水乳剂525～729mL/hm^{2}对水喷雾；或选用36%唑草酮·苯磺隆可湿性粉剂75～120g/hm^2，对水均匀喷雾，对大巢菜、繁缕发生严重的田，可将其与2甲4氯混配使用，但该药剂不宜与剂型为乳油的除草剂混配使用。

（2）防除禾本科杂草。以看麦娘、日本看麦娘、硬草、菵草等禾本科杂草为主的小麦田，可选用5%唑啉草酯·炔草酸乳油，冬前用900～1 500mL/hm^{2}对水600kg，于杂草齐苗后均匀喷雾，或早春用 600～1 200mL/hm² 对水 600kg 均匀喷雾，其对大龄草效果较好；或选用 15％炔草酯可湿性粉剂，冬前用 250～300g/hm²，春季用 300～500g/hm²，对水 600kg，于杂草齐苗后均匀喷雾；或选用 6.9％精噁唑禾草灵水乳剂 600～750mL/hm²，于冬前杂草齐苗后，对水进行均匀喷雾。在杂草 3～4 叶期用 40％野燕枯乳油 3 000～3 750mL/hm² 防除野燕麦效果较好。但应注意，野燕枯最好在气温高于 20℃、相对湿度 70％以上时使用。

二、玉米田杂草化学防除

玉米田主要杂草有马唐、牛筋草、稗草、狗尾草、反枝苋、马齿苋、藜、蓼、苘麻、田旋花、苍耳、铁苋菜、苣荬菜和鳢肠等。玉米苗期受杂草危害严重，中后期的杂草对玉米生长影响不大。玉米田化学除草应以播后苗前土壤处理为主，苗后茎叶处理为辅。

1. 播后苗前土壤处理 播后苗前是玉米田重要的除草时期，此期间用药在除草剂品种的选择，对玉米安全性、施药时期的确定以及操作方法等方面均较为有利。

播后苗前土壤处理的要点是：喷雾要均匀周到，不重喷、不漏喷；一般采用常量喷雾，喷液量以 600～900kg/hm² 为宜，干旱年份可适当加大喷液量，以利于药土层的形成；沙质土或有机质含量低的土壤应选择低用量，黏土、有机质含量高的可选择高用量；多种杂草混生田，应尽量选用混剂；施药适期以播种后 1～2d 为宜。

（1）防除禾本科杂草为主。下列除草剂除防除禾本科杂草外，还可兼治部分小粒种子的阔叶杂草：48％甲草胺乳油在东北地区用量为 2.10～3.75L/hm²，其他地区 1.50～2.10L/hm²；50％乙草胺乳油在东北地区用量为 2.02～2.70L/hm²，其他地区用量为 1.50～2.25L/hm²；72％异丙甲草胺乳油东北地区用量为 2.25～3.00L/hm²，夏玉米田用量为 1.35～2.70L/hm²；33％二甲戊灵乳油春玉米田用量为 3.75～4.50L/hm²，夏玉米田用量为 2.25～3.00L/hm²。

（2）防除禾本科杂草与阔叶杂草。防除禾本科杂草与阔叶杂草可用 38％莠去津悬浮剂，其用量与土壤质地和有机质含量密切相关。当土壤有机质含量＜3％时，其在沙质土、壤土、黏土地的用量分别为 3.2、3.8、6.0kg/hm²；当有机质含量在 3％～5％时，其在沙质土、壤土、黏土的用量分别为 3.8、6.0、7.5kg/hm²。莠去津在土壤中的残留时间长，对下茬作物不安全，一般在夏玉米种植区，38％莠去津悬浮剂的使用量不能高于 3.0kg/hm²。或用 40％氰草津悬浮剂 3.75～4.50kg/hm² 也有较好的防治效果。

（3）除草剂的混用。玉米田杂草种类很多，且常常是禾本科杂草与阔叶杂草混生。因此，除草剂混用是铲除玉米田杂草的有效手段。可选用的已商品化的混剂或混配组合有：40％乙·莠合剂（乙草胺·莠去津）、40％乙·氰合剂（乙草胺·氰草津）、50％异丙草·莠合剂（异丙草胺·莠去津）、42％甲戊·莠去津合剂（二甲戊灵·莠去津）等。

2. 苗后茎叶处理

（1）防除阔叶杂草。可选用的除草剂有 48％麦草畏水剂 0.39～0.58L/hm²，在玉米3～4 叶期、杂草 4 叶前用药；25％溴苯腈乳油 1.5～2.25L/hm²，在玉米 3～6 叶期、杂草 3～4 叶期用药。

（2）防除阔叶杂草和禾本科杂草。可选用的除草剂有 4％烟嘧磺隆悬浮剂 1.0～1.5L/hm²，在玉米 4～6 叶期、杂草 2～4 叶期用药；38％莠去津悬浮剂 4.74～5.92kg/hm²，在玉米

3～5 叶期、禾本科杂草 2～3 叶期用药；30%氰津·莠（莠去津·氰草津）悬浮剂4.5～6.0kg/hm^2，在玉米 3～4 叶期、杂草 3～4 叶期用药；48%莠去津悬浮剂＋4%烟嘧磺隆悬浮剂（1.5∶1.0 混合），在玉米3～5 叶期、杂草 3～4 叶期用药。

三、棉田杂草化学防除

在长江流域棉区，主要杂草有马唐、千金子、牛筋草、稗草、鳢肠、铁苋菜、香附子、马齿苋、刺儿菜、碎米莎草、田旋花、青葙、野苋菜、波斯婆婆纳、反枝苋、双穗雀稗、苘麻、藜和空心莲子草等。杂草发生有 3 个高峰期，第一个高峰期在 5 月中旬，第二个高峰在 6 月中下旬，第三个高峰期在 7 月下旬至 8 月初。

在黄淮海棉区，主要杂草有马唐、牛筋草、狗尾草、稗草、马齿苋、反枝苋、铁苋菜、龙葵、香附子、田旋花和藜等。在该棉区，杂草有两个发生高峰，第一个在 5 月中下旬，第二个在 7 月。

在西北棉区，主要杂草有马唐、稗草、狗尾草、田旋花、灰绿藜、苘麻、野西瓜苗和芦苇。杂草有两个发生高峰，第一个在棉花播种后到 5 月下旬，第二个在 7 月上旬至 8 月上旬。

1. 直播棉田杂草的化学防除　一般在 6 月中旬至 7 月初，雨水多、气温高，杂草大量出土，常常形成草荒，影响棉花的生长和产量。若以禾本科杂草为主，可以一次使用残效期较长的除草剂；若杂草种类多，群落结构复杂，就必须考虑二次施药控制杂草，即将播前或播后苗前土壤处理和苗后茎叶处理相结合。

（1）以禾本科杂草为主的棉田。

①土壤处理：在棉花播种前先整地，然后用 480g/L 氟乐灵乳油 3 000～4 500mL/hm^2，加水 375～450L，进行喷雾，施药后 8h 内必须耙地混土。在棉花播种后出苗前，用 330g/L 二甲戊灵乳油 3 000～4 500mL/hm^2、480g/L 甲草胺乳油 3 750～4 500mL/hm^2（华北）或 3 000～3 750mL/hm^2（长江流域）喷雾施用。

②茎叶处理：在棉田 4 叶期后和禾本科杂草 2～4 叶期，用 12.5%烯禾啶乳油 990～1 500mL/hm^2加水 375～400L，均匀喷雾；在棉花 4 叶期后或禾本科杂草 5 叶前，用 150g/L 精吡氟禾草灵乳油 500～1 000mL/hm^2、50g/L 精喹禾灵乳油 750～1 200mL/hm^2，加水 375～400L，均匀喷雾；在禾本科杂草 5～6 叶期，用 69g/L 精噁唑禾草灵水乳剂 750～900mL/hm^2、108g/L 高效氟吡甲禾灵乳油 375～450mL/hm^2，加水 300～450L，均匀喷雾。施药时若天气干旱，土壤墒情较差，用药量要加大。

（2）禾本科与阔叶类草混生的棉田。

①土壤处理：选用 33%二甲戊灵乳油 2 250～3 000g/hm^2、50%敌草隆可湿性粉剂 1 500～2 250g/hm^2、35%甲戊·扑草净乳油 3 000～3 750g/hm^2、34%丙炔氟草胺·二甲戊灵乳油 2 250～3 000g/hm^2，加水 450～750L，平整耕地后均匀喷雾，并立即混土（混土深度≤3cm），最后播种覆膜。

②茎叶处理：草甘膦是一种灭生性除草剂，可进行定向喷雾，防除雨季出土的棉田中期杂草，特别是双子叶和莎草科杂草。施药时期应掌握在棉花现蕾期，棉花株高 30cm 以上。阔叶杂草 4 叶以上，可用 30%草甘膦异丙胺盐水剂 2 745～5 490mL/hm^2，加水 600～750L 行间定向喷雾。喷雾时可在喷头上加一防护罩，切忌药液触及幼蕾或叶片，以免

引起药害。

2. 营养钵棉花苗床杂草的化学防除 营养钵苗床杂草具有发生早、出苗齐、数量多的特点，一般在棉花播种后15d左右形成出草高峰，用除草剂防除可收到较理想的效果。

（1）土壤处理。每$10m^2$用20%敌草胺乳油2.25～3.00mL，加水375～400mL，在棉花播种覆土后盖膜前进行土表均匀喷雾。

（2）茎叶处理。每$10m^2$可选用15%精吡氟禾草灵乳油2.25～3.00mL，或10.8%高效氟吡甲禾灵乳油1.50～2.25mL、20%烯禾啶可湿性粉剂1mL，加水175～200mL，在棉花揭膜炼苗时，进行茎叶喷雾。营养钵苗床使用除草剂后，要加强管理，晴天要及时通风降湿，防止高温下棉苗突遭药害。

四、油菜田杂草化学防除

在稻茬油菜田，发生的主要杂草有看麦娘、日本看麦娘、棒头草、牛繁缕、雀舌草、碎米荠、稻搓菜等；在旱茬油菜田，发生的杂草有猪殃殃、大巢菜、波斯婆婆纳、黏毛卷耳、野燕麦等。冬油菜田的杂草发生高峰主要在冬前，一般于10～11月。由于此时油菜苗较小，草害对油菜的生长影响较大。春季虽还有一个小的出草高峰，但此时油菜已封行，影响较小。春油菜仅占油菜总种植面积的10%，大多分布于西北和东北等地。主要发生的杂草有野燕麦、藜、小藜、薄蒴草、刺儿菜、萹蓄等，杂草发生的高峰期在4月中旬。

1. 茎叶处理 在直播或移栽稻茬以看麦娘等禾本科杂草为主的油菜田，在油菜4～5片叶时，杂草5叶期前，选用50g/L精喹禾灵乳油750～1 200mL /hm^2、108g/L高效氟吡甲禾灵乳油285～420mL/hm^2、150g/L精吡氟禾草灵乳油600～1 005mL/hm^2，对水750L进行茎叶喷雾处理。当田间看麦娘、野燕麦等禾本科杂草与繁缕、猪殃殃等阔叶杂草混生时，可用17.5%精喹·草除灵乳油1 650～2 100mL/hm^2、81%异松·乙草胺乳油1 950～2 250 mL/hm^2；土壤干燥时会降低药效，喷药后2h遇雨不影响除草效果。气温10℃以下时施药，药害较明显，瘦弱苗死亡率高，药效缓慢。

2. 土壤处理 旱地油菜田以阔叶杂草为主，化学防除比较困难，对除草剂的选择性要求较高，既要保证油菜的安全，又要有效地控制阔叶杂草的危害，所以除草剂的选用要慎重。480g/L氟乐灵乳油3 000～4 500mL/hm^2，混土2～5cm，过2～4d后播种或移栽，可防除看麦娘、稗草等禾本科杂草和小粒种子的阔叶杂草；或用50%丁草胺水乳剂1 275～1 500mL/hm^2，对水750L喷到土壤表面，可防除禾本科杂草和部分阔叶杂草。

五、大豆田杂草化学防除

我国大豆田杂草常年发生危害严重的有20多种，如一年生禾本科杂草有稗草、狗尾草、金狗尾草、马唐、千金子、画眉草、牛筋草、野燕麦等；一年生阔叶杂草有苍耳、苋（反枝苋、刺苋、凹头苋）、铁苋菜、龙葵、青葙、风花菜、牵牛花、葎草、鳢肠、田旋花、酸模叶蓼、地锦、猪殃殃、藜、鸭跖草、马齿苋、繁缕、苘麻等；多年生杂草有问荆、苣荬菜、大蓟、刺儿菜、芦苇等。在东北春大豆区，从4～8月经春、夏、秋三季，杂草的发生随季节性变化也表现出明显的变化。在黄淮海流域夏大豆区，杂草发生在6～8月，相对集中为一个出草高峰，以夏秋季杂草为主。

1. 播前土壤处理　采用大豆田混土处理方法，其优点是可防止挥发性强和易光解除草剂的损失，在干旱的年份也可达到较理想的防效，并能防治深层土中一年生大粒种子的阔叶杂草。在东北地区由于气温低也可于上年秋季施药。操作时混土深度要一致，土壤干旱时应适当增加用药量。可选用 480g/L 氟乐灵乳油 1 875～2 625mL/hm^2 对水 675～900L，均匀土壤喷雾，及时耙地混匀，混土深度 5～7cm；也可选用 90%乙草胺加 50%丙炔氟草胺，施后一定要浅混土或培土 2cm。

2. 播后苗前土壤处理

（1）防除禾本科杂草。可选用的除草剂有 89%乙草胺乳油 1 500mL/hm^2、960g/L 精异丙甲草胺乳油 900～1 350mL/hm^2，沙质土壤及夏大豆田可适当降低用量。

（2）防除阔叶杂草。可选用的除草剂有 50%丙炔氟草胺可湿性粉剂 0.12～0.18kg/hm^2。

（3）防除阔叶杂草和禾本科杂草。可选用的除草剂有：50%嗪草酮可湿性粉剂 1.05～1.50kg/hm^2，土壤有机质的含量＜2%的土壤和沙质土不能应用；48%异噁草松乳油 2.25～2.55L/hm^2、5%咪唑乙烟酸水剂 1.5～2.0L/hm^2，后者因对下茬油菜、水稻、甜菜和一些蔬菜等极易产生药害，在夏大豆种植区不宜应用。

3. 苗后茎叶处理

（1）防除禾本科杂草。常用的除草剂有 5%精喹禾灵乳油 750～1 200mL/hm^2、150g/L 精吡氟禾草灵乳油 750～1 005mL/hm^2、108g/L 高效氟吡甲禾灵乳油 450～600mL/hm^2，加水 450～600kg，于杂草 3～5 叶期喷雾。

（2）防除阔叶杂草。常用除草剂有 25%氟磺胺草醚水剂 900～1 500 mL/hm^2、21.4%三氟羧草醚水剂 1 680～2 250mL/hm^2、48%异噁草松乳油 2 250～2 700mL/hm^2，上述药剂均需在大豆 3 片复叶、杂草 2～4 叶期用药。

任务 3　蔬菜田杂草化学防除

【场地及材料】杂草发生重的蔬菜田，根据防治操作内容需要选定的除草剂及器械、材料等。

【内容及操作步骤】蔬菜田常见的杂草有马唐、牛筋草、狗尾草、稗草、画眉草、看麦娘等禾本科杂草和苋、藜、马齿苋、鳢肠、繁缕、牛繁缕、铁苋菜、通泉草、荠菜、风花菜、婆婆纳、焯菜等阔叶类杂草以及香附子、三棱草等莎草科杂草。

一、十字花科蔬菜田化学防除

1. 播前混土处理　常用的除草剂有 480g/L 氟乐灵乳油 3 000～4 500mL/hm^2、330g/L 二甲戊灵乳油 1 875～2 250mL/hm^2、960g/L 精异丙甲草胺乳油 675～825ml/hm^2。播种前 5～7d 用药。

2. 播后苗前土壤处理　常用的除草剂有 330g/L 二甲戊灵乳油 1 875～2 250mL/hm^2、960g/L 精异丙甲草胺乳油 675～825mL/hm^2等。

3. 苗后茎叶处理　常用的除草剂有 50g/L 精喹禾灵乳油 600～900mL/hm^2、69g/L 精噁唑禾草灵水乳剂 750～900mL/hm^2、108g/L 高效氟吡甲禾灵乳油 375～450mL/hm^2等。

二、茄科蔬菜田化学防除

1. 播后苗前或移栽前土壤处理 常用的除草剂有960g/L精异丙甲草胺乳油975～1 275 mL/hm^2（东北地区）或750～975mL/hm^2（其他地区）、48%仲丁灵乳油2 250～3 750 mL/hm^2、75%氯吡嘧磺隆水分散粒剂90～120mL/hm^2、480g/L氟乐灵乳油3 000～4 500 mL/hm^2，药后浅混土。

2. 苗后茎叶处理 常用的除草剂有108g/L高效氟吡甲禾灵乳油450～600mL/hm^2、150g/L精吡氟禾草灵乳油750～1 005mL/hm^{2}等。

三、百合科蔬菜田化学防除

1. 韭菜田 播后苗前土壤处理常用的药剂有330g/L二甲戊灵乳油1 650～2 250 mL/hm^2、450g/L二甲戊灵微囊悬浮剂1 650～2 100mL/hm^2。

2. 大蒜田 大蒜田杂草防除多采用土壤处理，在浇水前后将药剂喷施于表土层。播后苗前土壤处理可选用的除草剂有330g/L二甲戊灵乳油2 100～2 250mL/hm^2、50%扑草净悬浮剂1 200～1 800mL/hm^2、240g/L乙氧氟草醚乳油525～750mL/hm^2、48%甲草·莠去津悬乳剂2 250～3 000mL/hm^2。也可用30%辛酰溴苯腈乳油1 125～1 350mL/hm^2，于大蒜3～4叶期，阔叶杂草基本出齐后施药。

3. 葱、洋葱田 育苗小葱播后苗前土壤处理和移栽缓苗后，均可选用48%甲草·莠去津悬乳剂2 250～3 000mL/hm^2、960g/L精异丙甲草胺乳油1 500～3 000mL/hm^2、330g/L二甲戊灵乳油2 100～2 250mL/hm^{2}等除草剂。或用10%精喹禾灵乳油450～600mL/hm^2，在作物苗后，一年生禾本科杂草3～5叶期，对水225～450L搅匀，均匀喷雾。

四、葫芦科蔬菜田化学防除

葫芦科蔬菜对除草剂敏感，因而在除草剂的选择、使用等各个环节均应严格按操作技术规程，以免造成药害。

1. 土壤处理 在播后苗前或移栽前进行，可选用的除草剂有960g/L精异丙甲草胺乳油525～750mL/hm^2、72%异丙甲草胺乳油1 500～2 250mL/hm^2。

2. 茎叶处理 茎叶处理主要防除禾本科杂草，用药适期为杂草3～5叶期。可选用的药剂有5%精喹禾灵乳油600～900mL/hm^2、108g/L高效氟吡甲禾灵乳油525～750mL/hm^2。

五、伞形花科蔬菜田化学防除

选用330g/L二甲戊灵乳油3 000～4 500mL/hm^2、960g/L精异丙甲草胺乳油525～750mL/hm^2、50%扑草净悬浮剂1 200～1 800mL/hm^2，播前土壤处理或播后苗前土壤处理 。

六、豆科蔬菜田化学防除

1. 播后苗前土壤处理 可选用的除草剂有72%异丙甲草胺乳油2 250mL/hm^2、960g/L精异丙甲草胺乳油600～975mL/hm^2。

2. 苗后茎叶处理 常用的除草剂有5%精喹禾草灵乳油600～900 mL/hm^2、108g/L

高效氟吡甲禾灵乳油 450～600mL/hm²、150g/L 精吡氟禾草灵乳油 750～1 005mL/hm²，加水 450～600kg，进行茎叶喷雾。也可以用 200g/L 草铵膦水剂 3 000～4 500mL/hm²，在豇豆生长期，杂草出齐后，对水 450～750kg，喷头加装保护罩，于作物行间进行杂草茎叶定向喷雾处理，或在上茬作物采收后下茬作物栽种前，对残余作物和杂草进行茎叶喷雾处理。

任务 4　果园杂草化学防除

【场地及材料】 杂草发生重的果园，根据防治操作内容需要选定的除草剂及器械、材料等。

【内容及操作步骤】 果园和苗圃中常见的杂草有马唐、牛筋草、稗草、狗尾草、狗牙根、芦苇、白茅、野燕麦、看麦娘、苋、藜、小藜、繁缕、牛繁缕、龙葵、铁苋菜、马齿苋、苍耳及香附子等。果园化学除草可选用的除草剂种类较多，因为成年果树根系较深，利用位差选择性可以避免多种药剂所引起的药害。

（一）果园苗圃田杂草化学防除

1. 播后苗前土壤处理　可选用的药剂有 480g/L 氟乐灵乳油 3 000～4 500mL/hm²、960g/L精异丙甲草胺乳油 525～750mL/hm²、72%异丙甲草胺乳油 1 500～2 250mL/hm²等。

2. 生长期处理　在果树苗生长至 5cm 时，若杂草尚未出土或刚刚出土，可将上述药剂拌细土或细沙均匀撒施，施药后最好再浇一遍水。在禾本科杂草 3～5 叶期，可选用 5%精喹禾草灵乳油 600～900mL/hm²、108g/L 高效氟吡甲禾灵乳油 450～600mL/hm²、150g/L 氟磺胺草醚乳油 750～1 005mL/hm²等，进行茎叶喷雾处理。

（二）定植果园杂草化学防除

定植果园杂草化学防除主要以定向茎叶喷雾为主，可选用药剂有 18%草铵膦可溶液剂 3 000～6 000g/hm²（苹果、梨、葡萄、柑橘、香蕉等）、70%草甘膦铵盐可溶粒剂 1 455～2 895g/hm²（苹果、梨、柑橘、香蕉等）、30%草甘膦异丙胺盐水剂 3 750～5 250mL/hm²（苹果、梨、柑橘）、35%草甘膦钾盐水剂 1 830～3 675mL/hm²（苹果、香蕉、柑橘）、50%丙炔氟草胺可湿性粉剂 795～1 200g/hm²（柑橘）、80%除草定可湿性粉剂 1 875～4 350g/hm²（柑橘）、38%乙氧·莠灭净悬浮剂 3 000～3 750mL/hm²（苹果）、30%草甘膦二甲胺盐水剂 3 000～6 000mL/hm²（苹果）、50%草甘膦可溶粉剂 3 150～4 500g/hm²（苹果）、46% 2 甲·草甘膦可溶粉剂 3 000～3 750g/hm²（苹果）、20%敌草快水剂 2 250～3 000mL/hm²（苹果、柑橘）等。

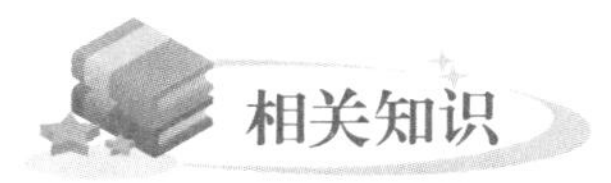

农田杂草防除方法

（一）农业防除法

农业措施是防除杂草的基础，如果农业防除措施得力，就可以减轻杂草的危害，达到增产的目的。

1. 预防措施 防止杂草入侵农田是最经济有效的防除措施。为此，首先要精选种子，可通过盐水选种、泥水选种、风选、筛选等除去作物种子中混杂的草籽；其次，施用经高温堆制腐熟的有机肥，以杀死有机肥中有活力的杂草种子；通过喷洒灭生性除草剂或有计划地种植草皮、牧草等覆盖植物来清除田边地头的杂草，以减少杂草种子的来源；还要管好种子田，对种子田的杂草要及时防除，确保所提供的种子不含草籽。

2. 合理轮作 合理轮作可通过改变杂草的生态环境，创造不利于某些杂草的生长条件，从而消灭和限制农田杂草。尤其是水旱轮作是防除杂草的良好途径，因为大部分稻田杂草都不耐旱，而旱田杂草经水淹后又极易死亡。

3. 耕作治草 耕作治草是土壤耕作的各种措施（耕翻、耙地、镇压和培土等），在不同的时期、不同程度上消灭杂草的幼芽、成株或切断多年生杂草的地下繁殖器官，改变草籽在耕作层中的分布，进而有效防治杂草的农业措施。如间隙耕翻，就是将集中在表土层的杂草种子翻入深土层（20～25cm），3～5年后可大部分丧失活力，到时再翻上来，有效杂草种子可大大减少。秋冬季耕翻可将多年生杂草的地下根茎和草籽翻到土表干死、冻死或被鸟类等动物取食，从而减少杂草的危害。

4. 覆盖治草 覆盖治草是指在作物田间利用有生命的植物或无生命的物体在一定的时间内遮盖一定的地表或空间，阻挡杂草萌发和生长的方法。尤其是作物群体覆盖抑草，是廉价而有效的除草手段。通过合理密植、加强田间管理、合理使用肥水等农艺措施，促进作物早发快长，利用作物群体的遮光效应，减少杂草危害。

（二）植物检疫防除法

植物检疫，是按照规章制度防止检疫性杂草传播蔓延的有效方法。检疫性杂草对农作物危害极大，可造成农作物生长发育不良，降低农作物的产量和品质，甚至造成绝收，并留下严重后患。野燕麦种子与小麦、大麦、青稞种子严重混杂，没有经过严格检疫，是野燕麦猖獗的主要原因。因此，加强检疫性杂草的检疫工作，是防除农田杂草的有效措施之一。

（三）生物防除法

生物防除是指利用不利于杂草生长的真菌、细菌、病毒、昆虫、动物、线虫等生物天敌或其他高等植物来控制杂草的发生、生长蔓延和危害的杂草防除方法。如用鲁保1号防治大豆菟丝子，用F793病菌（一种镰刀菌）防除瓜类列当，用家畜家禽防除杂草，用尖翅小卷蛾防治香附子，用斑水螟防除眼子菜等。

（四）化学防除法

利用除草剂代替手工和机械除去田间杂草的方法叫化学除草。化学除草具有除草及时、效果好、能除掉一般机械难以除掉的苗间杂草，减轻劳动强度、工效高、成本低等优点，应用较广。

按除草剂的喷洒目标，除草剂的使用方法可分为土壤处理法和茎叶处理法两种。土壤处理就是在杂草未出苗前，将除草剂施用于土表或通过混土操作将除草剂拌入一定深度的土壤中，形成一个药剂封闭层，从而杀死萌发的杂草。土壤处理可采用喷雾或撒施（药土或药肥）的方法。茎叶处理是将除草剂直接喷洒到已出苗的杂草茎叶上，利用杂草茎叶对药剂的吸收和传导来杀死杂草。茎叶处理一般采用喷雾法，但对难以防除的杂草和一些多年生杂草也可采用涂抹法施药，即将内吸传导型除草剂涂抹在杂草植株的局部茎叶上，通过吸收与传导，使药剂进入植物体内，从而起到杀草作用。

练　习

1. 根据当地水稻种植方式及杂草发生危害情况，制订水稻田杂草化学防除方案。

2. 根据当地旱地作物田杂草发生危害情况，选择适宜除草剂，在小麦（或玉米、棉花、油菜、大豆）田进行土壤处理和茎叶处理的防除操作。

思考题

1. 水稻秧田、移栽田化学防除的要点各是什么？
2. 如何根据麦田杂草发生危害的现状有针对性地选择除草剂？
3. 玉米田常用的除草剂有哪些？
4. 旱田土壤处理可选择哪些除草剂？
5. 旱田茎叶除草剂的使用应注意哪些事项？
6. 蔬菜田化学除草有何特点？应注意什么问题？
7. 如何进行果园苗圃田化学除草？

考核评价

根据学生对当地不同类型农田主要杂草种类及其发生危害情况的了解程度、所制订化学防除方案的科学性和可行性、现场防治操作的表现、实训报告的质量及学习态度等几方面（表 3-10-1）进行考核评价。

表 3-10-1　农田杂草化学防除考核评价

序号	考核内容	考核标准	考核方式	分值
1	当地不同类型农田主要杂草种类的了解及除草剂的选择	对当地不同类型农田主要杂草种类及其发生危害情况了解清楚，除草剂选择正确	答问考核	20
2	杂草化学防除方案的制订	能根据当地各类型农田杂草种类制订化学防除方案，方案制订科学，可操作性强	个人表述、小组讨论和教师评分相结合	30
3	防除措施的组织和实施	能按照实训要求做好各项杂草防除措施的组织和实施，土壤处理和茎叶处理的防除操作规范、熟练，杂草防除效果好	现场操作考核	30
4	实训报告	完成认真，格式规范，内容真实	评阅考核	10
5	学习态度	遵守纪律，服从安排，配合老师积极主动联系实训现场，实训全过程都有完整记录	学生自评、小组互评和教师评价相结合	5
6	问题思考	积极思考，能综合应用所掌握的基本知识和技能，深入分析问题和创造性地解决问题	学生自评、小组互评和教师评价相结合	5

子项目十一　鼠害防治

【学习目标】了解农田害鼠的防治方法，掌握毒饵的配制和投放技术。

任务　毒饵的配制和投放

【场地及材料】害鼠发生重的地块，根据防治操作内容需要选定的杀鼠剂及器械、材料等。

【内容及操作步骤】

一、毒饵的选择

毒饵由诱饵、添加剂、杀鼠剂3部分组成。诱饵是鼠类喜欢吃的食物，只有适口性好的诱饵，才能保证较高的引诱力，同时要确保非靶动物不喜欢吃，或不能取食。诱饵还要不影响杀鼠剂的效果，且来源广，价格便宜，便于加工、贮存、运输，使用方便。选择害鼠喜食而平时又不易得到的饵料，效果就好。选用新鲜诱饵，防止其霉变，以免影响防治效果。另外，在饵料中加入少量糖、植物油、食盐、酒等，能提高饵料的引诱力。

常见的添加剂包括引诱剂、黏着剂、警戒色3种，有时也加入防霉剂、催吐剂等。引诱剂不仅能引诱鼠类接近毒饵，且能增加其对毒饵的取食量。黏着剂常用的有植物油、面糊、米汤等，能使不易溶于水或油脂的杀鼠剂均匀地黏附在饵料外面。警戒色是红色或蓝色的染料，如红蓝墨水、曙红、普鲁士蓝等，其目的是对人起警戒作用。有些鸟类厌恶红色，故红色对其也能起警戒作用。鼠类是色盲，故警戒色不会影响鼠类取食毒饵。对高温季节使用或需长期保存的毒饵，加入苯甲酸、硫酸钠或硝基苯酚等防霉剂，可防止毒饵霉变。将熔化的石蜡倒入毒饵，制成穿衣毒饵，该毒饵在阴雨天或潮湿地面投放后可防止霉变。但石蜡、防霉剂会降低饵料适口性，故大面积灭鼠宜选择晴天投药，毒饵随配随用，不必加防霉剂。有时加入一些催吐剂，可防止非靶动物误食。杀鼠剂即各种经口鼠药，是毒饵的有效成分。

二、毒饵的配制

毒饵的配制方法有黏附法、浸泡法、混合法及湿润法等。对于不溶于水的杀鼠剂，以害鼠喜食的粮食为诱饵，加入植物油作为黏附剂，再加入定量的杀鼠剂，搅拌均匀即成。如配制氯鼠酮毒饵，可采用黏附法。对水溶性杀鼠剂，先将定量杀鼠剂溶于适量水中，再倒入害鼠喜食的诱饵粮食进行浸泡，待药液全部吸收进入饵料即可。如配制敌鼠（敌鼠钠盐）毒饵即可采用浸泡法。水溶性杀鼠剂不但可用浸泡法，也可采用湿润法制成毒饵。方法是先将定量药物溶于适量水中，再倒入饵料，边倒边搅拌均匀即成。此法适合于现配现用的毒饵制作。对于粉状诱饵，可与杀鼠剂混合，制成面块或面丸，便可使用。如毒饵需贮存，可用红外线或烘干机干燥后，再密封于塑料袋中。

三、毒饵的投放

鼠害控制指标，在农舍区鼠密度为2%；在农田区，春季鼠密度为3%，秋（冬）季鼠密度为5%。在春季，害鼠繁殖高峰期前或农作物播种前是农田控制适期；在秋（冬）季，害鼠种群数量高峰期前或农作物成熟收获期前是农田控制适期。毒饵投放的方法可分以下两类：

1. 无遮盖投饵　在农田，应将毒饵投放在田埂、沟渠边、鼠洞等鼠类经常活动的场所，每10m投饵1堆，每堆5～10g，每667m^2投饵量150～200g。在鼠密度高的地方增加投饵堆数和投饵量。在农舍，可将毒饵投放在居室、厨房、粮仓及畜禽圈旁等鼠类经常活动的角落或隐蔽处，每15m^2投饵2堆，每堆5～10g。

室内防治家栖鼠类也可采用饱和式投饵法，即将单位面积总饵量（每667m^2急性杀鼠剂毒饵50～100g，慢性杀鼠剂毒饵150～200g）分为若干次投撒。通常第一次投饵量占总量的1/2，间隔不超过48h，接着补投余下的毒饵。每次补投时，每饵点被吃掉多少即补多少，全部被吃光则加倍补投，保证在灭鼠期间有足够的毒饵供鼠取食，这种方法适用于抗凝血杀鼠剂，即慢性杀鼠剂的使用，尤其是第一代抗凝血杀鼠剂。

2. 毒饵站投饵　可选用竹筒、聚氯乙烯（PVC）管、饮料瓶、花盆、瓦筒等材料，要求口径≥5cm，制成筒状毒饵站，用于投放毒饵。农田每667m^2放置毒饵站1个，将毒饵站固定于田埂或沟渠边，离地面3cm左右。农舍每户投放毒饵站2个，重点放置在房前、屋后、厨房、粮仓、畜禽圈等鼠类经常活动的地方，将其固定。每个毒饵站内放置毒饵20～30g，放置3d后根据害鼠取食情况补充毒饵。毒饵站可长期放置。

毒饵投放量是根据田间鼠种及其密度，以及药剂种类而确定的。如为大、中型鼠，且密度高时，投放毒饵量要多些；若以小型鼠为主，且密度较低，则毒饵投放量可少些。

投放毒饵后，应设置警示标志，5～10d内禁止放养家禽、家畜，投饵后及时搜寻、清理死鼠，做无害化处理。使用抗凝血类杀鼠剂投饵期间应配备解毒药剂，还应配备维生素K_1。如发现误食中毒，就近送医。

农田害鼠防治方法

农田害鼠防治必须坚持“预防为主，综合防治”的植物保护方针。在了解害鼠发生基本规律的基础上，因时、因地、因作物不同而区别对待，综合应用各种措施，以生态灭鼠为基础，化学药物毒鼠为重点，统一行动，做好防治工作，达到理想的经济效益、社会效益和生态效益。

（一）农业防治

结合农业生产，努力创造不适宜害鼠栖息、取食、生存、繁殖的环境条件，减轻危害，以达到防鼠的目的。其措施包括耕翻与平整土地，整修田埂、沟渠，清除田间杂草，合理布局农作物，及时收获，精收细打，坚壁清野，改造房舍、仓库等。

耕翻和平整土地可破坏鼠穴，恶化栖息环境，提高其死亡率。结合秋翻、秋灌和冬闲整地，铲平坟头土岗，破坏害鼠越冬地。

农作物的布局、品种搭配及耕作制度等与鼠类发生程度密切相关。一般在同一时期、同一地区，单一作物连片种植区比多种作物混栽或套种区的鼠害轻，水旱轮作区比旱旱轮作区轻，早、中、晚熟品种同存区比同一品种区重。作物播种期及成熟、结果期比其他时期重。

食物是鼠类赖以生存的基础，设法减少或中断食料来源，可有效控制害鼠种群密度。如改善住房条件，采用水泥地板、水泥墙，门、窗坚实无缝，下水道口、厕所坑口加装防鼠网，房顶采用水泥板等坚硬材料，墙壁抹光以防止鼠类攀爬等。

（二）生物防治

诸多鸟类、兽类、蛇类等都是鼠类的天敌。鸟类中的猫头鹰、隼、雕等都大量捕食鼠类，兽类中的貉、豺、貂、狐、鼬、花面狸、原猫、小灵猫、大灵猫、刺猬等以鼠类作为食物的来源之一，人类饲养的猫也是捕鼠能手，绝大多数蛇类都是捕食鼠类的行家，可深入鼠洞进行捕食。在南亚一些产稻国家甚至将蛇看作是农作物丰收的保护神而加以保护。保护这些鼠类的天敌，为其创造、提供适宜的生活环境，对长期安全、经济控制鼠类危害有十分重要的意义。

利用病原微生物灭鼠，也是生物防治的方法之一，如沙门氏菌中的但尼兹氏菌、灭列兹科夫斯基氏菌、依萨琴柯氏菌等细菌及鼠痘病毒、黏液肿瘤病毒等病毒和文美氏球虫等寄生虫，都曾在实验室及实际运用中被用于灭鼠工作。我国利用C型肉毒梭菌产生毒素灭鼠，效果较好。但考虑到病原微生物对鼠致病力的变异，对人、畜及其他非靶动物的安全性等问题，利用病原微生物灭鼠需十分慎重。

（三）物理防治

物理防治即采用捕鼠器械防治害鼠。灭鼠的器械有利用力学平衡原理和杠杆作用制成的捕鼠夹、笼、箱、箭、扣、套等，利用电学原理制成的电子捕鼠器等，还有粘鼠胶、压鼠板等。虽费工时，成本高，投资大，但无环境污染，灭鼠效果明显，使用方便，可供不同季节、不同环境、不同要求捕杀鼠类使用，尤其适用于家庭灭鼠，是控制低密度鼠害的有效措施。

此外，灌洞灭鼠、水淹灭鼠、超声波灭鼠等方法，也属物理灭鼠法。物理防治是综合防治的重要组成部分。

（四）化学防治

化学防治指用有毒药物毒杀或驱逐鼠类的方法，是短期内杀灭大量害鼠的主要方法。化学防治见效快，效果好，使用方便，效率高，但污染环境，易引起非靶动物中毒及造成二次中毒（猫、蛇、鹰等动物误食被毒杀的死鼠后引起中毒）。

1. 基本原则

（1）掌握鼠情，制订防治方案。调查了解当地主要害鼠的数量及分布情况，了解当地受害作物、受害程度、受害面积及达到防治指标的面积，再根据气候条件、耕作制度、生态环境条件及自然资源等因素，制订可行的防治方案，包括防治对象、防治适期、药剂种类及施药方法等。

（2）统一行动，大面积连片防治。大面积连片统一防治，可大大减少害鼠漏网，也有利于控制鼠害的流窜迁移，并提高防治的经济性和高效性。

（3）突击性防治与经常性防治相结合，保持害鼠长期处于低密度水平。化学防治需与其他防治方法配套使用，才能真正达到长期控制鼠类危害的目的。

（4）安全用药，防止二次中毒。选择毒力适中、对靶标动物（鼠类）毒力强而对非靶动物毒力弱的药物。加强对药物的安全管理，专人保管、发放、使用。小心或避免使用无特效解毒药物的杀鼠药物。应及时深埋、烧毁死鼠。

2. 常见杀鼠剂

（1）经口杀鼠剂。经口杀鼠剂可分为急性杀鼠剂和慢性杀鼠剂，也可分别称为速效杀鼠剂和缓效杀鼠剂。急性杀鼠剂如毒鼠磷等，此类杀鼠剂对鼠类作用速度快，药剂进入鼠体后数十分钟至数小时内即可将鼠类杀死。在农田大面积紧急灭鼠时，只需1次投药，即可杀死大量害鼠，省工又省料。但鼠易产生拒食反应，且急性杀鼠剂对人、畜、禽等毒性大，使用时一定要注意安全，一般用来解决局部农田的鼠害。慢性杀鼠剂即抗凝血杀鼠剂，包括杀鼠灵、敌鼠、氯鼠酮、杀鼠醚等第一代抗凝血杀鼠剂和溴敌隆、溴鼠隆、氟鼠酮等第二代抗凝血杀鼠剂。慢性杀鼠剂需较长时间（2～3d）才能使鼠中毒死亡，鼠类试食后无不适反应，进而诱使其同类一同大量进食，直至死亡也不易产生拒食反应。另外，慢性杀鼠剂毒性小，有特效解药（维生素 K_1），人、畜、禽中毒或非靶动物二次中毒的可能性小，比较安全。生产上多使用慢性杀鼠剂灭鼠。

（2）熏杀灭鼠剂。熏杀灭鼠剂分为熏蒸剂和烟剂两类。熏蒸剂是在正常温度下可气化的药剂，并以气体状态通过害鼠的呼吸系统进入其体内而使之中毒死亡，如磷化铝、氯化苦、溴甲烷、硫化物、氰化钾、氰化钙、二氧化碳等。烟剂是将农药原药、燃料、氧化剂、消烟剂制成粉状或锭状制剂。使用时将烟剂点燃，可无火焰燃烧，使农药原药受热气化为固体微粒，鼠类吸入后中毒死亡，如硫黄烟雾炮。在一些密闭的场所，如鼠洞内、仓库、船舱等，可用于熏杀害鼠。

（3）驱鼠剂。驱鼠剂对害鼠有驱避作用，可防止害鼠接近被保护目标。如胺类、氮化物、二硫化物、杀霉菌剂、昆虫驱避剂的驱鼠作用；杀菌剂福美双除能保护种子和林木免受霉菌危害外，也能防止鼠类的啃咬；马拉硫磷和丁香酚混合物既可杀死仓库害虫，又可防止鼠类咬坏食品袋；甲基异柳磷拌种既可杀虫，又可灭鼠。

练　习

1. 按照毒饵配制常用的4种方法，分别进行毒饵的配制。
2. 根据当地鼠害的发生情况，设计合理的投放方式，并进行毒饵投放。

思考题

1. 如何实施害鼠的综合防治？
2. 如何投放毒饵？
3. 常用杀鼠剂有哪几种？

考核评价

根据学生对当地农田优势鼠种及其发生危害情况的了解程度、毒饵配制与投放现场操作的表现、实训报告的质量及学习态度等几方面（表 3-11-1）进行考核评价。

表 3-11-1　鼠害防治考核评价

序号	考核内容	考核标准	考核方式	分值
1	当地农田优势鼠种的了解及杀鼠剂的选择	对当地农田优势鼠种及其发生危害情况了解清楚，杀鼠剂选择正确	答问考核	20
2	毒饵配制	能按照实训要求分别做好 4 种方法的毒饵配制，操作规范、熟练	现场操作考核	30
3	毒饵投放	能根据当地鼠害的发生情况，设计合理的投放方式并进行毒饵投放，操作规范、熟练，防治效果好	现场操作考核	30
4	实训报告	完成认真，格式规范，内容真实	评阅考核	10
5	学习态度	遵守纪律，服从安排，配合老师积极主动联系实训现场，积极思考，能综合应用所掌握的基本知识和技能，分析问题和解决问题	学生自评、小组互评和教师评价相结合	10

项目四 农药（械）使用

项目提要

本项目根据农药在生产上的实际应用情况，介绍了农药（械）的准备、农药的配制、农药的使用和农药田间药效试验4个子项目。确定了常用农药剂型性状的观察和农药质量的简易鉴别、药液和毒土的配制、波尔多液的配制和质量检查、石硫合剂的熬制、施用农药、清洗药械和保管农药（械）、田间药效试验方案的设计与实施及田间药效试验报告的撰写等8项最基本的任务。围绕以上任务，讲述了农药的分类与剂型、农药的合理使用与安全使用、农药田间药效试验的调查与统计等相关理论知识，还介绍了植保无人机的使用、绿色食品农药的使用准则等内容。

子项目一　农药（械）的准备

【学习目标】熟悉常用农药剂型的物理性状和应用特点，掌握鉴别农药质量的简易方法，了解农药的分类方法和施药器械的种类及选用要求。

任务　常用农药剂型性状的观察和农药质量的简易鉴别

【材料及用具】常用各种剂型的农药品种若干，如敌百虫原药、敌敌畏乳油、苯醚甲环唑水分散粒剂、辛硫磷颗粒剂、五氯硝基苯粉剂、代森锰锌可湿性粉剂、灭幼脲悬浮剂、杀虫双水剂、腐霉利烟剂、磷化铝片剂、百菌清油剂等；农药标签若干、烧杯、量筒、角匙、玻璃棒、酒精灯、燃烧匙等。

常用农药剂型性状的观察和农药质量的简易鉴别

【内容及操作步骤】

一、常用农药剂型的物理性状观察

农药是指用于预防、消灭或者控制危害农业、林业的病、虫、草和其他有害生物以及有目的地调节植物、昆虫生长的化学合成或者来源于生物、其他天然物质的一种物质或者几种物质的混合物及其制剂。农药由工厂生产出来未经加工的产品称为原药。原药必须经过加工后才能应用于生产，原药经加工后的产品称为制剂，也称商品药。农药制剂的形态称为剂型，一种农药可加工成多种剂型。在生产上应用较多的农药剂型有乳油、可湿性粉剂、粉剂、颗粒剂等。

乳油外观为黄褐色或褐色油状液体，注入水中后可形成乳浊液。多有气味，易燃，呈中性或微酸性，相对密度一般比水稍重，常温下蒸气压大多很低，多数不易挥发。可湿性粉剂外观为非常细小的灰褐色或黄褐色的粉末状固体，粉粒平均粒径 25μm，加入水中后短时间内即可被水湿润，经搅拌即形成悬浊液，大多气味较小。粉剂外观与可湿性粉剂相似，粉粒平均粒径 30μm，一般气味较小，具有良好的吸附性和流动性。颗粒剂外观为颗粒状固体，有圆球形、圆柱形、不规则形等，颗粒直径一般在 250～600μm，因所加染料不同而呈现各种颜色。

观察所提供不同剂型农药的物态、颜色等和在水中的反应。取 3～4 滴乳油和水剂农药分别放入盛有清水的试管中，前者呈半透明或乳白色的乳浊（状）液，后者则为无色透明状。取少量药粉轻轻撒在水面上，若长时间浮在水面，则为粉剂，在 1min 内粉粒吸湿下沉，且搅动时可产生大量泡沫的，则为可湿性粉剂。

二、农药质量的简易鉴别

（一）外观质量鉴别

在购买农药时，在外观质量上应从以下几方面进行初步的鉴别。

1. 检查农药包装 好的农药外包装坚固，商标色彩鲜明，字迹清晰，封口严密，边缘整齐。

2. 查看标签 看标签是否完整，内容、格式是否齐全、规范，成分是否标注清楚。特别注意查看是否标有三证、生产日期和有效期。按我国规定，农药的有效期一般为 2 年，过期农药质量很难保证。

3. 外观上判断质量 质量好的农药外观上表现以下特征：乳油（剂）为透明的液体，无分层或沉淀现象；可湿性粉剂和粉剂无结块和大块颗粒，手感疏松均匀；悬浮剂放置一定时间后可能有分层和沉淀，但经摇晃后能迅速恢复原状，不再有明显沉淀；颗粒剂大小色泽均匀，粉末状物质较少。

（二）物理性状鉴别

取不同剂型的农药样品，按下述方法，对其外观质量和物理性状进行鉴别。

1. 水溶法 将少许乳油（剂）滴入水中，质量好的乳油（剂）在下沉中迅速呈絮状溶解在水中，搅拌后溶液呈半透明淡乳白或乳白色。不合格产品的乳油（剂）在下沉中迅速呈油滴状下沉，搅拌后溶液呈油水分离状，或不溶解。

取可湿性粉剂少许加入水中，搅拌后液体较透明，无杂物，放置一定时间后，沉淀少。不合格可湿性粉剂溶水后较混浊，有明显杂质，放置一定时间后，沉淀物较多。

水分散粒剂加入水中崩解时间短，且溶解迅速，轻摇后溶于水中，无沉淀。不合格产品轻摇后不溶于水。

2. 加热法 悬浮剂放置一定时间后易沉淀结块，将药瓶放在热水中 1h，沉淀物缓慢溶化，说明药剂可以使用；若沉淀物不溶化，则说明药剂失效或过期。

3. 灼烧法 取少许粉剂置于金属匙上，在火焰上加热，若有白烟冒出，该药剂可以使用，若迟迟无烟，则说明药剂失效或过期。

练　习

1. 每 2～3 人一组，分别取粉剂、可湿性粉剂、水分散粒剂、乳油、悬浮剂、水剂等适量样品，认真观察其外观，然后分别加入水中，仔细观察其在水中的溶解表现，简述以上各剂型的特点。

2. 到附近农资商店调查，用列表的形式写出 30 种农药的调查结果（包括农药的类别、剂型、物理形态、标签主要内容等）。

1. 农药乳油的质量优劣在水中各有何表现？

2. 怎样用简单的方法鉴别可湿性粉剂和水分散粒剂的优劣？

农药的分类及常见农药剂型的应用特点

（一）农药的分类

农药种类很多，有以下几种分类方式。

1. 按防治对象分类　可分为杀虫剂、杀螨剂、杀菌剂、杀线虫剂、杀鼠剂、除草剂、植物生长调节剂等。

2. 按原料来源和化学成分分类　可分为无机农药和有机农药两大类，在有机农药中又可分为人工合成有机农药和天然有机农药两类。

3. 按作用方式分类

（1）杀虫剂。

胃毒剂：通过消化系统进入虫体内，使害虫中毒死亡的药剂。如敌百虫，这类药剂适合于防治咀嚼式口器和舐吸式口器的害虫。

触杀剂：通过体壁进入虫体内，使害虫中毒死亡的药剂。如大多数有机磷杀虫剂、拟除虫菊酯类杀虫剂。这类药剂对各种口器的害虫均适用，但对体被蜡质分泌物的介壳虫、木虱、粉虱等效果差。

内吸剂：药剂被植物的根、茎、叶和种子吸收进入植物体内，并在植物体内传导、留存或经过植物的代谢作用而产生毒性更强的代谢物质，当害虫取食时使其中毒死亡。如氧乐果、吡虫啉等。这类农药对刺吸式口器的害虫特别有效。

熏蒸剂：以气体状态通过害虫的呼吸系统进入虫体，使害虫中毒死亡的药剂。如磷化铝、溴甲烷等。熏蒸剂一般在密闭条件下使用，防治隐蔽性害虫、种实害虫等。

特异性杀虫剂：这类杀虫剂本身并无多大毒性，而是以其特殊的性能作用于昆虫。包括忌避剂、拒食剂、黏捕剂、绝育剂、引诱剂、昆虫生长调节剂等。

实际上，多数杀虫剂往往兼具几种杀虫作用。在选择使用农药时，应注意其主要的杀虫作用。

（2）杀菌剂。

保护剂：在植物感病前，将药剂喷洒于植物体表面，以阻碍病原物的侵染，从而使植物免受其害的药剂。如波尔多液、代森锰锌等。

治疗剂：在植物感病后，喷洒药剂，以杀死或抑制病原物，使植物病害减轻或恢复健康的药剂。如三唑酮、甲基硫菌灵等。

铲除剂：对病原菌有直接杀伤作用的药剂。如石硫合剂、五氯酚钠等。

（3）除草剂。

内吸型除草剂：施用后通过内吸作用传至植物的其他部位或整个植株，使之中毒死亡的药剂。如草甘膦等。

触杀型除草剂：不能在植物体内传导移动，只能杀死所接触到的植物组织的药剂，如草铵膦等。

此外，按除草剂对植物作用的性质，还可将除草剂分为选择性除草剂和灭生性除草剂，前者指在一定的浓度和剂量范围内杀死或抑制部分植物，而对另外一些植物安全的除草剂，如2甲4氯等；后者指在常用剂量下可以杀死所有接触到药剂的绿色植物体的除草剂，如草铵膦等。

（二）常见农药剂型的应用特点

1. 粉剂（DP） 是由农药原药和填充料（陶土、黏土等），经过机械粉碎至一定细度而制成的。粉剂供喷粉、拌种、制作毒饵和土壤处理用，长期贮存会吸潮结块，影响分散性。粉剂的优点是使用方便，施药工效高，不受水源限制。特别适用于缺水地区、大棚温室和防治暴发性病虫害。但喷粉污染周围环境，且其不易附着在作物体表，用量大，持效期短。

2. 可湿性粉剂（WP） 是由原药和填充料加湿润剂，按一定比例混合，经机械粉碎至一定细度而制成。对水后能被水湿润，形成悬浊液。主要用于喷雾，不可直接喷粉。可湿性粉剂长期贮存，特别是高温贮存，悬浮率会下降。可湿性粉剂包装低廉，便于运输，防治效果比同一种农药的粉剂高，持效期也较长。但在同等有效成分下，药效不如乳油。

3. 乳油（EC） 是由原药、有机溶剂和乳化剂等按一定比例混溶调制而成的半透明油状液体。乳油加水稀释后即成为稳定的乳浊液，适用于喷雾、涂茎、拌种和配制毒土等。在正常条件下贮存具有一定的稳定性，长期存放会有沉淀或分层。乳油的优点是使用方便，有效成分含量高，喷洒时展着性好，持效期较长，防效优于同种药剂的其他常规剂型。其缺点是污染环境，易造成植物药害和人、畜中毒。

4. 颗粒剂（GR） 是由农药原药、载体（陶土、细沙等）和助剂制成的颗粒状制剂。颗粒剂长期贮存，颗粒会破碎，黏附在载体上的药剂会脱落。颗粒剂的优点是使用时飘移性小，不污染环境，可控制农药释放速度，持效期长，使用方便，而且能使高毒农药低毒化，对施药人员较安全。

5. 悬浮剂（SC） 又称胶悬剂，是农药原药和载体及分散剂混合，在水或油中进行超微粉碎而成的黏稠可流动的悬浮体，加水稀释即成稳定的悬浮液。悬浮剂兼有可湿性粉剂和乳油的优点。

6. 可溶粉剂（SP） 由水溶性原药加水溶性填料及少量助剂混合制成的可溶于水的粉状制剂。该剂型具有使用方便，包装和贮运经济安全，不污染环境等优点。

7. 水分散粒剂（WG） 由固体农药原药、湿润剂、分散剂、增稠剂等助剂和填料加工造粒而成，遇水能很快崩解，分散成悬浊液。该剂型的特点是流动性能好，使用方便，无粉尘飞扬，而且贮存稳定性好，具有可湿性粉剂和悬浮剂的优点。

8. 可溶液剂（SL） 是用水稀释成透明或半透明含有效成分的液体制剂，可含有不溶于水的惰性成分。该剂型未限定溶解有效成分是有机溶剂、水或其混合剂及必要助剂。

9. 烟剂（FU） 是由农药原药与助燃剂和氧化剂配制而成的固体制剂，用火点燃后可燃烧发烟。其优点是使用方便、节省劳力。适用于防治林地、仓库和温室大棚的病虫害。

10. 种子处理制剂 包括种子处理干粉剂（DS）、种子处理可分散粉剂（WS）、种子处理液剂（LS）、种子处理乳剂（ES）和种子处理悬浮剂（FS）。其优点是针对性强、高效、经济、安全、持效期长，具有防病、防虫和调整种子粒径作用。其主打剂型——种子处理悬浮剂是指直接或稀释用于种子处理含有效成分、稳定的悬浮液体制剂。

2018 年 5 月 1 日开始实施的《农药剂型名称及代码》（GB/T 19378—2017），将原标准中的“水剂”合并到可溶液剂中，悬浮种衣剂（FSC）和种子处理微囊悬浮剂（CF）合并到种子处理悬浮剂中，大粒剂（GG）、细粒剂（FG）、微粒剂（FG）和微囊粒剂（CG）合并到颗粒剂中，烟片（FT）和烟棒（FK）则合并到烟剂中。

此外，还有微囊悬浮剂（CS）、微囊悬浮—悬浮剂（ZC）、微乳剂（ME）、水乳剂（EW）、饵剂（RB）、油剂（OL）、气雾剂（AE）、热雾剂（HN）、超低容量液剂（UL）、可分散油悬浮剂（OD）、油悬浮剂（OF）等剂型。

思考题

1. 杀虫剂按作用方式可分为哪几类，各自有何应用特点？
2. 你认为哪几种农药剂型更有利于环境保护？
3. 列表比较各种农药剂型的优缺点。

拓展知识

农药标签与施药器械的基本知识

（一）农药标签

农药标签是紧贴或印制在农药包装上，直接向用户传递农药性能、使用方法等内容的技术资料。农药本身是一种特殊的商品，因此标签必须能全面反映药剂性状及使用范围，否则，会给生产造成损失或危及人身安全。目前，市场上的农药品种及农药生产厂家繁多，农药的标签也存在不规范现象，给识别假劣产品带来困难。2007 年 12 月 8 日，农业部发布了《农药标签和说明书管理办法》的第 8 号令（自 2008 年 1 月 8 日起施行），其中第七条明确规定：“标签应当注明农药名称、有效成分及含量、剂型、农药登记证号或农药临时登记证号、农药生产许可证号或者农药生产批准文件号、产品标准号、企业名称及联系方式、生产日期、产品批号、有效期、质量、产品性能、用途、使用技术和使用方法、毒性及标识、注意事项、中毒急救措施、贮存和运输方法、农药类别、象形图及其他经农业部核准要求标注的内容。”这里重点介绍农药的三证号和农药特征颜色标志带。

农药“三证号”是指农药登记证号、农药生产许可证号或农药生产批准文件号、产品标准号。农药登记证是农业部颁发给生产企业的一种证件。根据国家法律，在中国生产（包括加工和分装）农药和进口农药，都必须进行登记。未经登记的农药产品不得生产、销售和使用，登记代码为PD或LS。农药生产许可证（或农药生产批准文件）是化工部门颁发给企业的一种证件。由省（市）化工厅审查上报，化学工业部批准。农药生产许可证代码为XK。产品标准号是农药产品质量技术指标的基本规定，由标准行政管理部门批准并发布实施，农药标准按等级分为国际标准和国内标准，国内标准又分为国家标准（GB）、行业标准或部颁标准（HG）、企业标准（Q）三级。

根据我国《农药管理条例》规定，凡“三证”不全或假冒、伪造“三证号”的产品，均属非法产品，应对生产者、经营者依法查处。

农药特征颜色标志带：不同类别的农药采用在标签底部加一条与底边平行的、不褪色的特征颜色标志带表示。除草剂用绿色带表示；杀虫（螨、软体动物）剂用红色带表示；杀菌（线虫）剂用黑色带表示；植物生长调节剂用深黄色带表示；杀鼠剂用蓝色带表示。

（二）施药器械

1. 施药器械的种类 施药器械广泛应用于农、林、牧生产中有害生物的防治施药，也可喷洒液态肥料等。施药器械的种类很多，因为不同的农药剂型、作物种类和防治对象，加之复杂多变的作业环境，对施药技术手段和喷洒方式的要求不一样，就需要选用不同的施药器械。

施药器械有多种分类方法，一般按施用农药的剂型种类和用途、配套动力、操作方式等分类，还有的按施药液多少、雾滴大小、雾化方式等进行分类。

（1）按施用农药的剂型种类和用途分，有喷雾器（机）、喷粉器（机）、烟雾机、撒粒机、拌种机、土壤消毒机等。

（2）按配套动力分，有手动施药机具，小型动力施药机具，大型悬挂、牵引或自走式施药机具、航空喷洒设备等。

（3）按操作方式分，手动喷雾机具可分为手持式、手摇式、背负式、踏板式；小型动力施药机具可分为背负式、手提式、担架式、手推车式；大型动力施药机具可分为牵引式、悬挂式、自走式和车载式等。

（4）按施液量分，可分为常量喷雾、低容量喷雾、微量（超低量）喷雾机具等。

（5）按雾化方式分，可分为液力式喷雾机、风送式喷雾机、离心式喷雾机、静电喷雾机、热力喷雾机等。

此外，还有可控雾滴喷雾机、循环喷雾机、对靶喷雾机、智能喷雾机、喷雾机器人等施药器械。

2. 施药器械的选用 农药的最终防治效果要通过药械和使用技术来实现，同时，施药器械的性能及施药技术也是安全施用农药的重要保证。因此，施用农药前要合理选用施药器械。选用何种施药器械，要考虑以下几方面的问题：

（1）施药器械的性能、作用及用途。考虑所选器械的性能能否满足防治的要求，是否适用于要保护作物的田间作业。

（2）防治对象的危害特点及施药方法和要求。应了解病、虫在植物上发生或危害的部位，药剂的剂型、物理性状及用量，采用哪种作业方式（喷雾、喷粉、烟雾）等，以便选择施药器械类型。

（3）防治对象的田间自然条件。应考虑地形、地貌，田块的面积、平整情况，旱作还是水田，果树的大小、株行距等。

（4）作物的栽培及生长情况。了解作物的株高及密度，作物是处于苗期、生长盛期还是生长后期，要求药剂覆盖的部位及密度，果树树冠的大小、高度、枝叶密度等。

（5）经营模式、规模及购买能力。考虑经营模式是承包户、集体经营还是联防队承包，防治面积的大小及生产效率，购买力是否轻松等情况，以确定选购人力器械还是动力机械，以及药械的大小等。

（6）施药器械的质量及生产厂家的信誉。了解产品的生产许可证件及质检合格证件等，询问已使用过器械的单位或个人对其产品质量的评价。

3. 几种施药器械介绍

（1）手动喷雾器。是以手动方式产生压力，使药液通过液力喷头雾化喷出药液的一种植保器械。具有结构简单、价格低廉、使用维修方便、操作容易、适用性广等特点。广泛应用于粮食、棉花、蔬菜、果树及保护地等方面的病、虫、草害防治，也可用于公共场所及家禽圈舍的卫生防疫等。它是我国农村使用量最大的一种器械。目前，我国主要有背负式喷雾器、压缩式喷雾器、单管喷雾器、踏板式喷雾器等类型。

手动喷雾器适于常量喷雾，对生物体表面覆盖密度高，因此适用于喷洒各类液体的药剂，尤其适于喷洒保护性的杀菌剂、触杀性的杀虫剂及杀螨剂和除草剂。对那些体小、活动性小以及隐蔽危害的害虫防治具有特殊作用，这是其他喷洒方法所不能代替的。同时，还适于小面积作业。手动喷雾器的主要缺点是工效低、劳动强度大、费水。

（2）背负式机动喷雾喷粉机。背负式机动喷雾喷粉机（也称弥雾机）是一种在我国广泛使用的既可喷雾，又可喷粉的施药器械，是采用气流输粉、气压输液、气力喷雾的原理，由汽油机驱动的植保机械，该机主要由机架、离心风机、汽油机、油箱、药液箱和喷管等部件组成，具有操纵轻便、灵活机动、生产效率高等特点。背负式机动喷雾喷粉机的机型有多种，按风机转速有5 000r/min、5 500r/min、6 000r/min、6 500r/min、7 000r/min、7 500r/min、8 000r/min等几种，目前5 000～6 000r/min的弥雾机年产量较多；按功率有0.80kW、1.18kW、1.29kW、1.47kW、1.70kW、2.10kW、2.94kW等几种，0.80kW的小功率弥雾机主要用于庭院小面积的喷洒，1.18～2.10kW的弥雾机主要用于农作物的病虫害防治，而2.94kW以上的大功率弥雾机主要用于树木、果树等的病虫害防治。

由于背负式机动喷雾喷粉机出口处能产生较大的气流，可吹动作物叶片晃动，因此对生长茂密的作物而言，有利于雾滴的运动和穿透，使作物叶片两面都可能受药。该机适用于较大面积连片的单一作物田块、茶园、不太高的果园和面积较大的树木苗圃等的喷雾作业，还常用于卫生防疫、消灭仓储害虫及家畜体外寄生虫、喷洒颗粒剂等工作。

（3）喷杆喷雾机。喷杆喷雾机是装有横喷杆或竖喷杆的一种将液体分散喷出的喷雾机，作为大田大面积施药的一种农机具，近年来受到广大农民的青睐。该机主要由液泵、药液箱、喷头、防滴装置、搅拌器、喷杆桁架机构和管路控制部件等组成。该类喷雾机具有生产效率高，喷洒质量好的特点。生产上有多种机型，如大型的有悬挂式喷杆喷雾机、固定式吊杆喷雾机、牵引式喷杆喷雾机、高地隙自走式喷杆喷雾机；小型的有机动背负式喷杆喷雾机等。近年我国又推出用于水稻的全新机型——自走式水田风送低量喷杆喷雾机，在水稻上采用喷杆喷雾作业。

喷杆喷雾机可广泛应用于大田作物、草坪、苗圃、墙式葡萄园及路边除草、道路融雪等场合，用于播前或苗前土壤处理、作物生长前期灭草及病虫害防治。装有吊杆的喷杆喷雾机与高地隙拖拉机配套使用可进行诸如棉花、玉米等作物生长中后期的病虫害防治。

（4）挡板导流式喷雾机。为减少喷杆喷雾的雾滴飘移而推出的一种新型防飘喷雾机。在喷头的上风向处安装倾斜的挡板，在作业时可拨开作物冠层，使雾滴能更好地穿透，到达靶标的中下部。挡板导流式喷雾机由机架、液泵、药液箱、管路系统、喷雾系统等主要部分组成，由8.80kW拖拉机牵引作业，装有12个喷头，喷幅6m，药箱容积300L。挡板导流式喷雾机的挡板改变了喷头的流场，使气流的水平速度减小，并产生了垂直向下的气流，减少了雾滴飘尖的潜能，并胁迫雾滴向靶标沉积。田间测试结果显示，在小麦返青期和抽穗期喷雾，用防飘喷雾机作业比常规喷雾药液沉积总量分别增加了35.1%和30.5%，飘失量减少了36.1%和44.7%，雾滴在小麦冠层的上、中、下沉积分布均匀。

（5）自动对靶喷雾机。为针对果园施药新开发的机型，喷雾机主要由机架、药箱、液泵、风机、靶标自动探测系统、静电系统、喷头及喷雾控制系统、管路系统等组成。喷雾机动力为18.40kW拖拉机，整机结构为悬挂式，沿风机出风口上、中、下各安装6个低量喷头，左右对称。靶标自动探测系统采用红外线探测器，探测有效距离0～10m可调，可探测果树上、中、下3个位置，通过对不同果树形态进行准确的探测和判断，把信号提供给喷雾控制系统，控制系统接收到探测系统的信号后，迅速做出判断，决定上、中、下3段的喷头同时喷雾还是分别喷雾。静电喷雾装置能使雾滴带电，使雾滴在靶标上的沉积量增加2倍以上。风机为大风量的轴流风机，提高了雾滴在树冠中的穿透性。该喷雾机整机外形尺寸1 500mm×1 000mm×1 200mm，质量150kg，药箱最大装药量250kg，试验表明，在苹果树上喷雾，节省农药50%～75%。

（6）果园风送喷雾机。果园风送喷雾机是一种适用于较大面积果园施药的大型机具，它是依靠风机产生强大的气流，将雾滴吹送至果树的各个部位。风机的高速气流有助于雾滴穿透稠密的果树枝叶，并促使叶片翻动，提高了药液附着率，且不会损伤枝条或损坏果实。果园风送喷雾机有悬挂式、牵引式和自走式，我国主要机型为中小型牵引式动力输出轴驱动型，今后应发展小型悬挂式或自走式机型。前者成本低，后者机动性好，爬坡能力强，适用于密植或坡地果园。拖拉机牵引的果园风送式喷雾机，分为动力和喷雾两部分，喷雾部分由药液箱、轴流风机、液泵、调压分配阀、过滤器、吸水阀、传动轴和喷洒装置等组成。果园风送喷雾机具有喷出雾滴小、附着力强、药液消耗少、生产效率高等优点。

（7）"Π"型循环喷雾机。"Π"型循环喷雾机是为了减少喷雾飘失，降低农药损失的一种新机具，适合用于矮化种植的果园、篱架式绿化带等作物。"Π"型循环喷雾机应用了罩盖防飘喷雾技术，其突出特征是具有"Π"型罩盖。"Π"型循环喷雾机由机架、药箱、喷雾系统（包括液泵、分配阀、竖直喷杆、管路等部件）、药液回收系统（包括壁面罩盖、端面罩盖、顶部弹性遮挡、作业宽度调节油缸、药液回收器等部件）等组成。壁面罩盖、端面罩盖与顶部弹性遮挡形成一个隧道式的"Π"型罩盖，喷雾系统的竖直喷杆固定在壁面罩盖内部，相对喷雾，作业时果树冠层被罩盖横跨罩住，形成一个封闭的空间，喷雾在这个封闭的空间中进行，药液在罩盖内部喷施到靶标上，没有沉积到叶丛或枝条的以及叶面上滴落的雾滴可以被罩盖收集，这些药液汇集到承液槽中，经循环可再利用。该机与果园风送喷雾机相比，没有飘失，在冠层中的药液分布和覆盖效果良好，田间测试结果显示，在果树发芽期或落叶期、花期前和全盛生产期的药液回收率分别是70%、40%～50%和25%～30%。

（8）静电喷雾机。静电喷雾是利用高压静电在喷头与靶标间建立一静电场，农药液体流经喷头雾化后，通过不同的充电方式（电晕充电、感应充电、接触充电）充上电荷，形成群体荷电雾滴，然后在静电场力和其他外力的作用下，雾滴作定向运动而吸附在靶标上。它具有雾滴均匀、沉积性能好、飘移损失小、沉降分布均匀、穿透性强，且在植物叶片背面也能附着雾滴等优点。静电喷雾机的关键是在各种型号的喷雾机具上安装上静电喷头。目前，生产上使用的静电喷雾机产品有多种型号，如手持式静电喷雾机、背负式静电喷雾机、果园静电喷雾机等。

（9）植保无人机。植保无人机是用于农林植物保护作业的无人驾驶飞机，主要是通过地面遥控或GPS飞控，来实现喷洒作业，可以喷洒药液、粉剂、种子等。生产中使用的主要有两种机型，一是多旋翼植保无人机，二是单旋翼植保无人机。与传统植保作业相比，无人机植保作业具有作业精准、高效环保、智能化、操作易等特点。此外，由于植保无人机体积小、质量小、运输方便、飞行操控灵活，对于不同的地块、作物均具有良好的适用性，其应用前景非常广阔，近年来受到广泛关注。

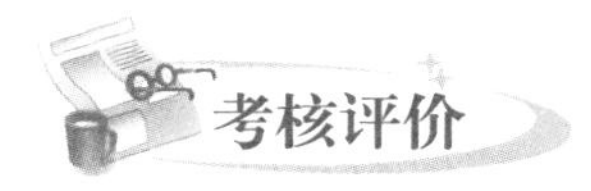

考核评价

根据学生对农药剂型物理性状观察的认真仔细程度，对农药质量鉴别操作的规范熟练程度，对农药分类、农药剂型应用特点的掌握程度及实验报告完成情况等几方面（表4-1-1）进行考核评价。

表4-1-1　农药（械）的准备考核评价

序号	考核项目	考核内容	考核标准	考核方式	分值
1	农药剂型物理性状观察	农药剂型外观物态观察	能正确描述乳油、粉剂、悬浮剂、水剂、颗粒剂、水分散粒剂、烟剂、片剂等剂型的外观物态	答问考核、操作考核	10
		农药剂型在水中的反应	正确描述乳油、粉剂、可湿性粉剂、悬浮剂、水剂、水分散粒剂在水中的反应，能说出各剂型的特点		10
2	农药质量鉴别	外观质量鉴别	能从农药包装上鉴别出真假农药；能从标签上分辨出标签是否合格；能从农药外观特征上鉴别出农药的优劣		30
		物理性状鉴别	能用水溶法、加热法、灼烧法正确鉴定出农药样品的优劣		20
3	知识点考核		熟悉农药的分类方式和内容，掌握主要农药剂型的应用特点	闭卷笔试	20
4	实验报告		书写认真，格式正确，有实验结果分析或实验体会和收获，提出新的实验建议或见解者酌情加分	评阅考核	10

子项目二　农药的配制

【学习目标】熟悉农药用量的表示方法、使用浓度换算和农药制剂用量的计算方法；掌握药液及毒土的配制方法和波尔多液配制、石硫合剂熬制的方法；了解植保无人机的使用技术。

任务1　配制药液和毒土

【材料及用具】当地可买到的菊酯类乳油、甲基硫菌灵可湿性粉剂等常用剂型的农药品种；手动喷雾器、配药量筒、托盘天平、杆秤、塑料桶等。

【内容及操作步骤】除少数可直接使用的农药制剂外，一般农药都要经过配制才能使用。农药的配制就是把商品农药配制成可以施用的状态。农药配制一般要经过农药和稀释剂用量的计算、量取和混合几个步骤。

一、计算农药制剂和稀释剂的用量

（一）农药用量表示方法

配制农药常遇到农药的用量和农药的浓度两个问题，农药用量是单位面积农田（果园、林地）防治某种有害生物所需要的药量；农药的使用浓度是指农药制剂的质量（或容积）与稀释剂的质量（或容积）之比，一般用稀释倍数表示。

1. 农药有效成分用量表示法　国际上普遍采用单位面积有效成分（a. i.）用量，即 g（a. i.）/hm^2［克（有效成分）公顷］表示方法。

2. 农药商品用量表示法　该表示法比较直观易懂，但必须标明制剂浓度，一般表示为 g/hm^2或 mL/hm^2。

3. 稀释倍数表示法　这是针对常量喷雾而沿用的习惯表示方法。一般不指出单位面积用药液量，应按常量喷雾施药。

4. 单位质量（容量）浓度　即单位质量（容量）药液中含有的有效成分的量，通常表示农药加水稀释后的药液浓度，用 mg/kg 或 mg/L 表示。相当于原来的 ppm 浓度（现为非许用单位），多用于表示植物生长调节剂的使用浓度。

5. 百分浓度表示法　通常表示制剂的含药量，但也有以百分浓度表示农药的使用浓度。

（二）农药使用浓度换算

1. 农药有效成分量与商品量的换算

农药有效成分量＝农药商品用量×农药制剂浓度（%）

2. 百万分浓度与百分浓度（%）换算

百万分浓度＝百分浓度（%）×10 000

3. 稀释倍数换算

内比法（稀释倍数小于100）：

$$稀释倍数=\frac{原药剂浓度}{新配制药剂浓度}$$

$$药剂用量=\frac{新配制药剂质量}{稀释倍数}$$

$$稀释剂用量（加水量或拌土量）=\frac{原药剂用量\times（原药剂浓度-新配制药剂浓度）}{新配制药剂浓度}$$

外比法（稀释倍数大于 100）：

$$稀释倍数=\frac{原药剂浓度}{新配制药剂浓度}$$

$$稀释剂用量=原药剂用量\times稀释倍数$$

（三）农药制剂用量计算

1. 已知单位面积上的农药制剂用量，计算农药制剂用量

$$农药制剂用量（g或mL）=每公顷面积农药制剂用量（g/hm^2或mL/hm^2）\times施药面积（hm^2）$$

2. 已知单位面积上的有效成分用量，计算农药制剂用量

$$农药制剂用量（g或mL）=\frac{单位面积有效成分用量（g/hm^2或mL/hm^2）}{制剂的有效成分含量}\times施药面积（hm^2）$$

3. 已知农药制剂要稀释的倍数，计算农药制剂用量

$$农药制剂用量（g或mL）=\frac{要配制的药液量（g或mL）}{稀释倍数}\times施药面积（hm^2）$$

二、准确量取农药制剂和稀释剂

计算出农药制剂用量和稀释剂用量后，要严格按照计算的量称取或量取。固体农药要用秤称量，液体农药要用有刻度的量具量取。量取好药和稀释剂后，要在专用的容器内混匀。

三、正确配制药液和毒土

1. 固体农药制剂的配制　粉剂一般不用配制，可直接喷粉，但用作毒土撒施时需要用土混拌，选择干燥的细土与药剂混合均匀即可使用。可湿性粉剂配制时，应先用小容器在药粉中加入少量的水调成糊状，然后再倒入药桶（缸）中，加足水后搅拌均匀即可，不能把药粉直接倒入盛有大量水的药桶（缸）中，否则会降低液体的悬浮率，药液容易沉淀。

2. 液体农药制剂的配制　乳油、水剂、悬浮剂等液体农药制剂，加水配制成喷雾用的药液时，要采用“二次加水法”配制，即先向配制药液的容器内加 1/2 的水量，再加入所需的药量，最后加足水量。配制药剂的水，应选用清洁的河、溪和沟塘的水，尽量不用井水。

需要用乳油等液体农药制剂配制成毒土使用时，首先根据细土的量计算所需用的制剂的用量，将药剂配成 50～100 倍的高浓度药液，用喷雾器向细土上喷雾，边喷边用铁锨向一边翻动，喷药液量达到至细土潮湿即可，喷完后再向一边翻动一次，等药液充分渗透到土粒后即可使用。

练　习

1. 现有10%吡虫啉乳油，需要配制15kg 2 000倍药液防治蚜虫，问需吸取多少毫升10%吡虫啉乳油？

2. 今有一瓶进口20%氯虫苯甲酰胺悬浮剂，标签说明施用量为每公顷30g有效成分。若按此说明配制150kg的药液，需用该悬浮剂多少毫升？

思考题

1. 生产上使用农药时，有的按使用倍数，有的则按单位面积用药量，谈谈你对此问题的看法。

2. 说明农药使用浓度的换算方法。

3. 配制农药应注意哪些问题？

4. 配制可湿性粉剂药液时，为什么应先将药粉加入少量的水调成糊状，然后再加足水？

任务2　波尔多液的配制和质量检查

波尔多液的配制及质量鉴定

【材料及用具】 硫酸铜、生石灰、水、量筒、秤、塑料桶、塑料盆等。

【内容及操作步骤】 波尔多液是用硫酸铜、生石灰和水配成的天蓝色胶状悬液，有效成分是碱式硫酸铜。配制波尔多液有多种配比方法，使用时主要是根据植物对硫酸铜或石灰的忍受力及防治对象选择配比。常用的配比主要有以下几种（表4-2-1）。

表4-2-1　波尔多液各式用料配比

原料	配　比				
	等量式	倍量式	多量式	半量式	少量式
硫酸铜	1	1	1	1	1
生石灰	1	2	2.1～3.0	0.5	0.2～0.4
水	100～240	100～240	100～240	100～240	100～240

对易受铜元素药害的植物，如桃、李、杏、梅、梨、苹果、柿、白菜、菜豆、小麦等，可用石灰倍量式或多量式波尔多液，以减轻铜离子产生的药害。对于易受石灰药害的植物，如葡萄、茄科和葫芦科作物等可用石灰半量式或少量式波尔多液。

1. 选料　要选用质量好的蓝色结晶硫酸铜和白色质轻的块状生石灰作为原料，硫酸铜颜色变黄或石灰呈粉末状不可用。根据需要和配制容器的大小，按上表的配比称出配料备用。

2. 溶解硫酸铜和消解生石灰　将称好的硫酸铜加入适量的水将其溶解，不能用热水溶解硫酸铜；将生石灰放入缸或桶内，慢慢向生石灰上注入少量的水，使其消解，一次不能加过多的水。

3. 配制硫酸铜和石灰乳母液　用一个缸（桶）加入剩余水的80%，然后倒入以上已溶解的硫酸铜液，配成硫酸铜母液备用；用另一个缸（桶）加入剩余的水将已消解的生石灰调成石灰乳母液备用。

4. 两液混合　将硫酸铜母液慢慢倒入石灰乳中，边倒边搅即成天蓝色的波尔多液，此配制方法称为注入法。注意不可将石灰乳倒入硫酸铜溶液中，以防发生大颗粒沉淀。

也可用并入法配制，即各用一半的水分别配成硫酸铜液和石灰乳液，然后同时倒入第三个容器中，边倒边搅即成。配制的容器最好选用塑料桶或木桶，不要用金属容器。

配制好的波尔多液呈天蓝色的胶状液体，鉴定其质量有两个指标：一是看颜色，若呈暗蓝、灰绿、灰蓝、淡绿等色均不是好的波尔多液。二是看波尔多液的沉降速度，沉降速度快，说明质量差。鉴定方法是：将配好的波尔多液装入量筒或透明的玻璃杯中，静止30～60min，根据沉降速度快慢和沉降体积的多少来鉴定波尔多液的质量优劣。

波尔多液是一种良好的保护剂，对霜霉病、叶斑病等病害防效好，但对白粉病和锈病效果差。使用时直接用配好的药液，不能再加水，药效期一般为15d左右。波尔多液存放时间过久，其胶粒会相互聚合沉淀，因此，应现用现配，不能贮存。

练　习

1. 每2～3人一组，配制3～4种配比的波尔多液，并进行质量鉴定，全班评比各组所配波尔多液的优劣，并分析其原因。
2. 写出配制波尔多液的操作步骤。

思考题

1. 你认为影响波尔多液配制质量的关键因素是什么？
2. 描述一下优质的生石灰、硫酸铜和波尔多液的外观表现。
3. 为什么波尔多液配好后不能再加水稀释？

任务3　石硫合剂的熬制

【材料及用具】 硫黄粉、生石灰、水、烧火木材、铁锅、秤、水桶、水舀、波美密度计等。

石硫合剂的熬制及鉴定

【内容及操作步骤】 石硫合剂属无机硫杀菌剂，是以生石灰和硫黄粉为原料加水熬制而成的枣红色透明液体（原液），呈强碱性，对皮肤和金属具有腐蚀性。有效成分主要是多硫化钙。

1. 选料　要选用质量好的硫黄粉和生石灰，硫黄粉要细而颜色纯正，无杂质；生石灰要求色白质轻的块灰，不能用消石灰。

2. 原料配比　生石灰1份，硫黄粉1.6～2.0份，水15份。

3. 熬制方法　根据锅的大小，计算出水、生石灰和硫黄粉的用量。将水倒入锅内加热，待水温50～60℃时，从锅中取出适量温水将硫黄粉调成糊状，待水温70～80℃时，将准备的生石灰放进铁锅中，2～3min 石灰水即沸腾，当确定生石灰完全消解后，将事先调好的硫黄糊自锅边缘缓缓倒入锅内，此时用大火保持锅内沸腾，并不断搅拌，自开锅35～45min，药液颜色变化由淡黄色→橘黄色→橘红色→枣红色→红褐色→黑褐色时停火即成。将熬制好的石硫合剂舀出，放入带釉的缸中，冷却后滤出渣滓，即得到枣红色的透明原液。

石硫合剂的熬制质量与原料的好坏和火力的大小有关，熬制时要用大火，特别是倒入硫黄糊后 20min 内，需用强火猛攻，保持药液剧烈沸腾，最好有几次淤锅，此段时间药液颜色迅速变化，一般在开锅后 20min 左右药液颜色即变为黑褐色，若开锅后 30min 药液仍为红褐色，说明其药液很难再达到高质量了。

石硫合剂是应用普遍、效果较好的无机杀菌、杀虫、杀螨剂，对白粉病、锈病和介壳虫、螨类、虫卵等有良好的防治效果，是果树发芽前作为铲除剂喷洒的主要药剂之一。石硫合剂使用前，必须用波美密度计测量原液的波美度（即波美密度），然后再根据需要的浓度加水稀释。一般熬制的原液可达 25 波美度左右，石硫合剂在植物休眠期一般使用浓度为3～5 波美度，生长期一般使用 0.2～0.5 波美度。石硫合剂加水稀释公式为：

$$\text{加水稀释质量倍数}=\frac{\text{原液波美度数}-\text{稀释液波美度数}}{\text{稀释液波美度数}}$$

1. 以班为单位，按上述方法在室外熬制石硫合剂，并用波美密度计测量其波美度数。
2. 写出熬制石硫合剂的操作步骤。
3. 某果园早春需用 500kg 3 波美度的石硫合剂药液喷洒枝干，问需要 25 波美度石硫合剂母液多少千克？

1. 你认为影响熬制石硫合剂质量的关键因素是什么？
2. 如何控制熬制石硫合剂时的熄火时间？
3. 石硫合剂为什么不能与波尔多液混用？

植保无人机的使用

近年来，随着农作物连片种植面积日益扩大，农作物重要病虫害时有暴发，传统农药喷施方法由于效率较低容易错过最佳防治时期。植保无人机防治平均每分钟可喷洒约 2×667m²，每次装药可以喷洒 8～10min，每次起降可喷洒（10～20）×667m²，是目前传统的人工喷洒速度的 20～60 倍，可在病虫害的最佳防治时期快速完成飞防作业。从而保证了防治效果，降少了因防治不及时造成的损失。

植保无人机飞行产生的下降气流吹动叶片，能使叶片正反面、植株上中下部均能着药，防治效果相比人工与普通机械提高 15%～35%，应对突发、爆发性病虫害的防控效果好；不受作物长势的限制，可有效解决作物生长中后期地面机械难以下田作业的问题。例如，作物生长至封行后行垄不清晰，特别是对于玉米等高秆作物，玉米大喇叭口期高度一般都在 1.2m 以上，与拖拉机配套的普通悬挂式、牵引式喷杆喷雾机难以实施喷洒作业，尤其在丘陵山区、交通不便、人烟稀少或内涝严重的地区，地面机械难以进入作业，航空作业可解决这一难题。

植保无人机还具有精准作业、高效环保、智能化、操作简单等特点，为农户节省大型机械和大量人力的成本。近几年全国各地很多地区都在使用植保无人机进行农药喷施作业，但是，目前各地植保无人机安全有效用于农药喷施的相关技术规范还有待完善，植保无人机用于农药喷施中农药飘移造成的药害还需防范，尤其是喷施除草剂以及农田周边存在敏感作物、水产养殖水面、畜禽养殖场所情况下，更要严格作业规范，防止农药飘移造成危害。以下为植保无人机作业前、作业中、作业后安全有效作业需要特别注意的方面。

（一）作业前准备

1. 植保无人机要求 植保无人机须符合《轻小无人机运行管理规定（试行）》（AC-91-FS—2015-31）相关规定和《植保无人飞机质量评价技术规范》（NY/T 3213—2018）相关要求。

2. 飞行范围要求 飞行范围严格按照作业方案执行，飞行距离控制在视距范围内，同时了解作业地周围的设施及空中管制要求。

3. 作业区块要求 作业区块及周边避免有影响安全飞行的林木、高压线塔、电线、电线杆以及其他障碍物。作业区块及周边有适合植保无人机起落的场地和飞行航线，且非国家规定禁飞区域。

4. 操控人员要求 操控人员须获得相关作业培训机构的培训证书。操控人员身体健康，不得在酒后及身体不适状态下操控，对农药有过敏情况者不得操控。操控人员严禁穿拖鞋，须佩戴口罩、安全帽、防眩光眼镜、身穿防护服，并且在上风处和背对阳光操作；操控人员与植保无人机保持 5m 以上安全距离。

5. 农药要求 所喷施的农药应是农药管理部门登记注册的合格产品，应符合《农药安全使用规范总则》（NY/T 1276—2007）和《农药合理使用准则》（GB/T 8321—2018）的规定。选择能适合植保无人机喷雾要求的高效、低毒、低残留药剂品种，农药剂型可选用油剂、超低容量液剂、可溶液剂、微乳剂、水乳剂、可溶粉剂、可溶粒剂、水分散粒剂、悬浮剂，且在使用前进行桶混兼容性试验。必要时，加入飞防专用助剂。尽可能选用油剂、油悬浮剂、可分散油悬浮剂等无人机喷雾专用剂型。

6. 气象条件 作业前查询作业区块的气象信息，包括温度、湿度、风向、风速等气象信息。雷雨天气禁止作业。环境平均风速应小于等于 3.0m/s，最大风速应不超过 5.4m/s。

7. 确定作业方案 根据作业区地理、作物生长、病虫害发生等情况，设置植保无人机的航线间隔、飞行高度、速度、喷雾量等参数。航线间隔 3.0m，飞行作业高度离作物冠层上方 1.2～2.0m，飞行作业高度设定要充分考虑当时的风速情况及作物病虫害发生部位，风速大时适当降低飞行高度。飞行作业须保持直线飞行，确保不漏喷、不重喷。飞行作业时保持3.0～6.0m/s匀速飞行。每667m²喷雾药液量不低于0.5L。飞行作业起降地点地面平实，以防起降时损坏机器。

根据作业区作物生长情况及病虫害发生情况，按照农药使用说明或咨询当地农业植保部门，确定药种、药量以及配药标准。制订突发情况的处理预案，确定植保无人机如发生故障的紧急迫降点（须远离人群）。

8. 设备准备 植保无人机须有企业的产品合格证。根据使用说明书要求检查植保无人机的完整性及辅助设备是否齐全。操控人员做好各项检查，确保植保无人机处于正常状态，严禁带病作业。调试对讲机、检查辅助人员在作业区最远处通讯是否正常，确保操控人员作业时沟通顺畅。操控人员可以对植保无人机进行喷清水试飞，试飞正常后进行喷药作业飞行。

（二）现场作业

（1）作业飞行远离人群，作业地有其他人员作业时严禁操控飞行。飞行远离蚕桑种植区域、水产养殖池塘、畜禽养殖场、蜜蜂采花区域以及其他可能危害有益生物的区域。

（2）起降飞行远离障碍物5m以上，平行飞行远离障碍物10m以上并作相应减速飞行。

（3）作业过程中操控人员须关闭手机及其他电磁干扰设备。操控人员使用对讲机通话简洁、明确，且重复2次以上。

（4）作业前再次检查作业区块及周边情况，确保没有影响飞行安全因素。起飞前测量电池电压或燃料情况，检查植保无人机状况。

（5）根据作业情况，观察飞行远端的位置和状况以及植保无人机的喷幅大小、飞行高度、速度、距离、断点等，及时作出相应调整。操控人员使用遥控器操纵植保无人机或者使用地面站系统控制植保无人机作业的，需详细记录植保无人机作业情况。做好植保无人机转场、更换电池、加注燃料和加药等工作。地面近距离操作维护保养时，须切断动力电源，避免意外启动，防止发生事故。

（三）作业后维护

1. 整理装备 作业完成后，做好植保无人机以及对讲机、遥控器、风速仪、充电器、电池等相关附件的整理与归类。

2. 清洁检查 药箱内残留药剂、农药包装废弃物集中回收处置，清洗药箱、喷头和滤网等所有配药器具，无残留物附着，燃油机需排空剩余燃料且不得污染环境。植保无人机的运动部件要涂防锈和润滑油，并检查和紧固螺丝。

3. 电池充电与存放 电池的充电与使用按电池的相关标准执行。作业完成后，按要求分类整理摆放电池，并在电池防爆箱内标注使用和未使用。

4. 贮存 检查完毕后，将植保无人机及辅助设备运回存放地存放。

5. 记录 完成作业后，将作业记录汇总归档，保存期不少于2年。

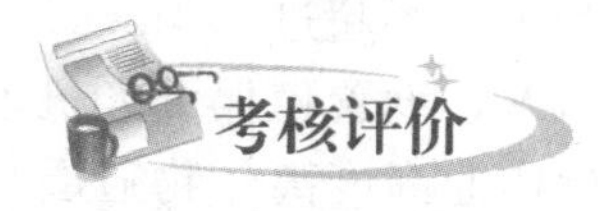

考核评价

根据学生配制药液和毒土、配制波尔多液、熬制石硫合剂的规范熟练程度及实验报告完成情况等几方面（表4-2-2）进行考核评价。

表 4-2-2　农药的配制考核评价

序号	考核项目	考核内容	考核标准	考核方式	分值
1	配制药液和毒土	量取制剂和稀释剂	量取制剂和稀释剂方法正确，选用用具适当，称量基本准确	答问考核、操作考核	5
		配制药液和毒土	能用正确方法配制，药液或毒土混合均匀		10
2	配制波尔多液	原料鉴定	能区别出生石灰和硫酸铜的优劣		5
		配制硫酸铜和石灰乳母液	能正确称量硫酸铜和生石灰，硫酸铜和石灰乳母液溶解充分		5
		配制波尔多液	配制出的波尔多液质量好，其颜色纯正，沉降速度慢		25
3	熬制石硫合剂	原料鉴定	能区别出生石灰和硫黄粉的优劣		5
		调制硫黄糊	硫黄糊调制均匀，无不溶于水的硫黄粉粒		5
		熬制石硫合剂	能正确掌握火力、颜色变化和熬制时间；熬制出的石硫合剂质量好，颜色纯正，母液波美度达到20波美度以上；结果以（母液量×波美度数）的值来表示，其数值越大越好		25
4	知识点考核		熟悉农药用量的表示方法，熟记农药稀释计算公式	闭卷笔试	5
5	实验报告		书写认真，格式正确，有实验结果分析或实验体会和收获，提出新的实验建议或见解者酌情加分	评阅考核	10

子项目三　农药的使用

【学习目标】掌握农药的施用方法，了解清洗药械和保管农药（械）的要求；熟悉农药毒性的分级标准；明确预防抗药性产生的措施、植物发生药害后的补救措施和预防农药中毒的措施；掌握常用农药品种的特点及使用方法。

任务1　施用农药

【材料及用具】常用各种剂型的杀虫剂、杀菌剂若干种；背负式喷雾器、背负式机动喷雾喷粉机、喷射式机动喷雾机、手持电动超低容量喷雾器、常温烟雾机、树干注射机、兽用注射器等器械。

【内容及操作步骤】农药的施用方法较多，应根据农药的性能、剂型，防治对象、防治成本以及环境条件等综合因素来选择施药方法。

农药施用方法

一、喷 雾 法

喷雾是借助于喷雾器械将药液均匀地喷施于防治对象及被保护的寄主植物上，是生产上应用最广泛的一种方法。此法适用于乳油、水剂、可湿性粉剂、悬浮剂、可溶粉剂等农药剂型，可用作茎叶处理和土壤表面处理。具有药液可直接触及防治对象、分布均匀、见效快、防效好、方法简便等优点；但也存在易飘移流失，对施药人员安全性较差等缺点。

喷雾时要求均匀周到，使目标物上均匀地有一层雾滴。喷雾法可分为以下 5 种。

1. 常规高容量喷雾（HV） 也称为常规大容量喷雾法或传统喷雾法，使用器械主要为手动喷雾器、大田喷杆喷雾机和担架式喷雾机，选用直径为 1.3mm 以上空心圆锥雾喷片或大流量的扇形喷头，雾滴中径为 250～400μm，每公顷喷液量在 600L 以上（大田作物）或 1 500L以上（果树）。常规高容量喷雾对生物体表面覆盖密度高，因此适用于喷洒各类液体药剂，尤其适于喷洒保护性的杀菌剂、触杀性的杀虫剂、杀螨剂、除草剂。对那些体小、活动性小以及隐蔽危害的害虫防治效果好。同时，还适于小面积作业。但常量喷雾的主要缺点是雾滴粗大、易流失、工效低、劳动强度大。

2. 中容量喷雾（MV） 使用器械主要为手动喷雾器、大田喷杆喷雾机、果园风送喷雾机等，选用直径为 0.7～1.0mm 小喷片或中小流量扇形喷头，雾滴中径为 150～250μm，每公顷喷液量在 150～600L（大田作物）或 600～1 500L（果树）。中容量喷雾易引起药液流失，但流失现象轻于常规高容量喷雾。

3. 低容量喷雾（LV） 使用器械主要为背负式机动弥雾机、微量弥雾机、常温喷雾机等，选用直径 0.7mm 以下小喷片、气力式喷头和离心旋转喷头，雾滴中径 100～150μm，每公顷喷液在 15～150L（大田作物）或 150～600L（果树）。低容量喷雾省药、省工，适宜喷洒内吸性的杀虫、杀菌剂等，但不宜用于喷洒除草剂和高毒农药。低容量喷雾适于林木、果园及农作物的大面积病虫害防治。

4. 很低容量喷雾（VLV） 使用器械主要为背负式机动弥雾机、植保无人机等，选用压力喷头、离心旋转喷头等，雾滴中径为 50～100μm，每公顷喷液量在 5～15L（大田作物）或 45～150L（果树）。优点是雾滴细、施药液量少、不易流失、节省劳力和能源，缺点是受风向、风力和上升气流影响大。

5. 超低容量喷雾（ULV） 使用器械主要为背负机动弥雾机、植保无人机和热烟雾机等，选用扁平扇形压力喷头、离心旋转喷头和超低容量喷头等，雾滴中径＜50μm，每公顷喷液量＜5L（大田作物）或＜45L（果树）。适用于喷洒低毒的内吸剂或低毒的触杀剂，以防治具有相当移动能力的害虫，不适用于喷洒保护性杀菌剂和除草剂。

在实际生产应用中，通常分为常量喷雾（大于 450L/hm^2）、低容量喷雾（15～450L/hm^2）和超低容量喷雾（小于 15L/hm^2）3 种。

二、喷 粉 法

喷粉是利用喷粉器械产生的风力，将粉剂均匀地喷施在目标植物上的施药方法。此法最适于干旱缺水地区使用，当前在温室大棚应用增多。喷粉具有工效高、方法简便、防治及时等优点。其缺点是易造成环境污染。

三、土壤处理

土壤处理是采用适宜的施药方法把农药施到土壤表面或土壤表层中，防治病虫及杂草的方法。其优点是药剂不飘移，对天敌影响小。缺点是施药难于均匀，施药后需要不断提供水分，药效才能得到发挥。

四、种子处理法

1. 拌种　是指用一定量的药粉或药液与种子充分拌匀的方法，前者为干拌，后者为湿拌。因湿拌后需堆闷一段时间，故又称闷种。拌种用的药量，一般为种子质量的 0.2%～0.5%。拌种主要用来防治种子传播的病害和地下害虫。此法用药少、工效高、防效好、对天敌影响小。

2. 浸种和浸苗　是指将种子或幼苗浸泡在一定浓度的药液里，经过一定时间使种子或幼苗吸收药剂，用以消灭其上所带的病菌或虫体。具有用工少、用药量少、对天敌影响小等优点。

五、毒 饵 法

毒饵法是利用害虫、鼠类喜食的饵料与具有胃毒作用的农药混合制成的毒饵，引诱害虫、鼠类前来取食，将其毒杀而死。常用的饵料有麦麸、米糠、豆饼、花生饼、玉米芯、菜叶等。主要用于防治地下害虫和害鼠，防治效果高，但对人、畜安全性较差。

六、熏 蒸 法

熏蒸法是利用熏蒸剂或易挥发的药剂产生的有毒气体来杀死害虫或病菌的方法。熏蒸法一般适用在温室大棚、仓库等密闭场所。该方法具有防效高、作用快等优点，但室内熏蒸时要求密封，施药条件比较严格，施药人员须做好安全防护。

七、烟 雾 法

烟雾法是利用喷烟机具把油状农药分散成烟雾状态以杀虫灭菌的方法。由于烟雾粒子很小，沉积分布均匀，防效高于一般的喷雾法和喷粉法，但烟雾法对天敌影响较大。

八、涂 抹 法

涂抹法是用有内吸作用的药剂直接涂抹或擦抹作物或杂草而取得防治效果。该施药法用药量低、防治费用少，但费工。

九、根区施药

根区施药属于土壤处理的一种，是将内吸性药剂埋于植物根系周围，通过根系吸收并传输到作物全株，当害虫取食时使其中毒死亡。如用 3%克百威颗粒剂埋施于作物根部，可防治多种刺吸式口器的害虫。

十、注射法、打孔法

注射法是用树干注射机或兽用注射器将内吸性药剂注入树干内部，使其在树体内传导运输而杀死害虫。打孔法是用木钻、铁钎等利器在树干基部向下打一个 45°角的孔，深约 5cm，然后将 5～10mL 的药液注入孔内，再用泥封口。所用药剂一般稀释 2～5 倍。

以小组为单位，设计防治果树（或花卉）蚜虫的化学防治方案，采用不同的施药方法进行防治，并比较不同施药方法的防治效果。

1. 根据你所掌握的农药剂型特点，你认为除教材所列的施药方法之外，还可采用哪些施药方法？常量喷雾最适合在哪种场合下应用？

2. 你认为施用农药的一般原则是什么？

任务2　清洗药械和保管农药（械）

【材料及用具】背负式喷雾器、背负式机动喷雾喷粉机等喷药器械。

【内容及操作步骤】

一、清洗施药器械

药械使用后，机具应全面清洗。具体要求如下。

（1）施药器械每天使用结束后，不能马上把机具放置在仓库中，应倒出药液桶内残余的药液，加入少量的清水继续喷洒干净，并用清水清洗各部分。

（2）清洗药械不能直接在河边、池塘边洗刷，以防污染水源。清洗药械的污水，不得随地泼洒，应选择安全地点妥善处理。若下一次使用需更换药剂或作物，则要先用碱水反复多次清洗机具，再用清水冲洗。

（3）喷雾器（机）喷洒除草剂后，一定要用加有清洗剂的清水彻底冲洗干净（至少清洗3遍），避免以后喷洒农药时造成植物药害。

（4）防治季节过后，应将重点部件（如喷头、开关、药液箱等）用热洗涤剂或弱碱水清洗，再用清水清洗干净，晾干后存放。

（5）不锈钢制桶身的喷雾器，用清水清洗完后，应擦干桶内的积水，然后打开开关，倒挂于室内干燥处存放。

二、保管农药（械）

（一）农药的保管

（1）农药仓库结构要牢固，门窗要严密，库房内要求阴凉、干燥、通风，并有防火、防盗措施，严防受潮、阳光直晒和高温。

（2）农药必须单独贮存，不得和粮食、种子、化肥、饲料及日用品等混放，禁止把汽油、柴油等易燃物放在农药仓库内。农药堆放时，要分品种堆放，严防破损、渗漏。农药堆放高度不宜超过2m。

（3）各种农药进出库都要记账入册，并根据农药“先进先出”的原则，防止农药存放时间过长而失效。

（4）农民用户自家贮存时，要注意将农药单放在一间屋内，防止儿童接近。最好将农药锁在一个单独的柜子或箱子中，一定要将农药保存在原包装中，存放在干燥的地方。

（5）液体农药易燃烧、易挥发，在贮存时重点是隔热防晒，避免高温。堆放时应箱口朝上，保持干燥通风。要严格管理火种和电源，防止引起火灾。固体农药吸湿性强，贮存保管的重点是防潮隔湿。微生物农药不耐高温，不耐贮存，容易吸湿霉变，失活失效，宜在低温干燥环境中保存。

（二）药械的保养

每次使用药械后或防治季节过后，应妥善保养使用过的施药器械，具体要求如下。

（1）器械存放前，凡活动部件及非塑料接头处均应涂黄油防锈。

（2）背负式机动喷雾喷粉机进行喷粉作业后，要及时清洗化油器和空气滤清器。长薄膜管内不得存留药粉，拆卸之前空机运转1～2min，将长薄膜管内的存留药粉吹净。

（3）背负式机动喷雾喷粉机在长期不用时，要注意定期对汽油机进行保养。

（4）保养后的施药器械应放在干燥通风的库房内，切勿靠近火源，避免露天存放或与农药、酸、碱等腐蚀性物质放在一起。

1. 以小组为单位，对使用过的手动喷雾器或背负式机动喷雾喷粉机进行一次清洗。
2. 参观学校有关药械或机械实验室，写出对器械保养的评价及建议。

生产上经常出现使用过除草剂的喷雾器，由于清洗不干净，造成再次使用时产生植物药害的情况，你认为应如何避免？

农药的合理使用和安全使用以及常用农药的使用

（一）农药的合理使用

农药的合理使用就是本着“安全、经济、有效”的原则，从综合治理的角度出发，运用生态学的观点来使用农药。

1. 施用农药的一般原则

（1）对症用药。各种药剂都有一定的性能及防治范围，因此，应针对防治对象的种类和特点，选择最适合的农药品种和剂型，切实做到对症下药，避免盲目用药。

（2）适时用药。农药施用应选择在病、虫、草最敏感的阶段或生长发育最薄弱的环节进行，因此，要掌握病虫害的发生发展规律，抓住有利时机适时用药。

（3）适量用药。施用农药时，对其使用浓度、单位面积上的用药量和施药次数都应有严格的规定。不可任意提高浓度、加大用药量或增加使用次数。

（4）适法施药。在确定防治对象和选用药剂的基础上，采用正确的方法施药，不仅可充分发挥农药应有的防治效果，而且能减少药害和农药残留等不良作用。

（5）交替用药。长期使用一种农药防治某种害虫或病菌，易使害虫或病菌产生抗药性，降低防治效果。因此应尽可能选用不同作用机制的农药轮换用药，以延缓病虫的抗药性。

（6）混合用药。正确混合用药，即将两种或两种以上的对病虫具有不同作用机制的农药混合使用，可提高防治效果，延缓有害生物产生抗药性，扩大防治范围，节省劳力和用药量，降低成本和毒性，增强对人、畜的安全性。

2. 病虫的抗药性

（1）抗药性的类型。一个地区长期使用同一种药剂防治某种有害生物，会出现毒力逐渐下降，甚至丧失对该种防治对象的使用价值，这种现象说明了该有害生物对某种农药可能产生抗药性。所谓抗药性，即农业有害生物的一个品系（或小种）对杀死其正常种群大多数个体的某种农药的常用剂量具有显著的忍耐能力。有害生物对一种药剂产生抗药性后，对另一种未用过的药剂也产生抗药性的现象称为交互抗性；相反，对一种药剂产生抗药性后，对另一种未用过的药剂变得更为敏感，这种抗药性称为负交互抗性。了解各类药剂间的交互抗性和负交互抗性的情况，对于筛选新药、混剂的配伍和克服害虫、病原菌的抗药性具有重要的指导作用。

（2）抗药性的预防和克服。延缓抗药性产生和发展的途径主要有：①采用综合防治措施，尽量减少用药量和用药次数；②选择不同类型的药剂轮换、交替使用；③使用作用机理不同的两种单剂配制而成的复配剂；④某些杀虫剂可加用增效剂。

（二）农药的安全使用

在使用农药防治有害生物时，应采取积极有效的措施，确保对人、畜、天敌、植物及其他有益生物的安全。

1. 农药毒性 农药毒性是指农药对人、畜、有益生物等的毒害性质。农药毒性可分为急性毒性、亚急性毒性和慢性毒性。急性毒性是指一次服用或接触大量药剂后，迅速表现出中毒症状的毒性。衡量农药急性毒性的高低，通常用致死中量（LD_{50}）来表示。致死中量（LD_{50}）是指药剂杀死供试生物种群50％时所用的剂量，表示为药量与供试生物体重之比，单位为mg/kg。我国按原药对动物（一般为大白鼠）急性毒性（LD_{50}）值的大小分为5级（表4-3-1）。亚急性毒性和慢性毒性是指低于急性中毒剂量的农药，被长期连续通过口、皮肤、呼吸道进入供试动物体内，3个月内对供试动物内脏（肾、肝、肺、脑等）的影响称为亚急性毒性，进入供试动物体内6个月以上并对其产生有害影响尤其是“三致”作用（致癌、致畸、致突变）的称为慢性毒性。

2. 农药安全间隔期 农药安全间隔期为最后一次施药至作物收获时所规定的间隔天数，即收获前禁止使用农药的日期。大于安全间隔期施药，收获农产品中的农药残留量不会超过规定的允许残留限量，可以保证食用者的安全。我国制定的《农药合理使用准则》中对农药的安全间隔期做了明确的规定。

表4-3-1 农药急性毒性分级

毒性级别	经口 LD_{50}（mg/kg）	经皮 LD_{50}（mg/kg）
剧毒	＜5	＜20

（续）

毒性级别	经口 LD_{50}（mg/kg）	经皮 LD_{50}（mg/kg）
高毒	5～50	20～200
中等毒	50～500	200～2 000
低毒	500～5 000	2 000～5 000
微毒	>5 000	>5 000

3. 农药残留及控制　农药残留是指农药使用后残存于生物体、农副产品和环境中的微量农药原体、有毒代谢物、降解物和杂质的总称。农药残存的数量称为残留量，以 mg/kg 或 μg/kg 表示。

控制农药残留污染主要从 3 个方面入手：一是严格按农药登记批准的农药种类和使用范围使用农药，不能随意扩大农药使用范围，提倡使用生物农药和高效、低毒、低残留的化学农药；二是严格控制农药的施用浓度、施药量、剂型、次数和施药方式；三是严格遵守农药使用安全间隔期规定。

4. 农药对植物的药害　植物药害是指因施用农药不当而引起植物所反映出的各种病态，包括植株生理变化异常、生长停滞、植株变态、果实丧失固有风味，甚至死亡等一系列症状。植物药害一般分为急性药害、慢性药害和残留药害 3 种类型。

（1）造成植物药害的原因。引起植物药害的原因比较复杂，除错用、乱用农药以外，其主要原因有以下几方面。

①药剂的理化性质：一般无机的、水溶性强的药剂容易产生药害，植物性药剂、微生物药剂对植物最安全；菊酯类、有机磷类药剂对植物比较安全。除草剂和植物生长调节剂产生药害的可能性要大些。剂型不同，引起的药害程度也不同，一般油剂、乳油（剂）比较容易引起药害，可湿性粉剂次之，粉剂、颗粒剂比较安全。

②植物的耐药力：不同植物或品种、不同发育阶段其耐药力不同，如植物发芽期、幼苗期、花期、孕穗期以及嫩叶、幼果对药剂比较敏感，容易产生药害。

③农药的质量：制剂加工质量差或分解失效的农药都容易产生药害。

④农药的使用方法：农药的使用浓度过高，使用量过大，混用不当，雾滴粗大，喷粉不匀等均会引起药害。

⑤气候条件：药害与温度、湿度和土壤环境条件有关。一般温度过高或过低、湿度过大、日照过强时易产生药害。

（2）药害发生后的补救措施。药害一旦发生，要积极采取措施加以补救，常用的补救措施有以下几种。

①喷水淋洗：如属叶面和植株喷洒后引起的药害，且发现及时，可迅速用大量清水喷洒受害部位，反复喷洒 2～3 次，并增施磷、钾肥，中耕松土，促进根系发育，以增强作物的恢复能力。

②施肥补救：对叶面药斑、叶缘枯焦或植株黄化的药害，可增施肥料或喷施叶面肥，促进植物恢复生长，减轻药害程度。

③排灌补救：对一些水田除草剂引起的药害，适当排灌可减轻药害程度。

④激素补救：对于抑制或干扰植物生长的除草剂，在发生药害后，喷洒赤霉素等激素类

植物生长调节剂，可缓解药害程度。

5. 农药中毒及预防 农药中毒是指在使用或接触农药过程中，农药进入人体的量超过了正常的最大忍受量，使人的正常生理功能受到影响，出现生理失调、病理改变等中毒症状。防止农药中毒，要注意以下几个方面。

农药中毒及预防

（1）做好安全防护措施。使用必备的防护品，是防止农药进入人体，避免农药中毒的必要措施。配药、喷药时应穿戴防护服、手套等防护用品。

（2）正确选用农药。尽可能选用高效、低毒、低残留的农药。用药前应搞清所用农药的毒性级别，谨慎使用。在使用剧毒或高毒农药时，要严格按照《农药安全使用规定》的要求执行，不能超范围使用。

（3）安全、准确地配药和施药。要按农药产品标签上规定的剂量准确称量和稀释，不得自行改变稀释倍数。施药前应检查药械，保证药械无跑、冒、滴、漏现象。喷洒药液一般采用顺风隔行喷的方法，高温炎热的中午不宜施药。配药、喷药时，不能吃东西、抽烟等。

（4）施药后应做的工作。施药后要做好个人卫生、药械清洗、废瓶处理以及已施药田块的管理等方面的工作。个人要尽快用肥皂和清水洗脸、洗澡，更换衣服。

（三）常用农药的使用

1. 杀虫剂的使用

（1）有机磷杀虫剂。有机磷杀虫剂是我国使用最广泛的一类杀虫剂，其品种繁多、剂型多样。此类杀虫剂的主要特点是药效较高，杀虫谱广，具有多种杀虫作用。急性毒性高，易造成人、畜中毒，但残留毒性低，无积累毒性。主要品种有辛硫磷、毒死蜱、二嗪磷、杀扑磷、敌敌畏、敌百虫、马拉硫磷、三唑磷、丙溴磷、杀螟硫磷等（表 4-3-2）。

表 4-3-2 常用有机磷杀虫剂

名称	特点	常见剂型	防治对象及使用方法
敌敌畏	高效、中等毒性、速效、击倒性强、杀虫谱广，具有触杀、熏蒸和胃毒作用	50%、80%乳油	可防治农、林、园艺等多种作物的鳞翅目、同翅目、膜翅目、双翅目等多种害虫，还可用于温室、仓库的熏蒸。一般使用量为80%乳油1 075～1 500mL/hm²，对水喷雾（使用浓度1 000～1 500倍液）
敌百虫	高效、低毒、低残留，杀虫谱广；具胃毒、触杀作用	90%原药	适用于防治蔬菜、果树、农作物上的咀嚼式口器害虫及卫生害虫，对鳞翅目害虫高效。一般使用量为1 500g/hm²，对水喷雾（使用浓度1 000倍液）
辛硫磷（肟硫磷、倍腈松）	高效、低毒、低残留、杀虫谱广，具触杀和胃毒作用，击倒性强，易光解	50%乳油，3%、5%颗粒剂	可防治果树、蔬菜等经济作物上的鳞翅目害虫及地下害虫，是生产上应用最多最广的杀虫剂之一。一般使用量为50%乳油750mL/hm²，对水喷雾（使用浓度1 000～1 500倍液）；5%颗粒剂 30～40kg/hm²，防治地下害虫

（续）

名称	特点	常见剂型	防治对象及使用方法
杀扑磷（速扑杀、速蚧克）	高效、高毒的广谱性杀虫杀螨剂，具触杀、胃毒和渗透作用	40%乳油	多用于防治果树、林木上的刺吸和食叶害虫，特别对介壳虫效果好。一般使用浓度为40%乳油1 000～3 000倍液喷雾

（2）氨基甲酸酯类杀虫剂。氨基甲酸酯类杀虫剂的主要特点是：触杀作用强，药效迅速，持效期较短；对害虫选择性强，杀虫范围不如有机磷类广泛，对螨类和介壳虫效果差，对天敌较安全；多数品种对人、畜毒性较低，但也有一些品种，如克百威、涕灭威等的毒性极高（表4-3-3）。

表 4-3-3　常用氨基甲酸酯类杀虫剂

名称	特点	常见剂型	防治对象及使用方法
茚虫威（安打、全垒打）	新型高效、安全、低毒杀虫剂，具触杀、胃毒作用	15%悬浮剂、30%水分散粒剂	对几乎所有鳞翅目害虫高效，可有效防治粮、棉、果、蔬等作物上的多种害虫。可用于害虫的综合防治和抗性治理。一般使用量为15%悬浮剂132～264mL/hm²，对水喷雾（使用浓度4 000～8 000倍液）
抗蚜威（辟蚜雾）	高效、中等毒性的选择性杀虫剂，具触杀、熏蒸和渗透作用	50%可湿性粉剂	对蚜虫（棉蚜除外）高效，对蚜虫天敌毒性低，是综合防治蚜虫较理想的药剂。一般使用量为50%可湿性粉剂150～300g/hm²，对水喷雾（使用浓度2 000～3 000倍液）
硫双威（拉维因）	中等毒，杀虫谱广，胃毒作用为主，兼具触杀作用	75%可湿性粉剂、375g/L悬浮剂、80%水分散粒剂	兼具杀卵和杀幼虫作用，可用于防除十字花科蔬菜、棉花等作物上的鳞翅目害虫。防治棉铃虫有效成分用量为420～525g/hm²，防治十字花科蔬菜斜纹夜蛾有效成分用量为780～900g/hm²

（3）拟除虫菊酯类杀虫剂。拟除虫菊酯类杀虫剂是根据天然除虫菊素的化学结构人工合成的一类有机化合物。其主要特点是：杀虫广谱高效，用药量少，速效性好，击倒力强，以触杀作用为主；对人、畜毒性低，但对鱼、蜜蜂及天敌毒性高；不污染环境，易使害虫产生抗药性，其抗性发展速度较有机磷快几十至几百倍。主要品种有溴氰菊酯、氯氰菊酯、高效氯氰菊酯、氟氯氰菊酯、高效氟氯氰菊酯、联苯菊酯、氰戊菊酯、甲氰菊酯等。

①氰戊菊酯（中西杀灭菊酯、速灭杀丁）：为高效、中等毒性、低残留、广谱性杀虫剂，具有强烈的触杀作用，有一定的胃毒和拒食作用。作用迅速，击倒性强。可用于粮食、棉花、果树、蔬菜、园林、花卉等植物，防治鳞翅目、半翅目、双翅目等100多种害虫。常用剂型为20%乳油，一般使用量为300～600mL/hm²，对水喷雾（使用浓度2 000～3 000倍液）。此外，顺式氰戊菊酯、氯氰菊酯、顺式氯氰菊酯、溴氰菊酯、氯菊酯等拟除虫菊酯类杀虫剂的特性、杀虫作用、防治对象等与氰戊菊酯基本相近，被称为第一代菊酯类杀虫剂。

②甲氰菊酯（灭扫利）：为高效、中等毒性、低残留、广谱性杀虫剂，具有强烈的触杀作用，有一定的胃毒及忌避作用。对多种叶螨有良好防效。可用于防治鳞翅目、鞘翅目、同

翅目、双翅目、半翅目等害虫及多种害螨。常见剂型为 20%乳油。一般使用量 300～600mL/hm^2，对水喷雾（使用浓度2 000～3 000倍液）。此外，联苯菊酯、氯氟氰菊酯、氟氯氰菊酯等杀虫剂特性及防治对象与甲氰菊酯基本相近，被称为第二代菊酯类杀虫剂，与第一代菊酯类杀虫剂的主要区别是其兼具杀螨作用。

（4）沙蚕毒素类杀虫剂。沙蚕毒素是从生活在浅海泥沙中的沙蚕的环节蠕虫体内提炼的一种有杀虫作用的毒素，根据其化学结构人工合成的一类杀虫剂称为沙蚕毒素类杀虫剂。该类杀虫剂的特点是：杀虫谱广，具有多种杀虫作用，速效，且持效期长；作用机制特殊，害虫中毒后无兴奋症状，虫体很快呆滞麻痹，失去取食能力而死亡；对人、畜、鸟类及水生动物低毒，施用后在自然界容易分解。常用的品种有杀虫双、杀螟丹、杀虫单、杀虫环等。

杀虫双为毒性中等、杀虫谱广的沙蚕毒素杀虫剂，具有较强的内吸、触杀及胃毒作用，兼有一定的熏蒸和杀卵作用。持效期一般可达 10d 左右。可用于防治水稻、蔬菜、果树等作物上的多种鳞翅目幼虫、蓟马等。常见剂型有 18%、29%水剂，3.6%、5%颗粒剂。撒施颗粒剂防治水稻螟虫，有效成分用量 540～675g/hm^2；水剂防治农作物害虫和果树害虫，有效成分用量分别为 540～675g/hm^{2}和 225～360g/kg。豆类、甘蓝、白菜、棉花对该药敏感。

（5）昆虫生长调节剂类杀虫剂。是通过抑制昆虫生长发育，如抑制昆虫新表皮的形成、抑制蜕皮、抑制取食等，导致昆虫正常生理功能失调，最后死亡的一类药剂。该类药剂对人、畜的毒性很低，污染少，对天敌及有益生物影响小，被称为“第三代农药”。这类药剂的主要特点是：杀虫机制特殊，选择性强，对害虫主要是胃毒作用，杀虫作用缓慢。常用的品种有虱螨脲、氟虫脲、抑食肼、虫酰肼、灭幼脲、氟啶脲、氟苯脲、杀铃脲、氟铃脲、噻嗪酮、灭蝇胺等。

①虱螨脲（美除）：低毒，具有触杀和胃毒作用，首次作用缓慢，具有杀卵作用，主要用于防治对拟除虫菊酯类和有机磷酸酯类产生抗性的鳞翅目害虫，也可用于锈壁虱等害螨的防治。常见剂型有 5%乳油，2%微乳剂，5%、10%、24%悬浮剂等。有效成分含量：防治豆荚螟、甘蓝田甜菜夜蛾、番茄田棉铃虫等为 30～37.5g/hm^2，防治马铃薯块茎蛾为 30～45g/hm^2，防治果树卷叶蛾、柑橘潜叶蛾及锈壁虱为 25～50g/kg 等。

②虫酰肼（米满）：是一种促进鳞翅目幼虫蜕皮的新型仿生杀虫剂，具胃毒作用。幼虫取食喷施过虫酰肼的植物后，引起幼虫早熟，使其提早蜕皮致死。该剂可用于防治蔬菜、果树、农作物上的多种鳞翅目幼虫，对各龄幼虫均有效。常见剂型有 20%悬浮剂。一般使用量为 750～1 500mL/hm^2，对水喷雾（使用浓度1 000～2 000倍液），在幼虫发生初期喷药效果最好。

③灭幼脲（灭幼脲 3 号、苏脲 1 号）：为高效低毒的苯甲酰脲类杀虫剂，属昆虫几丁质合成抑制剂。以胃毒作用为主，触杀次之。迟效，一般药后 3～4d 药效明显。对多种鳞翅目幼虫有特效，常见剂型有 25%悬浮剂。一般使用量为 450～750mL/hm^2，对水喷雾（使用浓度1 000～1 500倍液），在幼虫三龄前用药效果最好。

④噻嗪酮（扑虱灵、优乐得）：是一种抑制昆虫生长发育的选择性杀虫剂，抑制昆虫几丁质合成和干扰新陈代谢。具较强的触杀作用，也有胃毒作用，对同翅目的飞虱、叶蝉、粉虱及介壳虫类害虫高效，对其他害虫效果差，对天敌安全。施药后 3～7d 才能显效，持效期长达 30d。常用剂型为 25%可湿性粉剂，一般使用量为 300～450g/hm^2，对水喷雾（使用浓度1 500～2 000倍液）。

（6）新烟碱类杀虫剂。新烟碱类杀虫剂是 20 世纪 90 年代新发展起来的一类全新结构的高效杀虫剂，这类药剂主要作用于昆虫的烟酸乙酰胆碱受体，与乙酰胆碱受体结合，阻断昆虫中枢神经系统的正常传导，从而导致害虫出现麻痹进而死亡。该类药剂具有极好的内吸活性及较长的持效期，对刺吸式口器的害虫高效。我国批准登记使用的新烟碱类杀虫剂主要有吡虫啉、啶虫脒、噻虫啉、氯噻啉、烯啶虫胺、噻虫嗪、噻虫胺、呋虫胺、哌虫啶、环氧虫啶、氟啶虫酰胺、氟啶虫胺腈等（表4-3-4）。

表4-3-4　新烟碱类杀虫剂

名称	特点	常见剂型	防治对象及使用方法
吡虫啉（康福多、蚜虱净、一遍净）	属高效、低毒、杀虫广谱的硝基亚甲基类内吸杀虫剂，具胃毒和触杀作用	10%、25%可湿性粉剂，70%拌种剂	对刺吸式口器害虫防效突出。可用于防治水稻、小麦、棉花、蔬菜、果树、园林、花卉、烟草等植物上的蚜虫、飞虱、叶蝉、粉虱、蓟马等。一般使用量为10%可湿性粉剂375～525g/hm²，对水喷雾（使用浓度2 000～3 000倍液）
啶虫脒（莫比朗、吡虫清）	属高效、中等毒性、杀虫广谱的氯代烟碱吡啶类化合物，具触杀、胃毒和渗透作用	3%乳油	适用于防治果树、蔬菜、烟草、茶等经济作物上的同翅目害虫。杀虫速效，且持效达20d左右。用颗粒剂做土壤处理，可防治地下害虫。一般使用量为3%乳油600～750mL/hm² 对水喷雾（使用浓度2 000～2 500倍液）
噻虫嗪（阿克泰、锐胜）	属第二代新烟碱类杀虫剂。具有触杀、胃毒和强的内吸作用，持效期长	25%水分散粒剂、70%可分散粉剂	对同翅目害虫有高活性，对鞘翅目、双翅目、鳞翅目害虫有效，能有效防治各种蚜虫、叶蝉、飞虱、粉虱、金龟子幼虫、潜叶蛾等害虫。可茎叶处理、种子处理和土壤处理。一般使用量25%水分散粒剂24～48g/hm²对水喷雾（或使用浓度5 000～10 000倍液）
烯啶虫胺	为高效、低毒的烟酰亚胺类杀虫剂，具有胃毒、触杀作用，有很强的内吸和渗透作用，持效期长	10%水剂、25%水分散粒剂、20%可湿性粉剂	杀虫谱广，广泛用于水稻、蔬菜、果树和茶树等，是防治刺吸式口器害虫如蚜虫、飞虱、粉虱、叶蝉、蓟马的换代产品。一般使用量10%水剂300g/hm²对水喷雾（或使用浓度2 000～3 000倍液）
氟啶虫酰胺	具有触杀和胃毒作用，还具有很好的神经毒剂和快速拒食作用	10%、20%、50%水分散粒剂	对防治黄瓜、马铃薯、苹果等作物刺吸式口器害虫有效。有效成分用量：黄瓜蚜虫45～75g/hm²，马铃薯蚜虫52.5～75g/hm²，苹果蚜虫20～40g/hm²
氟啶虫胺腈	具有内吸性、触杀性和渗透性，与其他新烟碱类农药无交互抗性	50%水分散粒剂、22%悬浮剂	适宜防治果树、蔬菜、水稻、小麦、棉花等作物上多种刺吸式口器害虫。防治棉田害虫有效成分用量：盲蝽52.5～75g/hm²，烟粉虱75～97.5g/hm²，蚜虫15～40g/hm²；防治稻田飞虱有效成分用量为49.5～66g/hm²，防治柑橘矢尖蚧有效成分用量为36.7～48.8g/hm²

（7）其他有机合成杀虫剂。近年来研究开发了一系列结构新颖的杀虫剂品种，这些杀虫剂作用机理独特，杀虫活性高，毒性低，与常规的杀虫剂相比，具更高的环境相容性（表4-3-5）。

表4-3-5　其他有机合成杀虫剂

名称	特点	常见剂型	防治对象及使用方法
吡蚜酮（吡嗪酮）	属新型高效、微毒级的吡啶杂环类杀虫剂，具触杀、内吸作用。作用方式独特，对害虫没有击倒活性，昆虫接触到药剂后，即停止取食，使害虫饥饿而死	25%可湿性粉剂、50%水分散粒剂	对同翅目害虫有独特的防效，特别是对蚜虫科、飞虱科、粉虱科、叶蝉科等多种害虫，适用于蔬菜、水稻、小麦、棉花、果树及多种大田作物。一般使用量为25%可湿性粉剂150～480g/hm^2，对水喷雾
氯虫苯甲酰胺（康宽、普尊、奥德腾）	属新型微毒级的邻甲酰氨基苯甲酰胺类杀虫剂，以胃毒、触杀作用为主，具有较强的渗透性，药剂能穿过茎部表皮细胞层进入木质部，从而沿木质部传导	5%、20%悬浮剂，35%水分散粒剂	高效广谱，对鳞翅目害虫防效好，还能控制某些鞘翅目、双翅目及同翅目等多种害虫。对靶标害虫的活性比其他产品高出10～100倍，一般使用量为20%悬浮剂75～150mL/hm^2，对水喷雾，药后7min害虫停止取食，持效期10d以上，而安全间隔期在1～3d
氟虫双酰胺（垄歌）	属新型微毒级的邻苯二甲酰胺类杀虫剂，具有胃毒和触杀作用	20%水分散粒剂	对绝大多数鳞翅目害虫具有很好的活性，且速效、持效期长，在一般用量下对有益虫没有活性。一般使用量为20%水分散粒剂225～300g/hm^2，对水喷雾
氰氟虫腙（艾法迪）	属新型微毒级的缩氨基脲类杀虫剂，具胃毒作用	24%悬浮剂	对鳞翅目和部分鞘翅目害虫防效好，如对棉铃虫、稻纵卷叶螟、马铃薯叶甲等防效极佳，还可防治蚂蚁、白蚁、红火蚁、蝇及蟑螂等非作物害虫。一般使用量为20%悬浮剂450～1 050mL/hm^2，对水喷雾
乙虫腈（酷毕）	属新型微毒级的苯吡唑类杀虫剂，具触杀作用	10%悬浮剂	对多种咀嚼式和刺吸式口器害虫均有防效，主要用于防治飞虱、蓟马、蝽、蚜虫、甜菜夜蛾、蝗虫等，对稻飞虱、蝽类有很强的活性，可用于叶面喷雾和种子处理，持效期长。一般使用量为20%悬浮剂450～600mL/hm^2，对水喷雾
醚菊酯（多来宝、利来多）	为高效广谱微毒的醚类（结构类似于拟除虫菊酯）杀虫剂，具有触杀、胃毒和内吸作用。击倒性强，持效期长	10%悬浮剂、10%水乳剂、20%乳油	用于防治水稻、蔬菜、棉花上的同翅目、鳞翅目、半翅目、直翅目、鞘翅目、双翅目和等翅目等多种害虫，尤其对稻飞虱的防治效果显著。使用10%悬浮剂450～600mL/hm^2，对水喷雾

（8）微生物杀虫剂。微生物杀虫剂是由害虫的病原微生物，如细菌、真菌、病毒等及其代谢产物加工成的一类杀虫剂。此类杀虫剂的主要特点是：施药后使害虫染病而死，且具有传染性；对人、畜毒性低，不污染环境；一般不易使害虫产生抗药性；选择性强，不伤害天敌；药效发挥慢，防治暴发性害虫效果差。微生物杀虫剂是生产绿色食品的首选药剂，生产上应用较多的品种有苏云金杆菌、青虫菌、金龟子芽孢杆菌、白僵菌、绿僵菌、蜡蚧轮枝菌、棉铃虫核多角体病毒、阿维菌素、多杀菌素、乙基多杀菌素、杀蚜素、虫螨霉素等。

①白僵菌：是一种真菌杀虫剂。白僵菌的分生孢子接触虫体后，在适宜条件下萌发，侵

入虫体内大量繁殖，分泌毒素，2～3d 后昆虫死亡。死虫体菌丝产生分生孢子，呈白色茸毛状，称为白僵虫。白僵菌可寄生鳞翅目、同翅目、膜翅目、直翅目等 200 多种昆虫和螨类，常见剂型有每克 50 亿～70 亿活孢子白僵菌粉剂。一般使用浓度为每克 1 亿孢子。

②苏云金杆菌（Bt）：是一种细菌杀虫剂，已知的苏云金杆菌有 30 多个变种。苏云金杆菌进入昆虫消化道后，可产生内毒素（即伴孢晶体）和外毒素。伴孢晶体是主要毒素，使昆虫因败血症而死亡。苏云金杆菌制剂的速效性较差，具胃毒作用，可用于防治鳞翅目、直翅目、鞘翅目、双翅目、膜翅目等多种害虫。常见剂型有 Bt 乳剂（每毫升 100 亿孢子）、每克 100 亿和每克 150 亿活芽孢可湿性粉剂，使用剂量为 Bt 乳剂1 500～4 500mL/hm^2，对水喷雾（300～1 000倍液）。

③阿维菌素（爱福丁、害极灭、阿巴丁）：是由链霉菌产生的新型大环内酯抗生素类杀虫杀螨剂，具有很高的杀虫、杀螨、杀线虫活性，对昆虫和螨类具有胃毒和触杀作用，对植物叶片具有较强的渗透性。适用于蔬菜、果树、棉花、烟草、花卉等多种作物，防治鳞翅目、双翅目、同翅目、鞘翅目害虫以及叶螨、锈螨等。常用剂型有 1.8%、0.9%乳油，一般使用量为 1.8%乳油 300～750mL/hm^2，对水喷雾（使用浓度2 000～3 000倍液）。该剂是目前生产上应用最为广泛的抗生素类杀虫杀螨剂，现在市场上出现了很多阿维菌素混剂。

④多杀菌素（菜喜、催杀）：是从放射菌代谢物中提纯的生物源杀虫剂。适用于防治菜蛾、甜菜夜蛾及蓟马等害虫。杀虫速度可与化学农药相当，杀虫机理独特，与目前使用的各类杀虫剂没有交互抗性。毒性极低，采收安全间隔期仅为 1d，特别适合无公害蔬菜生产应用。常用剂型为 48%悬浮剂（催杀）、2.5%悬浮剂（菜喜）。一般使用量为 2.5%悬浮剂 500～825mL/hm^2，对水喷雾（使用浓度1 000～1 500倍液）。

（9）植物源杀虫剂。植物源杀虫剂是利用具有杀虫活性的植物有机体的全部或其中一部分作为农药或提取其有效成分制成的杀虫剂。其主要特点是：对人、畜毒性低，对天敌和作物安全；易降解，持效期短，不污染环境；防治谱较窄，对害虫作用缓慢；害虫不易产生抗药性。当前，植物源杀虫剂已成为研究开发的热点，商品化品种有烟碱、除虫菊素、鱼藤酮、印楝素、川楝素、苦皮藤素、藜芦碱、苦参碱、辣椒碱、木烟碱、茴蒿素、百部碱、茶皂素等几十种。

①烟碱：是从烟草下脚料中提取的触杀性植物杀虫剂，杀虫活性较高，主要起触杀作用，并有胃毒和熏蒸作用以及一定的杀卵作用；对植物组织有一定的渗透作用。主要用于果树、蔬菜、水稻、烟草等作物上防治鳞翅目、同翅目、半翅目、缨翅目、双翅目等多种害虫。常见剂型有 10%乳油，一般使用量为 750～1 050mL/hm^2，对水喷雾（使用浓度 800～1 200倍液）。

②鱼藤酮（鱼藤、毒鱼藤、地利斯）：从多年生豆科藤本植物根部提取的强触杀性植物杀虫剂，杀虫活性高，具有触杀和胃毒作用。主要用于蔬菜、果树、茶树、烟草、花卉等作物，防治鳞翅目、同翅目、半翅目、鞘翅目、缨翅目、螨类等多种害虫、害螨。常见剂型有 2.5%乳油，使用量为1 500mL/hm^2，对水喷雾（使用浓度1 000～2 000倍液）。

③川楝素（蔬果净）：是由热带地区生长的楝树种子提炼出来的植物源杀虫剂。具有胃毒、触杀和一定的拒食作用。用于防治果树、蔬菜、茶树、烟草等作物上的鳞翅目、鞘翅目、同翅目等多种害虫。常见剂型有 0.5%乳油，使用量为 750～1 500mL/hm^2，对水喷雾（使用浓度1 500倍液）。

④苦参碱（蚜螨敌、苦参素）：是由苦参的根、茎、果实经乙醇等有机溶剂提取制成的

植物杀虫剂，其成分主要是苦参碱、氧化苦参碱等多种生物碱。具触杀和胃毒作用，对多种作物上的菜青虫、蚜虫、叶螨等有明显的防治效果，也可防治地下害虫。常见剂型有0.2%水剂、1.1%粉剂。一般使用量为0.2%水剂750～1 200mL/hm²，对水喷雾（使用浓度100～300倍液）。

2. 杀螨剂的使用 杀螨剂是指用于防治蛛形纲中有害螨类的化学药剂。杀螨剂一般对人、畜低毒，对植物安全，没有内吸传导作用。各种杀螨剂对各螨态的毒杀效果有较大差异，在选用杀螨剂时应注意。主要品种有联苯肼酯、丁氟螨酯、螺螨酯、唑螨酯、噻螨酮、四螨嗪、哒螨酮、苯丁锡、三唑锡、炔螨特等（表4-3-6）。

表4-3-6 常用杀螨剂

名称	特点	常见剂型	防治对象及使用方法
四螨嗪（螨死净、阿波罗）	属有机氮杂环类杀螨剂，为活性很高的杀螨卵药剂，对幼螨、若螨也有效，对成螨效果差。具触杀作用，无内吸性。持效期长，作用较慢，一般施药后1～2周才达到最高杀螨活性	20%、50%悬浮剂，10%可湿性粉剂	适用于果树、棉花、蔬菜、花卉等作物，防治多种害螨，使用20%悬浮剂2 000～2 500倍液喷雾
哒螨灵（哒螨酮、扫螨净、速螨酮、牵牛星）	属杂环类广谱性杀螨剂。对不同生长期的成螨、若螨、幼螨和卵均有效。以触杀作用为主，速效性好，持效期长，一般可达1个月	15%乳油、20%可湿性粉剂	对叶螨有特效，对锈螨、瘿螨、跗线螨也有良好防效，适用于果树、蔬菜、烟草、花卉、棉花等多种作物；对粉虱、叶蝉、飞虱、蚜虫、蓟马等也有效。一般使用15%乳油3 000～4 000倍液喷雾
三唑锡（倍乐霸、三唑环锡）	属有机锡类广谱性杀螨剂。以触杀作用为主，可杀若螨、成螨和夏卵，对冬卵无效。对作物安全，持效期长	25%可湿性粉剂、20%悬浮剂	可用于果树、蔬菜、棉花等作物，防治多种叶螨、锈螨。一般使用25%可湿性粉剂1 000～2 000倍液喷雾
炔螨特（克螨特）	属有机硫杀螨剂。对幼螨、若螨、成螨效果好，杀卵效果差。具触杀和胃毒作用，杀螨谱广，持效期长	73%乳油	可用于棉花、蔬菜、果树、花卉等多种作物防治多种害螨。一般使用2 000～3 000倍液喷雾
氟虫脲（卡死克）	属苯甲酰脲类杀螨杀虫剂，杀幼螨、若螨效果好，不能直接杀死成螨，具触杀和胃毒作用。作用缓慢，须经10d左右药效才明显。对叶螨天敌安全，是较理想的选择性杀螨剂	5%乳油	适用于果树、蔬菜、棉花、烟草、大豆、玉米、观赏植物等，防治各类害螨和鳞翅目、鞘翅目、双翅目、半翅目等害虫。一般使用1 000～1 500倍液喷雾

3. 杀菌剂的使用 杀菌剂是指对植物病原菌具有抑制或毒杀作用的化学物质。

（1）非内吸性杀菌剂。非内吸性杀菌剂喷施到植物体表后，形成一层药膜，以保护植物不受病原菌的侵染。这类药剂一般杀菌谱广，可防治多种病害，多用于预防病害。非内吸性杀菌剂与内吸性杀菌剂相比，较不易使病菌产生抗药性。主要品种有代森锰锌、代森联、代森锌、百菌清、丙森锌、波尔多液、稻瘟酰胺、氟啶胺、腐霉利、异菌脲、菌核净、克菌丹、宁南霉素、咯菌腈、盐酸吗啉胍、乙酸铜、氧化亚铜、碱式硫酸铜、王铜、松脂酸铜、五氯硝基苯等（表4-3-7）。

表 4-3-7　常用非内吸性杀菌剂

名称	特点	常见剂型	防治对象及使用方法
代森锰锌（喷克、大生）	为高效、低毒、广谱的保护性杀菌剂，属二硫代氨基甲酸盐类	80%可湿性粉剂、25%悬浮剂	对多种叶斑病防效突出，对疫病、霜霉病、灰霉病、炭疽病等也有良好的防效。常与内吸性杀菌剂混配使用。一般使用量为80%可湿性粉剂2 250～3 000g/hm^2，对水茎叶喷雾（使用浓度600～800倍液）
百菌清（达科宁）	为取代苯类广谱保护性杀菌剂，对多种作物的真菌病害具有预防作用，有一定的治疗和熏蒸作用	50%、75%可湿性粉剂，30%烟剂	在果树、蔬菜上应用较多，对霜霉病、疫病、炭疽病、灰霉病、锈病、白粉病及多种叶斑病有较好的防治效果，一般使用量为75%可湿性粉剂2 250～3 000g/hm^2，对水喷雾（使用浓度500～800倍液）
腐霉利（速克灵）	属二甲酰亚胺类保护性杀菌剂，具保护、治疗作用，有一定的内吸性	50%可湿性粉剂、30%熏蒸剂	对果树、蔬菜、观赏植物及大田作物的多种病害有效，特别对灰霉病、菌核病等效果好。一般使用量为50%可湿性粉剂450～750g/hm^2，于发病初期对水喷雾（使用浓度1 000～2 000倍液）
异菌脲（扑海因）	属广谱性接触型保护杀菌剂，具有保护和一定的治疗作用	50%可湿性粉剂、25%悬浮剂	可防治灰霉病、菌核病及多种叶斑病，对苹果斑点落叶病效果好，一般使用量为50%可湿性粉剂900～1 500g/hm^2，对水喷雾（使用浓度1 000～1 500倍液）

（2）内吸性杀菌剂。内吸性杀菌剂能渗入植物组织或被植物吸收并在植物体内传导，抑制已经侵入植物组织的病菌生长。用非内吸性杀菌剂防治效差的病害，改用内吸性杀菌剂防治，会提高防治效果。但内吸性杀菌剂容易使病原菌产生抗药性。主要品种有苯醚甲环唑、丙环唑、氟硅唑、氟环唑、氟菌唑、戊唑醇、烯唑醇、叶枯唑等唑类，嘧菌酯、醚菌酯、吡唑醚菌酯、肟菌酯、烯肟菌胺、氰烯菌酯、啶氧菌酯、烯肟菌酯等甲氧基丙烯酸酯类，噻呋酰胺、啶酰菌胺、氟酰胺、硅噻菌胺、噻酰菌胺等酰胺类（表 4-3-8）。

表 4-3-8　常用内吸性杀菌剂

名称	特点	常见剂型	防治对象及使用方法
多菌灵（苯并咪唑44号）	为应用广泛的低毒、广谱性苯并咪唑类杀菌剂，具有保护、治疗和内吸性作用	50%可湿性粉剂	对多种真菌病害有效，一般使用量为50%可湿性粉剂1 025～1 500g/hm^2，对水喷雾（使用浓度750～1 000倍液）。现多种病原菌对多菌灵已产生抗性，常将多菌灵与其他杀菌剂混用
甲基硫菌灵（甲基托布津）	属高效、低毒、广谱性苯并咪唑类内吸杀菌剂，具预防和治疗作用。在植物体内转化为多菌灵	70%可湿性粉剂、40%悬浮剂	可防治果树、蔬菜、水稻、麦类、玉米、花生等多种作物上的病害。一般使用量为70%可湿性粉剂750～1 500g/hm^2，对水喷雾（使用浓度1 000～1 500倍液）。该药剂与多菌灵存在交互抗性
戊唑醇（立克秀）	属新型高效三唑类杀菌剂，具保护、内吸治疗和铲除作用	2%拌种剂、25%水乳剂、43%悬浮剂	高效、广谱性杀菌剂，用于防治经济作物的叶斑病、白粉病、锈病、灰霉病、根腐病等，对各类叶斑病防治效果突出，可叶面喷雾和用作种子拌种。喷雾使用43%悬浮剂3 000～5 000倍液，拌种100kg种子用2%拌种剂100～150g

（续）

名称	特点	常见剂型	防治对象及使用方法
烯唑醇（速保利）	属广谱性三唑类杀菌剂，具保护、治疗、铲除和内吸向顶部传导作用	12.5%可湿性粉剂、12.5%乳油	对白粉病、锈病、黑粉病、黑星病等有特效。一般使用量为12.5%可湿性粉剂450～900g/hm²，对水喷雾（使用浓度3 000～4 000倍液）
三唑酮（粉锈宁、百里通）	属高效、低毒的三唑类杀菌剂，具保护、内吸治疗和一定的熏蒸作用	20%乳油、25%可湿性粉剂	是防治白粉病和锈病的特效药剂，主要用于果树、蔬菜及农作物上，可喷雾、拌种。一般使用量为20%乳油375～750mL/hm²，对水喷雾（使用浓度2 000～3 000倍液）
甲霜灵（瑞毒霉、甲霜安）	属高效、安全、低毒的取代苯酰胺类杀菌剂。具有保护和内吸治疗作用，在植物体内能双向传导	25%可湿性粉剂、40%乳剂、5%颗粒剂	对霜霉病、疫霉病、腐霉病有特效，对其他真菌和细菌病害无效。可用作茎叶处理、种子处理和土壤处理，使用量为25%可湿性粉剂450～900g/hm²，对水喷雾（使用浓度500～800倍液）；用5%颗粒剂20～40kg/hm²做土壤处理
氟硅唑（新星、农星、福星）	属高效、低毒、广谱性新型三唑类内吸杀菌剂，具有保护、治疗作用	40%乳油	对子囊菌、担子菌、半知菌有效。主要用于防治黑星病、白粉病、锈病、叶斑病等，防治梨黑星病效果突出。一般使用6 000～8 000倍液喷雾
苯醚甲环唑（世高、噁醚唑、敌萎丹）	属高效、低毒、广谱性新型三唑类内吸杀菌剂，具有保护和治疗作用	10%水分散粒剂、3%悬浮种衣剂	用于防治果树、蔬菜的叶斑病、炭疽病、早疫病、白粉病、锈病等，该剂对不同病原菌有效浓度差异较大，一般使用量为300～1 500g/hm²，对水喷雾（稀释1 500～6 000倍液）。3%悬浮种衣剂，用于防治麦类黑穗病、根腐病、纹枯病、全蚀病等。拌种每100kg种子用400～1 000mL
噁霉灵（土菌消、立枯灵）	属低毒内吸性土壤消毒剂和种子拌种剂。具有保护作用	70%可湿性粉剂、4%粉剂、30%水剂	对腐霉菌、镰孢菌、丝核菌等引起的病害有较好的预防效果。可防治树木、观赏植物、蔬菜及水稻的立枯病，粉剂用于混入土壤处理，水剂用于灌土。一般用30%水剂500～1 000倍，按3kg/m²，苗前苗后施药
氰烯菌酯	属高效、微毒氰基丙烯酸酯类杀菌剂，具保护和治疗作用，通过根部被吸收，在叶片上有向上输导性	25%悬浮剂	对由镰孢菌引起的小麦赤霉病有突出防效，对棉花枯萎病、香蕉巴拿马病、水稻恶苗病、西瓜枯萎病等也有很高的活性。防治小麦赤霉病使用量为25%悬浮剂1 500mL/hm²，对水喷雾，一般在齐穗期开始用药
烯肟菌酯（佳斯奇）	属新型高效、低毒、广谱性的甲氧基丙烯酸酯类内吸杀菌剂，具有保护及治疗作用	25%乳油	对黄瓜、葡萄霜霉病，小麦白粉病等有良好的防治效果。一般使用25%乳油375～825mL/hm²于发病前或发病初期喷雾
噻呋酰胺（噻氟菌胺、满穗、宝穗）	属于噻唑酰胺类杀菌剂，具保护和治疗作用，具有很强的内吸传导性	24%悬浮剂	对担子菌真菌引起的病害，如纹枯病、立枯病等有特效。用在水稻等禾谷类作物及草坪上做茎叶处理，使用量为24%悬浮剂225～345mL/hm²，在发病初期喷雾

（续）

名称	特点	常见剂型	防治对象及使用方法
嘧菌酯（阿米西达）	是一种高效、广谱性甲氧基丙烯酸酯类杀菌剂，为仿生合成的免疫类杀菌剂。具有保护、治疗、铲除、渗透、内吸、预防等多重作用，最强的优势是预防保护作用	25%悬浮剂、50%水分散粒剂	具有广谱的杀菌活性，对几乎所有的真菌界病害，如白粉病、锈病、颖枯病、网斑病、霜霉病、稻瘟病等均有良好的活性。可用于茎叶喷雾、种子处理，也可进行土壤处理，主要用于水稻、花生、葡萄、马铃薯、果树、蔬菜、咖啡、草坪等。一般使用25%悬浮剂1 000～1 500倍液进行茎叶喷雾

（3）农用抗生素类杀菌剂。农用抗生素是微生物产生的代谢物质，能抑制植物病原菌的生长和繁殖。此类药剂的特点是：防效高，使用浓度低；多具有内吸或渗透作用，易被植物吸收，具有治疗作用；大多对人、畜毒性低，残留少，不污染环境。目前，已有数十种商品化农用抗生素推向市场，成为防治植物病害的主要药剂。主要品种有井冈霉素、春雷霉素、灭瘟素-S、硫酸链霉素、水合霉素、抗霉菌素 120、多抗霉素、公主岭霉素、宁南霉素、中生菌素、武夷菌素、梧宁霉素等。

①井冈霉素：是由吸水链霉菌井冈变种产生的葡萄糖苷类化合物，主要用于防治由丝核菌引起的多种作物的纹枯病、立枯病、根腐病等。常用剂型有 5%水剂和 5%可溶粉剂。一般使用量为 5%水剂1 500～2 250mL/hm^2，对水喷雾或泼浇（使用浓度 500 倍液喷雾或1 000～2 000倍液泼浇）。

②多抗霉素（宝丽安、多效霉素、多氧霉素）：是金色链霉菌所产生的代谢产物，主要用于防治苹果斑点落叶病、草莓灰霉病、水稻纹枯病、小麦白粉病、烟草赤星病、黄瓜霜霉病和白粉病、林木枯梢及梨黑斑病等多种真菌病害。常用剂型有 10%可湿性粉剂，一般使用量为1 500～2 250g/hm^2，对水喷雾（使用 500～700 倍液喷雾）。

③抗霉菌素 120（农抗 120）：是刺孢吸水链霉菌产生的嘧啶核苷类抗菌素。具预防及治疗作用，抗菌谱广，对多种植物病原菌有强烈的抑制作用，可用于防治瓜、果、蔬菜、花卉、烟草、小麦等作物的白粉病、炭疽病、枯萎病等。常用剂型有 2%水剂，使用量为7 500mL/hm^2，对水喷雾（使用 200 倍液喷雾或灌根）。

4. 杀线虫剂的使用　杀线虫剂是用来防治植物线虫病害的药剂。目前应用的杀线虫剂有两类，一类是熏蒸剂，不仅对线虫，对土壤中的病菌、害虫、杂草都有毒杀作用。另一类是兼有杀虫、杀线虫作用的非熏蒸剂，它们一般具触杀和胃毒作用，且毒性高，用药量较大。主要品种有阿维菌素、噻唑膦、棉隆、硫酰氟、丁硫克百威、氰氨化钙、淡紫拟青霉等（表 4-3-9）。

表 4-3-9　常用杀线虫剂

名称	特点	常见剂型	防治对象及使用方法
棉隆（必速灭）	属硫代异氰酸甲酯类杀线虫剂。毒性低，具有较强的熏蒸作用，易在土壤中扩散，作用全面、持久	50%可湿性粉剂、98%微粒剂	对多种线虫有效，一般用 50%可湿性粉剂 15～22.5kg/hm^2，拌细土 10～15kg 沟施或撒施，施后耙入深土层中

（续）

名称	特点	常见剂型	防治对象及使用方法
噻唑膦（地威刚、福气多）	是一种高效、广谱性的非熏蒸型有机磷杀虫杀线虫剂，具有内吸传导作用	10%颗粒剂	对根结线虫、根腐线虫有特效，对茎线虫，胞囊线虫等也有很好的防治效果。可广泛用于防治水稻、蔬菜、观赏植物、果树、药材等植物上的多种害虫和线虫。在作物定植当天，按 22.5～30.0kg/hm² 的用量，将药剂均匀撒于土壤表面，再用旋耕机或手工工具将药剂和土壤充分混合
淡紫拟青霉（线虫清）	本剂为活体真菌杀线虫剂，有效菌为淡紫拟青霉菌，菌丝能侵入线虫体内及卵内进行繁殖，破坏线虫的生理活动而导致其死亡	高浓缩吸附粉剂	主要用于防治粮食、豆类和蔬菜作物胞囊线虫、根结线虫等多种寄生线虫。拌种或定植时拌入有机肥中穴施。连年施用本剂对根治土壤线虫有良好效果

5. 除草剂的使用 用来毒杀和消灭农田杂草和非耕地里绿色植物的一类农药称除草剂。目前，市场上的除草剂种类很多，按使用方法分为土壤处理剂和茎叶处理剂；按其有效成分的化学结构分为无机除草剂和苯氧羧酸类（2 甲 4 氯钠）、苯甲酸类（麦草畏）、苯氧基丙酸酯类（精吡氟禾草灵、高效氟吡甲禾灵、精噁唑禾草灵、炔草酯、氰氟草酯）、三氮苯类（莠去津）、脲类（绿麦隆、异丙隆）、磺酰脲类（苯磺隆、苄嘧磺隆、噻吩磺隆、烟嘧磺隆）、二苯醚类（氟磺胺草醚、乳氟禾草灵、乙氧氟草醚）、酰胺类（异丙甲草胺、乙草胺）、二硝基苯胺类（二甲戊灵、氟乐灵）、环己烯酮类（烯草酮、烯禾啶）、有机磷类（草铵膦、草甘膦铵盐）、联吡啶类（敌草快）、三唑并嘧啶磺酰胺类（氟磺胺草醚）等有机除草剂（表 4-3-10）。

表 4-3-10 常用除草剂

名称	特点	常见剂型	防治对象及使用方法
精吡氟禾草灵（精稳杀得）	属苯氧羧酸类内吸选择性芽后除草剂，主要抑制茎和根的分生组织而导致杂草死亡	15%乳油	可用于防除花生、棉花、蔬菜、油菜、甜菜田一年生及多年生禾本科杂草，一般使用量为：2～3 叶期杂草 500～700mL/hm²、4～5 叶期杂草 750～1 000mL/hm²、5～6 叶期杂草 1 000～1 200mL/hm²，对水喷雾
乙草胺	属酰胺类选择性芽前土壤处理剂，可被植物幼芽吸收，吸收后向上传导，种子和根吸收传导少	50%、90%乳油，40%、50%水剂，20%可湿性粉剂	主要用于大豆、花生、棉花、玉米、马铃薯、油菜、大蒜等作物田，防除一年生禾本科杂草和部分阔叶杂草，有效成分用量为 638～1 750mL/hm²，对水喷雾
苯磺隆（巨星、阔叶净、麦磺隆）	属磺酰脲类内吸传导型芽后选择性除草剂，茎叶处理后可被杂草的茎、叶和根吸收并传导。在土壤中持效期长 30～45d	75%悬浮剂、75%可湿性粉剂	适用于大麦、小麦、燕麦等禾本科作物田及禾本科草坪中防除阔叶杂草。用 75%悬浮剂 15～20g/hm²，对水进行茎叶喷雾
氟乐灵（茄科宁、特富力、氟特力）	属二硝基苯胺类选择性芽前土壤处理剂。通过抑制杂草幼根和幼芽的生长和发育而发挥除草作用。植物的根和芽均能吸收，但根部吸收后不能向上传导，只在根际间传导	48%乳油	主要用于棉花、蔬菜、果树等作物田，防除单子叶杂草和一些小粒种子的双子叶杂草。使用时一般在杂草出土前做土壤处理，或播前土壤处理、播后苗前处理，使用量为 1 500～3 000mL/hm²，对水喷雾，喷后立即混土

（续）

名称	特点	常见剂型	防治对象及使用方法
莠去津（阿特拉津）	属三氮苯类选择性内吸传导型苗前（土壤处理）、苗后（茎叶处理）除草剂。持效期较长，玉米田使用1次即可控制整个生育期杂草	40%悬浮剂、50%可湿性粉剂	适用于玉米、高粱、果树（桃除外）、苗圃、林地等，防除一年生禾本科杂草和阔叶杂草，使用量为40%悬浮剂3 000～3 750mL/hm²，播后苗前土壤处理或苗后茎叶处理
氟磺胺草醚（北极星、除豆莠）	属二苯醚类选择性苗后除草剂，兼有一定的土壤封闭活性。光照下才能发挥除草活性	25%水剂	防除大豆、花生田阔叶杂草和香附子，对禾本科杂草也有一定防效。在大豆1～2个复叶，多数杂草出齐，2～4叶期施药。使用量为885～1 500mL/hm²（春大豆）或750～900mL/hm²（夏大豆），对水喷雾
烯禾啶（拿捕净）	属环己烯酮类选择性内吸传导茎叶处理剂，药剂在接触到杂草后会很快渗透到杂草体内发挥作用，直至杂草死亡	12.5%、20%、25%乳油	防除棉花、油菜、大豆、甜菜、花生田等禾本科杂草。在禾本科杂草2～3叶期施用，有效成分用量：大豆300～600mL/hm²，棉花300～360mL/hm²，花生、油菜200～300mL/hm²
草铵膦	属有机磷触杀性、灭生性除草剂，有一定的内吸性	10%、18%、20%、50%水剂	防除果园、蔬菜、非耕地的多种杂草，定向喷雾，有效成分用量540～1 080mL/hm²，果园杂草出齐后，于树行间或树下进行杂草茎叶定向喷雾处理；蔬菜生长期，杂草出齐后，喷头加装保护罩于蔬菜作物行间进行杂草茎叶定向喷雾处理
炔草酯（麦极）	为芳氧苯氧丙酸类内吸性苗后广谱性茎叶处理除草剂	15%、20%可湿性粉剂	用于小麦田苗后茎叶处理，主要防除野燕麦、看麦娘、燕麦、黑麦草、普通早熟禾、狗尾草等禾本科杂草。一般使用15%可湿性粉剂600g/hm²，对水叶面喷雾
氰氟草酯（千金）	属芳氧基苯氧基丙酸类内吸传导型选择性茎叶处理除草剂	10%、20%乳油，10%水乳剂	主要用于水稻田除草，对水稻高度安全，主要防除禾本科杂草，对千金子高效，对低龄稗草有一定的防效，还可防除马唐、双穗雀稗、狗尾草、牛筋草、看麦娘等。对莎草科杂草和阔叶杂草无效。使用10%乳油750～1 500mL/hm²，对水茎叶喷雾
五氟磺草胺（稻杰）	为三唑并嘧啶磺酰胺类内吸传导型苗后用除草剂，茎叶、幼芽及根系均可吸收	25%油悬浮剂	为稻田用广谱除草剂，可有效防除稗草、千金子以及一年生莎草科杂草，并对多种阔叶杂草有效，持效期长达30～60d，为目前稻田用除草剂中杀草谱最广的品种，一般使用量为60～120g/hm²，可采用喷雾或拌土处理

6. 杀鼠剂的使用　生产上使用的多为抗凝血杀鼠剂，即慢性杀鼠剂。现市场上应用的抗凝血杀鼠剂有第一代和第二代，其杀鼠机理相近。第一代抗凝血杀鼠剂主要是破坏鼠的凝血机能，导致动物内出血而死，使用时需多次投药，容易产生耐药性；第二代抗凝血杀鼠剂主要阻碍凝血酶原的合成，导致动物内出血而死，对非靶动物安全，无二次中毒现象，不易产生耐药性（表4-3-11）。

表 4-3-11　常用杀鼠剂

名称	特点	常见剂型	防治对象及使用方法
溴鼠隆（大隆、杀鼠隆）	属第二代抗凝血杀鼠剂，是目前抗凝血剂中毒力最大的一种，其特点是具有急性和慢性杀鼠的双重性，适口性好，不会产生拒食作用	0.005%毒饵、0.005%蜡块	防治野栖鼠类，每洞投 20～30g；防治家栖鼠类，每间房投毒饵或蜡块 20～30g，分 2 或 3 个饵点
溴敌隆（乐万通）	属第二代抗凝血杀鼠剂，其杀鼠谱广，适口性好，无忌食现象，毒性大。既具备第一代抗凝血杀鼠剂的特点，又具有急性毒性强的突出优点	0.005%毒饵	防治野栖鼠类，沿田埂、地边、地垄每 5m 投一堆，每堆 5g；防治家栖鼠类，每个房间用毒饵 5～15g，投 2 个或 3 个点
氯鼠酮（氯敌鼠）	属第一代抗凝血杀鼠剂，为高毒杀鼠剂。对鼠的毒力高，适口性较好，作用缓慢，杀鼠谱广。犬类对本药敏感	0.03%毒饵、0.25%油剂	防治野栖鼠类，沿田埂、地边、地垄每 5m 投一堆，每堆 5g 毒饵；防治家栖鼠类，每个房间投 2～3 个饵点。每个饵点一次投 15～30g 毒饵
杀鼠醚（立克命、毒鼠死）	属第一代抗凝血杀鼠剂，其杀鼠毒力强，杀鼠谱广，适口性好，具触杀和胃毒作用	0.037 5%颗粒饵料	防治家栖鼠类用 0.037 5%毒饵，每饵点投 5～10g；防治野栖鼠类，每饵点可用毒饵 3～5g

7. 植物生长调节剂的使用　植物生长调节剂是仿照植物激素的化学结构，人工合成的具有植物激素活性的物质，主要表现为促进生长或抑制生长两方面的作用，目前生产上常用的植物生长调节剂有生长素类、赤霉素类、细胞分裂素类、乙烯类、植物生长抑制物质和近几年新出现的芸薹素内酯。

（1）赤霉素（赤霉酸、九二〇）。是通过赤霉菌液体发酵，从代谢产物中提取出来的一种具有高度生理活性的植物生长调节剂，是目前农、林、果、园艺上使用较为广泛的植物生长调节剂。制剂有 85%结晶粉和 4%水剂。赤霉素对葡萄、柑橘、棉花、蔬菜、水稻、花生等有显著的增产作用，对果树、苗圃、三麦、菇类栽培亦有良好作用。可采用喷雾、浸根、浇根、种子处理、涂抹等方法，一般使用浓度为 20～50mg/L。施用时，先将粉剂溶于少量的乙醇或白酒中，再加水稀释到所需浓度。

（2）氯吡脲（吡效隆、调吡脲）。为细胞分裂素类植物生长调节剂，属苯基脲类衍生物，具有细胞分裂素活性，活性比嘌呤型细胞分裂素要高 10～100 倍。可促进细胞分裂、分化和扩大，促进器官形成和果实膨大。适用于果树及瓜果类植物，剂型有 0.1%和 0.5%可溶液剂。在花后采用浸幼果或果穗、浸瓜蕾或蘸瓜胎、涂抹瓜柄等方法，使用浓度为 0.1%可溶液剂 10～30mg/L。

（3）多效唑（氯丁唑、高效唑、PP333）。为一植物生长延缓剂，是内源赤霉素合成的抑制剂，能抑制植物新梢顶端分生组织细胞生长，减少营养生长，促进生殖生长。多效唑对花卉、草坪、观赏植物有抑制生长、增加分蘖的效用。加工制剂有 15%可湿性粉剂，一般使用浓度为 100～300mg/L。

（4）芸薹素内酯（益丰素、天丰素、油菜素内酯、天然芸薹素）。油菜素内酯是新发现的一类植物内源激素，为甾醇类植物激素。天然芸薹素是国际上公认的活性最高的广谱、无毒的植物生长调节剂，其活性是生长素的1 000～10 000倍。由于油菜素内酯源于油菜花粉的提取物，是一种无毒物质，目前生产的天丰素是人工合成的仿生产品。

该药剂能激发植物充分发挥其生长优势，促进植物均衡茁壮生长。它可促进根系发育，增加叶绿素含量，改善植物组织细胞性能和体液调节功能，从而增强作物抵抗干旱、病害、冻害、洪涝、盐碱等不利环境条件的能力。适用于粮食作物、蔬菜、水果、花卉、食用菌等。剂型有0.01%乳油、0.1%可溶粉剂、0.004%水剂等。可在植物生长的各个时期使用，一般采用喷雾、灌根等方法，使用浓度为0.004%水剂0.01～0.04mg/L。

思考题

1. 根据你所知道的杀虫剂名称，回答下列问题。

（1）防治蚜虫较好的药剂有哪些？

（2）防治介壳虫较好的药剂有哪些？

（3）防治食叶害虫较好的药剂有哪些？

（4）防治地下害虫较好的药剂有哪些？

2. 根据你所知道的杀菌剂名称，回答下列问题。

（1）防治叶斑病较好的药剂有哪些？

（2）防治霜霉病较好的药剂有哪些？

（3）防治白粉病、锈病较好的药剂有哪些？

（4）防治立枯病较好的药剂有哪些？

3. 以小组为单位，全班分工查阅教材以外的新农药种类，以表格（参考教材中的表格内容）的形式汇总成册，作为课外学习的参考资料。

4. 怎样预防和克服病虫的抗药性？

5. 农药急性毒性是如何分级的？

6. 植物药害产生的原因有哪些？产生药害后怎样补救？

7. 你见到或听到的农药中毒事件大多是什么原因引起的？预防农药中毒应采取哪些措施？

除草剂基础知识及绿色食品农药使用准则

（一）除草剂基础知识

1. 除草剂的选择性　除草剂能除草保苗，是人们利用了除草剂的选择性，并采用一定的人为技术措施的结果。除草剂的选择性原理有以下几种。

（1）形态选择性。指利用植物外部形态上的不同而获得的选择性。如小麦、水稻等禾谷类作物的叶片狭长，与主茎间角度小，植株生长点被叶片包被，因此，除草剂雾滴不易黏着于叶面；而阔叶杂草的叶片宽大，在茎上近于水平展开，且生长点裸露，因此，能截留较多的药液雾滴，有利于吸收药剂。

（2）生理选择性。生理选择性是不同植物对除草剂吸收及在其体内输导差异造成的选择性。若除草剂易被植物吸收和输导，则植物常表现较敏感。幼嫩叶片的角质层比老龄叶片的薄，易吸收除草剂；气孔数多而大、开张程度大的植物易吸收除草剂。

（3）生化选择性。指除草剂在不同植物体内通过一系列生物化学变化造成的选择性。生理生化上的选择性主要表现在解毒（钝化）作用和活化作用两方面。有的除草剂本身虽对植物有毒害，但经植物体内的酶或其他物质的作用，而被钝化而失去活性。有些除草剂本身对植物并无毒害或毒害较小，但在植物体内经过代谢而成为有毒物质。

（4）人为选择性。指根据除草剂特性，利用作物与杂草生育特性的差异，在使用技术上造成的选择性。这种选择性的安全幅度小，要求一定的条件。

①时差选择：利用作物与杂草发芽出土先后的时间差异，人为选择用药时间除草，称为时差选择。

②位差选择：利用植物根系深浅不同及地上部分的高低差异等施药除草，称为位差选择。一般情况下，园林苗木根系分布较深，杂草根系则分布较浅，且大都在土壤表层。因此，把除草剂施于土壤表层，可以达到除草保苗的目的。

③局部选择：在作物生育期采用保护性装置喷雾或定向喷雾，以消灭局部杂草。

2. 除草剂的使用方法 除草剂的使用方法因品种特性、剂型、作物及环境条件不同而异，生产中首先应考虑防除效果及对作物的安全性，其次要求使用方法经济、简便易行。

（1）播前混土处理。主要适用于易挥发与易光解的除草剂，一般在土壤干旱或土壤墒情较差的地块使用，在作物播种前施药，并立即采用圆盘耙或旋转锄交叉耙地，将药剂混拌于土壤中，然后耢平、镇压，进行播种，混土深度一般为4～6cm。

（2）播后苗前土壤处理。凡是通过根或幼芽吸收的除草剂，往往在播后苗前施用，即在作物播种后，将药剂均匀喷于土表，如大豆、油菜、玉米等作物使用甲草胺、乙草胺等酰胺类除草剂，多采用此种方法。喷药后，如遇干旱，可进行浅混土以促进药效的发挥，但耙地深度不能超过播种深度。

（3）苗后茎叶处理。内吸选择性除草剂的使用多应用此方法。茎叶喷雾只能杀死已出苗的杂草，施药时要掌握好施药时期，不能过早或过晚。茎叶处理常用的喷药方法是全面喷雾，即全田不分杂草多少，依次全面处理。茎叶处理也可进行条带喷药与行间定向喷药，比全面喷雾节省用药量。

除以上使用方法外，还有涂抹、甩施、撒施、泼浇、滴灌、点状施药等使用方法。

（二）绿色食品农药使用准则

绿色食品系指遵循可持续发展原则，按照特定生产方式生产，经专门机构认定，许可使用绿色食品标志的无污染、安全、优质、营养类食品，分为AA级和A级绿色食品。

AA级绿色食品，生产地的环境质量符合绿色食品产地环境技术条件（NY/T 391—2013）的要求，在生产过程中不使用化学合成的肥料、农药、兽药、饲料添加剂、食品添加剂和其他有害于环境和健康的物质，按有机生产方式生产，产品质量符合绿色食品产品标准，经专门机构认定，许可使用AA级绿色食品标志的产品。

A级绿色食品，生产地的环境符合NY/T 391—2013的要求，生产过程中严格按照绿色食品生产资料使用准则和生产操作规程要求，限量使用限定的化学合成生产资料，产品质量符合绿色食品产品标准，经专门机构认定，许可使用A级绿色食品标志的产品。

绿色食品生产应从作物—病虫草等整个生态系统出发，综合运用各种防治措施，创造不利于病虫草滋生和有利于各类天敌繁衍的环境条件，保持农业生态系统的平衡和生物多样性，减少各类病虫草害所造成的损失。

在生产中，应优先采用农业措施，通过选用抗病虫品种，进行非化学药剂种子处理，培育壮苗，加强栽培管理，中耕除草，秋季深翻晒土，清洁田园，轮作倒茬、间作套种等一系列措施起到防治病虫草害的作用。应尽量利用灯光、色彩诱杀害虫，机械捕捉害虫，机械和人工除草等措施，防治病虫草害。

特殊情况下必须使用农药时，应遵守生产AA级和A级绿色食品的农药使用准则。

1. 生产AA级绿色食品的农药使用准则　允许使用AA级绿色食品生产资料农药类产品；允许使用中等毒性以下植物源杀虫剂、杀菌剂、拒避剂和增效剂，如除虫菊素、鱼藤根、烟草水、大蒜素、川楝素、印楝素、芝麻素等。允许使用释放寄生性捕食性天敌动物；在害虫捕捉器中使用昆虫信息素及植物源引诱剂；使用矿物油和植物油制剂；使用矿物源农药中的硫制剂、铜制剂；允许有限度地使用活体微生物农药，如真菌制剂、细菌制剂、病毒制剂、放线菌、拮抗菌剂、昆虫病原线虫、微孢子虫等。允许有限度地使用农用抗生素，如春雷霉素、多抗霉素、井冈霉素、抗霉菌素120、中生菌素、浏阳霉素等。禁止使用有机合成的化学杀虫剂、杀螨剂、杀菌剂、杀线虫剂、除草剂和植物生长调节剂；禁止使用生物源、矿物源农药中混配有机合成农药的各种制剂；严禁使用基因工程品种（产品）及制剂。

2. 生产A级绿色食品的农药使用准则　允许使用AA级和A绿色食品生产资料农药类产品；允许使用中等毒性以下植物源农药、动物源农药和微生物源农药；在矿物源农药中允许使用硫制剂、铜制剂；有限度地使用部分低毒农药和中等毒性有机合成农药，但要按国标要求执行具体操作。

严禁使用剧毒、高毒、高残留或具有三致毒性（致癌、致畸、致突变）的农药；每种有机合成农药（含A级绿色食品生产资料农药类的有机合成产品）在一种作物的生长期内只允许使用一次；严格按照国家标准的最高残留限量（MRL）要求；严禁使用高毒高残留农药防治贮藏期病虫害；严禁使用基因工程品种（产品）及制剂。

考核评价

根据学生对常用农药使用技术的掌握情况、对所选施药方法操作的规范熟练程度、对清洗药械和保管农药（械）要点的掌握程度及对农药合理使用和安全使用的理解程度等几方面（表4-3-12）进行考核评价。

表4-3-12　农药的使用考核评价

序号	考核项目	考核内容	考核标准	考核方式	分值
1	施用农药	农药施用方法	了解农药施用的各种方法，能说出各种施用方法的特点及施药条件；根据实际情况选择适宜的施药方法并进行规范操作	答问考核、操作考核	30

（续）

序号	考核项目	考核内容	考核标准	考核方式	分值
2	清洗药械、保管农药(械)	清洗药械、保管农药（械）	能说出清洗药械和保管农药（械）的要求	答问考核、闭卷考试	10
3	农药的合理使用	农药的合理使用	能掌握施用农药的一般原则，明确预防抗药性产生的措施		10
4	农药的安全使用	农药毒性分级	能熟练说出农药毒性的分级标准，了解农药残留及控制的措施		10
		农药对植物的药害	了解产生植物药害的原因，能说出植物药害发生后的补救措施		10
		预防农药中毒	能说出预防农药中毒的具体措施		10
5	常用农药的使用		熟悉常用杀虫剂、杀菌剂、除草剂、植物生长调节剂等的种类、特点、防治对象及使用方法，能根据防治对象熟练说出应选农药的名称		10
6	学习态度		积极思考，踊跃发言，能经常提出问题，并能综合应用所掌握的基本知识分析问题。对能提出独到见解者酌情加分	学生自评、小组互评和教师评价相结合	10

子项目四　农药田间药效试验

【学习目标】了解田间药效试验的内容和程序，掌握田间药效试验设计的基本原则和田间药效试验的方法；熟悉田间药效试验报告的撰写格式；掌握田间药效试验的调查与统计方法。

任务 1　田间药效试验方案的设计与实施

【场地及用具】某种病害或害虫发生较重的农田（或菜园、果园）；当地常用的低毒杀虫剂或杀菌剂若干种；手动喷雾器，量筒，水桶，测绳，计算器，红油漆，记录板（纸）等。

田间药效试验方案的设计与实施

【内容及操作步骤】农药的田间药效试验是在室内毒力测定的基础上，在田间条件下，检验某种农药防治有害生物的实际效果；评价其是否具有推广价值；确定施用剂量与方法等应用技术的重要环节。

一、田间药效试验的内容和程序

（一）田间药效试验的内容

1. 农药品种比较试验　新农药上市后，需要与当地常规使用的农药进行防治效果对比试验，以评价新老品种及新品种之间的药效差异程度，从而确定有无推广价值。

2. 农药应用技术试验　对施药剂量（或浓度）、施药次数、施药适期、施药方式进行比较，综合评价药剂的防治效果及对作物、有益生物和环境的影响，确定最适宜的应用技术。

3. 特定因子试验　为深入地研究农药的综合效益或生产应用中提出的问题，专门设计特定因子试验。如环境条件对药效的影响、不同剂型之间的比较、农药混用的增效或拮抗、药害试验、耐雨水冲刷能力、在作物及土中的残留等。

（二）田间药效试验的类型

1. 小区试验　农药新品种虽经室内测定有效，但不知田间实际药效，必须做室外小面积试验，即小区试验。

2. 大区试验　经小区试验取得效果后，应选择有代表性的生产地区，扩大试验面积，即大区试验，以进一步考察药剂的适用性。

3. 大面积示范试验　在多点大区试验的基础上，选用最佳的剂量、施药时期和方法进行大面积试验示范，以便对防治效果、经济效益、生态效益、社会效益进行综合评价，并向生产部门提出推广应用的可行性建议。

新农药一般必须经过小区、大区药效试验和大面积示范的程序，若证实药剂效果好，方能推广该药剂的应用。对于发生代数少的害虫或侵染次数少的病害的药效试验，可以在室内试验的同时即进行小区试验，或小区试验和大区试验同时进行，也可以大区试验和大面积示范试验同时进行。这样可以缩短药效试验的时间，加快农药的推广速度。

二、田间药效试验设计的一般原则

1. 设置重复　重复能估计和减少试验误差，使试验结果准确地反映处理的真实效应。一般小区试验以设置3～5次重复为宜。

2. 运用局部控制　将试验地划分为与重复数相等的大区，每个大区包括各种处理，即每一处理在每个大区内只出现1次，这就是局部控制。它使各种处理（药剂）的重复在不同环境中的机会均等，从而减少了试验的误差。

3. 采用随机排列　为了获得无偏的试验误差估计值，要求试验中每个处理都有同等的机会设置在任何一个试验小区，因此必须采用随机排列。

4. 设对照区和保护行　对照区是评价和校正药剂防治效果的参照。对照区有两种，一是不施药的空白作对照区，二是以喷施标准药剂（防治某种有害生物有效的药剂）作对照区。在试验区四周及小区间还应设保护行，以避免外来因素的影响。

三、田间药效试验的方法

（一）试验前的准备

试验前，要制订具体的试验方案，并根据试验内容及要求，做好药剂、药械及其他必备物资的准备工作。

（二）试验地的选择与小区设计

1. 试验地的选择　应选择土质、地力、作物长势等均匀一致，病虫害发生严重、分布均匀等有代表性的田块作为试验地。除试验处理项目外，其他田间操作必须完全一致。

2. 面积和形状　一般试验小区面积在15～50m²，小区形状以长方形为好。林木、果树及成墩的绿化苗木以株为单位，每小区2～10株。园林绿化带以长度为单位，每小区10～30m。

大区试验田块需 3～5 块，每块面积在 300～1 200m^2；化学除草大区试验面积不少于 2hm^2。

3. 小区设计 小区设计应用最为广泛的方法是随机区组设计。将试验地分为几个大区组。每个大区试验处理数目相同，即为一个重复区。在同一重复区内每个处理只能出现 1 次，且要随机排列，可用抽签法或随机数字表法决定各处理在小区的位置。

（三）小区施药作业

按供试农药品种及所需浓度施药，分别喷于各小区，施药通常是先喷清水的空白对照区，然后是药剂处理区。如果是不同剂量（浓度）的试验，应按从低剂量（浓度）到高剂量（浓度）的顺序。

（四）试验基本情况记载

试验结束后，要随时记录试验的基本情况，如试验地概况（地形、地势、地貌、植被）、植物生长状况、病虫害发生情况、气象情况及试验药械、用具、人员情况等。

根据当地当时的病虫害发生情况，每人做 1 份杀虫剂或杀菌剂的田间药效试验设计。

根据当地病虫害的发生情况，设计 1 份田间药效试验方案。

1. 为什么要进行田间药效试验？
2. 田间药效试验有哪些内容？田间药效试验设计应遵循哪些原则？
3. 叙述田间药效试验的方法步骤。

任务 2　田间药效试验报告的撰写

【材料及用具】计算器，试验报告纸，参考资料等。

【内容及操作步骤】试验报告是对农药田间药效试验的结论性文献。试验报告一要反应农药对某种有害生物药效试验的结果，二要反应农药对某种有害生物应用的条件、方法和可行性，三要反应农药对某种有害生物试验的科学性、可靠性、准确性、先进性等。试验报告的结果可作为农药在生产上推广应用的依据。撰写农药田间试验报告应包括如下内容。

1. 试验目的和要求 包括当时有关试验项目研究的概况和存在的问题，要有针对性，明确通过试验应解决的问题。

2. 试验材料和方法 这是试验报告的重要部分，反映了试验设计是否科学、先进，同时也可预测到试验结果的可信度和准确度。

（1）试验所用药剂的名称、来源、浓度、剂型以及用药的方法、时间及次数。供试病虫害的名称、植物品种、试验地条件、栽培管理措施以及必要的气象资料等。

（2）试验处理项目及田间排列情况。

（3）介绍调查项目、时间和方法。

3. 试验结果 这是试验报告的主要部分，应按照试验目的，分段叙述，力求文字简明扼要，正确客观地反映试验结果，尽量用图表、数据表示。

4. 讨论　根据试验结果，讨论、评价并做必要的解释，指出药剂的实用价值、存在的问题和今后的意见、设想。

5. 结论　对全部试验进行简要的总结，提出主要的结论和看法。结论一定要明确，不可似是而非，模棱两可。

根据田间药效试验的实施结果，撰写田间药效试验报告。

查阅10篇以上公开发表的有关植物病虫害防治的论文，总结出科研论文的基本结构。

农药田间药效试验的调查与统计

（一）田间药效调查

1. 调查时间　田间药效试验的调查时间因农药种类、防治对象而不相同。如杀虫剂药效试验若以种群减退率为评判指标，一般在施药后1d、3d、7d各调查1次；若以作物的被害率作为评判指标，要等到作物被害状表现出来并稳定时调查。杀菌剂对叶斑病类的防效试验，要在最后1次施药后的7～14d调查防治效果。芽前施用的除草剂，要到不施药的对照区杂草出苗时调查防治效果，而苗后使用的除草剂，宜在施药2周后调查药效。

2. 调查方法　田间药效调查取样方法与病虫害的田间调查取样方法相同，可参阅项目二植物有害生物调查和预测预报中的相关内容。

（二）田间药效试验结果统计

1. 杀虫剂防治效果计算　在防治前、后分别调查活虫数，以害虫死亡率或虫口减退率表达防治效果，其公式为：

$$\text{害虫死亡率或虫口减退率}=\frac{\text{防治前活虫数}-\text{防治后活虫数}}{\text{防治前活虫数}}\times 100\%$$

若害虫的自然死亡率（对照区死亡率）低于5%，则上式的计算结果基本反映了药剂的真实效果，若自然死亡率在5%～20%，则应以下列校正虫口减退率予以更正。若自然死亡率大于20%，则试验失败。

$$\text{校正害虫死亡率或校正虫口减退率}=\frac{\text{处理区虫口减退率}-\text{对照区虫口减退率}}{1-\text{对照区虫口减退率}}\times 100\%$$

2. 杀菌剂防治效果计算　杀菌剂药效试验结果的统计也因病害种类及危害性质而异。一般要调查对照区和处理区的发病率和病情指数，按公式计算防治效果。

$$\text{相对防治效果}=\frac{\text{对照区病情指数或发病率}-\text{处理区病情指数或发病率}}{\text{对照区病情指数或发病率}}\times 100\%$$

$$\text{绝对防治效果}=\frac{\text{对照区病情指数增长值}-\text{处理区病情指数增长值}}{\text{对照区病情指数增长值}}\times 100\%$$

其中，病情指数增长值＝检查药效时病情指数－施药时的病情指数

3. 除草剂防治效果计算 一般施药后10d、20d、30d各调查1次，以对角线取样法各取3～5点，每点不少于1m^2，统计各点内各种杂草株数（或鲜重），平均后按以下公式计算除草效果：

$$\text{除草效果}=\frac{\text{对照区杂草株数（或鲜重）}-\text{处理区杂草株数（或鲜重）}}{\text{对照区杂草株数（或鲜重）}}\times 100\%$$

1. 计算杀虫剂防治效果时，为什么要用校正虫口减退率？
2. 计算杀菌剂药效时，需要统计哪些数据？
3. 谈谈防治蚜虫试验时，如何调查药前药后蚜虫的虫口密度。

根据学生在农药田间药效试验中从方案设计、试验实施到药效试验结果调查整理等各环节的表现和田间药效试验报告撰写的质量等几方面（表4-4-1）进行考核评价。

表4-4-1 农药田间药效试验考核评价

序号	考核项目	考核内容	考核标准	考核方式	分值
1	农药田间药效试验	试验方案的设计	药效试验方案的目的明确；试验材料易得；试验内容丰富或较新颖；试验方法科学、可行；试验地点、时间、人员、调查方法安排合理	个人表述、小组讨论和教师对方案评分相结合	20
		田间药效试验的实施	能按照试验方案要求组织和实施，操作规范	现场操作考核或答问考核	10
		田间药效试验调查	能按照试验方案要求的时间和方法进行药前药后调查，抽样科学，抽样数量达标，记录表格规范，记录认真，数据真实		15
		田间药效试验结果整理	数据计算正确，无编造现象，试验结果真实、合理		5
2	田间药效试验报告		试验报告格式规范、结构合理、内容丰富、图表清晰、语言精练，结果分析全面准确，有独立见解，参考资料丰富，试验报告无抄袭内容	评阅考核	40
3	态度表现		试验态度认真端正，积极参加试验的各项环节，动手能力强，能吃苦肯干，有创新点，团队意识强	学生自评、小组互评和教师评价相结合	10

参 考 文 献

北京农业大学 . 1982. 农业植物病理学 [M] . 北京：农业出版社 .

北京市通州区植物保护站 . 2015. 常见杂草系统识别图谱 [M] . 北京：中国农业出版社 .

蔡平 . 2003. 园林植物昆虫学 [M] . 北京：中国农业出版社 .

蔡银杰 . 2006. 植物保护学 [M] . 南京：江苏科学技术出版社 .

曹若彬 . 2001. 果树病理学 [M] . 3 版 . 北京：中国农业出版社 .

陈利锋，徐敬友 . 2007. 农业植物病理学 [M] . 3 版 . 北京：中国农业出版社 .

陈其煐，李典滇，曹赤阳 . 1990. 棉花病虫害综合防治及研究进展 [M] . 北京：中国农业科学技术出版社.

陈卓，宋宝安 . 2011. 南方水稻黑条矮缩病防控技术 [M] . 北京：化学工业出版社 .

稻麦重要病毒病株系鉴定和防控技术体系研究课题组 . 2011. 稻麦主要病毒病识别与控制 [M] . 北京：中国农业出版社 .

丁锦华，苏建亚 . 2002. 农业昆虫学：南方本 [M] . 北京：中国农业出版社 .

董金皋 . 2001. 农业植物病理学：北方本 [M] . 北京：中国农业出版社 .

董向丽，王思芳，孙家隆 . 2019. 农药科学使用技术 [M] . 2 版 . 北京：化学工业出版社 .

费显伟 . 2010. 园艺植物病虫害防治 [M] . 北京：高等教育出版社 .

高文胜，单文修 . 2003. 无公害果园首选农药 100 种 [M] . 北京：中国农业出版社 .

关继东 . 2007. 林业有害生物控制技术 [M] . 北京：中国林业出版社 .

广西壮族自治区农业学校 . 1993. 植物保护学总论 [M] . 北京：中国农业出版社 .

广西壮族自治区植保总站 . 1990. 广西农作物病虫测报技术规范手册 [M] . 南宁：广西科学技术出版社 .

广西壮族自治区植保总站 . 1995. 广西鼠害防治 [M] . 南宁：广西科学技术出版社 .

广西壮族自治区植保总站 . 2009. 广西农作物主要病虫测报技术 [M] . 南宁：广西科学技术出版社 .

韩召军 . 2012. 植物保护学通论 [M] . 2 版 . 北京：高等教育出版社 .

何雄奎 . 2012. 高效施药技术与机具 [M] . 北京：中国农业大学出版社 .

洪晓月，丁锦华 . 2007. 农业昆虫学 [M] . 2 版 . 北京：中国农业出版社 .

侯明生，黄俊斌 . 2006. 农业植物病理学 [M] . 北京：科学出版社 .

华南农学院 . 1981. 农业昆虫学 [M] . 北京：农业出版社 .

华南农业大学，河北农业大学 . 2002. 植物病理学 [M] . 北京：中国农业出版社 .

黄宏英，程亚樵 . 2006. 园艺植物保护概论 [M] . 北京：中国农业出版社 .

黄少彬 . 2012. 园林植物病虫害防治 [M] . 2 版 . 北京：高等教育出版社 .

吉林省农业学校 . 1996. 作物保护学各论 [M] . 北京：中国农业出版社 .

江世宏 . 2007. 园林植物病虫害防治 [M] . 重庆：重庆大学出版社 .

赖传雅 . 2003. 农业植物病理学：华南本 [M] . 北京：科学出版社 .

李东平，王田利，鲍敏达 . 2017. 现代苹果生产病虫草害防控 [M] . 北京：化学工业出版社 .

李洪连 . 2008. 主要作物疑难病虫草害防控指南 [M] . 北京：中国农业科学技术出版社 .

李怀方，刘凤权，黄丽丽 . 2009. 园艺植物病理学 [M] . 2 版 . 北京：中国农业大学出版社 .

李惠明 . 2006. 蔬菜病虫害预测预报调查规范 [M] . 上海：上海科学技术出版社 .

李清西，钱学聪 . 2002. 植物保护 [M] . 北京：中国农业出版社 .

李云瑞 . 2002. 农业昆虫学：南方本 [M] . 北京：中国农业出版社 .

李照会．2002. 农业昆虫鉴定［M］．北京：中国农业出版社．
梁帝允，邵振润．2011. 农药科学安全使用培训指南［M］．北京：中国农业科学技术出版社．
辽宁省熊岳农业学校，广西壮族自治区农业学校．1984. 果树病虫害防治学实验实习指导［M］．北京：农业出版社．
刘德宝．1997. 农业技术实用手册［M］．北京：中国农业科学技术出版社．
吕佩珂，苏慧兰，吕超．2007. 中国粮食作物、经济作物、药用植物病虫原色图鉴［M］．3 版．呼和浩特：远方出版社．
马奇祥，赵永谦．2004. 农田杂草的识别与防除原色图谱［M］．北京：金盾出版社．
农业标准出版研究中心．2011. 最新中国农业行业标准：第六辑［M］．北京：中国农业出版社．
农业标准出版研究中心．2012. 最新中国农业行业标准：第八辑 种植业分册［M］．北京：中国农业出版社．
农业标准出版研究中心．2012. 最新中国农业行业标准：第七辑 植保分册［M］．北京：中国农业出版社.
农业部全国植保总站．1994. 植物医生手册［M］．北京：化学工业出版社．
农业部人事劳动司，农业职业技能培训教材编审委员会．2004. 农作物植保员[M］．北京：中国农业出版社．
强胜．2018. 杂草学［M］．2 版．北京：中国农业出版社．
全国农业技术推广服务中心．2004. 小麦病虫防治分册［M］．北京：中国农业出版社．
全国农业技术推广服务中心．2005. 水稻病虫防治分册［M］．北京：中国农业出版社．
全国农业技术推广服务中心．2006. 农作物有害生物测报技术手册［M］．北京：中国农业出版社．
全国农业技术推广服务中心．2010. 主要农作物病虫害测报技术规范应用手册［M］．北京：中国农业出版社．
陕西汉中农业学校．1993. 农业昆虫学［M］．北京：中国农业出版社．
陕西省农林学校．1980. 农作物病虫害防治学各论：北方本［M］．北京：农业出版社．
陕西省仪祉农业学校．1989. 果树病虫害防治学［M］．北京：农业出版社．
孙广宇，宗兆锋．2002. 植物病理学实验技术［M］．北京：中国农业出版社．
邰连春．2007. 作物病虫害防治［M］．北京：中国农业大学出版社．
王金友，姜元振．2004. 梨树病虫害防治［M］．北京：金盾出版社．
王险峰．2000. 进口农药应用手册［M］．北京：中国农业出版社．
王运兵，吕印谱．2004. 无公害农药实用手册［M］．郑州：河南科学技术出版社．
邬国良，郑服丛．2009. 植保机械与施药技术简明教程［M］．杨凌：西北农林大学出版社．
仵均祥．2002. 农业昆虫学：北方本［M］．北京：中国农业出版社．
西北农业大学．2000. 农业昆虫学［M］．2 版．北京：中国农业出版社．
肖启明，欧阳河．2002. 植物保护技术［M］．北京：高等教育出版社．
徐冠军．1999. 植物病虫害防治学［M］．北京：中央广播电视大学出版社．
徐汉虹．2008. 生产无公害农产品使用农药手册［M］．北京：中国农业出版社．
徐洪富．2003. 植物保护学［M］．北京：高等教育出版社．
徐明慧．1993. 园林植物病虫害防治［M］．北京：中国林业出版社．
许志刚．2009. 普通植物病理学［M］．4 版．北京：高等教育出版社．
叶恭银．2006. 植物保护学［M］．杭州：浙江大学出版社．
袁锋．2001. 农业昆虫学［M］．北京：中国农业出版社．
袁会珠，薛新宇，闫晓静，等．2018. 植保无人飞机低空低容量喷雾技术应用与展望［J］．植物保护，44（5）：152-158.
袁会珠．2004. 农药使用技术指南［M］．北京：化学工业出版社．
张敏恒．2013. 农药品种手册精编［M］．北京：化学工业出版社．
张随榜．2001. 园林植物保护［M］．北京：中国农业出版社．

张孝羲，张跃进．2009. 农作物有害生物预测学［M］．2版．北京：中国农业出版社．
张孝羲．2002. 昆虫生态及预测预报［M］．北京：中国农业出版社．
张学哲．2005. 作物病虫害防治［M］．北京：高等教育出版社．
张跃进．2006. 农作物有害生物测报技术手册［M］．北京：中国农业出版社．
张宗俭．2016. 飞防发展趋势及专用药剂的研发和应用［J］．山东农药信息（5）：30-35.
赵清，邵振润．2011. 农作物病虫害专业化统防统治手册［M］．北京：中国农业出版社．
赵善欢．2001. 植物化学保护［M］．3版．北京：中国农业出版社．
郑永权．2014. 蔬菜农药高效科学施用技术指导手册［M］．北京：中国农业科学技术出版社．
郑永权．2014. 水稻农药高效科学施用技术指导手册［M］．北京：中国农业科学技术出版社．
郑永权．2015. 果树农药高效科学施用技术指导手册［M］．北京：中国农业科学技术出版社．
宗兆锋，康振生．2010. 植物病理学原理［M］．2版．北京：中国农业出版社．

图书在版编目（CIP）数据

植物保护/陈啸寅，邱晓红主编．—4版．—北京：
中国农业出版社，2019.10（2024.2重印）
“十二五”职业教育国家规划教材 经全国职业教育
教材审定委员会审定 高等职业教育农业农村部“十三五”
规划教材
ISBN 978-7-109-26181-5

Ⅰ．①植… Ⅱ．①陈…②邱… Ⅲ．①植物保护—高
等职业教育—教材 Ⅳ．①S4

中国版本图书馆CIP数据核字（2019）第248556号

中国农业出版社出版
地址：北京市朝阳区麦子店街18号楼
邮编：100125
责任编辑：吴 凯
版式设计：史鑫宇 责任校对：周丽芳
印刷：北京中兴印刷有限公司
版次：2002年6月第1版 2019年10月第4版
印次：2024年2月第4版北京第6次印刷
发行：新华书店北京发行所
开本：787mm×1092mm 1/16
印张：26
字数：650千字
定价：64.50元